U0301103

绿色西藏

吴冬明　编著

中国青年出版社

题 记

可是我们不要过于得意我们对自然界的胜利。对于我们的每一次胜利，自然界都报复了我们。每一次的这种胜利，第一步我们确实达到预期的结果，但第二步和第三步却有了完全不同的、意想不到的结果，常常正好把那第一个结果的意义又取消了。……因此我们必须时时记住：我们统治自然界，决不像征服者统治异民族一样，决不像站在自然界以外的人一样，——相反地，我们同我们的肉、血和头脑一起都是属于自然界，存在于自然界中；我们对自然界的整个支配，仅仅是因为我们胜于其他一切动物，能够认识和正确运用自然规律而已。

——恩格斯《自然辩证法》

对于千百万美国人来说，第一只知更鸟的出现意味着冬天的河流已经解冻。知更鸟的到来作为一项消息在报纸上报道，并且大家在吃饭时热切相告。随着大批候鸟的逐渐来临，森林开始绿意葱茏，千千万万的人们在清晨聆听着知更鸟黎明合唱的第一支曲子。

如今在美国，越来越多的地方已经没有鸟儿飞来报春。清晨早起，原来到处可以听到鸟儿的美妙歌声，而现在只有异常的寂静；鸟儿的歌声突然沉寂，鸟儿给予我们这个世界的色彩、美丽和乐趣也在消失。这些变化来得如此迅速而悄然，以至那些尚未受到（杀虫剂和除莠剂——引者注）影响的地区的人们，没有注意到这些变化。

——蕾切尔·卡森《寂静的春天》

序　言

　　"绿色"是什么意思？首先是笔者讲述当代西藏的一个角度。解说西藏可有多个角度，因为西藏很复杂。本书选择了文化角度，倒不是宗教文化的角度，虽然涉及藏传佛教文化，更不是科学文化角度，虽然科技应用的影响一再被讨论，而是一种崭新的绿色文化角度。其次是贯穿全书的逻辑线索，串联着绿色的事物、绿色的行动、绿色的理念和绿色的梦想，犹如一根律动的琴弦，上面跳动着西藏特有的音符。

　　作为本书的核心概念，"绿色"的主要含义有哪些？

　　"绿色"是从当代社会中脱颖而出的文化概念，从现实生活中汲取了丰富含义。绿色不再局限于绿色物体的颜色，而被社会公众赋予了多个义项。在环境和食品受到了污染与毒害，人类生存发展的物质条件受到空前威胁之时，公众就不约而同地选用"绿色"这个语词，表达对环境和食品的安全、纯净、和谐等天然品质的期待，提出了"绿色环境""绿色食品""绿色通道""绿色校园"等语词。其中的"绿色"含有"安全""纯净""和谐"等基本含义。绿色还有"节能""减排""降碳"之意，比如"绿色办公""绿色出行""绿色消费"等语词。绿色的含义越多，则表明公众对它抱有的期望值就越高，也意味着背面的现实问题就越多。绿色的含义和用法，以社会生活为依据，是公众的一种约定俗成。

绿色西藏，概括了当代西藏物质环境和食品药品的基本特征。西藏占据青藏高原主体，是地球上一块冰雪高地，地理学称之为"地球第三极"，世人仰视之为"天上西藏"，这里水源、土壤和大气一般不会受到周边地区污染源的污染。藏族文化中生态保护观念非常之强，尽管生息繁衍的自然条件十分艰苦，但西藏脆弱的生态系统还是得到了完整保持。近代工业化以来，西藏一直置身其外，工业文明副作用对西藏生态环境影响甚微。新中国成立至今，西藏自治区重视生态保护和环境建设，实行"环境与发展综合决策"制度，收紧工矿企业的环境准入关，坚持不让高污染的重工业企业落地，严禁区外"十五小""新五小"和落后生产工艺转入区内。自治区成立了环境工程评估中心，负责大中型基础设施建设工程中环评和环保验收工作，把"环保第一审批权"落实到位，从源头上控制生态破坏与环境污染行为。同时，在城镇持续开展了"创卫""创园""创模"等城市环境治理工作，加强城镇污染物处理能力建设；在农牧区持续推进农村环境卫生综合整治工程，把它作为新农村安居工程的配套项目，逐年加大实施范围和力度，组织生态地区、生态乡（镇）、生态村的创建活动，促进了农牧区村容村貌不断改观。碧水蓝天、空气洁净，不仅是西藏的象征，而且在当代西藏是一个事实。

西藏基本保持着原生状态的生态环境，这成了西藏发展特色农业、生产优质农产品的核心资源。西藏高原大部分农业区光照时间长，昼夜温差大，植物生长期长，低温而少受涝灾干扰，农作物光合作用充分、呼吸较弱，有利于农作物的有机物质的积累，植物种子品质好，病虫害损坏较小。富裕的光照资源，补偿了由于高海拔所引起的气温低的不足，使西藏许多农作物的分布上限成为世界上同类作物分布的最高限，青稞、春小麦分别在海拔4750米和4400米的高度种植成功。西藏尤其是拉萨经常夜间下雨，气温降低，减少了农作物呼吸作用所消耗的养分，而雨后昼晴，雨水为农作物生长提供了水分，阳光灿烂有利于作物的光合作用。特殊的地理环境和气候条件，使西藏的药材、野菜、食用菌等林下资源，无论是数量还是品种、质量，都称得上冠绝海内。药用植物就有1000余种，油脂、油料植物100余种，芳香油、香料植物180余种，可代食品、饲料淀粉、野生林果植物300余种，绿化观赏花卉植物2000余种，松茸等可食用菌415种，灵芝等药用菌238种，丝膜菌、虫草等已知有抗癌作用的真菌168种。西藏的青稞和禽畜产品，以及食用菌、虫草、乳品等，基本保持着天然品质，营养和口感俱佳。

当然，在全球变化背景下，西藏不可能成为一座孤岛；在经济全球化形势下，西藏也不可能成为世外桃源。事实上，受全球气候变暖影响，西藏的土地沙化、雪线上升在某些生态敏感地区已经显现；伴随着旅游业的蓬勃发展、城市化快速推进，西藏"城镇环境出现了轻、中度的污染"；农药和化肥施用量的逐年增加，一些农业区的生态环境和农产品受到一定影响；区内物资市场对区外市场有很大依赖性，食品药品安全系数在一定程度上受制于区外市场；保持GDP持续增长的发展要求，西藏经济保持着快速乃至跨越式的发展态势，这对于生态脆弱、环境容量有限的区域环境造成了压力。西藏也同内地一样，生态保护和环境建设是一个富有挑战性的现实问题，对食品药品安全生产与市场监管，一刻不能松懈。绿色西藏，既需要倍加珍惜，又需要积极作为。

书稿正文确定后，开始深思熟虑本书的序言。序言，不是书的小部件，更不是小摆设。如果说封面是一部书的"容颜"，那么序言就是"眼睛"。名副其实的序言，能让读者在有限篇幅内总览全书概貌，并能感受到该书的特有气质。这么一想就感到茫然了，不知道从何说起、该写些什么。沉吟片刻，眼前亮了，从"发展"开篇吧。离开发展来谈论生态保护和环境建设没有意义，没有发展的物质成果也就无所谓食品药品质量问题。绿色西藏，就是描述当代西藏的发展方式和发展状态的。怎样理解发展？发展与资源环境和科技应用存在着什么关系？

发展，在不同学科中含义不尽相同。比如哲学上讲"发展"，不论是唯物论还是唯心论，都强调事物性质的根本变化、事物量变过程中的突变，旧事物灭亡与新事物产生、新事物取代了旧事物；与"运动""变化"等概念的区别在于，后两者指事物的空间位移与数量增减，说明事物的渐变过程。经济学上讲"发展"，指明了生产实践的本质特征，类似于物质生产，是指人类以劳动工具和生产技术为媒介，同自然界进行物质和能量的交换过程，目的在于把自然资源转化为能满足人类生息繁衍与社会进步的物质财富，同时推动着自然环境向着适合人类要求的方向转化。因此经济学上讲的"发展"，具有很强的目的性和功利性。同时，经济领域的"发展"，有着现实性和具体性，不同于哲学意义上的理想性和抽象性。就是说，作为社会与自然界之间的交换形式，物质生产一刻不能脱离自然资源和物质环境，作为交换主体的人总是要对交换过程中阶段性的物质生产结果进行鉴别，依据人的特定需要以及该物质生产结果满足人的实际状况，保留适合人的物质形态和能量形式，剔除掉负面的物质形态和能量形式，以此反馈物质再生产过程。经济发展或者物质生产，是创造与积累物质财富的生产过程，同时是人类趋利避害、维持自身生存与发展的理性行为。

包含经济发展在内的社会发展，是充满着人的激情又体现了人类意愿的自觉行为。不管哪个学科讲"发展"，都要首先定位于社会性。社会发展同自然界中出现的地震、火山爆发、海啸、旱涝等纯物质运动形式不同，它贯彻着人的愿望和人的设计，是有目的的、饱含感性的集体活动。作为发展主体的人，时刻会以是否有利于自身生存、发展和舒适为标准来衡量发展状况。同时，借助可能的物质手段主动调控发展过程，以获得预期的发展成果。人首先做到准确认识与把握发展的客观条件，依据相应的条件合理设定发展目标，采取适当的发展形式和行为准则，并对发展结果进行预测、评估，积极反馈于发展过程。人总想成为社会发展的主宰，把过程和结果都纳入到自己的情感和智慧之中。思维的空间指向着社会发展的空间，激情的动力推动着社会发展的进程。

社会发展也是自然过程，人不是绝对自由的。从实践层面上讲，社会发展尤其是经济发展，总要依托一定的自然资源和有效环境，发展进程和发展成果依赖于特定生态系统的功能状况及其所能提供的服务内容。生态系统总是处在演进中，既是历史的也是具体的，它为社会发展提供的物质和能量不是稳定的，必定有饱和的时候，所以社会发展的轨迹不是直线上升的，发展速度不可能是持续倍加的。事实上，跌宕起伏，甚至出现暂时倒退也是社会发展的正常现象。社会发展不是单边的主观行为，更不是人的一厢情愿，人的自由度在社会实践中以认知与运用自然规律的自觉程度为界限。

现代生态学的生态发育原理表明：发展是一种渐进的有序的系统发育和功能完善过程。系统发展初期需要开拓与适应环境，速度较慢；在找到最适应生态位后增长最快，呈指数式上升；接着受环境容量的限制，速度放慢，呈逻辑斯蒂曲线的"S"形增长。但是人能改造环境、扩展瓶颈，使系统出现新的"S"形增长，同时出现新的限制因子或者瓶颈。这种情况循环往复，以至无穷。这个原理揭示了生物群落的发展趋势和过程特点。

既然事物发展路径不是直线上扬的，那么作为经济发展成果的 GDP 就不会连续攀升。发展表现为波浪式前进的总趋势，一定历史阶段上可能在短时期内呈现超常规的势头，人们似乎创造出了发展的奇迹，但是这种情况有其特殊的前提条件，或者是前一个阶段发展因素的积累，或者是对后一个阶段发展潜能做出了预支。发展高峰的前后必然出现低谷，这是自然平衡。从长远看，社会发展是匀速前进的，发展质量和发展幅度依赖于自然生态系统发育状况，取决于人们对生态系统保护与建设的成果，以及发展中人利用资源的技术水平和资源利用效率。因此，保持 GDP 高速递增是不现实的，也是危险的，强行提升 GDP 指标必然给资源和环境造成压力，发展高峰之后出现自然的"报复"，进而引发社会危机。这类现象在西方工业化中屡见不鲜，波及全球，影响至今。

市场经济是社会经济的一种实现形式，在资源配置中起基础性或者决定性作用，但是它先天是法治经济，就是说它需要约束和管理。西方国家和我国市场经济发展历史都表明，市场经济是以最大限度获取物质财富为目的的，以资本自由运作、科技成果应用为手段，以无限量开发与利用自然资源，甚至把生产过程中产生的废弃物、危险物肆意排入公共环境为代价，来追求经济发展的高速度和 GDP 的快增长。发展市场经济凸显了人的愿望和激情，激发了人的创造潜能和劳动积极性，却难以让人客观审视对资源、环境和产品的负面影响，以及对可持续发展的干扰和破坏，一再使经济发展沦为单边活动。生态系统因为透支而衰退，生产环境因为污染而质量下降，物质产品因为追求数量而品质没有保障。由此看来，市场经济是一把双刃剑，在为社会迅速创造出丰富物质财富的同时，为进一步发展留下诸多隐患。急功近利，成了它的特征。如果法律的人民性不充分，市场规则不健全，或者人民性的法律和市场规则执行得不力，市场经济就难以推动社会经济的可持续发展，甚至把人类拖入一个风险社会。在市场经济条件下，科技总能得到迅速发展与广泛应用。

科技运用于经济发展中，是人主动调控经济发展进程的能动表现。作为一种理论体系、一种生产方法，科技本身是人类认识自然规律和社会实践的经验知识，积累与存储在人的头脑中或者某种特定载体里，与个人和社会没有直接的利害关系。但是，某种科技成果一旦付诸经济活动，运用到生产过程中，就跟人（包括生产者和其他社会成员）建立了利害关系。如果它被做了符合人民性（公益性）的使用，某项实用技术被应用到食品加工过程，生产出了安全而有营养的食品；某个生产工艺被运用到特定生产过程，使原料和燃料得到最大限度的利用，生产过程对生态环境和生产环境没有污染或者仅产生轻微污染，产出的物质产品符合消费需要而没有副作用，等等，这类技术成果及其使用方式就是合理的，于人有益的；反之，就是不合理的、于人有害的。

世界工业化的一个显著特征是采用先进的科技武装生产过程，优化工艺流程而提高生产效率。但是，在市场经济条件下，科技发展及其运用是服从和服务于资本逻辑的，即遵循资本谋取利润最大化原则。科技在此情况下沦为资本的工具，成为企业集团攫取高额利润的手段，也成为资本活动中破坏公共环境、滥用公共资源的帮凶。因此，不解决生产目的和科技应用原则问题，工业化就不可能把经济发展与环境保护有机地统一起来，社会经济不可能实现科学发展。西方学界一再反思他们的工业化历史，同时鞭挞科技给现代社会带来的文明灾难。科技本身是无辜的，应当承担其应用中副作用的是其应用者。

相比西方工业化，我国工业化被称为新型工业化。"新"字表现在经济发展获得了空前的人民性（发展依靠人民，发展成果惠及人民），这就从根本上克服了工业化集团利益的狭隘性，突出了科技成果应用的公益性，以及应用领域和应用结果的安全性。社会主义的工业化借鉴了资本主义工业化的经验和教训，力图避免资本主义工业化的"反主体性（反人民性）"。然而，既然是市场经济，资本逻辑必然在此扮演主要角色，科技成果运用在一定范围内和一定程度上也必然受制于资本逻辑。即使在社会主义市场经济中，资本逻辑并未改变，科技听命于资本逻辑，而不会秉持生产主体的意愿。只要对资本活动约束不力，对科技应用管控不力，同样会损害生产"主体"的根本利益。事实表明，20年来我国市场经济发展，在给我国社会提供丰盈物质产品、方便公众生产生活的同时，依然复制了西方工业化中某些消极现象，突出表现在自然资源和生态环境透支，人居环境质量下降，假冒伪劣商品充斥市场，出现了贫富悬殊和社会不公。在普遍过上温饱生活的同时，我国公众对食品药品质量问题忧心忡忡，为日益增多的雾霾天气和饮用水污染而诚惶诚恐。因此，在我国推进新型工业化中，政府必须强有力地掌控资本活动，有效监管企业和市场，严格地筛选科技成果，把关其应用范围和使用方式，让资本活动、科技运用和市场运作都始终服从与服务于社会主义的经济规律。这是引导我国市场经济健康发展和新型工业化稳健运行，消除市场经济和工业化固弊顽疾的根本措施。

当代西藏在祖国大家庭中依然是个欠发展的边疆民族地区，生产能力和社会财力相对微弱。西藏高原高寒缺氧，地理环境相对封闭，多数地区生存环境恶劣，发展生产的自然条件差；大部分国土贫瘠、生态脆弱，地广人稀、交通不便，生产成本高，尤其是农牧业生产效率和总产值较低；全民信奉藏传佛教，创业致富内生动力不足，商品经济不够发达；农牧区科技普及率不高，区内书报市场狭窄，农牧民现代文化生活单调，劳动力综合素质偏低。加上其他不利社会因素的影响，西藏经济社会发展是艰难的，发展代价，包括生态环境代价是巨大的。西藏经济社会发展现状，多方面客观原因使然，想在短期内改变这个现状是不现实的，而且西藏的区情决定了它跟祖国其他省份的发展目标和发展方式不同。

新中国历届中央领导充分体谅西藏的难处，想方设法帮助西藏谋求发展。在西藏和平解放时期，毛主席就指示西南局："进军西藏，不吃地方。"周总理指出："西藏是很贫穷的，发展建设一定要中央拿出钱来帮助，这方面中央会完全帮助的。"在社会主义建设的新时期，邓小平同志把西藏纳入全国改革开放大局中，领导制订了一系列加快西藏发展的特殊优惠政策措施，提出检验西藏工作标准的著名论断："关键是看怎样对西藏人民有利，怎样才能使西藏很快发展起来，在中国四个现代化建设中走进前列。"1990年，中共中央总书记江泽民莅临西藏视察工作，调研了解西藏情况，孕育了指导西藏经济社会发展的方针政策。中央第三次西藏工作座谈会确定了"一个中心、两件大事、三个确保"的指导方针，做出了全国支援西藏及15个省（市）对口援助西藏的决策。此后胡锦涛总书记强调：发展是解决西藏所有问题的基础和关键。于是中央及对口援藏单位不断加大对西藏的支持力度，仅国务院常务会议 2007 年通过的西藏"十一五"规划方案，就确定援建项目 180 个，投资达到 1097.6 亿元。最近，习近平总书记要求西藏："努力完成到 2020 年全面建成小康社会的任务，创造西藏各族人民更加幸福美好的新生活。"

当代西藏盼望自身尽快发展起来，缩小与内地省份的差距。2011 年《中国共产党西藏自治区第八次代表大会关于中国共产党西藏自治区第七届委员会报告的决议》提出，今后五年的奋斗目标：保持经济跨越式发展势头，地区生产总值年均增长 12% 以上，地区财政一般预算收入年均增长 15% 以上，城镇居民人均可支配收入年均增长 7.5% 以上，农牧民人均纯收入年均增长 13% 以上，与全国平均水平的差距显著缩小；基本公共服务能力显著提高，社会保障覆盖率和水平大幅度提高；生态环境进一步改善，基础设施建设取得重大进展；各民族团结和谐，社会持续稳定，全面建设小康社会的基础扎实，确保到 2020 年同全国一道实现全面建成小康社会的奋斗目标。

中央领导同样关注着西藏的生态变化，关心人居环境的质量改善，并希望西藏为祖国西南边疆构筑起稳固的生态安全屏障。西藏占据国土面积八分之一，生态区位特殊，既是世界上独特的生态环境地域单元，又是山地冰川最为发育的地区，既是我国河流、湖泊和沼泽湿地最为集中之地，又是长江上游水土保持、水源涵养和生物多样性保护之地。这片雪域高原不仅是我国的"江河源""生态源"，而且是我国乃至东半球气候的"启动器"和"调节器"，成为我国应对全球变化的重要生态缓冲地带。同时，这里是我国的资源宝库，水资源总量、活立木储积量、野生动物数量，以及优质矿产存量均居全国之冠，拥有多种高原珍稀植物，享誉着"青藏高原物种基因库"，因此是我国战略资源储备基地。西藏的生态环境，关系着中华民族的长远利益，影响到南亚、东南亚地区的未来发展。确保西藏生态环境安全，既可以为西藏经济社会的可持续发展奠定可靠基础，又可以对我国及周边地区的生态环境安全做出重大贡献。

受全球变化影响，青藏高原呈现出草地退化、土地沙化加剧、冰川融化、雪线上升加快等趋势。这个情况引起了中央高度关注，在最近几年里，中央领导对青藏高原生态环境保护工作的批示多达十几次。习近平总书记指出："西藏是重要的国家安全屏障，也是重要的生态安全屏障"。他既肯定西藏目前的"生态环境保持良好"，又强调"要高度重视生态文明建设，保护好雪域高原的一草一木、山山水水，努力构建国家生态安全屏障。"保护好西藏自然生态，建设好西藏的人居环境，成为中央对西藏的希望和重托。

西藏地方自然倍加珍视自己的生态环境，决心为国家保护好"世界上最后一片净土"。自治区党委书记陈全国表示："加强生态建设，切实保护好雪域高原的一草一木、山山水水，造福国家、人民和子孙后代""始终坚持把生态环境保护放在突出位置，加快实施生态安全屏障保护与建设规划，突出抓好大江大河源头区、草原、湿地、天然林以及生物多样性保护，加大水土流失、土地草场沙化综合治理和污染防治力度，建立完善森林草原生态保护奖励机制、生态效益补偿长效机制。"自治区政府原主席向巴平措提出："要倡导'保住青山绿水也是政绩'的正确政绩观，既要金山银山，又要绿水青山"；"保护好西藏的蓝天碧水，保护好西藏的特色优势资源，是我们发展特色优势产业的重要前提"。原生态的环境及物质资源，属于不可再生的自然遗产，一旦失去便永远失去，失去之后情况会是不堪设想的。

当代西藏，经济需要发展、环境也需要保护，而且经济越是需要加速发展，环境保护就越需要加大力度。那么在现实中，西藏是怎样协调经济发展与环境保护之间关系的？

经济发展与环境保护，是对立统一的动态关系。经济发展表现为开发资源、占用环境的索取行为，环境保护则表现为节约资源、推动资源再生、清除有害的环境因子、为经济发展创造适宜人工环境的贡献行为。经济发展的速度和质量，跟保护生态、建设环境力度和成效互为因果。对经济发展来说，生态环境保护投入是一种间接投入，是在为下一轮的经济发展创造物质条件，拓展发展空间；经济发展成果，可以反哺环境保护。事实表明，西藏的农产品在全国乃至世界市场上就是走俏，西藏特色产品生产企业的效益显著，西藏的环境效益换来了西藏企业的经济效益。

绿色西藏，是西藏人的自觉选择。当代西藏，立足自己的资源禀赋和环境特点，坚持把生态环境承载能力作为经济发展、资源开发的基本依据，划定主体功能区，确定产业布局及其发展方向、发展目标、发展原则和发展重点；评价开发和建设项目的环境影响，加大对水能、矿产、交通、旅游等资源开发和基础设施建设中的生态环境执法监管力度，避免因为开发和建设不当而造成生态破坏和环境污染；经济社会发展服从和服务于国家构筑西藏高原生态安全屏障规划，落实国家退牧（耕）还草（林）、天保工程、生态功能区保护、植树造林等生态建设项目，吸引农牧民加入到生态保护与环境建设活动中来，让当地人吃上"生态饭"和"环境饭"；把经济发展与环境保护统一起来，把倡导节俭、反对浪费与不断提高人民物质生活水平结合起来，鼓励与支持企业清洁生产，谋求经济社会可持续发展。正因如此，西藏的生态环境，是目前全国保持最好的，也没有发生食品药品重大质量安全事件。绿色西藏，是西藏人积极作为的成果。

在当代西藏，生态保护途径有多种，首先是落实好"柴薪替代"工程。只有水电、沼气、太阳能、风能、地热能等清洁能源在农牧区普及，农牧民才能告别依靠柴薪、畜粪、草皮作为燃能的生活方式，既能方便生产和生活，又能实现秸秆还田、以牧养草的生态保育目标。其次是大力实施政府规划的绿化工程，不失时机开展植树造林、防沙治沙、养花种草等绿化活动。向农牧民及时兑现退耕还林和退牧还草政策补助和奖励资金，通过政策措施来增加与保持植被面积，稳定提高城乡植被覆盖度。再次是在推进基建过程中，贯彻"环评优先"原则，督促施工单位采取措施降低对项目区生态扰动，落实生态修复的保障措施。最后是率先控制化肥和农药使用量，采用天然有机肥和农作物防病治虫生物技术，保护好农业生产环境，保持住农产品的天然品质，同时在食品加工中制止滥用食品添加剂行为，打造饮食产业的绿色名片，在产值实现方式上以产品质量来换得数量。

当代西藏面临着一个实际问题是，如何妥善处置生产生活垃圾。限于财力和技术条件，西藏目前不能实现垃圾资源化的处理，对其中的大部分做掩埋处理，而掩埋垃圾只是权宜之计，因为这会给环境留下后遗症。理想的处置方式是垃圾资源化利用，减少垃圾而增加资源。这需要一个过程，既是一个人们合理分类垃圾的习惯养成过程，又是一个垃圾处理技术成熟过程。垃圾处理的现状，既反映着公众低碳生活、绿色消费的理念践行程度，以及企业落实清洁生产和节能减排措施的状况，又反映着垃圾处理技术的成熟度和应用水平。

工业生产水平越高，家庭生活越是讲究，所产生的物质垃圾就会越多。技术含量高的产品，往往伴随着危害性高的生产垃圾。企业生产需要先进技术和设备，工业垃圾资源化同样需要先进技术和设备。发展与运用先进的垃圾处理技术和设备，是为工业化"擦屁股"。生活垃圾同样需要资源化处理，至少目前能实现无害化处理，否则，会直接污染大气和水源，妨碍公共卫生、传播疾病，甚至可能被非法制造出有害食品。垃圾处理能力的现实需求与垃圾处理实际能力不足是一个矛盾，这个矛盾在西藏显得尤为突出。如果说西藏急需先进的实用技术，那么首要的是垃圾资源化处理的技术，这是保护生态和环境的重要方面。

在当代西藏，生态保护蔚然成风。从藏北草原到藏南河谷，从三江大地到世界屋脊的屋脊，随时随地能耳闻爱护动物的故事，目睹保护生态的背影。比如新闻报道：落难的黑颈鹤，受到了悉心照料。文章讲述的是：2013年1月12日傍晚，拉萨市城关区蔡公堂的民警在巡逻时发现菜地里有一只大鸟在扑腾，走近细看，是一只腿部受伤的黑颈鹤。黑颈鹤是国家一级保护动物，在西藏被当成宝贝疙瘩。民警接近它，它居然伸长脖子不停啄民警的衣襟，好像自己碰上什么危险似的。民警叫来警车，小心翼翼把它抱上去，带到便民警务站。当晚，被安顿在警务站旁边一间小仓库里；地面铺上一条棉被，帮助它卧在上面，跟前放置食物和饮水。担心它出现意外，夜里值班民警每隔半个小时就去看望一次。次日，这个特殊"伤号"被接到拉萨市林业绿化局，安排到局里最好的小房内；野保人员为它铺上棉被，打开了房内暖炉，水、米就在近前。据说，它的精神状态不错，两眼炯炯有神，一旦有人走近便展翅、叫唤，脾气挺大。野保人员为它制定了疗伤方案。巡逻民警对菜地周围进行检查，察看是否有人在下套捕猎野生动物。相似报道还有：家住类乌齐县长毛岭乡协塘村的向秋拉姆，几十年如一日喂养、救治马鹿，每年义务为马鹿准备过冬饲草，因此成了野生动物的亲密朋友，保护区内马鹿数量从最初的1500只繁衍到目前的10000余只，她被誉为呵护自然保护区的"平凡英雄"；西藏高原"绿色卫士"武警西藏森林总队，2008年扑救林芝森林火灾，400名官兵苦战9个昼夜，一名年轻的战士竟然为此而长眠在高原大地上……

与之相反的，盗猎野生动物、破坏生态环境的不法行为，不管以什么名义、什么方式，不管出现在什么时间、什么地点，都会陷入人人喊打的境地。近年来，西藏各地关于生态和环境方面的信访案件逐年增加，这一现象反映了农牧民生态保护意识在不断增强，也表达了他们对拥有绿色环境的强烈愿望。

同祖国内地一样，西藏非常重视科技成果应用，把科技贡献率视为推动经济社会又好又快发展的重要力量，公众对各种"实用技术"寄予厚望。但是，科技发展及其成果应用是一个复杂问题。科技发展有方向问题，在应用中还有"度"的问题。科技活动必须贯彻科学精神，遵循人文原则；否则，科技发展和应用不但与人类无益，反而有害。应用者须心存敬畏，小心翼翼，不可以唯经济利益是图。当代社会大力倡导循环经济，这需要实用技术来支持，先进的科学理论需要转化为相应的技术成果。但是前提是，政府必须对实用技术的转化和应用行为严格规范。科技对人类会产生什么作用？这取决于被应用的对象和范围，在特定活动中对人类产生什么性质的关系。"水能载舟，亦能覆舟"；水果刀原是用于削果皮的工具，是其主人的帮手，但是若被用于捅死人，它就变成了凶器。

劳动是财富之父，衣食住行等生活必需品是辛苦劳动的结晶。自然经济条件下，劳动者和消费者是统一体，劳动的目标和方式都以自身生活需求和生活安全为依据。科技只是在生产实践中产生与完善起来的一种特殊形态的劳动工具，表现为劳动者依据事物特性及事物间相互作用的机理而采取的特定做事方法。从事一定形式的物质劳动，需要采用相应的操作方法；复杂的劳动才能创造出更多物质财富，而复杂劳动是包含一定科技成果运用在里面的。问题是，选用什么科技成果，应用到什么对象上，运用到什么程度，要以公众的生存安全为唯一标准。相反的是，由片面经济利益驱动而导致科技成果运用走向了反面。我国近年来食品药品生产领域中，由于实用技术应用行为监管乏力，食品药品市场上出现了有毒有害的商品，用含瘦肉精饲料喂养禽畜而生产出来的禽畜产品、用工业原料培植出来的毒生姜和毒豆芽、用餐厨垃圾提炼出来含致癌物质的地沟油和潲水油、添加三聚氰胺生产出来的婴幼儿奶粉、农药滥用造成农残超标的瓜果蔬菜，等等。科技成果越是先进，负面杀伤力也就越大。随着科技发展与广泛运用，如果监管还跟不上，不知道会有什么花样的有毒有害食品药品出现在市场上，只要它们再度成为问题食品药品，对人体损害将会更大。

不适用的实用技术固然不能引用，即使被证明是适用的安全的技术，在发挥其正面作用的时候，也需要管理与引导，避免应用走向反面，尤其是西藏，承受不起高新技术引发的任何形式上的恶性事件及负面影响。既要有善于引用成熟技术的积极态度，又要坚决破除科技万能的迷信思想。在事实和教训面前，我们西藏人需要保持冷静头脑和谨慎态度。

生态保护和环境建设，是当代社会一项理论与实践相统一的公共事业，重在实践，即生态保护和环境建设工程的实施过程；但是理论必须先行，即在工程实施中首先有政府的领导与组织、媒体的宣传与激励、专家的示范与指导。政府领导与组织公众、媒体宣传与激励公众、专家示范与指导公众到达了什么程度，公众的力量、热情和智慧就会发挥到什么程度。可持续发展、清洁生产、低碳生活等一系列的绿色理念首先掌握政府、媒体和专家，然后去掌握公众，最终通过各自角色的完成而落实在生态保护和环境建设工程的实施之中。

在当代中国，科学发展观的含义，不仅意味着发展动力源于人民、发展成果由人民共享，而且发展方式、发展过程必须置于人民监督之下。带有污染的工业项目和基础设施建设工程，在论证和施工中都要由人大代表进行表决与监督，核心点是把其中的生态环境保护措施落到实处。只有把发展方式和发展过程置于人民监督之下，人民对发展成果才有安全感，对发展影响才心中有数，对推动经济社会发展才有坚定信念。在当代西藏，生态环境保护初步形成了群防群控的生动局面，"人民战争"的气势和威力开始显现，人民的积极性和责任感也得到了保护与尊重。但是，必须尽可能让人民了解生态环境保护的基本知识，熟悉相关的法律法规、监督方法和举报程序，以及自我保护措施。只有在这种情况下，人民参与度越高、监督力度越大，生态环境保护的覆盖面就越大、整体成效越显著。

2014 年 6 月 8 日

目　录

第三部　食品药品质量安全的把关

第四部　清洁生产和特色产业

第五部　绿色首府　幸福拉萨

第一部

绿色文化时代来临了

绿色文化，既是一种民族文化，又是一种世界文化，既是一种回归传统的文化，又是一种面向未来的文化，既是一种约束性的文化，又是一种保护性的文化；不再是精英文化，而是大众文化，不再是思辨文化，而是实践文化，不再是功利文化，而是公益文化。在反思工业化，秉承"天人合一"理念的同时，植根于现实生活土壤中，为公众所集体建构。

在现代生态学看来，人类社会是以人的行为为主导、自然环境为依托、资源流动为命脉、社会体制为经络的人工生态系统。这个特殊的复合的生态系统包括社会部分和自然部分，前者主要是指人类的生产方式和历史文化，后者是指作为人类生息和发展物质条件的自然生态系统。人工生态系统中的人群比自然生态系统中其他动物群落富有力量和智慧，所以人工生态系统就比自然生态系统有着更加旺盛的发展活力、更加复杂的体系结构，以及更加明确的发展目标和发展方向。随着生产力的发展和科技的进步，处于人工生态系统之外的自然生态系统不断地被纳入到人工生态系统之中，人工生态系统中自然部分就逐步扩大了。人工生态系统的结构、规模和发展质量，成为人类力量和智慧的表征。

然而，人类既不能随心所欲地创造人工生态系统，又不能一厢情愿成为自然生态系统的主宰。人类力量和智慧的发挥，依赖并受制于一定的客观条件。人工生态系统的发展既要遵守有利于人类自身的原则，又要服从自然生态系统演进的规律。换句话说，人类自觉行为表现在：敬畏自然而顺应自然，利用自然而避免为自然所伤，始终保持着"天人合一"的状态。

"天人合一"是在经历了反复冲突与长期磨合之后，人类与自然界之间所达成的一种约定，是人类在总结了自身发展中经验和教训之后而做出的理性选择。

工业社会取代了农业社会之后，张扬科技的"神奇力量"，通过科技成果运用来加强对自然界掠夺式开发，摒弃了"天人合一"的契约。事实证明，虽然物质财富极大涌流，但是生态系统因为透支而衰退，生态环境因为不计后果的排放而遭到污染，食品药品质量问题日益突出。自然界，原是人类安身立命之所，世界工业化却把它逆转为人类的对立面。

自然界既不只哺育人类的"慈母"，又是监管人类行为的"严父"。"天人合一"，被历史证明是人类与自然界相处的理想状态。在谋求发展、享受着自然界恩赐的时候，尊重自然规律、适度开发与自觉养护自然生态系统，努力维护自然生态系统的稳健状态，这是人类的必然选择和自保之策。绿色文化与其说是一种新的文化样态，倒不如说是当代文化的一种新的价值取向；绿色文化在全社会倡导绿色经济和绿色生活，即经济可持续发展与公众低碳生活。

近10年来，全球生态环境持续恶化

现代战争中的战场污染。现代战争是高科技条件下的局部战争，所使用的武器装备不仅给战场内的武装人员造成巨大杀伤，而且殃及战场以外的无辜平民，其神秘的杀伤力会通过环境污染而持续发酵。据 2010 年 3 月 25 日《参考消息》（记者李来房），一份由伊拉克环境、卫生和科技等政府部门联合调查的结果显示：在对伊拉克境内 50 多处污染点调查中，42

个点受到强辐射和有毒物质的污染，其中巴士拉、费卢杰等曾经做过战场的城区污染面源大，这些地区癌症患者和畸形儿数量迅速增多。

有专家认为，癌症和新生儿缺陷跟贫铀辐射污染有关。一些国际研究也显示：贫铀会造成灾难性后果，贫铀的影响周期会在5—6年内显现。这一推断与1996年至1997年和2008年至2009年伊拉克境内几个曾经成为主战场城市里的癌症患者急剧增加情形正相吻合。据《美国公共卫生杂志》2010年2月刊发的一份研究报告，在1993年到2007年15年间，巴士拉城内15岁以下儿童的白血病发生率从10万之3例增至10万之8.5例，是邻国的4倍多。据统计，巴士拉2005年癌症确诊人数为1800例，2007年新增癌症患者超过3000例。巴士拉在"两伊"战争、海湾战争和2003年战争中都沦为交战双方新式武器用于实战的"实验场地"。

2003年战后，费卢杰城新生婴儿中先天性缺陷婴儿比例不断攀升。费卢杰医院儿科医生萨米拉·阿尼认为，该地区战争环境污染是造成婴幼儿畸形的主要原因。他希望通过专业实验室来弄清楚畸形儿病例跟这个城市的环境污染之间的关系。因为他亲眼看到近几年医院里新生缺陷儿病例迅速增加，前几年医院通常每月接受1到2例新生缺陷儿，近期一天就会有2到3例。据卡塔尔半岛电视台近期一份报道，费卢杰每4个新生儿里就有1个患有严重缺陷，比如先天性畸形、脑瘤或者神经系统疾病。近来，伊拉克研究人员在国际组织帮助下，对费卢杰战后的环境污染进行调查，宣称已经发现一处强辐射的区域。

核电站泄露造成区域污染。 自从开发核能以来，重大核泄漏事故频繁发生。20世纪美国三里岛核泄漏和苏联切尔诺贝利核泄漏，以及21世纪日本福岛核电站泄露爆炸，分别发生在核技术最为尖端的三个国家，第一次和第三次相隔就30余年，给生态和环境造成的破坏难以估量。当然，"最后一次"是由自然原因引起的。

2011年3月11日，日本爆发了里氏9级地震，在引发海啸的同时，导致福岛核设施泄露、爆炸，核辐射污染的范围不断扩大。当月 24 日日本原子能安全保安院向公众表示，福岛第一核电站 3 号机组的 3 名工作人员在放射性物质含量较高的水中抢修作业时遭受过量辐射，辐射量在 170—180 毫西弗之间，三人中有两人的腿部皮肤附着了放射性物质，被紧急送往医院接受诊治。

3 月 28 日，日本东京电力公司宣布，在福岛第一核电站区域内的 5 处地点采集的土壤样本中检测出了放射性钚。钚是反应堆内燃料中的铀吸收中子后产生的，它的半衰期非常长，且毒性很强。钚进入人体后潜伏在肺部和骨骼等组织细胞中，破坏细胞基因，提高罹患癌症的风险。此次检测出的是钚的 3 种同位素钚—238、钚—239 和钚—240。钚在高温下生成，非常重，不会轻易飞散，因此土壤中被检测出的钚，可能与福岛核电站 1 号至 4 号机组连续发生氢气爆炸和火灾有关。此前，已经检测出放射性碘和铯。4 月 2 日，福岛第一核电站 2 号机组取水口附近电缆竖井侧壁出现 20 厘米的裂缝，高放射性污水从该缝隙直流入海。

同时有媒体报道称，东京部分地区自来水放射性碘含量超过了婴儿可饮用标准的两倍。一家自来水处理厂水样检查结果显示：1 千克水中碘—131 的放射性活度已经达到 210 贝克勒尔，而政府为婴儿设定的安全饮用水上限为 100 贝克勒尔；福岛县的菠菜、花椰菜、卷心菜、萝卜、小松菜、茎立菜等 11 种蔬菜放射性物质超标。

日本 4 名妇女母乳中被测出放射性物质。日本民间团体“母乳调查和母子支援网络”4 月 20 日宣布，由千叶县、宫城县、福岛县和茨城县 9 名女性提供的母乳，被送到民间放射线监测公司进行分析，结果发现其中 4 份母乳程度不同含有微量放射性物质。由于首次发现这个情况，消息披露后立即在日本社会上引起恐慌。

4 月 12 日，日本政府把福岛第一核电站事故等级提升为最严重的 7 级，与切尔诺贝利核电站事故等级相同。不久，日本一名核能专家说，福岛第一核电站周边一些地区土壤辐射污染程度与苏联切尔诺贝利事故土壤辐射污染程度相当。日本共同社报道，福岛核电站西北大约600平方公里地区土壤中，放射性铯活度可能为每平方米148万贝克勒尔，达到切尔诺贝利核电站爆炸事故人员强制疏散标准；核电站周边另一块700平方公里区域放射性铯活度可能为每平方米55.5—148万贝克勒尔，达到了尔诺贝利事故人员临时疏散标准。这些估算值基于日本政府对空气辐射污染监测所得数据。

监测表明，福岛核泄漏放射性物质扩散到了海洋。据新华社东京2012年4月3日电（记者蓝建中）：日本东京大学海洋研究所与美国伍兹霍尔海洋研究所2011年6月在距福岛第一核电站30公里至600公里外海域的60个地点采集了海水和浮游动物，并用浮标测量了海流情况。在距离福岛第一核电站300公里外海域采集的浮游动物体内放射性铯水平最高，浮游动物被干燥后最高每千克含铯约102贝克勒尔，相当于事故前平均值的100倍，在核电站600公里外的海域也检测出了放射性铯……

海湾、海域石油污染。2010年墨西哥湾原油泄漏事件。4月20日，位于墨西哥湾的英国石油公司"深水地平线"钻井平台，由一个甲烷气泡引发爆炸并伴随大火。5月27日的调查显示，海底油井漏油量从每天5000桶，上升到2.5万至3万桶，演变成了美国历史上最严重的油污大灾难。原油漂浮带长200公里、宽100公里，而且继续污染墨西哥湾辽阔海域。为了帮助美国排除原油泄漏造成的污染，墨西哥、挪威、伊朗等 10 多个国家和国际组织向美国伸出援手，竭力阻止这一地区生态环境遭到进一步破坏。"这可能成为和平时期（全球）最严重的漏油灾难"。全球语言检测机构公布 2010 年全球年度热词调查显示，"漏油"位居榜首，反映了墨西哥湾漏油事件对全球生态环境的深刻影响。

2011 年中国渤海湾被溢油污染。6 月 4 日，康菲公司在中国渤海上的蓬莱 19—3 油田出现溢油事故。联合调查组在调查分析后认定，"蓬莱 19—3 油田溢油事故属于责任事故"，是由康菲公司没有尽到应尽责任造成的。由于康菲公司"有章不循""毫无责任心"，以及中方有的监管部门"不作为"、相关部门配合不力，致使漏油源得不到及时有效封堵，油污面积不断扩大。

检测结果显示：溢油污染主要集中在蓬莱 19—3 油田周边海域和西北部海域，其中劣四类海水面积为 840 平方公里，附近 3400 平方公里遭受 1—3 级污染，单日溢油最大分布面积为 158 平方公里（出现在 6 月 13 日）。蓬莱 19—3 油田附近海域海水石油类平均浓度超过历史背景值 40.5 倍，最高浓度是历史背景值的 86.4 倍；溢油点附近海洋沉积物样品有油污附着，有的站点石油类含量是历史背景值的 37.6 倍。

7 月 12 日凌晨，中海油绥中 36—1 油田中心平台中控系统发生设备故障，全油田生产关断，流程泄压火炬头排出的气体瞬时带出原油落海，漏油形成约 1 平方公里油膜。

类似事件，同期还发生在意大利、泰国等多个国家。

被原油污染的水域地处大陆近海，是沿岸国家人口、工业分布集中的地区。这些海湾油田都是世界著名石油公司经营，设备是先进的，资金是雄厚的。为什么屡出事故？技术问题还是人的疏忽？但是有一点是肯定的，就是这些漏油事故给当地乃至世界海洋生态环境造成了难以修复的破坏，这些海域污染叠加效应是难以估量的。

全球变化了。全球变化是指由于自然和人为因素的双重影响而造成的、在全球尺度上发生或者具有全球性影响的一些生物、物理和化学过程的变化，包括大气成分变化、气候变化、土地利用和植被覆盖的变化、人口增长、荒漠化、生物多样性变化等内容，核心是全球气候变化，主要是地球上大气变暖。

地球上大气变暖，对全球生态环境影响深刻。引起冰川融蚀、海岸带和岛屿变化，降水分布变化，改变工业和农业生产、能源供需和生活环境；通过改变植被格局、有害生物发生格局、生物种群结构、生态系统的地球化学循环与能量交换等，反馈给气候系统，综合作用于人类的生存环境。其主要表现如下。

北极海冰面积创新低。近来，德、美两国的相关研究人员报告，北极地区海冰面积缩减严重，为1972年以来最低。北极海冰反射大量的太阳光，有助于降低地表温度，所以了解夏季海冰面积变化是监测全球变暖的手段之一。研究人员自1972年开始，借助卫星监测北极海冰面积变化，发现其面积平均每10年缩减大约11%。研究人员还发现，除了面积减少，北极海冰厚度也在降低，只是厚度变化监测难以达到面积测量那样的精度。

地球升温导致冻土层消融，而冻土层消融加速气候变暖。美国一项最新研究称，随着气温的上升，到2200年地球的永久冻土层估计有多达三分之二将融化消失，从中释放出大量的碳，反过来会加速全球的变暖。来自科罗拉多大学的研究人员介绍说，永冻土融化释放出的碳主要来自上个冰川期被冻在土壤中的植物根茎残余等物质，这就好比把菜冻在冰箱里可以冷冻许多年，然而一旦从冰箱里拿出来（环境温度升高），菜就会解冻腐烂。据推算，随着地球升温，在接下来的200年里，地球永久冻土层的融化将向大气中释放约1900亿吨碳，这些碳的释放不仅加速全球变暖，影响地球气候，而且将影响国际社会的碳减排进程。

气候变化可能导致季节性降雨增强。悉尼新南威尔士大学气候变化研究中心的马修说，澳大利亚海岸附近海水温度已经达到有记录以来的最高值，这会给昆士兰州的上空及北澳大利亚地区带来大量水汽。此次澳大利亚强降雨的原因在于拉尼娜现象异常强劲。拉尼娜是指东、中部太平洋海面温度持续偏冷的现象，往往会导致澳大利亚、印度尼西亚等地强降雨。

全球变暖将使植物种类减少9％。近来有研究报告称，到21世纪末，全球变暖会使植物种类减少9％。德国生物学家利用计算机模型，分析处理了有关"物种丰度"（CSR）的数据。物种丰度是指每个地区可能存在的植物种类数量。在18种预定模式中，13种模式显示全球物种丰度到2100年将"大幅减少"，平均下降4.9％。报告指出，能适应环境变化的"多面手"物种将会扩大，代价是不太具有多方适应能力、土生土长的植物只能在有限的温度范围内存活。这些植物物种将变得越来越稀少，甚至灭绝。

全球珊瑚礁2050年恐绝迹。2011年2月23日，世界多家研究机构指出，如果缺乏必要保护措施，有"海洋热带雨林"之称的珊瑚礁，到2030年占全球90％的或许消失，可能在2050年彻底绝迹。过渡捕捞、海岸开发、近海水体污染等地理因素，对珊瑚礁构成了直接威胁，在近期内危及全球超过60％的珊瑚礁生存。气候变化作为全球因素，与地域性因素共同作用，加剧珊瑚礁生存困境。全球变暖导致海洋温度上升，珊瑚礁"漂白"现象发生频率增加。"漂白"，即珊瑚礁逐渐排斥附着自身的共生彩色藻类，礁体褪色发白。发生"漂白"的珊瑚礁通常濒临死亡。同时指出，一旦珊瑚礁绝迹，大量依靠珊瑚礁获取食物、栖息在珊瑚礁区的海洋生物生存就随之告急。有研究成果称，占海洋面积不到四百分之一的珊瑚礁，养育着海洋鱼类的四分之一。同时，失去珊瑚礁保护的海岸线更容易遭受海浪侵袭。

气候变暖导致土地沙化蔓延。土地荒漠化的原因很多，气候变暖是一个带有根本性的原因。据蒙古国气象部门分析：近70年来，蒙古国的气候变暖速度超过世界平均速度的3倍，平均气温上升了2.1摄氏度。持续多年的干旱导致境内700余条大小河流的上百处湖泊不是断流就是干涸，这反过来加速土地的荒漠化。在2009年12月召开的哥本哈根世界气候大会上，蒙古国总统额勒贝格道尔吉向与会的各国元首发出了邀请："请你们到蒙古国的戈壁、沙漠地区走一走、看一看，那样你们就会知道，气候变化对我们这个地球家园的影响是多么巨大！"

蒙古国戈壁地带发生的沙尘暴次数比20世纪60年代增加了5倍。从2010年3月中旬开始，蒙古国西部、西南部、南部和中部地区经历了多年罕见的强沙尘暴袭击，一些地区白天转瞬之间变成了可怕的"黑夜"。蒙古国境内形成的沙尘暴天气南下，几乎影响到大半个亚洲。蒙古国TV5电视台节目曾经播报："蒙古强气旋把我们的戈壁黄沙送到了北京天安门广场。"

40年后，气候变暖让10亿城市人口缺水。美国一项研究显示，全球气候变暖加剧城市化弊病，预计到2050年将有超过10亿城市人口缺水，印度城市状况堪忧。按照当前城市化趋势，到21世纪中叶全球将有9.93亿城市人口每天获取水量不足100升，加上气候变暖因素，缺水城市人口将额外增加1亿。城市从其他地方抽取地下水或者江河水，会破坏生态系统，威胁野生动物生存。

地球变暖延长枯草热流行时长。枯草热又称花粉症，是一种因吸收外界花粉抗原而引起的夏季过敏性疾病。近几十年来，枯草热在欧美等地区流行。研究者认为，体内的特异反应性、环境污染、花粉量增加，同气候变暖一道是枯草热流行的主要原因。美联社援引美国2011年2月22日出版的《国家科学院学报》文章，认为1995—2009年间，北美北部地区枯草热流行季时长出现戏剧性延长现象，纬度越高，流行季延长的天数越多。研究者认为，枯草热流行季时长所发生的这一变化证明了联合国政府间气候变化问题研究小组的观点：越靠近北极，气候变暖越剧烈。

全球变化刺激着世界"粮食安全"话题。粮食安全问题主要是指粮食总量不足，9亿人口处于饥饿半饥饿状态。除了人口增加消耗每年增产的粮食外，农业实现粮食增产难度加大，世界农业粮食产区土壤肥力退化，农业用地沙化，水力资源匮乏等让农业生产能力受限制。发达国家叫嚷粮食安全，是要求粮食品质好、有营养，发展中国家惊呼粮食危机，是粮食数量不能满足生活基本用粮。一个为了吃好，一个为了吃饱。

引起全球变化的，是人类活动对生态环境扰动的叠加效应。燃烧矿物燃料造成了气温升高。央视新闻联播 2013 年 9 月 28 日播报，联合国气候专家表示，他们有 95 % 的把握确信，人类活动导致了全球变暖、海平面上升和极端天气事件，2100 年全球气温将比工业化之前上升超过 2℃，也许上升幅度会达到 4.8℃。另外，2010 年 11 月 26 日，《参考消息》报道说，英美等国的科学家认为：由于人为制造的温室气体排放，气温的长期趋势在上升，2000 年至 2009 年是有记录以来气温最高的 10 年，2010 年的气温比 1961 年至 1990 年的平均水平高 0.5 摄氏度左右，2010 年与最热的年份 1998 年的气温水平持平，2010 年的地表温度超过了此前的最高纪录。

引起警觉的，是 2010 年碳排量再创新高。2011 年 5 月 30 日，总部位于巴黎的国际能源机构声明说，全球与能源相关的二氧化碳排放量在 2009 年经历金融危机引发的"攀升低谷"后，2010 年升至 306 亿吨，高出 2008 年排放记录 5 %。"依据最新估算，全球 2010 年能源相关二氧化碳排放量为历史最高。"该家机构表示，电力行业当前的二氧化碳排放水平已经达到 2020 年预设排放量的 80 %。换句话说，计入在建发电站投入运营后的二氧化碳排放量，电力行业 2020 年的排放量可能超出既定目标。这为实现全球气温升幅不超过 2℃ 的目标蒙上了阴影。

2℃，危险的"门槛"。现有世界上所有的机构和国家，欧盟、日本、美国、中国、印度、大型跨国集团、绿色和平组织等，一致同意：地球必须控制于升温 2℃ 内。一旦跨过 2℃ 的门槛，将会导致生态机制失去控制。气候专家认为，2℃ 成了人类生死存亡的临界线。只要地球平均气温上升 1℃，部分野生动物就会濒临灭绝，物种被迫迁离驻地或者灭绝；上升 2℃，将有三成的动物、植物绝迹，各地出现干旱、饥荒、珊瑚白化，人类面临生存危机；上升3℃，三成海岸湿地将被淹没，引发热浪、干旱，上亿人无水可用……全球温度一旦上升6℃，人类及大多数物种都将灭绝。

世界生态环境保护运动的发生与发展

全球范围内方兴未艾的生态环境保护运动，早在世界工业化后期就开始了。

这场运动为什么发端于美国？运动的导火索为什么是从规范农药使用开始的？在美国这个工业发达的国家，众多类型的杀虫剂和除莠剂，不断被发明与生产出来，农田、菜园、园林等场所无节制地施用这些农药，仅在加利福尼亚的农场里所用的药量，就能给5—10倍的世界人口提供致命的剂量。因此，农业环境及其农产品备受农药污染，给食品安全、人居环境和人身健康，以及农业生产可持续发展带来巨大威胁，引起了公众尤其是相关科学家的忧虑和不满。

为生态环境保护事业呐喊的第一人。这个人，是美国海洋生物学家、被誉为全球现代环境保护运动先驱的蕾切尔·卡森（Rachel Carson）。坚持真理和英勇顽强的人品，成就了她悲壮的传奇人生。1907年她出生于美国宾夕法尼亚州斯普林戴尔，孩提时代即对鸟类产生好奇，念大学期间内心萌生对大自然的热爱，在大学执教期间对海洋生物产生了浓厚的兴趣，开始为电台的科普节目撰写讲稿，此后以水生动物学家的身份进入渔业部任职，并潜心于海洋地质和海洋小动物的科研。

她在科普写作方面很快崭露头角，应邀为《大西洋月刊》的《浪漫的水下世界》专栏撰稿。在此期间，她敏锐注意到滴滴涕和其他杀虫剂的滥用给农业环境和自然界野生动物造成的危害。1958年1月，她收到朋友奥尔加·欧文斯·哈金斯的信。信中讲述，她和丈夫在麻省经营了一个鸟场，政府为控制该地区的蚊子繁殖，用飞机喷洒杀虫剂，结果很多鸟雀中毒死亡。奥尔加恳请她向首都的有关部门寻求帮助。同年，长岛上两位居民提出诉求，要求政府不要往他们的土地内喷施滴滴涕。当时没有确切证据表明，农药使用与环境污染有何关系，而且化工集团和政府有关部门一直支持农药使用，所以两位居民的要求没有结果。蕾切尔坚持认为，公民有权拒绝自己的小环境被污染。

在当时的美国，农药使用相当普遍，农田和菜园里用于杀虫与除莠，家庭用来灭蚊蝇除鼠害。手工操作的喷雾器、电动鼓风机、撒粉机、农用飞机齐上阵，大范围、宽幅度播洒农药。常用农药除了滴滴涕"像一种无害的日常用品"被普遍施用外，烃类药物的狄氏剂、艾氏剂、安德萘，有机磷酸盐类的对硫磷、马拉硫磷、绿丹等多种毒性更大的杀虫剂和除莠剂被不计后果地滥用。化工集团出于商业利益，鼓吹与推广农药使用；农民依赖农药的杀虫效果取得丰收，浑然不知农药的毒副作用。对此，蕾切尔忧心如焚地指出："化学药雨已经增多到倾盆而下的地步了"，"照一位医学权威的说法，仅在加利福尼亚的农场里所用的药量，就能'给五至十倍的全世界人口提供致命的剂量'。"

蕾切尔在回答读者提问她写作《寂静的春天》（Silent Spring）动机时表示："对农药了解越多，我越感到震惊。我意识到这完全可以写成一本书。我发现，现在发生的所有一切都与我作为自然学家的原则相违背，阻止这种不幸的延续成为我的当务之急。"这本书旨在揭露"工业化的技术社会对自然世界之不负责任"，唤醒美国公众对于农药危害性的认识。作者打算把该书写成对公共政策施加积极影响的科学著作，并以引人入胜的笔调把客观事实和科学依据呈现给公众，使它产生强烈的说服力。

蕾切尔在《寂静的春天》里虚构了一幅幅令人恐怖震惊的生活场景，作为"明天的寓言"警醒读者。然后，她详细解释了几种常用农药的成分，揭示它们对生物体构成侵害的机理，附加生活中实际发生的悲惨故事，以及为什么这些害处至今还没有得到系统研究的原因。她热切地建议，农药对于生物的毒害作用应该得到进一步研究，其他控制虫害的方法应该得到探索和实践。全书于1962年由休顿·米弗林出版社正式出版。

《寂静的春天》的出版发行，最初在美国社会上引发两种不同的激烈反应。一方面，作者成了几家化工公司的"眼中钉"。他们在媒体上接连发表文章，竭力宣称"农药是抵御饥饿和疾病的最佳良方"，氯丹和七氯等农药生产企业要求出版社推迟发行该书，有些官员竟然还对她进行侮辱谩骂。另一方面，《寂静的春天》唤起了公众的同感，推动政府对农药生产与施用的科学管理。肯尼迪总统阅读该书后，指定白宫科学顾问杰罗姆·维斯纳博士负责调查农药的污染性。事实上，调查报告确认了蕾切尔关于杀虫剂危害性的分析。在总统科学咨询委员会1963年5月完成的《农药的使用》报告中，建议停止使用带有毒害的化工产品，转向推广那些效用并不持久的农药。该报告指出："在《寂静的春天》出版之前，人们几乎没有意识到农药的毒害作用。"

在同缠身的病魔作顽强斗争过程中，蕾切尔凭借对真理的执着追求和超凡的个人勇气为环境保护奔走呼吁。1963年蕾切尔建议政府设立专门机构，以监督农药的使用符合公众利益，不为某些工业集团的经济利益所操纵。不久，美国政府成立了环境保护总署，被称为是"《寂静的春天》的延伸"。1972年美国政府颁布文件，禁止农药滴滴涕的使用。

《寂静的春天》揭开了现代环境保护运动的序幕。美国克林顿时代的副总统阿尔·戈尔在为《寂静的春天》作的序言里说，"当1964年春天蕾切尔·卡森逝世时，人们已经明白她的声音是不可能被掩盖的。她唤醒的不只是我们国家，还有整个世界。"他把蕾切尔·卡森的《寂静的春天》同哈丽特·比彻·斯陀的《汤姆叔叔的小屋》相提并论，预言《汤姆叔叔的小屋》引发了美国历史上的废奴运动，那么《寂静的春天》将成为"当代环境保护的起点"。

《寂静的春天》在美国社会的影响日益扩大，催生了美国第一个民间环保团体，标志着生态环境保护运动在美国初成气候，迅速向全球范围内扩展。世界各地环保组织如雨后春笋般地涌现，并且把环保任务提到各国政府面前，促使联合国于1972年6月在斯德哥尔摩召开"人类环境大会"，各国代表签署了"人类环境宣言"，正式开启了人类环保事业。

"绿色和平"与环保运动。 20世纪60—80年代，西方社会兴起了以保护环境、维护生态平衡，反对核试验、维护世界和平为中心的群众运动，总称世界环保运动。该运动是在地球生态退化、环境污染日趋严重、核试验频繁进行、核军备不断升级、人类生存受到威胁情况发生和发展起来的。运动规模在一国就达几十万人，参加者在数国之间协调行动。运动中出现了以绿色为目标的组织，其中绿党在许多国家成为重要的政治力量。运动对于唤起世人的环境意识，进而采取环保行动，以维护全球生态平衡发挥了积极作用。

国际绿色和平组织简称为"绿色和平"（Greenpeace），承担着世界环保运动的宣传和推动工作。绿色和平是在国际群众运动趋于高涨的背景下诞生的，由一位加拿大工程师戴维·麦格塔格发起，1971年9月15日成立于加拿大，总部设在荷兰的阿姆斯特丹，目前在全球41个国家设有办事处。绿色和平，是一个独立的民间环保组织。为了保持自身独立性，该组织不涉足政党及政治立场，不接受政府、政党以及公司的帮助或者资助，资金来源依赖全球300多万支持者的长期捐助和独立基金会的财政支持，每年会费就有1亿美元；主要成员来自各种领域，包括环境问题专家、通讯领域媒体专业人士、政经部门中的老手，以及来自英国和乌克兰两个科学实验室的工作人员等，使得其诉求和建议更加具有可信度；"绿色和平号"船只航行于国家和地区之间，以强调地方的环境问题；发起人戴维担任过绿色和平的主席，他获得过联合国颁发的"全球500佳"奖。

绿色和平积极作为，世界环保运动成果丰硕。绿色和平最初以使用非暴力方式阻止地下核试验和公海捕鲸著称，后来转为关注其他环境问题，包括水底拖网捕鱼、全球变暖和基因工程等问题。它宣称自己的使命是："保护地球、环境及其各种生物的安全及持续性发展，并以行动做出积极的改变"；最终目标是确保地球得以永久地滋养其上的千万物种。对于有违以上原则的行为，都会竭力加以阻止。对待科技成果的态度是，站在保护环境与维护生物多样性，以及经济社会可持续发展的角度来决定科技成果是否采用以及应用的范围，希望在科技发达的时代确保地球村能拥有一个更为绿色、和平与可持续发展的未来。

绿色和平派出"彩虹勇士号"旗舰驶往南太平洋，反对法国进行核试验；派出"天狼星号"船封锁直布罗陀海峡，阻止苏联的捕鲸船队通过；举行新闻发布会，揭露一些国家把有害废弃物越境转移至他国的真相；在关注战争带来的环境危机、主张限制温室气体排放、曝光工业公害事件、反对基因改良食品等方面做出了努力，在使用"公众舆论"唤起人们反对污染、保护环境，敦促有关国家及企业采取控制污染措施等方面做出了贡献，在倡导制订一项联合国公约为世界渔业发展提供良好环境、于南太平洋建立一个捕鲸禁区、50年内不开采南极洲矿藏、禁止向海洋倾倒放射性物质以及工业废物及废弃的采油设备、全面叫停核武器试验等生态环境保护的重要方面均扮演着独特角色。

绿色和平同中国建立了合作关系，意味着它开始就某些重大项目积极寻求与国家政府合作，标志着世界环保运动有了新发展。

绿色和平中国分部，建立于1997年2月，活动空间覆盖了大陆、香港、澳门和台湾，国内的项目涉及生物安全、可持续农业、电子废物、气候和可再生能源、森林保护等五个领域。关注的领域和行动计划，都是基于对中国环境议题和社会发展的理解与尊重，致力于同中国政府和人民一道，共同寻找建设性的解决方案，推动中国和全球社会的可持续发展，让中国发展成为一个公众生活富裕、环境安全优美的国家。

北欧发展清洁能源。绿色和平的环保理念逐步深入人心，在北欧诸国转化为积极行动，开发利用新型能源，降低温室气体排放。这方面的生产技术是真正的绿色技术。北欧国家大都处在北极圈及其附近，作为全球最靠北的一个地区，冬季漫长而寒冷，对能源的需求显得更加突出。以瑞典为例，每年用于供暖的能源消耗，约占总能源消耗的24%。因为需求的巨大和独特的地理气候特点，瑞典同其他北欧国家一样，走出了一条符合本国特点的新能源开发利用之路，并发展为目前世界上新能源开发利用的样板地区。

沼气成就了瑞典低碳排放。瑞典把"节约能源和替代能源的可持续发展"作为基本国策，并把替代能源的可持续发展作为能源政策的重心。在这一政策指导下，瑞典政府大力推进新能源的开发利用。突出的成就是充分利用"沼气"，实现了节能减排。在一些国家还在为《京都议定书》中规定的二氧化碳排放量争执不休的时候，从1990—2006年，瑞典悄然实现了二氧化碳排放量每年递减9%。与此同时，国民经济在这一时期实现了44%的增长。瑞典二氧化碳排放量甚至比《京都议定书》规定的标准还低4%，促成这一成果的重要因素就是使用沼气作为动力燃料。在瑞典，沼气被应用于列车、城市公共交通和私人出租车。有的城市还把垃圾收集和公共交通系统联结起来，以便更好地使用沼气。2005年10月，世界上首列沼气火车在瑞典投入运营，时速达到130公里。

瑞典政府还大力推进生物质能的开发利用。瑞典成功地把地热和废热作为供暖的全部能源，生物质能产业已经形成规模。有些生物燃气企业以林木加工的废弃物和生活垃圾为主要原材料，致力于生物燃料生产、热电联产，形成一个完整的产业链，不仅让林木物尽其用，而且创造了可观的经济效益和生态效益。在冬季漫长而寒冷的北欧，生物质能逐渐成为当地居民和市政供暖的首选燃料。有的公司还进一步开发新的生物质能源。如EON公司目前已经完全掌握了把废油变成生物燃料的技术，从工业废油到家庭及餐馆的食用残油，经该公司新技术处理后，都可以变成生物柴油。在生物燃料公司附近，省政府规划并建立了多个专为环保车提供生物燃料的"加油站"，以及用以储存生物燃料的专用大型仓库。这些公司生产的生物燃料除了供当地居民使用，有相当一部分出口到挪威和丹麦。

丹麦合作社推动风能普及。作为"生态村"理念的首创国，丹麦是世界上能源问题解决得最好的国家之一。丹麦在新能源的开发利用中首推风能，在其制订的最新能源计划中，明确提出到2030年能源构成将为风能占50%、太阳能15%、生物能和其他可再生能源35%，其中风能在2025年将占到电力供应总量的75%。届时，丹麦成为靠风"驱动"的国家。在丹麦推广风能的过程中，私人投资和风机合作社起到了非常重要的作用，有15万个家庭是风机合作社的成员，私人投资者安装了丹麦86%的风机。同时，丹麦政府按照地区就近的原则进行风能推广。

另外，秸秆热电技术丹麦领先。秸秆发电堪称丹麦的杰作，人们称赞丹麦创造了"新童话"。在1992年和1997年联合国气候变化框架公约及京都议定书出台前后，丹麦就开始为建立清洁发展机制、减少温室气体排放，加大对生物质能和其他清洁可再生能源的研发力度。在政府的关注和支持下，丹麦由 MWE 公司率先研发秸秆生物燃烧发电技术。在这家欧洲著名能源研发企业的引领下，丹麦1988年诞生了世界上第一座秸秆生物燃烧发电厂。在丹麦王国能源署等部门的努力下，目前丹麦已经建立了100多家秸秆发电厂，秸秆发电等可再生能源占了全国能源消费量的24%以上。目前，秸秆发电技术从丹麦走向了世界，被联合国列为重点推广项目。

芬兰发展生物能源独辟蹊径。芬兰本是一个能源小国，煤、石油、天然气均缺乏，而其木材加工、化工、造纸等基础产业是耗能大户。为了解决这一矛盾，芬兰充分利用国内丰富的森林资源，走出了一条生物能源开发利用的成功之路。生物能源主要是指利用植物的废弃物，比如木屑、树皮和森林落叶等，发出的电和释放出的热。生物能源既是可再生能源，又是无污染或者低污染的绿色能源。芬兰生物燃料的主体为森林废弃物、人造能源林，以及木材造纸加工业的副产品和残余废物，而另一类生物燃料包括泥煤和一些非食用生物等。如今，芬兰已经建立起了配套完善的生物能源商业链。全国大约有 400 个大中型能源工厂使用生物燃料发电供热，取得了良好的经济效益和社会效益。另外，2007 年 5 月，世界上首座第二代生物柴油加工厂在芬兰南部建成投产，年产量达到了 17 万吨。生物柴油是利用植物油或者动物脂肪等可再生资源制造出来的新型燃料，具有清洁环保、可再生等优点。第一代生物柴油主要以菜籽油为原料，第二代生物柴油还可以使用棕榈油、大豆油、动物脂肪等原料，比以往的生物柴油更加清洁。

芬兰在利用森林资源大力发展生物能源的同时，加大了对国内森林资源的保护力度。比如芬兰法律规定，林主在对成熟林进行砍伐时，要向银行预交营造新林保险金（造林费），同时，必须于两年内在采伐地上重新造林。新植树木经过政府部门验收合格后，林主方可领回预付的造林费，否则，国家将动用这笔款代为造林，林主还必须无偿参加营林劳动。在政府和个人的共同努力下，芬兰的森林资源越用越多。

挪威借风发展"氢经济"。2001—2006 年，挪威连续六年被联合国评为"全球最适合居住的国家"。

挪威是在世界上第一个把风能和氢气结合起来发电的国家。2004 年，挪威在西海岸修建了尤兹拉风力发电场，该发电场把平时风力发电产生的剩余电力用于分解海水，通过水分子电解产生氢气后，把它储存在一个大的容器里，再注入常规的氢发生器或者注入燃料储存室里，一旦由于没有风或者风力过大风车不能转动时，人们就可以用储存的氢获取所需的电力。风力发电场所在的尤兹拉岛，因此实现了能源自给自足，成为世界上"氢经济"示范区。

挪威还尝试了水下潮汐发电，利用海洋中的潮汐推动建于水下的涡轮发电机产生电力。第一座水下潮汐涡轮机于 2002 年底安装，在 2003 年 9 月并入了电网。

冰岛拥有地热而不再依赖石油。紧邻北极圈的冰岛，在 2007 年成为"全球最适合居住的国家"。冰岛充分利用大自然赋予它的清洁能源——地热，成为全世界最干净的国家。

冰岛全国共有 800 多处热田，是世界上热田最多的国家之一。热田有高温和低温之分，高温热田分布在新火山活动带，其地下热能温度在 200—300 摄氏度之间，适合于发电和其他工业用途，目前开发了不到 10%。低温热田遍及全国，温度在 100 摄氏度之下，适合于房屋取暖、温室种植和养鱼等，被普遍开发。

同时，冰岛正努力成为世界上第一个不使用化石燃料的国家，摆脱对石油的依赖。1999 年一个名为"冰岛新能源"的协会成立，该协会提出了冰岛进入"氢气时代"的发展规划，准备在 2015—2020 年间生产使用氢气的汽车和船只，并开始全面的技术市场化。2008 年冰岛第一艘氢动力商船在首都雷克雅未克附近航行，冰岛还计划在 2050 年前把整个交通系统改造成氢动力系统。

世界地球日，是人类共同保护地球的节日。世界地球日（World Earth Day），即每年的 4 月 22 日，1970 年发起于美国，内容是组织一场世界环保运动，目的是创造一个清洁、简单、和平的生活环境。

至 20 世纪 90 年代，世界地球日取得了国际意义。由于环保运动越来越成为国际政治的热点，1990 年地球日活动组织者决定，要使 1990 年的地球日成为第一个国际性的地球日，以促使全球亿万公众都来参与环保运动。为此，地球日活动的组织者致函中国、美国、英国三国领导人和联合国秘书长，呼吁以 1990 年 4 月 22 日为标志日期，举行高级别环境议题会晤，为缔结多边条约奠定基础；同时呼吁全世界愿意致力保护环境、进行国际合作的政府，在本国举办地球日 20 周年庆祝活动。

庆祝地球日20周年活动的呼吁，得到了五大洲各国和各种团体的热烈响应。美国总统布什宣布，把4月22日作为美国法定的地球日，呼吁公民积极投身到改善环境的行动中去。亚洲、非洲、美洲的许多国家和地区，组织了各具特色的纪念活动。众多的国际组织、国际学生联合会、青年发展与合作协会等，都表示大力支持与热情参与地球日20周年纪念活动。1990年4月22日这天，全世界有140多个国家和地区举行了环保宣传活动，参加人数达到数亿。从那时起，地球日才具有国际性，成为名副其实的"世界地球日"。世界地球日活动旨在唤起人类爱护地球、保护家园的意识，促进资源开发与环境保护的协调发展。

同年4月22日，第63届联合国大会一致通过决议，决定把此后每年的4月22日定为"世界地球日"。联大主席布罗克曼说，人类不拥有地球，而是属于地球。他表示，通过设立"世界地球日"，联合国呼吁各国重视人类和地球的福祉，把爱护地球和保护日渐稀少的自然资源作为共同责任。

"世界地球日"的标志是，白色背景上绿色的希腊字母 Θ。

中国自20世纪90年代起，在每年4月22日都举办"世界地球日"宣传活动，根据当年的情况确定活动主题。1990年4月22日"世界地球日"20周年之际，李鹏总理发表了电视讲话，表示支持地球日活动。

联合国秘书长躬行节能减排。自上任以来，潘基文在联合国总部以身作则，倡导绿色办公。通常乘坐全太阳能驱动的轿车，从他在纽约的家中到达联合国总部上班。他对记者讲："我希望使用可替代性能源的太阳能出租车能够给全世界的人们一些好的信息，那就是我们需要有创造性，我们需要务实。"乘坐太阳能出租车经过纽约的大街小巷时说："我希望我能享受另一种出行方式"；"由于气候变化不会因为国境线而止步，它是一个全球性的问题。联合国在阻止全球变暖方面正发挥着中心作用。"在日常工作中，他在联合国总部发起了限制使用空调和加热设备的"清凉联合国"活动，以减少温室气体排放和节约资金。联合国总部绝大部分的办公场所加热、通风和空调系统在周末均被关闭。

潘基文倡导低碳出行。2012年6月8日下午，为了迎接即将到来的联合国可持续发展大会，即"里约＋20"峰会，联合国在纽约举行了旨在提倡低碳城市出行的自行车骑行活动。潘基文在自行车骑行活动启动仪式上戴上自行车安全头盔，以此昭示天下：低碳出行就从他本人做起，愿越来越多的人养成这种好习惯。

亚、欧多国响应"地球一小时"倡议。据新华网北京2011年3月27日消息：随着地球由西向东缓缓转动，全球4000多座城市于26日晚20时30分开始，接连熄灭各地标志性建筑、重要景观等的景观或者照明灯一小时，积极参与由世界自然基金会发起的"地球一小时"全球环保活动。

在澳大利亚悉尼，著名的悉尼歌剧院和海港大桥从当地时间20时30分开始熄灭一小时灯光，成为全球首个参与"地球一小时"活动的著名地标性建筑。

在中国，随着八达岭长城、鸟巢、水立方、上海东方明珠等诸多城市标志性建筑熄灭灯光，另有86个城市的社区、企业、学校熄灯一小时。中国的香港、澳门、台湾也参加了此项活动。

在日本，东京塔、京都塔、广岛和平纪念公园等地标建筑关闭夜景灯。日本东北部一个由宾馆临时改成的地震避难所也熄了灯，参与"地球一小时"活动。

在俄罗斯，首都的莫斯科大学主楼、卢日尼基体育场、莫斯科市政大楼、基辅火车站、电视塔等70多处标志性建筑在同一时刻关闭夜景照明系统，一小时后才重新恢复灯光。当晚，俄罗斯远东地区许多餐厅熄灯一小时，以烛光取代电灯。

在德国科隆，高耸云天的标志性建筑科隆大教堂熄灭全部景观灯一小时。宽阔的莱茵河在科隆大教堂前缓缓流过，河边一处小公园内，30多名德国民众耐心地把蜡烛摆成"60"的形状，然后把它们一一点燃。跳动的烛光照亮了不远处人们手工制作的地球模型，映衬出"地球一小时"活动的不变主旨：节约能源，减少污染，共同保护地球家园。

在法国，包括埃菲尔铁塔在内的巴黎 230 多处名胜古迹集体熄灯。当晚的巴黎飘着蒙蒙细雨，在埃菲尔铁塔对面的特罗卡德罗广场上，世界自然基金会的成员在埃菲尔铁塔下摆放了 1600 个纸做的熊猫，并把它们拼成数字"6"和"0"，取意"地球一小时"活动的 60 分钟时长，希望借此扩大"地球一小时"活动的影响。这些纸做的熊猫，是世界自然基金会的标志，也象征着目前生活在野外的 1600 只野生大熊猫，以此提醒人们保护地球自然环境。

在英国，首都伦敦的地标性建筑，比如大本钟、国会大厦、伦敦眼、伦敦塔桥等准时熄灯一小时。1000 多万公众横跨整个英国参与到这项倡议中，以熄灯一小时传达一个地球、保护环境的信念。当晚，苏格兰有 100 多座标志性建筑参加了活动。

泰国、印度尼西亚、马来西亚、新加坡、罗马尼亚、意大利、比利时、卢森堡等其他亚欧国家的公众热情参与了此项活动，表示自觉践行低碳节能理念。

可持续发展成为国际社会的共识。自 20 世纪 80 年代以来，随着全球性资源环境问题的日益突出，"绿色和平"面临新课题，国家间的合作成为世界环保运动的主力。各国政府在协调经济社会发展与资源开发利用的相互关系中达成共识，提出了可持续发展的理念，作为指导各国经济社会发展的基本原则。可持续发展理念，兼顾了发展与保护、当代人的利益与后代人的利益，成为一种新的发展观和价值观。

1987 年由世界环境与发展委员会向联合国提交的《我们共同的未来》报告，把主题词**可持续发展**的含义明确为："在满足当代人发展需求的同时，不损害人类后代满足其自身生存与发展的能力。"可持续发展的核心是要求在发展经济社会的同时，保育生态系统服务功能，维护生命保障系统的良性循环，协调并解决代际间的可持续发展问题，而生态系统的恢复和建设，是实现代际可持续发展的桥梁和基础。

该份报告提出了实现可持续发展目标的七个方面行动，包括提高经济增长速度以解决贫困问题，改善增长的质量以改变用破坏环境和资源为代价的增长模式，最大可能地满足人民对就业、粮食、能源、住房、水、卫生保健等方面的需要，把人口增长控制在可持续发展的水平上，保护与加强资源基础，技术发展要与环境保护相适应，把环境与发展问题落实到政策、法令和政府决策之中。《我们共同的未来》于1987年被联合国第42届大会通过，成为联合国及全世界在环境保护与社会经济发展方面的纲领性文件。

作为极富概括力的概念，**可持续发展**意蕴丰富，从不同学科和视角解读，可以理出多重含义，揭示其内涵和外延。生态学家从自然保护和生态学角度来理解其含义："是保护与增强（自然）环境系统的生产力和再生产力的发展模式"，"是寻求一种最佳的生态系统，以支持生态的完整性和人类愿望的实现，使人类的生存环境得以持续"；经济学家从经济发展角度来阐释其含义，认为"在保护自然资源的质量及其所提供服务的前提下，使经济发展净利益最大化"，"今天的资源利用不应减少未来的实际收入"，当代人只利用应该利用的那一部分资源；社会学家从社会发展的角度解说其含义，主张不超过维持发展的生态系统承载能力，不断提高人类生活质量和健康水平，寻找获得必需资源的有效途径，同时创造一个保障公众平等、自由的人权环境；工程技术人员从技术的角度指出，实现可持续发展，需要凭借更清洁、更有效的技术，采用尽可能接近"零排放"或者"循环"工艺的生产方法，"尽可能减少能源和其他自然资源的消耗"，"建立极少产生废料和污染物的工艺或者技术系统"；等等。可持续发展的概念经过这么拓展，其境界更加开阔，实现的途径更加明确。

可持续发展肯定了发展的合理性和环境保护的必要性，把经济发展同自然保护有机地结合起来了。保护资源是为了保证永续发展，保护自然是在维护社会—经济—自然这个复合生态系统。报告呼吁："在不久以前，我们关心的是国家之间在经济方面相互联系的重要性，而现在我们则不能不关注国家之间生态学方面相互依赖的问题，生态与经济从来没有像今天这样互相紧密地联结为一个互为因果的网络之中。"

绿色文化，世界环保运动孕育出来的文化。危机出现的时候，正是自救的开始。风起云涌的世界环保运动是在地球生态环境持续恶化、人类生存面临空前危机的背景下爆发的，是世界公众忧患意识的集体表达，并为低碳经济和可持续发展的绿色理念所引领，由最初民间组织表达诉求的自发行动发展成为由各国政府主导下的社会各界共同参加的人类自救运动。全球问题，需要由世界公众协力解决，共同灾难，最能促成种群团结在一起。首先发端于工业化充分展开、生态环境受到农药污染的美国，而后波及其他西方工业化国家，工业污染、军事污染连同（农业领域的）农药污染一同被提了出来。"绿色和平"所倡导的宗旨和目标，具备了践行与实现的社会条件。

这场波澜壮阔的世界环境保护运动，是一场反省工业化与寻找安全出路的新文化运动。由于所面对的是同人类命运和未来息息相关的环境问题，这场运动比历史上任何一次社会运动的规模都宏大，参与者的代表性空前广泛，所凝聚起来的智慧和力量将是无穷的，这有利于紧迫问题的深度解决。至少像如何阻滞生态环境继续恶化下去、正确理解发展经济与保育自然生态系统关系等若干问题得到深入讨论，进而达成共识，早日促成统一行动。

人类今天面临的全球变化是怎么出现的？食品质量问题是怎么发生的？自然环境遭受了破坏和污染以后，经济社会今后应该怎么发展？思考与理解这些问题，首先需要对世界工业化的"功过是非"进行反思，只有找准了问题产生的根源，才能对症下药予以彻底解决。西方社会率先发起的世界工业化，实行的是市场经济，贯彻的是资本谋求物质利益最大化的原则，先进的生产技术和设备，连同劳动力和生产资料都变成了企业集团及商业集团的资本，为了获取最大的资本效益和最大规模地集聚社会财富，这些利益集团在尽可能占有劳动者剩余劳动的同时，贪婪地开发与使用人类公有的自然资源和自然环境。资本主义的工业化是建立在不计后果的掠夺式利用自然生态系统的基础之上的，物质财富迅猛增长是建立在透支子孙后代的发展条件基础之上的。生态灾难和食品质量问题，都能从利益集团牟取资本暴利的行为以及科技成果滥用中找到根源。利益集团为了私家利益而挥霍了人类公共的自然资源，为了眼前利益而破坏了人类公有的自然环境，财富是个人的，后果是全人类的。资本主义的工业化，是少数利益集团主导下的杀鸡取卵的生产过程，应该对全球变化负有主要责任，先进的科学技术在资本主义工业化中不自觉地加剧了生态环境危机。

这场运动与历史上的社会运动另一个不同是，面对的课题不是社会制度的变革，而是人与自然关系的调整，解决的是人类共同面临的发展问题、环境问题；不是少数精英人物宣传教育的社会动员，而是公众自觉自愿的

小贴士 ▶

1."绿色和平"反对食物基因工程。绿色和平如此忧心道：假如我们现在不能积极行动，制止基因工程的实施，那么数年之后，我们的大部分食物都将是经过基因改造的"科学怪物"。

在美国超市里，有上千种含有基因加工成分"GE"（Genetically Engineered）的商品码在货架上。然而这些尚在实验中的成分很有可能会造成不可挽回的生物性污染，而且极有可能使我们的健康遭受危害。发展基因改造技术的跨国企业，极力希望让消费者相信这些食物都是经过严密测试的，安全且营养丰富。可是，独立的科学家却提出警告，指出人类现在对基因的了解相当有限，因此他们认为这种科技安全隐患甚大。基因改造生物对环境和人类健康有何影响，目前尚未确知。

一个种植基因改造作物的国家，会不经意或者非法把基因改造物质输入邻国。比如，墨西哥是玉米的"品种多样化的集中地"，作为墨西哥邻国的美国栽种了各种基因改造玉米。预料会有大量基因改造玉米以进口、非法进口或者花粉传播等形式进入墨西哥，危害玉米的多样化。每个国家和国际上都必须立即制定措施，遏止基因侵蚀，保存全球的农作物品种多样化，让各类品种在原有的地区和文化背景下自然生长。

2."绿色和平"同中国合作，保护农业遗传资源以及生物多样性。中国是大豆的故乡，拥有丰富的大豆遗传资源，但是每年中国进口大量的转基因大豆，可能会破坏大豆的遗传资源。绿色和平呼吁消费者购买非转基因大豆，共同守护大豆故乡，支持中国大豆产业化，帮助种植非转基因大豆的农民增收。绿色和平反对跨国企业对农业遗传资源进行专利垄断，21世纪初曝光了美国孟山都公司企图对中国野生大豆申请专利，引起有关部门对保护遗传资源的重视。

实际行动，勇于担起民族乃至人类健康发展、安全生存的使命；运动的主力不再区分民族、国家、民间、政府，而是地球村所有村民；寻求的是如何协调一致的有效行动，倡导人人都要从自身做起、从点滴小事做起，持之以恒地落实节能减排、低碳消费的各种措施。北欧致力于开发利用清洁能源，亚欧越来越多的国家和地区发起节能行动，联合国秘书长率先垂范，普通民众自觉效仿。这场运动富有鲜明的时代特色，抚今追昔而面向未来，同类抱团而同舟共济，主张积极修复自然生态而奉行"天人合一"的约定，倡导胸怀忧患意识而推行经济社会可持续发展，具有这些品格的当代文化就是绿色文化。

我国生态环境和人居环境质量怎样

我国是人口大国，环境容量相对有限。工业化和城镇化快速推进，GDP 保持稳定增长，社会生活进入消费时代，生产活动节能减排措施落实得还不够好，公众节俭戒奢习惯尚未完全养成，垃圾资源化循环利用水平不高，因此，我国目前生态环境和生活环境负载沉重。近年来，我国东部地区雾霾天气增多，空气质量下降迹象明显；水体重金属污染程度加深，水环境污染呈现自内陆河流向近海延伸的势头，土壤污染状况犹待解密。事实表明，我国环境质量不容乐观。

区域大气污染严重，空气质量和天气状况堪忧。近年来我国雾霾天气增多，烟雾范围广、浓度大。我国区域大气污染物排放总量居高不下，全国 600 座城市中大气环境质量符合国家一级标准的不到 1%。城市大气环境中总悬浮颗粒物浓度普遍超标，二氧化硫污染保持较高水平，机动车尾气污染物排放总量迅速增加，氮氧化物污染呈现加重趋势。全国形成华中、西南、华东、华南多个酸雨区，东部地区乃至西南地区雾霾天气增多，这些地区雾霾天气每年有 100—200 天，北京 2013 年 1 月份仅有 5 天雾霾天气缺席。

2013 年第二个周末，自东北地区南部经华北、华东、华南至西南地区，一幅地域宽带笼罩在浓重雾霾天气里。北京、石家庄、保定、天津等城市发出城市橙色预警，河南新乡和开封发布大雾红色预警，北京市全市长时间达到严重污染程度，污染指数频频"爆表"，PM2.5 逼近 1000 微克，1 月 13 日发布了气象史上首个霾橙色预警。城市中高楼大厦和交通信号灯为大雾所包裹，众多道路、航道和航线受到严重影响；市民表示：感觉"雾蒙蒙、灰乎乎的""心理感觉不舒服"。网友调侃："空气如此之糟糕，引无数美女戴口罩！"北京、河北等地方要求学校暂停师生户外体育活动，建议市民尽量避免出行；老人和儿童很多人患上呼吸道疾病，医院一时间人满为患。与 2012 年雾霾天气相比，2013 年年初的几场雾霾天气呈现出范围更大、雾霾更浓、PM2.5 含量高的突出特点。

大气主要污染物是二氧化硫和烟尘，大气污染呈现煤烟型污染特征。重要污染源三个：一是生活污染源，包括饮食或者取暖时燃料向大气排放有害气体和烟雾；二是工业污染源，包括火力发电、钢铁和有色金属冶炼；三是交通污染源，包括汽车、飞机、火车、船舶等交通工具的煤烟、尾气排放。

雾霾天气与 PM2.5。霾又称灰霾，即烟霞，是指空气中灰尘、硫酸、硝酸、有机碳氢化合物等粒子增多到一定程度而形成的混浊大气，它使人的视野模糊、空气能见度降低。

雾，是指由大量悬浮在近地面空气中的微小水滴或者冰晶组成的气溶胶系统，是近地面空气中水汽凝结的产物。雾会降低空气透明度，使能见度降低。如果目标物水平能见度降低到 1000 米以内，就把含有悬浮在近地面空气中水汽凝结物的天气现象称为雾，把目标物水平能见度在 1000—10000 米的天气现象称为轻雾或者霭。

霾和雾常混合在一起，相同之处都是视程障碍物；区别在于，发生霾时相对湿度不大，雾中的相对湿度是饱和的。一般相对湿度小于80%时，大气混浊、视野模糊而导致能见度偏低，这是由霾造成的；相对湿度大于90%时，大气混浊、视野模糊而导致能见度下降，这是由雾造成的；相对湿度介于80%—90%之间时，大气混浊、视野模糊而导致能见度降低，这是由霾和雾混合物共同造成的，但是主要成分是霾。

近年来，我国中东部地区阴霾天气现象被并入雾，一起作为灾害性天气预警预报，统称为"雾霾天气"。气象专家解释说：这些地方大气中SO_2、CO_2等颗粒含量高、烟尘多，空气湿度大、温度高、风小，大气处于静稳状态，污染物排放量大又不能迅速扩散，气体就变得很混浊，而火电厂、建材厂、机动车辆等污染源是造成雾霾天气的"主观原因"。

PM2.5，雾霾天气中一种主要污染物。所谓PM2.5，是指大气中直径小于或者等于2.5微米（μm）的颗粒物，又称可入肺颗粒物，被吸入人体后进入呼吸道和支气管。被人工做成标准膜，置于显微镜下观察，直径仅相当于头发丝的二十分之一，呈现晶体、石子等不同形状。PM2.5主要来自化石燃料的燃烧、挥发性有机物等，有50%以上PM2.5颗粒来自二次污染物，即污染气体被氧化后形成的颗粒物。

PM2.5进入人们的视野，始于2011年秋冬季节雾霾天气的出现。研究表明，空气污浊的地方，PM2.5能携带大量有毒有害物质，通过支气管进入人体的肺部，甚至融入血液中，引发呼吸道疾病、心血管疾病，还对内分泌系统产生消极影响；PM2.5可以在大气中停留较长时间，输送至较远距离，雾霾浓重的地方，当地公众皆不能置身其外。

依据单位空气中PM2.5的指数，空气污染程度分为七个级别：0—50、51—100、101—150、151—200、201—250、251—300、大于300，数字越大级别越高，污染程度就越严重；相反地，PM2.5的浓度值越低，大气质量就越好。0—50，表明每立方米的空气含PM2.5在50微克以下，空气质量级别为I级，空气质量为优，此时不存在空气污染问题，对公众的健康没有任何危害；51—100，空气质量级别为 II 级，空气质量为良，空气质量被认为是可以接受的，除极少数对某种污染物特别敏感的人群外，对公众健康没有危害，其余依此类推。

主动回应公众关切，国家及环保部给出对策。2012 年 2 月 29 日，国务院总理温家宝主持召开国务院常务会议，批准了发布新修订的《环境空气质量标准》，部署大气污染综合防治工作。会议要求，自 2012 年开始在京津冀、长三角、珠三角等重点区域以及直辖市、省会城市开展细颗粒物和臭氧等项目监测，2013 年在 113 个环境保护重点城市和国家环境保护模范城市开展相关监测，至 2015 年监测将覆盖所有地级以上城市。

会议还要求：1. 要加快淘汰电力、钢铁、建材、有色、石化、化工等行业的落后产能，在大气污染联防联控重点区域推进使用清洁能源，对城区重污染企业实施搬迁和节能环保技术改造。2. 要提高环境准入门槛，在重点区域实施更加严格的大气污染物排放特别限值，禁止新建、扩建除热电联产以外的燃煤电厂、钢铁厂、水泥厂，严把新建项目环保准入关，严格环境执法监管。3. 要深化污染减排，推进电力行业和钢铁、石化等非电行业二氧化硫减排治理，加快燃煤机组脱硝设施建设，加强水泥行业氮氧化物治理。4. 要突出抓好机动车污染防治，提高车用燃油品质和机动车排放标准，到 2015 年基本淘汰 2005 年以前注册运营的"黄标车"。5. 要加强协同防控，在京津冀、长三角、珠三角等重点区域实施大气污染联防联控，建立极端气象条件下大气污染预警体系。

也在这一天，国家环境保护部发布新修订的《环境空气质量标准》和《环境空气质量指数（AQI）技术规定（试行）》。此前，常规监测项目仅包括粒径在 10 微米以下的可吸入颗粒物（PM10）、二氧化氮和二氧化硫。新标准调整了污染物项目及极值，增设了 PM2.5 平均浓度极值和臭氧（O_3）8 小时平均浓度极值，收紧了 PM10、二氧化氮、铅等污染物的浓度极值。《环境空气质量指数（AQI）技术规定（试行）》为国家环境保护标准，标准依据《环境空气质量标准》，规定了环境空气质量指数日报和实时报工作的要求、程序，标准中的污染物浓度均为质量浓度。它与《环境空气质量标准》同步实施。

环保部决定，自2012年起，京津冀、长三角、珠三角等重点区域以及直辖市、各省会城市开始把PM2.5纳入到空气质量中，尝试开展PM2.5和臭氧监测。

与此同时，民间正在积极开展对PM2.5的监测。

有政协委员在2012年3月全国政协十一届五次会议第三次全体会议上建议：以发布新的《环境空气质量标准》为契机，参照国际先进经验并结合国情，制订实施"国家清洁空气行动计划"，把保持领域内空气的安全清洁作为科研攻关的方向和课题之一，希望相关科研机构能及时对公众关心的现实问题做出回应，明晰地释疑解惑，并通过督促落实国家行业政策和企业排放标准，"倒逼"污染企业逐步转向"绿色经济"。

2012年12月31日，央视新闻联播播报：根据《空气质量新标准第一阶段监测实施方案》，全国74个城市要从2013年1月1日起，正式对外发布包括PM2.5、臭氧和一氧化碳等监测数据，涉及对象包括北京、上海等直辖市，京津冀、珠三角、长三角城市群部分城市，以及各省会城市，公众可以通过《中国环境监测总站》"全国城市空气质量实时发布平台"查询相关信息。

水系处于亚健康状态。 据2013年3月国家海洋局发布的《2012年中国海洋环境状况公报》：我国近岸海域水体污染、生态受损、灾害多发等问题突出，严重污染的区域主要分布于大中型河口、海湾和部分大中城市近岸海域，主要超标物质是无机氮、活性磷酸盐和石油类。

小贴士 ▶

近期，网络热传世界1100个城市空气质量排名情况，北京、杭州均位列千名之外，分列1035位、1002位，涉及的我国32个城市中排位最靠前的是海口，处在814位。该排名是世界卫生组织公布的，依据是城市空气PM10的浓度。

近海污染，源于自北向南内陆河流的水体污染。

哈药厂污染周边环境，并污染松花江。2011年6月，央视《朝闻天下》、《新京报》相继报道：哈尔滨哈药集团制药总厂，明目张胆地乱倒滥排，排放的臭气熏得附近居民夏天戴口罩、房屋不开窗，污水直接排入何家沟，废渣简单焚烧后就不再处置。这种水陆空立体排污，并非一日。黑龙江政协委员对药厂相邻区域空气质量检测显示，硫化氢气体超标1150倍、氨气超标20倍，都超过国家恶臭气体排放标准。

哈药总厂是全国医药"百强企业"，年销售额50亿元；厂区明面花红树绿，给人非常环保的感觉；路边招牌上题写着："做良心人，制精品药，追求人类健康。"

臭气产生的原因是，青霉素生产车间废气高空排放，以及在蛋白培养烘干过程与污水处理过程中无全封闭废气排放。这种废气若长期被人吸入，可能导致隐性过敏，产生抗生素耐药性，出现头晕（痛）、恶心、呼吸道和眼睛刺激等症状。

哈尔滨城区有条小河叫何家沟，长30余公里，河水在进入哈药厂区前呈青白色，从厂区流出就变成了土黄色，散发着臭味。厂区深处发现有药厂污水排放口，旁边立着牌子，上面写道"治理环境，功在当代，利在千秋"。排放口污水黄黄的，恶臭刺鼻。取其水样送到具有检测资质的部门进行检测，结果显示：排污口色度为892，高出国家规定极限值60的近15倍；氨氮为85，高出国家规定极限值35的两倍多；COD（化学需氧量）为1180，高出国家规定极限值120的近10倍。水样在正常环境下放置3天后，由土黄色变成墨黑色。药厂职工介绍说，厂内有环境监测部门，排污口24小时废渣随处焚烧。在厂区外，记者看到一个用砖搭建的焚烧炉，炉里焚烧的是化工产品，部分废渣经过简单焚烧后会流入河里，大量废渣被直接倾倒在河边。药厂职工透露：焚烧炉里烧的是药厂的垃圾，车间垃圾全往这里倾倒，盐酸、硫酸之类都有，这些东西会污染环境的。

何家沟，位于哈尔滨市城区西边缘上风向，横穿平房、香坊、南岗、道里四个行政区后汇入松花江，系松花江一级支流。何家沟东西沟发源地皆为工厂、企业和居民区的排污口，沟内常年被排入工业和生活污水，水质便不断恶化，经入江口排入松花江市区段上游，污染着松花江水体。

同年6月11日，哈药集团制药总厂厂长率员赴京，就哈药厂"超标排放事件"正式向公众道歉，宣读了致歉信。

环保部门严令哈药总厂对产品进行停产或者减产，以降低对附近环境污染。

山西苯胺泄漏殃及紧邻，污染了漳河。据报道，2012年12月31日，山西省长治市境内的天脊煤化工集团方元公司发生了苯胺泄漏事故，"这是一起由企业安全生产责任事故引发的重大环境污染事件"。泄漏始于30日13时，次日8时才停止送料。苯胺泄漏了18.5小时，泄漏总量为38.68吨，其中30吨被截留在干涸的黄牛蹄水库，8.68吨流入了浊漳河。

事故应急指挥部发布消息：苯胺泄漏后，浊漳河出山西省界的王家庄监测点的苯胺浓度一度达到国家标准的720倍。经全力清理，截至2013年1月6日王家庄监测点浓度下降到国家标准的34倍。

沿浊漳河顺流而下的苯胺，危及山西长治、河北邯郸、河南安阳部分群众用水安全。2013年1月5日，河北省监测数据显示：浊漳河在河北入境处挥发酚浓度达0.644毫克/升，超过国家地表水单位标准127.8倍。

据介绍，苯胺是一种应用广泛的化工原料，无色或者黄色油状液体，有强烈刺激气味，微溶于水、易溶于有机溶剂，对环境有害，会造成水体污染，"人若通过呼吸、皮肤和消化道吸收了苯胺，会造成高铁血红蛋白血症、溶血性贫血，急性中毒者会呕吐、神志不清乃至休克，长期在体内积累，对肝肾都有损害，甚至致癌"。

污水横流，毁了浏阳河。据《三湘都市报》2013年2月21日报道：万家丽路浏阳河大桥上游，浏阳河杨家山段北岸，分布着7个排污口，由环保志愿者提供的卫星地图显示，7个排污口总距离约为1000米，有的排污口间隔仅几十米。

相关领导集体来到4号排污口实地察看，看到乌黑的污水挟裹着垃圾，形成深黑污水带，滚滚流向了湘江。

长沙市环保局监测数据显示：2012年第四季度，浏阳河三角洲及黑石渡断面水质有所下降，主要污染因子为化学需氧量、氨氮等。此前，省人大环资委对浏阳河王家湾水闸及防汛指挥部旁的水闸进行了抽样监测。防汛指挥部旁的水闸地表水严重超标，生化需氧量超标11.38倍，化学需氧量超标7.5倍，氨氮超标17.3倍，总磷超标3.5倍。

长沙市环保局解释，造成上述现象的原因一是污水直排，二是浏阳河城区段清污比例严重失调，三是受到库区回水顶托影响，污染扩散能力减弱。

江西乐安河遭重金属污染。据2011年12月7日"人民网"报道，乐安河是我国著名淡水湖鄱阳湖的重要支流，历史上被德兴、乐平两市百姓称为"母亲河"。其上游德兴市境内有江西铜业集团下属的多家矿山企业，这些企业不断扩张，生产废水被源源不断排入乐安河里，乐平市深受污染之害，殃及9个乡（镇）约42万居民。紧邻德兴的乐平市名口镇戴村，村民说有2800多亩地无法耕种，近20年来没有一人通过征兵体检，仅癌症患者就有70多人。

乐平市环境监测站负责人表示：重金属污染危害最大的是土壤。由于缺乏设备，乐平市从未做过这样的检测，仅靠地表水监测无法测出重金属是否超标。他介绍说，重金属通常是指比重大于5的金属，比如镉、汞、铜、镍、铅、锌、锡、钨等；重金属污染，是指重金属在水体、土壤中的含量超过正常状态，形成一定程度的危害，主要由采矿、废气排放、污水灌溉和使用重金属制品等人为因素所致；重金属具有不易移动溶解的特性，进入生物体后不能被排出，会造成慢性中毒。

广西龙江河遭"镉污染"，波及下游300公里河段。2012年1月15日，媒体曝光了广西龙江"镉污染"事件。应急指挥部表示：此次污染事件波及河段300公里。所谓波及，就是事发地往下游，一直到能监测到水体镉浓度明显上升而不超标的水域。"这次镉污染事件在国内历次重金属环境污染事件中是罕见的。"

事故发生后，环保部门2012年1月15日在龙江监测到镉超标80.5倍的峰值。经过处置，1月30日镉超标最高峰值下降到超标25倍左右。在柳州市区上游57公里柳城县糯米滩水电站以上的龙江河段，至31日镉浓度超标5倍以上的水体长度约100公里。

专家介绍：按照现行处置方式和处置效果，此次污染会波及柳州市区下游的红花水电站以下的水域，但是红花水电站以下的水域镉浓度不会超标，也不会对柳江下游的黔江、浔江、西江造成太大影响，因为柳州市红花水电站有5亿立方米的库容，将大大稀释水中镉的浓度。

受污染河段两岸居民对饮水安全问题产生了忧虑；龙江河宜州拉浪至三岔段共有不同规格的133万尾鱼苗、4万公斤成鱼死亡，检测证实是因为镉超标致死。历史上的有色金属之乡，在今天成了重金属污染的高发区。应急指挥部召开新闻发布会称：河池市金城江区一家粉材料厂和广西金河一家冶化厂，与龙江河污染事件有直接关系。

我国水系目前处于亚健康状态？专题调查报告《全国河流湖泊水库底泥污染状况调查评价》（日期：2011年10月24日，任务来源：全国水资源综合规划专项，主要完成人：周怀东 郝 红 王雨春 吴培任 吴世良）称：通过对全国水系（主要是水源地）906个监测断面的底泥重金属和营养物质进行检测，做出了对底泥样品的铜、锌、铅、镉、铬、砷和汞七项重金属指标，以及总有机碳、总氮、总磷等营养组分的分析测试。

具体情况是：我国水系底泥重金属污染最突出的是镉污染，906个断面中有276个超标；其次是汞、铜、锌和砷，超标率分别约为10.5%、7.2%、6.7%和5.8%；铅污染最轻，超标率仅为1%。

底泥汞超标问题仍然集中在松花江、海滦河等水系；镉污染在东南诸河和珠江区最为严重，其底泥镉超标率分别为 60%、57%。除了镉，后两个水系还存在底泥汞、铜、锌等重金属污染。

全国水系底泥重金属超过"环境质量标准"的平均"超标率"为 36%，底泥重金属超标率大于全国平均水平的有浙江、福建、广东、湖南、云南、江西、贵州、广西、江苏、辽宁、河北等 11 个省（区），其中浙江、福建、广东超标情况最为严重。

全国所评的 658 个底泥监测断面中，总磷含量小于 730mg/kg 的一级断面占监测总数的 60.0%，含量在 730—1100mg/kg 之间的二级断面占 27.5%，在 1100—1500mg/kg 之间的三级断面占 7.6%，大于 1500mg/kg 的四级污染断面占 4.9%。从总体上看，水系（水源地）底泥营养组分的含量水平处于相对清洁的状态，大约只有 10% 的断面底泥营养组分处于同水体重度富营养化相关的含量水平。

结果表明：我国水系底泥重金属含量普遍接近生态风险阈值，特别是镉等毒性危害严重的元素含量普遍较高，由此推断我国水系底泥重金属质量总体上可能处于具有潜在危险的"亚健康"状态，水体富营养化是当前我国面临的水源安全隐患。

全国土壤污染状况调查公报发布，土壤环境状况不容乐观。 据央视新闻联播 2014 年 4 月 17 日消息：2005 年 4 月—2013 年 12 月，国家环保部会同国土资源部开展首次全国土壤污染状况调查。范围除了香港、澳门特别行政区和台湾省以外的陆地国

小贴士 ▶

"镉大米"中的镉来自土壤？针对央视 2013 年 4 月 17 日曝光的大米镉超标问题，广东省质监局、工商局、粮食局等部门对省内大米加工、流通、储备、大型粮食批发市场进行了抽检。抽检的大米中有 30 余批次镉超标，高出标准 4—5 倍；镉超标大米大多来自周边的湖南、江西两省，少部分产自本省的清远、韶关、佛山等地。大米中的镉来自何处？湖南省农业资源与环境保护站相关负责人表示：镉超标跟大米产地的重金属污染有直接关系。湖南省是大米生产大省，同时是有色金属之乡，两者合并在一起，就形成了湖南镉超标大米的背景。土壤被重金属污染，而水稻对镉的吸附能力很强。另有报道，美国农业部农业研究所专家认为，大米中的镉主要来自土壤，水稻在生长过程中吸收了土壤中的镉。

土，点位覆盖全部耕地，部分林地、草地、未利用地和建设用地，实际调查面积 630 万平方公里；选择确定污染物的原则，一是影响农作物产量和品质的污染物，二是对人体健康有害的污染物；采用统一的方法、标准，基本掌握了全国土壤环境总体状况。

调查显示：全国土壤环境状况总体不容乐观，耕地土壤环境质量堪忧。土壤总超标率为 16.1%，其中轻微、轻度、中度和重度污染点位比例分别为 11.2%、2.3%、1.5% 和 1.1%，耕地、林地、草地土壤点位超标率分别为 19.4%、10.0%、10.4%，以重金属为代表的无机污染物超标点位数占全部超标点位的 82.8%，镉被正式确定为中国土壤的首要污染物。从污染分布情况看，南方土壤污染重于北方，长江三角洲、珠江三角洲、东北老工业基地等部分区域土壤污染问题突出，西南、中南地区土壤重金属超标范围较大；土壤点位超标率最高的三类地块为重污染企业用地（36.3%）、工业废弃地（34.9%）和采矿区（33.4%），另外工业园区是 29.4%，固体废物集中处理处置场地 21.3%，采油区是 23.6%，污水灌溉区是 26.4%，干线公路两侧是 20.3%。

土壤污染的原因：环保部相关负责人称，我国土壤污染是在经济社会发展过程中长期累积形成的。工矿企业排放的废气、废水、废渣，以及汽车尾气严重污染周边土壤；农业生产活动造成了耕地土壤污染，污水灌溉、化肥、农药、农膜等农业投入品的不合理使用与畜禽养殖等，是导致耕地土壤污染的重要原因；公众生活垃圾不当处理，尤其是难以降解的"白色垃圾"泛滥成灾，直接污染了人居环境乃至生态环境；自然背景值高是一些区域和流域土壤重金属超标的客观原因。

土壤污染的后果：威胁千家万户的餐桌安全，让公众幸福指数大打折扣。恶化了土壤原有的理化性状，土地生产潜力减退，农业减产，农产品品质下降。遭受农残污染的土壤，直接造成农产品有毒有害残留物超标，由植物波及动物。农产品是食品药品的食材，埋下食品药品源头上的安全隐患；有些土壤不再适宜种植某些农作物，粮食、油料、棉花等重要作物减产，威胁国家粮棉油总量安全；土壤污染会打破农业生态平衡，削弱农业生态系统的生产能力和服务功能，农产品的种类和产量不可逆转地呈现下降趋势；土壤污染危害人居环境质量，威胁生态环境安全，并进入地表水、地下水和大气环境，通过其他环境介质污染饮用水源。

专家表示：粮食重金属超标与土壤污染之间关系密切。近年来，南方"镉大米"成了消费者的一块心病。粮食重金属超标主要有三个原因：一是土壤中镉等重金属本底值高。西南和中南地区是我国有色金属矿产资源十分丰富的地区，镉等重金属元素的基础含量高。二是我国有色金属传统的开采地区，有上百年有色金属的开采历史，矿山开采、金属冶炼和含重金属的工业废水、废渣的排放，让这些地区土壤饱受重金属污染，导致粮食重金属超标。三是由于农田化肥滥用，土壤酸化，在酸性增强的条件下，土壤中的镉等重金属活性随之增强，更易被水稻等农作物吸收。除此之外，一些地方引种的水稻品种，由于生物体的自然适应性，本身具有较高的镉的富集特性。

化学品污染防治形势不容乐观。据 2013 年 2 月 21 日《法制日报》：环保部日前发布《化学品环境风险防控"十二五"规划》。《规划》透露，我国现有生产使用记录的化学物质约 4 万种，其中 3000 余种列入了当前《危险化学品名录》，它们具有毒害、腐蚀、爆炸、燃烧、助燃等性质。具有急性或者慢性毒性、生物蓄积性、不易降解性、致癌致畸致突变性等危害的化学品，对人体健康和生态环境危害严重；发达国家已经淘汰或者限制的部分有毒有害化学品在我国仍有规模化生产和使用，同时国家相关部门并不清楚化学品生产和使用种类、数

小贴士 ▶

点位超标率和土壤污染程度分级。点位超标率是指土壤超标点位的数量占调查点位总数量的比例。土壤污染程度分为 5 级，污染物含量未超过评价标准的，为无污染；在 1 倍至 2 倍（含）之间的，为轻微污染；2 倍至 3 倍（含）之间的，为轻度污染；3 倍至 5 倍（含）之间的，为中度污染；5 倍以上的，为重度污染。

量、行业、地域分布等信息。大量化学物质的危害特性还未明确与被掌握。

《规划》表示，目前我国化学品的产业结构和布局不合理，环境污染和风险隐患突出。2010年环保部组织对全国石油加工与炼焦业、化学原料与化学制品制造业、医药制造业等三大行业的环境风险评估显示：下游5公里范围内（含5公里）分布有水环境保护目标的企业占调查企业数量的23%，对基本农田、饮用水水源保护区、自来水厂取水口等环境敏感点构成威胁；周边1公里范围内分布有大气环境保护目标的企业占51.7%，1.5万家企业周边分布有居民点，给人体健康和安全带来风险。

《规划》坦言，化学品环境管理基础信息和风险底数不清。相对于化学品环境管理需求，我国目前存在着化学品生产和使用种类、数量、行业、地域分布信息不清，重大环境风险源种类、数量、规模和分布不清，多数化学物质环境危害性不清，有毒有害化学污染物质的排放数量和污染情况不清，化学物质转移状况不清，受影响的生态物种和人群分布情况不清等问题。与发达国家相比，我国化学品环境风险防控意识、水平、能力存在较大差距。

《规划》并不讳言：近年来我国一些河流、湖泊、近海水域及野生动物和人体中已经检测出多种化学物质，局部地区持久性有机污染物和内分泌干扰物质浓度高于国际水平，有毒有害化学物质造成多起急性水、大气突发环境事件，多个地方出现饮用水危机，个别地区甚至出现"癌症村"等严重的健康和社会问题。

因此，《规划》拟定，我国将对化工污染进行全面防治，确定三种类型58种（类）化学品作为"十二五"期间环境风险重点防控对象。初步确定石油加工、炼焦及核燃料加工业，化学原料及化学制品制造业，医药制造业，化学纤维制造业，有色金属冶炼和压延加工业，纺织业等六大行业，以及煤制油、煤制天然气、煤制烯烃、煤制二甲醚、煤制乙二醇等新型煤化工产业为重点防控行业。

另外，环保部认为，目前我国化学品环境管理法规制度不健全，环保部的监测监管、预警应急、科技支撑等能力不足，我国化学品污染防治形势严峻。

我国生态保护和环境治理的进展状况

建立自然保护区。不言而喻，自然资源和生态环境是人类赖以生存与发展的必要条件，因此保护自然资源和生态环境既是民族文明的标志，又是国家经济社会可持续发展的需要。有效保护自然资源和生态环境，根本性措施就是建立自然保护区。通过保护有典型意义的生态系统、自然环境、地质遗迹、珍稀濒危物种等，以维持生物的多样性，保证生物资源的持续利用和自然生态的良性循环。

自然保护区，根据《中华人民共和国自然保护区条例》，"是指对有代表性的自然生态系统、珍稀濒危野生动植物物种的天然集中分布区、有特殊意义的自然遗迹等保护对象所在的陆地、陆地水体或者海域，依法划出一定面积予以特殊保护和管理的区域。"

自然界中濒危物种对其生存的自然环境具有很强的依赖性，目前社会的人力、财力和物力还不足以在栽培、饲养条件下保护绝大多数的濒危物种，所以保护物种的生存环境是保护生物多样性的直接有效的途径。在保护实践中力求达到既保护濒危物种，又保育一个地区的生物多样性这样双重目标。

自然保护区按照不同标准可以分为自然保护区、生态自然保护区、生物圈自然保护区、各种特定自然对象的自然保护区，国家公园、自然公园、森林公园、海洋公园、风景保护区，禁猎区、禁伐区、禁渔区、资源储备地，产卵场保护区、繁殖地保护区、越冬地保护区，等等。我国把自然保护区分为三大类，即生态系统类、野生生物类和自然遗迹类。

我国建立自然保护区的主要对象是："典型的自然地理区域、有代表性的自然生态系统区域，以及已经遭受破坏但经保护能够恢复的同类自然生态系统区域"，"珍稀、濒危野生动植物物种的天然集中分布区域"，"具有特殊保护价值的海域、海岸、岛屿、湿地、内陆水域、森林、草原和荒漠"；"具有重大科学文化价值的地质构造、著名溶洞、化石分布区、冰川、火山、温泉等自然遗迹"，以及"经国务院或者省、自治区、直辖市人民政府批准，需要予以特殊保护的其他自然区域"，共计五类。

新中国于 1956 年建立了第一个自然保护区——广东省鼎湖山保护区，1992 年里约热内卢联合国"地球峰会"以后我国的自然保护区发展迅速。据《2011 中国环境状况公报》，至 2011 年底，全国建立各种类型、不同级别的自然保护区 2640 个，总面积约 14971 万公顷，其中陆域面积 14333 万公顷，占国土面积的 14.93%，国家级自然保护区 335 个。

西藏自治区是拥有自然保护区面积最大的省份，目前达到 41.37 万平方公里，占全区国土面积的 33.9%，居全国之首；海南省是自然保护区面积占省境国土面积比率最大的省份，超过了 80%。

我国自然保护区目前分为两个等级，即国家自然保护区和地方自然保护区。这些保护区涵盖了 90% 的陆地生态系统、50% 的天然湿地、85% 的野生动植物种类、65% 的高等植物群落，以及超过 30% 的荒漠地区；国家重点保护的 300 余种珍稀濒危野生动物、130 多种珍贵树木的主要栖息地或者分布区得到较好保护，大熊猫等 50 种濒危野生动物繁育种群持续扩大，苏铁、兰花等上千种珍稀植物建立了稳定的人工种群。我国自然保护区建设对于遏制生态恶化、维护生态平衡、优化生态环境、保护生物多样性等方面发挥了重要作用。

六项生态建设工程及其"三北"防护林建设工程。六项生态建设工程是指天然林资源保护工程、退耕（牧）还林（草）工程、"三北"和长江流域等重点防护林体系建设工程、京津风沙治理工程、野生动植物保护和自然保护区建设工程、重点地区速生林基地建设工程。

"三北"防护林工程，半圆绿色中国梦。三北防护林工程是指我国在西北、华北、东北连片区域内建设的大型人工林业生态工程。为了锁住风沙、减轻自然灾害、改善三北区域生态环境，中央政府于1978年11月启动了三北防护林体系建设工程。建设范围主要包括风沙危害和水土流失严重的东北西部、华北北部和西北大部地区，覆盖了13个省（市、区）的551个县（旗、市、区），东起黑龙江省的宾县，西至新疆维吾尔自治区乌孜别里山口，东西长4480公里，南北宽560—1460公里，总面积406.9万平方公里，占国土面积的42.4%，惠及农村人口4400余万。工程规划期限为73年（1978—2050），分八期进行。

"三北"防护林工程自1978年画线立桩至2013年引起全国瞩目，35年建设取得了阶段性成果。工程区制定了科学治沙方案，确定把沙漠变成绿洲的奋斗目标，采取"宜树则树，宜草则草"的绿化方式，选种樟子松、新疆杨、榆树、小叶杨、香花槐等树种。35年植树造林、35年艰辛付出，"三北"人重新认识了自然，走过了从惧怕沙漠到亲近沙漠、从与自然单纯抗争到与自然亲切对话的心路历程；同时，祖国北疆经历了从"沙进人退"到"人进沙退"的沧桑变化，昔日荒蛮之地如今披上绿色盛装。三北人探索出了生态建设的中国道路，打造出了世界上最大的人工生态林带。有人匡算，三北防护林如果单株排列、三米间距，可以环绕地球赤道2300圈。

不仅如此，"三北"造林中涌现出一批治沙英雄，培育了当代中国的"三北"精神。每个造林人，既是绿色中国梦的痴情者，又是执着的圆梦人。35年是那样漫长，又是如此短暂。当年意气风发的造林人，如今已是双鬓斑白，更有一些人随风而逝，只把音容笑貌和忙碌背影永远留在了每一片树荫之下。正是生者和死者的努力与坚持，才把绿色中国梦化为了一条绵亘祖国北疆的"生态长城"。近期，央视报道"三北"造林英雄的故事，感动了大批网友，也感动了全国公众。有人留言称颂："树大根深茂，管护能成材；英雄生身累，万民得庇荫。"弘扬锲而不舍、坚忍不拔的"三北"精神，激励国人继续完成生态保护与绿化祖国的新任务。

自 2012 年开始我国实施京津风沙源治理二期工程。据新华社北京 2012 年 9 月消息，国务院总理温家宝 19 日主持召开国务院常务会议，讨论通过了《京津风沙源治理二期工程规划（2013—2022 年）》，并决定设立"全国低碳日"。

会议指出：京津风沙源治理一期工程自 2000 年启动实施以来，已经取得显著的生态、经济和社会效益。工程区沙化土地减少、植被增加，物种丰富度和植被稳定性提高，沙尘天气呈现减少趋势，空气质量得到改善。为了进一步减少京津地区沙尘危害，提高工程区经济社会可持续发展能力，构建我国北方绿色生态屏障，会议决定，在巩固一期工程建设成果的基础上，实施京津风沙源治理二期工程。工程区范围由北京、天津、河北、山西、内蒙古 5 个省（区、市）的 75 个县（旗、市、区）扩大到包括陕西在内 6 个省（区、市）的 138 个县（旗、市、区）。会议强调，实施京津风沙源治理二期工程，要遵循自然规律，坚持生物措施、农艺措施和工程措施相结合，促进农牧业结构调整和生产方式转变，注重体制机制创新，努力提高综合效益。

小贴士 ▶

我国林业建设成就。2012 年 6 月 4 日，国家林业局在例行新闻发布会上透露：在全球森林资源持续减少的大背景下，我国实现了森林面积和蓄积量的双增长，全国森林面积由 1992 年的 1.34 亿公顷增加到目前的 1.95 亿公顷，净增近 6200 万公顷；森林覆盖率由 2000 年的 13.92% 增加到 2010 年的 20.36%，净增 6.44 个百分点；人工林保存面积 6168 万公顷，居世界第一位；总碳储量 78.11 亿吨，年生态服务功能价值达 10 万亿元人民币。同时，沙化面积由 20 世纪末的年均扩展 3436 平方公里，转变为目前年均缩减 1717 平方公里；国际重要湿地数量达 41 处，约 50% 的自然湿地得到有效保护；林业系统管理了占全国 80% 的自然保护区，面积达 1.23 亿公顷；土地石漠化整体扩展趋势得到了初步遏制，近 6 年来石漠化土地净减 96 万公顷，面积相当于大半个北京。

另外，自 1992 年以来，我国林业产业呈现强劲发展势头。松香、人造板、木质竹藤家具、木地板产量跃居世界第一，森林生态旅游、木本粮油等产业快速发展，我国成为世界林产品生产、加工和贸易大国。2000 年以来，我国林业发展方向实现了由木材生产向生态建设转变。

为了普及气候变化知识，宣传低碳发展理念和政策，鼓励公众参与、推动控制温室气体排放行动，会议决定自 2013 年起，把每年 6 月全国节能宣传周的第三天（6 月 10 日）设立为"全国低碳日"。

制定了青藏高原生态环境保护规划。生态系统恢复与重建是应对全球变化的首选策略。生态系统的恢复与生态服务功能的增强，既是一个客观的自然过程，又是一个主动的社会过程。"可持续发展"理念在确认人们拥有开发利用自然资源和生态环境权利的时候，也强调必须履行保护与合理利用自然资源和生态环境的义务，在经济社会发展达到一定程度、生态系统呈现退化趋势的时候，人类对于生态系统的基本态度和理性做法是给予而不再是索取。大自然慷慨地给予了人类，人类不能吝啬地对待大自然。"礼尚往来"不但是社会规则，而且是自然法则。这其实是人类认识与自觉运用自然规律的能动表现，保护自然就是在主动地进行自我保护。

作为概念，生态系统在外延上存在着尺度划分，大致区分为微型生态系统、地区生态系统和全球生态系统。相应地，生活在地球上特定区域中的人们同不同尺度上的生态系统存在着亲疏关系，由于跟当地的微型生态系统休戚相关，所以关系最为亲近，相对地跟地域性生态系统、全球生态系统的关系疏远一些。但是，这只是相对的。不同尺度上的生态系统是相互依赖、相互作用的，共同构成全球统一的最大尺度上的生态系统。所以在生态系统恢复与建设过程中，各自为战、独立行动的做法是不科学的。尤其是世界大国、区域国家集团乃至联合国，在生态保护与建设规划上，就需要纵观全局、着眼长远、跨界联合、协调行动。生态系统没有国家界限，只有自然界限。当然，处在生态系统某个层面上、定位在某个生态环境点上的国家和民族，需要因地制宜，发挥各自优势。拥有全球视野的具体行动，越是地区的就越是全球的。全球视野与局部行动是一个问题的两个方面，体现着自然规律和社会规律。

生态系统恢复与建设，功在当代而泽被后世，一地作为而周边受益，一国行动惠及邻国。

构建青藏高原生态安全屏障，国家出台《青藏高原区域生态建设与环境保护规划（2011—2030 年）》。我国政府忠实地履行国际义务，并着眼民族未来和国家发展战略，积极制定与稳步实施区域性生态系统保护和建设规划。2011 年 3 月 30 日，温家宝总理主持召开国务院常务会议，讨论通过了《青藏高原区域生态建设与环境保护规划（2011—2030 年）》。会议明确，青藏高原区域生态建设与环境保护规划范围包括西藏、青海、四川、云南、甘肃、新疆 6 省（区）的 27 个地区（市、州）179 个县（市、区、行委），地理位置特殊，自然资源丰富，是我国重要的生态安全屏障。自 2001 年以来，规划区内累计退牧还草约 16 万平方公里，退耕还林约 4200 平方公里，治理水土流失面积 9000 平方公里，森林覆盖率提高了 0.8 个百分点，主要河流、湖泊水质优良，大部分城镇大气环境质量优于国家一级标准。但是，由于自然环境复杂脆弱，区域产业结构不尽合理，青藏高原生态安全仍然面临着严峻挑战，生态保护和环境建设任重而道远。

按照《规划》，青藏高原区域生态建设与环境保护目标分为三个阶段。近期（2011—2015 年）将着力解决重点地区生态退化和环境污染问题，使生态环境进一步改善，部分地区环境质量明显好转；中期（2016—2020 年）目标是现有成果得到巩固，生态治理范围稳步扩大，环境污染防治力度进一步加大，使生态安全屏障建设取得明显成效，经济社会和生态环境协调发展的格局基本形成，区域生态环境总体改善，达到全面建设小康社会的环境要求；远期（2021—2030 年）达到的境界是自然生态系统趋于良性循环，城乡环境洁净优美，人与自然和谐相处。

为了实现这个预期，《规划》将青藏高原区域划分为生态安全保育区、城镇环境安全维护区、农（牧）业环境安全保障区和其他地区等四类环境功能区。提出了四项主要任务：**一要**加强生态保护与建设，确保生态环境良好。提出以三江源、祁连山等 10 个重点生态功能区为重点，强化草地、湿地、森林和生物多样性保护，推进沙化土地和水土流失治理，加强土地整治和地质灾害防治，提高自然保护区管理水平。**二要**加强环境污染治理，解决损害人民群众健康的突出环境问题。提出优先实施饮水水源地保护与治理项目工程，全力保障城乡饮水安全，推进重点领域水污染和城镇大气污染防治，强化固体废弃物安全处理，严格辐射安全和土壤环境管理，完善农（牧）民聚居区环境基础设施，加强农村污染防治。**三要**提高生态环境的监管和科研能力。提出建设气候变化和生态环境监测评估预警体系，加强生态环境管理执法能力建设，严格执法监督，开展生态环境保护科学研究与宣传教育。**四要**发展环境友好型产业，引导自然资源合理有序开发，促进生产方式转变。加快传统农（牧）业生态转型，科学有序开发矿产资源和水资源，促进生态旅游健康发展，稳妥推进游牧民族定居工程，加快实用清洁能源开发利用，逐步实现传统能源替代。

会议认为，加强青藏高原生态建设与环境保护，必须按照保护优先、预防为主，统筹规划、重点突出，分区管理、协调推进，创新机制、依靠科技的原则，坚持自然修复与人工修复相结合，全面实施重点地区生态环境保护工程。

治理雾霾天气，国家制订了《大气污染防治行动计划》。2013 年 9 月 12 日，国务院正式发布《大气污染防治行动计划》。国务院召开常务会议，研究部署大气污染防治工作，会议强调"用硬措施完成硬任务"，确定了防治工作十条措施。此后，环保部相关负责人表示：到 2017 年，全国地级及以上城市可吸入颗粒物浓度比 2012 年下降 10% 以上，优良天数逐年提高；京津冀、长三角、珠三角等区域细颗粒物，PM2.5 浓度分别下降 25%、20%、15% 左右，北京市细颗粒物年均浓度控制在 60 微克 / 立方米左右。《大气污染防治行动计划》被媒体简称为"大气污染防治国十条"，条目如下。

一是减少污染物排放。全面整治燃煤小锅炉，加快重点行业脱硫脱硝除尘改造。整治城市扬尘。提升燃油品质，限期淘汰黄标车。

二是严控高耗能、高污染行业新增产能，提前一年完成钢铁、水泥、电解铝、平板玻璃等重点行业"十二五"落后产能淘汰任务。

三是大力推行清洁生产，重点行业主要大气污染物排放强度到2017年底下降30%以上。大力发展公共交通。

四是加快调整能源结构，增加天然气、煤制甲烷等清洁能源供应。

五是强化节能环保指标约束，对未通过能评、环评的项目，不得批准开工建设，不得提供土地，不得提供贷款支持，不得供电供水。

六是推行激励与约束并举的节能减排新机制，加大排污费征收力度。加大对大气污染防治的信贷支持。加强国际合作，大力培育环保、新能源产业。

七是用法律、标准"倒逼"产业转型升级。制定、修订重点行业排放标准，建议修订大气污染防治法等法律。强制公开重污染行业企业环境信息。公布重点城市空气质量排名。加大违法行为处罚力度。

八是建立环渤海包括京津冀、长三角、珠三角等区域联防联控机制，加强人口密集地区和重点大城市PM2.5治理，构建对各省的大气环境整治目标责任考核体系。

九是把重污染天气纳入地方政府突发事件应急管理，根据污染等级及时采取重污染企业限产限排、机动车限行等措施。

十是树立全社会"同呼吸、共奋斗"的行为准则，地方政府对当地空气质量负总责。落实企业治污主体责任，国务院有关部门协调联动，倡导节约、绿色消费方式和生活习惯，动员全民参与环境保护和监督。

《大气污染防治行动计划》确定的十项措施，成为全国当前和今后一个时期大气污染防治工作的行动指南。

小贴士 ▶

什么是大气污染？按照国际标准化组织（ISO）的定义，大气污染是指由于人类活动或者自然过程而引起了某些有害物质进入大气中，并达到足够浓度和相当长时间，因此危害着人体的舒适和健康的环境污染现象。

向土壤污染宣战。专家介绍说：土壤污染具有累积性，污染物容易在土壤中不断累积。重金属难以降解，它对土壤污染是一个不可完全逆转的过程；土壤中许多有机污染物需要较长时间才能得到降解。土壤污染不同于大气污染和水污染，后者一般都比较直观，凭借感官就能察觉到，前者需要通过对土壤样品进行分析、农作物检测，甚至对人畜健康影响进行研究后才能确定，从土壤污染产生到发现危害，从着手治理到初见成效，都要耗费较长时间，成本高，难度大。

为了有效应对严峻的土壤环境形势，国家积极采取措施加强土壤环境保护与污染治理。

一是编制土壤污染防治行动计划。根据国务院的部署，环保部正在会同有关部门抓紧编制土壤污染防治行动计划。

二是加快推进土壤环境保护立法进程。十二届全国人大常委会把土壤环境保护列入了立法规划第一类项目。土壤环境保护法草案初步形成，造成土壤污染将受到终身追责。

三是深入开展土壤污染状况调查工作。在此前土壤污染状况调查基础上，环保部将会同财政部、国土资源部、农业部、卫生计生委等部门组织开展土壤污染状况详查，进一步摸清土壤环境质量状况。

四是加强土壤环境监管。国家强化土壤环境监管职能，建立土壤污染责任终身追究机制；加强对涉重金属企业废水、废气、废渣等处理情况的监督检查，严格管控农业生产过程的农业投入品乱用、滥用问题，规范危险废物的收集、贮存、转移、运输和处置活动，以防止造成新的土壤污染。

五是实施土壤修复工程。国家在典型地区组织开展土壤污染治理试点示范，逐步建立土壤污染治理修复技术体系，有计划、分步骤地推进土壤污染治理修复。

六是广泛开展宣传活动，要求公众树立自觉保护土壤资源的意识，学习有关保护土壤资源的知识；倡导节俭，反对浪费，要求公众养成良好的生活习惯，妥善处理生活垃圾；鼓励公众绿色消费，避免使用一次性餐具、塑料袋等，主动减少污染物；增强责任意识，一旦发现工矿企业违规操作，造成了工业污染，要积极向有关部门举报，跟破坏土壤资源和生态环境的不法行为做斗争。

与此同时，环保部将斥资300亿"修地"。由环保部牵头制定的《全国土壤环境保护"十二五"规划》即将正式发布。按照《规划》要求，用于全国污染土壤修复的中央财政资金达300亿元。以目前受重金属污染最为严重的内蒙古、江苏、浙江、江西等14个省份为试点，全面启动砷、镉、铬、汞等重点污染物的源头减量和土壤修复治理工作。受污染农田、城市"棕色地块"、工矿区污染场地被列为重点治理对象。预计到2015年，重点区域的汞、镉、铬、铅及类金属砷等重金属污染物排放，要比2007年削减15%。土壤重金属污染的治理方法明确为三类，一是净化，通过植物比如蜈蚣草和东南景天等来修复污染土壤；二是钝化，通过海泡石等矿物吸附重金属元素；三是避害，用"客土"来转换污染土壤。

特别是，重金属污染防治一再被强调。在2012年全国政协十一届五次会议第三次全会上，有的委员指出：我国重金属污染出现了由工业向农业转移、城区向农村转移、地表向地下转移、上游向下游转移、水土污染向食品链转移的趋势，对人民群众健康和农产品安全构成了威胁。

为了遏制我国重金属污染蔓延势头，委员们建议：尽快组织开展重金属污染区内环境隐患排查，梳理出重点区域、重点企业中的重金属污染环境隐患，让人大代表和政协委员、环境专家、新闻媒体全程参与排查行动；加强环境应急能力建设，逐步建立起一支业务精、能力强、装备好的环境应急队伍。同时，要严格防控重金属污染源，对于新建重金属污染项目，发改部门不立项、工商部门不注册、安监部门不发证、国土部门不批地，不让重金属污染企业再次出现；对于存在着重金属污染的老企业实行严格监管，一方面督促其进行技术改造和设备更新，争取所有废物实现达标排放，另一方面给予技术支持，通过对企业生产工艺升级，实现资源循环利用，积极推动这类企业走上清洁生产的发展轨道。

2011年初环保部主持编制的《重金属污染综合防治"十二五"规划》出台，3月18日获得国务院正式批复，成为我国第一个"十二五"国家级别的专项规划。针对浙江台州、安徽怀宁等地"血铅超标"事件，《规划》列出了浙江、安徽、内蒙古、江苏省等14个重金属污染综合防治重点省份、138个重点防治区域和4452家重点防控企业，根据污染排放情况和环境质量状况划定了141家铅酸蓄电池企业、7个重点区域，开展铅酸蓄电池综合防控。

"重金属污染防治是当前和今后一个时期环境保护的头等大事。"环保部相关负责人近期这样表示。

义务植树，成了民族行动。中央领导一年一度参加义务植树劳动。自我国植树节设立以来，党和国家领导人坚持每年参加首都义务植树活动，为开展全民造林、爱林、护林运动、建设社会主义生态文明做出了示范。

2013年4月，习近平、李克强、张德江、俞正声等新一届中央领导，集体到北京市永定河畔的植树点，参加春季义务植树活动。

习总书记一走下车就拿起铁锹，同北京市、国家林业局的负责同志和少先队员开始植树。他走到一棵银杏树旁，挥锹铲土填入坑中，随后培实新土，堆起围堰，提桶浇水，每道工序都做得一丝不苟。接连种下一棵白皮松、一棵西府海棠、一棵榆叶梅和一棵碧桃树，每栽下树苗，他都会同少先队员一道提桶浇水；还亲切询问孩子们的学习生活情况，希望少先队员们从小培养爱绿植绿护绿意识、生态环保意识、节约节俭意识。他勉励小朋友们珍惜美好时光，在老师和家长的教育与呵护下像小树那样健康快乐地成长，立志成为建设祖国的栋梁之材。

植树现场呈现着热火朝天的繁忙景象。中央领导跟在场的干部群众和少先队员一起把树苗植入树坑，填土浇水，配合默契，直到收工时大家仍感到意犹未尽。经过一阵忙碌，种下的一株株苗木错落有致，迎风挺立，似乎在向主人们点头致意。

植树间隙，习总书记向国家林业局负责同志询问全国造林绿化情况，同时表示，全民义务植树运动开展30多年来促进了我国森林资源恢复发展，增强了全民爱绿植绿护绿意识；同时指出，大家必须清醒地看到，我国总体上仍然是一个缺林少绿、生态脆弱的国家，植树造林、改善生态任重道远。他要求相关部门加强宣传教育，广泛动员与引导人民群众积极投入到义务植树中去，不断提高义务植树尽责率，并依法严格保护林地，增强义务植树效果，把全民义务植树运动深入持久地开展下去，为塑造出"美丽中国"、全面建成小康社会、实现中华民族伟大复兴的"中国梦"而创造出安全优质的生态环境和人居环境。

在京的中共中央政治局委员、中央书记处书记、国务委员等领导同志参加了当天首都义务植树劳动。协力营造绿色家园、一道建设美丽中国，他们以身作则、带头做起来了。

植树造林、绿化祖国，是义务也是权利。越来越多的公众认识到植树造林、绿化祖国的生态学意义。树林除了可以拦截、吸附空气中的颗粒物外，还可以吸收与转化有害气体。近年来公众热议的PM2.5话题，植树造林是降低PM2.5的有效方法之一，人居环境适度栽种夹竹桃，可以降低二氧化碳浓度。事实上，不少生态环境问题是可以通过植树造林得到缓解以至根本解决的。我国许多地方把植树造林视为应对区域生态环境退化、改善生活环境的"绝招"，比如北京防治大气污染措施中就有大量种树一项，上海第五轮三年环保计划就包括一大批绿化项目。

植树造林的目的在于增加自然环境植被覆盖度，植树节只是一种形式、一个社会约定。全球气候变暖导致了风雨失调、极端天气增多，沙化荒漠化区域蔓延、沙尘暴肆虐等生境恶化，威胁着我们的身心健康，干扰着我们正常的生产生活秩序。对此，大家感同身受，清醒地认识到生存的风险。

绿化环境、保护生态、绿色消费等理念已经成为社会风尚,让天更蓝、地更绿、水更清、空气更加洁净成为共同追求。植树造林,绿化家园,只要具有这个行为能力,每个成员都必须参加这项活动。这既是利他行为也是利己行为,人人为我我为人人。同时,植树不仅种下一棵树,而且通过亲力亲为植树劳动,体验绿化环境的美好感觉,收获履行个人义务的内心快乐。在当代社会,增绿、扩绿、护绿行为,既是光荣的个人行为,又是神圣的集体行动,成了衡量个人素质、社会风气的一项新指标。

在开展植树造林、绿化国土的社会行动中,社会公众在身体力行的同时,对各种形式的植树造林行为给出了崇敬与支持的态度,形成了积极的舆论氛围。人们都在传颂,云南退休干部杨善洲和内蒙古的村支书贾登科扎根山区、绿化荒山的事迹,以及他们在此过程中表现出来的坚忍不拔的毅力和淡泊名利的价值观念。他们把青春和生命交给了大山,把理想和信念播种在大山深处。几十年的艰苦劳动为国家也为家乡创造了惠及子孙的巨大财富,他们依旧过着清贫的山野生活。这是民族美德和党的优良作风在全民生态保护与环境建设中的生动体现。伟大的事业总需要公众为此做出贡献和牺牲,而且总会有一部分成员顺应时代的要求挺身而出,却表现得又如此低调,他们是民族的脊梁、时代的先锋、社会进步的引擎。他们是一面前进的旗帜,又是一柄接力的火炬,在召唤着、引领着更多后继者跟上来,一道前进、协调行动;植树造林就是一场接力赛,在春季的植树场地上,每个中华民族的子孙都不能无故缺席,那里应该有你有我也有他,唯有如此,生态中国、美丽家园才能够越来越近、轮廓越来越清晰。

在落实重点生态工程项目的同时,各地推进"身边增绿"行动。重庆市实施"森林重庆"建设工程,发起"绿化长江、重庆行动",深入动员社会各界积极参与绿化长江、保护三峡的行动。上海市开展"绿化你我阳台、扮亮幸福家园"活动,让绿色"进社区、进校园、进营区、进园区、进村宅、进楼宇"。江西、广东等省一些地方推行单位节日摆花、屋顶绿化、购买碳汇、捐赠绿化资金、门前"三包"、社区绿地管护、古树认养等做法，来实现身边增绿，广泛开展义务植树活动，助推着城乡绿化。党政军警领导带头参加义务植树劳动，公众踊跃参加花木绿地义务养护、认养认建花木绿地活动。共青团开展"保护母亲河行动"，妇联启动"三八绿色工程"建设。人们明志于树、寄情于林，广植纪念树、广造纪念林。全国绿化委员会近期发布的公告显示，到2010年，全国累计有127亿人（次）参加义务植树，植树超过了589亿株。

统计显示，目前全国城市建成区绿化覆盖面积达到149.45万公顷，绿地面积133.81万公顷，公园绿地面积40.16万公顷，建成区绿化覆盖率38.22%，绿地率34.17%，人均公园绿地面积10.66平方米。在祖国广袤大地上，绿色家园初见雏形。

近年来，我国频发食品药品安全事件

食品，通常被划分为粮食（主食）、果蔬和肉鱼（副食）、饮料、保健品共计四大类。

食品安全，包含两层含义。其一是指食品无毒、无害，符合应有的营养要求，对人体健康不造成任何急性、亚急性或者慢性危害；其二是专门探讨在食品生产、加工、存储、销售过程中确保食品卫生和食用安全，防范食物中毒、降低疾病隐患的一个跨领域学科。

2011—2013年，我国市场上食品药品质量安全事件出现一个高峰。据央视新闻播报，仅2011年，全国共查处食品质量安全案件5975件、药品案件 9084 件。中央电视台评出十大食品事件、四大药品事件如下。

1. 十大食品事件

（1）问题奶（粉）　除了此前家喻户晓的阜阳劣质奶粉、添加三聚氰胺的三鹿奶粉之外，2011 年 2 月，所谓"皮革奶"在我国市场上恍若鬼火，令人惶惑了一阵。据专家介绍，"皮革奶"是指非法添加了"皮革水解蛋白粉"的牛奶。皮革水解蛋白粉是利用废弃动物皮革制品或者动物毛发，经过水解而制成的粉状，被添加到牛奶中以提高蛋白质含量监测指标。皮革水解蛋白粉含有超标的重金属，所以皮革奶是有毒有害的奶，伤害性甚于三聚氰胺奶粉，长期食用可致人身亡。

这年底，乳品市场再起质量风波。国家质检总局 2011 年 12 月 24 日公布了此前对 200 种液体乳产品质量抽查结果，发现蒙牛、长富纯两种产品黄曲霉毒素 M1 超标，其中蒙牛乳业（眉山）有限公司生产的 250ml 利乐盒装的鲜奶黄曲霉毒素 M1 超标达 140%；福建长富乳品有限公司生产的长富纯牛奶（精品奶）不合格，超标 80%。

黄曲霉毒素，是黄曲霉、寄生曲霉等产生的代谢产物，黄曲霉毒素 M1 是黄曲霉毒素 B1 的代谢产物，存在于食用了黄曲霉毒素 B1 污染的饲料的动物乳汁里。1993 年被世界卫生组织的癌症研究机构划定为 1 类致癌物质，毒性强，危害性在于对人及动物肝脏组织产生破坏作用，严重时导致肝癌甚至死亡。当粮食未能及时晒干或者储藏不当时，容易被黄曲霉或者寄生曲霉污染而产生黄曲霉毒素，所以在湿热地区食品和饲料中出现这种毒素概率较高。

2012 年伊利奶粉出现问题。6 月 14 日伊利官方网站宣称，本月 12 日国家食品安全风险监测发现，伊利公司生产的"全优" 2、3、4 段乳粉参照健康综合指标，产品汞含量异常。公司在对所有产品进行自查、送检的同时，对 2011 年 11 月—2012 年 5 月内生产的"全优" 2、3、4 段乳粉全部召回。

2013 年美素奶粉被曝光。据 3 月 28 日央视新闻联播，号称"最接近母乳的奶粉——荷兰美素奶粉"，竟掺杂过期奶粉，私自更改保质期；调查发现，美素奶粉并非产自荷兰，而是由苏州正牌代理商非法生产、重新分装出来的假冒伪劣产品，所用原料是来路不明的进口奶粉和过期奶粉。

此后，惠氏奶粉、多美滋奶粉，以及三元牛奶等被爆料存在着五花八门的质量问题，令电视观众惊诧不已。

调查发现，目前消费者对国产奶粉的信心不足；洋奶粉占据我国奶粉市场 70% 以上份额，其中美赞臣占有 25%、惠氏 20%。有网友说："现在奶粉种类这么多，大家都冲着进口的买。"洋奶粉在淘宝、京东、亚马逊等网店销售量都是位居前列的。然而，令年轻妈妈感到尴尬的是，有专家指出：消费者不能迷信进口奶粉，片面地认为进口奶粉就是好的。比如在 2010 年，澳优乳业的进口奶粉因为锌超标、磷不符合国家标准的要求，遭到国家质检总局的退货。仅在 2010 年 3—7 月间，遭遇我国退货的洋奶粉超过了 450 吨。在 2010 年 6 月质检总局公布的不合格进口食品名

小贴士 ▶

国务院送给宝宝的六一特殊礼物。2013 年 5 月 31 日，李克强总理主持召开国务院常务会议，研究部署进一步做好婴幼儿奶粉质量安全工作。会议要求，要本着对下一代高度负责的态度，为小宝宝健康成长提供安全营养食品；当前要把提升婴幼儿奶粉质量安全水平作为突破口，把优质国产品牌竖起来、消费者的信心提起来。为此，需要从以下三个环节入手开展工作。

源头清理、产业升级。奶制品小企业缺乏生鲜乳检测机构、检测设备，无序竞争的鲜奶收购市场也让监管难以开展，因此必须加强源头监管，严把准入门槛，全面清理与规范婴幼儿奶粉原料供应商和生产经营企业，取缔不合格生鲜乳收购站和运输车辆，淘汰不符合许可条件的企业。同时，推进奶牛标准化规模养殖，鼓励婴幼儿奶粉企业兼并重组，推动产业规范化、规模化、现代化发展，促进产业健康发展。

全程追溯、企业负责。借鉴严格的药品管理办法，采用电子监管码等手段监管婴幼儿奶粉质量。电子监管码相当于商品的"身份证"，目前在基本药物中普遍使用。有了这个"身份证"，消费者和监管部门可以容易查询到商品的名称、生产企业、规格、批号、批准文号、有效期、流向等各种信息。

标准建设、强化检测。建立具有国际水平的产品标准体系，强化对市场上销售的婴幼儿奶粉的检测，及时、准确、公开、透明、完整地发布信息。在用电子监管码实行全程追溯的同时，依据国家标准来监督企业落实原料收购质量把关、婴幼儿奶粉出厂检验等措施，严格追究责任事故。

会议提出，建立婴幼儿奶粉的配方和标签备案制度，加快制定网上销售婴幼儿奶粉的监管制度，加强对进口婴幼儿奶粉质量监管。

有网友称，本次会议被誉为是新一届政府在儿童节前夕送给全国小宝宝最好的礼物。

单上，有近150吨来自新加坡的全脂奶粉被检出阪崎肠杆菌。

数据显示，我国有一半左右的新生儿无法接受母乳喂养，对于这些婴幼儿来说，奶粉就是小宝宝的口粮，奶粉的质量安全状况关系着他们身体健康与发育状况。可以说，奶粉质量安全关系着子孙后代的身体健康和发育状况，深远影响着中国家庭幸福，以至社会的安定和谐。

（2）含瘦肉精的猪羊产品　2011年3月15日，央视多档节目播报了"3.15特别行动"，揭露"健美猪"真相。在河南孟州市、沁阳市、温县和获嘉县，一些所谓"无公害养猪基地"非法使用了新型瘦肉精（莱克多巴胺）喂养生猪，喂出来的所谓瘦肉型"健美猪"被卖到南京市场及附近大型猪肉加工厂家，并流入了知名肉制品企业。

南京市食品安全办公室17日凌晨通报：在南京兴旺屠宰场采集的20份生猪尿样，"瘦肉精"监测结果百分之百呈阳性。根据该检测结果，南京市有关部门责令兴旺屠宰场停业，对市场下架封存的问题猪肉与存栏的问题生猪一并进行无害化处理。

瘦肉精：据专家介绍，是一种动物用药，其实是能促进瘦肉生长的饲料添加剂。有数种药物被称为瘦肉精，比如莱克多巴胺和克伦特罗等。把瘦肉精添加饲料中，可以增加动物的瘦肉量，减少饲料使用，使肉产品提早上市，降低成本。在我国，通常所说的瘦肉精是指克伦特罗，曾经作为药物用于治疗支气管哮喘，由于副作用太大而遭禁用。类似的还有沙丁胺醇和特布他林等，同样起到"瘦肉"作用。

由于这些药物在体内不会被破坏分解，生猪摄入瘦肉精后如果在屠宰前没有足够休息时间，会在猪内脏器官和猪肉里有较高浓度的药物残留。人吃了含有"瘦肉精"的猪肉将会产生不同程度的反应，重者出现心慌、肌肉震颤、头痛、神经过敏等症状，轻者感觉不明显，但是长期食用会导致慢性中毒、染色体畸形，诱发恶性肿瘤等。因此，瘦肉精系列药品在全球被禁用。

莱克多巴胺是比较特殊的瘦肉精，效力非常猛烈，一吨饲料中加入不到20克，就可以让最后长肉阶段的猪增加24%的瘦肉，减少34%的脂肪。我国禁止使用包括莱克多巴胺在内的任何"瘦肉精"。由于"瘦肉精"生产相对简单、利润丰厚，不法分子冒险制售，是受了高额利润驱使的。

在公安部统一部署下，湖南省警方破获了一起特大制售"瘦肉精"案，确认浙江省奉化生产"瘦肉精"莱克多巴胺的陈某，可以在一个月里生产该产品一吨左右，按照一吨饲料添加约20克的莱克多巴胺的比例计算，这些莱克多巴胺足以生产5万吨"瘦肉精"饲料，通过团伙分销到江苏、浙江、湖北、陕西、广东、四川、海南等全国16个省市。同时，曝光了双汇集团子公司济源双汇食品有限公司使用含有瘦肉精的猪肉。

吃了瘦肉精的肉羊潇洒走四方。2011年10月26日《新京报》载，山东肉羊第一镇，东营市盐窝镇，瘦肉精被误用滥用。在盐窝镇，给肉羊喂食瘦肉精不是秘密，只是需要应付一下相关检测；瘦肉精货源充足。吃了瘦肉精的羊肉被销往北京、天津、大连等17省（市）。

据查，盐窝镇规模养殖户达到1000余家。盐窝镇鲁北畜产品第一大市场，集屠宰、交易、批发于一体，占地250亩，自1997年建成使用后年屠宰交易肉羊过百万只，交易额逾10亿元。当地肉羊养殖户，"发羊财走上了致富路"。肉羊不愁卖，羊价一路看好。

多家养殖户称：瘦肉精很容易买到，"缺了就骑摩托车买一袋"，或者打个电话就有人送货到门。即使处在严查期间，只要养羊户想买就一定能买到，而且随叫随到，从来不会断货，有的养殖户就认识10多个瘦肉精贩子。

养殖户在收入对比上认定了，必须给羊喂食瘦肉精。羊油和肥肉不值钱，瘦肉才能卖得好价钱，瘦肉精的神奇作用就是把快速催肥的肥肉变成瘦肉，喂下瘦肉精每只羊能多出三四斤瘦肉。同样一圈300只羊，喂瘦肉精与没喂瘦肉精，在收入上相差一两万元。瘦肉精如果买假了，同样会损失一两万。

养殖户绘声绘色地讲述他们应对尿样检测的"有效办法"。他们睹过这样的检测场面：检验人员手拿试纸和纸杯，诸路群羊等候检测；执法人员指定，养殖户在几只羊身上采了尿样。几秒钟后出来了结果：盐酸克伦特罗试纸显示为阳性。对此场面，养殖户并不陌生，说明近来检测严格了，每一批羊都要接受检测。由于有关领导亲临市场视察，就有4批近千只羊检没有过关，被暂时赶回了家。

有养殖户介绍经验说，夏秋季节，肉羊出栏前十几天停药便可，这个季节羊习惯性多喝水，瘦肉精残留容易被排除，检不出问题；到了冬季给羊饮点利尿的葡萄糖，虽说仍然不太保险，但是问题总不大，平时在屠宰场检测的时候，凡是检测不过关的，赶回来就是了，等待下一次蒙混过关。在风声稍紧的时候，有的养殖户在上一批羊群中留下6只提前"停止用药"，并在其身上做个标记。进入市场接受检测，这几只羊顺利被抽取了尿样，其他几百只羊随之进入"绿色通道"。这6只寿命长的羊被赶回家来，以便随后供亲朋好友借用，帮助他们一群羊顺利"过检"。

据悉，山东省畜牧兽医局曾经印发张贴《告广大养殖场户严禁使用瘦肉精书》，宣称：非法生产、销售、使用瘦肉精的，除了被处以罚金外，视情节轻重处以拘役、有期徒刑、无期徒刑甚至死刑。养羊户对此竟然表示不惧，他们说：没听说有谁被判刑的，当地有个叫"小东北"的，因为经营瘦肉精被抓，听说早被放出来了。

（3）速生鸡肉　央视记者深入白羽鸡养殖大省的山东多地养鸡场，调查一年，了解到白羽鸡饲养与出售中诸多不可告人的秘密。2012年12月18日，央视《朝闻天下》栏目予以曝光，要点是：白羽鸡养殖场违禁使用抗生素和激素来养殖肉鸡，提供给肯德基、麦当劳等快餐企业。

白羽鸡是肉鸡的一种，据肯德基称，"目前中国每年的肉鸡产量居世界第二，其中白羽鸡约占50%，其以快速生长、品质优良等特点被广泛采用。"目前，市场上的"速生鸡"多为白羽鸡。据说，白羽鸡的寿命越来越短，而体重越来越重。20世纪70年代，一只鸡从孵化长到1.5公斤需要经过60天；在今天发达国家，鸡长到2—2.8公斤需要45天。据山东一些养殖场负责人介绍，白羽鸡一般40天出栏，平均体重可达2.5公斤左右。

"速生鸡"是如何速生的？记者在暗访时发现，一些养鸡场都是铁门紧闭，有的挂出招牌，上写着"禁止参观"；养鸡场里保持24小时照明，目的在于刺激鸡不停地采食，不停采食成了白羽鸡每天的主要工作；由于不分白天黑夜地采食、长肉，白羽鸡身体处于亚健康状态，甚至出现因供血不足、内脏功能跟不上而大量死去。一些养殖户为了促进肉鸡快速生长，违规使用了利巴韦林、金刚烷胺等禁止兽用的抗病毒药品，以及违禁的激素类药物地塞米松，这些药物成为催生肉鸡生长的秘密"武器"；一只"速生鸡"每天要吃18种药物，光是"药费"每天就要2元。对此，中国家禽协会会长李某某向媒体表示：这是生物科技进步给全世界带来的福祉。

这类鸡肉是如何登上餐桌的？记者发现，养殖户在交给屠宰场之后，由屠宰企业的检测人员来编造养殖记录。从屠宰企业的官方网站上提供的信息看，主要供给肯德基、麦当劳等快餐企业。"速生鸡"在养殖户交给山东六和集团、盈泰公司等屠宰场之后，未经检验检疫就被宰杀；厂家未经检疫就开具的"检疫合格证"，成了部分产品流入百胜餐饮集团上海物流中心的"通行证"。

关于"速生鸡"事件，肯德基表态含糊。针对央视的报道，肯德基于同日下午通过其官方微博发出声明称：所使用的鸡肉原料供应商都是在国内拥有良好信誉的供应商，但是未对是否使用抗生素和激素超标肉鸡做出明确回应。其实，肯德基早在2010年和2011年的自检中就得知鸡肉原料的抗生素含量超标，而这批原料正是来自此次被曝光滥用抗生素和激素来生产"速生鸡"的山东六和集团。当时检出抗生素超标后，肯德基并没有立刻终止与六和集团的原料供货合同，直至2012年8月才根据所谓"汰弱被药催肥的不光是鸡。有专家表示，"在中国，速生鸡、速生猪、速生鸭被用于餐饮，是很普遍的现象。"有记者于2012年2月赴山东淄博高青县青城镇一家速生鸭养殖场进行调查，说这种鸭吃两斤饲料长一斤肉，转化率比活猪吃三斤饲料长一斤肉还要高；在饲养过程中，除了喂饲料，还拿一种神奇的"营养药"当食吃。于是，很多鸭子因为药物作用，或者无法站立或者全身瘫痪，在羽绒未长成就被宰杀上市。在现代实用养猪技术条件下，据统计，一头速生猪的喂养时间在5个月左右，比传统养猪方式出栏时间提前了一倍多。权威媒体曾经报道，十几斤重的猪仔被含有激素、安眠药、高铜、砷等药物的饲料催肥，五六个月可以出栏。长期食用这种猪肉，会诱发不适症状、甚至癌症。

留强"的原则，停止向六和集团采购鸡肉原料。

2013年1月10日，央视新闻联播对此做了总结性播报：本台此前曝光了"速生鸡"事件，百胜餐饮集团发表公开信，向消费者致歉。

并介绍道：百胜是全球最大的餐饮集团，旗下拥有肯德基、必胜客等品牌。据调查，从2010年至2011年的两年间，百胜在对山东六和集团供应的鸡类产品自检中，发现有8个批次抗生素残留超标。百胜在公开信中承认上述检测结果没有主动通报政府，同时百胜做出四项承诺，表示将吸取事件教训，严肃整改。

据悉，农业部责成山东省相关部门迅速查处，并派出专家组前往山东调查。山东青岛市畜牧部门对崔家集镇袁家庄村养殖场进行了查封，责令六和集团平度屠宰场停产整顿，对其原料、产品全部予以封存，并取样检测。公安部门对相关养殖户进行传唤审查，对其养殖场和家中进行搜查。

（4）染色馒头　2011年4月11日，央视对上海华联等超市涉嫌销售染色馒头的事件作了报道，称上海某食品有限公司分公司，把白面染色制成的馒头在上海华联等多家超市销售。不仅如此，公司有更改生产日期、随意添加防腐剂和甜蜜素等行为。这种"彩色馒头"在大型名牌超市出现在我国尚属首次，消息一经公布，引起上海乃至全国消费者一片哗然。

同月17日，浙江省温州市龙湾区工商局在其辖区状元甘岙村一家馒头作坊检查，发现刚出笼的黄色"玉米馒头"，用手一捏双手立刻被染黄。据查，该作坊制作的"染色馒头"大多供给老板亲属所开的8家零售摊点，其中一个客户是学校。执法人员在现场同时查获一瓶瓶"柠檬黄"、一袋袋"糖精钠"及玉米香精添加剂。执法人员表示：我国相关食品安全法规定，"柠檬黄""糖精钠"等均属面包违禁添加剂，不允许在馒头中添加。玉米馒头比普通馒头价格高，作坊在馒头生产过程中违法添加"柠檬黄"色素，把白面馒头染成黄澄澄的"玉米馒头"。

有评论指出："染色馒头"主要问题是柠檬黄、甜蜜素等添加剂含量超标。柠檬黄是化学物质，具有毒性和致泻性，摄入后会增加肝脏负担，如果长期或者一次性大量食用，可能引起过敏、腹泻等症状，还会引发儿童多动症，阻碍儿童智力发育。甜蜜素是食品生产中常用的添加剂，其甜度是蔗糖的30—40倍，经常食用甜蜜素含量超标的食品，会对人体的肝脏和神经系统造成危害，诱发肥胖、肝脏病变等症状。

（5）毒生姜、毒豆芽、毒酱油、毒食盐　自2011年4月—2013年5月，这类"新生事物"在我国各地市场上犹如雨后春笋，但是相继被曝光与查禁。

毒生姜　湖北宜昌市查获近一吨"毒生姜"。宜昌市万寿桥工商所执法人员接到举报，在辖区一座大型蔬菜批发市场，查获两个使用硫黄熏制"毒生姜"窝点，现场查获生姜近一吨。据介绍，不良商贩将品相暗恶的生姜用水浸泡后，使用有毒化工原料硫黄进行熏制，熏过的"毒生姜"与正常的生姜相比，看起来更水嫩，颜色更黄亮，就像刚采摘的一样。医学专家介绍道：硫黄是一种金属硫化物，如果经常食用含有硫黄的食品，无疑是在食用慢性毒素。

用剧毒农药种姜。2013年5月4日，央视《焦点访谈》报道，在山东潍坊市生姜种植户中，不但有人明目张胆违禁使用剧毒农药"神农丹"，而且高频率大剂量。"神农丹"是什么农药？专家介绍说：主要成分是一种叫涕灭威的剧毒农药，50毫克就可致一个体重50公斤的人死亡，所以不能直接用于蔬菜瓜果；涕灭威还有一个特点，就是能被植物全身吸收。当地农民对"神农丹"的危害性是心知肚明，有人坦言：凡是用了"神农丹"

如何辨别毒豆芽和健康豆芽？**一看豆芽秆**。自然培育的豆芽菜，芽身挺直稍细，芽脚不软、脆嫩、光泽白；用化肥浸泡过的豆芽菜，芽秆粗壮发水，离开化肥水后很快就变灰、暗淡无光。**二看豆芽根**。自然培育的豆芽菜，根须发育良好，无烂根、烂尖现象；用化肥水浸泡过的豆芽菜，根短、少根或者无根。**三看豆粒**。自然培育的豆芽，豆粒正常；用化肥浸泡过的豆芽豆粒发蓝。**四看折断**。豆芽秆的断面是否有水分冒出，无水分冒出的是自然培育的豆芽，有水分冒出的是用化肥浸泡过的豆芽。

的生姜自己都不吃，自己要吃的生姜就不用药；这种农药从生产出来就被推广使用，至今用了 20 年。

毒豆芽 沈阳、济南、新疆等地爆料出可以使人致癌的"问题豆芽"，主要经过尿素、恩诺沙星等违法添加剂炮制。现在市场上销售的豆芽大部分是无根豆芽，这类线条优美、水灵鲜嫩的豆芽都是采用各种激素制造出来的速成豆芽。众多植物生长调节剂属于农药范围，长期食用这些食品危及健康。依据"百度词条"，毒豆芽是一种对人体有害的豆芽，表面看来都有 10 多厘米长，个别的有 20 厘米长，个头均匀，颜色白净，且绝大多数没有根须，看起来很漂亮，但是至少含有 4 种违法添加剂，尿素超标 27 倍。人食入后会在体内产生亚硝酸盐，长期食用可致癌。

沈阳"兽药豆芽"事件被曝光后，沈阳市食品安全办公室通报，至 4 月 23 日沈阳累计打掉有害豆芽加工点 23 个，羁押制毒犯罪嫌疑人 30 名，缴获有害豆芽 55 吨，并查获了一起非法销售泡发豆芽药剂的跨省销售案。山东淄博张店区傅家镇查出 5000 多公斤毒豆芽。这些毒豆芽的样品经山东理工大学生命科学院检测后发现，含有增粗剂、无根豆芽素、恩诺沙星等非法添加物。

2012 年 5 月，在沈阳、上海、江苏泰州等地"毒豆芽"再次现身，数量非常大，执法人员在毒豆芽加工窝点搜出"快长王""福美双""强氯精""保险粉"等违禁添加剂。

毒酱油 2011 年 8 月，山东莱西、江苏张家港等多个地方相继被查出毒酱油和毒醋生产黑窝点。这类毒酱油和毒醋冒充"海天"酱油和"恒顺"陈醋等名牌产品，商标有纯"酿造"字样和 QS 标识。目击者称，纯正酱油酿制需要半年时间，而化学浸出（勾兑）只需 10 个小时。

据专家介绍：毒酱油是一种利用人的头发、禽畜杂毛解液等为原料，以工业盐酸为催化剂，再以工业碱综合配制而成的动物水解酱油，内含的三氯丙醇属于致癌物质，在长期食用之后，能使人慢性中毒、惊厥、诱发癫痫症、致癌等。

毒食盐 2011 年 9 月，长沙警方截获约 14 吨冒充名牌"雪天"加碘盐的有毒食用盐，该种盐其实就是含有亚硝酸钠的"工业盐"。亚硝酸盐毒性强，人体摄入 0.3 克可能产生不适或者致病，一次性摄入 3 克可能致命。执法人员依据群众举报线索而接近该黑窝点。

（6）假味精和假鱼翅 2012 年 9 月 3 日，央视《焦点访谈》曝光了假冒太太牌味精事件。造假窝点在江苏常州。所用原料为食品原料或者工业原料的劣质产品，生产环境肮脏不堪，外包装以假乱真。造假人员在产品外包装上做足了文章，因为产品的质量标准普通百姓都拿不准。

鱼翅，原是以鲨鱼鳍为食料烹制而成的奢侈消费品，在许多高档餐厅里要几百元甚至上千元一份。但是在国内鱼翅消费中，约四成是假鱼翅（仿鱼翅或者人造鱼翅）。干货市场上塑料袋包装的食料"素鱼翅"，名为"合成翅针"，主要成分是食用明胶、海藻酸钠。假鱼翅制作与消费遍布大半个中国，风靡北京、浙江、广东等地大城市，一时间成为这些地方餐饮业的高端厨艺和高档菜肴。有记者卧底进行调查，还原假鱼翅的出笼过程，央视新闻频道于 2013 年 1—2 月间持续予以报道。

人造鱼翅被称为"海味银丝"，是利用食用明胶、海藻酸钠、精盐、食用氯化钙等原料加工而成，成品洁白、味鲜、脆嫩，口感胜似粉丝。制作过程包括了原料液配制、氯化钙水溶液勾兑、粗细不等粉丝状的鱼翅成型等环节。据某地专业部门抽检结果："素鱼翅"中镉超标，严重的超标 10 倍，镉超标会伤害人的肝、肾；对 10 家酒店的鱼翅羹进行"DNA"检测，均未查出鲨鱼成分。

专家表示：目前我国对于鱼翅等高档海产品还没有国家标准，更没有专业的鉴定机构；作为一种海产品，真鱼翅本身含有的硫酸软骨素、胶原蛋白等营养成分，完全可以通过食用猪蹄、凤爪等食物来摄取；即便是真鱼翅，作为海洋中高端动物的有机体，其中也存在聚集起来的海水中有毒污染物；从保护海洋生物角度，也不提倡鱼翅消费。至于假鱼翅及其成品对人体影响，有待深入研究。

（7）地沟油、潲水油等问题食用油 据 2011 年 9 月 13 日央视新闻联播：国务院食安办、公安部等部门查获济南格林生物能源有限公司食用地沟油 100 多吨，然后顺藤摸瓜打掉了跨浙江、山东、河南等 14 个省的制假窝点，抓获犯罪嫌疑人 32 名。地沟油取料餐厨垃圾、煎炸废油和地沟污水，经过打捞、粗炼、倒卖、深加工、批发、零售等六大环节，通过粮油公司销售给"消费者"，"地沟油"流向餐桌的传闻便得到证实。

"地沟油"是一种餐厨垃圾的衍生物，因为被使用过，一般里面都含有食盐，会产生钠离子，还会有铝、铁等金属离子，二次流向餐桌严重危害人体健康。但是，这些地沟油黑窝点加工工艺、提炼设备经过多年"升级"，科技含量越来越高，标志着地沟油"地下产业"从小作坊走向工业化和精炼化。目前所有检测标准都是对照正常食品制定的，按照标准化的指标去检测，不能辨识"地沟油"。因此，加工后的地沟油通过地下渠道不断地流向食品加工企业、粮油批发市场，甚至冒充高级调和食用油，以小包装形式进入超市。

食用地沟油含有国际上公认的致癌物质，会对人体造成明显伤害，轻则腹痛腹泻，长期食用则导致发育障碍、肠癌、胃癌等病症。有专家估计，我国目前实有地沟油在 200—300 万吨，普通人家每吃 10 顿饭就要碰上 1 顿地沟油饭菜。

"地沟油"事件曝光仅有月余，重庆市九龙坡区警方联合行政执法部门，摧毁了一条横跨重庆、四川、云南、河南、湖南、贵州多省（市）的"潲水油"产销链。"潲水油"是指不法商贩把收集到的潲水，经过水油分离、过滤、去味等处理后，重新得到的油脂。既然由残羹冷炙、厨料垃圾加工而成，潲水油跟地沟油的原材料差别不大，即便是工艺有所不同，"潲水油"应该是"地沟油"之变种，不是什么新鲜事物。

执法民警称：尚无明文规定"潲水油"是有毒有害食品，对不法经营者定罪存在困难；潲水油多项指标可达到或者接近食用油指标，难以检测；潲水回收炼出"潲水毛油"能卖到3000元一吨，获利达百倍。

公安部有关负责人表示：警方所掌握的大量证据充分证明，用地沟油炼制"食用油"的工艺流程仅是简单的物理分离，此前一些专家声称"用地沟油炼制食用油技术工艺复杂，一般人难以掌握，且炼制费用昂贵、得不偿失"之类言论，是不符合事实的。

金华特大"新型"地沟油事件曝光。2012年4月3日《新京报》报道：浙江、安徽、上海、江苏、重庆、山东六省（市）公安机关在公安部统一指挥下，破获浙江金华特大新型地沟油案件，案发地点位于金华市婺城区的一个城乡接合部，违法生产持续一年。

所谓"新型地沟油"，是由屠宰场废弃物压榨而成，主要包括猪、牛、羊屠宰后内脏一些膈膜、猪皮、牛皮、羊皮上刮下的碎末，以及变质的动物内脏。警方发现，这种新型地沟油的窝点在当地不止一家，还有一些个体熬油户，原料取自屠宰场的废弃物，熬制出来的动物油被统一收购。很大一部分销售到了安徽、上海、江苏、重庆等省（市）的一些食品油加工企业，用来制成食品或者用作火锅底料。警方捣毁炼制新型地沟油工厂、黑窝点达13处，现场查获新型地沟油成品、半成品及油渣超过3200吨。

地沟油呈现从东部地区向西部乃至边疆地区蔓延之势。据中新社消息，2012年6月7日，贵州花溪区人民法院公开宣判贵州省第一起制售地沟油犯罪案件，案犯收购潲水油、劣质猪皮油等非食用原料，生产加工"食用油"24.6吨，销售至多家餐馆。同日，新疆乌鲁木齐市查获8吨疑似"新型地沟油"。

时评认为，"地沟油""潲水油"事件提醒我们：生活垃圾安全处理与物质循环利用问题到了非彻底解决不可的地步了。如果政府部门不能及时对它们做有利于社会的回收利用，那么就会被一些掌握"风险科技"的人进行危害于社会的回收利用，并牟取黑心暴利，公众将遭受多向度的损害。由于无害化处理与循环利用生活垃圾既需要大笔资金，又需要相关技术设备，这不是哪一个普通企业或者社会团体能胜任的，只能由财政、科技等政府职能部门协作经营。食品行业产生的垃圾回收利用，是一个亟待攻关的大型科研课题与大力发展的新型产业，有志于此项事业的人士将会大有作为。

工业用油变身食用油。据2012年5月18日"每日经济新闻"：在昆明市开展的食品安全专项整治行动中，抽查结果发现，云南丰瑞油脂有限公司（以下简称丰瑞油脂）涉嫌使用工业用猪油和工业用鱼油作为原料，掺混加工食用油脂，所生产的"吉象"牌散装猪油、桶装猪油、猪油植物油调和油产品在云南境内销售。丰瑞油脂是集油脂油料加工、销售、物流为一体的综合性民营企业，不仅是我国西南地区最大的食用油脂生产和贸易企业，而且承担着云南省食用植物油的中央储备任务，拥有"绿色食品""无公害食品"等多项殊荣，企业领导对外声称该企业生产从原料采购、生产到销售三个环节都实行检测。

有油脂企业专家尖锐指出：油脂企业掺混工业用油而加工食用油的不法行为是受暴利驱使的，工业用猪油与食用猪油之间有着巨大差价，一般工业用猪油每吨不足4000元，而食用猪油中的精炼板油现在每吨达18000元；工业用猪油是制造肥皂的重要原料，它的卫生指标不高，炼制比较粗糙，甚至可以用死猪、瘟猪、猪的下脚料炼制。由于工业用猪油中化学污染物和贵金属含量高，所以是严禁食用的。

另外，据南方日报、央视2012年1月4日消息：2012年初，国家质检总局公布食用植物油产品抽查结果，广东云浮市、深圳市市场食用油多批次被检出致癌物质黄曲霉毒素超标，有的花生油黄曲霉毒素比国家规定的最高值高了265%，有的餐馆和酒楼食用油超标近于4倍。此前的2011年10月4日，广东惠州和湛江两家粮油公司的花生油，曾经被查出黄曲霉毒素超标。专家介绍说，黄曲霉毒素超标源于原料花生霉变，原料有没有黄曲霉毒素很难把关；黄曲霉毒素是一种致癌物质，毒性要在加工温度超过280℃时才可以破坏，一般的烹饪方法没办法去除。

（8）"蘸药"的猕猴桃 2011年6月初，有记者在陕西省"猕猴桃之乡"的周至县采访，一位果农介绍了膨大剂给猕猴桃增量情况："正常生长的猕猴桃，成熟之后大小应该和油桃差不多大，重量在四五十克左右，如果水分和营养非常好，大的可以长到100克。蘸了药的，大多数可以长到80克到140克，大的甚至超过200克。"距离县城十几公里的马召镇一位果农告诉记者："没听说谁家不用膨大剂，不'蘸药'不行，果子个头达不到'商品果'要求的，贵贱都卖不出去！"当年依靠膨大剂将使猕猴桃净增产三分之一，全县产量超过8万吨。

另据报道，江苏省丹阳市瓜农的西瓜因使用膨大剂发生大面积爆炸。

专家介绍：葡萄、甜瓜等果品也使用膨大剂用于增产。我国目前批准生产的植物生长调节剂共有540多种，是全世界使用调节剂数量最多的国家。

关于"膨大剂"的影响，中国农业大学食品科学与营养工程学院朱毅副教授说："果农只看到眼下的增产，没有看到长期的对于品质的破坏力。"中国人民大学农业与农村发展学院郑风田教授表示：膨大剂现在在我国的使用有泛滥趋势，"很多化学制剂潜伏期是10年到20年，还没有相关人体试验证实膨大剂对人体无害，这就应该引起大家的重视。"

（9）农残茶叶　2012年5月初，有记者深入浙江省某县多个产茶乡（镇）采访，了解到当地茶农担心农残超标，自家不喝夏秋新茶。虽然茶区目前推行低毒、低残留的农药，但是硫丹、灭多威等禁用农药被用到茶树上。有茶农表示："毒性大的农药杀毒效果好，有效时间长，一个月喷一次就行了"，"那些毒性不强的农药见效太慢，而且有效时间短。"春茶农残会少许多，有茶农说："我每年只采春茶，春茶几乎没有农残。"但是，并非无人采收夏秋茶，因为"要是采夏秋茶，每亩地收入大概增加一倍。"如果采夏秋茶，发现有虫子时就要喷药，由于夏秋气温升高，病虫害发生概率提高，茶农从5月开始就要喷施农药，一个星期至半个月一次；"嫩芽发出来要一个月，如果中间生了虫子，还是要喷药，但是只要嫩芽发出来，不管到没到间隔期，还是有人会去采。"茶叶农残是难以避免的。

（10）假茅台酒、问题啤酒和风险大白菜　近期，权威媒体连续报道"**茅台造假**"事件。央视《中文国际》2012年4月27日播报，茅台镇著名的白酒一条街上，几乎每家店里都在出售各种档次的假茅台，情景令人触目惊心。此后相关细节不断被抖搂出来。尽管贵州省仁怀市工商部门声言假茅台"很早以前出现过""现在应该没有"，但是记者通过暗访发现：制售假茅台酒需要的茅台包装标签是由茅台酒厂内部工作人员倒腾出来的，因此假茅台酒从外包装上根本看不出破绽。贵州有官员称"市场上90%的茅台酒都是假酒"，业内人士表示"这个数字具有一定真实性"，专卖店售假酒是持续多年的公开秘密。2012年8月20日央视财经频道《食品安全在行动》栏目播报，"山沟里造出假茅台"，曝光了发生在贵阳市城乡接合部的一起茅台假酒案。不法分子把普通散酒灌装成茅台酒，仿正牌茅台酒的外包装，通过当地物流中心发往四川、重庆、广州、上海等全国大城市销售。

"啤酒的猫腻"着实令啤酒消费者感到惶恐。2012 年 8 月 20 日央视财经频道《食品安全在行动》栏目，播报了吉林省四平市一家啤酒企业往啤酒里添加过量液体甲醛和工业盐酸。据说是为了增加啤酒口感，延长啤酒保质期，但是国家质检总局专家指出，这类添加物是有毒而高致癌物质。

含有甲醛的大白菜。2012 年 5 月 20 日，广州检查出含甲醛白菜 122 吨。甲醛，无色水溶液或者无色而有刺激性的气体，能与水、乙醇、丙酮等溶剂按照任意比例混溶，35%—40% 的甲醛溶液叫"福尔马林"；主要危害是对皮肤黏膜有刺激作用，在室内当甲醛浓度大于 $0.08g/m^3$ 时会引起眼红（痒）、皮炎、咽喉不适（疼痛）、打喷嚏、胸闷、气喘等症状，长期低浓度接触它，会引起头晕、乏力、感觉障碍、记忆力减退、精神抑郁等症状，严重时引起哺乳动物基因突变，增加血癌和淋巴癌发病率。在蔬菜、水果和水产品生产与保鲜过程中，生产者违禁使用甲醛、敌敌畏、六六粉等农药，污染了这类食品。

另外，**鲜榨饮料制作中滥添加现象严重**。一些餐饮场所为消费者提供的豆浆、果汁、花生浆、核桃浆等各种看似诱人的鲜榨饮料，实为兑入了十余种添加剂而炮制出的"大杂烩饮品"，长期饮用会严重危害人体健康。2011 年 4 月，全国的卫生、农业、工商、质监、食药监、水产等执法部门联合行动，对餐饮场所自制饮料等非法添加与滥用食品添加剂行为进行了大检查，全国范围内"围剿"鲜榨饮料违法添加行动正式打响。

2.四大药品事件

（1）药械市场上的假药 据新华社 2011 年 3 月 24 日消息：**日前国家药监局公布了 3 种假药，提醒患者不要购买这些产品。**三种药物分别是：标示研制单位名称为"中国中医药疑难病研究中心"，标示批准文号为"国药准字 Z20025240"的"同仁清肺胶囊"；标示研制单位名称为"中国人民解放军总后中医科学研究院",标示批准文号为"国药准字 Z2008716"的"胰复清片";标示研制单位名称为"中国中医药高血压病研治总院",标示批准文号为"国药准字 Z1102033"的"益肾清脑降压宁胶囊"。

（2）东北地区出现常用药和热销药品的假药 据报道，2011年岁末，哈尔滨市道外公安分局侦破两起特大假药案件，假药贩子把百余种假药推销到黑、吉、辽、内蒙古四省（区）至少3000家药店，牟取暴利。

据办案民警介绍：其一售假犯罪团伙主犯为邸某，王某等4人受其雇佣，负责联系销售业务和收发假药；其二售假团伙以齐某为首4人，以同样方式从事假药购销活动。所经营的假药均为常用药和热销药品。他们从相关物流公司廉价买到了大量药店的地址和联系方式等信息，雇人进行电话推销假药。售假团伙开设了多个虚假售药公司，制作假的公司印章和资质文件，批发假药时出示给零售药店。假药案涉及药店大都在城乡接合部和农村。

警方表示：在进药或者买药之前只要上网对售药公司资质和药品进行核实，真相就会大白，可惜很多药店没有这么做。

（3）南宁市场出现"高仿真"假药 据新华社2012年初消息："高仿真"假药泛滥成灾。广西南宁市中尧路和伟康市场是当地有名的药品批发集散地，每天成千上万种药品从这里发往广西各市、县药店。但是，这里成为不法分子制售假药的"中转站"。

南宁市公安局通报：近日，在中尧路和伟康市场查获涉及710个品种的假药品，医疗器械、保健食品、食品，共计3950件，以及假药生产线1条、分装包装假药窝点1个、销售假药窝点69个、仓库20个，涉案金额4620万元，嫌疑人56人。案涉黎某为主的"黎生保健"、程某为主的"大明保健"、冯某为主的"众鑫保健"、吴某为主的"李超保健"等多个犯罪团伙，皆打着销售正当保健食品的幌子，干着图财害命的勾当。

查获的涉假药品中以"土霉素"、壮阳药、"盐酸曲玛多""阿莫西林胶囊""健胃消食片"等常用药为主，医疗器械中以避孕套、退热贴居多，保健食品多为钙片、维生素胶囊，假食品则有燕窝、保健酒等。

据悉，这些假药品种繁多，但是主要成分简单。比如，胶囊类药品的统一配方都是淀粉、面粉，加入各类色素调制成有色面粉，这些彩色面粉一般情况下不会威胁病人的生命，却势必延误患者最佳诊疗时间；假药中添加成分虽然具有一定疗效，但是其副作用明显。

（4）毒胶囊，工业明胶用作了药用明胶　2012年4月，央视《每周质量报告》和《东方时空》报道了部分明胶厂商使用皮革下脚料制造药用胶囊，产品中致癌物质铬最高超标90倍。铬是一种毒性很大的重金属，容易进入人体内蓄积，具有致癌性，可能诱发基因突变。采购上述胶囊产品的涉及9个药厂生产的13批次药品，青海省格拉丹东药业有限公司、长春海外制药、四川蜀中、修正药业、通化金马等知名制药企业卷入其中。

事件中，原料企业涉及河北阜城县学洋明胶蛋白厂。该厂被指用生石灰处理皮革废料，然后进行脱色漂白和清洗，最终熬制成工业明胶（俗称"蓝皮胶"），卖给浙江新昌和江西弋阳等药用胶囊生产企业。

药用胶囊的生产，并非没有生产标准。《中国药典》明确规定，生产药用胶囊所用的原料明胶至少应达到食用明胶标准，对于铬的含量更是有严格限量，不超过2mg／kg。原料供应企业明知是用工业废料生产的"工业明胶"，却强迫胶囊生产企业同自己签订"食用明胶"供货合同，以推脱责任；而胶囊生产企业为了巨额差价，竟然同意。令人惊诧的是，使用工业明胶生产药品胶囊早就是业内公开的商业秘密。

毒胶囊事件被曝光后，公安部门依法介入相关生产厂家进行调查。涉事厂家紧急处置自己库存的"药用胶囊"，郊野一时间成为药用胶囊的倾斜场所。有目击者称，郑州郑上路的一段排污明渠内，一夜之间出现了大量空心胶囊，300余米的渠沟被五颜六色的胶囊堆积成"彩虹河"，几乎看不到下层渠水。胶囊随水流而下，渠水被染成了蓝绿色。毒胶囊的庞大数量由此可见一斑

我国标本兼治处置食品药品安全事件

中央领导及时回应食品药品安全事件。 在各类食品药品事件发生的时候，中央领导在第一时间做出指示，相关部门跟进出台应对举措。胡锦涛总书记 2011 年 4 月 29 日至 5 月 1 日在天津调研期间，特意到天津市产品质量监督监测技术研究院的国家加工食品质量监督检测中心考察。他走到检测台前仔细查看，向检验人员询问样本选取、检测方法等情况。面对聚拢过来的工作人员，总书记谆谆叮嘱大家："民以食为天，食以安为先。食品安全是关系人民群众身体健康和生命安全的一件大事。你们中心作为食品安全的重要守卫者，一定要坚决执行食品安全法，以对人民群众高度负责的精神，加大监管力度，严把食品安全关，确保人民群众都能吃上放心食品。"

全国人大常委会食品安全法执法检查组第一次全体会议 2011 年 3 月 24 日在北京举行，正式启动食品安全法执法检查，吴邦国委员长做出了批示，三位副委员长分别带队赴四川、上海、湖北三省（市）进行执法检查。周铁农副委员长带队的执法检查小组于 4 月 6 日至 11 日，先后到四川省成都市、宜宾市等地，深入食品加工企业、综合农贸市场、餐饮场所、食品药品检测中心等单位，检查食品安全监管体制机制和配套法规体系的建设情况；桑国卫副委员长率执法检查小组于 4 月 8 日至 12 日，在上海进行执法检查，听取上海市政府的汇报，深入菜场、超市、乳制品企业、上海市食品药品检验所等单位检查；4 月 10 日至 15 日，路甬祥副委员长带队的检查小组在湖北进行执法检查，深入到学校食堂、餐饮企业、食品生产加工企业等单位做实地检查。

国务院总理温家宝，2011 年 4 月 14 日在北京中南海同新聘任的国务院参事和中央文史研究馆馆员座谈时表示：近年来相继发生的"毒奶粉""瘦肉精""地沟油""染色馒头"等事件，足以表明诚信的缺失、道德的滑坡已经到了何等严重的程度！他要求：要把依法治国与道德建设紧密结合起来，使有道德的企业和个人受到法律的保护与社会的尊重，使违法乱纪、道德败坏者受到法律的制裁与社会的唾弃；同时要从绵延数千年的中华优秀传统文化中汲取营养，培育具有时代精神、自尊自信、深入人心的社会主义道德风尚。

国务院副总理李克强，在出席"全国严厉打击非法添加和滥用食品添加剂专项工作电视电话会议"时强调：重典治乱，严厉打击食品非法添加。

他指出：食品问题无小事，保障安全是大事，这直接关系着群众身体健康和生命安全，关系经济社会发展大局；近期发生与查处的食品问题都与生产经营中滥用或者非法使用添加物有关，因此要把整治食品非法添加作为保障食品安全的切入点，依据食品质量标准把好食品生产、流通、消费各个关口，严管食品添加剂使用；要以《食品安全法》为准绳，以违法事实为依据，加大处罚力度，切实解决违法成本低的问题，让不法分子付出高昂代价，真正起到震慑作用；对涉案政府工作人员，情节严重的要依法依纪开除公职，对涉嫌犯罪的要及时移交司法机关，并依据新修订的刑法修正案，从重、从快予以严惩；让群众吃得安全、放心，各级政府守土有责，市（县）政府尤其要负起责任；改革完善食品监管体制机制，严格监管责任制和问责制，对食品安全突出事件，不论发生在哪个地区、涉及哪个部门，都要一查到底，实行问责；保证食品安全是食品生产经营者最基本的行为准则，要落实企业主体责任，强化质量意识，树立诚信理念，开展相关活动，切实筑牢食品安全基础；维护食品安全要依靠群众，加强群众监督，畅通举报渠道，使劣质食品无藏身之地……

国务院连续出台食品药品监管措施和监管办法。国务院办公厅要求地方建立健全食品安全**有奖举报**制度。2011 年 4 月 21 日，国务院发布《关于严厉打击食品非法添加行为 切实加强食品添加剂监管的通知》，要求各地政府建立健全食品安全有奖举报制度，设立专门奖励基金，切实落实对举报人的奖励，保护举报人的合法权益，鼓励生产经营单位内部人员举报。《通知》强调，地方各级政府要结合本地实际制定食品安全信息员、协防员管理办法，加强其队伍建设；支持新闻媒体舆论监督，认真追查媒体披露的问题，及时公开被查处的食品安全案件回应社会关切，同时打击虚假新闻，对制造社会恐慌的假新闻制造者要严肃追究责任。

国务院食品安全委员会办公室等九部门要求严打食品**非法添加**行为，严格规范**食品添加剂**使用。新华社 2011 年 4 月 24 日消息：国务院食品安全委员会办公室等九部门联合发布公告，要求食品（含食用农产品）生产经营单位和个人必须诚信经营，严格执行食品安全法律法规和相关标准，切实履行食品安全主体责任，严禁使用各类非法添加物，规范使用食品添加剂，及时排查、整改食品安全隐患，以确保产品质量安全。

国务院 2011 年 5 月印发了《食品安全宣传教育工作纲要（2011—2015年）》，号召开展面向全社会的**食品安全宣传教育**活动，要求有关部门、行业组织和生产经营单位严格落实"先培训、后上岗"的制度，生产经营单位负责人和主要从业人员每人每年接受食品法律法规、科学知识和行业道德伦理等方面的培训不得少于 40 小时，强化食品生产经营者的诚信守法意识和质量安全意识；每名食品安全监管人员每年要接受不少于 40 个小时的集中专业培训，增强食品安全监管人员的责任意识和执法能力；要求建立食品安全宣传教育工作的长效机制，形成政府、企业、行业组织、专家、消费者和媒体共同参与的工作格局，营造人人关心、人人维护食品安全的社会氛围。在 2015 年底前把社会公众食品安全基本知识通晓率提高到80%以上，把中小学学生食品基本知识知晓率提高到85%以上。6 月 13 日，2011 年全国食品安全宣传周在北京启动。

国务院食品安全委员会督查**地方食品安全工作**。为了督促各地全面认真落实 2011 年食品安全重点工作，2011 年 10 月由国务院食品安全委员会成员单位组成的 8 个督查组开始对各省（市、区）2011 年食品安全工作进行督查。督查的主要内容包括地方政府完善食品安全监管体制机制、开展打击食品非法添加与滥用食品添加剂专项工作、清查清缴问题乳粉、加强地沟油整治与餐厨废弃物管理、建立食品安全信息公布制度、开展食品安全宣传教育、建立食品安全有奖举报制度、企业落实主体责任等 10 个方面的重点工作，专门印发了《2011 年食品安全督查工作方案》，突出随机抽查、暗访等措施，对发现的问题督促限期整改。

国家完善婴幼儿配方食品安全标准。针对近期媒体报道的包括雀巢在内某些欧洲知名品牌婴幼儿食品中的砷、铅、镉等重金属含量高于母乳的情况，2011 年 4 月中旬，中国疾病预防控制中心、国家食品安全风险评估委员会组织专家进行研讨，认为：目前我国婴幼儿谷物辅助食品砷、铅、镉等标准严于国际食品法典的规定，将加强同国际组织和相关国家的交流与协作，完善我国婴幼儿配方食品及原料的食品安全标准。专家指出，提倡对 6 个月以下的婴幼儿尽可能进行母乳喂养，对于 6 个月以上的婴幼儿，如果只喂养母乳不能满足孩子的成长需要，应该按照专家指导，合理添加符合国家标准的婴幼儿辅食。

2011 年 12 月，国务院食品安全委员会办公室下发《关于切实做好**2012 年元旦、春节期间食品安全工作的通知》**，要求各级农业、工商、质检、食品药品监管、商务、公安等部门在检查中加强联合执法，强化监督抽查、市场巡查、突击暗访等措施，严密排查米、面、粮、油、肉、奶、酒类饮品、速冻食品、民俗食品等节日热销食品的质量安全隐患，加大对农产品批发市场、农贸市场监测抽查力度，严防食品假冒伪劣和农产品有害物质残留超标等问题损害群众利益。针对节日食品消费特点，有关部门加强了对年货展、美食节、农村大集等活动，以及承办节日聚餐、"年夜饭"等餐饮单位进行规范与监督。各级监管部门针对春运高峰，深入机场、车站、码头及其周边区域，全面检查食品供销、餐饮服务单位，切实加强旅客集中场所的食品安全保障。监管部门 24 小时应急值守，全面开放投诉举报渠道，及时受理群众反映的食品安全问题。

2012 年 6 月 13 日，国务院总理温家宝主持召开国务院常务会议，研究部署**加强食品安全工作**。

会议分析了目前食品安全面临的困难和问题。一是我国食品产业基础薄弱、量大面广，存在整体素质不高、生产经营管理不规范、安全隐患多等问题，特别是一些生产经营者道德失范、诚信缺失，生产加工伪劣食品，给食品安全造成很大危害；二是现行的管理体制、法规标准、检验检测体系等仍然不够完善，食品安全风险监测、评估损警水平还不高，监管执法能力不足，基层食品安全工作体系有待建立健全。因此，保障食品安全的任务艰巨繁重。

会议要求各级政府切实把食品安全工作摆上重要日程，尽快解决当前存在的食品安全突出问题。主要任务包括：1. 健全食品安全监管体系。2. 严格食品安全监管。3. 严格落实生产经营者主体责任。4. 加强监管能力建设。5. 完善食品安全政策法规，着力解决违法成本低的问题。6. 动员全社会广泛参与，构筑群防群控工作格局。

会议强调，人民群众对食品安全高度关注，迫切要求解决食品安全领域存在的突出问题；党和国家一直十分重视食品安全工作，先后制定了《关于加强食品等产品安全监督管理的特别规定》、《食品安全法》及其实施条例，设立国务院食品安全委员会，开展了一系列食品安全专项整治活动，保持着对食品药品安全犯罪打击的高压态势，使食品药品安全事件高发势头得到初步遏制。

做好这项工作的关键是：既定措施要切实落实到位，逐步实现对食品药品监管由高压控制向常态化监管转变。行政、司法、媒体、消协等部门协调配合，密切关注与监督食品药品生产流通各个环节，保证食品药品生产加工及其监管执法活动都在关注与监督范围之内。

2013 年 3 月，国务院新一届政府推行对食品药品质量安全监管的"大部制"改革，统一、协调、全程、全方位的监管格局正在构建中。国务院组建国家食品药品监督管理总局，对全国食品药品实行统一监管。根据国务院机构改革和职能转变方案，保留国务院食品安全委员会，具体工作由国家食品药品监督管理总局承担；国家食品药品监督管理总局加挂国务院食品安全委员会办公室牌子，同时撤销国家食品药品监督管理局和单设的国务院食品安全委员会办公室；食品安全标准制定和风险评估由国家卫生和计划生育委员会制订，国家食品药品监督管理总局负责执行。

国家食品药品监督管理总局为正部级建制，它整合原有的食品安全办的职责、食品药品监管局的职责、质检总局的生产环节食品安全监督管理职责、工商总局的流通环节食品安全监督管理职责，同时在生产、流通、消费三大领域内对食品质量和药品安全性、有效性实施统一监督管理，把工商行政管理、质量技术监督部门相应的食品安全监督管理队伍和检验检测机构划转食品药品监督管理部门。

国家食品药品监督管理总局的设立，标志着我国对食品药品质量安全的监管由原来的多部门分段监管转变为"总局统管＋三部门分工协调"的统一协调、衔接互补的监管格局。有评论认为，这种监管格局有利于保证健康配料、乳品、调味品、啤酒等行业内的安全性，改善肉制品及其他禽类产品、速冻食品等安全性偏弱的现状；有利于同包括农产品从农田到餐桌追溯在内的食品溯源系统相关的行业发展；有利于包括检测仪器研发与生产在内的第三方相关行业的技术进步及其成果应用；有利于弥补原先监管体系中存在的监管盲区，根除某些监管环节中职责不清、部门间相互推诿扯皮的管理弊端。

国家相关职能部门相继出台食品药品监管措施。2011年3月29日，**最高人民检察院**下发《关于依法严惩危害食品安全犯罪和相关职务犯罪活动的通知》。《通知》指出，当前食品安全面临的形势十分严峻，各级检察机关要与公安机关、法院和行政执法部门密切配合，把打击危害食品安全犯罪摆在突出位置；要建立快速反应机制，突出对人民群众反映强烈以及媒体曝光的重点案件的打击；对公安机关正在侦查的重点案件，要在第一时间组织强有力的办案力量依法介入，积极引导公安机关收集、固定证据；对公安机关提请批捕、移送起诉的案件，要组织精干力量，优先予以办理，及时批捕、起诉。

《通知》强调，各级检察机关要把依法查办国家工作人员在食品安全监督管理和查处危害食品安全犯罪案件中的贪污贿赂、失职渎职犯罪作为当前办理职务犯罪的一个重点。要拓宽渠道，从群众举报、媒体报道、街谈巷议等方面发现有关的职务犯罪线索；检察机关内部侦查监督、公诉部门在办理危害食品安全案件时，注意发现违法犯罪事件背后的行政管理部门和执法、司法机关工作人员收受贿赂、滥用职权、玩忽职守、徇私舞弊等职务犯罪线索，并及时移送反贪污贿赂或者反渎职侵权部门立案查处。

《通知》要求，各级检察院检察长要高度重视打击危害食品安全犯罪和相关的职务犯罪，各级检察机关在依法履行法律监督职责的同时，加强对保障食品安全法律法规的研究，提出打击危害食品安全犯罪与完善食品监管法律制度的意见建议。

2011年5月10日，**公安部**下发"通知"，要求各地公安机关把查清"瘦肉精"生产源头、销售网络、将犯罪分子全部缉拿归案，作为侦办"瘦肉精"案件的硬性标准。

2011年4月29日，**国家食品药品监督管理局**下发紧急"通知"，表示严厉打击食品非法添加与滥用食品添加剂，要求自制火锅底料、自制饮料和自制调味料的餐饮单位备案，于2011年5月1日起公示所使用的食品添加剂。鉴于目前食品药品安全检验部门难以确定某些食品添加剂对人体健康有益或者有害的状况，主张"原汁原味"，尽量不使用食品添加剂，以利于规范行业经营行为。同时决定，将对餐饮服务行业进行抽查，把餐饮服务环节严厉打击食品非法添加与滥用食品添加剂专项工作抽查，同国家食品药品监管局部署开展的 2010 年度餐饮服务食品安全监管绩效考核的抽查一并进行，确定天津、山西、吉林、安徽、海南、重庆、贵州、云南、青海、宁夏 10 个省份为抽查区。

8 月，国家食品药品监督管理局发布实施了《餐饮服务食品安全操作规范》。《规范》决定，加强对餐馆、快餐店、小吃部、食堂、集体用餐配送单位和中央厨房的食品安全管理，并对餐厨废弃物、食品添加剂管理等提出了具体要求。

在餐厨废弃物管理方面，《规定》要求，"餐饮服务提供者应建立餐厨废弃物处置管理制度，把餐厨废弃物进行分类放置，做到日产日清"；"餐厨废弃物应经由相关部门许可和备案的餐厨废弃物收运、处置单位或者个人处理。餐饮服务提供者应与处置单位或者个人签订合同，并索取其经营资质证明文件复印件"；"餐饮服务提供者应建立餐厨废弃物处置台账，详细记录餐厨废弃物的种类、数量、去向、用途等情况，定期向监管部门报告。"还提高了专间的硬件设施要求，增加了餐厨废弃物处理设施的要求，强化了检验设施的要求。

在食品饮品中使用添加剂管理方面，《规定》要求，达到专人采购、专人保管、专人领用、专人登记和专柜保存的要求；学校食堂、建筑工地食堂、集体用餐配送单位、中央厨房，以及重大活动餐饮服务和超过 100 人的一次性聚餐，餐饮服务提供者提供的食品应留样；自制火锅底料、饮料、调味料的餐饮服务提供者应向监督部门备案所使用的食品添加剂名称，并在店堂醒目位置或者菜单上予以公布。

另外，《规范》要求餐饮服务单位必须建立从业人员健康晨检制度、备案公示制度、餐厨废弃物处置制度和食品安全应急防范制度，积极对有关环节可能存在的风险进行规避，主动防范食品安全事故的发生。

2011 年 5 月，**农业部**启动了针对蔬菜农残超标、"瘦肉精"、生鲜乳违禁物质、兽药、水产品禁用药物、假劣农资 6 项集中整治行动。

2012 年 12 月，**农业部和卫生部**联合发布了食品安全国家标准《食品中农药最大残留限量》。"新标准"将成为国内监管食品中农药残留的唯一强制性国家标准，从 2013 年 3 月 1 日起实施，此前涉及食品中农药最大残留限量的 6 项国家标准和 10 项农业行业标准同时废止。

"新标准"制定了 322 种农药在十大农产品和食物中的 2293 个残留限量，基本涵盖了国内居民日常消费的主要农产品；这 2293 个标准全是根据我国农药残留田间试验数据、农产品中农药残留例行监测数据和居民膳食消费结构情况，充分对接国际食品法典标准，在开展风险评估基础上制定的，同时广泛征求了社会公众和相关行业部门的意见，确保了标准的科学、公开、透明；从安全性上看，新标准的风险评估结果全部在安全范围内，可以保障居民的消费安全。

据说，"新标准"的实施有利于规范农民**科学合理使用农药**，从源头控制住农药残留；农产品质量安全监管有了法定的技术依据，有利于各级政府履行监管职责；在制定过程中接受了世界贸易组织（WTO）成员的科学性评议，得到大多数成员的认可，有利于促进农产品国际贸易。

2011 年 5 月 25 日，**国家质检总局**根据《中华人民共和国食品安全法》及其实施条例等法律法规，修订了 2007 年公布的《食品召回管理规定》。新《规定》指出，食品生产企业对所生产的食品安全负责，切实履行召回义务。"召回"，是指食品生产企业按照规定程序，对由于生产原因造成的某一批次或者类别的不安全食品，通过退货或者修正标识等方式，及时消除或者减少食品安全危害的活动。食品生产企业发现所生产食品属于不安全食品的，应当立即停止生产，并在 3 日内向地方质量监督部门提交食品召回计划，把需要召回食品的信息通知有关生产经营者和消费者，采取退货等有效措施，召回已经销售的食品。

新《规定》要求，对被召回的食品要进行无害化处理，不得把做无害化处理后的产品重新用于食品生产和销售；质量监管部门应当把食品生产企业召回食品、食品污染事故等情况记录在案，建立"经营者信用档案"。

2011年5月，**商务部**发布我国首个药品流通行业专项规划《全国药品流通行业发展规划纲要（2011—2015年）》，力争实现在2015年形成1—3家年销售额过千亿元的全国大型医药商业集团，20家销售额过百亿元的区域药品流通企业，药品流通行业的集中度有所提高。

2011年4月，**卫生部**表示，自2011年5月1日起禁止使用面粉增白剂。5月24日要求把食品安全信息报告纳入中国公共卫生服务项目中，辖区内居民，一旦发现或者怀疑有食物中毒、食源性疾病、食品污染等对人体健康造成危害或者可能造成危害的线索和事件，可以及时报告卫生监督机构并协助调查。

2012年1月，卫生部决定紧缺药物试行定价定点生产。我国将继续完善国家基本药物制度，扩大制度实施范围，试行国家统一定价定点生产紧缺药物，制定基本药物使用管理办法，鼓励基本药物优先使用，不断完善基本药物监测评价体系。到2015年，国家统一定价、定点生产药物范围将扩展至基本药物中独家品种、紧缺品种，以及儿童适宜剂型。

3月，卫生部公布修订的《食品营养强化剂使用标准》（GB 14880—2012）。新《标准》规范了营养强化剂的使用品种、使用范围和使用数量，列出了允许使用的营养强化剂化合物来源名单，增加了食品类别（名称）说明；删除了食盐；对婴幼儿食品的营养强化剂提出严格要求，并注重与我国新的乳品标准特别是婴幼儿食品标准的有效衔接。所谓食品营养强化，就是通过把一种或者多种微量营养素添加到特定食物中，增加人群对这些营养素的摄入量，是预防微量元素缺乏的一种重要方法。新《标准》于2013年1月1日起正式施行。

4月18日，卫生部明令禁止婴幼儿配方食品添加牛初乳。牛初乳是健康奶牛产犊后七日内的乳。国际上许多国家未把牛初乳列为婴幼儿配方食品可添加物质。卫生部表示，以牛初乳为原料生产乳制品的，应当严格遵守相关法律法规，产品符合国家标准、行业标准和企业标准；在普通食品中添加牛初乳为原料的乳制品，应该按照相关食品标准执行。但是，婴幼儿配方食品中，不得添加牛初乳以及用牛初乳为原料生产的乳制品。

2012 年 10 月 23 日，国务院食品安全办、中央文明办、农业部、商务部、卫生部、工商总局、质检总局、食品药品监管局 **8 部门**，联合印发了《关于进一步加强道德诚信建设 推进食品安全工作的意见》，要求有关部门围绕解决当前食品安全领域存在的"诚信缺失、道德失范"的热点问题，抓紧抓好以下工作。

1. 在继续强化分级分类动态监管和食品安全示范创建工作的同时，抓紧完善食品安全"黑名单"制度，在贷款融资、差别利率、金融服务和食品从业者社会管理方面形成有力的外部约束。2. 完善消费者权益保护的法律规定，加大对食品安全违法违规和丧德失信行为的民事赔偿力度。3. 加大食品安全工作在文明城市、卫生城市等评选考核中的比重，对发生重大食品安全事故的实行"一票否决"。4. 落实食品安全有奖举报制度，畅通投诉举报渠道，切实保障奖励资金，加大奖金兑现力度并确保兑现及时、便捷，做好对举报人的保护工作。5. 有关部门要积极组织开展食品安全领域道德诚信模范评选表彰与宣传活动，发掘基层食品从业者的典型代表和感人事迹。6. 通过建立与落实有效的奖惩措施，夯实食品安全领域道德诚信内在基础，推动形成"守信受益、失信必损"，"一处失信、处处受制"的利益导向，以及"明信知耻、惩恶扬善"的道德风气，为合格食品生产创造良好的社会氛围。

2013 年元旦、春节期间，**国家相关部门**贯彻国务院食安委第五次会议精神，共同编织覆盖广、针对性强的执法监管网络，筑牢节日消费的安全防线。

1 月 23 日，国务院食安委召开第五次全体会议，李克强副总理主持，王岐山等出席。

李克强指出，食品安全是餐桌上的民生、餐桌上的经济，"一饭膏粱，维系万家；柴米油盐，关系大局"。目前食品监管领域仍然存在职能交叉或者职责不清，既有重复监管也有监管盲点。食品生产加工企业是食品安全第一责任者，监管必须"环环有监管、守土必有责"，切实做到"无缝对接"。他要求，春节期间各地各部门要精心组织执法检查，全面排查食品安全隐患，确保让群众吃得放心，消费安全。

会议明确了 2013 年工作重点：一是继续深化专项整治，抓牛鼻子、啃硬骨头，对问题绝不捂、更不绕，坚决取缔"黑工厂""黑作坊""黑窝点"。二是始终保持高压态势，斩断非法利益链，让"潜规则"失效，让不良生产经营者付出高昂代价，对食品安全领域犯罪、腐败、渎职等坚决依法依规严惩。三是加快健全食品安全标准体系和法规制度，力量配置、资金投入都要向基层倾斜。四是对食品安全热点问题，要及时客观准确发布信息，做到科学防范、公开透明，确保食品安全事故在第一时间得到有效处置。

随后，国务院食安办、农业部、工商总局等部门，依据国务院食安委第五次全体会议精神，各自发出"通知"，部署"双节"期间食品监管工作及纪律要求。

我国食品质量安全"十二五"规划。据 2012 年 1 月 12 日国家发改委、工信部联合公布的《食品工业"十二五"发展规划》，到 2015 年我国将制（修）订国家和行业标准 1000 项，完善食品安全管理制度体系，保证食品质量抽检合格率达到 97% 以上，人民群众满意度明显提高，增强对食品市场的信心。《规划》在确定到 2015 年我国食品行业一系列量化发展目标的同时，提出了强化安全监管，加大对食品安全监管能力建设的支持，健全食品质量安全监管体系，完善食品质量追溯制度，加强食品标准体系建设等要求。

《规划》要求，依照食品安全监管和食品安全风险监测的需要，配备适用的检验检测设备，特别是要加强基层相关部门检（监）测能力建设，支持食品安全检验设备自主化，推进我国检验设备产业化发展；配备与培

1. 食品添加剂与非食用添加物。联合国粮农组织和世界卫生组织联合食品法规委员会对**食品添加剂**定义为：食品添加剂是有意识地一般以少量添加于食品，以改善食品外观、风味和组织结构或者储存性质的非营养物质。按照这个定义，以增强食品营养成分为目的食品强化剂不应该包括在食品添加剂范围内。《中华人民共和国食品安全法》第九十九条，把我国对食品添加剂概念界定为：指为改善食品品质和色、香、味以及为了防腐、保鲜和加工工艺的需要而加入到食品中的人工合成物质或者天然物质。

目前我国商品分类中的食品添加剂有 35 个大类，含添加剂的食品达万种以上。其中，《食品添加剂使用标准》和卫生部公告允许使用的食品添加剂分为 23 类，共 2400 多种，制定了国家或者行业质量标准的有 364 种，主要包括酸度调节剂、抗结剂、消泡剂、抗氧化剂、漂白剂、膨松剂、胶基糖果中基础剂物质、着色剂、护色剂、乳化剂、酶制剂、增味剂、面粉处理剂、被膜剂、水分保持剂、营养强化剂、防腐剂、稳定剂和凝固剂、甜味剂、增稠剂、食品用香料、食品工业用加工助剂、其他等 23 类。

食品添加剂具有三个特征，一是添加到食品中的物质，一般不单纯作为食品来食用；二是有人工合成的物质，也有天然物质；三是加入到食品中的目的是为了改善食品品质和色、香、味，以及为了防腐、保鲜和加工工艺的需要。

非食用添加物，是指不能作为食物饮品供人食用的自然物质或者人造物质，比如三聚氰胺、丹顶红等化工原料。

2. 人体每天可能摄入多少食品添加物？ 每天购买的食品里普遍而大量含有食品添加剂，比如泡菜里有着色剂、果冻里有防腐剂，一支雪糕含 16 种食品添加剂，一袋方便面中有 18 种……近九成的食品含有添加剂，生活中的"食品添加剂"约有 2000 种。不管是直接添加还是间接添加，每个成人每天大概要吃进八九十种添加剂。

训符合要求的检测专业人员，保障各监管部门及食品安全风险监测机构的检测设备维护和人员培训等经费。

《规划》要求，严格按照《外商投资产业指导目录》和项目核准有关规定，加强对豆油、菜籽油、花生油、棉籽油、茶籽油、葵花籽油、棕榈油等食用油脂加工、玉米深加工等行业外资准入管理；做好外资并购境内重要农产品企业安全审查工作。依法运用反倾销、反补贴、保障措施等贸易救济措施，保护国内食品产业安全。

《规划》要求，食品工业把"安全、优质、营养，健康、方便"作为发展方向，强化产业链质量安全管理，提高食品质量、确保食品安全。倡导适度加工，改变片面追求"精、深"加工的生产理念和生产模式，保护食品的有效营养成分，引导公众健康消费。

《规划》还要求，各地和有关部门要加强食品安全、食品营养知识和健康消费模式的宣传、普及，加强中小学食品营养科普教育，树立全社会健康消费意识，引导合理饮食，促进科学消费、健康消费，扭转畸形的、不健康、不合理的消费观念和消费习惯。消费行业要增强社会责任感，盈利的时候不要忘记社会责任，不可以迎合、制造某些消费群体的畸形、奢华的消费要求。

《规划》指出，食品质量安全问题已经成为社会最敏感的问题之一。一方面，人们对科学技术的崇拜和对实用技术成果应用的期待，新材料、新技术、新工艺有时候来不及筛选就被运用于食品行业，社会转型期间涌现出的一些不正常现象，市场上存在的某些不确定因素，都会增大食品质量安全风险系数。另一方面，随着农残检测技术和医学的进步，对抗生素、非法添加物等物质危害性的深入研究，影响食品质量安全各类隐患不断被揭示出来，执法队伍对食品安全风险分析与控制能力的提高，市场监管执法方式的改进，公众有理由对未来的食品市场充满信心。

尤其是，儿童食品里有海量的添加剂。有媒体披露，以好丽友的零食为例，4种零食就含有20种添加剂，其中一款茶汁番茄味的薯片，光配料就达二十多种，食品添加剂列出了阿斯巴甜、二氧化硅等10多种。专家说，在一般情况下，儿童食品里面的添加剂远比普通食品多，"如果集中吃零食，会让孩子摄入过多的添加剂，这可能会让孩子的身体承受不起。"

儿童食品中如果含有非法添加物，那么儿童食品的安全隐患就更让人警觉。早在60多年前，美国佛罗里达大学的弗兰西斯·雷博士就警告说："由于化学物质混入食物，今天的孩子们中间可能正在引发癌症……我们难以想象在一两代时间内将会出现什么样的后果。"

有专家建议，食品添加剂使用应遵照"减量"法则，添加剂最好采用天然食材。卫生部健康教育专家、解放军总医院营养科赵霖教授介绍说：食品中化学添加剂的科学、合理应用是一门很复杂的学问，这项工作技术性强，需要十分慎重；食品工业是道德工业，也是良心工程。使用添加剂要本着"减法"原则，可加可不加的尽量不加，不得不添加的应尽量少添加。食品添加剂行业应该从发展化学品为主转向以天然品为主，走生态之路。

透视食品药品安全事件后的复杂背景

2011年5月，公安部相关领导把此时国内市场形势概括为："**无处不假，无货不假。**"央视新闻联播2012年7月31日播报：最高人民法院举行发布会表示，从审判实践的情况看，近年来危害食品和药品安全犯罪案件收结案数大幅上升，2012年上半年生产、销售假药、劣药案的收案数比2011

年全年的收案数高出 69.88%，结案数高出 41.86%；生产、销售有毒、有害食品、不符合卫生标准和不符合安全标准的食品案收结案数接近 2011 年全年水平。2012 年 12 月，求是杂志社下属的《小康》杂志发布"2012 年中国综合小康指数"，列出公众关注的十大民生问题，其中"食品安全"高居榜首。民调显示：2012 年居民感觉最不安全的社会问题是：食品药品安全。

近年来，我国市场上食品药品安全事件层出不穷，原因何在？至少存在以下六个方面。

第一，这是资本逻辑的产物，是市场经济的背面。资本逻辑，简单地说，就是资本在其主导的经济活动中总是力图实现经济利益的最大化。资本逻辑犹如一匹野马，自由市场就是跑马场。物质生产的目的，是创造物质财富。企业集团和商家都是逐利的，经营理念是让投资获得最高利润，"一本万利"是至高梦想。为了降低生产成本，在竞争中争得有利地位，经营者压低活劳动成本，占有工人的剩余劳动，掠夺式开发利用自然资源，无偿使用人类共有的自然遗产，直排工业"三废"，无偿占用人类共有的空间环境，并在生产中不惜偷工减料，在销售中以次充好。

近代西方工业化的结果是：社会财富日益聚集到企业集团和商家等少数人手里，多数普通公众生活贫困，生存艰难，公众出现了分层，社会出现了不公，这种现象被一些民主学者称为"财富是分等级的"；企业集团、商家等有产阶层，在经营中彼此之间都要承担所谓的"风险"，即市场规律让利润在他们之中分配比例会有所不同。但是，普通公众要与他们一道承担着"公共风险"，即自然遗产被透支，日趋枯竭，生存环境被破坏，质量下降，自然生态系统衰退，社会生产难以为继，对人类生存构成了威胁，此所谓"烟雾是民主的"。社会公众不能共享发展成果，却必须一同承担因为不恰当发展而带来的风险。

反思 400 年西方工业化历史，资本逻辑驱动的社会生产，自由化的市场经济，以及其间科学技术迅速发展与广泛应用，所创造的物质财富、带来的"社会进步"，是企业集团和商家无意中造成的，同时让人类付出了沉重代价。追求私利最大化而滥用先进技术成果，造成了假冒伪劣商品充斥市场，芸芸众生提供了问题商品的倾销市场。这种社会悲剧现象，即使在后起的工业化强国美国，也没能避免。比如农产品的农药残留超标问题、农业生态环境大面积恶化问题，曾经成为美国公众忧虑的社会问题。有些西方学者联系着全球生态危机形势，尖锐地批判西方工业化，认为资本逻辑驱动的工业化把人类社会带进了"风险社会"，全球公众一同生活在工业文明的"火山口上"。人需要生活在一定物质环境之中，时刻与特定环境中的物质和能量进行着交换，所以环境质量问题，或许比某个问题商品的安全隐患更为严重，只是直接影响人的环境因子，尚未被纳入所谓的食品药品而已。

中国工业化起步于 20 世纪晚期，是在学界反思西方工业化背景下启动的，既可以被西方学者称为世界的"后工业化"，又可以被我国命名为"新型工业化"。我们总在乐观地说，我国在几十年时间内走过了西方几百年的工业化道路。但是，因为缺乏应对工业化和市场经济负面效应的经验和准备，我们目前不得不忍受包括环境污染在内的食品药品安全质量问题的折磨。我国坚持走新型工业化道路，采取一些措施有意规避西方工业化曾经出现的种种弊端。但是既然实行市场经济，经济规律必然发生作用，资本逻辑必然在场，仍然扮演着重要的角色，负面影响是不可以避免的。问题在于，我们是否比西方经济学家更为高明，在适当范围内和特定对象上将市场经济规律和资本逻辑正能量发挥到了极致？

众所周知，我国传统农业社会漫长，历朝历代统治集团几乎都推行"重农抑商"政策，手工业和商业只是农业的补充和附属。这在抑制经济发展活力的同时，也起到稳定社会的作用。生产力发展缓慢，农业产量低下，最大民生问题是衣食短缺。"君子喻于义，小人喻于利""商人重利轻别离"等思想观念，反映了官民对商业和商人所持有的鄙夷态度。关于商业和商人的社会地位及历史作用，我们的先辈是缺乏理性认识的。中华传统文化是发育完备的农业文化，自然经济和小农意识等传统观念根深蒂固。历史上没有经过商品经济的洗礼，我们民族头脑里没有真正意义上的商品意识，在市场经济大潮突然席卷而来的时候，我们有的是新奇感和陌生感，缺少的是应该具有的理性态度和应对举措。今天食品药品市场上出现这样的形势，也是在情理之中的。

在经济政策放活之初，市场上很快出现了偷工减料和掺杂掺假的商品。早在20世纪80年代，我国木竹家具市场上出现少榫缺卯、用料打折扣，食品市场上出现注水生肉、短斤少两等坑害消费者的现象。那时消费者虽然对此表示不满，但是仅限于经济利益受到些许损失，没有面临着有毒有害食品的威胁，没能对食品质量的发展趋势有所预见，管理部门也没能建立健全一套科学的预警机制和行之有效的监管模式。生产决定着消费，处在卖方市场上的消费者总是被动的。目前我国食品药品质量安全问题，是因为防范不力逐年积累起来的，同时是伴随实用技术被神话与滥用而变得严重起来的。五花八门的问题食品一旦集中爆发，大家似乎表现得束手无策。虽然消费者是无辜的，但是缺少相关的消费知识。改善一下物质生活，消费者似乎也需要付出更大代价，想吃瘦肉，马上就有人给家畜喂食瘦肉精。市场作用就这么神奇，消费者的合理行为极可能转化为投机者的敛财机遇。

另外，食品药品安全问题不仅是经济问题，而且是个社会问题。虽然与西方社会由少数工业集团主导工业化、热衷市场自由竞争不同，我国新型工业化服从于构建"共同富裕"的小康社会，由国有经济引领与影响，不会重蹈西方工业化的覆辙，但是市场规律作用的一个后果是：社会成员两极分化。这个问题在我国目前是一个不争的事实。无论出于什么原因，这个结果是公众不愿意看到、不愿意接受的。"不患贫、只患不均"，这是个传统观念。分配不公、贫富分化，既然是一个社会现实，必定成为一个社会隐患，引发始料未及的其他社会问题，食品药品安全事件只是其一。

比如我国公众的"仇富心理"，既有传统文化的温床又有现实生活的土壤。"有钱人你先莫神气，你手里的钱干净吗？要是不干净，你想吃玉米馒头，我就给你加点柠檬黄；想吃白面馒头，就掺点增白剂；想吃软口的，就添点改良剂；嫌个头小的就多使点膨松剂……当场吃不死你，你就赖不着我；栽在我手上，那是活该！"这种违法的行为，与在马路上揿钉子、绑架富豪子女、打砸宝马轿车等不法现象没有根本区别。

任何社会问题的产生都有复杂的社会原因，问题越大，原因就越复杂。其中，现实利益和文化心理是两个要素。所以道德和诚信解决不了市场上的利益问题，清除不掉文化心理问题。经济问题只能采取经济手段（通过法律）来解决，社会问题的解决依赖经济利益的合理调整与文化观念的与时俱进。良好的市场秩序必定以良好的社会风气为前提，而社会矛盾的化解有利于市场环境净化。

第二，小微企业食品经营成本高，从业人员素质偏低。这两个方面加上其他原因共同起作用，容易引发产品质量问题。2011年7月3日，《参考消息》刊发了法国《解放报》上的一篇文章《让中国人愤怒的掺假食品》。"在一个生活水平不断提高的国家里，一个让中国人笑不起来的理由就是种种食品丑闻。"

文章从一个视角分析了食品安全问题的原因。作者写道：尽管国家整体经济不断增长，但是许多小生产商因原材料价格上涨而生境艰难，无力把成本上涨转嫁到销售价格上，就采用低级的掺假手段保住利润；尽管政府采取补贴和救助措施，但是在经济发展中，无论出现经济膨胀还是经济滞涨，损失最终算在包括小微企业经营者在内的民众身上。原料价格不稳，经营成本经常处在上扬状态，获利有限，生意难做，一些小作坊、餐饮店就出此下策。

文章运用对比方法分析说：农业方面，农民没有经过任何培训，使用防治农作物病虫害的农药，以及促进作物生长的化肥都具有安全隐患。而在众多食品生产加工企业尤其是小作坊里，许多操作员都是根据自我判断使用添加剂，这些风险莫测的食品添加剂，似乎就像炒菜煮饭使用油盐酱醋那样，不被讲究严格的使用剂量，不考虑不同性质的添加剂混用一起可能产生的严重后果。为了降低生产成本，食品生产加工企业很少拿出专门资金来培训员工。可以说，有些食品质量问题不是出于恶意，而是出于无知。

以上分析符合实际，深刻揭示了主要原因。当然，普通食品的经营者，农村富余劳动力和部分市民，基本上采用传统生产工艺，选用家庭作坊式的作业场所，制作馒头、大饼、油条、麻花之类小食品，多是手工劳动密集型而技术含量不高的大众食品，生产者及家人、帮工也在食用自己加工的食品。百姓食品、传统做法，添加剂花样不会很多。多数小老板和厨师对于不熟悉的食品添加剂也是不敢贸然采用的，食品质量安全问题的大道理和营养学知识可能知之不多，但是他们把握着一条底线是，吃的东西不能儿戏。朴素的道理、不成文的行规，在每个人心中早已扎下了根。普通食品可能经常出现诸如卫生、口味、营养、花色品种，以及斤两不实等问题，但是绝少发生食品含有剧毒添加剂的恶性事件。

对待小微企业的食品生产经营者，要求他们遵守职业道德、保证食品质量，除了强化相关法律法规和必要知识的宣传教育，以及市场监管外，根本措施是维护他们合法的经济权益，让他们在合法经营中有赚头，劳有所获，多劳多得。同时，在一定范围内成立行业协会，开展各种形式的评比活动，培育与树立标准和典型，鼓励先进、鞭策后进，让做得好的餐饮单位和从业人员得到应有尊重。在这种社会氛围下要求诚实劳动，合法经营，他们才有积极性，才有条件做到。实际上，食品质量问题在他们那里往往不是难以做到，而是愿意不愿意做到的问题。

令人欣幸的是，2011年12月全国经济工作会议决定，2012年要继续完善结构性减税政策，对小型、微型企业再减负。2012年政府工作报告再次强调，保护与扶植我国小型、微型企业，鼓励发展私营工商业，实行包括减税政策在内的各项优惠政策。这些优惠政策将为这类企业的健康发展提供政策保障。

第三，科技成果被误用、化学合成剂被滥用，是产生食品药品安全隐患的直接原因。这不是说，科学技术给食品药品生产和消费带来直接危害或者风险，恰恰相反，科学发展和技术应用的初衷是在减轻劳动者劳动强度的同时，给消费者生产与供给物美价廉的食品药品。科学技术发展和应用都寄托着人类美好愿望，是绽放着人类智慧火花和理性光芒的。

科学技术是基于工业化的需要而发展起来的，科技成果不会被束之高阁，总是植根于工农业生产之中，在市场经济条件下受制于资本逻辑，充当着资本牟取暴利的工具。正如恩格斯指出的："这样，科学的发生和发展从开始便是由生产所决定的。"在给企业带来利润、给经营者带来财富方面，科学技术与机器、厂房和原材料的作用是一致的。

科学技术可以为人类带来福祉，也可以给人类制造灾难，关键看资本逻辑怎样引导它，资本逻辑在为每个公众服务还是在为少数企业集团和商家服务。所以，食品药品质量出现了问题，并不意味着科学技术本身出现了问题。所谓"科学技术发展的副作用"，其实是资本逻辑的副作用。科学技术本身无所谓正作用和副作用，作用的性质取决于它应用的方向和对象。

近年来，我国某些生产领域违禁药品的滥用威胁着禽畜食品安全。以"速生鸡"产品为例。人用抗生素滥用既是六和集团的暴利泉源，又是产品的安全隐患。"速生鸡"事件曝光以后，《第一财经日报》追踪报道，一位从事肉鸡养殖十余年、工作于国内三甲的肉鸡生产加工企业的高管透露：肉鸡养殖企业鼓励养殖户用药，实属行业内的公开秘密；"九成以上肉鸡是被大量抗生素等药物喂养出来的。"六和集团把饲料、雏鸡捆绑兽药销售给养殖户，卖药毛利高达60%。六和集团的母公司新希望集团决策人物曾经公开表示：养鸡业务并不赚钱，甚至亏钱，公司主要通过产销饲料实现收益。向农户推销更多药物，以及富含多种药物和激素的鸡饲料，成为公司主要业务和赚钱渠道。一些养殖企业与养殖户签订合约，规定所谓的"五统一"，即统一饲料、统一鸡苗、统一用药、统一技术与管理、统一收购。如此一来，养殖企业可以变相地向养殖户卖药了。

事实上，"六和"的饲料销售收入是屠宰及肉制品收入的二倍。有记者通过比对公司财报发现：2012年上半年饲料类营业收入约为242亿元，屠宰及肉制品的收入为118亿；2011年财报显示，饲料收入约445亿元，屠宰及肉制品销售仅为220多亿元，不到饲料销售的一半。

另外，兽药厂偷加人药成分，给人类健康埋下祸根。据销售人员透露：不按照批号要求生产兽药，几乎成了行业内的潜规则。像抗菌药一个批号应该只有一种抗生素成分，但是生产出来的成品药里至少含有三种以上的抗生素成分，这些药被销售者俗称为"复方药"。比如在郑州海润兽药厂，销售人员坦言，他们严格按照药品批号生产的部分样品只是应付抽检，投放市场的是另外添加了其他抗菌成分的药品。在一些兽药经销点，购买者还可以轻松购买到抗生素的原料粉，很多药甚至是明令禁止的人用药。"像阿莫西林、头孢、卡奇霉素，这些都是属于人用药。说实话都是从人药贸易商那儿拿到的，再卖给这里的厂家，说得不好听些，这叫违法。"知道违法，药厂为什么要这么做？这些制售者认为，杀菌效果好，养殖户才会愿意购买。

滥用抗生素，对人类健康危害可能是致命的，一旦细菌产生了耐药性，人真需要救命的时候，原有药物可能就无能为力了。

在这里，实用技术完全沦为赚钱工具，良心、法律、责任、道德，在金钱面前完全失去了力量。原来食品市场上的乱象，就源于化学药品生产和流通中的乱象。就食品药品产业而言，科技成果越是先进、应用越是普遍，食品药品的安全隐患就会越大。

所谓"公司＋农户"的现代经营方式，先进的实用技术运用，倘若不是为了保障市场供给，而是企业集团追求经济利益最大化，这样的经营方式和技术应用不但不能保证产品质量安全，而且会给消费者的身体健康带来极大伤害，扰乱市场秩序，败坏先进科技声誉。

第四，不良消费风气，倒逼餐饮业滥用食品添加剂或者非法添加非食用物质。有少数特殊消费者，不自觉地成为制售问题餐饮甚至危害餐饮的"帮凶"。挑剔的目光和苛刻的要求，会对经营者产生导向或者暗示作用。作为商家，为了实现商业利益最大化，消费者要求他做什么，他通常会予以满足，竭力迎合客人的嗜好。

比如，有人吃火锅喜欢毛肚和鸭肠，这类菜品本来是软塌塌的，放到火锅里涮一涮，咬到嘴里也是绵绵的，这是它的天然特点，没有经过特殊处理的原始状态。但是，客人不喜欢，认为吃起来"不脆""不筋道"，轻则要求服务员换一盘、退回去，重则斥骂老板不会做生意、厨师烹饪技术差。在消费者"强势"面前，经营者只得附和，不惜采取违规操作、滥用添加剂、非法添加有害物质等行为，始而忐忑，久而安然，渐成风气、衍生祸端。于是，毛肚、鸭肠就用烧碱、福尔马林、双氧水来发。如此一来，口感"脆"了、吃起来"筋道"了，但是食者肠胃等身体器官受到了损害。

再如购买黄瓜，有人喜欢粉嫩带刺、笔直修长、顶着嫩黄花朵的黄瓜。但是自然生长的黄瓜成熟后，顶花基本枯萎了，瓜身也自然弯曲，只是程度不同而已。这样天然的黄瓜就不中看，缺乏卖相。怎么办？为了迁就不良的消费习惯，瓜农按照黄瓜贩子的收购要求，给黄瓜涂抹上一种植物生长调节剂，一种人工合成的激素。适量使用，可以促进瓜体膨大，让黄瓜生长笔直，提高了卖相及产量。生产者、瓜贩子和消费者皆大欢喜。黄瓜上的调节剂会对消费者身体造成什么伤害，大家摇头"不知道"。这类出挑而鲜亮的黄瓜，瓜农是绝不食用的，往往留出几架色相普通的天然黄瓜供自家食用。不但如此，为了尽快让黄瓜上市，卖个好价钱，瓜农不惜过量使用化肥、喷洒农药，以及副作用不明确的瓜果助长剂，农残超标与否、超标程度如何，哪个瓜农会像研究室的化验员那样掌握分寸？专家在权威媒体上宣称："只要按照国家标准使用农药，不会引起农残超标。"这种话语脱离了生产现场，无异于对着天空自语。

不过，话得说回来，少数消费者的不良嗜好及其不合理要求，不能成为餐饮单位与时鲜农产品生产者制售"有毒有害"食品的根据。他们不会被"牵着鼻子走"，应该明白长此以往会"被带到沟里去"。餐饮业有共同的经营规范，相关单位有自己的餐饮特色。既要遵守行业规矩和国家法律法规，又要拿出个性化的肴馔招徕顾客。经营者尊重消费者要求、迁就其嗜好，不是无原则无限度的，餐饮安全是底线。主料选配和辅料添加、制作流程和操作方式，厨艺发挥必须掌握分寸，否则，任何独特的烹饪方法或者高超的厨艺都会沦为制售"有毒有害"食物的邪恶工具。

就某种意义来说，厨师队伍的职业道德和厨艺水准决定着餐饮单位的特色和餐饮安全性。名副其实的厨师，既熟悉当地餐饮文化和饮食习惯，又了解所用每种食材的特性以及食材之间相互作用的机理，不仅是美食家，而且是半个药膳师和营养师；掌勺烹饪美味佳肴，不仅用功而且用情用心，切实把消费者当成"上帝"来敬奉。与之相反，滥用食品添加剂甚至非法添加非食用物质，借用化学物质来刺激消费者味蕾和胃口，正是自身人格不健全和厨艺低劣的掩盖。

在食品药品质量安全面前，无论是生产者还是消费者，都本分一些为好。

第五，一些企业和商家歧视国内消费者，放松了国内市场食品质量标准与管理要求。有些企业集团在决策与经营过程中态度不够端正，在出口产品和内销产品生产上执行两样的质量标准。企业决策者和技术管理人员掌握着生产标准，能够对产品质量负责。

在国内食品安全事件频发的背景下，出口欧美的食品合格率近100%。2011年12月初，国新办发布的《中国的对外贸易》白皮书显示，中国出口商品质量总体上不断提高，2010 年出口美国的食品为 12.7 万批，合格率达到 99.53％；出口欧盟的食品 13.8 万批，合格率达到 99.78％。食品商严把了出口商品质量关。双汇瘦肉精事件期间，有媒体披露，2010 年底，内地供给香港食品合格率为 99.97％，给澳门的为 100％。"禽流感期严禁使用违禁药品，内外销猪要分开饲养，千万不能有丝毫的偏差，有情况及时上报。"2004 年商务部举行的"供港生猪紧急会议"就这样明确表示"区别对待"。媒体认为，类似的"区别对待"不是特例。比如近期央视曝光的毒药生姜事件：潍坊当地出产的生姜分出口姜和内销姜两种。因为外商对农残检测非常严格，所以出口基地的姜都不使用高毒农药，对外出口的生姜管理得相当严格，对国内销售的生姜却是基本不管不问。

有关人士表示，中国食品安全质量的标准不低，而且拥有相当先进的生产与加工工艺流程及技术设备，检验关把得也是相当出色的，安全意识和生产设施在食品质量安全保证上不成问题，至少对于那些实力雄厚的大企业来说。问题就在于，企业如何摆放企业自身经济利益和消费者权益的位置。

第六，农牧民维权能力差，农牧区成为问题食品药品泛滥的重灾区。

不法分子欺贫凌弱，自古而然。反思近年来发生的食品药品事件，就能清

小贴士 ▶

我们真的在"易粪相食"吗？近来，有网友给自己做的食品安全调查报告取名"易粪相食"。什么是"易粪相食"？意思是说，每种问题食品和假药的经营者，包括农残超标的初级农产品的生产者，都清楚这些食品药品中的"问题"，于是他们家人以至亲朋好友互相提醒不要食用它们，认为"自己"的健康就不会受到伤害。其实这是自欺欺人，因为必须食用其他类似的食品药品。我们告别了自给自足的传统社会，进入了商品经济时代，绝大多数人生活必需品必须从市场上买回来。比如"我做的鸡翅有问题，我不吃鸡翅，但是我会喝牛奶；我卖的牛奶有问题，我不喝牛奶，但是我要吃鸡翅……"，诸如此类。这位网友诘问：如果问题食品药品充斥市场，哪个家庭能成为"孤岛"，哪个人又能"独善其身"？

史书记载，我国历史上曾经几次出现过饥馑，严重的时候出现过《左传》中记载"易子相食"的人间惨剧。那个时候出现的饥荒多是天灾所致，我们祖先的生产能力和驾驭自然的本领整体较差。我们这一代人是幸运的，祖国经过了 30 年改革开放与经济快速发展，13 亿同胞过上了温饱生活，衣食住行条件是历史上最好的。但是，为什么我们今天还要重复历史上的悲惨故事？忍饥挨饿与担惊受怕之间究竟有多大差距？如果说"易子相食"是历史悲剧，那么"易粪相食"则是现代悲剧。历史悲剧催人奋进，现代悲剧则让人心痛！

楚地看到：制售问题食品的不法行为多出现在城乡接合部，假药进入偏远农牧区如入无人之境。原因除了这些地区的市场执法监管薄弱、基层医疗服务能力有限、少数医务人员与药贩子勾结外，就是农牧民维权意识淡薄，维权能力孱弱。对于药品，特别是西药，有几多农牧民能说出个子丑寅卯的？制售假药的犯罪分子，不管是哈尔滨团伙还是南宁帮派，以及仍在地下"打游击"的假药贩子，不约而同地瞄上了当代社会的弱势阶层，用假冒伪劣药品骗取农牧民的血汗钱，这是对衣食父母的蔑视和不孝。老祖宗"流辛苦汗，吃明白饭"的古训，国家"合法经营，诚实劳动"的倡导，行业"诚实守信，干净挣钱"的行规，统统被置若罔闻。农牧民还是贫穷，贪图便宜，信息闭塞，知识欠缺，老式农牧民更是如此。这些弱点竟为人利用，恰好为这些假冒伪劣商品制造着消费市场，所以偏远地区的农牧民需要政府倍加呵护，需要执法监管部门的格外帮助。农牧区医疗卫生日常服务、药品药械配送把关、用药常识的普及、消费观念的更新，都需要实际地、认真地去做实做细做到位。政府直接而有效地服务农牧民，就是在挤压假药品、假食品的空间地盘。

绿色是安全、纯净与和谐的文化标志

绿色植物养育着人类机体，绿色环境启迪着人类心智。动物以绿色植物为生存之本，绿色植物是人类衣食之源。绿色植物在自然界中分布最为普遍，并装扮着、展现着自然界万千景象和蓬勃生机。不但如此，绿色植物周而复始的生命活动及每个生长周期内的生命积累，哺养着人类机体，呵护人类生命活动，人类繁衍生息是以绿色植物生生不息为物质基础的。绿色植物是地球上太阳能的固定者、社会财富的初级生产者，以及人类排泄物的清洁者和转化者。地球上绝大多数绿色植物有益于人类，也有恩于人类。

绿色，是绿色植物发育期间最鲜明的物理特征之一。待到绿色植物生命活动进入鼎盛阶段就开花结果，绿色植物体上呈现红、黄、蓝、白、黑等花朵和果实，作为其生命本色的绿色，逐渐消退，同时植物体上花朵和果实的颜色渐显渐浓，植物躯干生命力趋向枯竭。但是，这并不意味绿色在绿色植物中消失，绿色孕育在其他颜色之中，包藏在植物体上各种颜色的花果或者枝干里，孕育着新一代绿色生命，在大自然怀抱里开始下一轮生命周期。绿色是生命绽放中的颜色，因而是富有生机、充满着希望的颜色。

人类以绿色环境为生命活动载体，视花草树木为天然伙伴。人类每项社会活动都习惯地落实在大自然的绿色环境里，荒漠、戈壁、秃岭、童山都不适宜人类定居。每次置身于一望无际的田野中，或者走进欣欣向荣的林间、草地，我们就会感到爽心悦目、精神振奋。绿色植物通过光合作用释放出新鲜氧气，为我们生命活动提供动力并激活心理机制。这就说明，人与绿色环境之间存在着生命交感关系，而不只是一种自然适应现象。

古往今来多少显贵、鸿儒，或者是在仕途上失意了或者是在术业上倦怠了，他们好像是受到伤害的孩子要扑到母亲怀抱，风浪中遭受摧折的航船要回到港湾，奔向田园，返璞归真，祈求自然赐予宁静以抚慰心灵创伤，幻想汇集天地之精气以复原自我。崇山、大川激励了代代志士仁人胸怀远大的人生境界和政治抱负，劲松、蜡梅彰显着正人君子的崇高气节和坚强意志，藤蔓络篱、果实压枝的庭院带给农家无穷无尽的生活情趣。大自然赋予思想家和文艺家神奇的创作灵感，为后人留下脍炙人口的格言警句和诗文佳作。当代社会节奏加快，忙于学习工作相当一段时间的人们期待能在节假日里外出野游，或者登山远眺或者垂钓碧溪，或者仰视闲云聚散，或者俯视蚂蚁迁徙，陶醉于自然怀抱之中，纵情于山水之间。人类须臾都离不开大自然，宛如婴儿离不开妈妈一样。人类起源于自然，依恋自然，亲近万物乃人之天性，大自然不仅是安身立命之所，而且是人类最终的精神家园。

作为文化新概念，绿色有哪些含义？世界近代以来，工业化运动如火如荼，科技发展的浪潮汹涌澎湃，社会财富持续增长、人类的自然威胁和疾病困扰不断降低。但是全球变化、气候变暖，生态被扰动和环境污染程度日益加深，土地沙化和荒漠化趋势加剧，农业环境累受污染，水体和大气的质量急剧下降，粮棉油生产受到威胁。社会财富和公众心理，越来越为工业化进程和科技成果应用带来的阴影所笼罩。公众一再诘问：经济发展有无极限？科技应用有无副作用？物质生活追求有无止境？正是在文化反思背景下，以绿色经济、绿色发展、绿色生活为主题的绿色文化启蒙运动开始兴起。

工业文明带来的综合后果是，社会充满着不确定和不安全的因素，无论是衣食住行还是工作学习，似乎处处都潜伏着风险。公众对此感到焦虑和惶惑，于是把安全、洁净、秩序、和谐等美好期待，借助绿色或者通过绿色事物表达出来。"绿色"这个语词在现实生活中使用频率越来越高，被赋予的含义也越来越丰富。被"绿色"修饰的语词俯首可拾，比如"绿色经济""绿色发展""绿色消费""绿色理念""绿色通道""绿色建筑""绿色上网"，等等，同"绿色"相伴，仿佛护身符保佑着我们。"绿色"负载着多重含义，谨以例句简括如下。

例句①："4月20日，拉萨开通旅游'绿色通道'，简化检查手续、节省旅游团队的时间；同时开展打击旅游市场上'三黑'活动，净化旅游市场环境。""绿色通道"是本句文眼。"绿色"至少包含"安全""便捷"等意思，而"安全"是基本意思。意思是说，在保证游客安全的前提下，尽量简化游客入境检查的程序和手续，不耽误他们行程。

例句②："积极推行绿色金融、绿色信贷、绿色保险、绿色贸易、绿色证券等新的环境经济政策……"句中含有"绿色"的五个词组结构相同，"绿色"含义相似，共同含有各自运行"安全""稳健"，同时与邻近领域的相关行业建立和谐关系，但是确保行业自身运营的安全性或者低风险性是前提。

"绿色"包含"安全"这一基本意思，普通例子有两类。一是写在公共建筑、公共交通出入口标牌上的"绿色通道"（例③），二是公众热议的"绿色食品"（例④）。两个短语中的"绿色"二字把公共建筑、交通要道上的出入口处的本质特征和食品质量的要义概括到位了，表达了"安全""放心经过"和"质量有保证""放心消费"等意思。

例句⑤："全国制药行业成立了绿色企业联盟，旨在推动制药行业应对新的排放标准带来的严峻挑战，提升行业环保水平，促进行业可持续发展，使医药行业真正成为治病救人的绿色行业。" 该句前一个"绿色"修饰制药企业，是指"清洁生产"，包括适用技术、节能减排、环境整洁、产品纯净等主要内容；后一个"绿色"是指药品"本真纯正"，即具有相应的疗效而无药性之外的毒副作用，药品本身及服用均是安全的。整洁的生产环境，节能减排的生产技术，天然纯净的药材，均是保障药品质量的必要条件，所以"洁净"是"安全"的重要保证。

例句⑥："绿色机关，从实施绿色办公开始，争当节约资源的标兵。为了推动全民节约资源，（上海市）闵行区政府带头认购'绿电'，倡导清洁能源，成为全国首家使用绿色电力的政府机关，并在办公室、会议室统一安装节能灯具，把电梯由传统式改为感应式，最大限度地节能降耗，起到了很好的表率作用……全区各级机关纷纷响应，积极行动，制定了各自的'绿色办公'管理规定，无纸化办公、一纸多用、双面复印等已经逐渐成为闵行机关工作人员的办公习惯。"

"绿电"即"绿色电力"，是指包括电能在内的高能、无污染的清洁能源；"绿色办公"是指使用清洁能源，节约电、纸等资源的办公方式；采用"绿色办公"的机关就是"绿色机关"，即节能减排、环境洁净的机关。这句话使用了"绿色"的"清洁""节能降耗"等含义。

无论是先进生产企业还是模范行政机关，落实"清洁生产"产业政策、开展"节能减排"活动，虽然形式有所不同，但是内容是一致的，最终为了确保"安全"。清洁生产的目的在于高效利用能源和原材料，减少排放、降低污染，确保生产环境和产品质量安全；节能减排还是为了确保人类可持续发展的资源安全和环境安全。

例句⑦："'绿色'电脑，可以让农牧民群众在及时掌握社会发展和生产生活信息的同时，确保农牧民健康上网。"句中绿色电脑包含两层含义，一是电脑在运行中对人体没有伤害，二是电脑传输的文化内容对人心没有污染。只有使用绿色电脑，上网才是健康的。"绿色"和"健康"在这里意思是一致的。

例句⑧："2006年自治区环保厅会同自治区教育厅，完成了第四批全国绿色学校创建活动。"句中"绿色学校"是关键词，那么"绿色"有哪些含义呢？至少包含师生教学活动安全、校园环境卫生整洁、各种关系正常和谐等意思，师生安全是基本的。绿色学校中的"绿色"，包含了安全、整洁、和谐等主要意思。

"绿色"语词，抽象的是一类物体共有的颜色特征，呈现的是物体的物理知识，比如"绿地""绿水""绿漆""绿军装"等。随着生产生活的变化发展，"绿色"的自然意义向社会意义延伸，同时涂上了价值色彩。在当代风险社会，绿色不再局限于陈述客观的物理知识，主要用于表达公众的美好愿望，主情色彩鲜明浓郁，主要意思有：安全、纯净、和谐，以及节能、减排、降碳等。绿色文化既是反思近代工业化的旗帜和标准，又是当下经济社会发展的方向和目标。建构绿色文化就是在建构人类安全而温暖的精神家园，用绿色文化引领经济社会发展，就是在谋求人与自然之间和睦而互动的良好关系。

在这里，绿色的"安全"之意，特指人类所生存的自然环境以及所必需的食物、饮品、空气等必需品，对于人体没有伤害，对于人的全面发展和永久发展没有副作用。这既是人类生存发展的前提条件，也是人类从事社会实践的努力目标。绿色经济、绿色发展和绿色环境，就是专指适合人类的经济形态、发展方式和环境状况。

绿色的"纯净"之意，特指在当代生产生活条件下，食品药品的农残不超标、添加物没有毒副作用，工业产品对人体不构成伤害，水体和大气不含有超标的污染物。衣食住行所有物品，没有掺杂有毒有害的杂物。至于绿色的"和谐"之意，特指人与人、人与自然、自然界中所有关系秩序井然，平衡而协调发展，维护自然生态系统的稳健运行，以及经济发展与科技应用、资源使用、环境占用，都是顺应规律的，彼此之间处于良性互动之中。

绿色文化运动已经发轫。这既是过去的社会实践的成果，又是当下的社会实践的需要。没有近代工业化的发展成果就不会有绿色运动的物质基础和先进理念，没有工业化遗留的发展问题以及人类希冀拥有一个可持续发展的光明前景，绿色运动便没有实质内容和内生动力。绿色文化运动既需要政府实施生态环境保护和人居环境建设重大工程，更需要公众践行低碳理念的自觉行动。

有人认为，公众对环境和食品质量的担忧是一种"富贵病"，倘若生活在食不果腹、危机四伏的生境中，大家对于可以充饥的东西会饥不择食，而对于临近的危险可能表现得麻木不仁。如此说来，这种"富贵病"是在生存条件得到改善情况下人类意识清醒的表现，其实是一种未雨绸缪；这种富贵病包含着绿色梦想，并产生着集体走出近代工业化困境的精神动力。

真正懂得绿色含义的民族是理性的和成熟的民族，真实过上绿色生活的民族是自信的和幸福的民族。绿色文化运动每前进一步，我们的环境和食品质量就随之改善一层。绿色文化既是概念文化，更是实践文化，既是大众文化，更是个体文化。绿色文化在每个家庭中的体现是，家庭成员都树立了低碳理念、自觉过着节俭生活。低碳理念既是对传统文化中"节俭""戒奢""慎用"等观念的一种时尚表达，又强烈反映着时代的客观要求。2009年12月，全球目光聚焦到了哥本哈根气候变化大会。虽然会议议程几起几落，但是大会倡导的低碳理念得到普遍认可，此后为越来越多的公众所接受。

"低碳理念"的字面意思是节约资源、减少排放，本质含义是确保人类生存条件安全。从节约资源与保护环境的角度看，个人和家庭的消费行为不再是私人行为，而是社会行为的一个有机组分；低碳生活不能停留在大脑中、口头上，而应该成为每个人的郑重承诺、日常生活的行为习惯。

有人测算说，如果现有的世界公众都过上美国人那样的生活，需要22个地球的资源和环境来支持。可供人类社会利用与发展的可用资源有度、适宜环境有限，所以人类欲望无限膨胀是缺少客观依据的。保持朴素的生活习惯，遵循着节约原则，是每个公众的必修课；节俭是美德、节约最光荣，奢侈是恶习、浪费最可耻。

一年中最美好的日子新年，是践行低碳理念的关键时段。比如春节作为中华民族最为盛大的传统节日，讲究的是阖家团聚和亲情表达，每个人从中获得心灵上的慰藉和精神上的满足。触动灵魂的幸福感并不取决于食物的粗细及其对于感官的舒适程度，玉盘珍馐和金杯琼浆主要满足生理需要，只是满足心灵慰藉和精神享受的一种物质手段，可以适度拥有，却不是最主要的。

经济发展、社会变迁，人口在全国乃至全世界范围内的大规模流动，让家庭成员离多聚少，父母希望儿女常回家看看，儿女期盼爹妈多出来走走。不管是社会哪个阶层、哪个成员，都有岗位要坚守、有义务要履行。平日里事务缠身，亲情、乡情难以顾及，"回家过年"成为出门在外游子最为美妙的梦想。什么高档礼品、什么山珍海味都难以取代这种回家团聚的温暖感觉。浓郁的年味、感官的享受，不仅要拥有火树银花、盛大筵宴，而且要拥有俭以养德和诸事安全的内心体验。

我国是人口大国，经济社会的持续快速发展在给公众带来富足生活和便捷出行的同时，也给自然资源、生态环境和人居环境造成了越来越大的压力。进入"十二五"以来，我国政府主动放缓经济社会发展节奏、自觉降低发展指标，这不是在发展问题上的权宜之计，而是顺应自然规律和社会规律的理性抉择。客观环境"逼迫"我们不得不如此，世界经济状况显示着全球经济发展举步维艰的困境，作为世界大家庭的一个成员，中国经济不可能永远都是"风景这边独好"。从历史上看，我国曾经出现"文景之治""开元盛世""康乾盛世"等治世局面，社会经济繁荣发展，人民生活温饱宽裕。那个时候，部分公众尤其是社会上层随之兴起奢靡之风、挥霍无度。但是奢侈生活招致的是社会发展迅速跌入低谷，公众包括上层成员生活水平急转直下。在古代社会，一顿饱饭、举家温暖成为我国百姓的梦想和终年劳碌的目标。物质生活水平高低不只是取决于科技发展程度以及劳动者付出的社会活劳动量，自然规律和人口规律制约着社会发展进程以及社会财富的积累规模和速度。人类发展的物质条件永远都不宽松，生活条件改善一寸，自然条件就消耗一尺。

走亲访友搭乘公交，体验"绿色交通"健身快乐，不营造灯火辉煌的场面，设身处地想一想没能用上电的家庭生活多么不便，供电部门的工作

小贴士 ▶

舌尖浪费。据 2013 年 1 月 22 日央视新闻联播：百姓逢年过节、婚丧嫁娶、亲朋好友聚会，企事业单位聚餐、党政机关迎来送往，商业宴请、文化活动招待等均置办酒席，餐桌上吃剩的鱼、肉、蔬菜和米面食物，当成垃圾被倒掉。据城市餐桌统计，我国社会成员一年倒掉的脂肪和蛋白质，可以满足两亿人口全年的口粮，折合成一个省份一年收成的农产品，造成 5%—10% 的粮食流失。

公款消费是食物浪费的主要行为。公款消费一桌千金，消费者对满桌食品被倒掉不感到心痛。据报道，一个普通餐馆包间，公款宴请的一桌饭价值 4000 元，15 个人参加消费，每人消费 270 元。被采访的厨师难过地说：辛辛苦苦、精心制作的美味佳肴，客人吃得少，最终统统被作为餐厨垃圾倒进潲水桶；一个晚上收拾的这等餐厨垃圾装了一大车，沉重地拉了出去。

舌尖浪费加速了有效资源消耗，同时加重了环境污染。虽然连续 12 年喜获粮食丰收，但是我国目前粮食自给率为 70%，每年还需要进口 720 万吨。舌尖浪费国人耻辱，尤其是国家公务的耻辱。节俭是中华民族的传统美德，"谁知盘中餐，粒粒皆辛苦"妇孺皆知。珍惜食物是对农民的尊重，爱惜粮食是行政廉洁的表现，公务应该做出表率。

压力有多么大；回到传统生活的饭桌前，品味父母备办的家常饭和绿色食品的天然滋味，一碗水饺、一杯家乡老酒更适合重温亲情，找回久违的儿时记忆；发送一封电子邮件、一条短信，也能表达一份对师长和领导的问候与祝福的真情。果能如此、家家如此，"礼轻情意重"这个古老话题，在绿色文化背景下将获得美妙的表达形式。

　　践行低碳理念很多时候只是举手之劳，只要具有这个意识，就容易养成节电、节水、节油等良好习惯，不忍心把吃剩的食物作为垃圾倾倒。果真能做到这　点，想一想在居家团圆享受着亲情友情的时候，在过年气氛里饱尝美食的同时，节约了资源、减少了排放，以自己的方式和行动为环保事业做出了应有贡献，那将收获一份怎样的精神安慰和从容的人生态度？

第二部

生态环境保护和人居环境建设

西藏当下所拥有的原生态的自然环境，既是大自然的馈赠，又是西藏历史发展的成果，成为雪域高原上各族人民生存发展的核心资源。自然环境及其自然资源，是实现经济社会发展的物质基础和限制条件。经济社会发展的内容和速度，既要以自然环境容量为限度，又要为自然资源所制约。自然环境及其自然资源无可复制，需要格外珍惜和节约使用。

自然环境并非为人类特设的，宜居环境需要人类依据客观条件为自己营造。为了兑现"让人民群众喝上干净的水，呼吸着清洁的空气，吃上放心的食物，睡上安稳的觉，在良好的环境中生产生活"的政府承诺，为了构建西藏高原国家生态安全屏障，确保西藏高原生态安全和气候稳定，西藏自治区在中央政府的支持与全国人民的援助下，坚持从区情出发，精心谋划、合理调配人力物力，戮力同心地实施生态环境保护和人居环境建设工程。

那么，西藏的自然环境和高原气候有什么特点？西藏高原上生态环境保护和人居环境建设是怎样展开的？近况如何？

西藏独特的自然环境和生物群落

西藏占据着青藏高原主体部分，自然环境特殊，自然资源丰富。青藏高原平均海拔在 4000 米以上，群山巍峨，积雪皑皑，江河湖泊星罗棋布，哺育着亚洲多条重要河流，对区域气候乃至世界性气候发挥着"调节器"的作用。青藏高原高寒缺氧，生态环境抗干扰能力低下，区域生态系统自我更新能力差，对全球变化和人类活动反应敏感。地势超拔和群山环抱，近代西藏相对封闭，与世界工业文明近乎隔绝，既没有被工业化的成果所惠及，又没有被工业化的后果所殃及，因此，当代西藏既是我国经济社会发展的落后地区，又是全球最后一片净土。

自然地理环境冰清玉洁，自然生态系统保持完好，这既是西藏的地域特征，又是支撑西藏发展的得天独厚的自然条件。

西藏高原大面积的裸地，原是海洋底部，土壤贫瘠。地理学研究表明，青藏地区在 4000 万年前第三纪早期是一片处于欧亚大陆和冈瓦纳大陆之间的浩瀚海洋，名叫"特提斯海"。后来由于冈瓦纳大陆向北漂移，与欧亚大陆发生碰撞，特提斯海消亡，地壳抬升成陆地。几百万年前，由于印度次大陆板块继续向北俯冲和挤压，发生"喜马拉雅运动"，隆起了青藏高原。这块高原是地球上平均海拔最高、地壳厚度最大、隆起形成时间最晚、最年轻的高原，是除了南北两极之外世界最高的地方，享誉"世界第三极"，居住条件差，开发难度大。

青藏高原自然生态系统发生变化，直接影响着周边地区的生态效益。有研究表明，喜马拉雅山大范围森林砍伐，会加剧孟加拉国的洪涝灾害；我国 1998 年长江流域洪涝灾害的形成与中上游植被减少、水源涵养能力下降、水土流失严重等关系密切。生态学家对径流研究发现，裸地平均径流将会增加 40%，在森林砍伐 4 个月后地表径流比砍伐前增加 5 倍。因此，我国在"十一五"和"十二五"期间持续推进"天保工程"建设，出台配套措施以保障把"退耕还林""退牧还草"政策落到实处，并做出长远规划，把包括西藏在内的青藏高原建成我国生态安全屏障。

西藏区域生态系统 生态因子，是指环境对生物个体或者群体的生活和分布具有影响的各种因素。而环境是指环绕在生物有机体周围的一切要素，既包括物质空间又包括影响生物生存发展的各种条件。生态因子分为生物因子和非生物因子，前者包括同种生物的其他有机体和异种生物的有机活体，主要涉及植物、动物和微生物，构成了种间关系；后者包括气候因子（温度、光、湿度）和土壤理化因子，构成了生态系统的种内关系。

生物群落，是指在特定时间内聚集在一定地域或者生境中所有生物种群的集合。在此，群落是多种生物种群的集合体，表现为一个边界松散的集合单元；种群是每种生物的存在形式，是以遗传因子交换、相同生活方式为基础的一个实体。群落显著特征是生物多样性，即每个群落都由一定的植物、动物和微生物组成，每种生物尽管存在功能差异，但是彼此之间相互适应、相互影响，形成一定的生活秩序和演化规律，使群落维持着一个自然平衡和相对稳定的发展状态。群落与其环境之间有着密切联系，共同构成了复杂的生态系统。

生境，是指生物存在的环境域，既有标识生物种群占据着一定空间、位置之意，又表明生物与其食物和天敌的相互关系。

生态系统，是生物群落与其环境之间由于不断进行物质循环、能量流动和信息传递而形成的统一整体。如果系统结构与功能相协调、系统内生物与环境相和谐，生物亚系统内各组分间共生、竞争、捕食等关系相辅相成，那么该生态系统内有机体或者子系统就会大大集约利用物质和能量，获得最大的整体功能效益。生态系统有多样性特征，一方面是指生物圈内的生境和生物群落的多样性，以及生态系统内生境差异、生态过程变化的多样性，并且生物群落有垂直结构和水平结构，群落内部有序排列在不同的营养层级上，这些结构的差异及其动态过程，成为生态系统千差万别、有序演替的动力。另一方面，这种多样性是指生态系统具有不同的空间规模和地域幅度，全球可以看作一个最大的生态系统，是由数以亿计的中型和微型生态系统组成，换句话说，规模幅度较大的生态系统包括若干子生态系统。一条大江是一个生态系统，一个池塘亦可以看成一个生态系统。就是说，生态系统有尺度上的划分。

生态系统，是人类生存与发展的物质基础。生态系统具有服务功能，这种服务功能是指生态系统与生态过程所形成及维持的人类赖以生存的自然环境条件和效用。从总体上说，生态系统服务功能主要表现为它的物质生产功能（经济价值）和环境服务功能（环境价值）。具体地说，**第一**，物质生产功能所提供的产品包括食品、药品、淡水、饲料、天然纤维、木材、遗传基因库、工业原料、观赏与环境用植物等。**第二**，调节功能主要指水质净化、水资源调节、空气质量调节、气候调节、废弃物处理、人类疾病和病虫害控制、作物授粉等。**第三**，文化功能是人们通过精神感受、知识获取、主观映像、消遣娱乐和美学体验从生态系统中获得的非物质利益，像多样的文化形态、精神和宗教、教育、休闲旅游等均属此类。**第四**，支持功能区别于前三项功能，像提供适宜的生境、初级生产、产氧、土壤形成与养分保持、生物多样性维持、太阳紫外线辐射防护、水循环，以及氮、碳、硫等生命元素循环之类，是间接的或者通过较长时间才能发生的，而前三项功能是相对直接的和较短时间就影响人类的。

生态系统服务功能状况，取决于生态系统功能强弱及其生产力水平高低，后者取决于生态系统内部结构及其关系的协调程度。生态系统健康的标准有活力、恢复力、自我维持、生态系统服务功能的维持、最佳管理、外部输入减少、对临近生态系统的影响和人类健康的影响。如果特定生态系统内部生物群落及其周围环境之间相互协调、生物群落内部结构合理，生态系统各构成要素彼此能良性互动，并且整体处于平衡稳定状态，那么这个生态系统功能就强健，自身生产水平就高，服务功能自然就强劲；否则，情况就相反。

另外，生态系统服务功能状况与生物多样性密切相关。**生物多样性**，联合国《生物多样性公约》中的解释是："生物多样性是指所有来源的形形色色的生物体，这些来源包括陆地、海洋和其他水生生态系统及其所构成的生态综合体，这包括物种内部、物种之间和生态系统多样性。"生物多样性程度决定着人类食品药品数量和质量的状况，以及环境的安全健康状况。生态系统的服务功能说到底是由多样生物共同"劳动"的成果，初级生产者和次级生产者都做出了各自的积极贡献。地球上生物多样性是30亿年进化的结果，是人类的宝贵财富。《生物多样性公约》也明确生物多样性像其他资源一样为所在国家所有。

据估计，生物多样性每年为人类创造了约33万亿美元的财富，其中美国为3万亿美元，中国为4.6万亿美元。

生态系统与生物多样性之间是互为因果的统一关系。生态系统是生物多样性保护的载体和基本单元，全球生态系统多样性一旦遭受改变或者破坏，许多生物物种就会失去栖息地，并由于对改变后的环境的不适应或者由于人为直接灭杀而大量消亡。人类活动对生境的破坏，包括自然生境的退化、消失和破碎化现象，是当前生物多样性大规模丧失的主要原因。比如热带雨林生态系统原本是地球上最大的生物物种资源库，但是1980年以来，热带雨林正在以每年13万 km^2 的速度被破坏；到1996年，全球哺乳动物的4630个物种的25%和鸟类的9675个物种的11%处于灭绝的危险中，而且这种生物物种的消失和生物多样性的丧失是不可逆转的。欲保护生物多样性，有效做法是保护生物栖息地，保护整个生态系统。

所谓的**西藏区域生态系统**，是指西藏境内生物群落与其所处自然环境之间所构成的有机统一体。其中，环境因素称为环境因子，包括地理因子和气候因子，生物因子包括植物、动物和微生物三种生命形式。作为中国区域生态系统乃至全球生态系统的一个有机组分，西藏区域生态系统就是一个特定的、个性化的生态系统。

西藏的环境因子 1.地理因子 西藏地处祖国西南边疆，境内总面积超过122万平方千米，占全国面积的八分之一。地理坐标是，北纬26°52′—

36°32′，东经 78°24′—90°06′。东西长约 1900 千米、南北宽约 1000 千米，北界昆仑山、唐古拉山与新疆维吾尔自治区、青海省毗邻，东隔金沙江跟四川省相望，东南部在横断山区同云南省相连，西部和南部与印度、尼泊尔、不丹、缅甸等国以及克什米尔地区接壤，国境线长约 4000 千米，占全国陆地边境线六分之一以上，是祖国西南边陲的天然屏障。

境内地形可分为三个阶梯：藏北高原平均海拔 4500 米以上，位于昆仑山、唐古拉山和冈底斯山、念青唐古拉山之间，占全区国土面积的 2/3，湖泊集中、草原辽阔，又称羌塘草原（藏语中"羌塘"是北方原野之意），为西藏牧业区的主体；藏南谷地平均海拔 3500 米左右，在冈底斯山和喜马拉雅山之间，即雅鲁藏布江及其支流流经的地方，为西藏主要农业区；藏东高山峡谷区平均海拔 3500 米以下，为一系列由东西走向逐渐转为南北走向的高山深谷，系横断山脉的一部分。地势呈现西北高东南低的特点。

境内分布许多著名大山，从走向来看主要有两组，一组是近于东西走向的，从南向北依次为喜马拉雅山、冈底斯山、念青唐古拉山、昆仑山；另一组是近南北走向的横断山脉。在这些巨大的山脉之间，有许多分支山脉，使西藏成为一片"山脉的海洋"。喜马拉雅山脉蜿蜒于西藏高原最南缘，由许多平行山脉组成，山脉的走向自西段的西北—东南向，到东段转为东西向，并向南突出成一个弧形。山脉全长约 2450 千米，宽约 200—300 千米，平均海拔 6000 米以上，超过 7000 米的高峰有 50 多座，超过 8000 米的山峰有 10 座。海拔 8844.43 米的世界第一高峰——珠穆朗玛峰，就耸立在我国和尼泊尔交界的喜马拉雅山脉之上。

境内湖泊众多，西藏是全国湖泊面积最大的省区。藏北高原是西藏乃至全国湖泊分布最集中的地区。藏语称湖泊为"错"。湖泊多为咸水湖，这种湖泊矿化程度高，许多湖泊不但水中含有盐分，而且整个湖底都被盐晶体覆盖，咸水湖成为天然盐库。全区大小湖泊近 2000 个，总面积约为 2.38 万平方千米，占全国湖泊总面积的 30%。其中，面积超过 100 平方千米的湖泊有 47 个，面积在 1000 平方千米以上的有纳木错、色林错、扎日南木错，均分布于藏北，而著名的羊卓雍错在藏南。湖泊中 97.9% 属内陆湖，按水系和湖泊的分布特点，可以划分为藏东南外流湖区、藏南外流—内陆湖区和藏北内陆湖区。属河谷堰塞湖的有羊卓雍湖、巴松湖、班公湖等，属高原盆地积水湖的以纳木错湖、玛旁雍湖等为主。

拥有纵横交织的内、外流水系。河流多、流域面积广、上下游落差大、水能资源丰富是其主要特点。亚洲和我国一些著名大江、大河多发源于西藏或者流经这里。比如狮泉河为印度河的上源，雅鲁藏布江是布拉马普特拉河的上游，怒江是萨尔温江的上源，澜沧江湄公河的上游。我国第一大河长江上游金沙江在西藏和四川的边界穿过。西藏多年平均水资源量为 4394 亿 m³，境内流域面积大于 10000km² 的河流有 20 余条，大于 2000km² 的河流有 100 条以上，大于 100km² 的河流数以千计。这些河流成为西藏乃至南亚、东南亚地区重要的"江河源"和"生态源"，西藏高原被誉为"亚洲水塔"和"区域生态屏障"。

自然景观世界独具，地形地貌千姿百态。高原上群山逶迤、峰峦叠嶂，既有终年积雪的高山又有深邃峡谷，既有广布的冰川、冻土又有绿草如茵的宽阔草原和清澈见底的河流湖泊，既有郁郁葱葱的原始森林及其林下繁复的动植物群落又有富有高原自然特色和传统风习的村落布局，以及云山雾海掩映下喇嘛寺庙建筑群落。草地则是西藏主要的地表形态，占西藏国土面积的 69.1%，占全国天然草地的 1/5，类型丰富，全国 18 个草地类型西藏有 17 个，拥有热带、亚热带、高山寒带以及从湿润到干旱的各种草地类型，其主体类型为草甸和草原。大面积的多类型的草地在维护西藏乃至全国生态安全方面发挥着重要作用。

2. 气候因子　由于高原块体巨大、地形奇特多样，加上低纬度作用而形成独特的西藏小气候。主要特点：空气稀薄、气压低，含氧量少；光照充足，太阳辐射强；气温偏低，年温差小、日温差大；干湿分明，多夜雨；冬季漫长多大风，白天仍然暖意洋洋，夜间气温才降到零度以下，而夏季湿凉，多雨多冰雹。空气稀薄，含尘量小，高原天空分外湛蓝，白云漂浮不定，形成西藏特有的明亮透彻的自然景象。受全球变化影响，西藏极端天气在逐年增多。

夏季平均气温不高，除了藏东南一角和喜马拉雅山南翼外，雅鲁藏布江中游谷地温度最高，却仅有15℃左右；藏北高原的大部分地区气温低于8℃，是我国盛夏季节气温最低地区。气压年平均大都在625百帕以下，仅为海平面气压的一半，空气平均为海平面空气密度的60%—70%，高原空气含氧量比海平面上的减少35%—40%，水的沸点大部分地区也降至84℃—87℃。纬度低、海拔高，空气透明度好，当阳光透过大气层时能量损失少，太阳直接辐射可占大气上界太阳辐射的50%，是全国太阳辐射量最多的地区。著名"日光城"拉萨，年日照时数为3005小时，比同纬度的东部地区日照总时数多出1000个小时。降水季节分配不均匀，雨季、旱季非常明显。雨季内各地雨量集中，一般占全年总降水量的90%左右，每年4—9月为雨季；每年10月至次年3月，降水量稀少，被称为"旱季"，也叫"风季"。高原夜雨是西藏气候的一大特征，夜雨主要出现在雨季。

西藏气候近年来出现一个明显特征，就是增温。在全球气候变暖的大背景下，西藏近13年来的气候以变暖为突出特点。自治区气象局气候中心专家介绍说，从全区1998年至2011年的资料数据来看，西藏气候以变暖为主要特征，但是个别年份增温率有轻微波动。全区38个气象站点年平均气温的年变化趋势分析显示，各站年平均气温表现为一致的升高，其中阿里、那曲、拉萨、定日等地升温幅度较大。区域增温最明显的在西藏西部地区，其次在雅鲁藏布江一线和藏东南部，藏东北地区增温幅度最小。就增温季节特点来看，冬季变暖的趋势明显，其他三季的变化较小。

研究发现："拉萨多夜雨"的特征没有改变，全年84%以上的降水集中在夜间。这是对1961至2006年拉萨降水量观测的结论。拉萨地处雅江中游，典型的高山河谷地形造就了该区域降水的这一特征。"夜间瓢泼大雨，白天阳光灿烂"，成了拉萨一道美丽的气候风景。专家介绍："所谓夜雨率是指夜间（20时至次日8时）降水量占日降水量的百分比，与之相对的昼雨率，则是指白天（8时至20时）的降水量占日降水量的百分比。对1971年至2006年拉萨降水资料的分析可以发现，近36年来拉萨夜雨率和夜雨天数呈反相变化趋势，年、季夜雨率呈减少趋势，而夜雨天数呈一直增多的趋势。可见，拉萨夜间降水强度的大小是决定夜雨率的关键因素。尽管夜雨率呈减少趋势，但是总体上拉萨降水量仍然集中在夜间。"该专家补充说：当然拉萨年、季昼雨天数和昼雨率在最近36年里有增多的趋势，尤其是昼雨天数增多较为明显；市民关于拉萨夜雨减少的感知可能源于白天降水概率的增加与夜间降水强度的减弱，但是"拉萨多夜雨"总趋势未有改变。

另外，据对40多年来气象资料分析，除阿里地区和聂拉木夏季降水呈逐渐减少趋势外，其他大部分地区夏季降水增多趋势明显，气温明显升高，各地气压也有显著上升，特别是夏季气压上升更加明显，预计降水量将波动上升，气温持续攀升，含氧量将逐渐增多。

3. 主要自然灾害。（1）旱涝：旱灾主要有春旱和夏旱（伏旱）两种。春旱指6月上旬雨季推迟来临造成的干旱，主要农区的雨季一般开始于6月上旬，此时正值小麦、青稞分蘖、拔节期，作物需要水量大，而雨季推迟至6月中、下旬，严重影响作物生长。春旱推迟牧草返青，不利于放牧。夏旱指7—8月间雨季间歇性干旱，这个季节正是小麦、青稞抽穗、灌浆期，需水量较大，如果遇上干旱，造成严重减产。典型旱灾出现在1983年7—8月，主要农区降水减少五成以上，干旱持续40天以上，造成部分河流断流，农作物减产。

西藏是洪涝灾害十分频繁地区。史书记载，20世纪的1917年、1920年、1962年和1998年发生过4次大洪水，其中前两次大水导致拉萨市一片汪洋，但是洪涝灾害在西藏大范围出现机会较少。西藏山体林立、山坡陡峭，局部洪涝每年均有发生，经常引发山洪和泥石流，冲毁公路、桥梁和农田，尤其容易造成川藏公路和中尼公路交通中断。

（2）冰雹：多冰雹是高原上的一大现象，也是西藏农区灾害性天气之一。有两个多雹中心，一个在羌塘高原东南部，分布申扎、班戈、那曲、索县一带，全年雹日在28—35天，是全国雹日最多的地区；另一个在藏南山原湖盆地，即定日、浪卡子、隆子等地，全年雹日在10—20天，成为冰雹对农牧业生产影响最严重的地区。冰雹发生在6—9月，其中6月和9月是过渡季节，北方的冷空气比较活跃，南方的暖湿气流十分充沛，在动力和热力的共同作用下对流旺盛，形成对流的机会较多。这里冰雹多为小冰雹，一般不会造成重大损失。

（3）霜冻：霜冻的温度指标是，日最低气温2℃为轻霜冻，-2℃为重霜冻，最低气温低于2℃时期为霜冻期。平均在8月上中旬霜冻开始出现在羌塘草原中北部，藏南帕里、错那一带在8月下旬；藏东北丁青、索县和藏南定日、浪卡子等地在9月中下旬；藏东三江流域、雅鲁藏布江下游和察隅曲流域最晚，10月下旬到11月下旬出现霜冻。终霜期在雅鲁藏布江下游和察隅曲流域为2月下旬，三江流域的雅鲁藏布江中游河谷农区为3月下旬至4月下旬，羌塘高原和藏南喜马拉雅山区为6月中下旬。无霜冻日数的分布随海拔高度的升高而显著减少，羌塘高原为60—80天，喜马拉雅山区为80—120天，雅鲁藏布江中游和三江流域北部为120—180天，雅鲁藏布江下游和察隅曲流域在200天以上。每年都有部分地区农作物遭受不同程度的霜冻危害，造成减产，严重时颗粒无收。在长期生产实践中，农民积累了不少预防霜冻的经验，增强作物抵御霜冻的能力，适时早播，修建防霜墙，还采取熏烟等措施，减少霜冻的破坏力。

（4）风灾：青藏高原是我国大风最多的地区之一，特点是大风持续时间长、分布范围广。大风日数远比同纬度其他地区多，年平均大风日数可达 100—150 天，最多达 200 天。据初步测算，年风能储量为 930 亿千瓦时，居全国第 7 位。藏北高原上大风时间长，风力强劲，灾害严重。有的地区海拔在 4500 米以上，且地形开阔，山脉走向与高空风向一致，全年大风日数均在 100 天以上，最多的年份超过 284 天，安多地区就是如此。海拔 3000 米以下、山脉呈东西走向的藏东南地区，大风日数最少也有 10 天。大风集中出现在 1—5 月，3—4 月份最多，大风时数最长地区一是羌塘草原的那曲、班戈、改则、狮泉河一带；二是喜马拉雅山北麓的定日、浪卡子、隆子等地。大风风向在藏北高原上以西风最多，那曲占了 66%；藏南河谷地区的大风风向与河谷走向一致，以偏西风为主。大风有时可以吹散畜群，拔起草根，吹蚀土壤，使越冬作物根系裸露而造成死苗。1974 年 2 月 4 日、8 日、14 日，藏北高原出现了罕见的连续性大风，风力达 12 级，造成申扎、那曲、安多、聂荣、比如等 6 个县 15 个乡（镇）遭受风灾，牲口缺草，膘情下降，加之大风后的急剧降温，导致母畜早产、流产，幼畜饥寒交迫，损失甚是惨重。

西藏的生物因子 西藏宽大独特的区域生态系统孕育了繁多珍奇的生物物种。群落生态学研究表明，物理环境越是复杂多样，其空间异质性越高，动植物区系就越丰富，群落的物种多样性也越高。同时，气候越是稳定、变化小，动植物种类就越丰富，群落的物种多样性也越高。生境的多样性是生物群落多样性的基础。生境多样性主要指无机环境，地形、地貌、水质、气候等，生物多样性是指形形色色的生物体。当某个微型生境里资源的数量影响着每个种的种群大小时，资源的质量就影响着维持的物种的数量群。群落中优势种若发展了，物种的丰富度就会降低。

西藏是全国重要的原始森林地，又是长江上游水土保持、水源涵养和生物多样性重点保护地区。生态系统特征之一是地域性，某些生物只能生长在特定地域内，一定地域环境下生长着某种具体生物，有些生物可以移居，尤其是动物；有些生物不能"搬家"，尤其是植物。生命适应性强的生物，生长地由甲地移至乙地，能存活下来，却有个适应过程；生命适应能力差的被移植后要么死去，要么自然秉性发生异变。西藏高原地理环境与祖国中东部地区的差异明显，一方水土养育一方生物。西藏是国内乃至世界上生物物种保存最好的地区之一，活立木储积量和野生动物数量均居全国第一，有多种高原稀有植物，享誉着青藏高原"物种基因库"。

据统计，西藏有野生植物 9600 多种，高等植物约 6400 种，隶属 270 科、1500 属，其中 855 种为本区特有。裸子植物在全世界共有 12 种，本区就有 7 种；被子植物有 15 科 33 属 120 种。野生药用植物有 1000 余种，占全国药用植物种类的 65%—70%，常用中草药有 400 多种，具有西藏特殊风格和用途的藏药超过 300 种，著名的有藏红花、雪莲、冬虫夏草、贝母、胡黄连、大黄、天麻、三七、当生、秦艽、丹参、灵芝、鸡血藤等。生长在海拔 3500 米以上高寒地带的珍贵药材达 350 余种。

西藏有野生脊椎动物 798 种，其中 125 种被列为国家重点保护野生动物，占全国重点保护野生动物的 1/3 以上，196 种为西藏所特有。西藏野驴、野牦牛、藏羚羊、白唇鹿等动物为本区特有的珍稀保护动物。此外，有多种特殊的裂腹鱼类，种类和数量均占世界裂腹鱼类的 90% 以上。

有哺乳动物 142 种，鸟类 488 种，爬行类 55 种，两栖类 45 种，鱼类 68 种，昆虫类 4000 余种。其中一些是我国特有的，在世界上也是稀有的。

野生动物兽类有 33 种，主要有孟加拉虎、雪豹、金钱豹、云豹、金猫、兔猫、小灵猫、果子狸、黑熊、小熊猫、红腹松鼠、赤狐、藏狐、长尾叶猴、熊猴、野牛、野牦牛、马麝、林麝、白唇鹿、扭角羚、藏原羚、藏羚羊、岩羊、盘羊、野驴等。白唇鹿、野牦牛、雪豹等被列为世界珍品。西藏是野生动物的家园，藏北草原的野生动物可与非洲大草原媲美。西藏境内大、中型野生动物数量是我国最多的，野生动物资源是维护西藏高原生物多样性、高原生态安全最重要的生物因子。

水生生物中的浮游动物有 760 多种，其中原生动物 458 种，昆虫 208 种，鳃足类 56 种；水生植物中硅藻类 340 种。

我国科学家近来提出，冰期动物群起源于青藏高原。2011 年 9 月，中科院古脊椎动物与古人类研究所透露，该所科学家在西藏喜马拉雅山西部高海拔的札达盆地发现了一个上新世哺乳动物化石组合，其中包含已知最原始的披毛犀。这些新化石证明，冰期动物群的一些成员在第四纪之前已经在青藏高原上演化发展，从而推翻了冰期动物起源于北极圈的假说。科学家还依据化石推断，披毛犀并非唯一一种起源于青藏高原的冰期动物，岩羊的祖先也出现在札达盆地，之后才扩散到亚欧北部。冬季严寒的青藏高原成了冰期动物的"训练基地"，使其对冰期气候预适应，此后才成功扩展到欧亚大陆北部干冷的草原上。

生物是自然环境的一面"镜子"，生物的某些本质属性折射出了生存环境的基本特征。比如"西藏披毛犀"，体表披有长毛和浓密底绒毛，这是御寒的需要；头部的犀牛角犹如脸上长着一个"雪铲"，扁平犹如船桨一样，便于清除地面积雪，寻找被雪覆盖的可食的植物；牙齿长有较高齿冠，齿凹内充填了致密的白垩，更有持久耐用性，适合咀嚼高海拔地区质地坚硬的草本植物。这种身体构造和体型特征，正是西藏披毛犀种群适应喜马拉雅山脉高寒环境的自然选择结果。西藏特殊的地理环境和气候条件，造就了特殊的生物群落。

构筑西藏高原国家生态安全屏障战略

西藏高原独特的自然环境和气候条件、多种样态的地形地貌，以及不曾受到社会实践活动深度干扰的原生状态，让这里的生物群落保持着特定的固有的多样性和平衡性；环境因子和生物因子和谐统一，维系着这里区域生态系统的结构稳定和有序演进。但是，高海拔的地理位置和个性化的气候条件，使西藏高原的生态极为脆弱，生态系统生产能力总体有限。西藏经济社会发展，既为当地的生态系统服务功能所支持，又为生态系统生产水平所制约，自然环境空间的占用幅度和自然资源的开发限度要以生态保护和环境建设的物质成果为前提。归根结底，生态安全是建立在生态系统收支平衡基础上的。西藏区域生态系统及其内部各个组成因子，只有首先被全面地保护起来，而且保护得越好，经济社会发展才越安全，才能实现可持续发展。

我国实施构筑西藏高原生态安全屏障战略。西藏高原是我国乃至亚洲其他国家的生态屏障，只有这里生态处于安全状态，我国及亚洲邻国才能拥有一个稳固的生态屏障。但是从目前趋势来看，这道天然的生态屏障存在着风险，受到了威胁，与地区发展和人们愿望不相适应，甚至影响到人们的生存安全。西藏高原生态环境十分脆弱，中度以上敏感区面积占全区国土面积的56%，藏东和藏东北海拔4000米以上的、藏西和藏南海拔4400米以上的区域为冰川消融之地，沙化和半沙化地区连同冻土和冰川区域的生态系统，对异常气候，尤其是全球变化反应敏感而强烈。多年来自然保护区的建设，草地和森林植被的恢复，对涵养水源、保持水土、维护区域生态系统平衡发挥了重要作用。然而，由于西藏独特的地理环境和气候条件，南部的洪涝灾害和泥石流频繁发生，北部和西北的烈风暴雪势力强大，这些原生的自然灾害加上人为的各类生态破坏所造成的负面影响，使得目前西藏区域生态环境"整体上处于轻—中度退化状态"。

经济社会发展同生态环境保护之间出现了矛盾，人居环境建设工程满足不了民生需求。随着城镇化快速推进，城镇人口迅速膨胀，以城镇为中心的环境污染物不断产生，排放量逐年增加，减排任务重，加之城镇环境基础设施建设滞后，城镇污染物处理压力越来越大；城镇周边、农牧民聚居区、交通道路沿线、旅游景区等重点区域环境综合整治任务艰巨。由于认识和监管不够到位、投入不足，城乡饮用水水源地保护能力有限，一些饮用水水源地依然存在着安全隐患，并有许多涉及民生的环境问题亟待解决。

西藏自然资源富集，遍地是宝，有待进行有序开发；祖国内地常规资源趋向枯竭，区外开发商纷至沓来，赴藏淘宝。西藏正处在资源商业开发不断深入阶段，矿产资源和生物资源保护面临着空前挑战。同时，能源、交通、水利等基础设施建设项目渐次大规模展开，落实开发规划环评、执行建设项目环评，以及"三同时"、环保竣工验收等诸项工作繁重。

西藏生态环境保护系统力量孱弱，远满足不了实际需求。生态环境保护工作起步较晚，专业技术人员匮乏，环境监测监察能力偏低，环境信息化建设滞后；专业队伍中一些人员素质及其服务水平不高、责任意识不强，履行职责不到位的问题普遍存在；目前环境监测、调查取证、污染事故应急处置等手段与依法行政的要求差距很大。在生态保护和环境建设方面，西藏尤其需要国家的特别支持及援藏单位的大力帮助。

西藏高原生态环境状况也是国内外的敏感话题，十四世达赖集团及国际敌对势力时常拿西藏开发建设中生态环境保护问题说事，指责资源开发和基础建设破坏了西藏的生态环境。西藏生态环境质量状况成了西藏乃至全国的一个政治话题，为世界关注。因此，西藏生态环境保护工作不只是西藏自己的事情、普通的事情，而上升到了国家的事情、特别的事情。

《西藏生态安全屏障保护与建设规划》由西藏自治区政府制定完善后，纳入国家长远规划的一个组分。为了贯彻落实《西藏自治区"十一五"时期国民经济和社会发展规划纲要》，2006 年西藏自治区环境保护部门编制了《西藏高原国家生态安全屏障保护与建设规划（2006—2030）》《西藏自治区"十一五"时期环境保护规划》《西藏自治区"一江四河"流域污染防治规划》《西藏自治区生态功能区划》，对"十一五"时期全区生态保护、污染防治、辐射环境管理、环境保护系统能力建设等工作任务进行规划，得到自治区人民政府批准，也得到国家环境保护总局支持。其中《西藏高原国家生态安全屏障保护与建设规划（2006—2030）》（简称《规划》），经自治区人民政府常委会通过后呈报国务院。

在十届全国人大四次会议上，43 位全国人大代表提出了"构建西藏高原国家生态安全屏障的建议"，被全国人大确定为 12 件重点建议之一。于是，全国人大责成国家发展改革委会同农业部、国家环境保护总局、国家林业局、国土资源部、水利部和科技部办理。2006 年 7—8 月间，国家发展改革委等部门完成进藏调研工作；11 月 10 日，国家发展改革委就《规划》的修改完善与上报审批等事宜，以《国家发展改革委办公厅关于西藏高原国家生态安全屏障保护与建设规划的复函》正式复函自治区人民政府办公厅；12 月 13 日，国家发展改革委组织财政部、农业部、水利部、国土资源部、科技部、林业局、环境保护总局 8 部门在北京召开了《规划》修改工作协调会，决定 2007 年把《规划》上报国务院审批。西藏自治区对此高度重视，要求全区对应部门密切配合修改完善《规划》，成立了《规划》协调领导小组。经过 5 次修改，完成了《规划》送审稿。2007 年 2 月，自治区人民政府向国家发展改革委上报了《西藏自治区人民政府关于审定西藏高原国家生态安全屏障保护与建设规划（2006—2030）的函》。

2009 年 2 月 18 日，国务院第 50 次常务会议审议通过了《西藏生态安全屏障保护与建设规划》，即《西藏高原国家生态安全屏障保护与建设规划（2008—2030）》的修订稿，把西藏生态安全屏障保护和建设工程确立为国家重点生态保护工程，并提出用近 5 个五年规划期，投入 155 亿元，实施 3 大类、10 项生态环境保护工程,到 2030 年基本建成西藏生态安全屏障,使西藏生态系统进入良性循环状态,充分发挥其对全国乃至周边国家和地区的生态安全保障作用。

根据《规划》,西藏生态安全屏障保护与建设内容概括为生态保护、生态建设和支撑保障三大类 10 项工程: 第一类生态保护,包括天然草地保护工程、森林防火和有害生物防治工程、野生动植物保护及保护区建设工程、重要湿地保护工程和农牧区传统能源替代工程;第二类以治理为主的生态建设,包括防护林体系建设工程、人工种草及天然草地改良工程、防沙治沙工程、水土流失治理工程;第三类是指生态安全屏障监测工程,作为相关数据库建设,为生态保护和生态建设工程项目实施提供依据。

西藏高原作为国家生态屏障和安全屏障的战略定位,得到国家正式确认,西藏区域生态保护和环境建设的地方规划被纳入国家整体规划。标志着推进西藏生态文明建设,确保西藏高原生态安全、永葆西藏碧水蓝天,成为中央政府和全国人民的重托,成为西藏党政部门和社会各界的使命。

西藏实施《西藏生态安全屏障保护与建设规划(2008—2030)》,推进生态西藏建设。2012 年底,自治区环境保护厅配合自治区发展改革委编制完成了《规划》中三大类 10 项工程的实施方案和 7 项保障工作方案、《西藏生态安全屏障生态监测体系实施方案》;建立健全了涵盖各种环境要素的生态环境监测网络,推进申扎生态监测站、山南生态监测站和自治区生态监测中心站项目建设,开展生态环境质量监测和评估,完善建设美丽西藏考核评估指标体系;完成了西藏生物多样性县域评估,全面启动《生物多样性保护战略与行动计划》编制工作;开展了森林、草地、湿地、自然保护区、水资源保障和矿产资源开发共六大领域的生态补偿研究,落实国家下拨生态补偿资金 35 亿元;完成了全区生态环境野外调查,初评全区生态安全屏障保护和建设的项目成效,基本掌握了最近十年来全区生态环境变化的规律。

同时,《中共西藏自治区委员会关于制定"十二五"时期国民经济和社会发展规划的建议》明确了"十二五"期间生态环境保护的中期目标,提出了四大任务:一是实施生态保护和环境建设工程,全面建设生态西藏;二是落实节能减排措施,积极构建资源节约型、环境友好型社会;三是坚持环境和发展综合决策,促进可持续发展;四是加强环境基础保障能力建设,大幅度提升环境监管能力和水平。

其中,2011年重点落实了三项工作。1. 推进生态西藏建设。编制了《西藏生态安全屏障保护与建设规划实施方案》《西藏生态安全屏障监测与评估方案》《西藏自治区生物多样性保护行动计划》;实施了拉鲁湿地、纳木错自然保护区建设工程和日喀则城郊湿地、拉萨周边湿地保护工程,做好现有自然保护区范围、功能区的调整和规范化建设,开展地、县级自然保护区核查工作。同时完善了《西藏生态补偿研究报告》,推进生态补偿和生态搬迁。2. 严格环境执法监管,解决好民生环境问题。强化对水能、矿产、旅游等重点资源开发和重大基础设施建设的生态环境执法监管,避免因开发建设方式不当造成生态破坏和环境污染现象。3. 坚持"以人为本、环境为民"的理念,把人民群众用上干净的水、呼吸清洁的空气、食用放心的食品药品、睡上安稳的觉等民生问题作为生态保护和环境建设的出发点、落脚点,通过主管部门和社会各界的共同努力,有效维护各族人民的环境权利。

2012年,斥资12亿元实施了"天保"二期工程。按照"发展现代林业、建设生态文明"的总体要求,以保护培育森林资源、维护生态安全为核心,以完善政策、加大投入为保障,以转变发展方式、改善民生为主线,在巩固"天保"一期工程基础上,组织实施了天然林资源保护二期工程,持续推进国家生态安全屏障建设。1. 加强对工程区内1914.7万亩森林资源的管护,建立天保工程效益监测体系,适时监测天保工程的各种效益,实现天保工程管理系统化、动态化和科学化。2. 加快公益林建设,完成4亿亩的人工造林和 29 万亩的封山育林任务，实现森林面积和林木蓄积双增长。3. 实施中幼林抚育，完成国有中幼林抚育 168 万亩，以提高林分质量。4. 通过实施"绿色"工程来带动民生工程，创造项目区农牧民就业增收的机会。

生态保护和环境建设工程的实施概况

保护生态、建设环境宣传先行。生态环境保护和人居环境建设在于行动，而宣传动员是基础性工作。任何行动只有目标、任务和方式明确了，才能进行得有声有色和卓有成效。宣传动员既是为了凝聚共识、营造氛围，更是为了统一号令、协调行动。如果宣传形式恰当得体，内容就能以润物细无声的方式深入人心，逐步为公众付诸实际行动，所谓"理论是行动的先导"。

藏族文化贯穿着生态环境理念，藏族人民生态环境保持出于内心自觉。在当代西藏，生态环境保护行动既有文化基础又有群众基础。

就某种程度上说，世界各民族的先民都是原始宗教的信徒。世界史告诉我们，在史前社会乃至在整个传统社会里，人们认知能力有限，对生存其间的自然环境和气候变化规律知之甚少、理解不深，生存发展只能在极其有限的空间内被动适应自然环境；世界各地的原始宗教普遍具有一种思想观念，就是万物皆有神灵，周围世界蒙上了神秘面纱，教徒由此产生了图腾崇拜，既对自然界某种特殊生物或者其他自然物品报以由衷的崇敬，又对整个自然界充满虔诚的敬畏，并且把自然万物视为自己的亲密同伴。爱护身边的其他事物，与其和睦相处成为原始先民的一种习惯。这种"物我混化""天人合一"的思想意识，为世界各地先民所共同持有，而不为某个民族的先民所独有，犹如孩童普遍具有天真无邪的天性。

藏族是全民笃信宗教的民族，宗教感情与善待自然万物的态度密不可分。据西藏当代民俗学者萨拉·次旺仁增介绍，藏族本土宗教苯教，十分重视"万物有灵论"：在天上、地上、地下，以及在动物、植物身上，在太阳、月亮和湖泊里，以及在大树、小草上面，都无不附着灵魂……在苯教看来，现实世界的万事万物中都居住着肉眼看不见的灵魂。虽然佛教传入西藏以后，逐渐取代了苯教的正统地位，但是藏传佛教信徒的"万物有灵"的观念依然被保持着，这是因为藏传佛教所宣扬的"六道轮回""活佛转世"等教义，与苯教"万物有灵论"的观念是不谋而合的，两者在世界观上是一致的相通的。藏传佛教在西藏本土化以及掌握越来越多信徒的过程中，也同苯教传播的过程一样，培养着信徒平等对待自然万物的友好态度、呵护一切生命形式的良好习惯。至今，在广大藏区尤其是农牧区，信教群众不仅对待一切动物措置平等、爱惜之心，而且对一棵树、一片林也是爱护有加。

如果细心一点就能看到，藏族群众爱护动物的认真态度和体贴行为。雨后或者雨中的公园，林地和草坪边缘有几条纤细的蚯蚓在蠕动，有时候粉红色的小身躯出现在人行道上。行走在此的藏族同胞，无论正走得多么匆忙，无论身上背负着多少东西，只要看见，就马上停下脚步，在旁边捡起枝条或者草秆，把这些蚯蚓小心翼翼地托起，放回林间或者草坪上，直到它们全部被请了过去，才安心地继续走道。这些蚯蚓的保护者既有老者，又有中青年，还有活泼可爱的小朋友，或者配合长辈一起做，或者自己学着长辈的做法独立完成。

藏族人民保护树木、森林的方式很特别，就是标识"放生树"。萨拉·次旺仁增解释说：在藏族地区，寺院或者宝塔周围的树木称为"次塔纳"，"次塔"藏语意思是"长寿""放生"，"纳"即"树木、森林"之意。不知自何时起，藏族先民采用放生这个独特形式保存了许多林木。"放生树"的标记通常是在被放生的树木枝条上系一撮白绵羊毛，这棵树被认定是有灵的生命体，不准砍伐。

萨拉·次旺仁增在回忆自己童年时代家乡"放生树"的森林景观时说：

在我的家乡，在西藏错那县曲卓木乡的一个偏僻山坳里，有一片望不到边的天然古沙棘林。那里沙棘林有800多亩，有1000多年历史。曲卓木乡一带，沿娘姆江河谷分布着约2000亩古沙棘林，秀出沙棘林的最高沙棘约有15米，树围最粗在4.5米左右。远远望去，那片古沙棘林高耸入云、莽莽苍苍，十分壮观……"我小时候常去树林旁边拾柴火，不但看见古沙棘林的每棵树上挂着一撮白绵羊毛，而且知道人们都忌讳到该树林里砍伐树木。所以，即使'放生树'周围的树木被砍光了，'放生树'和'放生树林'都能保存完好。"

萨拉·次旺仁增意味深长地说："保护树木，也就是保护自然环境，这从人类的生存必须依赖于自然环境的角度看，保护自然环境就是在保护人类自身……藏族人民在'万物有灵论'思想观念的长期熏陶之下，在保护自然环境、维护生态平衡等方面的确做出了特殊贡献！"

在科学文化深入普及的当代社会，"万物有灵"的文化观念不一定再坚持，但是藏族敬畏自然的人文情怀和保护万物的行为习惯是值得传承的。在商品经济快速发展和经济利益普遍被张扬的时代，在自然资源和地理环境因为经济发展方式不合理而被透支和被污染的情况下，从传统文化中汲取适宜的思想观念，继承老祖宗保护树木、呵护自然的合理做法是十分必要的，并且拥有了做这些事情的物质技术条件。如果说祖先爱护万物保护环境是出于信仰，那么今天我们这么做是出于生存的安全。

宣传活动全方位进行。围绕青藏铁路的通车运营、构筑西藏生态安全屏障、建设生态西藏等重大事件，政府部门协调主流媒体组织宣传活动，使生态环境项目工程每前进一步都伴随着广泛深入的报道宣传，及时地让相关的客观信息被区内外公众所了解。

2006年，在"6·5"世界环境日期间，举行了2005年西藏环境状况新闻发布会；自治区原副主席洛桑江村发表了题为《生态安全与环境友好型社会》的电视讲话；围绕7月1日青藏铁路通车运营，开展了系列环境保护宣传活动，通过《西藏日报》举办环境知识有奖问答；《中国环境报》《西藏日报》等报刊全年刊登全区环境保护专稿80余篇。

同时，在自治区人大的安排下，与英国下议院代表进行了座谈，并配合自治区外事办及外宣办接待了9批外国团组的来访，援用西藏环境保护工作的成绩和良好的环境状况，驳斥达赖集团借用所谓"西藏环境问题"对中央政府的攻击。

2007年，紧扣"构建西藏生态安全屏障"主题，组织了纪念"6·5"世界环境日宣传活动，向公众倡议"加强生态环境保护，严格环境执法，保障环境安全，树立生态文明"等绿色观念，发布2006年西藏自治区环境状况，自治区领导发表纪念"6·5"世界环境日电视讲话，《西藏日报》等新闻媒体刊登了生态环境方面文章20余篇。

同时，在自治区外宣办和外事办的安排下，接待了16批国外来访团，援引翔实资料向客人展示了西藏生态环境保护实况。

2008年，自治区副主席孟德利发表了纪念"6·5"世界环境日电视讲话，召开新闻发布会，公布了2007年西藏自治区环境状况，联合西藏大学开展了纪念"6·5"世界环境日系列宣传活动，《西藏日报》刊登"西藏环境在发展中得到有效保护"专题文章，《西藏通讯》集中推出全区环境保护工作成绩，还配合自治区发展改革委进行节能减排宣传。

同时，接待了13批国内外来访团，向客人介绍西藏在生态环境保护方面做出的积极努力，以及客观显著的社会效益和生态效益。

2009年，发布了2008年西藏自治区环境状况；会同团区委发起2009年"保护母亲河"行动；拉萨市举行了"6·5"世界环境日暨"创模"万人签字仪式，林芝地区开展"建设生态地区，我们在行动"签名活动；配合自治区人大开展了以"消除白色污染，呵护美好家园"为主题的2009"中华环保世纪行——西藏行"活动。

同时，接待了27批国内外来访团组，向客人介绍了西藏生态建设与环

1. 白唇鹿为何给猎人下跪？恳求猎人把它放生，让它去履行做母亲的责任。

一个秋天，在西藏墨脱县一片树林间的小溪旁边，一只白唇鹿面对一位老猎人瞄准的弓箭，惊恐而无奈地伏下身来，祈求他放自己一条生路……

当时，墨脱县境内的林间，孟加拉虎、白唇鹿、扭角羊、赤斑羚、猕猴、野牛等野生动物举目可见，当地猎户即以狩猎为生。这位珞巴族老猎人是当地有名的猎手，售卖猎物所得除了维持生计之外，便救济路过的朝圣者，杀生和慈悲在他身上共存。

这天傍晚，老猎人像往常一样步入森林打猎，正要经过一条小溪时，突然看见对面的树下站立着一只白唇鹿。他不动声色，刹那之间完成了弯弓搭箭试射准备。然而，老猎人感到奇怪，白唇鹿分明也看到了他，为什么不选择逃离？一副戮觫的样子，报以乞求的目光望着自己，以至于缓缓地跪了下来，两行泪水簌簌流下……老猎人知道，当地流传一句谚语，"世上万物都是通人性的。"也明白此时白唇鹿下跪的意思，但是他的职业提醒他，包括白唇鹿在内的野生动物是他的一切，人们平日称赞的他的智慧和箭术，就是表现在对这些野生动物猎捕的百发百中上，他的青稞酒和糌粑，他的祭品和施舍，都来自这些猎物。因此，他没有被这个动物的哀怜和求饶所触动，他开了弓，一箭射中了它的脖子，眼见它栽倒在地，鲜血如注，浸染身下那片草地；倒地后仍是跪卧的姿势，脸上的泪痕清晰可见。

老猎人疑惑不解，白唇鹿为什么会向他下跪？以前狩猎没有碰到类似的情景。他迟疑地走近白唇鹿，方惊奇发现，白唇鹿的身下是一只刚出生的小白唇鹿，身上沾满了湿热的血污，蜷缩在母亲的怀里，两只明亮的小眼睛惶然地看着老猎人走近它。这时候，老猎人心中的疑惑解开了：作为母亲的白唇鹿明白，老猎人到来，它们母子就陷入了绝境，危难之时它决心尽到母亲的责任，努力保护着孩子，不管这个努力的结果会是什么……

母爱，动物与生俱来的这份情感，不仅永恒地存在人间，而且毫无疑问也存在于一切动物群落之中。也许

境保护进展以及国家和自治区专项资金落实情况，通过组织客人实地考察、观光旅游，让他们亲身感受到西藏自然生态和生活环境的秀美整洁，把对西藏美好印象带到四面八方。

2010—2012年，在纪念"世界环境日"当天，召开上年度西藏自治区环境状况新闻发布会，简介上年度本区环境保护系统的主要工作以及全区生态和环境安全状况，均全文刊发在《西藏日报》。相关部门围绕世界环境日的主题，以建设生态西藏和倡导低碳生活理念为内容，开展形式多样的宣传活动。2012年《西藏环境》正式出版发行，《中国环境报》《西藏日报》等媒体编发西藏环境保护信息达572条，发布报道超过230项。

在生态环境保护行动中，社会"小主人"发挥着独特作用。普及生态环境知识与树立低碳生活理念，宜从中小学教育抓起。中小学生思想单纯、片面经济功利性不强，能比较客观地认识与理解经济活动与生态环境保护之间的相互关系。中小学统编教材里小学《自然》、中学《地理》《生物》等学科可以编排适当比例的生态

环境基础知识，小学《社会》、中学《思想品德》等学科可以简明扼要讲述包括环境、国土在内的生态环境保护的法律法规，而中小学《语文》可以拿出一个单元的篇幅选讲范文，直观展示生态环境现状、生态保护和环境建设系列"绿色工程"，以及涌现出来的典型事例、先进人物。通过直观的自然物象和生动的人物故事，向中小学生传授科学知识、说明事理，培养他们节约资源、爱护财物，讲究卫生、爱护环境的思想品质和行为习惯。其他学科结合课堂教学具体内容，联系生产生活实际，适时渗透这方面教育，从而形成生态环境学校教育的浓厚氛围。

中小学生在家庭中"地位"特殊，其言行在父辈中产生的效应很是不凡。现代家庭中小字辈对父辈的影响，从某些层面上讲超过了父辈对小字辈的影响。这从一个侧面反映了学校教育的成功。成年人不一定有机会接触社会上相关宣传，而家庭却能成为"老学生"接受"小老师"传授百科知识的小课堂。学生的态度、知识等状况一定程度上决定着父辈的态

浓淡有所差别，表达方式有所不同，但是那是动物成为动物的一个本质属性，所有的母爱是相通的、无私的，因而是神圣的。母爱，应该不会因为动物种属不同而存在着高低贵贱之分。

沉吟半晌，老猎人在林边选择一块地方、挖了个土坑，然后把那只他亲手杀死的白唇鹿安放在里面；为它殉葬的是老猎人自此以后禁猎的决心，以及他的强弓和利箭。掩埋了白唇鹿，老猎人从墨脱的森林里消失了。

几年后的一个秋天，在藏区一个有名的寺庙里，人们发现其中的一个老喇嘛，每天早早起来，打扫干净寺院里的枯枝落叶，给殿堂上的长明灯添满酥油，就沿着庙宇廊道一路磕着长头，一圈一圈又一圈……一只漂漂亮亮的白唇鹿跟在他身后，一蹦一颠、十分欢快。这一老一少的两类动物，相依为命似的。

2."没有买卖，就没有杀戮"。原拉萨八中的学生张梦，深情地向社会呼吁。

在人们的迫害下，动物们走向了灭绝。朋友，你是否记得咱家门口曾经流过的小溪，是否记得蔚蓝的大海中海豚的歌唱，是否记得无边天空中翱翔的雄鹰？我忘记了，忘记了那大熊憨厚的模样，忘记了那东北虎雪白的牙齿，忘记了天鹅优美的姿态，忘记了……

朋友，或许我们没有办法教会野生动物自我防身术。但是，我们至少可以让它们不受那么多的伤害。我记得有这么一则新闻：人们为了治病而去摘取熊胆，为了口舌之快而剁了熊掌，为了黑钱把熊开膛破肚。有的人为此还把熊捆绑起来，每天定时定量抽取熊胆汁。就这样，它们一直被绑着，也无法动弹。一次，人们正在抽取小熊胆汁的时候，小熊发出了凄厉的叫声；熊妈妈挣脱铁链，紧紧抱住小熊，然后，它含泪拍死了自己的孩子……

朋友们，看到了吧，这是我们人类的凶残与贪婪！为了多赚一点钱，满足他一己或者家人的某种私欲（但不是为了生计问题，我们已经过上了温饱生活）而逼迫熊妈妈杀死自己的孩子。这是怎样的哀痛啊！

地球是一切生命形式共同的家园，在这里彼此相依为命。爱护生命是人类本能，只要人性清醒着，贪欲被节制，保护羸弱动物就会成为自然而然的事情。人类爱护动物、动物报答人类的优美故事启示我们，只有能

保护弱小生命的人，才能体验到拥有强大生命的快乐。我的同类发一下慈悲吧，不要再残害动物了，这类有益的动物是我们的朋友啊！不要让它们在我们的记忆中消失，如果它们因为我们而相继灭绝了，那么我们在这个世界上的处境可就吉凶难测了……

度、知识。学校生态环境教育通过学生这个特别的"媒介"传递给家长，孩子们一旦掌握了"真理"，积极性被唤起，他们在家庭中的影响力不可估量。学校的生态环境教育可以延伸至千家万户，生态环境知识、生态环境保护的法律法规、低碳生活理念和卫生习惯等就能由小公民传送给大公民。"小手牵大手，父母跟着走。"

青少年学生思想活跃，乐于接受新生事物，正义感和担当意识都很强，并且是未来社会的主人。在将来的社会中，生态环境和人居环境状况怎么样，很大程度上取决于他们现在接受这个方面教育的状况以及行动能力。他们在生态环境保护中的角色就是这么重要与特殊。

辐射环境监管现状。2005年自治区环境保护局增设辐射环境管理处，标志着辐射环境管理工作开始起步。当年组织了"清查放射源，让百姓放心"专项行动，查出38枚密封放射源，建立了放射源管理数据库。在"十一五"期间，西藏辐射环境监管工作逐步展开。

2006年辐射环境管理工作主要包括：落实辐射设施建设项目环境保护登记备案制度，开展了放射性同位素和射线装置调查工作，全区共清查出放射性同位素56枚、放射装置789台（套），核（换）发核辐射安全许可证；编制《西藏自治区突发辐射环境污染事件应急预案》《西藏自治区辐射恐怖袭击事件的应急响应方案》，为有效应对西藏辐射环境可能出现的突发事件作认真准备；完成西藏自治区辐射监测实验室及配套废物储存间建设项目前期工作，落实建设资金1047万元；开展全区辐射环境管理培训工作，提高辐射环境监管队伍整体素质；预设了国家辐射监测网西藏监测站点。

2007年辐射环境监管能力基本形成，辐射环境管理工作有序展开。1.开展了全区辐射源使用和暂存情况监督检查，妥善处理了拉萨市人民医院Ⅰ类放射源，对拉萨远大建材有限责任公司等6家涉源单位进行了现场监测，对密封源运行情况进行了辐射环境影响评估。2. 组织全区电磁辐射污染普查行动，开展并完成了全区广电和通信行业电磁辐射设备（设施）申报登记工作，基本查清了全区电磁辐射设备底数。3. 为自治区质量技术监督局质检所等 9 家使用放射源和射线装置单位核发了"辐射安全许可证"。4. 强化了对伴生放射性矿物的环境监管。5. 建立健全放射性同位素和射线装置的环境管理档案。6. 加快西藏辐射环境监测国控网点建设。

2008 年辐射环境管理主抓了四件大事：自治区辐射监测实验室及配套废物贮存间开工建设；开展了放射性同位素和射线装置安全检查，消除了辐射事故隐患，确保全区所有放射源都处于安全监管状态；完成了全区电磁辐射设备（设施）调查工作，初步查明全区使用电磁辐射设备（实施）单位 130 家，主要分布在广播电视、通讯、医药和电力行业；全年共审批放射性同位素和射线装置应用项目环境影响报告 2 份、登记表 9 份。

另外，本年度完成全区 19 个辐射环境国控网点的常规监测，共获得监测数据 490 个。在拉萨开展了 γ 辐射自动连续监测工作。在全区范围内选择有代表性的 31 家矿山采选企业，开展了 γ 辐射空气吸收剂量率监测，获得 γ 辐射空气吸收剂量率监测原始数据 1404 个，统计数据 108 个，矿石样品放射性核素数据 180 个。

2009 年辐射环境管理职能部门对全区 22 家放射源使用单位进行了安全隐患排查，预防辐射事故发生；为民航西藏区局等 4 家使用射线装置的单位核发了"辐射安全许可证"；开展了电磁辐射设备（设施）查漏补缺工作。

2010 年辐射环境监管信息显示：完成了全区放射性同位素和射线装置调查，全面使用了核技术利用辐射安全监管系统，对放射源和射线装置实施动态管理，核发"辐射安全许可证"30 份；查明全区共有 70 枚密封放射源、810 台（套）射线装置，密封射线源和射线装置处于安全监管状态，全区现有电磁辐射设备（设施）4773 台（套）、基站 4163 个；开展了电力、怎样科学防范核辐射？针对日本福岛核辐射事故，2011年3月15日，我国疾控中心发布《核与辐射事故防护知识要点》。（1）问：让人留在建筑物内或者疏散的目的是什么？答：这是为了让"外在暴露"和"内在暴露"风险降到最低。前者指人体接触空气中的放射性物质，后者指人体吸入放射性物质或者摄入含有放射性物质的饮食。（2）问：如果政府要求民众留在家里或者建筑物内，能做些什么？答：如果当时你在户外，你所穿的衣裤或者鞋子可能受到了放射物质污染。返回家里或者进入某栋建筑物内，脱掉衣物，把它装入塑料袋里并密封。这些放射性物质基本可以被清洗掉。（3）问：留在家里或者建筑物内应注意什么？答：关掉通风设备、空调或者其他用于交换室内外空气的装置。关闭所有门窗。应把食物装入带盖的容器或者包起来，必要情况下可以冷藏。应把饮用水封存在罐、桶等容器内。（4）问：应该做些什么？答：戴口罩、帽子，穿带帽兜的外套，尽量减少皮肤外露。如果下雨或者下雪，穿靴子、戴手套。湿的毛巾或者棉质手帕携带方便，掩住口鼻就可以防止吸入放射物质。最好准备一个装有生活必需品的包裹，以备疏散时装上手电筒、便携式收音机、衣物和其他可能应急的物品。（5）问：下雨、刮风等气候因素有何影响？答：高空放射物质可能随雨水降至地面。大风可能把通常受建筑物或者山峦阻挡的放射物质带往更远的地方。（6）问：需要担心什么？答：存在经由受污染饮用水或者农产品摄入放射物质的风险。政府可能根据辐射水平监测数据，限制特定地区食品运送。

通信、广电等行业电磁辐射建设项目的环评审批和全区电磁辐射设备（设施）申报登记，全年共审批电磁辐射建设项目环境影响报告书（表）3份；自治区辐射监测实验室及配套废物储存间建成使用，安全收贮了3枚废旧放射源；及时妥善处理了10余起电磁辐射举报投诉。

另外，对全区19个国控网点和21个区控网点的辐射环境进行了常规检测，共获得辐射环境常规数据1564个。开展了湖面宇宙射线测量，获得监测数据340个。对1个移动基站、13家伴生放射线重点矿山和23家放射源使用单位进行了监督性监测，获得监测数据1677个。

相关监测数据表明：环境地表γ辐射瞬时剂量率介于59.6—160.6纳戈瑞／小时之间，环境保护地表γ累计剂量率介于164.7—237.0纳戈瑞／小时之间，天然放射性水平保持在本底涨落范围内。

至2012年底，专业部门对全区7地（市）66个县的辐射单位进行检查、摸清了底数，结论是：全区辐射环境安全。

环境调查和城镇污染物处理能力建设状况。 2006年全区开展"菜篮子""粮袋子"生产基地环境质量监测，启动了全区土壤污染调查监测工作，制订了《西藏自治区土壤污染状况调查实施方案》，并着手调查全区危险废物。至 2009 年完成了土壤污染状况调查样品分析，建立了自治区土壤污染状况调查数据库和样品库，写出《西藏自治区土壤污染状况调查报告》。

2007 年启动污染源普查工作，成立了自治区、地、县三级污染源普查领导小组，制订《西藏自治区第一次污染源普查实施方案》，上报了污染源清查数目。次年，全区第一次污染源普查工作基本结束，完成了对全区 73 个县（市、区）工业源、生活源和集中式污染治理设施，以及 5 地（市）26 个县、4 个农场的农业源清查普查工作，清查工业源 713 家（普查 229 家），清查生活源 11086 家（普查 3217 家），清查农业源 2514 家（普查 2514 家），清查集中式污染治理设施 7 家（普查 7 家）；通过了国家污染物源普查工作办公室的质量核查和验收。同时对污染物原普查数据做了录入汇总。2009 年完成了全区第一次污染源普查档案的立档归卷工作，对全区 7 地（市）73 个县的污染源普查进行了全面验收考核，编制了《西藏自治区第一次污染源普查技术报告》，及时总结相关工作。

完成了对全区地下水污染物现状调查，开展了全区饮用水水源地基础环境状况调查和评估工作。对全区饮用水安全状况做了调研，针对拉萨市西郊水厂等存在污染隐患的水源地提出整改意见。以此为据，制定了《西藏自治区饮用水水源地环境保护规划工作方案》和《西藏自治区地下水污染现状调查工作方案》。

在"十一五"期间，全区主要污染物化学需氧量（不含农业源）和二氧化硫排放总量均被控制在国家要求的指标内。工业废水、废气、固体废物，绝大部分实行外排，未占用耕地。

与此同时，城市废弃物和危险物品处置基础设施建设顺利展开。狮泉河、那曲、昌都等 22 个城镇的垃圾填埋场建成，新增废弃物处理能力 470 吨／日；昌都镇污水处理厂运行良好，拉萨市污水处理厂主体工程建设完工，那曲镇、八一镇、泽当镇、贡嘎县、日喀则市、樟木镇、亚东县 7 个污水处理厂完成了前期工作,狮泉河镇污水处理厂及其配套管网工程被列入国家"十一五"重点工程,加紧做着前期工作。山南、林芝、昌都三地医疗废物处置中心处在建成中,日喀则、阿里、那曲三地的医疗废物处置中心工程建设完成了前期工作,拉萨市危险物处置中心在筹建中。

在"十二五"初期,自治区人民政府审批《西藏自治区"十二五"主要污染物总量控制规划》,确定了化学需氧量、氨氮、二氧化硫、氮氧化物4项主要污染物总量控制指标;2012年同7地(市)签订了《"十二五"主要污染物总量减排目标责任书》,地(市)政府把减排指标分解给了所辖县(区)和当地企业。自治区环境保护厅为了明晰区政府的减排目标和任务,督导责任单位落实减排工作,制订了《西藏自治区2012年主要污染物总量减排计划》,下发了《西藏自治区环境综合整治(2012年度)工作方案》,对5家重点监控企业进行清洁生产审核;编完《西藏自治区重金属污染综合防治"十二五"规划》(经由自治区人民政府批准实施),落实了重金属污染防治专项资金,着手开展重点区域重金属污染防治工作。同时,环保厅按照标准完成年度排污费征缴工作,以及2011年度主要污染物总量减排核查核算、对全区固体废物摸底调查等相关工作。

目前,全区固体废物主要包括工业固体垃圾、生活垃圾和建筑垃圾,其中工业垃圾为68万吨,处理率达到了100%;废水中化学需氧量(COD)排放25762吨,氨氮(NH_3—N)排放3193吨,达到了国家确定的西藏自治区2012年COD、NH_3—N减排目标;废气中二氧化硫(SO_2)排放量4185吨、氮氧化物(NOx)44304吨,达到国家2012年给西藏确定的排放目标。全区共有32座城市生活垃圾填埋场投入了运营,阿里、那曲、日喀则、林芝、山南、昌都六地医疗废物处置中心基本建成,自治区危废处置中心已经建成运行。

自治区危废处置中心占地78.8亩,设计焚烧装置处置规模每日8吨,年处理危废垃圾超过3376吨;所处理的危废垃圾分为两类,即医疗垃圾和工业废物，主要包括医疗废物、医药废物、废弃药物药品，废弃机油、油渣、荧光灯管、酸碱等化合物和重金属；采取"焚烧、物化、填埋"三位一体的生产工艺，对此类危废垃圾进行"减量化、资源化和无害化"处理；给每家医疗机构配备了危废垃圾箱，用于分类储存医疗垃圾，再由专用的转运车以及平板车、槽车、罐车定时定点运送，最终实现拉萨市乃至全区的危废垃圾处理全覆盖。

生态环境保护工程建设现状。区环境保护厅、发展改革委、财政厅、农牧厅、水利厅、国土资源厅、林业厅等部门彼此协调配合，重点实施了天然林保护、退耕还林、退牧还草、防沙治沙、水土流失治理、自然保护区建设、游牧民定居、柴薪替代、矿山迹地恢复等多类绿色工程，争取到天然林资源保护补偿、森林生态效益补偿、草原生态保护奖励、国家重点生态功能区转移支付等多项资金。全区"十一五"期间用于生态环境保护工程的投资超过了 100 亿元，是"十五"期间的 3 倍多。

至 2012 年底，西藏建立了 47 个自然保护区，总面积达到 41.22 万平方公里，占全区国土面积的 34.35%；建立各类生态功能保护区 22 个；落实珍稀濒危野生动植物救护繁育项目 14 个，争取国家级野生动物疫源疫病监测站项目 19 个；境内 80% 以上的珍稀濒危野生动植物集中栖息地、125 种国家重点保护的野生动物和 39 种国家重点保护的野生植物、156 万公顷的原始森林、150 万公顷的重要湿地得到切实保护；90% 以上的自然湿地及其生态系统基本保持原始状态，绝大多数江河湖泊处于原生状态；森林覆盖率提高到了 11.98%。受全球气候变暖等因素影响，境内局部地区出现了草地退化和沙化现象。

全区生态系统变化实现了动态监测。生态系统变化的动态监测，就是以生态学原理为理论基础，运用可比的和较为成熟的方法，在空间和时间上对特定区域内生态系统和生态系统组合体的类型、结构、功能及组合进行系统的持续的测定。近年来，由于生态系统监测把传统的物理、化学方法与卫星遥感、地理信息系统、全球定位系统一体化的 3S 技术结合在一起，使得资源生态环境的动态监测向快速、精确、实用、经济的方向发展。具有相当精度的检测仪器、典型组分的选取，以及团队协调配合工作作风，对于监测结果影响很大。

生态系统监测的范围，是指从单一的生态系统类型、景观生态区，直到区域甚至全球。监测目标既要检测自然和人类活动影响的生态系统变化，又要监测生态系统管理的措施、生态工程实施的效果，为生态系统的管理提供尽可能翔实的有价值的信息。需要以从微观到宏观的多层次和多尺度生态系统监测研究网络为依托。

生态系统监测的内容包括：1. 对各种生态因子的监控和测试，既要监测自然环境条件（气候、水文、地质等），又要监测物理化学指标（大气污染物、水体污染物、土壤污染物、噪声和热污染、放射性等）的变化。2. 生态系统中的个体、种群、群落的组成、数量、动态。3. 一定区域范围内的生物与环境之间构成的组合方式、镶嵌特征、空间分布格局和动态变化。4. 自然条件下的生态系统结构、功能特征的原状，以及生态系统在受到干扰、污染或者恢复、重建、治理后的结构和功能的现状。5. 人类活动对生态系统和区域经济社会系统的基本影响，尤其是生态比较脆弱的地方，在大规模采矿、大型工业基础建设以及城乡规划建设扰动下微生态系统的变化情况。

生态系统监测结果，为相关研究机构和生态环境规划与管理部门提供第一手资料，有的要提交给政府部门决策时参考。

在"十一五"期间，自治区环境监测中心站过了国家认证监督管理委员会实验室资质认定复审，配备了水、气环境应急监测车和部分检测仪器，实现对全区生态系统变化进行遥感监测，在国家环境保护部帮助下开展了酸沉降和大气污染自动监测网络建设。在细化"十五"监测领域及其项目的基础上，对酸雨、降尘及其他主要污染源进行了重点监测，拓展了生态环境质量监测、跨界河流（湖泊）水质监测、农村环境质量监测等领域；全面建成7地（市）行署所在地环境空气质量网络，每天在西藏卫视等媒体播报空气质量信息；启动了水体宇宙射线和放射性活度监测；在拉萨市和林芝八一镇建设了辐射连续自动监测子站；开展西藏当雄地震等环境应急工作。获取环境监测数据10余万个，出具环境检测报告1000余份。

"十二五"时期全区生态环境监测的任务目标自治区政府前主席白玛赤林在区九届人大四次会议上作的政府工作报告中提出："强化生态环境监测。建设标准化的环境监测网络，加强对主要江河、重点区域水质、空气质量检测，完善环境应急系统，提高环境应急响应能力。建立生物多样性监测、评价和预警制度。建设功能齐全、布局合理的水文、水资源监测体系。"

2011年，各地（市）均组建了环境监测站，日喀则、山南、林芝、昌都、阿里地区初步形成了常规监测能力；环境保护厅开展了环境质量常规监测、辐射环境监测、典型区域环境调查监测、重点污染源监督性监测和界河水质监测，及时发布了重点城镇环境空气质量信息。相关领导表示，2012年7地（市）环境监测站形成了检测能力，在继续做好以上五项监测工作基础上，逐步拓展环境监测领域，尽快延伸至边境地区。

2012年7月，启动了生态环境十年变化遥感调查与评估项目。充分利用地空一体化技术，两年内在全区7地（市）开展野外实地调查、数据生产、综合评估以及典型区调查与评估工作，系统获取全区生态环境十年动态变化信息，全面认识十年里生态系统格局、质量、生态服务功能等变化特征，重点分析生态环境问题及其胁迫因素，综合评估全区生态环境质量状况，对"一江两河"流域、雅江源和拉萨河源生态功能区、生态安全屏障保护与建设草地类工程实施区等典型区域进行专题调查与评估。项目实施以后可以全面评估全区生态安全屏障保护和建设项目成效，掌握过去十年全区生态环境变化特点和规律，将为有效实施"西藏生态安全屏障保护与建设规划"提供科学决策。

坚持了水、气、声常规监测、饮用水水源地监测、重点区域环境调查监测、重点污染源监督性监测、国界河流(湖泊)水质监测和辐射环境监测等工作，及时发布了重点城镇空气质量信息。全年共取得各类监测数据达4万余个，编制各类监测报告231份。

着手进行了纳木错生态环境保护基线调查工作，编完《西藏自治区生态安全屏障生态监测实施方案》和《西藏生态安全屏障生态监测技术规范》，开展了珠峰、纳木错、羊湖典型区域环境质量监测，青藏铁路运营期环境质量监测及拉日铁路建设期环境质量监测。

2013年，启动了全区第二次野外调查。第一次是在1998—2001年，初步掌握了83种国家和自治区级重点保护野生动物的种群数量、分布区域及栖息地的环境状况，查清了被重点保护的野生动物受威胁的主要因素，以及野生动物资源的利用状况。

第二次调查的主要任务：弄清全区野生动物分布特点，种群数量及变动趋势，栖息地受威胁的内外因素及保护现状，野生动物驯养、繁殖、利用、贸易等相关信息。

调查范围将覆盖全区的森林、灌丛、草原、草甸、湿地和高寒荒漠等自然生态系统内的陆生野生动物资源及栖息地，涉及野生动物物种153种，包括专项调查物种44种、同步调查物种3种。2013年锁定的有黑麝、棕尾虹雉、喜马拉雅麝等22种野生动物。对其余物种调查推至2014年。

调查活动采用遥感技术、GPS定点方法，搜集系统布点的样方数、样方内的信息数据、野生动物现地照片、调查航迹和视频资料等，这将大幅度提高调查的标准化水平。同时，在对野生动物资源调查的同时，建立西藏野生动物资源监测网络信息系统。

生态环境工程主要类别。1.森林生态效益补偿基金工程。早在2004年，国家在西藏实行中央森林生态效益补偿政策。本区制定《西藏自治区森林生态效益补偿基金管理办法》，完成对国家重点公益林和地方公益林的界定，分类落实森林生态效益补偿政策。"十一五"期间生态效益补偿基金工程进展顺利，全区7地（市）65个县1.5亿亩公益林被纳入补偿范围，约占全区林地面积的91%，5年到位补偿资金累计达到21.68亿元，补偿面积占全国的15%，位列全国之首，生物多样性得到了有效保护。

2.西藏的"天保工程"。至2010年底，地处长江上游的昌都地区贡觉、江达、芒康三县的天保工程，通过全面管护天然林、禁止商品性采伐木材、封山育林等措施，保护森林面积120多万公顷，减少森林消耗405.65万立方米，新增森林面积40万亩，森林覆盖率由原来38.65%提高到39.35%。林业有害生物防治工作得到加强，森林灾害得到有效控制。10年减少木材消耗1303万立方米，相当于保护了71万亩森林。天保工程的实施改善了金沙江、澜沧江、怒江流域的生态环境，促进了森林资源增长，构筑起了长江上游生态屏障。

3.退耕还林工程。自治区环境保护厅、财政厅、粮食局等部门相互协调配合，对退耕农户进行直补，农民从退耕还林工程中得到实惠，对执行退耕还林政策表现出很高积极性。至2011年底，退耕还林达到30万亩，完成荒山荒地造林达到53.5万亩、封山育林12万亩。在此过程中，区、地、县三级苗圃及个体苗圃发展迅速，仅自治区科技苗圃培育苗木就有73种，可以提供种苗38种、450万株。各类苗圃基地建设加快，为全区林业生态建设提供了合格的苗木、优良乡土树种和珍稀树种种苗。全区苗圃供应苗木总计1.5亿株，建设面积超过700公顷。

4.草原生态保护工程。充分利用国家西部大开发的战略机遇以及国家给予西藏的特殊优惠政策，落实和完善了草场承包经营责任制，明确牧民对草场"责、权、利"三者关系，实施了天然草原退牧还草、草原鼠虫毒草害综合治理、人工种草和草地改良、草原防火等工程项目。第一，坚持"草畜平衡、以草定畜"的原则，采用"划区轮牧、阶段性禁牧和季节性休牧"

办法，降低天然草地载畜量，缓解了草畜矛盾。第二，开展牧草种子基地和水利设施建设，鼓励人工种草、飞播种草、围栏封育和草场改良，合理营建人工草地和节水灌溉饲草地。第三，建立草地自然保护区，保护草地生物多样性。落实草原执法、草原生态监测、草原生物灾害预测预警、草原鼠虫灾害治理、草原防火等工作，打击非法征（占）用草原、开垦草原、乱采滥挖草原野生植物、机动车辆随意碾压、非法买卖或者转让草原行为。第四，落实国家草原生态补偿政策，兑现草场生态补助资金。这些措施促进了草原生态环境改善，明显提高了草原生产力。

5. 山南地区防沙治沙、藏东南防沙治沙综合示范区建设工程。建立治沙防沙目标责任考核机制，严格项目实施中环节管理。目标责任考核每 5 年为一个考期，在考核期间开展中期督促检查，考核末期开展综合考核，对考核内容进行细化并量化评分；完善防沙治沙工程管理，在科学规划基础上，专业部门按照国家相关标准进行治沙防沙作业设计，把措施落实到山头地块，责任到人；启动防沙治沙工程检查验收和监督机制，建立工程档案资料和信息管理系统，提高项目管理水平，实现项目效益的最大化。全国第四次荒漠化监测的结果显示：西藏荒漠化面积为 2161.86 万公顷，次于新疆、内蒙古，居全国第三位，分布于全区 7 地（市）的 67 个县；同 2004 年第三次监测结果相比，荒漠化土地减少了 6.57 万公顷，年均减少面积 1.31 万公顷，扩展速率为 − 0.06。总体上西藏全区沙漠化扩展趋势受到控制，"好转"与"恶化"处于胶着状态。

6. 农牧区柴薪能源替代工程。沼气工程实施以来，自 2006—2011 年底国家累计批复本区 59 个县农村户用沼气池 22.5 万座，乡村服务网点 817 个，大中型沼气及养殖小区(联合)集中供沼气工程 21 个。沼气工程让 18.5 万户、92.5 万农牧民用上了方便清洁的沼气能。同时，发挥我区新型能源资源优势，逐年加大对地热能、太阳能、风能等清洁可再生能源开发利用力度，不断降低对森林、灌木、干草、秸秆、畜粪等生物资源消耗。

近十年来，西藏及时兑现国家森林生态效益补偿、退耕（牧）还林（草）政策；持续推进天保工程、防沙治沙工程、自然保护区工程、生态功能区保护工程，以及传统能源替代工程，取得了显著的生态效益和经济效益，一定程度上抵消了全球变化和经济社会发展给当地生态环境造成的负面影响，稳定了西藏区域生态系统。

昌都地区的天保工程，使工程区森林资源获恢复性发展。在 2011 年自治区的"两会"上，昌都地委副书记、行署专员吾金平措就当地天保工程建设近况作了专题发言。他介绍，2000 年 5 月长江上游天然林资源保护工程启动，2006 年藏东南山地森林生态功能保护区被正式纳入"国家重点生态功能保护区建设规划"。按照"严管林、慎用钱、质为先"的建设原则，国家在昌都地区的江达、贡觉、芒康三县累计投资 4.5 亿元，保护了 120 万公顷天然林。主要措施及其成效撮要如下。

1. 全面叫停天然林商品性采伐，关闭了工程区木材加工厂 18 家、木材交易市场 3 个，封停使用林区桥梁 12 处、设卡点 18 个，乱砍滥伐现象被遏制住。

2. 推行管护责任制，对工程区 120 万公顷天然林进行划片定点巡护。配备了责任心强、工作踏实的农牧民护林员，合理设置定点站（卡），采用集体管护、家庭管护、联村管护等方式，聘用森林管护人员 16863 人，落实管护资金超过了 1.29 亿元。

3. 拨付专款完成高原生态屏障防护林建设 4.9 万亩，重点恢复了"三江流域"、国道 214、317、318 等生态地位重要地段，以及所有生态脆弱

小贴士 ▶

什么是天保工程？它是指我国 2000 年在长江上游和黄河中上游地区实施的天然林保护工程。为了扭转近年来我国自然灾害频繁发生、异常天气重复出现，以及包括西藏在内的江河上游植被减少、水土流失、生态恶化的趋势，我国政府做出决定，投资 1035 亿元，实施长江上游、黄河中上游 13 个省（市、区）770 个县的天然林保护工程。建设任务是全面停止工程区内的天然林采伐，加强森林资源管护，加大封山育林、植树造林工作力度，加快工程区内宜林荒山荒地造林绿化步伐，提高林草覆盖率，对居住在林区的部分居民实行搬迁，加强生态保护基础设施建设。

区域的林草植被；加快营造生态公益林，采取人工造林、人工促进更新、封山育林、模拟飞播等造林方式，完成生态公益林建设33万亩，植被恢复3.4万亩。同时，实施了昌都镇周边造林、妥坝沟火烧迹地造林绿化和绿色通道工程，增加新树39.6万余棵。

4. 抓实苗木繁育项目，建立了以地区苗圃为中心、三县苗圃为支点的育苗基地，现有标准化苗圃4个、面积300余亩，年供树苗保证186万株。

5. 细化深化高寒地区造林树种育苗技术研究，统筹推进高海拔地区优质树种引种试验、模拟飞播造林试点和能源替代项目试点，以及森林动态监测地理信息系统建设工作，监督落实森林防火制度，加大森林防火宣传和火源管理工作力度，及时兑现护林防火资金。

6. 实施自然保护区建设工程，完成了芒康滇金丝猴、类乌齐马鹿国家级自然保护区二期项目，以及八宿县然乌湖湿地自然保护区项目招投标、芒康滇金丝猴国家级自然保护区功能区划调整等相关工作。

山南卡龙人治沙寻良方，西藏多地治沙工程见实效。山南地区浪卡子县卡龙乡摸索出治沙方法，在海拔4500米的风沙盛行之地营造出一派绿色原野。

小贴士 ▶

德吉新村，藏式民居的节材村。目前在昌都地区江达镇，住进了一批江达县天保工程的搬迁户。因为是个新村，取了个时尚村名——德吉（幸福）村。过去，江达县百姓盖房子要消费很多木材，砍伐一批大树。但是德吉村在安置房建造中，国家给予每户5万元补助，用于支持房主采用替代性的建筑新材料。于是，德吉新村的住房既保持了传统建筑风格，又省下大批木材。天保工程涉及生态搬迁居民2508户、15183人，他们全部得到了妥善安置，同时被鼓励树立绿色建筑理念，保护生态，建设环境。

植树种草、扩充植被，是化解生态危机、改善生态环境的根本措施。这是生态学常识。陆地植物在净化空气方面，主要是通过叶片作用实现的。表现在两个方面：一是吸收CO_2、放出O_2，维持大气环境化学组织的平衡；二是在植物抗生范围内通过吸收而减少大气中硫化物、氮化物、卤素等有害物质的含量。植物是天然的净化器。

比如 SO_2 在有害气体中数量最多、分布最广，危害性很大。生长在被 SO_2 污染地区的植物叶中，SO_2 含量比周围正常叶子含硫量一般高出 5—10 倍。树木对 SO_2 有一定程度的抵抗能力，以独特的生理功能通过叶片上的气孔和枝条上的皮孔吸收与转化有害物质，在体内通过氧化还原过程转化为无毒物质，此所谓"降解作用"。当污染源附近 SO_2 浓度达到 $0.27mg/m^3$ 时，在距离污染源 1000—1500 米处，非绿化带浓度为 $0.16mg/m^3$，而绿化带浓度仅为 $0.08mg/m^3$。日本有资料报道，每公顷的柳杉每月能吸收 $SO_2 60kg$。

另外，树木对空气中的烟灰、粉尘有阻挡、过滤与吸收作用。云杉、松树、水青岗等树木，每公顷年阻尘量分别是 $32t/hm^2$、$34.4t/hm^2$、$68t/hm^2$。树木因为形体高大、枝叶茂盛，可以降低风速，大颗粒灰尘因为风速减小而沉降于地面，叶子表面因为粗糙不平、多绒毛，有油脂和黏性物质，能吸附、滞留与黏着部分粉尘，使空气含尘量减少。有研究表明，在一个生长季节里，水泥厂附近的黑松林每公顷可以滞尘 44kg。

从生态学角度讲，农田作物除了提供粮食及其他产品、为畜禽供给饲料外，还有维护土壤生态系统平衡、促进其营养物质循环、同化废弃物、吸收 CO_2、固定氮等生态作用。

"西藏的天好蓝呀，云片低得仿佛触手可及，远处的云团快要跌落到地面了，这儿的景色太漂亮啦！"面对春风中摇曳的青柳白杨，草原上镶嵌的翡翠似的清澈湖水，像洗过一般澄澈的蔚蓝天空，来自上海的游客一下子就喜欢上了卡龙的自然景观。置身在纯净的温润的天地之间，大口大口呼吸着绵绵软软的空气，感到从外到内从未体验过的舒服，人甚至变得松松垮垮，只想就地倒下不再动弹，浑然不觉这高原上缺什么氧了，可谓"醉翁之意不在酒，在乎山水之间"。

但是几年前，这里的光景不是这样。那会儿经常遭受夏季山洪袭击，草场水土流失严重；秋冬时节风沙弥漫、黄尘滚滚……

卡龙乡位于羊湖、空母湖腹心地带，处在温带高原季风气候势力范围内。一方面地处高海拔，一年中严寒天气多；另一方面受羊卓雍湖微型环境的良好影响，这里原是一片水草丰茂的草场，牛羊遍地。但是不知从何时起、不知什么原因，这里开始水土流失、风沙肆虐，草场退化、植被荒疏。1998年一场突如其来的暴雨导致山洪暴发，万亩草场被洪水吞噬，从此荒漠署理了草场。生态环境急剧恶化，威胁着当地农牧民生命财产安全、阻碍了卡龙乡经济社会发展。

卡龙人对此绝不甘心，下决心修复生态、治理沙化，找回青青牧场。首先，拜师学艺，果断决策。"对于如何治理荒漠草场，当时众人各持己见，有人说填土种草，有人提出植树造林，还有人认为这些办法根本不可能。"当年议政的情景，卡龙乡党委书记旺堆至今记忆犹新。卡龙乡成立了"寻找妙方"小组，有的上访林业部门，希望得到专家点拨，有的下村调研，问计于民，还有的走访沿江区（县）视察取经。2006年卡龙乡的领导集体，把征集到的意见建议进行梳理筛选，结合实际，研究决定：植树搞绿化，造林堵风口，实施生态建设工程。决策得到了群众的响应与上级部门的支持，并争取到植树造林援助资金54万元。必要条件具备了，一场群众造林活动在卡龙乡就展开了。

其次，合理选种，科学种植，精心养护，创造高海拔绿色环境。在这样高海拔地区植树，幼苗儿能成活吗？很难说，没有先例。但是，卡龙人决心一试。初期，由于缺乏实践经验和技术指导，造林成活率很低。好不容易栽下的上万棵树苗，一年下来只活寥寥数棵，还被风沙埋得只露树梢儿。其余的树苗，迎风处的被刮出了根，背风处被埋了全身。这着实让龙卡人丧气，却又让大家看到了希望，增强了信心。既然能种活一棵，就不愁种活十棵、百棵、千棵、万棵！

只要存在一线希望，就必须尽全力争取。经过反复试种，大家惊喜发现：树苗成活率的高低与树种有直接关系，北京杨、高山柳、左旋柳等树种适应本地的土壤和环境，成活率甚高。于是，这些树种被大量引种。同时，在跟风沙争夺树苗生存机会的反复较量中，摸索出一套有效做法：起初在荒漠深处种下北京杨，设法阻止风沙掩埋树苗，然后在周边插植高山柳、左旋柳等耐寒树种，形成了"小网格、窄林带、四周围起大围栏"的种护模式，大大提高了新植幼树的成活率。

树苗种下去了，随后的管护十分重要。在春季里，乡里安排专人定期浇灌树苗，有效解决了春季树苗嫩芽被风沙吹干的问题；全面实行封山禁牧，避免幼苗被践踏致死，指定村干部兼任相关责任区的护林员。目前，全乡植树造林面积达到1300多亩，树苗18万棵，成活率稳定在85%以上，初步形成了以"防风固沙、蓄水保土"为主要功能的小型林区。

植树种草是防风固沙的有效方法，这是众所周知的成功经验。这条经验和做法被处在高海拔的卡龙人成功"移植"了过去，被完全本地化了，创造了海拔4500米以上地区幼树成林的奇迹，有效改善了当地生态环境。这个过程凝聚了卡龙人的汗水和智慧，增强了卡龙人乃至西藏人解决国土资源的水土流失、荒漠化、石漠化等问题的信心，为其他处在类似环境下的人们防沙治沙提供了经验和做法。

近十年来，全区多地实施治沙工程均取得可感可视的生态效益和社会效益。若干年前，山南地区、日喀则地区被认为是西藏风沙最大的两个地方。山南民间有这样的民谣："泽当风沙之地，幸亏不是我家；我等不住此地，可怜当地人们。"经过持续开展植树造林活动，拉萨—山南—日喀则雅江防护林体系基本建成，保护了沿江一线数万亩农田、草场。

气象部门统计显示，拉萨、山南、日喀则三地（市）的风沙天数明显减少，与30年前相比，拉萨、泽当风沙天气各减少了32天，日喀则减少34天。亲历30年拉萨环境变化的一位"老拉萨"说："上个世纪80年代，拉萨的风沙还是很大的，春季里经常出现大风扬沙天气，出一下门嘴鼻会吸入很多灰尘。"

治沙工程也给工程区农牧民带来可观的劳务收入，参加项目建设的农现代生态学研究表明，可以利用植物的克隆生长来固沙。比如沙鞭和羊柴是防风固沙的先锋植物，它们适合在贫瘠的流动沙地上克隆生长，地下茎交织在一起固定沙土，从而为很多其他植物的生长创造了条件。这类沙漠地区生长的植物属于克隆植物。

所谓克隆植物，是指在自然环境条件下，能通过营养繁殖（又称克隆生长）产生与其母株个体在基因上完全一致的新个体的植物，新个体的产生不通过减数分裂和遗传物质的重组。克隆生长可以不断产生新的分株，迅速扩大克隆植物在新地区的分布，对微环境施加积极的生态影响。羊柴是一种岩黄芪多年生草本植物，茎横卧在地面上，开黄花，根可入药。因此培植羊柴防风固沙，还可以美化环境，额外有经济收益。

西藏沙漠地区风沙大、土地贫瘠，地表植被十分稀疏，植树造林难度大，甚至树木无以存活。而生命力顽强的沙漠地区先锋植物，就成为增加沙漠地区植被的首选。恰当选择与克隆沙漠地带的先锋植物，可能成为境内某些地区防沙治沙的关键措施。

牧民吃上"绿色工程饭"和"生态饭"，治沙工程也成了致富工程和民心工程。

扯休农民让荒滩变绿洲，地区领导挥动环境建设大手笔。扯休乡位于日喀则地区萨迦县东部，平均海拔 3900 米；全乡共有 12 个行政村、988 户、5153 人口，耕地 23314 亩，年人均纯收入为 2906 元，属于地区贫困乡。在藏语中，"扯休"的意思是位于山岩尾部。地势平坦开阔，有开发潜力的扯休荒滩却是当地最为强劲的风口之一，原生植被稀疏、生态脆弱，被列为生态环境保护重点对象。扯休乡生产落后，生活水平低下，与当地自然条件密切相关。

既然生产发展条件是由当地自然条件决定的，要改善生产发展条件就要改善自然条件。2010 年 8 月，当地开始实施国家投资扯休乡的重点区域造林计划，包括农田林、机耕道、绿色通道、成片造林、机井、蓄水池、引水管道等基建项目，涉及扯休乡及相邻的吉定镇共 13 个行政村，造林面积 1.6 万亩、封育 1.5 万亩，树坑 68.5 万个、幼树 68.5 万棵，分解为 318 国道公路沿线、乡村公路沿线、农田、水渠林网等部位的绿化，以及封山育林、成片造林等定点任务。

在此期间，原日喀则地委副书记、行署专员许雪光在接受媒体采访时畅谈了地区生态保护和环境建设的思路。他风趣地说：谋事如下棋，心里装整体。搞水土治理和环境建设工程，脑袋里必须树立大农业意识、生态系统观念，放眼工程的综合效益和持续效益，把社会行为置于区域环境里加以考量，依据当地生态条件和自然规律来构建人造生态系统，这叫作"小处入手、大处着眼"。

既要充分考虑大环境总体制约作用及其对全局的影响，又要准确评估集体行为对所处的大环境、大系统的辐射和改造作用。具体讲，现代生态农业注重把农林牧副渔视为一个有机整体，倡导农作物和林木、果树间作，农作物和经济作物套种，农作物品种之间轮作，这样一来，植物在生长过程中可以充分利用自然条件及彼此之间的物质循环，构造植物间营养传递链条。若把特定地点上的绿化工程作为一枚棋子纳入大农业合理规划之中，纳入当地小型生态环境之中，就能发挥工程项目的综合效应，奏事半功倍之效。

具体到扯休乡重点区域造林项目上，许专员信心满满地表示：实施这个项目不仅可以直接增加当地林地面积，原生植被得到恢复，涵养水源，保护农田，防风固沙，净化空气，提高高海拔地区空气的含氧量，调节气候、降低自然灾害，而且在项目实施过程中可以增强干群的生态保护意识、科学发展意识，激发大家的劳动热情，从根本上改善当地自然环境。日喀则必须在保护好现有植被资源基础上，通过加快项目区的造林绿化步伐来实现"以水定林、以林促农、以农养牧、以牧护林"的大农业良性循环，大幅提升农牧业综合生产能力，同时绿化（美化）旅游环境，增加当地的景区内含；通过组织农牧民参加项目建设，让他们掌握一定的技能和实用技术，拓宽增收渠道，凭借投工投劳而获得劳务现金收入。

据有关人士介绍，扯休乡项目在实施中贯彻了地区领导的设想，很快取得了综合效益。修建的 13 眼机井、15 座蓄水池和 15 条引水管道，既满足了重点区域植树造林的用水，又改善了项目区大片农田灌溉条件。过去未能实现灌溉的旱地变成水浇田，全乡年增产粮食超过 960 万斤。同时，农业种植面积的扩大和增收，为畜牧业新增秸秆饲料草可以达到 1440 万斤。

儿女出路是父母留下的绿色。定结县，日喀则的一个边境县，是自然灾害频发地区，太阳辐射强，风沙天气多。在2011年自治区"两会"上，定结县县委副书记、人大代表尼玛琼拉表示：之前当地百姓生态保护意识比较薄弱，经常出现乱采滥伐现象，于是全县沙化趋势日益明显，对当地居民用水造成了很大不便。在教训面前，百姓认识到了生态保护的重要性。近年来逐渐注重了生态保护，支持与落实县委、县政府防风固沙的一系列措施，自愿参加防风固沙、植树造林、保持水土等劳动。

还介绍说：在定结县陈塘镇林区一带，按照传统习惯，居住在林区和林区边缘的居民，根据需要，每年都采伐少量自用木材，少量的进入了市场。同时，在采伐区当年补栽幼树，林区从不留裸地。现在看上去，这片林区基本保持原始状态。群众心里装着一个道理："不能断了子孙后代的出路，祖辈的义务就是为他们留下更多的绿色。"

高寒军营地，官兵大播绿。海拔5380米的查果拉哨所，位于日喀则地区亚东县，是一方高寒缺氧之地，"高山不长草，风吹石头跑，八月下大雪，四季穿棉袄。"因此这里被视为生命禁区。1950年10月人民解放军某汽车团官兵随同十八军将士，于昌都战役后叩开进军西藏的大门。这支有着光荣传统的军队，在恶劣自然环境下坚持自力更生，艰苦奋斗，开荒种粮、种菜，建设农场，饲养畜禽。不仅如此，为了改善人居环境和生态环境，官兵们经过反复试验，先后培育出40余种经济苗木，播种在雪域营地上。

官兵们曾经听到一个故事：查果拉哨所一位退伍老兵在下山途中，突然看到一棵树，就毫不犹豫跳下汽车，蹲在树前竟抱头大哭。送行的班长为之诧异，这位老兵眼泪汪汪地对他说："整整3年没见过树了，猛然见到这儿居然长着一棵树就感到惊喜，我控制不住内心的激动。"在这样自然环境下，一棵树、一片林，都成为驻地官兵日夜拥抱的绿色梦想。

有资料显示：在3500米以上的同一海拔地区，有树林比没有树林的地方空气含氧量增加35.6%。因此，驻守在高海拔地区的官兵们渴望拥有一片树林。

在20世纪90年代之前的几十年里，驻藏部队领导为了鼓励驻地官兵种树，几度重功悬赏："种活一棵树，立下一个三等功。"汽车团党委从经费中拨出专款，用于植树造林，绿化营区，官兵也为此倾注了一腔热血。

现实是如此残酷，不管怎样用心用功，可是幼弱的绿色生命一次又一次湮灭在世界屋脊的冻土里，任凭栽下多少树苗，绿色梦想始终没有与痴心的官兵相伴在一起。

经过多方论证，官兵们决定借助生物科技在生命禁区繁育出绿色生命。1996 年 2 月，在中科院专家和有关部门援助下，2 万株北京速生毛白杨胚芽枝条从北京运到拉萨。一个月后，种下的 2 万株毛白杨只有 3000 株存活下来。但是幸存枝条的嘴芽由白变黑，显然是受了气温的虐待。

怎样能保住这些树苗呢？大家急中生智，忽然想起爬豇豆的树枝，在被太阳烤得快要干枯的时候，插进温暖的塑料棚里仍然能发芽成活，可以采用大棚培育速生毛白杨！经过摸索，这种在奇思妙想中诞生的育苗法，很快使毛白杨摆脱了生存困境。紧接着，官兵把成活了的速生毛白杨胚芽，嫁接到父本北京杨上获得成功。

一鼓作气干下去，高原营地从此留住了绿色生命。部队领导带领 3 名干部去四川温江苗圃基地和陕西杨陵高新技术开发区，进行了一次实地考察，并带回一批适合高原生长的榆树、侧柏、龙柳、水蜜桃、新疆杨等 47 种树苗。试种结果，47 种经济苗木全部成活！官兵们总结出几种重要苗木的生长习性，所谓"榆树怕涝""杨树怕旱""龙柳耐干""果树喜阳""松树喜阴"，等等。

在蓝天、艳阳下，苗木连片、苗圃扩大，绿色逐渐密实、浓郁，宛如画布上粗犷背景中的鲜绿色块。望着亲手培育的 1000 多亩成规模的苗圃基地，官兵们兴奋不已、星夜难眠。曾经多少次庄严宣誓过，而今终于做到了、成功了，不仅以军人的名义戍守着祖国的边疆，而且以普通劳动者的身份装扮着脚下每一寸土地，不管它贫瘠还是肥腴，都同样是神圣而值得深爱的。

拨亮一盏灯，照亮一大片；万盏灯火明，光焰映高原。像查果拉哨所官兵一样，驻守在西藏高原上各支部队，官兵们怀抱绿色梦想，脚踏实地、勇于实践，纵然千万次失败也不放弃，感天动地地探索与苦干，种树获得成功，好梦终于成真。他们种下的苗木、果树、蔬菜、花卉等，向辽阔无垠的高原各处蔓延，不仅实现了高原军营绿色梦想，而且在藏北无人区、冈底斯山脉、珠穆朗玛峰至雅鲁藏布江、拉萨河、年楚河流域建成 30 多个林卡。据报道：如今在拉萨、山南、日喀则等地，官兵们嫁接成功的毛白杨年均生长量为 53.7 厘米，是西藏目前生长最快的树种之一。

武警西藏森林总队，高原生态的守护神。青藏高原是迄今为止地球生物链保留最完整的地区，适应了高原酷寒缺氧环境的所有生物，在这里都是自然选择的强者，千百年来繁衍绵延、生生不息。但是，随着人迹的不断侵入，原始生态系统被打破，生物多了一层生存危险，人的贪欲和商业暴利日益威胁到包括藏羚羊在内的野生动物生存安全，甚至一度让它们面临灭顶之灾。如果这些动物有知觉，就应该感到庆幸，因为武警西藏森林总队进驻这里，及时阻止了人为生态灾难的延续，动物家园的天然秩序得到恢复，生态环境也得到保护。

国家高度重视西藏的生态环境保护，2002 年批准在西藏成立以保护生态环境为主要任务的武警西藏森林总队。总队官兵响应国家召唤，从祖国四面八方汇聚在雪域高原上，驻守着海拔高、含氧量低、风沙大、生活艰苦的祖国边疆，守护着辽阔的原野、多样的野生动物和茫茫的林海；营房上鲜红的党旗、军旗，在祖国西部边陲的上空猎猎招展。总队肩负着多项任务，面临着各种挑战和考验。

森林灭火。受全球气候变暖的影响，西藏高原上高温干燥天气增多，境外森林火灾经常入境；近年来进山入林从事生产作业的人员增多，当地部分群众依然保持着天然的生活方式。于是，西藏成了森林火灾多发区，森林防火灭火工作十分繁重。

自成立之日起，武警西藏森林总队就接管了西藏 1700 万公顷林地防火任务。瞄准"精兵、精装、精训、精打"的目标，按照"火怎么打、兵怎么练"的原则，总队突出灭火技战术和火场紧急避险训练，坚持贴近实战、贴近中心，组织进行一系列高难度严格操练，不断提升部队灭火作战能力。

2010年12月初，林芝地区察隅县发生森林火灾，中央和地方领导高度重视，总队首长亲临现场，靠前指挥，森林官兵同当地群众协作配合，严防死守，于当日把森林大火全部扑灭，防止了林火过境的安全隐患。2012年3月，昌都地区发生火灾，昌都支队官兵遵照上级指示，连续奋战45天、转战8个海拔4000米以上火场，累计开进5200公里川藏线，完成了彻底灭火任务。据统计，10年来，总队动用官兵2万余人（次），扑灭森林火灾150余起，当日灭火率高达89.3%，挽回直接经济损失数千万元，森林火灾次数由2002年前年均60起下降到目前的10余起；森林覆盖率由那时的9.84%提升到目前的11.81%。在扑救高原森林火灾、特别是重大森林火灾中，武警西藏森林总队发挥了特殊作用。

总队奉行"打防并举、防火先行"的原则，立足当好灭火战斗队的前提下，努力当好森林防火的工作队和宣传队，主动协助林业部门组织防火教育活动。近年来，累计投入兵力2万余人（次），行程10万余公里，深入20多个县做防火宣传，把官兵积累的防火经验和灭火技术，通过知识问答、图片示意和现场解说等生动直观形式，普及到有林县（区）的群众中。发放宣传单22万份、挂图10万幅、图册1.6万余册、宣传扑克5000多副，受众超过40万人（次）。同时，清理野外用火1900余处，消除森林火灾隐患200余起，协助当地林业部门开展林政执勤3350余次。

保护野生动物。那曲地区被誉为"天然的野生动物园"，辽阔壮美的羌塘草原孕育着藏羚羊、野牦牛、岩羊等125种国家一级和二级珍稀野生动物。过去有过一段时间，一小撮不法分子为暴利所驱使，置野生动物保护的法律法规于不顾，铤而走险，武装潜入野生动物聚集地区疯狂捕猎珍稀野生动物，刀枪直指藏羚羊。2004年5月，总队重拳出击，首次展开了"高原2号"专项行动，对盗猎者进行了一次彻底清剿。2010年5月，在实施"高原利剑"行动中，官兵行程6000公里以上，抓捕不法分子，救护受伤的藏羚羊，缴获不法分子猎杀的野生动物毛皮和头骨，有力震慑了不法分子。

随着保护行动的展开，当地群众积极监督与举报盗猎行为，案件侦破率迅速提高，藏北草原及其野生动物园，渐渐恢复了安全和平静。野生动物种群数量不断增加，活动区域日益扩大，呈现一派人与自然和谐共处的景象。据介绍，藏羚羊的数量由1995年约6万只增加到目前的约20万只；距尼玛县县城20公里的那若塘，20世纪80年代末，3万多只不迁徙的藏羚羊种群基本消失，如今种群又恢复到原有水平，成为游客近距离观赏藏羚羊的一个景点。

保护敏感生态环境。高原生态极其脆弱，每盗挖一根虫草，就要毁坏50平方厘米的草皮，即使在百年内也难以恢复。每到虫草采挖季节，武警那曲地区森林大队官兵都要协同当地公安徒步海拔5000米以上的山上执勤，连续数日巡护在敏感地区和重点地段，顶风冒雪、风餐露宿，在生命禁区挑战生命极限，劝退了一批又一批采挖虫草人员，制止械斗事件10余起，既维护了社会治安，又保护着高原生态。

借力退牧还草政策，保养高原草原生态

进入21世纪后，国家草原工作的指导思想和政策措施。草地是我国陆地面积最大的生态系统，约占我国国土面积的41.7%。由于一段时间内人们片面强调草原的经济功能，我国草原生态环境存在着过度放牧、乱开滥垦等不合理使用草原资源的现象，导致了草原退化、沙化、盐碱化面积日益蔓延，草原生态环境呈现着局部改善而总体恶化的发展趋势；传统草原畜牧业发展方式难以为继，草畜矛盾十分突出；草原灾害频繁发生，防灾抗灾能力较为薄弱；草原生物多样性遭到一定破坏，恣意破坏草原环境

行为时有发生。

我国草原生态环境的日趋退化以及草原生态功能的重要意义，引起了国家高度重视。

进入 21 世纪以来，国家对草原工作首先完成了思想认识上的转变，由"生产生态并重"，转变为"生产生态有机结合，生态优先"，然后制定完善一系列草原生态环境保护和建设、促进草原生态恢复的政策措施。1985 年 6 月，《中华人民共和国草原法》正式颁布实施；1987 年 6 月，国务院召开全国第二次牧区工作会议，提出牧草是发展畜牧业的物质基础，激励保护和建设草原，发展草业，保持草畜平衡；1993 年 10 月，国务院公布《中华人民共和国草原防火条例》；1998 年 11 月，国务院常务会议研究通过了《全国生态环境建设规划》，把草原区和青藏高原冻融区列入全国生态环境保护和建设的重要内容，提出"保护好现有林草植被，大力开展人工种草和改良草场（种），配套建设水利设施和草地防护林网，加强草原鼠虫灾害防治，提高草原载畜能力，禁止草原开垦种地，实行围栏、封育和轮牧"等草原保护建设的思路措施；2000 年 10 月，中共十五届五中全会通过的《中共中央关于制定国民经济和社会发展第十一个五年计划的建议》，把加强草原生态环境保护和建设任务作为西部大开发的重要内容进行重点部署，相继组织实施了天然草原退牧还草、草原鼠虫毒草害综合治理、人工种草和草地改良、草原防火等重点工程。

草场保护和建设工程主要做法有：1. 实行草原承包经营责任制，明确了草原的所有权、使用权和经营权，依法界定牧民对草原经营的"责、权、利"关系，调动牧民对所承包草场投资投劳、悉心养护的积极性。2. 对有重要生态功能的草原区，划出禁垦区或者禁牧区红线；对牧区已经被开垦的草场，要求落实"宜牧则牧、一业为主"的政策，限期退耕还草、恢复植被，以休养生息；在农牧交错区进行农业开发不得对草场造成破坏，发展绿洲农业不得对天然植被造成破坏。3. 合理使用草地资源，坚持保护和使用相结合，纯牧区本着"草畜平衡，以草定畜"的原则，划区轮牧；半农半牧区要实行草田轮作，舍饲圈养，降低天然草地载畜量，缓解草畜矛盾和草原超载给草原生态造成的压力。4.合理营建人工草地和节水灌溉饲草地，坚持自然恢复与工程修复相结合，推广人工种草、飞播种草、围栏封育和草场改良，支持牧草种子基地和水利设施建设。5.建立草地自然保护区，保护草地生物多样性，明确政府部门的具体职责，强化鼠虫灾害防治和草原防火工作。6.实验和推广国家草原生态补偿奖励机制，中央财政拿出专门资金及时兑现草场生态补助资金。

除了政策支持和法律保障之外，国家对草原生态保护和建设的资金支持力度不断加大。比如为了把退牧还草政策落实到位，2011年8月国家发展改革委、农业部和财政部联合决定，从当年起中央财政每年安排136亿元，在主要草原牧区省份全面建立草原生态保护补助奖励机制，用以对禁牧补助、草畜平衡奖励、牧民生产资料综合补助、牧草和畜牧良种补贴，并且建立绩效考核和奖励制度，进一步细化补助奖励项目和标准。新举措涵盖了牧区草原37.4亿亩，惠及近千万牧民。

三部委还决定：在"十二五"期间安排退牧还草围栏建设任务5亿亩，配套实施退化草原补播改良任务1.5亿亩；在相关地区建设饲舍棚圈和人工饲草地，解决退牧后农牧户饲养牲畜的饲料短缺问题。包括以下主要内容。

对已经实行禁牧封育的草原，原则上不再实施围栏建设，将重点安排划区轮牧和季节性休牧围栏建设，并与推行草畜平衡挂钩；围栏建设中央投资补助比例由现行的70%提高到80%，地方配套由30%调整为20%，取消县及县以下资金配套。青藏高原地区围栏建设中央投资补助由每亩17.5元提高到20元，其他地区由14元提高到16元。

对实行禁牧封育的草原，中央财政按照每亩每年补助6元的测算标准给予牧民禁牧补贴，5年为一个补助周期；对禁牧区以外实行休牧、轮牧的草原，中央财政对未超载的承包牧区，按照每亩每年1.5元的标准给予草畜平衡奖励。

补播草种费中央投资补助由每亩 10 元提高到 20 元，人工饲草地建设中央投资补助每亩 160 元，舍饲棚圈建设中央投资补助每户 3000 元。

同时，农业部草原监理中心相关负责人指出：新举措中实行禁牧和草畜平衡制度，强化禁牧和草畜平衡监管，是落实草原补偿奖励政策的关键；要求各级草原监理机构加强对草原自然保护区的监管，严禁在保护区核心地带和缓冲区内开展开发建设活动；建立健全自然保护区生态补偿机制和当地居民参加的自然保护区共管机制，妥善处理自然保护区的保护和建设与当地经济发展和居民生活改善之间的相互关系；切实做好虫草、甘草、麻黄草等草原野生植物的采集管理工作，实现草原野生植物资源的可持续开发利用。

这些措施从资金上保障了退牧还草政策落实到位，覆盖范围之广、投入力度之大前所未有，有助于强化牧民的草原生态保护意识，促进草原特色产业和其他优势产业健康发展，保证农牧民稳步增收。

西藏草原生态保护和环境建设现状。西藏草地占境内国土面积的三分之二，生态保护和环境建设的重点自然在草原上。复杂多样的自然条件和气候类型，造就了西藏丰富多样的草原资源。草原是西藏最大的陆地生态屏障，对保障西藏乃至国家、地区生态安全发挥着至关重要的作用；西藏草原牧场也是我国重要的陆地边界线，对维护国家边疆安全发挥着至关重要的作用。西藏草原孕育了多姿多彩的野生动植物，成为生物多样性最丰富的地区之一。草原既是西藏农牧民生存发展的物质条件，又是西藏生产特色优质畜产品的物质基地。畜牧业是西藏主要产业，占国民收入的三分之一强。

西藏拥有天然草原 12.3 亿亩，分享全区国土面积的 68%，占全国草原总面积的五分之一，是我国五大牧区之一。我国草地按照统一标准被划分为 18 个草地类型，西藏除了干热稀疏灌丛类外，拥有 17 个草地类型。高山草甸草场，是区内面积最大、质量优良的草场，主要分布在那曲地区东部、昌都地区和拉萨市北部、山南地区南部、日喀则地区北部和西部，阿里地区西部山体中、上部位也有一定数量。藏北高原是区内主要草原，面积约为42万平方千米，被当地人称为"羌塘"。

西藏草原的面积虽然辽阔，但是载畜能力较低。西藏和平解放以来，曾经在一个时期内片面强调草原的经济功能，对草场经营管理采取了"重利用、轻保护，重索取、轻投入"态度；一方面载畜量逐年加大，另一方面允许机关、部队在牧区开荒办农场，拓荒种粮，无序采食动植物。随着草原利用强度不断增大，保护和管理措施跟不上，出现了草畜矛盾和草场退化问题。

西藏在牧区落实和完善草场承包责任制。根据中央指示精神，1984年西藏在全区实行"牲畜归户，私有私养，自主经营，长期不变"的畜牧业政策，同时免征免税，帮助牧民休养生息。按照传统放牧习惯，把集体草场逐级划分到行政村或者自然村，没有落实草场使用权和经营权；1996年西藏按照"草地公有，分户经营，有偿使用，长期不变"的政策，推行草场有偿承包责任制，草场承包经营权划分到村委会、自然村或者联户，却没有彻底地把草场承包到户。在此期间，由于草场产权不明晰，牧区双层经营承包责任制无从落实，吃草场资源"大锅饭"的历史现象依然存在，牲畜超载过牧问题依然没有得到彻底解决。

2005年，在实地考察、借鉴"两省一区（青海、甘肃和内蒙古）"草场承包到户好做法好经验的基础上，先后下发了《关于进一步落实完善草场承包经营责任制的意见》（藏党发【2005】）和《2005年西藏自治区实施草场承包经营责任制试点工作方案》，提出了"草场公有，承包到户，自主经营，长期不变"的指导方针和"积极主动，慎重稳妥"的总体要求，同时在全区16个县启动了草场承包经营责任制的试点工作。2006—2009年，在全区36个县开展了落实和完善冬春草场承包责任制工作；在52个县开展了以纯牧业乡（镇）为主的冬春草场承包到户工作，涉及52个县的275个乡（镇）、70.62万人口，承包到户草场5.517亿亩（冬春草场承包到户面积3.528亿亩，夏秋草场承包到户面积1.974亿亩，其他草场承包到户面积0.015亿亩），承包面积和冬春草场承包到户面积分别占全区草场总面积和冬春草场总面积的44.85%和86.47%。全区落实和完善草场承包责任制工作基本结束，在此期间实现人工种草106万亩，草场围栏6841万亩。

草场承包责任制的落实完善，依法明确了牧民的草场权益，让他们意识到自己成了草场的真正主人，调动了他们保护草场和建设草场的积极性，改善了草原生态环境，促进了畜牧业生产的健康发展。草场承包到户之后，牧民能依法保护草原生态环境，理直气壮地制止滥牧乱牧、挖土取沙、随意开矿、车辆碾压、肆意采挖护土植物等破坏草原植被的违法行为；牧民对草原围栏和棚圈建设、人工种草等基础设施项目建设的参与意识日益增强，舍得对发展畜牧业的投资；牧民主动学习围栏安装及维护方法，学习人工种草、牲畜短期育肥、草原鼠害和毒草治理、牲畜疫病防治乃至草场管理等适用技术；自觉配合退牧还草、游牧民定居、草场沙化退化治理，以及其他草原生态保护和建设项目的实施。

自治区农科部门深入研究优质牧草高产栽培技术，因地制宜加以推广应用。2011年9月，阿里地区措勤县江让乡牧民在农科人员的指导下，掌握了人工种草技术，初次进行人工种草获得成功，人工育草基地绿意盎然。用种出来的青草搞短期育肥，缩短了牲畜出栏周期，牲畜膘情好于以往，群众因此有了信心，舍得投资投劳，一下扩大人工种草面积400余亩。

西藏落实退牧还草政策，2004年正式启动退牧还草工程。在此期间，国家在西藏组织草原生态保护奖励机制试点工作。2004—2011年，国家投资16.92亿元在西藏35个县实施天然草原退牧还草工程，累计安装禁牧围栏3611万亩、休牧围栏4135万亩，实现草地补播达2412.3万亩；投资

3.65 亿元，在 52 个县实施了人工饲草料和草种繁育基地建设项目。2009—2010，国家投资 4 亿元，在西藏 5 个县启动草原生态保护补助奖励机制试点工作，2011 年国家拨付资金 20.1 亿元，在西藏 74 个县（市、区）全面实行了草原生态保护补助奖励机制政策，惠及农牧民超过了 200 万人。

2009 年，国家决定在西藏率先开展草原生态保护奖励机制试点工作。西藏成立了草原生态保护补助奖励机制工作领导小组，审定了《西藏自治区建立草原生态保护补助奖励机制 2011 年度实施方案》《西藏自治区天然草原管护员管理办法》《西藏自治区开展草原生态保护补助奖励机制工作综合考评办法》。在总结试点工作的基础上，安排落实草原生态保护奖励机制相关工作，把国家补偿、补助和奖励资金及时足额发放给符合政策规定的牧户。

2009 年 4 月，在那曲、阿里和日喀则三地的 5 个纯牧业县组织了草原生态保护奖励试点工作，又选取日喀则、昌都两地的两个半农半牧业县作为试点工作对比县，参照实施草原生态保护奖励机制，开展了草原生态监测工作。试点县确定以草定畜目标，持续提高牲畜出栏率。2010 年，5 个试点县完成牲畜存栏 662 万个绵羊单位，牲畜存栏比 2008 年减少了 78 万个绵羊单位，是历年减畜力度最大的一年，局部超载过牧形势有所缓解，减轻了草原生态压力。由于及时落实了奖励资金，在牲畜数量减少的情况下，试点县 2009 年牧民户均增收 2304 元，2010 年 2508 元。

在研究总结西藏经验基础上，国务院常务会议决定，自 2011 年开始在全国 8 个主要草原牧区省（区）推行建立草原生态保护补助奖励机制政策，包括禁牧补贴、草畜平衡奖励和生产性补贴。

进入"十二五"，西藏牧区开始细化完善草场承包办法。比如那曲地区那曲县，遵照"草场承包经营 50 年不变、增人增畜不增草场、减人减畜不减草场、原则加灵活多样性"以及"群众自愿，以草定畜，草畜平衡"经管原则，把冬春草场按人畜比例 7 ：3 进行实地量算和划分，落实了草场承包到户工作；核定了全县草场总面积，约2080.73万亩，可利用面积2017.45万亩，可利用草场中冬春草场面积890.37万亩。

西藏草原保护和建设工程初见成效。区环境保护厅相关负责人表示：生态补偿资金的落实到位，有效缓解了我区草地生态系统超载过牧的危险局面，减轻了西藏畜牧业发展对草地生态系统的压力，一定程度上维护了草地生态环境安全和植被覆盖度，遏制了天然草地退化、沙化、石漠化、盐渍化的恶化趋势，增加了草地防风固沙功能，降低沙尘暴、水土流失等自然灾害发生频率。并有专家评价：草场承包经营责任制的推行，草场承包户对自家承包的草场进行了一些维护和一定程度上的建设，连片的天然草场第一次得到主人的呵护；退牧还草工程把大量牧草从牛羊嘴里保护下来，原始草原真正得到了休养生息。

2011年自治区相关部门对萨嘎、错那、那曲等7个县退牧还草工程区进行监测，结果显示：与工程区外部相比，工程区内的植被盖度平均提高9.9个百分点，植被平均高度由5.26厘米提高到7.12厘米，产草量提高了57.25%；沙化趋势得到根本性遏制。项目区不少农牧民欣幸地说：那时草地沙石一块一块的，要是一直牧下去，这片草地恐怕已经成为沙地了，幸亏保护得及时啊！有些牧民惊喜发现：自家牧场里的草更茂密、更高了，赛马节上的马匹普遍比以前强壮了、能跑了，并且不用为冬季饲草供应问题发愁了。同时，外地客人也发现西藏牧场的明显变化。游客倘若在入秋时节乘坐火车沿青藏铁路进入西藏，透过车窗会惊奇看到，禁牧区内的牧草长得繁茂，一片接一片的草场黄黄绿绿，宛如田畴，又似风景画面。

退牧还草工程促使传统畜牧业的经营模式发生改变，人工种草、畜牧业集约经营、牧区合作经营等经营新形式出现了。比如在安多县扎仁镇9村，牧民专业经济合作社把属地草场集中起来，统一管理，把部分草场按季度租赁给附近乡（镇）牲畜多的牧民，年底根据牧户入股草场面积进行分红。越来越多的牧区在政府引导下，正在探索草场入股、牲畜入股、合作经营等经营方式，草场规模化、集约化经营趋势开始显现。

事实说明，草场经营中的经济效益和生态效益是可以统一的。草场经营不管实行什么样的所有制形式、采取什么经营方式，需要遵守一个基本原则，就是把经济效益与生态效益紧密结合起来，把握二者的结合点，掌控其平衡点，通过合理设计和科学管理把它们协调一致，保持畜牧业生产良性循环。两者其实是一个问题的两个方面，反映了牧民眼前利益与长远利益、局部利益与整体利益之间的辩证关系。在草场经营和管理过程中，不可以着眼一面而忽视另一面，不可以为了获得短期的经济利益而牺牲生态效益。追逐一时的丰厚的经济利益，必然会让生态系统透支、生态环境恶化，因此断送接下来的经济利益，因为物质财富是由生态系统提供的，由生物体生产出来的，这是自然生态规律。生态效益和经济利益相统一的原则必须经常讲，让管理者和经营者都明白，最好能时时挂在嘴上，处处习惯性地落实到行动上。

草原保护和建设的生动实践告诉我们，牧民最讲究实际，尽管对自家承包的草场收益抱有信心，但是更会掂量眼下所拥有的生产资料分量，日夜算计举家衣食住行的物质保障，渴望手里能攥着足量的钱财。只有这样，才会去响应上级号召，做上级要求自己做的事情。有无生产积极性以及采取什么经营方式，很大程度上取决于他们手中所掌控的资产，以及正在做或者想要做的某项投资能带来多大的回报。牧民和农民一样需要在地里刨食，风调雨顺的年景下付出多少艰辛才会有多少收益，诚实的劳动量换来等量的收入，最体现国家勤劳致富的政策要求。畜牧业跟农业一样没有暴富的机会，牧民就跟农民一样没有暴富的心理，只是指望靠投入物资和劳动力，在一个周期的生产活动中直接取得经济收益。对待任何一项生产活动，在初期投入上格外谨慎，心里清楚损失不起。政府在草原养护上投资，需要借助所有牧民的头脑和双手，在相关政策和经营方式指导下，被均匀地或者有区别地分配和补充到每一寸草地里。国家在具有一定财力的时候，如果希望加大草原保护和建设工程实施力度,就要舍得在牧民身上花本钱,钱花在牧民身上,也就花在了辽阔草原上了。

国家生态补偿、补助、奖励等项目资金要及时足额发放给牧民,成为他们手中可支配的生活生产资金,进而转化为投资草场的物质条件,同时向他们表明政府的公信力。有了这个条件和这份信任,国家对草场经营方式、生态保护和建设的政策要求,就能被牧户充分接受,迅速转化成他们的满腔热情和自觉行动。期望牧民对草场基础性保护和建设做出多大的投入,就需要给予他们相当的物质力量,明确在较长周期内牧民从中的经济利益。国家支持力度决定着牧民投入力度,赋予牧民权力大小决定牧民投入的决心和信心。换句话说,草场经营中生态效益必须通过满足牧民的经济效益来实现,牧民长远的经济利益要靠眼前的经济效益来支持;只有解除牧民生产生活上的后顾之忧,才能指望他们自觉落实国家政策,以积极态度和足量投入开展草场生态环境的保护和建设,实现草原保护和利用过程中的生态效益和经济效益的现实统一。

当然,在草场保护和建设中,牧民需要国家提供技术指导和贴心服务,并有机会学习和交流成功的经验和有效的做法,相关的技术培训和参观学习是不可缺少的。草场经营的新理念和新模式需要具有现代意识的牧民来掌握和推行,具有现代意识的牧民是需要现代科学文化知识来武装的,也是需要国家政策和法律来引导的。这是在物质条件获得之后,牧民的新需求和新期待。

防治千年鼠患,保护万顷草原。

小贴士 ▶

草地生态系统的服务功能。草原生态系统既能为人类提供肉、奶、羊毛、皮革等食品和轻工业原料,又具有气候调节、基因库保持、气体调节、水土保持等生态功能。从综合效益和长远效益看,后者远大于前者。比如当草地被耕作或者转变为农田时,由于草原生态系统吸收大量的碳作为土壤有机质并储存在土壤里,在这种土地转用过程中碳会迅速转移到大气中,NO_x(氮氧化合物的总称,通常包括 NO 和 NO_2)等温室气体的排放也会加剧,农田 NO_x 排放量比草原高,而且随着施肥量的增强而增加。作为作物和牲畜的主要起源中心,草原一年生草本和豆科植物非常丰富,像山羊、绵羊、牛等众多驯养动物均起源于地中海地区的草原,所以草原生态系统的基因资源具有十分重要的保护价值。

如果选择夏季坐火车来拉萨旅游，沿青藏铁路进入藏北草原，旅客往往会被车窗外的一幅景象所招引，就是透过车窗在视野之内，看到眼前草地上三三两两的鼠兔穿梭、嬉闹的场景：它们好像神经十分过敏，时而原地驻足、灵活转动着小脑袋，黑亮的小眼睛注意身边的风吹草动；时而一溜烟似的窜出一段距离，倘若没发现什么危险，便放慢速度、轻弹脚步，东瞅西望寻找可食的东西；一旦闻到什么风声就立刻调转方向，敏捷地出入地表下的洞穴……临窗旅客争相透窗观看，携带相机的游客纷纷将镜头对准这个群鼠闹草原的生动场景，喊里喀喳一阵抓拍。镜头里的鼠兔媚眼相貌、体态神情，十分逗人，甚至招人几分喜爱。

然而，外地旅客料想不到，面前这些"灵动可爱"的小动物，竟在广袤的青藏高原上与广大农牧民打起了"地道战"，与牛、马、羊等牲畜争食，并严重危害这里的植被，破坏生态环境。说不清多少年、多少代了，当地牧民一直深受鼠患的祸害。

到了西藏，乘车行驶在公路上，视野中同样能看到草地上随处隆起的鼠洞。在鼠兔栖居密集地区，鼠洞星罗棋布，鼠坑彼此相连，把大片草场分割得支离破碎，地表凹凸不平，草皮受损，各种植被被咬碎。据农牧民反映，在专门为牛羊越冬储备的草场里，茂盛的青草被拦腰截断，碎草遍地。如果这些冬春的"储备粮"被摧毁了，牛羊的饲草就没有了着落。

鼠兔是高原上特有的小型哺乳动物，主要分布在我国的青藏高原和中亚地区。鼠兔有极强的耐高寒能力与繁殖能力，喜欢在水草鲜美的草甸上或者任何矮小植物旁边打洞做窝，并以草为食。

研究表明，每65只高原鼠兔的食量就相当于一只藏绵羊的食量。在鼠害最严重的藏北地区，鼠兔的数量达到了7.5亿至11亿只，其一年的食草量可以养活1500万只至2000万只羊。所以鼠兔的过量繁殖不仅与牛羊等牲畜争夺草食，而且在地上打洞挖穴，啃食草根、树根，促使草地大面积沙化。同时，鼠兔易传播疾病，西藏历史上多次爆发大规模鼠疫，给群众财产和生命安全构成了极大威胁。

专家介绍：在正常情况下，属兔生活在一个充满天敌的环境中，和其他草食性动物争夺有限的草场，尤其是在青藏高原漫长严酷的冬季里，鼠兔种群保持一定数量；引起鼠兔数量爆发的主要原因是草原过牧，因为鼠兔出洞到地面取暖、觅食，喜欢视野良好的活动场所，以便迅速发现来袭的天敌，草地植被相对稀疏，就会使鼠兔获得它们希望的生存环境。

知己知彼，将计就计，一场灭鼠歼灭战在万里草原上就打响了。专家建议，在不破坏自然平衡的前提下，限制鼠兔数量，将草场损失降低到一定范围内是可行的，不会对生态环境造成多大影响，其实就是在遵守生态平衡的原则下，对生态系统进行积极的人工调节，抑制某些生物物种的过度繁殖而带来的整个生物群落的不稳定因素。正因如此，生物技术灭鼠是最佳选择，就是在鼠兔集中地区引入与培养草原鹰、草狐、沙狐、黄鼬等鼠兔天敌，既符合生态学原理，又节省经济开支，还避免因为大量使用农药而造成环境污染。在生物技术难以奏效的局部地区，适量施用灭鼠化学药剂。

相关科研人员在拉萨市当雄县的乌马塘乡和那曲县的古露镇进行鼠兔生物控制技术实验，树立高大的金属支架，方便老鹰等猛禽落脚，称为"招鹰架"；清理招鹰架四周的障碍物，尽量为老鹰提供捕食所需要的宽阔视野；尤为重要的是向老鹰等猛禽雏鸟投食鼠兔，在提高雏鸟成活率的同时，培养这类猛禽的偏好食性。

科研人员在草原鼠害重灾区的八宿县邦达草原，在适量使用药物灭鼠的同时，也大量安装"招鹰架"。当地乡（镇）采取划片管理、连片共管、步步为营的进攻方式，与鼠兔的"地道战"进行正面交锋。邦达草原鼠害防治首期工程总投资150万元，预计治理面积30万亩，其中药剂灭鼠8万亩、"招鹰架"灭鼠22万亩，目前工程项目全部完成了。

采用生物技术灭鼠效果显著，两年内，设置招鹰架区域内老鹰等猛禽增加了3倍，在猛禽密集的春夏两季，地表上的鼠兔数量明显波动。当然，在草原进入冬季，猛禽迁徙之后，鼠兔便纷纷走出洞穴，由地下活动转为地面休整，成群结队，闲哉优哉地晒太阳。这个时候，应该采取什么方法遏止鼠兔自由活动呢？各试验区防治鼠患的摸索行动，其生态效益和经济效益均初见成效，所积累的经验和做法将为在全区范围内展开"清剿"鼠患鼠害提供借鉴。

羌塘深处走牦牛，草原牵手护羚羊

羌塘，藏语中意思是北方高平地。广义上的羌塘又指藏北高原，地处昆仑山脉、唐古拉山脉和冈底斯山脉之间，平均海拔5000米以上，是全国地势最高的一级台阶，面积约60万平方公里。那曲地区占据了藏北高原的主体。那曲，藏语的意思是黑河，系怒江上游河段，水色发黑，故名。苍茫辽远的羌塘草原，上面遍布湖泊、雪山、冰川，保证了高原地表和地下水的补给，成为羌塘的生命之源。

山高地阔的羌塘草原，庇护和养育着丰富多样的野生动植物。羌塘草原，以高原高寒荒漠草原为主。目前发现的种子植物有近500种，其中50余种是药用植物。由于海拔的高度和恶劣的气候条件，这里的植被非常脆弱，一旦受到破坏就无法恢复或者需要很长时间才能恢复。草原上短小似"寸头"的"那扎"是蛋白质含量最高的草类，成为羌塘动物食物之源。

羌塘北部一直被视为"生命禁区"，但是人类的生命禁区变成了野生动物的天然乐园。远离骚扰，野生动物真正成了这里的"主人"。野牦牛、藏羚羊、藏野驴、盘羊、藏原羚、高原兔、黑颈鹤、藏雪鸡等珍稀野生动物在这里栖息，经过数百万年的自然选择，它们完全适应了这里为其提供的生存空间与繁衍条件。

羌塘国家级自然保护区位于羌塘草原内，是野生动物最集中的地区，处在昆仑山、可可西里山以南，冈底斯山和念青唐古拉山以北，总面积为2980万公顷（约30万平方千米），1993年经西藏自治区人民政府批准成立，2000年4月4日经国务院批准晋升为国家级自然保护区，主要保护对象为保存完整的、独特的高寒生态系统以及多种大型有蹄类动物。

野牦牛，"生命禁区"中的强者和弱者。每年5—9月是羌塘草原最富有生机的时节，风和日暖，降雨充足，植被繁茂，人欢畜旺，这里俨然成了世界上最大的野生动物乐园。但是，低调生活的野牦牛"俏也不争春"，拱手让出丰美的草地，集体离开了人口密集的羌塘南部，退守荒无人烟的羌塘西北地区，如同史前时代的生灵一般在高达5300米的羌塘草原腹地奔驰游荡，留下模糊的远去的背影。

野牦牛算得上羌塘草原上的长毛巨兽，身高可达2.2米，体重可达1.3吨，以针茅、蒿草等粗硬的草本植物为食，食量相当于7只绵羊的总进食量。因此，家养的牦牛体魄和性格远逊于野牦牛。随着牧场的进逼，野牦牛的生存空间一直处在压缩状态，而且面临被盗猎的安全隐患。作为一个需要广阔领地来游移活动的种群，羌塘自然保护区西北地区成了它们最后的避难和立身之所。

令人好奇的是，这儿生长着世界罕见的金丝野牦牛，据估计，约有170头。羌塘国家级自然保护区是全球海拔最高的自然保护区，内有400多种野生动物，金丝野牦牛是其中亮丽的种群。它们是野牦牛中的一种，因其毛色呈金黄色而得名，但是其角和蹄呈白色。金丝野牦牛不像一般的野牦牛天生一副"倔脾气"，看到人就会跑过来顶撞，而更像是野牦牛种群里的"绅士"，老实温顺，行走姿势优美，经常在雪山中款款漫步。然而，也许是生性害羞，惧怕生人，外人不能随便接近它们。其嗅觉非常灵敏，凭借风向就能嗅出人类或者其他种类动物的踪迹，因此人极不容易走近它们。

藏羚羊，被称为高原上的野生精灵。藏羚羊主要分布在青藏高原，是该地区野生动物的典型代表。羌塘草原上的藏羚羊是同藏北的恶劣气候相伴而生的精灵，由于此地的气候条件、生态环境和藏羚羊的饮食方式，在实验室里是难以复制的，所以惯于在野外长途迁徙、饱受风霜的藏羚羊，极不适应人工圈养。

藏羚羊的生存风险，缘于其羊绒的珍贵。研究发现，藏羚羊绒是中空的，且格外柔软；只有这样轻柔保暖的羊绒，才可能让藏羚羊抵御藏北的烈风暴雪。有牧民给藏羚羊人工取过羊绒，结果被取羊绒后的藏羚羊很快就冻死在风雪中。藏羚羊绒是藏羚羊生存的保障，却因此招致杀身之祸。

进行藏羚羊绒贸易可以牟取暴利，不法分子一度疯狂盗猎藏羚羊。我国从未有过采用藏羚羊绒制作高档服装的风俗习惯，至今没有藏羚羊绒及其织品的消费市场，藏羚羊绒走私最终都在境外成交（血腥的藏羚羊绒要么从南疆流向中亚，要么从日喀则或者阿里流向南亚）。20世纪90年代末，国际市场上每公斤藏羚羊绒卖到1500美元，一条普通的藏羚羊披肩价格高达5000美元。

盗猎者伺机而动，选择夜晚追杀藏羚羊。一开始采用兽夹零星捕捉或者用棍棒击杀藏羚羊、剥皮，后发展到团队协同，驾驶汽车，使用小口径步枪大量射杀机警的藏羚羊。狡猾的盗猎者白天探寻到藏羚羊的栖息地，晚上寻路开着车灯冲进藏羚羊群。藏羚羊在被灯光照射时会保持静止，这时小口径步枪纷纷开火，并不强烈的枪声会让藏羚羊不知道子弹从何处射出。有盗猎者在车的保险杠两侧捆绑着宽于车子的粗木棍，刹那之间驾车冲入羊群，撞击藏羚羊以迅速捕之。仅1988年6月到10月，拉萨海关查处走私出口藏羚羊皮711张。有人由此断言：如果没有强有力的措施制止这种国际性的非法贸易，那么藏羚羊将不日灭绝。

因此，保护藏羚羊成为羌塘国家自然保护区的紧迫任务。1996年自治区人民政府发布了反盗猎藏羚羊的紧急通知。在保护区内，推行藏羚羊保护领导责任制，地、县、乡层层签订目标管理责任书，建立起了以乡村为基础、自下而上的野生动物保护机制。建立了一支拥有 60 名正式林业干部职工和 24 名专业森林公安民警的保护队伍，还聘请了专职野生动物保护员 120 名；通过采取迁移居民、划定四季草场、落实草场养护责任制，以及控制草场载畜量、提高出栏率、加强草场建设等新举措，大大缓解藏羚羊等野生动物与家畜争草的矛盾，为藏羚羊创造宽松的生存发展的自然环境；结合野生动物资源保护特点，依据国家及自治区野生动物保护相关政策，那曲地区先后制定了《那曲地区关于贯彻落实〈中共中央、国务院关于加快林业发展的决定〉的实施办法》《那曲地区野生动物保护通告》等地方性法规；充分发挥当地新闻媒体的宣传作用，精心组织了藏羚羊保护主题宣传活动，还恰当利用羌塘恰青赛马节和"12·4"全国法制宣传日等重要节日，采取以案说法、发放图文并茂的宣传品、张贴标语等形式，营造浓厚的舆论氛围，使得依法保护藏羚羊的意识在藏北草原生根发芽，动员越来越多的群众加入到保护野生动物的行列中来。

相关执法部门坚持以《野生动物保护法》和《自然保护区管理条例》为依据，先后组织了"绿盾行动""春雷行动""候鸟行动""藏羚羊保护专项行动"等整治行动。自 1999 年以来，那曲地区破获各类案件 456 起，其中重特大刑事案件 28 起，抓获犯罪嫌疑人和违法人员 426 人，收缴藏羚羊及其他野生动物毛皮 4886 张，头、角 570 件，非法交通工具 88 辆、枪械 29 枝、子弹 7586 发、毒药 1420 公斤、夹子和套子 2400 副，捣毁非法加工藏羚羊等野生动物制品的窝点 3 个。每年在藏羚羊迁徙、配种季节，林业部门都会随时组织森林公安、自然保护区管理人员以确保藏羚羊安全为主题的集中巡防活动。

在如此高压形势之下，猎杀藏羚羊非法行为仍然时有发生。2012 年 9 月 13 日，拉萨市当雄县乌玛塘检查站从一辆无牌照的小货车上查获藏羚羊羊头 60 个、羊皮 102 张。所以，全方位严控严查偷猎藏羚羊行动，时刻都不能松懈。

西藏还主动跟青海、新疆相关部门携手，共同保护藏羚羊。我国西部的可可西里自然保护区、西藏羌塘国家级自然保护区、青海三江源国家级自然保护区和新疆巴州阿尔金山国家级自然保护区，是藏羚羊主要栖息地。根据西藏林业部门百名研究人员协力完成的《西藏藏羚羊生物生态学研究》结果，藏羚羊主要分布在西藏、青海、新疆西部近80多万平方千米的高寒荒漠地区，其中80%的区域在羌塘境内，世界上70%的藏羚羊种群数量保存在西藏羌塘境内。

为了充分保护藏羚羊，2010年9月7日，三省（区）代表在青海西宁市签订了四大保护区联手保护藏羚羊协议，每年定期共同开展联合巡护、栖息地保护、科学研究、人员交流、信息互通、协同办案、生态教育等活动。

另外，青海玉树藏族自治州治多县西部工作委员会的“野牦牛队”1992年成立，自筹资金、武装打击藏羚羊盗猎团伙。1994年1月，玉树藏族自治州治多县县委副书记索南达杰与盗猎分子遭遇而壮烈牺牲；2002年6月，西藏自治区尼玛县森林公安罗布玉杰倒在盗猎团伙的枪口下。在生死面前，藏羚羊的守护者甘愿以自己生命换取藏羚羊的生命。

近期，自治区环保厅相关领导在拉萨举行的“西藏环境保护与生态建设成就”新闻发布会上表示，西藏藏羚羊种群数量逐年增加，目前已经达到20万只左右。

自然保护区、湿地资源等保护现状

《西藏生态安全屏障保护与建设规划》提出，保护工程的基本内容是大江大河源头区、草地、湿地、天然林以及生物多样性，特别是高原原生植被和野生动物。

自然保护区的丰富含义。自然保护区,是指依据国家相关法律法规对一定面积的陆地或者水体的自然环境和自然资源加以特殊保护与管理的自然区域。

生物界和自然环境每时每刻都在按照自身规律运动、变化、发展,但是人类频繁活动的干扰使它们不能按照最初自然条件下的演替来完成其固有活动,所以国家把森林、草原、水域、湿地、荒漠、海洋等各种生态系统类型以及自然历史遗迹划出一定面积,设置专门机构、拨付专门资金,把自然保护区管护起来。在自然保护区内严禁任何直接利用自然资源或者一切生产性的经营活动,完全放任自然流程正常进行,还包括特定时间内一些自然作用,比如自然火烧、群落自然演替、自然病虫害、风暴、地震等,同时在自然保护区内开展相关科研工作。

需要进入自然保护区的都必须办理一定的手续,依法缴纳保护管理费。

自然保护区的保护和建设在于谋求生态效益、社会效益和经济效益的有机统一,眼前利益和长远利益与局部利益和整体利益的协调一致。自然保护区既是一个国家的自然综合体的陈列馆和野生动植物的基因库,又是调剂环境的主力军,所以自然保护区保护和建设被视为生态环境保护事业不可或缺的一项基础工作。当然,在对自然保护区保护和开发过程中可以产生直接经济效益,但是前提是保护,保护区的生态效益和社会效益应该被放在首位,眼前的经济效益不能作为保护区建设的工作重点。关于这一点,世界发达国家莫不如是。

一般的自然保护区包括核心区、缓冲区和实验区。核心区往往是物种多样性最丰富的地区,汇集了面积大、功能完整的生物群落或者生态系统的典型代表,需要加以绝对保护,禁止一切人类活动的干扰。例外的情况是适当开展无替代场所的、旨在进行有效保护的科研活动。缓冲区,即核心区的拱卫区,起着防止和缓冲外界对核心区造成影响或者干扰的保护作用,保持着与核心区在生物、生态、景观上的一致性,尽量减少人为干扰,却可以进行以保护为目的的科学活动、以恢复原始景观为目的的生态工程，以及开展有限度地进行观赏型的旅游活动。实验区，是自然保护区进行科学实验的地区，在此区允许组织科研和人类经济活动，以协调当地居民、保护区和科研人员的关系，比如开辟教育宣传基地，为公众认知物种、生态系统和自然界提供场所，建立生态系统观测站、苗圃和种子繁育基地、野生动物饲养场、生态旅游景点等，但是必须保持着跟核心区和缓冲区的一致性。

在自然保护区内，可以通过恰当布设生境走廊，把保护区破碎的生境斑块连接起来。生境走廊作为适应于生物移动的通道，把不同地方保护区联结成保护区网。当然，不同物种要求的廊道类型不同，主要包括为了动物交配、繁殖、取食、休息而需要周期性地在不同生境类型中迁徙的廊道，以及异质种群中个体在不同生境斑块间的廊道，以进行永久性的迁入迁出。比如青藏铁路线似乎拦腰斩断了途经地区的野生动物的生境，为了修复该区域内破碎的生境，特地在铁路线下适当的地点建设廊道，方便铁路两侧野生动物跨越铁路线，在原来区域内自由流动。再如我国保护大熊猫的各级自然保护区多达40余处，这些保护区彼此之间隔离而不能相互交流，其保护作用大为降低，这就需要生境走廊把分散的保护区连接成一个或者若干个保护区网络。增设生境走廊的费用很高，同时生境走廊的利益可能也很大，只要可能，就应当把生境连接起来。

自然保护区的大小是生境质量的函数，物种的多样性和生态系统的稳定性与保护区面积是密不可分的。设计与规划自然保护区需要在区域、国家和地区三个层次上综合考虑，以最小的代价来最大限度地保护区域内的生物多样性，从基因、物种、群落和景观层次上着眼，尽量使所设立的保护区囊括本地的特有物种。这样一来，着眼于国家生态环境全局和未来可持续发展的战略高度，对重点而特殊的区域作系统保护规划显得异常重要，目的是保护整个地区生物多样性特征，其中包括物种、生态系统和景观。

系统保护规划最重要的是要选择出规划区域内具有指示作用的物种和生态系统，通常以具有代表性的珍稀濒危物种和具有重要生态功能且脆弱的生态系统作为指标，这些保护对象得到保护的同时，其他动物也得到了保护。

西藏自然保护区的保护现状。目前已经建立了47个自然保护区，有效保护了全区重要的生态区域和生物多样性。自然保护区划定了，这是根据其生态功能及其微环境特征划定的，接下来就是展开相关调查和定位研究，包括了环境因子和生物因子及其关系的研究，包括了地理环境、气候特征、生物群落等子项目。现代生态学理论可以结合实际加以运用，这里的自然环境和原始生态为生态环境研究提供了理想环境。近期研究包括了生物进化的生活史研究、土壤种子库方面的针对性研究等。

湿地资源的概念含义。湿地被誉为"地球之肾"。湿地，连同森林、海洋并称为全球三大生态系统，是指过湿的土壤，泛指介于陆地和水生环境之间的过渡地带。从类型上分，有沼泽湿地、草甸湿地、河流湿地、湖泊湿地、海岸湿地、河口海湾湿地和人工湿地等。湿地的价值评价以及保护与恢复的相关问题，学术界仍在讨论。明确的是，湿地是重要生物栖息地，湿地生态系统拥有自身特定的生物群落，庇护和繁育着一定规模的野生动植物，同时为周围地区提供宜人的环境。湿地具有解污、大气组分调节、气候调节、涵养水源、调蓄洪水、净化水质等功能，并且是一种特色旅游资源，提供景观旅游、休闲娱乐等服务项目。

西藏湿地资源保护现状。据2011年9月完成的第二次全区湿地资源调查结果：西藏湿地有4个湿地类、17个湿地型，而4个湿地类分别是湖泊湿地、沼泽湿地、河流湿地和人工湿地；现有湿地总面积为652.9万公顷，占国土面积的比率即湿地率为5.31%，位列全国第二；湿地巨大的生物量使其每年可以固定二氧化碳12334万余吨，同时释放氧气9136万余吨；湿地主要分布在西北部，7地（市）中，那曲地区湿地面积最大，为299.3万公顷，阿里地区湿地面积位居第二，为200.64万公顷，其他依次为日喀则地区、山南地区、拉萨市、林芝地区和昌都地区；湿地动物中有鸟类 57 种、鱼类 71 种、两栖动物 45 种、爬行动物 55 种、哺乳动物 132 种，其中属于国家重点保护动物为 47 种。

最近，自治区林业厅有关领导表示：目前，西藏初步形成了较为完善的湿地保护体系，颁布实施了《西藏自治区湿地保护条例》，实施湿地保护与恢复工程 23 项，落实资金 3.47 亿元，湿地各种生态功能得到了有效维护。其中，在"十一五"期间，国家先后为西藏安排湿地保护与建设资金 9000 万元，新建了玛旁雍错、麦地卡等 8 处自治区级湿地自然保护区，总面积 53.41 万公顷；新建了多庆错、雅尼、嘎朗 3 处国家湿地公园，面积 4.4 万公顷，填补了西藏湿地自然保护区和国家湿地公园的项目空白。玛旁雍错和麦地卡湿地被列入国际重要湿地名录，另有 17 处湿地被列入国家重要湿地保护名录。仅自然保护区和湿地资源保护两项工程，使西藏 80% 以上的珍稀濒危野生动植物集中栖息地得到有效保护，90% 以上自然湿地及其生态系统基本保持着原生状态。

关于未来的行动，林业厅的领导表示：第二次湿地资源调查基本摸清了全区湿地资源分布、类型和主要生态特征，建立了湿地资源信息库，在此基础上编绘了湿地资源分布图；接下来将建立湿地自然保护区、国家森林公园，把具有重要生态功能和特殊人文价值的湿地保护下来；拿出专资 4000 万元，用于奖励在保护与建设湿地生态环境方面贡献突出的群众，补偿因为湿地保护而给群众造成的经济损失；自治区林业厅将联合其他部门把湿地保护列入生态环境保护红线，依法规范湿地开发利用行为。

国家生态功能保护区的建设现状。生态功能保护区，是指在涵养水源、保持水土、调蓄洪水、防风固沙、维系生物多样性等方面具有重要作用的生态功能区内，有选择地划出一定面积予以重点保护与限制开发建设的区域。国家级生态功能保护区，是指跨省域和在保持流域、区域生态平衡，防止与减轻自然灾害，确保国家生态安全方面具有重要作用的江河源头区、重要水源涵养区、水土保持的重点预防保护区和重点监督区、江河洪水调蓄区、防风固沙区、重要渔业水域，以及其他具有重要生态功能的区域，由省级人民政府提出申请，报呈国务院批准。目前全国共有 18 个国家级生态功能保护区建设试点，比如雅鲁藏布江源头国家级生态功能保护区、长江源国家级生态功能保护区、黄河源国家级生态功能保护区、鄱阳湖国家级生态功能保护区、三江平原国家级生态功能保护区、塔里木河国家级生态功能保护区等。

西藏生态功能保护区的保护现状。自"十一五"以来，全区建立各类生态功能保护区 22 个，其中国家级 1 个，保护区总面积 2.65 万平方千米，占全区国土面积的 2.2%。2001 年 11 月，在原国家环保总局批准雅鲁藏布江源头生态功能保护区作为第二批国家级生态功能保护区建设试点之后，拉萨市、林芝地区和日喀则地区陆续建起一批地（市）级的生态功能保护区。2005 年，自治区环境保护厅编制了雅鲁藏布江、怒江及拉萨河源头、拉萨周边湿地、尼洋河

小贴士 ▶

村民守望麦地卡，湿地保护成绩大。麦地卡自然保护区，是西藏羌塘草原上第一个国际重要湿地，位于那曲地区嘉黎县措拉乡，平均海拔 4900 米，面积 43496 公顷，属于内陆湿地，涵盖着湖泊湿地、河流湿地和沼泽湿地三个类型；系拉萨河的源头。2005 年被列入《国际重要湿地名录》，2008 年列入自治区自然保护区。麦地卡湖泊和沼泽湿地每年能为拉萨河供水近 100 亿立方，在净化水质方面具有独特的生态功能。

措拉乡成立了野生动物保护队，乡领导带队落实保护措施。划片负责，明确巡逻、宣传、防盗、捡拾垃圾等保护任务，发给 20 名队员每人每年 5000 元补助。村民来旺是保护队里的一名野保员，每天骑车巡逻他负责的保护区，查看是否有破坏湿地的行为发生，有没有野狗咬伤其他野生动物的情况。五村有湿地 9 万多亩，全靠他一人看护。每天早上准备出门巡逻的时候，父亲总是叮咛他：要认真巡逻，眼尖心细……在秋冬两季，需要照看好不愿迁徙的恋家鸟儿，经常前去看一看它们是否受伤了、在此地越冬是否安全？来旺一边整理出门的行头，一边笑了笑点头应承，他从不厌烦父亲的这种唠叨，正是父亲经常性的耳提面命，让自己从不敢懈怠，确保了自己承包的那一亩三分地的绝对安全。

每年 5—6 月份，黑颈鹤、斑头雁等候鸟成群飞回来，在草地上栖息、繁殖。此时，来旺的看护任务就加重了，主要防止牛羊进入湿地啃草，防止野狗偷吃鸟蛋、伤害幼小野生动物。每年冬季，都会有一些鸟儿留守在此。为了防止它们被伤害，来旺特地做了一圈铁丝网围栏，尽其所能为黑颈鹤创造生存条件，让其安全越冬。

结合自己的监护体会，来旺主动给村民及孩子们讲解野生动物保护知识，热情帮助他们树立爱护野生动物的意识，指导他们养成保持湿地卫生的习惯。

2006 年，国家林业局批准实施麦地卡湿地监测站工程，建设项目涉及县城监测站和措拉乡监测点，2009 年项目先后建成了，对野外生态实施常规监测。目前，整个麦地卡湿地保护工程启动，包括保护和恢复工程、科研和监测工程、宣传教育工程、社区发展工程、

生态旅游工程、基础设施工程。

措拉乡做出规定：建设工程只能在原地施工，不能扩建或者占用湿地；为了防止牛羊进入湿地，对圈养实行补贴，一只绵羊能领到补贴资金60元。

当地相关领导介绍：麦地卡湿地保护项目是生态建设基础性工程，建成后将为拉萨及拉萨河下游地区输水、储水、供水发挥效益，维护区域水资源安全；有效保护野生生物栖息地及物种多样性，保障一些珍稀濒危野生动物种群稳中有发展；调节小区域气候、控制土壤侵蚀、促进污染物降解，增强湿地单元生态系统活力；合理开发生态旅游项目，适当利用湿地资源，增加当地群众就业机会和经济收入；到2015年，那曲地区将有95%以上的湿地得到有效保护。

源头及中下游湿地的总体规划和建设项目可行性研究报告，通过了专家审查。2006年，一并把"藏西北羌塘高原荒漠生态功能保护区""藏东南山地森林生态功能保护区"和"雅鲁藏布江源头国家级生态功能保护区"纳入了《国家重点生态功能保护区建设规划》。

2008年，西藏在全国率先启动了生态功能保护区建设。开展自然保护区核查和调整工作，贯彻国家重点生态功能区转移支付试点政策，对涉及的国家重点生态功能区进行了生态补偿，落实资金16.1亿元，加大了对国家重点生态功能区的生态环境保护力度。2011年，首次把日喀则城郊湿地生态功能保护区、拉萨周边湿地生态功能保护区纳入《西藏高原国家生态安全屏障保护与建设规划》工程之中，疏通了生态功能区保护和建设的资金渠道。2012年，完成了班戈、改则等8个国家重点生态功能区县域生态环境状况遥感监测和地表水、环境空气质量的监测工作。

青藏铁路、青藏电路等工程中生态保护

西藏人及赴藏游客都习惯地选用"吉祥天路""电力天路"来称呼青藏铁路和青藏交直流联网线路，表达对工程建设中生态保护措施的认同，对沿线生态环境保护现状的肯定。同时，两条地上和空中的便捷通道被点赞为"绿色通道"。西藏境内及毗邻地区生态相对脆弱，有些地方是绝对

脆弱，这个环境特点和客观情况成为这些地区内基础设施建设工程设计与施工中的敏感问题和绕不过的问题。它的妥善解决让整个工程赢得"绿色工程"的美誉，技术专家和施工人员为此付出了极大心血，显示了其卓越智慧。

青藏铁路"谦让"藏羚羊，沿线环境卫生得到保持。青藏铁路建设工程，仅生态保护专项投资就有 15.4 亿元，并填补我国大型工程建设中生态保护项目空白。首次为野生动物修建迁徙通道，在高海拔地区成功移植草皮；正式运营 8 年来，铁路沿线环境依然保持着圣洁奇丽的原生状态。2008 年，青藏铁路生态保护项目荣获"国家环境友好工程"奖，这是国家第一次给基础设施建设工程中的环保项目颁发的最高奖项。

可可西里自然保护区，地处青藏高原腹地，是藏羚羊主要栖息地之一，绵延千余公里的青藏铁路在此穿过。为了尽可能减小对藏羚羊生活环境的影响，青藏铁路沿线建立了 33 处野生动物通道。在修建该段铁路的时候，遇到藏羚羊等野生动物迁徙或者繁衍，施工人员主动为其"让道"，采取远离等候、撤离、暂停作业等保护措施，尽量不打扰野生动物的正常活动；在野生动物通道视域内树立醒目的标志牌，提醒人们注意："前方进入野生动物通道区域""当心，这里会有藏羚羊出现"等，用心用意细致入微。

每年的 6 至 8 月，可可西里自然保护区五道梁至楚玛尔河一带，藏羚羊从卓尔湖、太阳湖产子归来，母子相伴，成群结队，安然穿过"绿色通道"，返回故里。

青藏铁路运营以来，围绕西藏境内线路两侧的生态环境维护问题，西藏有关部门相互协调，配合国家环境保护部做好相关工作。自治区环保厅配合国家环保部完成了青藏铁路环境恢复建设项目的竣工验收任务，启动了青藏铁路试运营期间的环境保护监督管理工作；建立健全青藏铁路环境监测机制，坚持对青藏铁路沿线的水、气、声、生态环境进行不间断监测；会同自治区建设厅、交通厅等部门开展铁路沿线环境卫生综合整治，协调自治区发展改革委、建设厅，确定了铁路沿线主要城镇生活垃圾填埋场的建设项目；研究部署了以铁路沿线为重点的重要城镇、交通道路沿线和重点旅游景区（点）的垃圾清理及日常保洁工作。

经过施工和养护人员的不懈努力，沿线范围内植被恢复和绿化工作取得显著成绩。仅青藏铁路格拉段绿化带长度超过 675 公里，绿化面积达到 560 万平方米，随着绿化带不断延伸，青藏铁路将会变成青藏高原上一条名副其实的"绿色天路"。同时，青藏线上进藏列车和普通列车不同，车体内所有污水和垃圾均实现零排放。列车上的厕所采用真空集便装置，配备专门的回收设备收集废物废水；列车停靠格尔木车站的时候，工作人员要集中进行吸污作业和垃圾回收，等到污物箱、污水箱和垃圾箱清空后，列车才进入格拉段运行。

青藏联网工程建设中格外注重环保、水保。 青藏交直流联网工程包括西宁至格尔木 750 千伏交流输变电、格尔木至拉萨 ±400 千伏直流输变电、藏中电网升级三个工程项目，线路全长 2530 公里，其中 750 千伏交流输变电工程线路长 1492 公里，±400 千伏直流输变电工程线路 1038 公里，总变电容量 465 万千伏安，换流容量 120 万千瓦。青藏联网工程是世界上迄今海拔最高、自然环境最恶劣、施工难度最大的输电工程。工程投资超过 160 亿元，环保、水保的投资占了 3.7 个亿。

工程建设区间的生态环境非常复杂，青藏高原高寒缺氧，天气干燥多变，线路所经地区的高寒草甸、高寒草原和多年冻土之类生态系统脆弱，对外界扰动反应敏感，一旦受到扰动甚至破坏，在自然状态下恢复进程缓慢、周期长。格尔木至拉萨直流段工程，要穿越高寒荒漠、高原草甸、沼泽湿地、高寒灌丛等不同生态环境区，途经可可西里自然保护区、三江源自然保护区、色林错黑颈鹤自然保护区，以及热振国家森林公园和雅鲁藏布江中游河谷黑颈鹤自然保护区等生态环境敏感点。因此，国家电网公司一方面在设计输电路径时尽量避开这些生态敏感区，另一方面在工程概算中专门安排了 3 亿多元用于工程建设中植被恢复、植被保护、野生动物保护、冻土生态保护、湿地生态保护，以及固体废物处理、水土流失工程治理等。

每当场站施工面对临时占地、占道等场地选择时，施工人员尽量利用已有场地，或者选用植被稀疏地段；采取隔离措施，让开野生动物栖息地和迁徙路线，同时尽量避开野生动物迁徙高峰期和繁殖区；严格划分施工材料和草皮、砂石等摆放区域；在施工区内铺设草垫或者棕垫，以减小施工机械对地表植被的碾压。

"对因立铁塔而破坏的草地，主要采取人工种草的方法进行修复。格尔木至拉萨直流段人工种草投入超过 2500 万元，种草面积超过 2000 多亩。"现场施工人员这样介绍说。

另外，冻土基础施工受到高度关注。工程沿线地质条件复杂，多年冻土地段约 565 公里，在此施工面临世界性技术难题的挑战，需要采取"随开挖、随支护、早封闭、快衬砌"的施工方法；通过对挖掘机挖斗的改造，使冻土接地沟的开挖功效提高了近 6 倍，挖坑时间和土坑暴露时间减小到最低限度，从而攻克了"含土冰层""富冰冻土"等施工技术难关。

每年 6—7 月份，大批藏羚羊就会顺着楚玛尔河由东向西穿越可可西里。为了避免影响藏羚羊正常迁徙，这条河段的组立铁塔工作就被提前到 3—4 月份进行。

青藏交直流联网工程在植被恢复方面借鉴青藏铁路的植被保护和恢复经验，根据中科院西北高原生物研究所的最新科研成果，对不同生态系统采取不同的恢复措施及技术手段。除了人工种草外，在高原草甸地带，采取草皮移植培育方式对草地生态加以恢复，即对施工区内的植被进行分割划块，一锹一锹小心铲起，寻找适宜的地方就近培植起来，待到工程项目施工结束，重新移植过来以恢复工程区地表原貌，修复野生动物的可利用生存环境。在整个工程建设中，累计恢复高原植被 221 万平方米。

青藏交直流联网工程沿线环境保护项目与主体工程同步设计、施工和投产，确保多年冻土环境得到有效保护和修复建设，江河水质不受污染，野生动物繁衍生息不受影响，线路两侧自然景观不受破坏。在高原蓝天白云视野上，高高的铁塔高低错落、条条银线交织闪亮，银线上的工人穿梭忙绿，宛如五线谱上高低起伏的音符，他们在辽远雄浑高原大地上演奏着一部绿色电网的交响乐曲。

拉贡高速沿线绿化，打造宜人景观带。拉萨至贡嘎机场高速公路区域造林绿化工程，设计造林绿化面积 34833 亩，工期 5 年。2011—2012 年集中进行道路绿化建设，2013—2015 年为管护期；主要任务有分片造林、农田林网营造、补植补造、湿地周边造林、村庄绿化等工作；绿化范围起点是柳梧新区的世纪大道，终点在嘎拉山隧道南侧出口，途经林地、湿地、沙地、荒地、耕地、水域 6 种立地类型；绿化工程投资 1.4 亿元，项目采取招投标方式。

工程根据途经立地类型，选种抗病虫害能力强、耐干旱瘠薄、根系发达、无病害、无损伤或者已经获得栽植经验的优良乡土树种及外来树种，除栽种的侧柏、柳树、杨树外，还栽种了沙棘、细叶红柳、桃树、沙枣和枸杞。位于拉贡高速路边的"两桥一隧"苗圃，培育着近百万棵苗木，有柳树、侧柏、雪松等 20 多个普通树种，还有红梅、樱花、银杏等名贵树种，将为造林绿化工程提供充足种树。沙枣树种植的地点在拉萨市柳梧乡，夏天可以欣赏到成片黄花，秋天可以看到挂满枝头的红色果实；从内地引进来枸杞树，已经在苗圃中进行培育，2013 年完成 100 亩的栽种任务。

拉萨市林业绿化局负责人介绍说，主管单位和施工单位都把新树成活率和成林率作为植树造林的刚性标准，县级林业部门跟踪造林全程、把关各个细节，现场查验苗木规格、苗木质量、树坑尺寸、浇水培土、巡视管护等工作，层层落实责任制。当地村民热情高涨，越来越多的人加入到植树造林活动中。

拉萨至贡嘎机场专用公路造林绿化总体布局，采用"大尺度绿色"框架，以空间节奏和视域感受为基础进行绿化景观布局，形成与拉萨河"蓝色走廊"相呼应的立体、多层次机场专用公路"绿色走廊"，实现"车在景中行，人在画中游"的构图效果。为此，在景观区域补植了一些花卉。拉萨军达绿化工程有限公司在工程区内设计

小贴士 ▶

拉贡机场高速公路全长约37.8公里，是西藏第一条高等级公路。它起于拉萨火车站，自拉萨市柳梧开发区，经堆龙德庆县柳梧乡、曲水县才纳乡，止于"两桥一隧"；按一级公路技术标准设计，双向四车道，车速为80Km/h，2011年7月18日建成通车。路面铺设完工后，区域造林绿化工程随即实施。

了7个直径为50米的圆形图案，主要采用柳树、桃树套种而形成圆圈造型。

到2014年4月工程建成后，过往司机和乘客在春天可以欣赏到高速沿线连片的烂漫桃花、如烟翠柳，到了秋天可以饱览成片的黄色树叶和红红的沙枣、枸杞。到那个时候，绿树多了、氧气足了，市民和游客在盛夏时节可以到机场高速路两边成片的杨树、柳树下过林卡了。

保护水生态环境，保障居民饮水安全

西藏境内，水资源呈现总量富有而分布不均特点。除了奔腾不息的雅江、怒江、澜沧江，绵延流长的拉萨河、年楚河、尼洋河外，还拥有星罗棋布的江河湖泊，造就了得天独厚的水资源条件。西藏是我国乃至南亚、东南亚地区重要"江河源"和"生态源"，水资源总量、人均水资源拥有量、亩均水资源占有量均雄踞全国第一。

西藏水资源总量4029.16亿 m^3，人均占有水资源量13.9万 m^3，地下水资源量1107亿 m^3；冰川面积2.74万平方千米，占全国冰川总面积的46.7%；湖泊面积2.38万平方千米，占全国总面积的三分之一。亚洲著名的恒河、印度河、布拉马普特拉河（雅鲁藏布江）、湄公河（澜沧江）、萨尔温江（怒江）均发源于或者流经西藏，出国境水量达3497亿 m^3，约

占境内地表水资源量的 80%。

水资源时空分布很是不均。降水主要集中在 6—9 月份，占全年降水量的 80%—90%，其余月份降水稀少；藏东南水资源富裕而土地资源贫乏，藏西北水资源短缺而土地资源富裕。有些地方水源严重不足，春旱季节粮田和经济林浇不上水。小流域综合治理和水环境建设，成了西藏生态保护和环境建设的一项主要工程。

依法保护水环境， 有序利用水资源。工作思路是：推进水利基础设施建设，强化水利社会管理和公共服务。目标任务是：加快民生水利建设，全面解决农牧区的饮水安全问题，满足群众用水及用电的基本需要；突出防洪减灾能力建设，积极开展雅鲁藏布江、拉萨河等大江大河治理，加快重点中、小型河流治理，完成小型病险水库的除险加固任务，满足群众防洪减灾的安全需要；实施水生态保护工程，通过推行小流域综合治理，加强易灾地区水土保持环境综合治理，加强重要生态保护区、水源涵养区、江河源头区的保护，确保饮水水源和水生态安全；深化水资源管理体系改革，建立事权明细、分工明确、行为规范、运转协调的水资源管理工作机制；加大骨干水利工程建设力度，满足经济社会发展的用水需要；加强水利基础能力建设以及水文、水保、防汛抢险、水利人才建设，保证水利基础能力适应水利发展形势。

颁布实施了多项涉水法律法规，用法律手段规范水事活动。1988 年《中华人民共和国水法》的施行，为西藏水事活动提供了法律依据；1994 年根据《水法》并结合西藏实际，自治区人大常委会通过了《西藏自治区实施〈水法〉办法》。此后，颁布实施《水土保持设施补偿费水土流失防治费征收使用管理办法》《水文管理条例》等法规；推行取水许可制度，发放取水许可证 100 余套，征收水资源使用费和水土保持"两费"，即水土保持设施补偿费、水土流失防治费，标志着西藏对水资源管理走上了法制化轨道。持续进行水质水量动态监测，不断提高水资源利用率。

区内专家谈用水节水。2011 年初，《中共中央 国务院关于加快水利改革发展的决定》正式公布；西藏结合本地水情，及时出台了《关于加快水利改革发展的意见》。同年 4 月，《西藏日报》（记者尼玛潘多）邀请自治区水利厅水政水资源科技处周大才处长，为公众解读《决定》和《意见》的基本精神，以及用水节水方法。

周大才表示：水是生命之源，水的质量决定着生命的质量。水是经济社会发展最重要的自然资源之一，水的供给状况一定程度上决定着生产发展的规模和质量。现代社会用水量持续增大，公众遭遇着水资源供需矛盾，局部地区面临水荒困境，水资源开发和供给的压力越来越大。中国属于用水大国，而人均占有水资源总量只有 2300 立方米，相当世界平均水平的四分之一；西藏人均水资源拥有量虽然居全国之最，但是限于特殊地理位置、生态环境以及降水时空分布不均等因素，境内水资源开发难度大、成本高。保护水环境、节约水资源，在西藏如同在全国变得刻不容缓。

周大才解释说：《决定》是我国首次系统部署水利改革和发展全面工作的专门文件，提出了实行最严格的水资源管理制度，明确了用水总量控制、用水效率控制、建立水功能区限制纳污制度三条水资源管理红线。《意见》是《决定》基本精神的本土化，针对西藏的水情和用水实际，完整提出了到 2020 年西藏基本建成水资源配置工程体系、民生水利体系、防洪抗旱减灾体系、水生态安全保障体系、水利管理体系，明确了全面提升水利对经济社会发展的保障能力，确保全区人民用水安全和用水质量的目标任务，传达了政府对水利工作的重视程度和用水节水的忧患意识。

就保护水生态环境做法，周大才认为：做好水生态保护工作，根本上是动员全社会的力量，大家的事大家办，树立全民水荒意识、节水意识、水资源保护意识。水既能为人类提供生存、发展的动力，又容易引发生态问题和社会问题。只有有效控制水资源环境污染、水土流失、水源枯竭、地下水下降等异常情况，改善水资源环境，才能促进水生态环境的平衡。

防洪、抗旱、节水不仅是水利部门和水利专家的事情，而且是社会的事情、家庭的事情、每个人的事情。每年的 3 月 22 日被定为"世界水日"，就是要通过各种宣传形式，让公众知晓国家、西藏的水情，以及保护水资源的知识和方法。所以专家讲座、媒体报道都是必要的，是做好水事工作的主要条件。

关于采用有效节水方法，周大才建议：西藏需要尽快制订和实行水生态环境补偿机制，并运用市场机制优化配置水资源，从根本上遏制用水浪费现象。政府要把节水工作贯穿于经济社会发展全过程，细化和落实节水制度及措施，首倡国家公务员和水利部门工作人员身体力行、做出表率，不论在公共场合还是在私人领地一举一动体现节水理念；每个公众切实把水患水荒意识付诸行动，用水之时能做到感恩水、敬畏水、珍惜水、善待水，养成视水如油的行为习惯。

用水安全的含义是丰富的，但是核心意思是明确的。强调节水的意义和方法是必要的，但是前提是：严格保护水源地、确保饮用水纯净安全。水生态环境是自然环境的有机组分，保护水环境不能脱离保护整个自然环境。自然环境主要的污染源，则是重工企业的排放物。不管是在西方工业社会还是在当代中国，虽然说在工业化进程中"财富是分等级的，烟雾是民主的"，但是水和空气一样，也是比较民主的。无论是百万富翁还是贫困公众，肠胃对水的数量和质量要求大抵没有区别，而且水的质量影响着物质财富的生产进程，影响着商品的质量和价值。若是水质不好了，社会的一切东西都要打折扣，或者处在风险和危险之中。一句话，水的质量至关重要。保护水环境，既需要国家进行顶层设计，又需要水务部门乃至每个家庭、每个公众做出自己应有的努力和贡献。消除工业垃圾对环境的污染和破坏，从根本上说依靠发展绿色经济、对工业垃圾进行无害化和资源化处理，但是从现实来说，切实有效的办法是，依法监管企业行为，对污染大户乱排滥放行为进行群防群控。

目前有目共睹的是：一些重工企业生产工艺和设备落后，生产过程中脱硫脱硝、除尘等环节落实不力，一些企业领导思想上集团经济利益至上，社会责任和环境意识淡薄，污染物乃至有毒有害废弃物超标排放、肆意排放，于是在某些厂区周围污水漫流，厂房上空乌烟瘴气弥漫四散，致使区域排污总量超过了当地环境容量，有毒有害物质一股脑儿涌入自然环境，生态环境和生活环境安全隐患日益严重，水生态环境状况也就不言而喻了。

令西藏人欣慰的是，祖国内地这种司空见惯的可怕现象，在西藏基本不存在，但是西藏会受区域环境影响，同时警惕这类企业转移到区内来，而且对采石、水泥、采矿、建筑等污染企业的生产行为不能放任自流。西藏是世界上最后一片净土，自然环境要的是一尘不染；只有这样环境里的水体，才是放心的饮用水。当然，自然水体中原有的有害物质不在其列，那需要按照一定标准，采用针对性方法，进行安全的人工处理。

水环境和大气环境共同构成了人类赖以生存的自然环境，跟人类的生命活动息息相关。就人体而言，五脏六腑和各个系统构成了身体的内部环境，水环境和大气环境组成了外部环境，内部环境和外部环境是相通的，生命活动表现在人体内部环境随时都在跟外部环境进行着物质和能量的交换，并实现内部环境的物质循环和体能供给。如果水环境出现了问题，会引起大气环境以至整个自然环境恶化，内部环境同时会做出响应，人体就会感觉不适。外部环境一旦遭到污染，就会殃及人体的内在环境。保护水生态环境，其实是在保护我们自己的身体健康和生命安全。

近年来，饮水安全工程及水源地保护工程初现成效。近5年来，西藏加快推进农牧区和城镇安全饮用水建设工程，同时实施水源地保护工程。

2007年，全区投资2.33亿元兴建农村安全饮水设施，建成了农村饮水工程1580处，其中，管道引水871处、保暖井586眼、家庭手压井23处（1233眼）、机电井90眼、光伏井10眼，一次性解决了31.4万居民的安全饮水问题。2008年，又解决了农村25万人饮用水安全问题，同时新增和改善灌溉面积14万亩，建设标准堤防45公里。2009年，农村饮水安全工程投资增到4.557亿元，新建成管道饮水1506处、保暖井627眼、家庭手压井10处（605眼）、机电井185眼、光伏井1眼，再解决41.43万人饮水安全问题，超额完成自治区政府下达的解决35万人饮水安全目标任务。

2009—2010年，自治区环境保护厅连续开展了主要城镇和学校的140个饮用水水源地环境状况调查与监测，编制了《西藏自治区城镇饮用水水源地环境保护规划》，提出了饮用水水源地环境保护工程，通过落实中央及地方专项资金，实施了11个饮用水水源地的环境保护工程。同时，为全区79处集中式饮用水水源地划定了保护区；落实了中央专项资金对山南地区自来水公司4个饮用水源地和林芝地区自来水厂一分厂饮用水水源地实施了环境保护工程。

另外，自治区环境保护厅在全区范围内连续5年出动环境执法人员960余人（次）、车辆450余台（次），对全区73个县（市、区）99处集中式饮用水水源地开展专项执法检查，对拉萨市西郊水厂和日喀则市东郊水厂周边污染整治工作予以挂牌督办。

2011—2012年连续两次检测，结果表明：拉萨市4个饮用水水源地、其他六地区行署所在地城镇的17个饮用水水源地水质总体保持良好，达到了《地下水质量标准》Ⅱ类标准和《地表水环境质量标准》Ⅲ类水域标准，这些城镇的市民安全用水得到了保障。

"十二五"期间国家及自治区加快对全区主要城镇水厂改造新建步伐，进一步加强对城镇饮水水源地保护。国家安排了7亿元专项资金，其中5亿用于部分老城区供水管网改造工程，用于建设拉萨市柳梧水厂、日喀则市北郊水厂、昌都镇第二水厂；2亿用于县城供水工程，包括拓展县城供水工程建设覆盖面；另外安排2000余万元，用于铺设拉萨市堆龙德庆县东嘎区的供排水管网，对该区居民实现统一供水。

同时实施了《西藏自治区城镇饮用水水源地环境保护规划》，划定和建设饮用水水源保护区，稳步推进饮用水水源地环境保护工程，建立健全饮用水水源安全预警制度，定期发布饮用水水源地水质监测信息；开展饮用水水源地污染隐患排查，严格环境执法监管，陆续出台保护集中式饮用水水源地的配套措施，切实保障饮用水安全洁净。2012 年另争取到中央及自治区专项资金，用于落实 37 个城镇饮用水水源地环境保护项目。

小贴士 ▶

什么是集中式供水？集中式供水又称自来水，是指由水源地集中取水、经过统一净化处理及消毒后，通过输配水管网送到用户或者公共取水点的供水方式。为用户提供日常饮用水的供水站、为公共场所及居民社区提供的分支供水、自建设施供水是主要形式。集中式供水可以选择安全方便的水源，便于集中取水、净化、消毒，水质有保证；便于通过统一的配水管网输水，正常供水有保证；便于实行卫生管理和监督，用户用水的卫生条件有保证。集中式供水如果管理不当，水质一旦受到污染就有可能引起大范围疾病流行或者集体中毒事件，危害居民的身体健康和生命安全。

另外，"十二五"期间全区计划投资 100 亿元实施四大民生水利工程。1. 投向农村饮水安全工程 5.52 亿元，2013 年再解决 54.46 万人的饮水安全问题，基本实现"村村通水"。2. 从 2012—2014 年计划投资 62.87 亿元，继续实施 2011 年已经落实投资 4.1 亿元的无电地区电力建设项目，争取用三年的时间解决 10.6 万人和改善 10 万人的用电问题，提高农村小水电供电保障能力，基本实现"用电人口全覆盖"。3. 优先考虑粮食主产县及边远、边境、高海拔县小型农田水利建设项目，投资 15 亿元开展小型农田水利重点县工程建设。4. 投资 16 亿元深入推进以中小河流治理为重点的防洪工程，加强乡村防洪能力建设，大幅度提升村级防汛减灾能力，逐步改善农村生产生活的基础设施。

水生态环境和大气质量状况统计结果

天蓝水碧、空气明净，不仅是西藏的象征，而且在当代西藏的确是一个事实。

目前，西藏设有水文监测站（点）47处，分布于雅鲁藏布江干支流，澜沧江、怒江、藏南诸河流，内陆湖泊和水库。2009年全区水资源公报统计数据显示：42个水质监测站按照《中国地表水资源质量年报编制技术大纲》要求进行评价，结果表明，境内江河水质总体良好，绝大部分江河水体未受污染，Ⅰ类水质河流占到5.51%，Ⅱ类水质以上河流占70.00%强，Ⅲ类水质河流占23.27%。

近年来，全区湖泊、水库、江河水系水质抽样结果。据2009—2012年"西藏自治区环境状况公报"，2009年全区监测、评价湖泊3个，分别为纳木错、羊卓雍错和普莫雍错，评价湖泊面积2842平方公里，各水情期均达到国家地表水环境质量标准Ⅲ—Ⅴ类标准。4—9月营养化评价项目为总磷、总氮和高锰酸盐指数，评分值纳木错为32.9，羊卓雍错为44.8，普莫雍错为36.3，均为中营养。

2010—2012年评价结果是，羊卓雍湖、纳木错水质总体达到《地表水环境质量标准》Ⅰ类水域标准。

2009年全区监测、评价水库2个，分别是满拉水库和冲巴雍水库。满拉水库库区评价库容1.55亿立方米，各水情期均达到国家地表水质量Ⅱ类标准；营养状态评价参评项目总磷、总氮和高锰酸盐指数，库区综合营养指数枯水期为34.5，营养状况均为中营养。冲巴雍水库库区评价库容6.61亿立方米，全年平均和枯水期达到地表水环境资源Ⅲ类标准，丰水期达到地表水环境质量Ⅱ类标准；营养状况评价参评项目总磷、总氮和高锰酸盐指数，库区综合营养指数枯水期为41.6，营养状况均为中营养。两座水库水质略优于2008年的水质。

2010—2012年，雅鲁藏布江、金沙江、怒江、澜沧江等主要江河干流水质达到《地表水环境质量标准》Ⅱ类水域标准，拉萨河、年楚河、尼洋河等流经重要城镇的河流水质达到《地表水环境质量标准》Ⅲ类水域标准，发源于珠穆朗玛峰的绒布河水质达到《地表水环境质量标准》Ⅰ类水域标准。

西藏的水质，天然且有保健作用。总体来说，全区水质基本上保持着天然状态，有些地方的水可以直接饮用。近期，自治区水环境监测中心对全区各主要江河湖泊的监测结果显示：西藏的水环境质量状况总体良好，监测的 30 个重要江河湖泊水功能区只有山南地区的泽当城区段枯水季节短期内有生活污水超过排放标准，其余绝大多数江河湖泊均达到水功能区水质管理目标，不存在人为污染问题。

2013 年的"世界水日"和"中国水周"到来之际，自治区水环境监测中心负责人在接受媒体采访时表示："我区的水质基本上保持在一个天然的状态，有些地方的水甚至可以直接饮用"，"我们很多工作人员在野外工作中，经常渴了就会喝江河里的水"，"在内地，很难找到像我区这么干净的水，但是并不是说我区哪里的水都可以直接饮用，像拉萨河靠近拉萨城区的近岸边，由于有人类的活动，有生活污水和生活垃圾的排放，近岸边的水不能直接饮用，对面的水就可以直接饮用。"

西藏的水质好，有保健功能。西藏出入境检验检疫局拥有国家级矿泉水重点检测实验室，设备先进，和内地相比没有差距。该局负责人介绍说，他们实验室对全区不同水源地的水质进行了检测，"从检测的结果来看，水质很好，几乎检测不到任何的污染物，是纯天然无污染的，而且水的 pH 酸碱度呈弱碱性，喝了对人体有好处，具有一定的保健作用；而内地的水一般都呈中性，所以西藏的水可以开发利用。"

2010—2012 年大气环境质量监测结果。 2010 年拉萨市、日喀则市和其他 5 地区行署驻地环境空气质量均达到《环境空气质量标准》二级标准。其中，7 市（地）城镇的二氧化硫日均值介于 0.001—0.052 毫克／立方米之间，年均值为 0.007 毫克／立方米，达到《环境空气质量标准》一级标准；二氧化氮日均值介于 0.001—0.062 毫克／立方米之间，年均值为 0.013 毫克／立方米，达到《环境空气质量标准》一级标准。拉萨市可吸入颗粒物日均值介于 0.011—0.474 毫克／立方米之间，超标率为 1.1%；八一镇可吸入颗粒物日均值 0.005—0.107 毫克／立方米之间；那曲镇可吸入颗粒物日均值 0.020—0.670 毫克／立方米之间，超标率为 4.1％；其他 4 市（地）镇的数值介于上述三者之间。

7 市（地）镇的空气质量平均优良率分别为：拉萨市 98.9％、日喀则市 99.5％、昌都镇 98.9％、泽当镇 96.2％、那曲 95.9％镇、八一镇 100％、狮泉河镇 97.6％。造成轻微污染或者轻度污染的主要因子为可吸入颗粒物，主要原因是受冬春季节降水少、气候干燥、大风等自然因素影响导致空气中浮尘增加。珠穆朗玛峰地区环境空气质量保持在良好状态上，达到《环境空气质量标准》一级标准。全区未出现酸雨。

2011—2012 年，全区主要城镇大气环境质量依然保持着整体优良。拉萨市、日喀则市、泽当镇、八一镇、昌都镇、那曲镇、狮泉河镇的环境空气质量均达到《环境空气质量标准》二级标准；八一镇和昌都镇城市空气质量优良率均保持了 100％。仍未出现酸雨。

2013 年 1 月，西藏启动了 PM2.5 监测。自 1 月 1 日起，拉萨市与全国 74 个重点城市同步，按照国家新的《环境空气质量标准》《环境空气质量指数（AQI）技术规定（试行）》等规定，通过拉萨市人民政府门户网站发布自治区监测中心站、八廓街等 6 个监测点 PM10、PM2.5 等 6 项污染物每小时浓度值和达标情况，并对空气达标状况做出评价。

拉萨 PM2.5 数据一小时一更新，上网查询一目了然。点开拉萨市政府门户网站右上角的"拉萨市空气质量实时发布"，页面上会出现"实时空气质量指数 AQI、站（点）空气质量"等信息，涉及空气中二氧化硫、二氧化氮、细颗粒物（PM2.5）、一氧化碳、可吸入颗粒物（PM10）、臭氧等自动监测的数据，包括点位小时均值、日均值和环境空气质量指数（AQI）。数据源于区监测站、区辐射站、八廓街、西藏大学、拉萨市环境保护局、拉萨火车站 6 个监测站（点），是由采集仪采集并自动上传至服务器后发布的。通过监测站点每一整点发布的主要污染物浓度和 AQI 指数，公众可以及时了解当地空气质量状况。

系统在发布空气质量状况和空气质量等级的同时，对市民户外活动给出建议。比如"空气质量可以接受，但是某些污染物可能对极少数异常敏感人群健康有较弱影响"，"极少数异常敏感人群应减少户外活动"等类似提示，显示在首页主要位置上。

2013年第一季度，拉萨市空气质量位列全国第二。2013年春天监测显示的PM2.5浓度同气候状况密切相关，拉萨的空气质量状况与内地的存在一定区别。拉萨的机动车保有量并不算多，同时基本没有燃煤活动，所监测的可吸入颗粒物主要是大风扯起的扬尘。比如拉萨市区1月2日晚9时许出现大风天气，PM2.5浓度急剧上升，每立方米超过70微克，逼近二级标准限。平时白天PM2.5浓度在每立方米20—40微克上下浮动。作为全国环境保护重点城市，拉萨市2012年环境空气质量优良天数达到364天，优良率保持在99.5％以上。

"十二五"时期，生态保护和环境建设规划要点。《西藏自治区"十二五"时期国民经济和社会发展纲要》明确："十二五"期间，继续把生态保护和环境建设放在显要位置，使森林覆盖率达到12%以上。整体推进天然林保护、天然草地保护、防风治沙、水土保持等重点工程，加大大江大河源头区、湿地及生物多样性保护力度，加快迹地更新和中幼林抚育，支持苗圃基地建设，倡导河谷、小流域、公路、铁路、城镇周边、水库库区、村庄周边等部位植树造林活动。

其中，继续保持水生态环境优良，需要落实以下措施。**一是**实行严格的水资源管理制度。明确标识用水总量控制、用水效率控制、水功能区限制纳污"三条红线"，认真执行项目规划和工程建设中水资源论证和取水许可审批制度，准确核定水域纳污容量、把关入河排污总量，完善水功能区水质达标评价体系，统一调度水资源，协调好生产、生活和生态环境用水。**二是**开展水土保持和水土流失治理工作。推进小流域综合治理，开展坡改梯及水土保持林草工程建设。水土流失综合治理面积预定3万公顷，封禁修复面积125万公顷。大力发展设施牧业，重点建设抗灾饲草料基地、草场灌溉供水工程及灌溉配套工程，增加草地灌溉面积。建立完善的水土保持监督网络。

三是加大重要生态保护区、水源涵养区、江河源头区的保护力度。建立健全水质预警预报系统，加强水污染防治和水环境保护，确保农牧区的饮用水水源、水质和水生态安全。

四是推进城市饮用水源工程建设。从水源地综合整治、水源地建设、水源地监控体系建设三个方面入手，通过截污、种草控制面源，改（扩）建水源地机井、泵站、引水管（渠）来增加年供水量，通过监控中心、监控信息管理系统建设来提升饮用水源监控能力。

五是推进中小河流域治理工程和山洪灾害防治。加快重点中小河流治理，提高乡（镇）、村庄、人口密集区防洪能力；加快小型水库除险加固步伐，增强水资源调控能力；开展冰湖灾害防治，降低冰湖灾害隐患。

六是坚持依法治水。完善水资源配置、节约保护、防汛抗旱、农村水利、水土保持等领域的政策法规，监督落实水资源论证、取水许可、水工程建设规划同意书、洪水影响评价、水土保持方案等制度，健全预防为主、预防与调处相结合的水事纠纷调处机制，深化水行政许可审批制度改革。

实施安居工程，建设农牧区人居环境

站在人类的角度来看，地球上的物质环境是由人居环境和自然环境组成的。人居环境是整体环境中生物因子最活跃、生命色彩最富丽的特殊生境，自然环境是人居环境的缓冲带和保障层；人居环境建设富有理想色彩和自觉性，自然环境保护是人居环境建设的自然辐射和延展趋势。人居环境和自然环境的界限是相对的、阶段性的，最贴近人居环境的那层自然环境即将被纳入人居环境，它对人居环境的影响是直接的经常的，人居环境建设的一举一动总会牵动那层自然环境。人居环境建设必须具有长远眼光和全局观念，充分考虑对自然环境的扰动和受制因素。

西藏实施农牧民安居工程，涉及农房改造、游牧民定居、贫困户安居及边境县"兴边富民"安居，标准住房和整洁庭院是人居环境建设的核心内容。同时，村庄环境"四化"，即绿化、美化、净化、亮化，以及"万村千乡"市场、新型能源开发应用、饮用水安全保障是安居工程的配套工程，被细化为水、电、路、讯、气、广播电视、邮电和优美村居"八到农家"项目，显示着人居环境建设的实用性和人性化。

安居工程实施8年，农牧民人居环境和生活质量显著改善。2006年2月，西藏新农村安居工程实施方案正式出台，随后农牧民安全适用房建造及配套项目建设在农村和牧区次第铺展开来，西藏大地上因此掀起了人居环境建设的热潮。

安居工程总体目标是："十一五"期间，确保完成21.98万户农牧民住房改造计划，让全区80%农牧民住上安全适用房。安居工程必须贯彻六项原则，即"六个结合"：改善农牧民居住条件与建设社会主义新农村结合、安居与乐业结合、体现民居建筑特色与满足群众愿望结合、政府引导与发挥群众主体作用结合、工程建设与保护当地生态环境结合、工程建设进度与保证住房建设质量结合。安居工程资金来源是：以国家、自治区、地（市）、县四级政府，以及援藏配套资金为主导，辅以农牧民自筹资金和银行贷款。安居工程在2011—2013年的补助标准是：农房改造每户补助1万元，游牧民定居每户补助1.5万元，贫困户安居2011年每户补助1.5万元、2012—2013年每户补助2万元，边境县"兴边富民"安居每户补助1.2万元。另按每户0.5万元的标准安排抗震设防（加固）补助。

安居工程实施中，兼顾了生态环境保护与村庄、牧区的规划、绿化。

就生态保护问题，自治区政府要求设计单位和施工单位要根据当地生态状况，科学规划、合理施工，村落布局和民房定位要充分考虑对生态环境的影响，鼓励在旧房原址组织新建，同时为新村环境的绿化美化留出充裕空间。为此下发了《关于加强西藏自治区农牧民安居工程环境保护工作的通知》，明确了安居工程中环境保护的相关事宜。

技术人员在安居工程建设中施展专长，对工程质量和节能建筑材料应用进行把关指导。自治区、地（市）住建部门抽调专业人员充实到安居工程施工现场，依据《西藏农牧民安居工程设计方案图集》《西藏农牧民住房设计通用图集》《西藏自治区村庄规划建设指导性意见》《西藏自治区村庄综合治理技术导则》等技术标准，深入一线，细化方案，科学规划工程项目，耐心细致地做施工指导。他们还全程参与了对全区4.92万户农牧民住房的危房改造、建筑节能升级改造，以及农牧区人居环境综合整治的试点工作。

自2008年起，安居工程中的抗震设防备受重视，政府强调新建住房的安全性能，并及时落实了相应的资金和技术。2008年以来，西藏地震灾害频繁发生，严重威胁着农牧民生命财产安全；同时，借鉴了四川汶川地震灾区住房结构及其损毁情况的经验教训。2009年自治区决定追加投资20亿元，用于全区建成的农房加固，同时对安居工程在建的农房实施抗震加固。住建部门要求，新建农房一律采取石木结构和砖木结构，不再采用土木结构，以确保新建房屋质量及其安全保障。另外，有的地方聘请当地建筑师担任监理，对在建住房实行跟踪监理和巡回监理，检查施工安全措施落实情况，以及脚手架在施工进度各个阶段的安全状况，尽其所能排除施工安全事故或者建筑物安全隐患。

全区安居工程实施了八年，预期目标和建设任务于2013年顺利收官。2006年，全区有5.6万户、29万农牧民住上了安全适用的新房；2007年，安居工程建成5.2万户住房，又有22万农牧民住上了标准安居房。到2010

年底，全区安居工程完成投资170亿元，惠及27.48万户、140多万农牧民，人均住房面积达到23.62平方米。2011年，新投入10.14亿元解决了6.39万户、34万农牧民的安居问题，并全面完成5261个村级组织活动场所建设任务和192个村（居）委会服务功能完善建设项目。2012年，阿里地区采用"国家补一点、援藏贴一点、自己筹一点、劳务投一点"方式，整合自治区和地区补助资金6425万元，计划实施2848户安居工程，当年完工。2013年是实施安居工程的最后一年，按照《西藏自治区2011—2013年农牧民安居工程建设实施方案》，建设总量为61977户，扣除2012年提前实施的9942户边境地区农牧民安居工程，需要实际建设的还有52035户，依据补助标准，需要自治区财政补助的87487万元全部下拨到了各地（市）。

自治区政府在全区倾力实施的安居工程，对于像西藏这样欠发达的边疆民族地区具有非凡意义。安居工程，就是为农牧民提供安全、整洁、舒适的适用房，满足他们对居住的基本需求。安居工程实施前，不少农牧民住在低矮、潮湿、昏暗、拥挤的木板房里，有的居住条件甚至处在人畜杂居时代——楼上住人、楼下圈畜；很多家庭多么希望根据家庭需要扩建、新建住房，重新规划院落，改造厨房和厕所，但是苦于筹不到那么一笔现金，就无从谈起村庄、牧民点的规划问题、环境卫生治理问题了。是安居工程圆了众多家庭的新房梦，家里家外的绿化（美化）梦。新建住房要么是石木房，要么是砖木房，清一色整齐、宽敞、明亮、节能的藏式新居；院落往往依势而建，规划得错落有致，很多院落傍依小河，又为绿树环绕，彻底实现人畜分居。往日简陋的不安全的土坯房，以及脏乱差的村落环境淡出了人们的视野。

近来，有记者就安居工程给农牧民家庭生活带来的具体变化，深入农牧区采访，走村串点，到农牧户家里做客，进行实地查看和访问，采集了丰富新鲜的资料。"……我住上了不漏雨的房子，宽敞、舒适，这要是搁在以前，想都不能想。"拉萨市夺底乡洛欧村的强巴云丹老人这么直接向记者述说。他回忆道：童年时代，他当过庄园奴隶，住在领主家的马棚里，夏天漏雨，冬天透风，一年熬到头也睡不几个踏实觉，人过得跟小牲畜一样；民主改革的时候，政府把领主的三间房子分给他家 7 口人居住，从此有了自家房屋，不再担心雨淋、挨冻了，一家老小都笑哈哈的，一边干活一边唱歌跳舞，活得有了人样儿。但是，随着家里人口增加，他结婚后就感到住房越来越拥挤了，不知什么时候房子开始漏雨了，一直没有条件返修、扩建，2008 被判为危房，列入安居工程房改范围。老人指着院中正房兴奋地说：眼前三间新房只他一人住着，偶尔孙子过来陪他住上一阵。在房屋外面围了一个独院，平时没事就在院里经管点蔬菜、养养花。屋里摆设是政府帮他添置的电视、桌椅、卡垫等家具。

在山南地区乃东县金鲁村，一座座带有院落的藏式小楼整齐排开，其间是平整的水泥路，路边上立起高高的太阳能路灯。有记者讲述："在村民强巴群觉老人家做客，看到院里载满了苹果树、梨树、核桃树。小客厅里弥漫着酥油茶的清香。房屋设计得讲究，一排长长的落地窗充分利用了阳光。主人介绍说，旧西藏的时候，百姓为了抵御寒冷，只好建造厚厚的土墙和尽可能小的窗户。与以前人畜混居、低矮阴暗的旧居相比，新居好比宫殿，仅客厅就有大小三间，一家三代人各有各的卧室。

"据悉，强巴群觉一家的这栋占地 100 余平方米的藏式二层小楼房，是花了 10 多万元建起来的，其中国家补助了 2 万元，剩下的一半靠贴息贷款。3 年前，政府把分散在三个山沟里的金村、鲁村、甲村一并搬迁到了这里，组成了金鲁村。100 多户村民的新房面积和装修标准都与强巴群觉家差不多。

"强巴群觉给笔者杯中添满甜茶，继续面带微笑地说：'我们的生活令不少城里人羡慕，我们住别墅、赚钱多。我们现在糌粑也吃得少了，大米白面多了……'"

像强巴云丹、强巴群觉等普通农民一样，西藏农牧区越来越多的人家乔迁新居。他们自发地在自家房顶插上鲜艳的国旗，满怀喜悦地把时尚家具布满房间；越来越多的牧户从此改变逐草而居的游牧生活方式，免去了辗转迁徙之辛苦，举家过上了安定生活，享受到现代文明。如今，无论是在羌塘草原还是在藏南谷地，不管是在三江源头还是在阿里高原，到处都有富有民族特色的适用安居房坐落在连绵起伏的山脚下和江河湖泊的岸边滩头，掩映在白杨绿柳的浓荫下，镶嵌在一望无际的草原腹地。自西藏和平解放以来，农牧民首次在住房条件上获得了显著改善，社会主义新农村建设因此有了充实内容，全面提升了西藏农牧区的整体形象。

安居工程含有安居和乐业双重意思。安居工程总体目标是：建设好农牧民家园，保证家家安居乐业。"安居"之意，是通过实施以游牧民定居、扶贫搬迁和民房改造为重点的安居工程，首先让农牧民住上安全适用的房屋；"乐业"之意，就是通过开展农牧民职业技能培训，教给农牧民一技之长，并千方百计帮助他们务工经商，让他们增收有技能，致富有路子。

政府在着力改善农牧民居住条件的同时，统筹考虑了如何就地解决当地农牧民的就业和创业问题。凭借当地人力、物力和财力资源，鼓励相关部门采取免费传授建筑技术和拜师收徒方式，培养本土建筑工人。在安居工程实施中，依据自由结合和工程分工，当地农牧民成立了采石队、运输队、施工队、木工队、画匠队等建筑专业队。相关部门举办农牧民转移就业技能培训，包括砌筑工、钢筋工、木工、藏式建筑绘画等十余个工种的实用技能。各地（市）在保证质量安全的前提下，把有关工程项目交给农牧民施工队承建。目前，全区组建以农牧民为主体的县、乡劳动施工组织253家，建筑业中农牧民从业人员10万余人。在建筑职业技能鉴定中，762人取得职业资格证书。2010年农牧民劳务收入达137亿元，比2005年增长95.7%。

很多原先家庭困难而无所事事的年轻人，开始找活干，虚心学习建筑技术。以往睡懒觉、打扑克的闲散劳动力，很多人加入了施工队，掌握了一技之长、成为熟练工人，好像变了个人似的，家庭生活因此得到改善。安居工程还激活了农村和牧区的消费市场，悄然改变着消费结构，买酒喝的少了，买家庭用品的多了，大件电器、豪华家具等高档消费品开始进入普通农牧民家庭。劳动可以创造物质财富，劳动同时可以使人获得做人尊严。

另外，政府因势利导，依据当地的资源条件和农牧区的实际需要，倡导农牧户树立现代观念和商业意识，鼓励并帮扶致富能手搞副业、跑市场。越来越多的村庄和牧区，办起停（洗）车场、甜茶馆、藏家宴、理发店、家电维修、小商铺；有的农牧户积极申请贷款，兴办"农家乐""牧家乐"，参与乡村特色旅游资源开发，吃上了"旅游饭"，发了"旅游财"。风光壮美的高原牧场、风味别致的民间藏宴、富有文化意蕴和地域风情的藏式民居，吸引着自驾游的爱好者和组团的游客。农牧户的创造潜能如同农牧区的自然资源一样，需要在政府引导和帮助下加以开发。

创造宜人村居环境，政府连年追加投资。新农村建设在突出安居工程质量和民族风格的同时，政府要求把工程配套、村容村貌环境整治作为重要内容。在完成新居安置和危旧房改造，基本满足了农牧民居住需求以后，新农村建设的重点转向人居环境"四化"建设，以及农村消费市场和文体设施建设，以实现自然生态、生产生活环境和文化娱乐环境的和谐统一，塑造整洁优美的乡村环境。

按照"生产发展、生活宽裕、乡风文明、村容整洁、管理民主"社会主义新农村建设的总体要求，为了充实安居工程的内容，在安居工程实施之初，自治区政府做出在全区范围内开展包括村级组织办公场地、村民广场、村内道路、排水工程、卫生设施在内的村级组织综合活动场所建设的决定，要求安居工程及其配套项目同时进行。

2008年，区财政整合资金108亿元，在农牧区500个行政村进行通电、通路、通水、通讯、通邮、通广播电视"六配套"基础设施建设，围绕农家书屋、综合文化体育设施、村级广播文化资源信息共享、流动电影服务、村队卫生室医疗设备、太阳能公共照明、村庄道路建设、聚居区垃圾污水整治、万村千乡市场工程、村庄绿化美化等多个层面予以规划、改造和建设。让农牧民住上新房的同时，用上安全自来水，收听收看上广播电视节目。

村级组织机构综合活动场所建设也同步推进。2010 年，753 个村级组织活动场所建设项目和 256 个路面硬化项目完工以后，政府投入了 5.27 亿元，在 500 个行政村组织农村环境建设和环境综合整治工作试点；2011 年，落实投资 10.4 亿元对 1000 个行政村展开人居环境建设和环境卫生综合整治行动；2012 年，环境保护厅发起整治违法排污企业、保障群众健康专项行动，着力解决危害群众健康的突出环境问题，协助相关部门加大对农村环境监护力度。

2012 年，自治区政府把持续改善农村人居环境、增添文体娱乐场所作为安居工程配套项目和新农村建设的重要内容加以推进。涉及生态环境绿化、村庄道路硬化、生活环境美化、太阳能公共照明等"四化"建设，以及农村垃圾污水处理、农家书屋建设、综合文化体育建设、村级广播文化信息资源共享、村医疗室设备完善、万村千乡市场工程等 10 个项目，斥资 10.78 亿元、选择 1000 个村庄加以施工。

另外，在全区开展生态文明示范村创建活动中，2012 年拉萨、林芝、山南、那曲等的 4 个县、98 个乡（镇）、334 个行政村参与了自治区级生态县、乡（镇）、行政村的创建工作，其中的 22 个行政村被命名为"西藏自治区级生态村"。

在"十二五"期间，全区围绕着改善公共设施和基础条件，确定 4953 个行政村继续实施农村垃圾污水整治工程、村庄绿化美化工程、万村千乡市场工程、村庄道路建设工程、太阳能公共照明工程、农家书屋建设工程、村医疗室设备完善工程、流动电影服务工程等，完善农村的基础设施体系，改善村容村貌和生产生活条件，推进农村（牧区）走上"生产发展、生活宽裕、村容整洁、管理民主"的发展道路。

万村千乡市场工程，与安居工程同步实施。作为安居工程的配套项目，"万村千乡市场工程"是新农村建设的必备内容。2006年以来，中央和自治区投资4231万元支持新建或者改造了1859家农家店，升级改造了20个配送中心，农家店覆盖全区所有县、60%的乡（镇），遍布主要交通沿线和县城附近的行政村。目前，全区以城镇大型流通企业为龙头、以县级重点流通企业为骨干、以农家店为基础的农牧区消费网络初现雏形。

"十二五"期间拟累计新建或者改造农家店7116家。在建成的1859家的基础上，每年建设1100家农家店，建设村级农家店5261家、县级农家店292家，并建设县级农资（牧业服务）店（站）73家。到"十二五"末将实现农家店覆盖100%行政村，每个乡（镇）建设两家乡级店，每个县建设4家县级店、1个县级农资（农牧业服务）店（站），全区每个县城内拥有1—2家日用品、药品销售、农资供应、农产品收购、再生资源回收、综合信息服务为一体的农牧区综合服务中心。

为了规范"万村千乡市场工程"管理，推动农家店和物流配送中心的信息化和规模化发展，自2011年起，全区所有新建以及建成的农家店、配送中心一律悬挂统一门店招牌；完善农家店发展的长效机制及其动态管理办法，自治区商务厅将加强农牧区商品配送体系建设，确保农家店存活率和商品配送率，力争使农家店配送率达到40%；支持12家具备承办条件的承办企业进行农家店信息化建设试点，鼓励"一网多用"，增强农牧区流通网络综合服务能力建设；加大财政支持力度，自2011年起自治区配套补助资金由以前每家农家店8000元提高到每家10000元，在2011—2013年间，分3年时间对此前建成并持续经营1年以上的农家店每年每家给予2000元奖励。

"万村千乡市场工程"将现代零售理念、连锁经营方式由城市延伸到乡村，传统的"夫妻店"经过标准化改造，昔日的"土台子、黑屋子"简陋营业环境得到彻底改观。如今的店面统一货架簇新整齐、橱窗洁净，为消费者营造出心情舒畅的购物环境；统一的货源和统一的价格，以及统一标识的货车发送到门，堵截了假冒伪劣商品混入农村市场的旁门左道，农牧民也能像城里人那样"买得称心、吃得放心、用得安心"。"万村千乡市场工程"不但规范了农村消费市场秩序，开拓了广阔的农牧区市场，而且解决了农牧民消费不安全、不方便、不实惠等实际问题。

规划新农村发展，谋求文化和生态二元统一。示范新村开发建设追求高标准，吞达村拟建成国家级生态文化村。作为"特色景观旅游名村""第六批国家历史名村"的吞巴村，地理位置优越，自然条件好。吞达村地处雅鲁藏布江中游北岸，村庄紧邻318国道，几乎位于拉萨和日喀则两座城市的中点上，距拉萨城区110公里，拉日铁路从吞达村南部通过，尼木县唯一火车站设在吞达村内，交通便利。

吞达村散布在吞巴河汇入雅鲁藏布江形成的冲积扇上，被圈在孔日山和加仁且达山构成的山间峡谷内，吞巴河从村中穿过，村落系统背山面水、负阴抱阳，每座相对独立的农家院落依地势而建，呈现疏密相间、错落有致的自然布局。水流潺湲、绿树成荫，独特的小气候，微型的生态环境，仿佛藏身高原深处的桃花源。

小村历史文化悠久，是著名的"藏文鼻祖之乡、藏香之源"，还是藏文创始人吞迷·桑布扎的故乡，如今水磨藏香制作中心。村里有177户、1007口人，人均耕地仅有1.5亩，却是尼木县最富裕的村组之一，在拉萨也能首屈一指。传统藏香制造有1300年历史，生产工艺独特，制作技艺被列入国家非物质遗产保护名录。藏香生产成为该村主业，原生态手工制作，目前以家庭作坊为主要形式的藏香合作社，开始了网店营销。

2012年，自治区住房和城乡建设厅邀请中国城市规划设计院专家，为吞达村编制西藏首个村庄规划，即《拉萨市尼木县吞巴乡吞达村新农村建设规划》，定位建成具有藏族特色的中国历史文化名村，测绘面积为35平方公里，2013年实施规划工程。

《规划》以"藏文鼻祖之乡、水磨藏香之源、幸福和谐之村"为定位，以建设"藏族特色的中国历史文化名村、经济富裕的全国特色旅游名村、低碳科技的西藏新农村示范点"为目标，以"生态为本、文化为魂、民生为上、旅游强村"为发展思路，以资源为导向、保护村庄的完整性和真实性为基础，以村庄现有的"三点一线五景区"为重点，精心构造出自然环境和文化景观浑然一体的村庄布局。道路铺设、景点保护、生态移民及其安置、环境卫生设施建设等项目工程被重点列入《规划》中。

　　对于西藏来说，给一个村庄做整体规划尚属首次。国家城市规划设计研究院的专家认为，吞达村新农村示范村建设要与全国历史文化名村、全国特色景观旅游名村的打造结合起来，突出村庄的民族建筑风格，用民族特色的设计元素体现现代服务功能，比如村里的局部路段可以用藏香形态铺设出来，既生动反映出民族手工业内容，又散发着时代气息。

第三部

食品药品质量安全的把关

国家提出：要把西藏建设成为"重要的高原特色农产品基地"。西藏也明确了农业发展方向，重点发展特色种植业、特色畜牧养殖业以及特色林下经济产业，特色农产品包括了粮油产品、禽畜产品、药材产品和林下产品。原生态的自然环境和独特的高原气候条件，成为西藏生产特色优质农产品的先决条件。

近期，中央农村工作会议指出：食品安全首先是"产"出来的，要把住生产环境安全关。同时，食品安全也是"管"出来的，要严厉打击食品安全犯罪。所以要确保食品药品质量合格、消费安全，需要在农业生产和市场上给予双重把关。农业生产领域对初级农产品的质量把关主要是控制农残超标，防止重金属污染，尽量降低农药和化肥所造成的污染；市场把关除了监测农产品的质量外，主要监测食品药品是否含有违禁食品添加剂、非食用物质，以及综合质量达标情况。

什么是粮食安全和食品药品安全

粮食安全 这个概念具有数量和质量两层含义。从数量层面上讲，粮食安全的基本含义是指社会每个公众在任何时候都能得到维持正常物质生活所必要数额的粮食。从外延上看粮食安全，分为全球粮食安全、国家（地区）粮食安全、家庭粮食安全；从内涵上看粮食安全，意味着粮食数量必须达到实际需求限额，不管这些粮食是自己生产的还是从他人那里购买的。粮食安全既有粮食生产的总量问题，又有通过进出口调剂、库存吞吐、市场供求平衡问题，以及粮食消费结构问题。

全球变化造成的粮食减产、城市化进程引起耕地面积减少，以及病虫害加剧等农业发展的不利因素，影响着粮食总产量提高。全球气候变暖，是目前世界粮食生产面临的最大挑战；地球上耕地面积及其粮食总产量的有限性与世界人口增长的无限性之间的矛盾，是产生粮食总量安全问题的根源。

从质量层次上讲，粮食安全是指粮食被做成食物后在被人体摄入和消化过程中对人体没有任何毒副作用，而且具有该种食物对人体应有的营养价值，以及特定的口感和风味。

数量安全和质量安全构成了粮食安全对立统一体：质量安全是数量安全的基础，没有质量安全就无所谓数量安全，在通常意义上理解，粮食安全意味着质优量足的粮食供给。但是从生产和供给实际情况看，粮食数量与粮食质量经常并不一致。且不论在仓储和流通过程中粮食品质会出现什么变化，也不论消费者是否能随时得到足够粮食，仅就生产过程来说，粮食亩产与粮食品质通常不一致。在近代农业生产中，采用基因工程技术培育粮种、化肥壮苗、农药防控昆虫采食作物、催熟剂缩短作物生长期，都在一定程度上改变了作物自然生长规律，粮食单产会比在天然状态下有所提高，乃至有大幅度提高，但是粮食品质难以保证。在颗粒饱满度和单产方面，"基因作物"优于普通作物，在生长过程中对病虫害显出较强抵抗能力，但是"基因粮食"对人体究竟会产生什么影响，目前尚无定论，却一直困扰着消费者，即使能吃饱饭也心存疑虑，感觉吃得不踏实。有专家表示，如果农业生产放弃基因技术，在现有条件下很难养活这么庞大的世界人口。但是目前的现实问题是，农残超标对粮食质量构成威胁，理所当然成了食品源头上的安全隐患。

农业科学家试图找到一个平衡点，研究和运用既能增产又能保证粮食品质的农业技术，就是所谓的"绿色高效农业生产技术"，并且已经在某些地区加以示范推广。但是，脱离自然状态的农业生产形式，粮食质量究竟怎样，依然是个未知数。粮食安全中质量和数量的完美统一，也许只能存在"粮食安全"的概念之中。

粮食安全，还表现出复杂的现实状况。粮食安全数量上的含义在努力解决温饱问题的发展中国家和地区获得了充分意义，可以说是饥饿人群的揪心话题，是国际社会一直强调"粮食安全"的基本意思；粮食安全质量上的含义在早已解决了温饱问题、正在讲究食品营养和保健的发达国家和地区得到了实际体现，成为少数世界公民的"生活享受"，但是目前没有条件获得国际意义。在全球普遍呼吁保证粮食供应的时代话语下，担心粮食质量问题似是害了"富贵病"。粮食安全在农业发展不同阶段上或者物质生活条件存在差别的国家和地区，含义是不同的、是有所侧重的。

步入 21 世纪以来，我国粮食连年丰收，产量实现了 10 连增，2001 年总产量第一次逾 1 万亿斤，2012 年达到 11791 亿斤，以 10% 的土地、7% 的水养活着 22% 的世界人口，并出口救济亚非一些缺粮国家，对人类"粮食安全"做出了贡献。但是，欧美等发达国家所倡导的有机食品、绿色食品只是一种期待和追求，无公害食品在我国依然属于基本要求。

作为生活在当代中国的普通公众，我们赶上了好时代，不再像祖辈那样为温饱生活而昼夜发愁，也会让世界上多数公众欣羡。但是我们高兴不起来的是：在告别了"我饿"的岁月后随即跌入了"我怕"的日子。无论是徘徊在货源充足的农贸市场上还是踟蹰于琳琅满目的超市里，很难确定哪些产品农残没有超标、哪些食品质量绝对可靠，因为农残超标的农产品和五花八门的问题食品不断被曝光，相关新闻在街头巷尾和茶余饭后被传得沸沸扬扬，所以每当坐在丰盛的餐桌前却感到食欲索然。饮食中和我们的体内到底富集了多少有毒有害的物质？明天我会害上什么病？不敢想也不能想，温饱总比饥寒强。无论是针对数量还是质量来谈论粮食安全话题，我们感到心情一样沉重，难道这是粮食安全的矛盾论，带给我们的不尽苦恼？

食品药品安全　其含义只针对人类来说，是指食品药品本身无毒、无害，对人体健康不造成任何急性、亚急性或者慢性危害，并带给人体相应的营养或者疗效；食品药品安全也是一门专门探讨在食品药品加工、存储、销售过程中确保卫生及使用安全，降低其安全隐患、防范毒副作用的一个跨领域学科。

保障食品药品安全关口分为两道：一是用于生产食品药品的初级农产品的质量把关，即农业生产领域内安全把关；二是食品药品加工和销售领域的质量把关，即食品药品加工企业内和消费市场上安全把关，后者包括初级农产品和食品药品成品的储运过程保鲜保质。初级农产品生产安全把关属于源头把关，生产领域内影响农产品质量的因素很多，主要有农业环境（含特定区域生态环境和微型农业生产环境），农科成果应用，农业劳动力操作方法及单位产品包含的活劳动数量，农业示范园区（青稞、药草、蔬菜等标准化生产基地）及其基础设施建设状况，农用肥料结构及使用方法，农作物病虫害及动物防病防

小贴士 ▶

1. 米袋子工程和菜篮子工程。2011年12月中央经济工作会议重申"要落实好'米袋子'省长负责制和'菜篮子'市长负责制"；"米袋子"和"菜篮子"一头连着农民的增收渠道，一头连着公众的家庭餐桌。"米袋子"工程是指围绕着主食（如大米、小麦等）生产和消费而展开的一系列社会活动；同样，"菜篮子"工程是指围绕着副食品（如蔬菜、肉制品、水产品等）生产和消费而展开的一系列社会活动。省长负责制和市长负责制，意味着省长、市长要亲自研究部署粮食和副食品生产供应的各项工作。20世纪八九十年代，米袋子工程和菜篮子工程重点是解决产品数量短缺问题，目前则着力解决物价稳定问题和产品质量问题，确保市场上货真价实、安全消费。

2. 西藏的特色产品必备绿色品质。在2011年自治区"两会"上，昌都地区人大代表、芒康县绿色食品公司总经理通美表示：公司可以借助价格杠杆来指导农民按照农产品质量安全标准来组织产品生产，在收购标准和价格上让他们得到相应实惠。公司同时规定，在当地拟收购的几种农产品，必须是通过给农作物追施农家肥而生产出来的，在作物生长中不准施用化肥，也不准施用农药。目前公司把这些纯天然、无污染的产品销往北京、成都等区外大城市。

疫方式等，这些因素既关系农产品品质又关系农产品产量。食品药品加工过程及其成品储运销售把关，属于源头之后两个独立流程把关。

什么是无公害食品、绿色食品和有机食品

无公害食品 无公害食品（英文名字 Non—harmful Food or Pollution—free Food）也称无公害农产品，包括农、牧、渔等食用类食品（农产品不包括深加工的食品），是指产地环境、生产过程以及产品质量均符合国家有关标准和规范的要求，经认证合格，获得认证证书并被允许使用无公害农产品标志的农产品及其初加工制品。这类产品在生产过程中允许限量、限品种、限时间地使用人工合成的安全的农药、兽药、肥料、饲料添加剂等，产品符合国家食品卫生标准，但是比绿色食品标准要宽。广义上的无公害食品，涵盖有机食品、绿色食品等无污染的安全营养类食品。

农产品无公害是对食品的基本要求，也是起码的市场准入条件。严格地说，所有食品都应该达到这个要求。2001 年农业部提出"无公害食品行动计划"，次年"无公害食品行动计划"在全国展开。农业部 2001 年还制定、发布了 73 项无公害食品标准，2002 年制定了 126 项、修订了 11 项无公害食品标准，2004 年又制定了 112 项无公害标准。无公害食品侧重于解决农产品中农残、有毒有害物质的超标问题。

无公害食品标准包括无公害食品行业标准和农产品安全质量国家标准，二者是同时颁布的。无公害食品行业标准由农业部制定，是无公害农产品认证的主要依据；农产品质量安全国家标准是由国家质量技术监督检验检疫总局制定的。无公害食品标准内容包括产地环境标准、产品质量标准、生产技术规范和检验检测方法等，涉及 120 多个（类）农产品品种，主要包括蔬菜、水果、茶叶、肉、蛋、奶、鱼等百姓"菜篮子"里的农产品。

无公害食品产品标准是衡量无公害食品终端产品质量的指标尺度。虽然跟普通食品的国家标准一样，规定了食品的外观品质和卫生品质等内容，但是无公害食品产品卫生指标不高于国家标准，只是突出了安全指标，即突出了无公害食品无污染、食用安全的特性。消费者可以通过无公害农产品标识来区分普通农产品和无公害农产品。

无公害农产品标识图案主要由麦穗、对钩和无公害农产品字样组成。麦穗代表农产品，对钩表示合格，金色寓意成熟和丰收，绿色表明产品品质无害、食用安全。图1是无公害食品的徽标。

保障无公害农产品质量有两项要求，即产地环境要求和产品安全要求，相应地，无公害农产品认证分为产地认定和产品认证，标识的使用期为3年。

绿色食品 绿色食品（英文名字 Green Food）并非绿颜色的食品，只是我国的一个食品质量安全等级，泛指无污染的安全、优质、营养类食品，其他国家称这类食品为有机食品、生态食品、自然食品等。1990年5月，农业部正式规定了绿色食品的名称、标准和标识。

绿色食品，是按照国家食品质量安全标准，由在无污染或者原生态环境下生产出来的农产品加工而成的、经过专门机构认定的、被许可使用绿色食品标识的优质食品。

绿色食品标准规定：1.产品或者产品原料的产地必须符合绿色食品的生态环境标准，比如大气质量达到国家一级标准，水源水质达到国家二级标准，土壤达到国家卫生标准。2.农作物种植、畜禽饲养、水产养殖以及食品加工必须符合绿色食品的生产操作规程，比如在农作物栽培中，农药、化肥的使用，必须限制在不对农业生态环境和产品质量产生不良后果的用量以内，从源头防止产品毒残进入人体；在食品加工中防止二次污染，不得使用添加剂、化学色素等。3.产品必须符合绿色食品质量和卫生标准，比如粮食类，国家卫生标准检测10项指标，绿色食品要检测农残量、重金属含量等21项质量指标。4.产品包装、贮运必须符合绿色食品包装贮运标准。5.产品标签必须符合农业部制定的《绿色食品标志设计标准手册》中的有关规定，也是由农业部发布的、带强制性的国家行业标准，是绿色食品生产中必须遵循、绿色食品质量认证时必须依据的技术文件。

绿色食品标志，由绿色食品发展中心在国家工商行政管理总局商标局正式注册的质量证明标志，图标为绿色正圆形图案：上方为太阳，下方为叶片和蓓蕾，象征着自然生态；绿色，象征着生命；正圆形，意为保护。AA级绿色食品标志和字体为绿色，底色为白色；A级绿色食品标志和字体为白色，底色为绿色。绿色食品标志描绘了一幅阳光灿烂的自然图景，寓意着绿色食品是出自自然生态环境里的纯净、无害、符合一定营养指标的食品，给食品消费者带来健康快乐的生活。图2为绿色食品标志。

绿色食品分A级绿色食品和AA级绿色食品两个技术等级。A级绿色食品标准要求：生产地的环境质量符合《绿色食品产地环境质量标准》，生产过程中严格按绿色食品生产资料使用准则和生产操作规程要求，限量使用限定的化学合成生产资料，并积极采用生物学技术和物理方法，保证产品质量符合绿色食品产品标准要求。同时，产品质量及其包装经检测、检查符合特定标准，经专门机构认定、许可使用A级绿色食品标志。

AA级绿色食品标准要求：AA级绿色食品，等同有机食品，其生产地的环境质量符合《绿色食品产地环境质量标准》，生产过程中不使用化学合成的农药、肥料、食品添加剂、饲料添加剂、兽药及有害于环境和人体健康的生产资料，而是通过使用有机肥、种植绿肥、作物轮作、生物或者物理方法等技术，培肥土壤，控制病虫草害，保护或者提高产品品质，从而保证产品质量符合绿色食品产品标准要求。同时，产品质量及其包装经过检测、检查符合特定标准，经专门机构认定、许可使用AA级绿色食品标志。

绿色食品已经国家工商局批准注册，按照"商标法"有关规定，具备条件可以申请使用绿色食品标志的产品有五大类。一是肉、非活的家禽、野味、肉汁、水产品、罐头食品、腌制或者干制的水果、腌制或者干制的

图 1　无公害食品的徽标

图 2　绿色食品标志

A 级绿色食品标识（左）

AA 级绿色食品标识（右）

图 3　有机食品标识

蔬菜、蛋品、奶及乳制品、食用油脂、色拉、食用果胶、加工过的坚果、菌类干制品、食物蛋白。

二是咖啡、咖啡代用品、可可、茶及茶叶代用品、糖、糖果、南糖、蜂蜜、糖浆及非医用营养食品、面包、糕点、代乳制品、方便食品、面粉等五谷杂粮、面制品、膨化食品、豆制品、食用淀粉及其制品、饮用冰、冰制品、食盐、酱油、醋、芥末、味精、沙司等调味品、酵母、食用香精、香料、家用嫩肉剂等。

三是未加工的林业产品、未加工的谷物及农产品、花卉、园艺产品、草木、活生物、未加工的水果及干鲜蔬菜、种子、动物饲料等。

四是啤酒、不含酒精饮料、糖浆及其他供饮料用的制剂。

五是含酒精的饮料（除啤酒外）。

绿色食品标志的编号。中国绿色食品发展中心对许可使用绿色食品标志的产品统一编号，颁发绿色食品标志使用证书。编号形式为：LB－××－××××××××××。"LB"是绿色食品标志代码，后面的两位数代表产品分类，最后10位数字含义是：一、二位是批准年度，三、四位是批准月份，五、六位是省份，七、八、九、十位是产品序号，最后一位是产品级别（A级以单数结尾，AA级为双数结尾）。从序号中能辨别出该种食品相关信息，同时鉴别出"绿标"是否过了使用期。

自2012年8月1日起，绿色食品标志的编号被企业信息码取代，企业信息码印在产品包装上原产品编号的位置上，与绿色食品标志商标（组合图形）同时使用。企业信息码的编码形式为GF××××××××××××，"GF"是绿色食品英文"Green Food"头一个字母的组合，后面12位阿拉伯数字的前6位代表"地区代码"（按行政区划编制到县级），中间2位代表"获证年份"，后4位代表"当年获证企业序号"。可以登录中国绿色食品网进行查询，若遇到问题产品还可以致电地方绿色食品发展中心咨询。新编号虽然继续实行"一品一号"原则，但是现行产品编号只在绿色食品标志商标许可使用证书上体现，而不要求企业把产品编号印在该产品包装上。

自 2012 年 10 月 1 日起施行的新修订的《绿色食品标志管理办法》，严格了申请人资质条件，提高了绿色食品准入"门槛"。《办法》以标志管理为主线，质量提升为核心，标准化生产为基础，严格审核把关为保障，强化获证后监管为手段，维护和提高绿色食品品牌公信力。为此，建立了"属地管理为基础、生产自律为主体、执法监督为主导、工作机构管理为保障"的监管机制，构建了绿色食品企业年检、产品抽检、风险防范、应急处置、退出公告等证后监督检查制度，从而加强了证后监管。按照科学性和规范性的要求，还对绿色食品标志审核和发证做出了更加严格的规定，特别规定申请使用绿色食品标志的生产单位前三年内无质量安全事故和不良诚信记录，在使用绿色食品标志期间，因检查监管不合格被取消标志使用权的，三年内不再受理申请，情节严重的，永久不再受理申请。

根据《办法》，现行的绿色食品标志使用证书有效期为 3 年。时间从通过认证获得证书当日算起，期满后生产企业必须重新提出认证申请，获得通过才可以继续使用该标志，同时更改标志上的编号。从重新申请到获得认证为半年，这半年中，允许生产企业继续使用绿色食品标志。如果重新申请没能通过认证，企业必须立即停止使用标志。另外，在 3 年有效期内，中国绿色食品发展中心每年要对产品按照绿色食品的环境、生产及质量标准进行检查，如果不符合规定，中心会取消该产品使用标志。

绿色食品标志防伪标签，采用了以造币技术中的网纹技术为核心的综合防伪技术。该防伪标签为纸制，便于粘贴。标签用绿色食品指定颜色，印有标志及产品编号，背景为各国货币通用的细密实线条纹图案，有采用荧光防伪技术的前中国绿色食品发展中心主任刘连馥的亲笔签名字样。防伪标签还具有专用性，标签上印有产品编号，所以每种标签只能用于一种产品上。

绿色食品防伪标签具有保护作用和监督作用。另外，中国绿色食品发展中心利用发放防伪标签的数量，控制企业生产产量，避免企业取得标志使用权后，扩大产品使用范围和产量。

有机食品　有机食品（英文名字Organic Food），在其他语言中有的叫生态或者生物食品等。有机食品是根据有机农业和有机食品生产、加工标准而生产、加工出来的，经过有机食品认证组织认证的一切农副产品。在生产加工中不使用农药、化肥、化学防腐剂和添加剂，也不使用基因工程生物及其产物，因而是真正的源于自然、富有营养、高品质的安全生态食品，包括粮食、蔬菜、水果、奶制品、禽畜产品、蜂蜜、水产品、调料等。

因此，有机食品的主要特征有：作为有机食品的原料来源——有机农产品在生产过程中不使用农药、化肥、激素等人工合成物质，也不允许使用基因工程技术；有机食品在原料来源的土地生产转型方面有严格规定，一般情况下土地从生产其他农产品到生产有机农产品需要2—3年的转换期；按照有机食品加工标准而生产加工出来，产品符合国际或者国家有机食品的要求和标准；必须经过授权的有机食品颁证组织进行质量检查，符合有机食品生产、加工标准而颁给证书。

有机食品，是以有机农业生产方式为前提的。有机农业，包括所有能促进环境、社会和经济良性发展的农业生产系统。在有机农业生产体系中，作物秸秆、畜禽粪肥、豆科作物、绿肥、有机废弃物等是土壤肥力的主要来源；作物轮作以及各种物理、生物和生态措施，是控制杂草和病虫害的主要手段；坚持世界普遍可接受的原则，根据当地社会经济、地理气候、文化背景等条件来具体实施，把农田土壤肥力作为成功生产的关键。有机农业的目的，是达到环境、社会和经济三大效益的协调发展。

有机食品与其他优质食品的最显著差别是：前者在生产和加工过程中绝对禁止使用农药、化肥、激素等人工合成物质，后者则允许有限制地使用。

依法管理有机食品的机构，是国家环境保护部有机食品发展中心（OFDC）。有机食品起步于20世纪70年代，以1972年国际有机农业运动联盟的成立为标志。1994年我国当时的环境保护总局在南京成立了有机食品中心，标志着有机食品在我国迈出了实质性步伐。

自 2012 年 7 月 1 日起，我国执行新的有机食品"一品一码"身份认证制度。依据由国家认证认可监督管理委员会颁布的新版《有机产品认证实施规则》，凡国内生产的有机产品必须采用新的有机产品标识（旧标识同时停用），要求在待售的有机产品最小单位包装上，除了加施国家有机产品认证标识、认证机构名称外，还要贴上由 17 位数字构成的有机码，新标识的有机码可以在"中国食品农产品认证系统"（http: //food.cnca.cn）上进行查询，进入网站点击"有机码查询"，是否为有机产品一查便知。还可以通过该有机码，登录中国食品农产品认证信息系统网站，查询某个有机产品的生产企业、包装规格、认证机构、有效期等信息。如果发现有问题，就可以拨打 12365 举报投诉。

有机食品标识，采用国际通行的圆形构图，以手掌和叶片为创意元素，包含两种景象，一是一只手向上持着一片绿叶，寓意人类对自然和生命的渴望；二是两只手一上一下握在一起，把绿叶拟人化为自然的手，寓意人类的生存离不开大自然的呵护，人与自然是一种和谐共生的关系。图形外围绿色圆环上标明中、英文"有机食品"。图 3 为有机食品标识。

标志提醒人们，人类的食物是从自然中获取的，农业生产应当遵守自然规律，这样才能创造一个良好的可持续发展空间。

三类食品之间的关系 无公害食品、绿色食品和有机食品都是安全性食品，这是共性；主要区别：一是标准上有差异。绿色食品的标准高于无公害食品的，分为 A 级和 AA 级，AA 级基本等同于有机食品，是纯天然食品；无公害食品中有毒有害物质要控制在一定范围之内。二是内在品质和消费对象不同。绿色食品在强调安全的同时，强调优质、营养；作为一种消费习惯，绿色食品有特定的消费群体（收入比较丰厚的社会阶层）；无公害食品强调安全性，是最基本的市场准入标准，面对的是大众消费。三是动作方式有区别。绿色食品是推荐性标准，政府引导、市场运作；无公害食品是靠政府推动的，许多标准是强制性的。四是绿色产品是产品商标，有专用的知识产权；无公害农产品是一种质量标识。

目前，在食品生产和消费中，需要正确认识和处理无公害食品同绿色食品之间的相互关系。发展无公害食品和绿色食品是统一的生产过程，绿色食品是无公害食品发展的高级形式，无公害食品是绿色食品发展的基础；无公害食品行动在搞好试点的同时要向面上扩展，为扩大绿色食品生产提供更大的技术支撑和市场空间。

农产品安全生产：保障食品药品质量的第一关

确保食品药品质量安全，农业生产是源头。发展好农业，一靠自然，二靠政策，三靠农科。从当地自然条件出发，遵守农业生产规律，继承传统农业生产经验，保护用好农业生态环境；执行国家产业政策，落实国家惠农政策，调动与用好生产者劳动积极性；坚守科学精神和人文关怀，正确看待与处理经济效益和生态效益以及目前利益和长远利益之间的关系，慎重选择适用的农科成果并作恰当运用。尤其是包括农业生态环境在内的自然条件，既是安排农事的客观依据，又是发展农业生产的第一资源，最终决定着当地农业发展方向、发展质量和发展速度，以及作物的产量和产品的质量。

农产品的品质与农业生态环境的关系

影响农产品品质有两个方面。一是种子基因，这是内因，另一个是农作物生长的环境，这是外因。在种苗确定的情况下，生产优质农产品，首要条件是拥有自然的农业生态环境。任何一方自然农业生态环境都由上部环境和下部环境组成，上部环境是含有大气、阳光、水汽和尘埃等物质要素的自然空间，下部环境是含有土壤、岩石、空气、温度、水体以及生物等自然要素的物质世界。

自工业化运动启动至今的人类历史400年里，地球上绝大部分自然生态环境被改变了。工业文化一再被过度张扬，大自然成了劳动者和科学技术之间的"鱼肉"，自然资源被无节制地开采，垃圾和危险物质被任意地排入自然环境，农业生态环境还直接遭受着农药、化肥污染，以及包括砷、镉、铬、铅、铜、汞等在内的重金属污染。自然的生态平衡被打破，天然的生态环境被污染。在今天全球范围内，原生态的自然环境就变成了一种稀缺的自然资源。

只有在天然的环境下才能产出天然的农产品，只有天然的农产品质量和营养才有保障。农作物需要生长在一定生态环境下，从环境中汲取生长发育所需要的物质元素。作物一个生长周期类似动物的一个生命周期，生长环境安全洁净，营养物质无毒无害，植物体才能保持健康状态，农产品才不会吸收和积存有毒有害物质。因此，农业用肥需要天然的有机肥，包括腐熟的有机肥料和适合当地水土条件的微生物肥料，既能增加土地有机物质，增强土壤活性，又能保护土壤中有益的微生物，维持着农业生态系统自然平衡。同时，要增加劳动力投入，以保持田间环境卫生，清除作物病原体，减少和控制作物病虫害。保持农业生态环境的安全洁净，就是在保持农产品的安全洁净。相反地，要么往农田里滥施化肥、农药，要么对土壤重金属污染听之任之，这种农业生态环境下不可能产出品质天然的农产品，情况严重时还会令农业生产难以为继。

只有原生态的生态环境，才是发展真正意义上生态农业、生产特色农产品的先决条件。有什么样的生态环境，就会有什么样的生物；生态环境不能复制，每个生态环境下生长着的生物就不能复制，换句话说，特定自然生态环境对应着特定的物产。可以说，谁保住了原生态的自然环境，谁就保住了某种（些）农产品的品种及其品质。特色产品出自特定自然生态环境下，原始品质是特色产品的本质特征。

农科成果应用于农业生产中，通过直接对农业生态环境施加影响而间接地影响农产品的品质。农业科技既作为"硬件"体现在有形的农用工具上，又作为"软件"存在劳动者的大脑之中，以及具体的农业生产组织形式和操作方法，统一在农业生产的劳动过程中。农业科技恰当运用所发挥的功能在于，延长劳动者手臂，加强劳动者力量，减轻劳动强度，提高生产效率，优化生产要素，提高资源利用率，即可以帮助生产者充分合理地利用农业资源，呵护和促进农作物健康苗壮成长，保证农业生产取得较好收成的同时，保护农业生态环境，增进农业生产后劲。只有这样使用的农业科技，才配称之为绿色农业科技，才是现代农业所需要的农业科技。

实际上，农业科技在农业生产上的作用表现为两个方面，可以称为两个不同方向。一是化肥、农药这类科技成果的运用，没有节制地滥用或者误用，片面追求作物单产，减少与取消活劳动量，这是引起农业生态环境恶化、产品农残超标的根本原因。为了追求亩产、节省劳动力而不择手段，农科成果应用得急功近利。二是准确掌握自然生态环境变化规律和农业生产的规律，并恰当运用这些规律，在给作物增肥和作物防虫方面，充分借助生物的和物理的方法来实现，在高水平上保持和促进农田生态系统的正常发展，增强这个微型生态系统的服务功能。这种农业生产形式，既可以保证农产品的天然品质，又可以一定程度上增加产量。同样是在运用农科成果，方式不同，结果就不同。

现代农业发展目标是：生产优质高产、食用安全的农产品。生产方法是：采用绿色肥料、作物病虫害生物防治法，以及农田杂草生态控制法。农业科技是在这两个层面上发挥应有作用。绿色肥料，是以作物秸秆和牲畜粪便，及某些生活垃圾为原料，针对性添加作物需要的某些微量元素，通过生物合成的方法制造出来的。这是一种新型复合肥料，既能让作物充分吸收其养分，又能克服农家肥施用到田里后出现的肥力散失、容易滋生病虫害等缺陷。

现代农业生产的实践，向农业科技提出了以虫治虫、以草治虫，与以草治草、以虫治草的实用技术。这是现代农业科技面对的一个新课题。就某种意义上说，解决农业生产领域中产品质量问题，以及农业可持续发展问题，都以农业科技对农业用肥、作物病害虫和田间莠草等问题的圆满解决为条件。否则，"现代农业"概念难以确立，发展目标更无从谈起。破解两个方面的实际问题，是农业科技存在和发展的理由；解决程度，衡量着农业科技的贡献率。

如果通过推广应用农业科技成果，妥善解决了绿色肥料的生产问题和作物病虫害生物防治法的技术问题，在生产领域消除了农产品的安全隐患，同时避免农业生态环境的衰退，这就说明该项农业科技用对了地方，符合了科学精神和人文原则，实现了正价值，释放了正能量。反之，如果在片面经济利益的驱动下推广应用农业科技成果，被使用之后产生了负价值或者留下了安全隐患，破坏和污染农业生态环境，牺牲农产品的天然品质，无论眼前作物产量有多么高，该项农业科技成果都不宜采用。

西藏农业生态环境和农产品品质的特点。 西藏高原是除了南极和北极之外，地球上最洁净的环境本底区……大气重金属元素含量接近于全球大气元素浓度的背景值，拉萨大气重金属含量远低于人口聚集区和工业化地区的金属含量。西藏全区主要江河湖泊水质状况保持良好，达到了我国规定的水体环境质量标准（GB3838—2002），重金属含量处于世界河流—湖泊生态系统的背景水平，没有受到人类活动的污染。西藏土壤中重金属含量继承了其成土母质的特点，1979年到2009年的30年间土壤重金属含量没有发生明显改变。

同时，西藏处于高寒地区，光照充裕，光照时间长，喜阳植物果实品质好。自20世纪90年代以来，国际上生态学家对种子质量与环境的关系开始注意。种子质量的生态学认为，每个植物种都有一个进化上稳定的最适宜的种子质量，植物对繁殖具有固定的资源分配比例，在种子质量和数量之间有一个权衡。二者的关系比较复杂，但是研究表明，大种子需要更多的时间来发展，它们在成熟前要花更长时间积累自身的干物质，多年生平均种子质量要高于一年生植物种子的质量，种子质量与植物生长期有关。一般认为，大种子更适应严酷的环境，由于储藏能量多，其幼苗具有明显优势，更能适应恶劣的生长环境，种子质量大小与地理纬度、经度和气候都有关系。西藏高原，很多农耕区光照时间长，昼夜温差大，植物生长期长，低温而少受涝灾干扰的农作物生长环境，作物光合作用充分，呼吸微弱，高原环境条件下较少害虫损坏，因此这里的农产品品质良好。西藏农产品天然而富有营养这个特色，源于其农业生态环境的特点。

所以，西藏农产品的高原特色，不只表现为"人无我有"的特产，主要是其天然营养的品质。如果只是特产，质量和营养成分没有个性，这样的特产就没有多少实际意义。

当前，西藏农业生态环境的风险是，少数农业区被连年使用的化肥、农药，以及有害废弃矿渣、生活垃圾所污染。一旦风险转变成危险或者威胁，那么农业生态环境的优势就有可能贬值，高原特色农产品就有可能降格为普通农产品。西藏农业只能走生态发展之路，扬长避短，发挥优势，凭借原生态的农业生态环境作为资源条件，恰如其分选用绿色农科，同时加大农业基础设施建设，造就一支相当规模的农科人员来把关农事活动，也可以因地制宜，分散经营劳动力密集型的天然农业。西藏天然具备发展绿色食品、有机食品的环境条件，但是前提是，从现在开始减量使用以至彻底"解聘"化肥、农药，恢复和保持农业生态环境的原生本色。

50 余年来，西藏落实国家的主要农业政策

农业政策，是发展农业生产的要素之一。作为一种社会资源，农业政

策通过依法界定农民与农业生产资料和农业收益之间的经济关系，激发和保护农民的生产积极性来反作用于农业生产力。一个国家或者一个地方，实行什么农业政策，既受制于生产力的实际状况，又取决于国家的政权性质。1951 年西藏和平解放，西藏开始置于新中国的人民政权之下；1959 年西藏民主改革，使百万农奴在经济上和政治上翻了身。在民主改革至今的 50 多年，中央在西藏推行了什么农业政策，怎样推动了这里农业生产的发展，又怎样维护了农民的切身利益？概要梳理如下。

第一阶段，西藏民主改革与社会主义制度的确立。1959—1979 的 20 年，中央在西藏实行了变革生产关系、推动经济发展的政策。民主改革的主要内容是："废除封建农奴主土地所有制，实行农民的土地所有制"；"废除人身依附，解放农奴和奴隶"；目的是解放生产力，发展农业生产，改善人民生活，建立民主的社会主义新西藏。农奴和奴隶因此获得了土地和其他生产资料，也成为自己和国家的主人。从此以后，发展农业、发展牧业、发展商业、发展为农牧民服务的手工业，成为政府工作重心，兴起了大办农业、大办粮食的爱国丰产运动。

经过民主改革和发展生产，西藏从封建农奴制社会直接跨越到了社会主义社会。1961 年西藏进入了"稳定发展"时期，农村劳动力得到保护，农民生活得到改善。1965 年西藏试办人民公社，采取"政社合一""一大二公"的组织形式，遵循集体经营、按劳分配原则，同时进行了社会主义改造。1975 年，西藏实现了人民公社化。在此期间，以提高粮食产量为目标，持续开展兴修水利、平整农田的农业基础设施建设，农区面貌发生了很大变化；开展了以种子田、试验田、丰产田为主要内容的农业技术推广活动，为加快农业发展打下了坚实基础。1978 年，中共十一届三中全会以后，中国进入社会主义建设的新时期，改革开放成为时代潮流。西藏在中央的领导和帮助下，开始对农牧业生产形式进行探索。

第二阶段，西藏生产关系的调整与经营方式的创新。1980—2000 的 20

余年，国家在西藏实行了"多予、少取、放活"的经济政策，随着时间推移及西藏区情变化而做适时调整。在此期间，中央先后召开三次西藏工作座谈会，给予西藏一系列特殊、灵活、优惠的政策，动员全国力量支持西藏，农牧业因此获得全面快速发展。

1980年，中央第一次西藏工作座谈会决定：针对西藏实际，对农民实行休养生息政策。西藏自治区制定措施，对休养生息政策加以细化，概括成"放、免、减、保"四字方针。"放"即放宽政策，尊重队、组、户的自主权，政府不再下达生产计划、产量计划以及种植面积等指令；"免"即免征农业税，取消一切形式的派购；"减"即减轻农牧民负担，废除一切形式的摊派；"保"即保证必要的供应，包括在农畜产品停止收购后，对城镇居民、藏族职工的酥油供应办法不变，不降低国家对牧民供应的口粮标准。另外，发放农牧业生产无息或者低息贷款，扶持贫困地区和贫困户。

同时，放开农产品经营自主权，免收工商税。农牧业产品销售以市场调节为主，生产及销售民族必需品的集体、个人工商企业免征工商税；农牧民个人和集体上市出售、交换农牧副和手工业产品，一律不收税；外贸出口享受全部外汇留成，允许西藏在内地转销一般性进口商品。

休养生息政策，使西藏在全国率先实现了对农牧民由**索取**到**给予**的历史转折，产品分配关系得到重大调整，多数农牧民开始摆脱贫困。在打破计划经济体制方面，西藏也先行了一步。

1984年，中央第二次西藏工作座谈会为西藏确定的经济政策，核心是以家庭承包为主的**生产经营责任制**和**"两个长期不变"**。这次座谈会指出：新办的工商业以集体、个体为主，以市场调节为主；在坚持土地、森林、草场公有制的前提下，牧区实行"牲畜归户，私有私养，自主经营，长期不变"、农区实行"土地归户使用，自主经营，长期不变"的政策。

自治区政府结合区情，完整贯彻中央政策。连续下发"通知"和"意见"明确：农业可以实行土地到户、自主经营的生产责任制，坚持"以家庭经营为主、市场调节为辅"的方针，保障家庭生产经营的自主权，帮扶各种专业户、重点户；取消粮食、酥油、肉类的计划收购，开放农、牧、副产品市场，实行自由买卖。同时明确：土地、牲畜的承包期30年不变，集体果树、集体林木、荒山、荒滩、荒地的承包期50年不变，开发性经营权允许继承。

同时，西藏在落实中央政策过程中既坚持群众自主，尊重群众意愿和生产经营自主权，又注重引导和管理，强调"放开搞活不是放任自流，长期不变不是放任不管"。1985年自治区把发展农牧业生产方针由"以牧为主，农林牧结合，多种经营，发展商品生产"，调整为"宜农则农，宜牧则牧，农牧林结合，多种经营，全面发展"。1988年提出，在坚持"土地归户，长期不变"的基础上，允许土地自由流转；建立健全农牧业社会服务体系，要求党政部门参与和协调社会化服务。1989年在试点基础上，完成了政社分开、撤区并乡工作。

1994年，中央第三次西藏工作座谈会确立了新时期做好西藏工作的指导方针，提出**"到本世纪末实现粮油肉基本自给"**的发展目标；做出了**"分片负责、对口支援、定期轮换"**的援藏决定。西藏自治区做出"决定"：稳定中央在农牧区的基本政策，完善农牧业经营体制；实施科教兴农战略，依靠农牧业技术进步转变农牧业增长方式；推进农牧区小康建设，增加农牧民收入，完成扶贫攻坚任务；综合开发农牧区，保护耕地资源，实现粮、油、肉基本自给。

农牧区以包产到户为主要形式的综合改革，使农牧户成为相对独立的经营主体和财产主体，获得了生产自主权、经营决策权、产品销售权和收入支配权；在全国发达省份对口支援下，农牧业发展获得了资金、技术、市场，以家庭自主经营为主、统分结合的双层经营体制建立起来。政府部门服务意识增强，农牧业社会化服务体系初具雏形。2000年西藏农牧业生产能力跃上新台阶，实现了粮油基本自给的发展目标。这就为调整农业生产结构、转变农业发展方式奠定了物质基础。

第三阶段，围绕解决"三农"问题，落实中央强农惠民政策。2001年以来，依据中央第四次、第五次西藏工作座谈会精神，西藏调整农业结构，发展优势特色农业，推进农业产业化，具体措施主要有：完善"两个长期不变"政策，健全统分结合的双层经营体制和草场承包责任制，允许土地和草场使用权合理流转，重视农牧业、关心农牧民，把增加农牧民收入作为农牧区工作中心任务；实行最严格的耕地和草场保护制度，稳定粮食播种面积，推广优质青稞和小麦品种，发展精细蔬菜、"双低"油菜等经济作物，改革粮食收购和农业生产资料的补贴办法，兑现种粮直补和农资直补政策，提高粮食最低收购价格，保护农民种粮积极性；协调发展农牧业，优化农牧业结构，首批抓好13个农牧结合示范点建设，扩大经济和饲料作物种植，形成"粮、经、饲"三元结构；实施农牧业特色产业开发项目，培育发展特色农畜产品，围绕青稞、蔬菜、奶牛、藏猪等优势品种，规划特色产品生产区域，加大资金和技术支持力度，扩大种养规模，提高产品质量和生产效益。

50余年来，中央在西藏实行的农业政策，立足于西藏的特殊区情，始终以土地为中心，以发展为主线，以满足人民对土地使用权的要求、解决人民生产和生活方面的困难为主题，以变革生产关系与探索农牧业经营形式为手段，以解放与发展生产力为动力，以改善人民生产生活条件为根本目的。西藏自治区在准确把握中央精神的前提下，出台相关措施细化中央政策，赋予中央政策在西藏的新活力。西藏农业正处在由传统向现代过渡的发展阶段，目前驶入了"稳粮提质促增收"的发展轨道。

小贴士 ▶

近期，中央财政拨付专款，在西藏落实农业生产补贴。种植业的补贴政策，主要包括良种推广和繁育补贴、化肥补贴、农用柴油补贴、农机购置补贴、农药补贴、种粮直接补贴等。其中，良种推广补贴，2011年前青稞每亩补贴10元，2011年后增加到每亩15元；2012年前，良种繁育项目中青稞原种田和一级种子田每亩补贴60元，二级种子田每亩补贴30元，自2012年开始，青稞一级和二级种子田补贴标准不变，青稞原种田补贴每亩增至300元。

农科新成果运用的目的性和绿筛原则

社会需要的是绿色生产技术。绿色科学技术与非绿色科学技术。科学技术的社会价值在于，在社会生产中起到一定的促进作用。然而这种作用不完全是正相的，科学技术应用之前需要首先做出筛选。"科学技术是生产力""生产力中也包括科学"……马克思此类论断是什么意思？应该怎样加以理解？泛泛谈论科学技术的社会价值没有意义，只有把它放到具体的生产活动中进行考察，依据"满足人"和"适合人"的标准对科学技术应用的过程和结果做出全面的分析与判断，才可能获得完整的准确的认识。科学技术的生命源于生产实践，从生产实践中来又回到生产实践中去；它本身只是潜在的生产力，只有与相应的生产活动结合起来才能转化为现实的生产力。

不仅如此，科学技术被应用于生产过程，既可能生成有效的生产力，又可能生成无效的生产力，既可能产生正面的社会价值，又可能产生负面的社会价值，这取决于它被应用的对象和范围。应用于生产活动中的科学技术，就不再是客观的、中立性的知识和方法了，生产活动的目的性决定着它被应用的目的，谁掌握了它，它就为谁服务，并且使生产活动中公共利益与私人利益、长远利益与眼前利益、生态效益与经济效益等多对矛盾变得复杂起来。在现实中，科学技术应用上的急功近利，总是造成应用对象和应用范围上的偏差，应用结果往往不够圆满，出现了各种形式的副作用。并且，科学技术这个知识体系也一直随着社会实践的发展而不断被完善，任何一个发展阶段上的科技成果本身都是不完全的。

正因如此，在绿色文化广泛兴起的当代社会，科学技术在应用层面上就有了性质划分，即依据在生产活动中所产生的影响和结果，科学技术被贴上了绿色与非绿色的标签，打上了社会价值色彩。公众开始用哲学上"善"的尺度，即它"满足人"和"适合人"的实际状况来评判它。生产发展和社会进步固然需要科学技术，但是只需要绿色的科学技术，而坚决摈弃非绿色科学技术。当然，所摈弃的是应用方式，并非所有科学技术成果本身。

绿色技术与非绿色技术。绿色技术主要包括两类，一是物质生产上正在倡导与推行的清洁生产技术，二是符合可持续发展要求的新型能源开发与应用技术。凡是可以在物质生产中节约地使用原材料、自然资源和能源、减小对环境污染的实用技术，以及开发利用太阳能、风能、生物质能、地热能等的新方法，都属于绿色技术范畴。美国则把绿色技术分为"深绿色技术"和"浅绿色技术"，前者是指污染治理技术，涉及利用垃圾合成土壤、垃圾发电、污水处理，后者是指清洁生产技术和能源资源综合利用技术，包括电动汽车开发、建筑节能减排等方面。

与之相反的，是非绿色技术。概括地说，"有实用价值，但是不符合可持续发展要求的技术"，被指称为"非绿色技术"。

综合现有研究成果，"绿色技术"基本含义有：绿色技术和非绿色技术仅在生产实践中才有概念意义，理论层面上无所谓绿色技术和非绿色技术；绿色技术意味着技术成果使用原则遵循以人为本、技术成果使用过程达到节能减排效果、使用结果生产出来符合公众需要的物质产品或者营造出来适宜的人居环境；绿色技术实现着生产活动中经济效益、社会效益和生态效益的有机统一和良性互动；绿色技术包含着社会民主，技术成果应用与否的决定权掌握在公众手里，技术成果选用过程具有较高的透明度。

绿色生产技术。绿色生产技术是指能帮助生产企业有效地落实国家产业政策和节能减排措施，让物质生产过程处于高效与清洁状态之中，于一个生产周期结束后创造出来质量合格产品，在这个过程中被采用的或者新形成的生产流程和操作方法。绿色生产技术源于特定的生产活动，既体现在当下的劳动过程中，凝结在相应的产品里，又以生产工具软件形态贮存在生产者的大脑里和肢体上，在下个阶段的同类生产活动中重复发挥作用，同类生产过程将随着该项技术的完善而得到优化。绿色生产技术，实质是绿色科技在物质生产中的具体表现形式，是物质生产中的方法论，主要包括工序安排和操作方式。之所以被称为绿色生产技术，是因为它在物质生产中实现的是正价值，几乎没有出现污染等副作用。绿色生产技术在创造性运用中而日臻成熟，在相应的物质生产中发挥的正向作用会越来越大。

绿筛原则。农业生产是以生产合格农产品为目的的社会活动，过程和结果都必须确保绝对安全。实用技术在农业生产上应用越来越广泛，发挥的作用也越来越大。但是事实上，生产技术不加选择地被乱用或者滥用，农业生产中或者出现现实问题，或者留下安全隐患，于是绿筛原则被提了出来。绿筛原则要求，农科成果在农业生产上推广应用之前必须接受绿筛过滤，只有经过了"绿筛"过滤，才准许进入农业生产领域，才能称为适用而安全的绿色农业生产技术。只有选用绿色农业生产技术，才能保证农业生产过程及其结果的安全。

绿筛的基本含义是：对已经有的和新提出的农业生产技术进行筛选，依据的原则是在被应用过程中生产出来合格农产品，保证食品的源头安全；对农业生态系统不会造成破坏或者构成威胁，保证农业生态环境安全。如果说农业科研的着眼点是求真，获得真理性的农业知识，那么农业生产技术应用的原则就是求善，为社会生产出质量可靠的农产品。

从表面上看，在农业生产上试验或者选用某项生产技术是生产者的私事，其实不然，那是一种社会行为，因为他们是在代表公众试验或者选用该项生产技术，并全权负责质量把关。他们在直接谋取私人利益的同时毕竟在为市场提供农产品，况且生产行为和生产过程也影响着特定区域的农业生态环境，以及一定范围内的人居环境。绿筛原则是一项公共安全原则，是自觉规避农业领域危险和风险的基本措施，农业生产技术选用必须接受社会监督；农业生产技术的垄断与应用上的放任自流，是农业生产上一个安全隐患。绿筛原则体现着包括农业生产者在内的每个公众的根本利益，与狭隘的单纯的经济利益存在着矛盾，这注定了绿筛原则在执行上必须有强制措施。

　　我国农业生产连年获得丰收，粮食产量不断刷新历史纪录，这是自然、政策和劳动的共同产物。农科成果在其中也功不可没，比如重要作物良种培育采用了转基因技术，培育出多抗、持久抗病害的水稻、小麦、玉米、棉花等作物的"优良品种"，在现有条件下对于有效防治作物病虫害、大幅度提高粮棉油作物产量起了重要作用。然而，通过基因工程生产出来的农产品安全性究竟怎样？基因工程被实施中会给农业生态系统带来什么结果？基因作物为什么对现有病虫害具有那么强的免疫力？都是未知数。农业生产的成功不完全是依靠传统方法实现的，科学技术应用的消极影响、潜在影响和长期影响必须展开研究，毕竟我们不能轻易拿自己健康和生命来做科学实验，一切事物都不是天然为人类安全生存和健康发展而准备的，一切事物之间都存在着确定的奇妙的关系。人类在创造舒适生活过程中，首先必须看自然界的"脸色"，然后必须看自己所发明事物的脸色，包括一切科学技术成果在内。为农业生产暂时成功而沾沾自喜，是一种乐观主义态度。绿筛原则的含义，是丰富的也是发展着的。

　　西藏，地理环境高寒缺氧，生态脆弱，气候独特，农业生产自然条件差；近代史上没走上工业化的发展道路，在和平解放之前属于传统的落后的农业社会。农业科技推广应用于农业生产的时间不长，即使在目前应用的对象和范围也相对有限，农业科技的安全隐患尚未明显暴露，包括农业生产者和管理者在内的公众对农业科技的本质及负面影响缺乏必要认识和防范意识。

　　科学技术属于社会生产力的工具因素，是发展农业生产的一种重要的社会资源，但是它的意义在于在农业生产上的具体应用，而这种应用具有不确定性。社会上流行的科学技术是一把"双刃剑"的说法似是而非，或者说没有实际意义。只要恰当选用它，应用的方向、范围、对象及其应用程度恰如其分，可以达到为我所用而不为所伤的目的；反之，很可能得不偿失，甚至埋下安全隐患的种子。农业生产技术之于农业生产活动，犹如螺栓之于螺母，关键在于契合和有度。

西藏的自然条件十分特殊，适用于内地农业生产的技术不一定适用于西藏农业生产，来源于全球范围内相似地理环境下的农业生产技术也未必完全适用于西藏农业生产。适于西藏农业生产的技术要么出自当地的农业生产实践中，要么出自相似自然环境下农业生产活动中，并且经过必要转换、试验与严格筛选。西藏既不能成为科学技术应用的实验场地，又不能成为被农业生产技术副作用重创的灾区。相对于自然纯净的生态环境和天然品质的物产来说，生产技术所能带来的一定程度上的农作物增产终究属于末节。自然对西藏高原的这份不能复制的"馈赠"，不可以因为科学技术的副作用而遭到损害。

从根本上讲，西藏农业年度拥有的物质财富总量是一个定值，这是由西藏在地球上的地理位置所决定的。农作物增产潜力有一定限度，农科技术无论怎样都改变不了这个自然规律。但是，农产品的经济价值增大空间很大，这个升值空间究竟有多么大，取决于农产品优质程度及其农业生态环境的洁净程度。如果以污染环境的代价来换取农产品暂时增产，数量增产形成的经济价值弥补不了产品品质下降损失的经济价值。

因此，西藏农业宜确定**以质换量**的发展方式。对生产技术不是完全排斥，一概不用，而是有选择地使用，恰当地使用；不是冒险地使用，实验性地使用，而是有把握地使用被当地实践证明了的绿色生产技术；没有绝对把握，可能带来负面影响，就宁可不用。优质种苗的选育技术、作物施肥的测土配方技术、作物病虫害的生物防治技术、藏药材和食用菌繁育的塑料暖棚生产技术，沼气生产与综合利用技术等，这类被当地生产实践证明了的能充分利用资源条件，为作物健康生长和禽畜自然发育保驾护航的绿色生产技术，就可以理直气壮地坚持运用。至于那些旨在给作物催生催熟的化肥、助长剂、催熟剂、膨大剂，给畜禽催生催肥的饲料添加剂、激素，以及农药、抗生素等，是要高度警惕与果断放弃的。

西藏旅游业越来越红火，西藏的物产在区外受到一路追捧，作为西藏人不能不冷静地思考一下，这是为什么？世界各地的旅客为什么不惜冒着高寒缺氧和高原反应的风险，千里迢迢来此旅游？因为西藏自然景观独特、自然环境天然洁净、当地物产的品质天然。天然纯洁的生态环境是西藏的"摇钱树"，是稀缺的自然资源，商品经济越是发展它的经济价值就会越大，将给西藏带来无限商机和财富。圣洁的西藏，一花一草都是宝贝，但是，一旦西藏食品药品被所谓的实用技术改造得如同区外的那些东西一样，西藏的农业生态环境乃至区域自然环境被化肥、农药等科技成果严重地玷污了，那么西藏的自然特色和原本的优势就永远失去了。在科学技术的诱惑面前，是需要保持清醒的头脑，胸怀全局而放眼未来的。绿筛原则对于西藏的现实意义可能更大。

农作物病害综合防治与产品农药残留

从播种插秧到农作物成熟收获，是农业生产的一个周期。作物在生长发育期间，由于总会受到生长环境中病原生物或者不良环境条件的持续干扰，当干扰强度超过了作物能够忍耐程度，使作物的生理和外观出现异常，偏离正常的健康状态，说明作物罹患上病害了。病害除了造成农作物减产外，还降低产品品质，甚至使产品含有毒素，食用会让人畜中毒。病害分为侵染性（占2/3）和非侵染性（占1/3）两个类别，呈现病状和病症两个特征。植保工作者在田间根据症状对作物病害做出准确诊断，然后对症下药提出防治对策。目前，对于农作物侵染性病害的防治，我国依然流行化学防治法，农产品存在农药残留超标现象。

农作物侵染性病害的防治法 农作物发病原因不同，防治方法也就不同；同时，致病原因可能有多种，防治方法就需要多方并举。即使农作物患上侵染性病害，也可能由多种病原生物共同在起作用，所以作物侵染性病害的防治也需要几种措施相配合，有主有次地进行综合防治。相反地，过度依赖单一防治措施可能导致灾难性后果，比如长期使用单一的内吸性杀菌剂，因为病原生物抗药性增强而导致防治失败，而且会破坏农业生态环境，污染农产品。摸清病根，对症下药，方能取得理想的防治效果。目前，倡导以农业防治为基础，综合选用化学防治、生物防治、种子防治等方法，兼治多种病原生物。

综合防治法　农作物病害防治应该着眼于农业生态系统，针对相关病害协调多种必要措施，进行全面完整的防治，争取同时获得理想的经济效益、生态效益和社会效益。因此，我国坚持"预防为主，综合防治"的植保方针，把综合防治解释为：是对有害生物进行科学管理的体系，从农业生态系统总体出发，根据有害生物和环境之间的相互关系，充分发挥自然控制的作用，因地制宜地协调施加必要的措施，把有害生物控制在经济受害允许水平之下，以获得最佳的经济、生态和社会效益。这个界定，与国际上常用的"有害生物综合治理（IPM）""植物病害管理（PDM）"的内涵一致。

自然界中，生物群落之间存在着既依赖又制约的相互关系，彼此在为生存繁衍而接受自然选择，物竞天择，适者生存。病原物作为一种或者几种生物群落被称为寄生物，它们所寄生的、取食的农作物被称为寄主，它们之间存在着取食关系，是整个生物界食物链和食物网上一个环节。农作物与其病原物在环境因素的作用下相互适应与相互斗争，导致了病害的发生、发展。农作物病害防治，就是通过人为干扰，改变农作物、病原物与环境的相互关系，减少病原物的数量，削弱其致病性，保持、提高农作物的免疫力，优化农业生态环境，以达到控制病害、保护与促进农作物健康生长。这是自然界物种之间存在的普遍联系，是农作物病害防治的基本原理。

农作物与其病原物的联系是多种多样的，因此，作物病害防治也就有多种技术和方法可供选择，诸如植物检疫、化学防治、农业防治、抗病性利用、生物防治、物理防治等。我国目前普遍采用的几种作物病害防治法，其要点和特点简述在此。

化学防治 化学防治法，就是通过采用化学农药来防治农作物病害的方法。作物病害，有时呈现突发性、流行性和毁灭性，恰当选用农药及时予以防治成为必要。农药有高效、速效、使用简便、经济效益高、易于推广等优点，可以迅速防治或者控制相应区域内的作物病害，保证作物高产稳产。但是，如果选用不恰当，可能招致对作物产生药害，引起人畜中毒，杀伤有益微生物，导致病原物产生抗药性，以及造成农业生态环境污染与产品农残超标等副作用。在现有的农科技术水平和农业生产条件下，化学防治依然是防治作物病害的主要措施，在面临病害爆发、流行的紧急时刻，甚至是唯一的方法。

化学农药种类和剂型：用于农作物病害防治的农药，主要有杀菌剂和杀线虫剂。杀菌剂，一般指杀真菌剂，除了农用抗生素属于生物源杀菌剂外，杀菌剂主要品种是化学合成的，对真菌和细菌有抑菌、杀菌或者钝化其有毒代谢产物等作用，有些农用抗菌素，比如四环素还能防治类菌原体病害。

依据杀菌剂对作物病害的作用方式，可以分为保护性、治疗性和铲除性的三个类型：保护性杀菌剂，在病原菌侵入作物之前施用，及时阻止病原菌入侵，达到保护作物的目的。治疗性杀菌剂，在病原菌侵入作物机体的时候施用，药剂进入作物组织内部，抑制或者杀死已经侵入的病原菌，使作物病情减轻或者恢复健康。铲除性杀菌剂，对侵染作物的病原菌有强烈的杀伤威力，或者通过熏蒸触杀，或者通过渗透作物表皮灭杀。这种内吸式的杀虫剂，能够被农作物吸收，在体内运输传导，有的可以上行（由根部向茎叶）和下行（由茎叶向根部）输导，多数的只能上行输导，让作物机体渗透着这种药剂，既可以防治病原菌的入侵，又可以触杀已经入侵而寄宿在此的病原菌。由于杀菌剂，尤其是铲除剂毒性大，容易引起严重的作物药害。

杀菌剂品种不同，能有效防治的病害范围就不同。有的品种有很强的专化性，只对特定类群的病原真菌有效，称为专化性杀菌剂；有些则杀菌范围很广，对分类地位不同的多种病原真菌都有效，称为广谱杀菌剂。

杀线虫剂，对线虫有触杀或者熏蒸作用。触杀是指药剂经体壁进入线虫体内产生毒害作用，熏蒸是指药剂以气体状态经呼吸系统进入线虫体内而发挥药效。有些杀线虫剂兼具杀菌杀虫（昆虫）作用。

药物只有经过加工制成特定的制剂才能投入实际使用，未经加工的叫作原药。原药中含有的具有杀菌、杀虫等作用的活性成分，称为有效成分。经过加工而成的药品叫作制剂，制剂的形态称为剂型。制剂的含义，通常包括农药名称、有效成分含量和剂型名称等三个方面。比如70%代森锰锌可湿性粉剂，指明农药名称为代森锰锌，有效成分含量是70%，剂型为可湿性粉剂。病害防治常用剂型有乳油、可湿性粉剂、可溶性粉剂、颗粒剂等，还有较少用到的粉剂、悬浮剂、水剂、烟雾剂等。

农药对有害生物的防治效果称为药效，由于药剂使用不当而使作物受到损害称为药害，对人、畜的毒害作用称为毒性，在农药施用后的一段时间内，农产品和环境中残毒物对人、畜的毒害作用称为残毒。为了既能达到化学防治病害，又能降低毒性和残毒的目的，化学农药在研制上要求"高效、低毒、低残留"，在使用上要求针对特定防治对象及病害程度，"对症下药"，按照剂量标准、操作方法、每季作物最多使用次数、安全间隔期等使用说明进行喷施作业。

用药不当所造成的问题主要有：把农药用在敏感的作物上，或者在作物敏感的生育期用药，或者剂量过大，或者混用不合理、施药不均匀，或者重复施药，施药的时候农药飘到了敏感的作物上，用过除草剂的喷雾器，没有清洗干净就用来喷洒杀菌剂等情况，均会造成药害。

违规用药的严重后果是：农药施用必然污染农业生态环境，农药毒性大小、用药剂量多少，喷药过程中出现的"跑、冒、滴、漏"浪费程度，都会对施药地块及周边环境造成一定影响；不按使用要求施药，超过安全间隔期在蔬菜、果树等作物上使用杀菌剂，均会造成农残超标现象。

化学农药的原理取法自然。农药，实质是植物的他感化学物质的模拟物、人工合成的化学制剂，药理源于植物之间自然存在的他感作用。

现代生态学认为，生态系统内部物种之间存在着复杂的相互关系，动物有着自我防护的本能，植物也一样，这是自然选择与物种进化的结果。比如，植物是不能移动的，但是又不会处于任人宰割的地位，它们通过形态、生理生化等自身机制，发展出来多种防卫手段。有的植物在进化过程中长出各种荆棘和皮刺，形成机械防御体系。典例就是蓟属植物的茎和叶上都有许多刺，这些棘刺成为"不可侵食"的信号，即使是强势食草动物也不敢碰它。所以在牧场上可以看到，所有绿草几乎被吃光了，而一些蓟草却能安然生长，不受扰动。还有一些植物覆盖着多种细毛，这些带钩或者倒刺的毛状体能刺伤昆虫或者使之无能为力，成为植物物理防御的一部分。

不仅如此，植物之间存在着一种偏害作用或者非共生的关系，即一个物种压抑另一个物种而对自身无影响的相互作用。典例就是他感作用，又称植物间的他感化学作用，是指一个物种或者有机体受到另一个物种或者有机体释放于环境中的代谢物的影响，包括促进或者抑制两个作用，且具有选择性，影响特定的物种而不影响其他的物种。这是生物群落里一个有趣的奥秘。

植物的他感作用，其实是植物的生物化学物质之间的相互作用，包括有害和有益两个向度。他感作用，实质是植物通过向环境中添加物质引起的，这种物质叫作他感化学物质，又称次生（代谢）物质，即一种生物所产生的对另一种生物的生长、健康、行为或者种群生物学有影响的非营养的化学物质。这是一种化合物，源于植物的生活部分，比如根、叶所分泌的或者淋溶下来的化学物质。

实验表明：把有些植物的种子放在苜蓿叶提取液中，就使得杂草种子生活力大幅度下降。比如，木薯茎叶的汁液对南瓜、玉米、豇豆、花生、热研 2 号柱花草、热研 8 号坚尼草的种子萌发与生长均具有抑制作用；核桃青皮提取液对小麦、萝卜等植物的根生长具有抑制作用；火炬树下很少有其他植物生长或者生长不良，就是因为火炬树能分泌一种化学物质，从而影响其他植物生长。

植物间的他感作用，可以是直接的，也可以是间接的。报春属植物叶子上的毛状腺分泌的刺激性化学物质能起到驱虫作用，因为它们使植食动物感到发痒或者疼痛。间接作用是通过土壤里微生物起作用，如果首先对固氮微生物起抑制作用，就能使与之相伴的高等植物的生长因缺少氮元素而受到抑制。

他感化学物质是联系植物与昆虫的桥梁，研究植物他感化学物质就成了揭开动植物间关系的一把钥匙。植物在受到虫害侵害之后会做出回应，其受害部位能合成防御化学物质，或者从植物机体别的部位运转现有的化学物质到受害部位，有时还释放特殊的挥发性物质，吸引害虫的天敌。植物在生长过程中具有一定的捍卫自身生存与发展的能力。自然界生物的多样性形成了种类繁多、数量巨大的他感化学物质，已经确定的植物他感化学物质超过 10 万种，由此造就了形形色色动植物间千丝万缕的联系。

化学生态学开展植物诱导抗性机理研究，可以为病虫害治理提供理论依据，并可以在实践中加以应用。目前找到了某类他感化学物质是植物抗性的主要因素，便可以利用生物技术的方法调控这类物质合成途径中的关键性的酶系，使之增量，以达到安全控制病虫害的目的。

然而，植物他感化学物质在植物中仅微量存在，目前很难实现人工大剂量提取，满足农作物病虫害防治需求，于是就有了人工合成的化学药剂，即各种类型的化学农药，包括可以杀灭作物害虫的灭虫剂、祛除病害的灭菌剂、清理杂草的除莠剂，可以促使作物果实早熟的助长剂和催生素，可以用来育种的育种剂。

这种人工合成的化学药剂，实际上是植物他感化学物质的仿制品，是师法自然的产物。始料未及的是，近代工业应近代农业生产的需要，借助于科技成果运用而研发出越来越多的化学农药，运用范围在自然界中无所不及。种种迹象表明，化学农药的品种和数量已经超出了自然界生物忍耐的程度，绝对过剩了，副作用日益显露，于是，人们盼望更为理想的生物药剂尽早问世。虽然未来采用的农作物病虫害防治药剂是什么、叫什么名字，但是生物药剂和化学农药很可能成为现代农业与近代农业划分的重要标志。

另外，植保人员既是农民从事田间管理的顾问，又是农药选用的把关者，他们的作用影响着农药使用的有效性和安全性。在离不开化学防治的情况下，农民希望植保人员能像自己这样，把身心投到包片的农田管理上，经常深入田间地头，对作物病害做出准确诊断，及时提出相应的防治措施，与农民一道共同呵护作物健康生长。同时，农药的选用及施用方法，除了认真阅读、准确领会农药使用说明之外，农民更期望植保人员在现场，施药方法现场予以示范，手把手地指导操作，以正确选药，适量用药，定点施药而不跑偏，部位全覆盖而不扩大，治愈作物病害而不留安全隐患。如果植保人员跟踪化学防治全程，犹如医护人员悉心陪护伤病患者那样，化学防治法就一定能把农药正作用发挥到极致，把副作用降低到最低程度。

无论是对作物病害的诊断、种苗抗病性的鉴别，还是作物栽培、田园卫生管理指导，田间都是敬业的植保人员最重要的办公场所。他们介入农业生产全过程，既能为农民提供切实便捷的服务，又能获得科研需要的第一手资料。只有在农业专家悉心指导下的农事活动，才是安全而高效的；只有来自农业生产一线的农技成果，才具有安全性和使用价值。农民需要农技人员，农技人员更需要农民；农业生产需要农科成果，农科成果更需要农业生产的生动实践。

农业防治　农业防治又称栽培防治或者农田管理，主旨是在全面分析寄主植物、病原物及其生存环境之间固有关系的基础上，运用多种管理措施，创造有利于农作物生长发育而不利于病害发生的环境条件。相对于普通的日常农事活动，农业防治有明确的目的性和针对性，农业防治所采取的某些措施是对一般农事活动的细化和强化，可以与栽培和中耕活动结合进行，不需要特殊设施，但是农业防治的调控措施突出农事活动的作物防病效果，实施得更加精细与到位。因此，农业防治要求在单位面积上投入相当的活劳动量，而且是技术含量高于一般农田管理的活劳动量。农业生产采取农业防治法，意味着这种生产形式是一种劳动密集型的农事活动。由于农业防治不给作物使用化学农药，也不给土壤里添加任何有毒化学物质，而是充分利用生物间自控机制，切断真菌、病毒等病原物在田间传播途径，以减少农作物病原物，同时恰当运用生物技术促进作物苗壮成长，以提高其抗病性。这不但可以增加农作物产量，保证其产品质量，而且可以起到保护与建设农业生态环境的作用。

农业防治有地域局限性，集中连片的规模化农业生产以及区域间协同作业，可以让其特点和作用充分显示出来。这种防治法包括四个要点。

第一，使用无菌繁殖材料。生产与使用无病种子、苗木、种薯以及其他繁殖材料，可以有效地防止病害传播与压低初侵染接种体数量。为了确保无病种苗生产，必须建立无病种子繁育制度和无病母本制度。种子生产基地需要设在无病或者轻病地区，并且采取严格的防病与检验措施。以马铃薯无病毒种薯生产为例，原种场应该设置在传毒蚜虫少的高海拔或者高纬度地区，生长期内也需要治虫防病，及时拔除病株和劣株。原种供种子田繁殖使用。种子田应该与生产田隔离，以减少传毒蚜虫。种子田生产的种薯供大田生产使用，商品种子应当进行种子健康检查，确保种子健康水平，对于带病菌的种子实行热力消毒或者杀菌剂处理，同时，借助机械筛选、风选、水选等方法剔除瘪秕颗粒以及其他杂物。

第二，建立合理的种植制度。合理的种植制度有多方面的防病作用，既可以调节农田生态环境，改善土壤肥力和物理性质，有利于农作物生长发育与有益微生物繁衍，又可以减少病原物存活，中断病害循环。比如，合理的轮作会使某些病原物因为缺少寄主而无以为生，迅速消亡，因此最适合防治土壤传播的病害。防治小麦全蚀病，可以采用非寄主植物轮作2—3年。当然，若是病原菌腐生性较强，或者能生成抗逆性强的休眠体，就可能在缺乏寄主的情况下仍能长期存活，只有长时间轮作才能取得防治效果。再如，实行水旱轮作，旱田改为水田后病原菌在淹水条件下很快死亡，可以缩短轮作周期。

第三，保持田园环境卫生。主要包括拔除田间病株、清理收获后遗留在田间病株残体、烧掉田间地头野草，彻底铲除病原物寄主；不使用作物病残体沤肥、堆肥，有机肥等在充分腐熟后方可使用；深翻深耕土地，把土壤表层的病原物休眠体及带菌植物残屑掩埋到土层深处；定期清洗消毒农机具、工具、架材、地膜、仓库。这些做法需要占用较多劳动力，活劳动成本较高，而且带有间接性，不及使用杀菌剂集中灭杀作物上的病害来得速效，但是作业目标针对病源，不损害田间的有益微生物，不会对农业生态环境造成污染。

第四，实施科学的栽培管理。合理调节温度、湿度、光照和气体组成等作物生长要素，创造不适合病原菌侵染与发病的生态条件，对于塑料大棚、日光温室、苗床等人工生态系统中的病害防治，以及初级产品贮藏期病害防治都是十分有效的。选择适宜的播种日期和播种深度；合理密植，作物间隙适度，充分满足光照、通风、湿度等生长条件；适时适度施肥，保证苗壮的同时防止倒伏；选用恰当的浇水方式，提倡浅水灌溉（诸如滴灌、喷灌、脉冲灌等），避免大水漫灌，这不仅节约利用水资源，而且防止水流转送病害物，田间湿度过高也会成为病害发生的重要诱因。

生物防治　生物防治就原理和方法而言，跟农业防治有相通之处，其侧重点在于利用有益微生物来防治农作物病害。有益微生物，又称拮抗微生物或者生防菌。生物防治之要在于：利用有益微生物对病原物的各种不利作用，来减少病原物的数量，削弱其致病性；有益微生物能增强作物抗病性，通过改变作物同病原物的相互关系，来抑制作物病害发生。有益微生物对病原物的不利作用，包括抗菌、溶菌、竞争、重寄生、捕食和交互保护等作用，有的有益微生物同时具有多种生防机制。生物防治主要用于土传病害、叶部病害及收获后病害。

生物防治，有多种措施可供选择。一是大量引进外源拮抗菌。目前，一些有益微生物被制成各种类型的生防制剂，并且被大量应用于农业生产。二是保护与培育当地的拮抗菌。通过调节环境条件，促进环境中现存的有益微生物群体增长，并且表现出拮抗活性。向土壤中追施农作物秸秆、腐熟的厩肥、绿肥、纤维素、木质素、几丁质等有机物质，可以提高土壤的碳氮比，有利于拮抗菌发育繁殖，能显著减轻多种根病；利用耕作和培植措施，调节土壤酸碱度和土壤物理性状，可以提高有益微生物的抑病能力。另外，抑菌土在自然界是普遍存在的，开发利用抑菌土成为生物防治的有效措施。避免因为过量使用化学农药和化肥而招致农业生态环境污染、毒化，维护农业生态系统自然平衡及其生物的多样性。

生物防治前景广阔而任重道远。有益微生物可能同时具有多种生物防治机制，生物防治的强大功效将会随着微生物科学的发展而日益显现出来。但是，由于生物防治所依靠的有益微生物（亦称拮抗微生物或者生防菌）地理适应性较低，因此生物防治效果不够稳定，适用范围较窄，虽然有些有益微生物已被制成多种类型的生防制剂，但是生防制剂的生产、运输、贮存需要严格条件，所以目前生物防治效益低于化学防治效益，只能作为辅助防治措施。

种子防治　种子防治是通过选育与使用抗病品种而有效防治病害的方法。对付那些杀菌剂难以杀灭的病害，诸如土壤病、病毒病等病害，选用抗病品种几乎是唯一可行的防治途径。在农业发展史上，很多大范围流行的毁灭性病害是通过采用抗病品种来控制的。我国小麦秆锈病、条锈病、腥黑穗病，玉米斑病和丝黑穗病，以及马铃薯晚疫病等，都是依靠大面积应用抗病品种而得到全面控制的。小麦白粉病、赤霉病，以及多种经济作物的主要病害，也是通过品种防治有效遏制了病害流行。因此，推广使用抗病品种，可以代替或者减少杀菌剂的使用，既可以节省防治费用，又可以避免或者减轻因为施用杀菌剂而造成的残毒和环境污染。

当然，在抗病品种培育过程中，要认识与把握抗病品种的需肥需水规律，制定合理的施肥、灌水方案，确保其健康苗壮生长；及时拔出抗病品种群体中杂株、劣株和病株，选留优良抗病单株，做好品种提纯复壮工作。关注抗病品种抗病性丧失的现象，不断培育新的抗病品种，在播种的时候根据当地病害流行情况对抗病品种进行合理布局，搭配使用多个抗病品种，尽量保持与延长品种的抗病性。

另外，利用热力、冷冻、干燥、电磁波、超声波、核辐射、激光等手段抑制、钝化或者杀死病原物，达到防治病害目的的**物理防治法**，在处理种子、苗木、其他植物繁殖材料，以及贮藏农产品等方面有诸多优势。

西藏主要农作物病害的防治法　西藏主要的农作物包括青稞、小麦、油菜和玉米等。青稞常见病害主要有条纹病、条锈病、叶锈病、白粉病、散黑穗病、坚黑穗病、黄花叶病、网斑病、细菌性条斑病等。病状有别，病原物均为病菌。发病原因分为生物因子和环境因子，前者表现为种子和植株自身抗病能力弱，用于播种的种子感染上了病菌；后者包括适于病菌繁殖与传播的土壤温度和湿度、田间管理不到位、施肥欠科学、耕作制度不尽合理、气候异常（冬暖、春寒、雨雪过量或者稀少、阴雨连绵、雾霾天气）等方面。

防治方法：　农业防治为主、化学防治为辅的综合防治法。全方位减少菌源，最大限度提高植株抗病害能力，努力做到苗全苗壮，确保产品天然品质和稳产高产。主要措施：选用抗病、耐病品种，采用物理防治法对种子进行杀菌处理；精耕细作，保持良好的墒情和适宜的地温，把握最佳播种期及下种深度，保证正常出苗期，根据土地肥力水平确定播种量，合理密植；青稞成熟收割完毕拾净病残体，及时翻耕灭茬，秸秆还田需要深耕埋入地下，促进病残体腐烂，秸秆沤肥要充分腐熟；雨后开沟排水，干旱开闸喷灌，保持田间适宜干湿度，中耕间苗，尽力改善植株间通风透光条件；清洁田园，拔出田间弱苗、病苗、自生苗，清除杂草，小心作业，避免伤及植株组织，谨防伤口感染病毒；采用与非禾本科作物轮作方法，避免或者减少连作；提倡测土配方施肥，施足基肥，巧施追肥，氮、磷、钾合理搭配（不偏施氮肥），尽量施用酵菌沤制的堆肥或者腐熟有机肥，增强寄主（包括青稞在内的农作物）的抗病能力等。另外，播种前采用药剂拌种，清除病菌，植株生长期间病害发生时需要施药杀菌。

小麦、油菜、玉米等作物，其病原物、发病原因以及病害防治方法与青稞的情况类似。

发展具有西藏地域特点的农业，倡导农作物病害绿色防治。西藏拥有生产优质、特色农产品的生态环境，这是先决条件，西藏的农产品是否具有优质、特色的品质，焦点在于没有被农药和化肥所污染，保持了西藏特定生态环境下自然发育生长的农产品应有品质。西藏能否生产出优质、特色的农产品，关键是能否圆满解决农作物病害绿色防控的现实问题。事实告诉我们，凡是既不污染毒害农业生态环境又不污染毒害农产品的防治技术和防治措施，都属于绿色防治。绿色防治的目的在于根除农业生态环境的安全隐患，实现农业生产永续发展，保持农产品天然品质，确保食品（药材）在生产源头上的质量安全。化学防治由于以农药使用为手段，而农药副作用甚大，不符合现代农业的发展要求，更是绿色产品和有机产品生产所主动规避的。所以在农作物病害防治上，不优先考虑化学防治，即使不得不采用化学防治，也要努力做到适时适度，严格把控与妥善处置其可能出现的安全隐患。尤其在西藏，作物病害化学防治应该是最终选项、最小选项、权宜之计，农药使用要遵循递减原则；因此农药供应量递增的趋势，不是西藏农业健康发展的绿色信号。当然，西藏农作物病害绿色防治也有其地方特点，是切合西藏农业生态环境的不以施用农药为主的农作物病害防治系统。

在西藏，推行农作物病害的绿色防治有一定的现实基础。西藏青稞生产区，气候干爽，土壤高湿情况少见，光照充裕，昼夜温差较大。农民重视运用堆肥、拔除杂草、翻耕灭茬、适时灌溉等生产经验。这样的农业生态环境和生产方法，不利于作物病害的强势发展。

作物病害防治宜早不宜迟，实行"积极防御"的策略。如果能通过精耕细作与田间管理，铲除病害存在土壤、中断病害传播链条，通过相应措施保证苗全苗壮，增强作物抗病害能力，把各种病害消灭在萌芽状态，就能减少甚至避免使用农药。比如有些作物病害在土壤中发育与繁殖有一个温度和湿度的范围，温度大都在10℃—25℃之间，湿度通常在60%—80%之间；在寄主生育期里，病菌喜温湿条件，冬暖或者春寒，冬雨雪较多或者春雨过量，雾大露多天气，均会加重寄主病害，尤其是气温决定病害发生期与传播速度。掌握了这些规律，有助于及时采取应对措施。通过适量喷灌或者深耕晒土，保持有利于种子出苗而不利于病毒存活的土壤温度和湿度范围；借助田间管理，改善田间小气候，营造适宜寄主健康生长而不适宜病毒存活的环境条件。

因地制宜，用好当地的自然条件，善借现代绿色农技和先进农机，弘扬传统农业生产的精华，投入足够劳动力，悉心做好田间卫生管理，有意识减少化肥和农药使用量，保证西藏自己土地上出产的农产品，都是天然的优质的特色的农产品，如果能是这样，西藏的农业效益就会因为农产品的绿色性质和有机食品标准身价倍增而得到大幅度提高。只要能生产出这样的农产品，就没有必要计较生产的集中程度，也就没有必要农民或者农民组织被农业生产规划、指标、农资、技术束缚了思路、捆住了手脚，就让农产品市场通过各类不同技术等级农产品的自身价格指针来引导农业发展的方向和农业生产的形式。自古好酒卖陋巷。路子走对了，并且付出了，消费者是聪明的，付出者定会获得相应的回报。

农药残留 所谓"农残"，有广义和狭义之分。广义的农残，包含农产品的农药残留、重金属残留，以及其他有毒有害的物质残留；狭义农残，专指农药残留，是指在农田或者森林中喷施农药后微量农药及其有毒代谢物存在植物体内和自然环境中的污染现象。施用于农作物上或者林木的农药，一部分附着于农作物和林木上，一部分则散落在土壤、大气和水等环境里，环境残存的农药一部分又会被植物和动物吸收。环境中残留的农药，最终通过饮水、大气、食物链而传递给人类及禽畜。因此，农药正是食品质量最大的威胁。

农药残留，是随着农药大量生产和广泛使用而产生的，由作物病害和虫害的化学防治直接造成的。二次世界大战前，农业生产中使用的农药主要是含砷或者含硫、铅、铜等的无机物，以及除虫菊酯、鱼藤酮、鱼尼汀等来自植物体的有机物；二战期间，人工合成的有机农药开始应用于农业生产。目前，世界上化学农药年产量近 200 万吨，约有 1000 种人工合成化合物被用作杀虫剂、灭菌剂、驱虫剂。化学工业海量生产农药，是造成农药残留的源头；农业和林业大规模地施用农药，则是直接原因。

形成农药残留的直接原因，有农药本身的性质、环境因素、使用方法等。农药本身的原因，比如已经被禁用的有机砷、汞等农药，其代谢产物砷、汞因为无法降解而残存于植物体和环境中；六六六、滴滴涕等有机氯农药及其代谢产物化学性质稳定，在植物和环境中消解缓慢，同时容易在人和其他动物体脂肪中贮积；农药的内吸性、挥发性、水溶性、吸附性会直接影响其在植物体、大气、水体、土壤中的残留。环境原因，比如有机磷、氨基甲酸酯类农药，化学性质不稳定，被施用后受外界条件影响而容易分解，但是其中存在着部分高毒、剧毒品种；甲胺磷、对硫磷、涕灭威、克百威、水胺硫磷等，如果被施用于生长期较短、连续采收的蔬菜，就很难避免人畜中毒现象。

科普读物世界名作《寂静的春天》讲到半个世纪前美国农业生产的情况：农民不能落实用药说明，农田施药呈现滥用之势。农民经常在临近收获期的时候使用超过剂量的农药，并且想在哪儿用就在哪儿用，甚至因为一时兴起，随意在许多农作物上使用杀虫剂，不愿或者懒得去看那些小巧的说明标志。制造农药的工业部门也了解到农民经常滥用杀虫剂，需要进行教育。然而，当公众要求政府对农民施药行为加强监管时，得到的回答是："能力有限。"

在 20 世纪五六十年代的美国，食品和药品管理局卷宗中有记载："一位种莴苣的农民，他在临近莴苣收获时不是施用一种，而是同时使用了八种不同的杀虫剂"；"一位运货者在芹菜上使用了剧毒的对硫磷，其剂量相当于最大容许值的五倍"；"菠菜也在收前获的一星期内被喷洒了滴滴涕"。这种现象在我国当代农村依然存在，相关做法具有惊人相似的一幕，只是农药品种和剂型略有不同而已。

在当代中国的广大农区，每年春夏季节，农作物生长旺盛，正逢大田农药使用的高潮期，品种剂型多种多样，原始的现代的施用方式五花八门，但是普遍存在违规用药现象。施药者缺乏农药常识以及正确用药方法固然可怕，漫不经意乃至故意为之令人惊骇。为了图省事、获得高产量，有人指望一劳永逸地根治作物病虫害，竞相选用剧毒农药，超大剂量用药，且怎么方便就怎么干。他们不会对自己行为后果负责，因为农残检测在广大农村市场上几乎流于形式，对特定农业生态环境污染和损害仅凭肉眼也看不出来，事实上无人问津。媒体曝光，有些地方使用剧毒农药种植生姜，这种生姜农残超标情况及危害程度，生产者表现出"概不负责"的蛮横态度，消费者通常表现出"人家能吃咱也能吃"的认命态度。类似现象比比皆是，多得让人见怪不怪。令人诧异的是，面对这种严峻形势，有专家优雅做客权威媒体的演播室，信誓旦旦地表示："严格按照标准用药，采用正确用药方法施药，不会造成农药残留超标……"

农药退出农业领域的必然性和可能性

世界近代化以来，人类借助科学技术创造出了越来越多的化学物质和物理物质，这些人造物质于人类自身利害参半，却日益危害着地球环境。比如农业上普遍使用的化学农药，由科研部门和化工企业联合研制出来，通过灭虫（灭草）运动而遍布于自然环境的各个角落，已经威胁到了食品安全和人体健康，以及自然生态平衡。

目前，我国在化学农药使用方面似乎重复美国曾经的做法。农业领域作物防虫、农田除莠，农民机械式重复喷施着农药。剧毒农药、**杀虫剂**和**除草剂**，不仅是农业生产的基本农资，而且是家庭常备的杀虫灭蚊的日用品。"普通居民很少觉察到他们正在用这些剧毒的物质把自己包围起来，他们确实可能根本没有意识到他们正在使用这样的物质。"尽管经常看到禾苗被农药"烧死"的惨象，耳闻喷药的农民中毒身亡的悲剧，明显感觉到树上的鸟雀少了，河流和湖泊中的鱼虾少了……但是，因为暂时没有危及自身生命，便对剧毒农药的滥用现象习以为常。与半个世纪前的情况相比，化学农药基本成分依然主要包括有机硫、有机磷、有机砷、有机氯等化合物，其毒性没有也不可能有根本性改变，只是种类和剂型及特性略有变化。故此，根据蕾切尔·卡森的《寂静的春天》，梳理美国半个世纪前化学农药的使用情况及危害现象，以资借鉴。

只有让农药退出农业领域，才能保持农业生态环境的天然纯洁，才能保证农产品品质的天然纯洁，从而在源头上确保食品安全。因此，作物虫害的化学防治法必须让位于生物防治法，当然这需要一个过程，时间长短取决于公众的自觉程度和生物控制技术的发展与应用程度。作为"世界上最后一片净土"的西藏,规避农业生态环境和农产品被化学农药污染和毒害,既是世人的殷切期待,又是西藏当地公众的自保之策。

杀虫剂的副作用。无论是定性还是定量评估这个问题,似乎都很困难,结论会很乏力。如果去接触足量的事实,就能从中获得足够的感性认识。新的认识可以开启新的应对行动。

农药进入农产品中,污染食品 作物活体具有直接吸收农药的能力,并通过生物浓缩和生物放大作用让农药剂量迅速增加,聚集在包括植物果实在内的植物体内。当然,蔬菜和水果中农残要少一些,蔬菜经过清洗可以起一点作用,水果可以削了皮后再食用,但是蔬菜和水果依然含有大量农残,烹饪不能除掉农药残毒。农民在防治蔬菜和果树虫害的时候,有人选用内吸杀虫剂。所谓"内吸杀虫剂",是指把药剂注入动植物全身的组织里以使昆虫等外界接触物中毒的一类杀虫药物。调查实验证实:果园里的昆虫因为咀嚼一片染毒的树叶而中毒身亡,花丛中的蜜蜂因为把有毒的花蜜带回蜂房,最终酿造出含有毒质的蜂蜜来。在农业生产中,内吸杀虫剂主要用于种子包衣。包衣的种子把药物效用扩展到植物后代体内,长出对蚜虫及其他吮吸类昆虫有毒害作用的幼苗来。一些蔬菜,比如豌豆、菜豆、甜菜等就是这样被保护的,更有谷物、棉籽等。同时,许多蔬菜、水果被涂上各种"催生""膨大"的药物,以达到尽快成熟并有一个漂亮"外表"的目的。如果经常食用这样的蔬菜和水果,就可能导致孩子过早发育、影响生育等。用于给动物治病的氯霉素、环丙沙星等抗生素类药如果残留在动物体中,人吃后就相当于是在滥用抗生素,长期食用就会对药物敏感性降低,产生耐药性。"在一般家庭食物中,肉和任何由动物脂肪制成的食品都含有氯化烃的大量残毒,这是因为这类化学物质可以溶解于脂肪。"农药残留,还存在于水产品等动物性农产品中。

土壤里农药残毒的存在,是造成产品农药残留的重要原因。作物除了直接吸收喷施在植物体上的杀虫剂外,还从土壤里吸收那里存储的杀虫剂。

从后者吸收了多少剂量，很大程度上取决于土壤和作物的类型，以及自然条件和杀虫剂的浓度。通常，含有较多有机物的土壤比其他土壤释放的毒素剂量要少一些。胡萝卜比其他研究过的农作物能吸收更多的杀虫剂；轮作的作物，比如棉花和花生轮流种植，即使在花生生长期内不施用杀虫剂，花生也会从土壤里吸收到一定剂量的杀虫剂，因为在棉花生长期间被广泛施用的某些杀虫剂，仍然在土壤中顽固地存在较长时间，药物渗进花生的果核里，形成花生仁的农药残留。只要土壤中有杀虫剂污染存在，农药残留对农产品的威胁就不能解除。

农药残留，污染水体　环境中地表水和地下水被来自农田的农药所污染，被污染的水源源源不断进入公共用水领域。灌溉农田的水被农药污染，成为农产品农药残留的主要原因；河流、水塘和浅海被农药污染，水生植物和动物含有不同剂量的农药，直接导致一些鱼类灭绝，某些以鱼为食的水禽因为体内农药储集至一定限度，或者死亡，或者奄奄一息。人体内所发现的致癌的环境物质"砷"，既来自含砷的杀虫剂，又来自含砷的除草剂。携带着砷的水流，进入溪流、河流和水库，最终汇集进入大江和海洋。

打破自然生态平衡，恶化了农业生态环境　农药烈性及其施用剂量不断升级，造成的结果是：在杀死作物害虫之时也杀死了益虫（或者微生物），干扰了生态系统结构平衡和自然动态过程。生态系统中的生物，通过营养关系而密切地联结成一个统一整体，一旦某个环节发生异变，就可能影响整个生态系统结构。化学防治最大的问题是：设计和使用化学控制时，主要没有考虑到复杂的生态系统，只想急功近利地灭掉某个（些）作物害虫。然而，昆虫世界是大自然中最惊人的现象，人们可以预测化学药物对付少数个别种类昆虫的效果，却无法预测化学物质破坏整个生物群落的后果。很多杀虫剂的毒效不具有选择性，即它们不能专一地杀死人们希望去除的某个特定种类昆虫；每种杀虫剂之所以被选用，是因为它是一种致死毒物。出于省钱和多用途的考虑，使用者希望一种杀虫剂具有普遍性的杀伤力，一次用药可以同时剿灭多种"害虫"，追求一箭双雕、立竿见影的治虫效果。因此，农田生态系统中更多的无辜者成了杀虫剂的牺牲品。

比如土壤环境遭受农药污染，土壤生态系统随之被破坏。土壤是一个丰富多彩的生命世界，是植物生长的场所和物质供应地，因此土壤不仅是自然环境的一个有机组分，而且是人类食物的一个主要来源。土壤中的生命是指从细菌到哺乳动物的全部生物，它们对于人类来说都是初级生产者。其中，"土壤中最小的生物可能也是最重要的生物，是那些肉眼看不见的细菌和丝状真菌。它们的数量是一个庞大的天文数字，一茶匙的表层土可以含有亿万个细菌。纵然这些细菌形体细微，但是在一英亩肥沃土壤的一英尺厚的表土中，细菌总重量可以达到一千磅之多。长得像长线似的放线菌，其数目比细菌稍微少一些，然而因为它们形体较大，所以在一定数量土壤中的总重量仍和细菌差不多。被称为藻类的微小绿色细胞体组成了土壤的极细小的植物生命"。

集体的力量是无穷的，小角色发挥着大作用。土壤中的生命运动形式多样，展现着自然造化的无穷奥妙。有些微生物是死掉了的动植物的分解者，把动植物的残体还原为组成它们自身的无机质。"假如没有这些微小的生物，那么，像碳、氮这些化学元素要通过土壤、空气以及生物组织进行巨大的循环运动是不可能的。"有些微生物通过自身活动促成多种多样的氧化反应和还原反应，使铁、锰、硫等矿物质发生转移，并变成植物可以吸收的状态；"其他生物产生了二氧化碳，并形成碳酸而促进了岩石的分解"。

土壤里蚯蚓的作用更为重要。据《寂静的春天》：蚯蚓的苦役可以一英寸一英寸地加厚土壤层，能在十年期间使原来的土层加厚一半；它的洞穴使土壤充满空气，让土壤保持良好的排水条件，并促进植物根系发展；蚯蚓的存在增加了土壤细菌的硝化作用，减少了土壤的腐败，有机体通过蚯蚓的消化管道而分解，土壤借助其排泄变得更加肥沃。

土壤里丰富的生物群落及其旺盛的生命活动，不仅补充与沉淀着土壤层，而且改良与肥腴着土质，使土壤中充满了空气，促进了水分在整个植物生长层的疏松和渗透，优化着农业生态环境。对于农业生产而言，作物的产量源于土壤肥力，即土壤为植物提供营养物质的能力，土壤肥力源于土壤中生物多样性及其相互作用的合力。所以保护农业生态环境和农业生产资源，根本措施在于维护土壤中生物的多样性和土壤生态系统的完整性。

研究表明：杀虫剂对土壤的消极影响，一方面跟土壤类型有关，"轻质沙土就比腐殖土受损害远为严重"；另一方面，"化学剂的联合应用看来比单独使用危害更大"，因为有些化学药物之间存在着鲜为人知的内部相互作用及毒效的转换和叠加，在现实中不同类型或者不同品种的杀虫剂往往是被并用的。另外，有些农药不容易分解，残毒可能长期盘踞在土壤中，所以有毒的杀虫剂年复一年地施加于土壤里，那里残毒总量呈现着积聚趋势。

普通农民不知晓，当化学药物渗入土壤后，诸多生物，有益的和无益的，一同被杀戮。"在一场细雨过后，可以看到许多死去的蚯蚓"，它们抵挡不住毒剂而死去了，其他活下来的蚯蚓变成了毒物的"生物放大器"。"在洒药两个星期内，已经死去和将死去的各种类型的鸟儿是大量的"，在雨水坑里喝过水和洗过澡的鸟儿无可避免地死去了，更多的以蚯蚓和其他土壤生物为食的鸟儿是吃了中毒的蚯蚓而死的，约有四五成鸟儿是以蚯蚓为食的。"活下来的鸟儿都表现出不景气的样子。虽然在用药物处理过的地方发现了几个鸟窝，有几只鸟蛋，但是没有一只小鸟"，"发现在伏窝的鸟儿的睾丸和卵巢中含有高浓度的滴滴涕"，鸟儿的生殖能力实际上被破坏了。"不孕的阴影笼罩着所有鸟儿，并且其潜在威胁已经延伸到了所有的生物"。同样，在喷施过农药的田间里，以蚯蚓为食的浣熊、负鼠、地鼠、鼹鼠等大幅度减少了，而这些农药中毒的田间哺乳动物，又会把残毒传递给以之为食物的鸣枭、仓房枭等空中飞行的猛禽。

如此一来，土壤中的生物关系平衡点被打破。一定区域内生物种类、数量及相互关系，是生物种群之间、生物种群与其环境之间相互作用的自然产物，反过来变成了特定区域内生物世界的秩序和法则。然而，"当土壤中一些种类的生物由于使用杀虫剂而减少时，土壤中另一些种类的生物就出现爆发性的增长，从而搅乱了摄食关系。这样的变化能够很容易地变更土壤的新陈代谢，进而影响到它的生产力。这些变化也意味着使从前受压抑的潜在有害生物从它们自然控制之下得以逃脱，并上升到有害的地步。"

科研证明，在各种情况下，鸟类对昆虫控制所起的作用是决定性的。在特定生态系统中，杀虫剂不仅杀死了害虫，而且杀死了其主要的天敌，即鸟类，此后在有害昆虫卷土重来时，就没有鸟类制止它们的增长了。这就是在使用过某种杀虫剂的农田里，曾经危害此处庄稼的害虫变本加厉的原因。

另外，与土壤生命世界休戚相关的一些化学转化过程受到干扰。某些杀虫剂施入土壤会减弱硝化作用，菌类和高级植物根系之间的奇妙而有益的关系遭受了破坏。

具有讽刺意味的是，杀虫剂无限量地使用，许多害虫却能安然无恙，因为它们产生了耐药性。有研究成果称："对昆虫真正有效的控制是由自然界完成的，而不是人类。" 迄今发现的昆虫超过了七十万种，地球上的动物百分之七十到八十是昆虫；这些昆虫基本上为自然力量所控制，可利用的食物数量、气候和天气情况、竞争生物或者捕食性生物，都成为限制它们过度繁衍的环境因子。在生物界的各种场所，捕食者和寄生者们，不分春夏秋冬、不分昼夜，相互之间在为生存发展而永不停息地奋争着。一旦环境因子的限制作用遭到人为破坏，某些有害昆虫的繁殖能力就会得到充分施展。

于是，一方面昆虫的抗药性呈现着增强的趋势，另一方面控制昆虫仍然依赖着杀虫剂。新一代杀虫剂被研发出来，在第一时间内被推广使用，暂时会取得一定的杀虫效果，但是不久以后会因为被适应而失效；另一种杀虫剂就会应运而生，但是不久又会因为被适应而失效。"迅速发展的技术会为杀虫剂发明出新的用途和方法，但是人们总会发现昆虫仍然安然无恙。"昆虫对一代又一代的化学药物相继产生抗性，会给防治虫害工作不断提出新问题：**下一步又该怎么办？**

储存在人体脂肪组织中，损害人的机体　在滴滴涕时代来临之前，人体组织中不含有滴滴涕或者其他同类物质。"在1954—1956年从普通人群中所采集的人体脂肪样本中平均含有百万分之五点三到七点四的滴滴涕。证据说明，从那以后平均含量水平一直持续上升到一个较高的数值。当然，对于那些由于职业和其他特殊原因而暴露于杀虫剂的个别人，其蓄积量就更高了。"

人体，是一个有机统一的"生态世界"。医学研究发现："在一个小部位上的变化，甚至在一个分子上的变化，都可能影响到整个系统，并在那些看来似乎无关的器官和组织中引起变化。"化学药物对人体健康的损伤，通常是从作用某个器官或者某个部位开始的，这一组分就成了化学药物全面侵入人体的突破口，尤其是核心器官一旦遭到侵害，对人体的影响是致命而迅速的。

化学药物对人体健康的影响呈现积累趋势，进程和程度取决于每人一生所摄取的化学药物总剂量。一个接触到化学药物的人，毫无疑问地会使毒素在他体内累积起来，虽然起初没有发生突然的和引人注目的症状。比如"氯化烃在人体的贮存是通过极小的摄入量而逐渐积累起来的，这些毒性物质进入到人体的所有含脂肪的组织中。""脂肪非常广泛地分布在全身的器官和组织中，甚至是细胞膜的组成部分"。脂肪组织不仅是贮存脂肪的地方，而且还有许多重要功能，所以"脂溶性的杀虫剂可以储存到个体细胞中，它们在那儿能扰乱产生氧化和能量的极为活跃的人体基本功能。"

氯化烃之类的杀虫剂**损害肝脏**，进而降低肝脏对疾病的抵抗能力。肝脏是人体内部核心器官之一，具有多方面的人体功能和防御功能。肝脏受到伤害，不同程度地削弱了肝脏功能，诱发肝炎、肝硬化等肝脏疾病。"肝炎的上升开始于 20 世纪 50 年代，并一直持续地波浪式上升。"这个现象与杀虫剂的推广使用进程联系在一起。

有机磷酸盐之类的杀虫剂，不仅毒性强，使与之接触的人急性中毒，而且**专门破坏人体中具有保护作用的酶**。马拉硫磷、甲氧氯、吩噻嗪、二硝基化合物等杀虫剂，具有阻止细胞氧化的作用，剥夺细胞中的可用氧。生物化学研究表明：人体生长发育所需要的能量供应，不是由体内某个专门器官来完成的，而是由身体的所有细胞来共同完成的。"一个活的细胞就像火焰一样，通过燃烧燃料去产生生命所必需的能量。"生物氧化作用的大部分过程是由细胞内部被称为线粒体的极小颗粒来完成的，同时大量能量在这儿被释放出来。氧化作用的每一步，都是在一种特定酶的支配与促进下进行的，任何酶遭到破坏或者被削弱了，氧化作用就会停止，再也没有能量产生出来。如果人类胚胎出现缺氧情况，它就会发育成先天畸形；人体断绝氧供应，正常细胞就会转化为癌细胞。

氯化烃和有机磷酸盐，这两种杀虫剂都直接影响神经系统。"虽然作用方式有所区别，（但是）这一点已经通过大量的动物实验和对人类的观察搞清楚了。" 这些杀虫剂与人类的精神疾病，诸如记忆衰退、精神分裂症、抑郁症等联系起来了，只是患者症状表现有所不同，这是因为不同人群对于同一种杀虫剂敏感性不同。"错乱、幻觉、健忘、狂躁"等精神疾病，成为使用杀虫剂所付出的又一个代价。

许多被用作杀虫剂（包括除草剂）的化学物质，具有放射性影响，会损伤生物活细胞，干扰正常的细胞分裂，**可能改变染色体的结构，进而引起遗传基因的突变**。新生命的诞生源于生物体的细胞分裂，细胞内部遗传物质的精确传递使每个物种保持其固有而永恒的性质。每种生物在实现自我发展过程中，内部既存在着自我更新的一面，又存在自我保持的一面。遗传物质的独特性，造就了地球上特定的生命形式；遗传物质的丰富性，让地球上的生物呈现出多样性。"细胞分裂的过程对于地球上所有生命来说都是一样的；无论是人还是变形虫，无论是巨大的水杉还是极小的酵母，如果没有了这种细胞分裂，便都不能存在了。"生物变化的内部机制，是生物经历了亿万年演化的结果。自从用作杀虫剂和除草剂的化学物质源源不断地被生产出来以后，生物的演进规律受到挑战，因为它们能改变动物和植物的遗传物质。

实验表明："被多种苯酚处理过的植物的染色体遭到了严重破坏，基因发生变化，出现大量的突变和'不可逆转的遗传改变'。"用于制造杀虫剂的氨基甲酸酯，其中的两种被用于防止储藏中的马铃薯发芽，就是利用氨基甲酸酯来中断马铃薯细胞的分裂作用。这一点已经被证实，而其中一种马来酰肼被推测是一种强大的致变物质。

一些农药被定为致癌物，**是引发癌症和白血病的元凶**。癌，源于"细胞突变"。致癌物之所以能让人患上癌症，是因为它们"都通过破坏正常细胞的呼吸作用而剥夺了细胞的能量"，从而引起细胞突变，而突变在慢慢积累，突变的细胞不规则增生，这个增生物就是癌（癌瘤）。癌有一个很长的潜伏期，这个潜伏期正是癌细胞集中积累的过程。

癌症有时需要两种化学物质相互影响才能发生。一种化学物质先使细胞或者组织变得敏感，然后在另一种化学物质或者促进因素的作用下才发生真正癌变。比如某种化学药剂侵入人体组织，埋下癌变的种子，尔后另一种化学药物加入进来，两种化学药物共同作用于某个人体组织，癌变就会实际地在此发生。同时，癌症可能在物理因素和化学因素共同作用下发生。比如白血病的发生可能分为两个阶段：恶性病变的开始是由 X 射线引起的，此后摄入的化学物质则起到了促进作用。"与癌有关而最早使用的农药之一是砷，它以砷酸钠形式作为一种除草剂出现。在人体及动物中，癌与砷的关系由来已久。"

"在农药盛行的现代时期，白血病的发病率一直在稳步上升。"有医生认为：致癌物会引起人类白细胞增多症，这些化学物质与白血病以及其他血液病之间存在因果关系。依据众多白血病患者与某些农药接触的病例，有些血液科专家断言，这些病人毫无例外地曾经暴露于各种有毒化学物质，主要包括喷洒苯、氯丹、六氯化苯、硝基苯酚、石油蒸馏物等药剂。白血病源于化学药物或者放射性打击人体组织中的细胞，最重要的是骨髓、淋巴等造血组织中的细胞，导致这些组织中细胞发生突变，这个突变使得细胞摆脱了维护细胞正常分裂的机体的控制。单个或者多个这样的细胞就可能不规律地增殖起来，在足够长的时间内积累起来而形成肿瘤。

白血病患者儿童所占比例较大，迅速生长的儿童身体组织能提供一种最适宜癌变细胞发展的条件。有关专家指出："不仅白血病在全世界范围内正在增长，而且它已经在三到四岁年龄组中变得极为普遍了"，"这种在三到四岁年龄之间所出现的白血病发病峰值，除了这些儿童在出生前后暴露于致变的刺激物来解释外，很难再找到其他解释了。"

积储在成年妈妈身上，通过遗传物质而遗传给新生婴儿。新生婴儿，无论是吮吸母乳还是接受乳品喂养，都会源源不断地从母乳和牛乳中摄取一定剂量的农药残余，同样会在脆弱的身体里积累，伴随着身体长大而体内农药残余的剂量也在一并增加。当然，新生婴儿同成年人一样，不但每日每时从食物中摄入一定剂量的农药残余，而且必然通过饮水、呼吸等途径接纳剂量不等的农药残余。环境中农药残余水平越高，孕妇体内储积的数量就越大，相应地，婴儿体内的农药残余剂量也就会越大。

另外，**可能诱发不孕不育症**。狄氏剂、艾氏剂等氯化烃类杀虫剂，既可以引起肝脏和肾脏退化的病变，又可以让某些动物患上不育症。比如"给野鸡喂食很小的剂量（艾氏剂），不足以毒死它们，尽管如此，却只生很少的几个鸡蛋，而且由这几个蛋孵出的幼雏很快就死去了。此种影响并不局限于飞禽，遭艾氏剂毒害的老鼠，受孕率降低了，其幼鼠也是病态的，活不久的。处理过的母狗所产的小崽三天内就死了。新的一代总是这样或者那样地因其双亲体的中毒而遭难"。没有人知道发生在其他动物身上的这类情形，是否在人类也会被看到。

除草剂的危害。除草剂，统称为"除莠剂"，俗称"除草药"。为了迅速而容易清除田间杂草，农民竞相选用除草剂。除草剂滥用，后果类似于杀虫剂。一方面伤害作物，相关部门表示："除草剂施用不当，对当季下茬或者邻近作物都会造成药害，出现了严重药害的作物在几小时或者几天内叶片出现黄斑、卷曲、畸形、枯萎等症状；慢性的，具有一定潜伏期，使作物生长发育受阻，产量质量下降。有的药品有残留期，在下茬作物上影响发芽或者生长。" 研究发现，除草剂 2，4—D 在一些水域既可以杀死杂草，也可以杀死庄稼。另一方面摧残动物体，《寂静的春天》陈述："关于除草剂仅仅对植物有毒，而对动物的生命不构成什么威胁的传说，已经得到广泛的传播，可惜这并非事实。这些除草剂包罗了种类繁多的化工药物，它们除对植物有效外，对动物组织也起作用。"只是，这类药物对生物的作用有较大差异。

一些除草剂，比如 "亚砷酸钠" "二硝基酚" 等，不仅危害人体健康，而且影响生殖能力等。**亚砷酸钠**，含砷化合物的一种化学形式，灰白色固体，微有潮解性，易溶于水，有剧毒，既用作杀虫剂也用作除草剂。"作为路边使用的喷雾剂，它们已经使不知多少农民失去了奶牛，还杀死了无数野生动物；作为湖泊、水库的水中除草剂，它们已经使公共水域不宜饮用，甚至也不宜游泳了；作为施到马铃薯田里以毁掉藤蔓的喷雾药剂，它们已经使人类和非人类付出了生命代价。"**二硝基酚**，酚类化合物之一，一种强烈的代谢兴奋剂，可以通过被人吸入、食入或者经皮吸收等途径侵入人体，导致急性中毒，表现为皮肤潮红、口渴、大汗、烦躁不安、全身无力、胸闷、心率和呼吸加快、体温升高、抽搐、肌肉强直，以致昏迷；成人口服致死量约 1g。"实验表明：雄性的精子活动能力由于食入二硝基酚而衰退，因为它破坏能量偶合机制，并不可避免地带来能量减少。还发现，其他已经研究过的化学物质也有同样作用。" 另外，**氨基噻唑**，毒性被认为相对较轻的广谱除草剂，可能最终引起甲状腺恶性瘤；**除草剂 2，4—D** 能在经受处理的植物中产生肿块，使染色体变短、变厚，并聚集在一起，细胞分裂被严重地阻滞了，这种总影响被认为与 X 射线所产生的影响十分相似；除草剂中有一些药物被划为"致变物"，能改变遗传基因。

除草剂普遍应用产生了一个奇怪现象，即某些杂草变成了野草，获得疯狂生长的生命力，遏制了农作物的正常生长。比如用以清除阔叶杂草的除草剂 2，4—D，使得草类在已经平息的竞争中又繁茂起来，这些草类中的一些杂草本身变成了野草，并迅速生长，以至于威胁到谷物和大豆的应有产量。对此，专家表示：某些杂草在经历除草剂"洗礼"后，不但没有灭种而且生长得更好，原因之一是它们产生了耐药性，二是除草剂除掉了原本阻碍它们生长的其他杂草，从而获得了更好的生长条件和足够的生存空间。因此，在控制植物方面，最好的办法不是化学药物，而是其他植物。

在自然界中，复杂的问题不可以作简单化处理。农田里的杂草，与其旁边的作物争夺养分和光热，去除之是没有问题的。但是，**问题之一是杂草有些什么作用**？某种杂草之所以生存在此，是因为那里有其生态位置，并可以防止此处水土流失及土地沙化，抑制某些对此过敏的害虫过度繁殖，同时为某些益虫提供繁衍场所。因此，对于农田中沟渠之上、农田之外阡陌两侧，以及林地内外、道路两旁等空闲地带的杂草，可以给予适当的清理以防止附近农作物的害虫寄存，但是没有全面根除的道理。**问题之二是怎样清除田间杂草**？手工拔除，中耕田垄，在地势低洼的地块内开挖田沟、防洪排渍，做到宽垄密植、苗全苗壮，让作物挤压杂草的生存空间，通过轮作倒茬、作物间种，依靠植物间彼此相克特性来抑制杂草生长；发展生态立体农业，在农田中放养专以某些杂草为食的家禽，保护寄生其上的不危害农作物的昆虫。

在地球的任何一片土地上，植被和动物共同编制着该片土地上的生命网络，土地面积有多大，这幅生命网络就有多大；每种生物甚至其每个成员都是这个生命网络的一个纽结，各自都在为这片土地的生态功能发挥着无可替代的作用。植物和大地之间、植物和动物之间，以及植物之间、动物之间，都存在着密切的、切实的联系，这是地球演化过程中目前的结果。正因如此，生态学家就提出，要保护一个地区的生态环境，根本的和有效的方法就是保护该地区的生物多样性。如此看来，清除杂草也需要在一定生态原理指导下，具体问题作具体分析，然后做妥当处置。

化学农药，杀虫剂和除草剂，伤害生物，主要是通过生物浓缩和生物放大现象实现的。人体内积累的农药剂量多少，取决于人体摄入含农残的食物种类及其数量。作物活体具有直接吸收农药的能力，并通过生物浓缩和生物放大作用让农药剂量迅速增加，聚集在包括植物果实在内的植物体内。

现代生态学认为：生态系统中生物个体或者处于同一营养级上的生物种群，从周围环境中吸收并蓄积某种元素或者难分解的化合物，使生物体内该物质的浓度超过环境中浓度的现象，称为生物浓缩（生物富集）。同一种生物对不同物质的浓缩系数有很大差别，比如在相同的生态条件下，金枪鱼对铜的浓缩系数是100，对镁的浓缩系数却只是0.3；褐藻对钼的浓缩系数是11，而对铅的浓缩系数高达7000。

现代生态学还认为：在生态系统的食物链上，高营养级生物以低营养级生物为食，某种元素或者难分解的化合物，在生物体、种群中的浓度随着营养级的提高而逐步增大的现象，称为生物放大现象（生物放大作用）。生物放大的结果是，食物链顶位物种中该物质的浓度显著超过了环境中的浓度。

最早引起关注的是，水域生态系统中有机氯农药的生物放大现象。比如20世纪60年代，在美国加利福尼亚州提尔湖和南克拉马斯国家野生生物保护区内，滴滴涕对生物群落的污染，是沿着食物链传递的，营养级越高，蓄积滴滴涕剂量就越大。水中滴滴涕剂量经过浮游植物—浮游动物—鱼类—

食鱼小鸟逐级传递浓缩，相比水中浓度，食鱼小鸟体内脂肪中滴滴涕的浓度，最高竟放大了 150 万倍！

类似例子是很多的，再如奶牛以干草为饲料，这种干草含有百万分之七到八的滴滴涕残余，发现牛奶里的滴滴涕含量约为百万分之三，以该牛奶为原料制成的奶油里滴滴涕含量竟然增加到百万分之六十五。通过这样一个传递过程，滴滴涕本来含量很小，不足对人体造成损害，但是经过浓缩而逐渐增高，进入了足以让相关食客中毒的界限内。

可见，由于生物放大作用，进入环境中的毒物即使是微量的，但是随着营养级的抬升也会对处于高位的人类构成等量级的健康损伤。不仅如此，人所接触的农药不仅种类繁多，而且大部分是未知的、无法测量的和不可控的。假如一个人午餐食用的色拉，莴苣菜中含有百万分之七的滴滴涕是安全的，但是在这顿饭中他还要吃其他食物，这些食物中都含有一定量的即使是不超标的残毒。不但如此，他生活在农药弥漫的环境之中，要呼吸空气还要饮水，所以通过食物摄入的杀虫剂仅仅是他全部摄入量的一部分，可能是很小的一部分。由多渠道而摄入体内的化学药物叠加在一起，就构成了一个不可测的总摄入量。农药残留的绝对数量和品种在人体内同时增加，就加速了生物浓缩和生物放大作用的进程。既然如此，有关部门所制定与颁布的单个农产品农药残留标准就没有实际意义了，讨论任何单独一种食物中残毒量的安全性也就毫无意义了；但是处在农药残毒浓度不断增大的环境里，要求农产品中农药残毒零容许值是不现实的。这才是公众忧虑食品安全的根本原因。

就目前所了解的事实就可以痛下决心，让化学农药不可逆转地首先退出农业生产领域。

农作物虫（病）害的化学防治让位于生物控制　让农药退出农业领域，作物虫害防治和农田野草控制怎么办？这需要求助于生物技术，以及生物技术主导下的多种技术。生物控制取代化学防治不仅是必要的，而且是可能的。随着生物学科发展进步，以及与其他多门学科联合攻关，生物控制技术将会在实践中不断得到发展和完善，对作物虫害防治做出更大贡献。有研究称，作物99%的潜在有害生物能得到自然天敌的有效控制，从而为人类带来巨大经济效益。

尽管公众没能普遍意识到或者不太相信，最终只有生物学家才能为根治害虫提供满意方案，但是有一个道理不难理解：如果生物学家对昆虫之间、植物之间，以及植物与昆虫之间的制衡关系了解得越多越清楚，他们就能在这种自然关系启发下，发现更多更有效的生物控制的设想和方法，这些设想和方法一定会比前人搞出来的化学防治更为经济合理。事实上，作物虫害生物控制技术已经付诸应用并取得了不错的效果，撷取二三例为证。

其一，生态学普遍引用的一个例子是，美国加利福尼亚地区利用瓢虫成功控制了介壳虫。生物控制法就是以虫治虫，利用一类昆虫的生命力量去消灭另一类昆虫。1872年，一种以橘树树汁为食料的介壳虫出现在加利福尼亚，并在随后一段时间内发展成为巨大的虫灾，以至于让许多果园收成殆尽。"后来，由澳大利亚进口了一种以介壳虫为宿主的寄生昆虫，这是一种被称为维达里亚的小瓢虫。在首批瓢虫货物到达仅两年之后，加利福尼亚所有长橘树地方的介壳虫已经完全置于控制之下。从那时起，一个人在橘树丛中找几天也不会再找到一只介壳虫了。"

其二，采用昆虫"雄性绝育"技术，成功控制旋丽蝇。技术由20世纪50年代美国农业部昆虫研究所的爱德华·尼普林博士及合作者所发明。旋丽蝇，原是美国南部家畜的主要害虫。依据相关理论成果，尼普林团队在实验室里采用X光照对一批旋丽蝇进行不育处理，然后把它们空运至加勒比海中的库拉索岛上。"仅仅在撒虫行动开始之后的七个星期内，所有产下的卵都变成不育性的了。旋丽蝇从试验地库拉索岛上被根除了。"实验之后，建造了"苍蝇工厂"，批量生产不育的旋丽蝇，源源不断被洒遍佛罗里达州和佐治亚、亚拉巴马地区。不久，在这些地区很难再发现飞蝇的踪迹，于是消灭旋丽蝇的任务首先在美国东部完成。

此后，英国人对该项技术扩大实验，借以消灭非洲的萃萃蝇，而美国科学家在西瓜蝇、东方果蝇和地中海果蝇身上实验也取得初步成果。不仅如此，科学家在实验中发现了简便易行的不育方法，即把不育药剂混入食物中，使家蝇不育。这种方法使得基本不受杀虫剂控制的家蝇，进入招致绝种的陷阱。当然，使用化学不育剂需要发现安全的药物及安全的使用方法。尼普林博士指出：有效的化学不育剂，很可能轻易地凌驾于最好的杀虫剂之上。

其三，人工培养牛奶病细菌，让昆虫害"牛奶病"实现控制。昆虫像人一样是要害病的，它们不仅受到病毒和细菌的干扰，而且受到真菌、原生动物、极小的蠕虫，以及其他肉眼看不见的小生物的侵害。在20世纪30年代美国新泽西州，科学家发现了"一种非常特殊的细菌"，这种细菌与一般的杀虫剂不同，"它不侵害其他类型的昆虫，对于蚯蚓、温血动物和植物均无害。这种病害的孢子存在于土壤中。当孢子被觅食的甲虫幼蛆吞食后，它们就会在幼蛆的血液里惊人地繁殖起来，致使虫蛆变成变态白色，因此俗称 '牛奶病'"。"已经发现引起牛奶病的细菌至少可以对四十种其他种类的甲虫起作用"，"而且，由于孢子在土壤中有长期生存的能力，它们甚至可以在蛆虫完全不存在的情况下继续存在，等待时机发展"。不久以后，牛奶病孢子也在康涅狄格、纽约、新泽西、特拉华、马里兰州等地区的甲虫中大大流行了，尤其是对于防治侵入美国的日本甲虫效果显著，不像杀虫剂那样随着时间流逝而失效。

与化学药剂对多数生物有杀伤力的普遍性不同，昆虫病菌呈现出专一性。以至于只对一小部分，甚至一种昆虫才有传染能力，不对其他生物构成危害。因此，有昆虫病理学家指出：昆虫疾病在自然界中的爆发，始终是被局限于昆虫之中，既不影响宿主植物，也不影响吃了昆虫的动物。

生物控制取代化学控制需要一个过程，需要每个公众都做出努力。生物技术发展滞后，生物关系研究进展缓慢，即便有昆虫学家提出生物学控制方法，却在生产活动中因为"成本昂贵"不能被广泛推行。在当代社会中，化学防治观念根深蒂固，把相关资源投向化学农药的生产和应用被认为是天经地义的；生物学理论知识普及不够，生物技术研究和应用的资金投入不足。比如美国20世纪60年代有报道称："在美国仅有百分之二的经济昆虫学家在从事生物控制的现场工作，其余百分之九十八的主要人员都去研究化学杀虫剂。"作物虫害防治的科研机构并不独立，科研队伍大多出自化工企业，相关技术成果也掌握在企业内部，化学防治的新方法和新产品由化工企业推行。"他们的全部研究计划都是有化学工业资助的。他们的专业威望、有时甚至他们的工作本身都要依靠化学控制方法的永世长存。"即使某些化学防治法失灵了，昆虫产生了抗药性，昆虫卷土重来或者更加猖狂，哺乳动物中毒、农作物受到伤害，亦不能动摇化学防治的根基，化学家将会再发明另一种化学药剂来治理。作物虫害防治似乎永远离不开化学防治法，化学农药产业的存在和发展似乎必定永世长存。这种状况即使在21世纪硬性限制农药残留呼声日渐高涨的时代背景下，仍然没有获得根本改变。所以生物学防控措施取代化学防治法，既需要公众的安全意识普遍觉醒，积极影响政府决策，又需要发挥市场的导向作用，让无公害食品、绿色食品和有机食品三个等级拉开价格档次，通过利润效应倒逼化工企业改行。

塑料温室大棚在西藏的发展应用

为了在冬春两季也能吃上新鲜果蔬，人们发明了暖棚栽种方法。塑料、地膜等保温材料出现以后，塑料温室大棚生产技术便普及开来，一直推广到低温而光照充裕的高原地区。目前在西藏，除了反季节果蔬和花卉在塑棚里种植和繁育之外，野生藏药材人工种植、优质食用菌培育也在塑棚内进行。可见，塑棚生产成了西藏农业生产一个特殊的重要部分。

塑棚生产的原理。 塑料温室大棚其实是一个微型生态系统，是仿照自然生态系统的机理而创造出来的更为理想的人工生态系统。在一栋塑棚内，通过人工调节气温，减少作物夜间呼吸，降低作物能量的消耗；充分利用白天光照，增强绿色植物光合作用的能力；采用综合防治技术，以绿色方式控制病虫害；保证作物生长需要的水分、养分，促进作物快速生长。可见，塑棚生产模式，利用的是生态系统中初级生产规律，一定程度上打破了气候因子对农业生产的自然限制。

生态系统为人类提供粮食、药材、农业原料，以及适宜的环境。生态系统的初始能量来源于太阳能。

生态系统，是指在一定时间和空间内，由生物群落及其环境组成的有机整体。在一个自然生态系统中，动物、植物和微生物与其占据的无机环境之间通过能量流动、物质循环和信息传递而相互作用、相互制约，从而形成具有自动调节功能的复合体，其中的生物群落与环境条件经过长期进化适应，逐渐建立起了相互协调的关系。生态系统由占据着一定生态位（生物空间）的生产者、消费者和分解者所组成的亚生态系统构成，三个亚系统之间及其内部与环境间都有一定关联。

一定环境下各种生物通过食物链和食物网结合在一起，形成结构复杂的生物群落。太阳能是以光辐射形式进入生态系统的，初级生产（第一性生产）是整个生态系统存在的基础，绿色植物和生产菌是初级生产者，植食动物成为第二生产者，肉食动物成为第三生产者。这些生产者直接或者间接地利用环境中的某些无机物和太阳能，生产出各种类型的生物产品。

影响初级生产力的主要环境因子，包括日光、温度、水分、矿物质、氧气和二氧化碳六个因素。其中氧气和二氧化碳在地面上的分布较为稳定，各地存在一定差别。日光强度和温度一般因为所处的纬度位置和海拔高度不同而不同。大气和水分状况则主要受制于海陆关系的位置及其所联系的洋流、风向、气团和高大山脉走向等因素。矿物质与地面岩石性质及其风化壳所形成的土壤有关。气候和土壤条件在同一地区因地形不同而不同。世界各地的诸多生态系统，由于地理位置、地形、地质和气候等环境因子的差异，彼此之间在能量传递上存在不同程度的差异，初级生产力和生产量因此千差万别。

生态系统是人类的"衣食父母"，但是所处地理位置不同的国家，它们拥有的区域生态系统的生产能力千差万别，因此，生活在不同国度里的国民天生就有穷富差别。物质财富，即社会所实际拥有的、有使用价值的生物量，是指在一定测算时间内生态系统生产出的有机体的数量、重量和质量，是生态系统内初级生产者绿色植物和生产菌固定的一定量的太阳能。一个国家、地区、民族所拥有的物质财富，就是其所在区域的生态系统内初级生产者产出的、可供社会成员直接或者间接消费的生物体，新近生产的以及此前积累起来的物质财产总量。由于生物因子和环境因子的种种差别，初级生产量在全球分布是不均匀的，因此地球上不同国家、地区、民族，占有的物质财富无论是量还是质都是有差别的。

如果不考虑地形和土壤等环境因子，那么生态系统的生产力主要决定于自然环境的光、热、水等气候因子和植物生理生态限制因子。其中，光是绿色植物生长发育最主要的限制因子，虽然它不奇缺，但是存在着光资源的区域差异。不过公众更多注意由光能分布所派生的水热因子的地域分布和季节变动对植被生产力的限制。所以在生态系统生产过程中，一定区域环境下光照和水分等资源因子选择植物类型并决定植物的特征，而植物生理生态因子（如积温、低温等）决定主要植物的分布。

人工构建的塑棚，是理想化的生态系统，作物生长所需要的气候因子在塑棚里得到保障，光照、温度、水分以及绿色植物光合作用所需要的二氧化碳浓度，都可以通过人工满足。在现代农业技术条件下，通过建立和运用生态系统的生物地理、生物化学、生物物理等模型，大棚生产的全程实现了微机管理，生物因子和环境因子、物质循环和能量传递等都实行人工调控。比如某些生物物理模型可以模拟一定生态环境下，植被—土壤—大气之间的辐射、热量、水和动能转化与交换过程，能充分考虑到植物叶片对不同波段辐射的选择吸收与反射，以及植被冠层对蒸腾蒸发、水热转化和动能交换的影响，通过控制生态系统的环境变量，获得更加详细的生态系统内植物因子和环境因子作用与反馈的相关信息。目前，优质高效的农业生产只能落户在塑棚里。

塑棚生产模式，技术含量高、农资投入量大，同样吸纳更多的复杂的活劳动。

塑棚生产的主要优点。1. 便于增温。为了确保大棚内植物正常生长所需要的温度，防止阴冷天气给塑棚内植物造成冷害、冻害，同时实现棚内人工增温，人们要么给塑棚使用"双膜""三膜"，要么在塑棚棚架内的地下建设沼气池，除了利用太阳光照之外，在棚内施加人工增温。

2. 便于施肥。种植业塑棚内可以建设沼气池，沼气渣、水和沼气燃烧产生的 CO_2 就地使用，沼气渣作基肥，沼气水作追肥，增加 CO_2 浓度对植物施气肥；养殖业和培养业的塑棚内建设沼气池，产生的沼气渣、沼气水，可以用于棚外农田。沼气池建筑面积可以视塑棚面积大小确定，也可以建立大型沼气池，通过管道输气供多个塑料大棚增温，或者派上其他用场，沼气渣、沼气水等副产品供多个塑棚施肥。如此，可以降低给植物施肥对化肥的依赖。

3. 便于采用综合防治技术。反季节瓜蔬生产，产品质量隐患是农残，这关系到塑棚生产的综合效益。高温潮湿的作物生长环境（塑棚内小环境更是如此）使作物虫病害不需要越冬，可以一二十代交替繁殖，采用农药杀灭这些病害剂量就会成倍增加；一些作物生长特性是一边收获一边管理，无法保障 7 至 10 天的施药安全期；农药使用杀死了害虫也杀死了害虫的天敌，加上人为捕食鸟类、青蛙、食用昆虫等害虫的野生天敌，相应程度地给虫病害繁殖提供了适宜条件，这反过来促使农药大剂量使用甚至滥用；农民健康栽培意识还很淡薄，只重视治，不重视防；农贸市场监管不到位，给农残可乘之机。

在绿色生产技术支持下，现代种植业提倡，为了减少植物虫病害防治农药的使用剂量，以至完全停用农药，人们在大棚棚架上加盖防虫网，对植物虫病害进行物理防治，并利用生物原理、采用生物技术防治虫害，对塑棚内局部区域植物种群相关虫病害"对症下药"，从源头上避免农残问题。

作为现代园艺业的生产样板，塑棚生产优劣成败的衡量标准是：能否生产出无公害食品或者绿色食品。专家建议，控制农残、保障产品质量安全标准，应该采取综合措施。

首先，农民要自觉地选用抗性强的品种，科研部门应超前研发出抗性强的品种，先试种再指导推广。第二，推行科学水肥管理，进行健康栽培。具体是指测土配方施肥，增施有机肥，适量补充土壤中钙、镁、锌、硼等微量元素，采用植物生长调节剂来诱导、提高植株体内的抗性，提高作物抵抗虫病害的能力。提倡节水灌溉，保持田间适宜干湿度，以及良好的通风、充裕光照。因为很多虫病害可以凭借流水传播，土地湿度过大容易引起植物生病。第三，推广设施栽培，塑棚内安装防虫网。第四，生产技术管理落实到位。在需要给作物用药的时候，给农户提供生物农药，限制采用化学农药，主管部门要加强对农药市场监管，杜绝高剧毒农药，推广甚至补贴生物农药；推广嫁接换根技术，比如西瓜容易发生枯萎病，通过把西瓜苗嫁接到葫芦上，可以有效避免枯萎病发生；及时摘除病叶病株，只对病害严重的作物群落实施局部用药，不一定在整个园区都喷药。第五，执行标准化生产技术，做好各种农产品质量安全认证工作。相关部门不断完善各个品种标准化生产技术规程，并大力发展农民合作经济组织，借此把标准化生产技术规程落到实处。依据《农产品质量安全法》，建立和完善农业标准、农产品质量安全检验检测、产品质量评价认证、农业标准推广四大体系，目标是实现农产品生产全程的标准化。

塑棚生产模式被本土化。塑棚在西藏建得似乎比内地还普遍。光照时间长、太阳辐射强烈，但是空气稀薄及地面状况影响，气温不高，冬季室外温度低。因此在西藏，塑棚突出向阳塑料棚面，充分利用白天充裕的阳光，增强棚内农作物光合作用能力，接受充裕的太阳辐射提高棚内温度，由稳定的设施保证作物生长需要的积温条件。同时通过人工保证水源，满足作物对水分需要。塑棚一般依势而建，河谷地带或者沿河两岸多有分布，向阳、近水，规模大小不拘一格。这种塑棚生产模式，在充分利用当地气候条件和水源方面做到了因地制宜、扬长避短。事实表明，高原地区的大棚，比低海拔地区的大棚生产效果还要好。

塑棚生产与沼气生产被有机结合起来。2006 年国家安排专项资金，在西藏 12 个县启动了农村沼气建设项目。在项目实施过程中，创造性提出了"沼气＋塑料大棚"为主题的发展模式。借助塑料温室大棚增温，充分发挥当地"地势高、光照强"的自然条件优势，克服了低温的劣势，促进了沼渣、沼液的发酵，大大提高了沼气工程的产气率和使用率。由沼气补充供暖的一批塑料大棚，纷纷发展起来了，成为果蔬、藏药材等作物生产的一种重要形式，近年来还发展成为一种科研实验基地。

拉萨市还于 2012 年率先推广青海省的建棚经验，构建高寒两用暖棚。采用钢架结构、塑膜覆盖，每个暖棚占地 360 平方米，一部分空间辟作菜园，另一部分冬季圈养牲畜、抚育牲畜幼崽，使其安全越冬，其余季节也辟作菜园。暖棚同牲畜圈连体，方便向蔬菜暖棚供给充足的土杂肥，白天喷施二氧化碳气体肥料。

拉萨市城关区建设园艺产业示范区。这是城郊标准化塑棚生产基地，以蔬菜、花卉为主品，集生产、休闲为一体，切分出优质花卉示范区、设施蔬菜生产示范区和休闲旅游功能区。耕作道、蓄水池、喷灌管道等设施合理分布其间，自流灌溉、规范管理。园区内种植户成立蔬菜、花卉专业户协会，协会出面与农贸市场、超市签订销售"农超对接"合同，园区内的蔬菜、花卉直接发往超市、专卖店。技术员蹲点包片、菜单式服务，专家对农户进行单个指导或者集体培训。生态农业理论、市场信息、法律法规、生产规程和产品质量安全标准等贯彻在生产和采收的全程。除了提供专项资金和发展布局外，政府职能部门对园区所产蔬菜进行 ISO、HACCP 等质量体系认证和有机、绿色、无公害等产品质量认证。

园区鼓励试种"盆盆菜"，把某些蔬菜种在花盆里，向市民推荐，既可当花来养又可以采食新鲜蔬菜，有利于调节反季节蔬菜价格，保持市场供求平衡。

同全国其他省份一样，西藏实行"菜篮子"专员（市长）负责制，稳步推进"菜篮子"工程。高效塑棚的建设和发展，破解了当地气候等因素对蔬菜生产的制约。新技术、新材料推广应用，为蔬菜生产的发展提供了技术支撑。2012 年全区蔬菜种植面积达到 3375 万亩，占农作物播种面积的 9%，蔬菜总产达到 70 万吨，人均占有量 198 公斤；蔬菜品种日趋丰富，不仅包括番茄、黄瓜、土豆、茄子等普通品种，还有芥蓝、法香、豆苗等新品种，总数达到了 75 个。有些菜农自豪地说："以前我知道的蔬菜只有土豆、白菜、萝卜几种，现在我就能种出 20 多种蔬菜啦！"以拉萨为例，居民夏秋两季蔬菜自给率达到 90%，外来蔬菜在拉萨市场所占比重大幅下降，而且外来蔬菜将以细菜为主。

优质野生蘑菇和野生藏药材，可以在塑棚里繁育。为了开发利用当地丰富的菌类资源，发展高原特色菌类产业，中国科学院微生物研究所与西藏高原生物研究所共同组建了西藏第一家以大型真菌的基础和应用研究为主的自治区级重点实验室——高原真菌重点实验室，目的在于研究青藏高原特色真菌种质资源，并把研究成果推广应用。

双孢蘑菇是色、香、味俱佳食用菌，但是此前，双孢蘑菇在西藏没有进行过系统的菌种驯化筛选和培养基优化试验，没有实现人工种植。实验室自 2010 年 8 月成立以来，技术人员野外采集了大量的真菌标本，分离了大量的野生真菌菌种，对其中分离得到的两种野生双孢蘑菇菌种进行驯化，在福建省莆田市进行栽培、出菇试验，在人工模拟高原光照、通风、湿度、温度等人工环境下获得成功。野生双孢蘑菇长得比较结实，生长密度大，单位面积产量高。

拉萨冬春两季天气干燥、缺氧，即使在塑料温室大棚里也不容易控制温度。该实验室在拉萨西郊租赁了塑棚进行大面积分批试种，最早一批于 2011 年 8 月底产出，被烧制成菜肴端上了餐桌。

此次选栽的野生双孢蘑菇，种子来自西藏本土。在真实环境下试种成功，将为野生双胞蘑菇大面积推广种植奠定基础，同时为其他大型食用真菌种植提供新模式，开辟了西藏食用真菌研发和栽种的新局面。既能丰富居民餐桌，保证一年四季供给不断，又能为西藏野生大型真菌开发利用起到示范作用，给种植户带来可观的经济收入。

塑棚也是人工栽培藏药材的理想场所。濒危藏药材的抢救、研发，普通藏药材的繁育、规模种植，促使各地塑棚建设标准不断提升，建设规模也迅速扩大。

西藏几家藏药厂，目前面临常用藏药材短缺甚至灭绝困境。历史上珍贵藏药只有贵族和僧侣才能享用，如今这些藏药进入了寻常百姓家，同时走俏国内外市场。藏药市场快速拓展、生产规模不断扩大，藏药产业得到迅猛发展，藏药材需求量越来越大。与此形成对比的是，药材采集量与日俱

小贴士 ▶

在世界最高镇，塑棚温室圆了吃鲜菜的梦。日喀则地区亚东县的帕里镇，地处海拔 4360 米，以"世界最高镇"闻名。自然环境恶劣，无霜期不足三个月。驻地派出所后勤补给线长，到了冬季，长途购买的蔬菜多半冻坏。长年吃干菜、冻菜和罐头，吃不到新鲜蔬菜，因此执勤官兵严重缺乏维生素，大都出现嘴唇干裂、指甲凹陷、头发脱落等不良症状。

派出所自筹资金，在荒原上搞起了以玻璃温室、塑料大棚为主的"绿色工程"。他们深挖永久性冻土层，从几十公里外运来牛粪和肥沃的"熟土"进行回填。内地官兵利用休假机会，买回优良蔬菜种子。经过试验，南瓜、黄瓜、茄子、青椒、西红柿等蔬菜终于开花结果了。

这个世界最高镇的派出所餐桌上，从此摆上了用新鲜蔬菜烹制的营养食物。

增,掠夺式采挖破坏了藏药材种群的自然更新,破坏野生藏药材的生长环境,致使一些常用藏药材原料陷入濒危。

据悉,90%以上藏药材的供给仅靠野生资源。以翼首草、藏菖蒲、独一味等处方原料的藏药材资源严重不足,翼首草、藏菖蒲年消费量在1000吨左右,独一味在1500吨左右;以桃儿七果实为处方的常用藏成药有五种,由于桃儿七资源稀缺,每年只能根据资源量来生产藏成药,无法满足市场需求。

藏药草人工培育、种植势在必行,专门试种藏药材的高效塑棚就遍布西藏各地。自2005年起,自治区科技厅联合自治区藏药厂、自治区藏医学院、西藏高原生物研究所等单位,开展了拯救濒危藏药材人工种植研究项目。当年,自治区藏医学院试种濒危藏药喜马拉雅紫茉莉和螃蟹甲获得成功,后又扩展到试种船形乌头和唐古特青蓝等濒危藏药材。

实施"濒危藏药材人工种植技术研究与示范"项目,形成了各类濒危藏药材野生抚育基地4000余亩,初步建立了红景天、鸡蛋参、喜马拉雅紫茉莉等濒危藏药材种质资源库。同时,确定了4个栽培和野外抚育基地及多个试验点,有7种濒危藏药材实现了人工栽培。据西藏高原生物研究所透露:以藏成药中用量大、资源相对稀缺的翼首草、桃儿七等7种藏药材为研究对象,三年实地资源考察和栽培技术研究表明,7种藏药材种子萌发率达到70%,移栽成活率80%左右,栽培技术已经成熟,可以实现人工栽培。建起5000亩藏药材种植和保护基地(包括藏药材种质资源圃)。基地内树立了标示牌,修建了水渠、围墙等基础设施,并对当地农牧民做了宣传和培训工作,明确了藏药材保护的意义,以及育苗、栽培管理和收购方法。

另外,藏药厂建设自己的药材基地。西藏藏医学院藏药有限公司于2009年在贡嘎县甲竹林镇成立种植基地,种植常用藏药材黄精近100亩、濒危藏药材50余亩,通过高科技手段来提高藏药材的品质。

奇正藏药研发企业 2011 年同林芝地区合作，生产"和藤藏天麻含片"等 3 种藏药药材新产品，在 2012 年投放市场。林芝主动抓好野生药材基地建设，在工布江达、米林、波密等县种植各类藏药药材 3500 亩，在更张天麻种植和繁育基地人工种植天麻近百亩，年产商品天麻 1 万余公斤，同时 18 座麻种繁育大棚，年产麻种 2500 公斤。

成功育出的优质藏红花采用温室塑棚栽种，亩产最高可达 8 两。自治区藏红花产业开发商会 2007 年着手藏红花人工繁育种植技术研究，2011 年开始大规模种植和销售，1 亩地最多能收 8 两藏红花成品，2013 年计划以"公司 + 农户"的形式把培育基地扩大到 1000 亩，建设 100 栋高效节能藏红花培育种植温棚，预计年产 300 千克。

依托塑棚新型生产模式，藏药材的成功种植初步缓解了上市的近 90 种藏成药的资源紧张问题，为保护西藏有限的野生藏药材资源和脆弱的生态环境起到了建设性作用。同时，藏药材的种植、采集、收购、储运是藏药产品质量安全保障的第一道关口。研究和明确药材品质与其生长环境的关系，模拟和塑造每种药材生长的原生环境既关注药材自然品质，又保证药草在生产和采摘过程中本身无毒无害，从源头上确保藏药药品的质量安全，并保证藏医诊疗配方不因药材品性的变化而出现新问题。

小贴士 ▶

1. 现代用药多源于自然生态系统。据报道，在美国应用最广泛的 150 种医药中，118 种来源于自然，其中 74% 源于植物，18% 源于真菌，5% 源于细菌，3% 源于脊椎动物。全球 80% 的人口依赖于传统医药，而传统医药的 85% 是与野生动植物有关的。

2. 藏红花药用范围广泛，具有活血化瘀、凉血解毒、解郁安神、美容养颜等功效，对预防心脑血管疾病、调节肝肾功能等效果显著。藏红花对于女性，可以活血化瘀、补血、养血、理血、行血，能养能导起到双向调节的作用，藏红花用于月经不调、闭经、痛经、产后瘀血腹痛等。西藏原产藏红花经药理检验，比市场上销量较多的伊朗红花藏红花苷含量高一倍，西藏原产藏红花的香味清香不刺鼻，泡出的水清澈、透底，其他的红花就会有明显的色泽上的区别。这与该植物生长环境密切相关。

青稞、虫草、松茸等特色优质农产品

青稞之乡和青稞产品。 日喀则地区被誉为"青稞之乡"。青稞，禾本科大麦属的一种禾谷物作物，因内外颖壳分离，籽粒裸露，又称大麦、元麦、米大麦；从颜色上分，有白青稞、黑青稞、墨绿色青稞等种类。青稞在青藏高原上栽培历史悠久，距今约有3500年。西藏是全球青稞最主要产区，目前产量占世界总产量的90%以上，日喀则是西藏青稞主产区，年产青稞29万吨，占西藏青稞年总产量40%以上，品质优良。拉萨—日喀则、山南—日喀则公路，以及中印、中尼公路的显眼处，竖起了醒目的"世界青稞之乡"标识牌。

日喀则，地处拉萨以西250公里的年楚河和雅鲁藏布江汇合处，位于青藏高原西南部，平均海拔3800米，地形以平原为主，属于高原地带半干旱季风气候区，夏季温和湿润，冬季寒冷干燥，日照充足，年均气温6.3℃，是西藏最大粮食生产基地，产量占西藏总产量的近三分之一，素有"西藏粮仓"之称。

日喀则地区除了落实国家农业优惠政策之外，"青稞之乡"还针对性地采取措施促进农业生产发展。主要有四个方面。

1. 实施种子工程，繁育和推广优良品种。青稞杂交育种，经过科技人员近50年育种试验，先后审定了藏青320、148、336，喜马拉4号、6号、18号、19号，高原早一号等品种，淘汰了生产性能不高、纯度不够的品种，近期主推的是藏青320、喜马拉19号和22号等品种。

按照"下级种子田种子由上级种子田提供"原则，相关部门负责给大田生产提供质量高、性能优的种子，并把提高种子"繁育率、精选率、统供率（简称三率）"，作为种子生产中心工作。除了繁育正在推广的品种外，还引进或者培育优质、高产、抗性强的新品种。日喀则农民不论是商品粮经营大户还是小种植户，普遍养成了选种用种的习惯。他们在农技人员现

场指导下，基本掌握了选种方法和良种标准。选种采用了人工和机械并用的方式，种子质量包括纯度、净度、水分、发芽率等指标，选择时首先看种子大小是否一致，种粒是否饱满、圆润、光亮，采用牙咬或者手掐等简易办法来查验种子湿度。

2. 实施沃土工程，培育耕地生产能力。农民不仅熟悉当地农业生产的规律，而且洞悉农业丰产的诀窍，既是农作物的耕耘者和管理者，又是保育师和营养师，甚至是土地庄稼的"知心朋友"，对生产上每个细节、作物生长中的细微变化都能做到了然于心。在气候条件基本稳定的情况下，土地是底，肥料是劲，水是命脉。土壤是植物生长场所，是营养物质的供应基地，土壤肥力决定着初级生产量。庄稼缺肥犹如人缺营养，农民最清楚这个道理。

早在国家改革开放前，日喀则当地政府就号召农民广开肥源，积肥造肥，把增施土杂肥料作为提高作物单产的重要措施来抓。农民乐于响应政府号召，积极行动，通过积储人粪尿、挖沟泥、拌和草皮及泥炭等方式沤制家肥，利用紫云英在多雨季节沤制绿肥以提高施肥水平。20 世纪 70 年代，化肥使用量开始增加，与土杂肥兼用，但是积造家肥和辅施化肥依然是今天加强农田肥力、提高农田出产率的主要措施。

随着养殖业的快速发展，禽畜粪便的集中收集与合理利用，既防止了对水源和大气的污染，保护生产区和生活区的环境卫生，又可以归田养地，作物繁茂可以直接减缓、阻止土壤水土流失。有机家肥壮地，种出来的产品口感还好。越是有经验的农民越是看重人畜的粪便，"没有大粪臭就没有稻米香"。作为营养富集、肥效持久的有机家肥，禽畜粪便和人的粪便一样是发展现代农业的精华资源。积肥造肥成了自觉行动，农民甘愿付出辛劳。有人测算，2011 年全地区积肥造肥计 445 万吨，有机家肥用量每亩均在 2400 公斤左右。

另外，自 2007 年起推广测土配方施肥技术。所谓"测土配方施肥"，就是通过实验室测出某块农田缺什么肥料，在施肥的时候针对性地施肥，不缺的就不再追施。通过72个"3414"田间肥效实验，保障了全地区耕地质量建设和10万亩的配方肥示范田（青稞占了8.35万亩）。

3. 实施青稞生产基地建设工程，开展标准化农田建设。国家正在推进旱涝保收的标准农田建设，以此为契机抓实规模化的高标准农田建设。2011年中低产田改造与坡耕地治理面积分别达到4.54万亩和17万亩，建起青稞标准化生产示范田面积27万亩，计划在"十二五"期间分两批在10个粮食主产县建成8.7万亩的优质青稞生产基地。

4. 扩大机械作业面积，提高农业机械的利用率、把农民从笨重体力劳动中解放出来。农业生产机械化是农业生产力水平的标志，是自给自足的传统农业向着规模化、集约化和商品化现代大农业转变的物质条件。农机推广减少和改变着"二牛抬杠"的落后耕作方式，以及"牲畜踩场"建场地的传统做法，使越来越多的劳动力从繁重体力劳动中解脱出来，加快了播种和收获的进度。有人匡算，到2011年全地区农机总动力达到了99.68万千瓦，共完成机耕面积83.14万亩，机播面积74.22万亩，机收面积66万亩。

青稞系列产品被开发。青稞富有营养价值兼有突出的医药保健作用，身价在与日俱增。青稞富含 β－葡聚糖。据试验检测，β－葡聚糖平均含量5.25%，最低含量4.26%，在优质品种藏青25中含量达到8.62%，是小麦中 β－葡聚糖含量的50倍。β－葡聚糖含量集中在麸皮中。β－葡聚糖具有增强机体免疫力、调节生理节律，降低血糖、预防糖尿病，降低胆固醇、降血脂、预防心血管疾病，润肠通便、预防结肠癌等医疗作用。《本草拾遗》载：青稞，下气宽中，壮精益力，除湿发汗，止泻。随着公众对健康的日益关注，β－葡聚糖倍受消费者青睐，市场上 β－葡聚糖货源紧缺，价格一再走高，2009年含纯粉85%的 β－葡聚糖胶囊售价是8000—9000元/公斤。β－葡聚糖是青稞中最有价值的营养成分，也是附加值最高的营养成分，一旦开发成功，青稞原料价格可以上升至40元/公斤，是目前价格的10倍。青稞属于可再生资源，可以在简单再生产基础上适当扩大再生产。

"青稞之乡"引起世人关注，在特色青稞产业上实现了系列开发。目前，日喀则青稞产业开发出了以白朗康桑农产品开发有限公司生产的"罗旦"糌粑系列的真空包装、精品包装等十几种绿色营养青稞产品，以仁布县达热瓦青稞酒业有限公司开发和生产的"喜孜"青稞酒和"青稞HAI"酒，以白朗旺达食品有限公司开发和生产的"藏巴"牌青稞牛肉方便面，以扎西洁白糌粑加工生产的"扎西洁白"糌粑等一批知名的青稞产品。与西藏农科院、浙江大学、中国工商大学等科研机构合作，开展青稞 β–葡聚糖营养保健产品开发工艺研究，青稞 β—葡聚糖营养保健产品将进入批量生产阶段。

青稞新品种培育成功。青稞育种是自治区科技厅"十二五"期间八大科技项目之一，负责为全区青稞产业发展提供种质资源。选育出了可以替代藏青320和喜马拉9号的新品系"青稞2000"，在拉萨和日喀则示范结果表明，比藏青320和喜马拉9号增产10%。育成了具有抗倒伏、粮草双高、抗黑穗病等优点的高产品系042894，在拉萨市的尼木县和曲水县示范，增产15%。还育出了亩产1000斤的冬青稞新品系2003—2004891，近期在扎囊县、曲水县等地示范，增产明显。

"藏青2000"青稞新品种具有增产、增饲和抗虫害、抗倒伏等优点，每亩均增50—80斤，农户对新品种抱有很大信心。2013年春季，全区累计完成"藏青2000"青稞新品种总播种面积10.69万亩，遍布拉萨、日喀则、山南、昌都、林芝5个地（市）28个县，仅日喀则白朗县就示范推广了4.95万亩。为此，相关部门培训农民累计达65000人（次）。

那曲虫草甲天下。万里羌塘孕育了多样的林下资源，使那曲地区成为西藏最重要的虫草基地。西藏的虫草数那曲的为优，主要分布在那曲东部的比如、嘉黎、索县、巴青等县境内。近年来，随着人们对保健、滋补的重视，药用野生植物备受追捧，作为滋补极品的虫草因为稀有，经济价值被翻番哄抬。挖虫草成为虫草产区农牧民迅速致富的捷径，每年每户采挖虫草一项收入高达 30 万元。虫草一时成了虫草产区一棵参天的摇钱树。

虫草，是动物和植物的完美结合、一种珍稀的天然资源，生于高山草甸上的虫生真菌，"夏则为草，冬则为虫"，原是一种传统的名贵滋补中药材，有调节免疫系统、抗疲劳等多种功效。已经查明全世界仅青藏高原有分布，在西藏，除了阿里地区外，那曲、山南、日喀则、林芝、昌都、拉萨 6 个地（市）所属的 40 个县均有虫草资源分布，尤以那曲地区出产的虫草深受高档消费者喜爱。昼夜温差大、紫外线强，特殊的气候环境造就了那曲冬虫夏草生物活性物质多、药效强、无污染等特点，除了具有一般性外，虫体表面色泽黄净；无论虫体大小，看上去均显得粗细匀称；虫体和尾皆透亮油润，有股浓酥油的香味。因为珍爱有加，那曲虫草被誉为"黄金草"。

怎样合理采挖虫草、实现可持续的利用，成为亟待解决的现实问题。20 世纪 60 年代，1 公斤虫草仅能换取两包单价为 0.3 元的香烟。2002 年虫草市价冲上 2 万元以来，虫草产区的农牧民举家进山挖一次虫草，就能卖到六七万元。连没有采挖虫草习惯的当地农牧民，越来越多地加入虫草采挖的庞大队伍。于是出现了两个现象，一是虫草被炒到十几万元一斤，5 年涨价 20 倍，变成了消费的奢侈品，藏医在做藏药传统处方的时候颇费踌躇，终不敢加入这位"普通药材"，虫草因脱离普通藏药的配方而远离了寻常百姓生活，贵为高层社会公众的养生保健品；另一方面，虫草身价不住被哄抬，由此引发掠夺式采挖，导致虫草产量逐年下降，加上高原气温升高的环境变化，虫草资源处于灭绝的边缘，2012 年虫草产量比 2011 年减少了三成。

为了保护极其有限的虫草资源，并保护虫草产区的生态环境，西藏早在 2006 年就出台了《西藏自治区冬虫夏草采集管理暂行办法》，各产区也依据当地实际情况制定了相应的实施细则。拉萨市实行了虫草凭证收购等措施，那曲地区成立了冬虫夏草产业发展产权保护管理协会，规范虫草采集及市场流通秩序。鼓励草原承包户在培育虫草生产能力上下功夫，适量增加相关的物质投入，并加强对草场养护。同时，加强对采集人员的管理和培训，要求持有《虫草采集证》进入采集现场，划分采集区实行定量采集，教育采集者树立保护生态环境、合理采集的意识。只有草场生态环境保护好了，草场生产能力增强了，才可以出产更多更好的虫草；草场生态环境被破坏了，草场生产能力退化了，虫草产量和品质就会下降，甚至虫草灭绝了，就再也得不到虫草的收益了。

另外，那曲的金蘑菇、藏雪鸡很有名气。金蘑菇，也叫草原蘑菇，这是那曲地区独特的草原食品，通体金黄，可以生吃，烹饪后口味更佳，在那曲各县都有分布。每年六七月份，这些蘑菇被当地居民采集，摆放在街道和交通要道上待价而沽，每公斤可以换钱 60 元，成为季节性的经济来源。

藏雪鸡、藏马鸡具有很高的药用滋补功效，那曲地区的比如县、申扎县正在进行人工繁育实验工作，即将进入大量繁育养殖阶段。

不过，那曲地区食用药用的天然优势资源尚待开发。温暖湿润的那曲东部林区，生长着成片的核桃树、苹果树，其间养殖了一批藏鸡、藏猪。由于交通不便，大部分产品滞留在当地，仅少数特产能进入市场。麝香原是名贵中药材，那曲却一直没有獐子的驯养基地；藏羚羊绒具有很高的经济价值，但是藏羚羊的驯养和繁殖工作一直没有开展起来。

林芝等地的松茸、藏香猪等特产天然营养。松茸、藏香猪肉同青稞酒，并称西藏三大特色产品。

林芝地区海拔低、气候条件优越，6—8 月正逢雨季，林下食用菌市场供给充足，外地游客总想把新鲜土产可着劲地捎走。在八一镇农贸市场、宏基市场，以及各乡（镇）集市、公交枢纽地段，都可以看到农牧民叫卖松茸、香菇、青岗菌、木耳和天麻、灵芝等食用菌、药材的喧闹场景。当地有关部门表示："林芝地区林下资源丰富，常年生长着 2400 多种中药材和 200 多种野生食用菌。全地区仅松茸年产量就在 120 吨以上，采集销售收入超过1200万元。"一位卖鲜松茸的村民表示："秋天到了，雨水稀了，松茸就渐渐少了。不过，一天还能采到近20公斤，卖到200多块钱。"

松茸，是当今世界上最名贵的稀有野生食用菌之一，被誉为"菌中之王"。西藏松茸产地主要在林芝地区的波密县、昌都地区的芒康县，生长在海拔3800米以上的雪域高原。由于高寒、日照长、环境洁净，所产松茸天然无污染、口感好，药用和营养价值极高，所含维生素、蛋白质相当于肌肉的25倍。

野生松茸比人工松茸更受欢迎，人工培植的松茸每斤70—80元，野生的每斤则需要300—400元。市场上的松茸分为袋装和盒装两种，一袋松茸的重量在6两至1斤之间，一盒的重量在半斤左右。盒装的适合作为赠品，每盒价格180元至190元。由于差价，有商家在野生松茸中掺加人工的，以赚取更多利润。消费者可以通过闻味方法进行识别："野生松茸的香味较浓，人工养殖的松茸香味较淡。"

野生松茸在国外非常畅销，除了特别的浓香、口感如鲍鱼外，就在于它是无污染食用菌，属于名副其实的有机食品。西藏产的松茸多数出口到日本、韩国、新加坡等国家。统计显示，西藏2010年共产出野生松茸180吨，其中 130 吨用于对外出口，50 吨留区内自用。

出口的野生松茸为国家二级保护物种，当地规定了采集数量。采集松茸需要持有重点保护野生植物采集证，采收时由护林员监督进行，保证在可持续利用的范围内合理采集。松茸产量不高且基本恒定，如果国外客户一次性收购 2000 公斤，那么整个市场就会出现断货，所以只能分批供货，一次供应 200 公斤到 300 公斤。

林芝出产的松茸，具有味道鲜美、营养丰富、抗辐射能力强等特点，打开了国外市场，成为林芝地区林下特产的一张名片。在 2011 年日本大地震遭遇核辐射的背景下，松茸价格一路走高，这让资源区的居民得到了实惠。林芝地区农牧民人均纯收入 5410 元，林下资源收入就占了 35%。

林芝地区分布着野生动物藏香猪。到过林芝的人见过山林间出没的黑色藏猪，习惯上称之为藏香猪，体型矮小、活动敏捷，以林间野生植物为食。它是世界上生活在海拔最高地区的稀有猪种之一，主要分布在青藏高原海拔 2500—4300 米的半农半牧地区，属于高原放牧饲养、较原始的小型猪种，具有很强的高海拔环境适应性。除了西藏的林芝、昌都、山南、拉萨等地（市）外，四川的甘孜、阿坝，云南的迪庆和甘肃的甘南等藏民族居住区，也有藏香猪分布。

森林和河谷地带是藏香猪喜欢的活动范围。天然的高山屏障使藏香猪群体间基因很难进行交流，长期的群体内闭锁繁殖，从而导致藏香猪在外貌、体尺、体重和习性等方面与其他猪种区别明显，在猪的种群里是独特的、纯净的"这一支"。目前西藏区内藏香猪约有 4 万头，由于不断外输而数量递减。

制定藏香猪的技术指标，便于辨别藏香猪肉的真伪。2010 年自治区质监局下达了藏香猪地方标准的编制任务，决定由自治区农牧业标准化技术委员会牵头，由区内外多家单位共同完成了标准制定工作。

藏香猪地方标准，针对的是在西藏高海拔地区天然放牧的条件下，藏香猪拥有一般性的体型外貌、生长发育特点、肌肉脂肪比例等项目指标。依据该项标准，藏香猪皮毛多为黑色，少数为棕灰色，部分猪额有"白星"，鬃毛粗长而较密，尾部有束状尾帚，成年公猪有獠牙；体型小、视力好、嗅觉灵敏、心脏发达、沉脂力强；藏香猪肌肉发达，瘦肉率达到60％左右（普通而正常的猪肉瘦肉和肥肉比例为4比6）。藏香猪体小皮薄，脂肪少而瘦肉多，高蛋白而口感好，是独具风味的、天然无污染的有机食品，享有"高原之珍"的赞誉。

另外，昌都地区的林下产品分布广泛，松茸、木耳、獐子菌、猴头菌等，每年七八月间陆续在昌都上市，深得当地群众喜爱。昌都周边村镇的群众上山采集或者自家种植獐子菌、松茸、核桃、苹果、石榴等林下产品和林果。随着生态环境的改善，林下食用菌、野生药材等林下资源采集加工业正在兴起。

日喀则地区的虫草、雪莲花、党参、红景天等中草药，以及亚东县的蘑菇、松茸、蕨菜、黑木耳、手掌参、人参果、玉竹笋、羊肚菌、野生莴笋等林下资源十分丰富，许多中草药材属于名贵、稀有药草，部分林下资源四季常有。相关部门组织群众采集，工厂统一收购、分类加工。

林下资源开发利用，坚持"在保护中开发，在开发中保护"的刚性原则。本区林下资源自由开发及商业化，给当地群众提供了增收机会，为区外市场供给天然优质的食品药品。虽然西藏的工业原料植物、油料植物、药材、野菜、食用菌等林下资源，数量、品种和质量都称得起冠绝海内，但是这些野生植物在一定时段和一定地域内是有限的，而市场需求则呈现递增趋势。此所谓"生产有时而用之无度"。经济利益获取越大，就越需要保持清醒的头脑。

目前的事实表明，林下资源开发已经"过度"了。比如"虫草没有以前那么大的个了""能卖几斤'羊肚菌'真货，难了"等说法，群众有了真切感受。这些信号在警示我们，自然资源在过度开发中数量急剧减少，有些品种面临绝迹。如果同时破坏了那里的生态环境，那么肆意采收林下资源的行为，就是竭泽而渔了。

"强本而节用，则天不能贫。"强本就是加强保持林下资源的生存环境及生长条件，让那里的生态系统"休养生息"。资源区的农牧民既是当地资源的直接受益者，又可能是资源枯竭的直接受害者。管理部门的职责就是管理，同时是服务。办好关涉农牧民切身利益的事情，就是要依据政策，落实保护性措施，以便把群众的目前利益和长远利益统一起来，把经济利益和生态效益结合起来，取得他们的理解和支持，共同维护相关资源开发利用的正常秩序。分寸需要恰当把握，关系需要慎重处理。

适时组织宣讲活动，做细做实相关工作，让群众明白不能为了今年多赚一点钱而断送明年的财路。一个村庄亦同一个家庭，过日子都需要从长远计议，提高对保护性开发林下资源必要性的认识。思想通了，行动才会自觉。同时，技术人员深入现场，给群众讲清楚每种物产采集的要求和做法。目前，虫草产区实行持证采挖、技术人员现场指导的虫草采收管理办法，其他林下资源、草地资源的开发可以结合实际加以推行。

西藏农业基础、生产现状及发展思考

西藏的农业基础 世界上的事物既有相通或者一致的一面，叫作共性和规律，又有不通或者相异的一面，叫作个性和特点。区域自然资源禀赋和民族传统生产习惯不同，决定了西藏在农业生产形式和发展路径上与祖国其他地方不同，意味着没有相似或者相同的发展形式和发展路径可以效仿。西藏农业生产有自己的个性和特点，农业基础除了此前所述的西藏区域自然条件外，还包括民族传统生产经验和农业基础设施建设。

农业之要，既要遵循农业生产的规律，又要发挥人的力量智慧，合理而充分地利用自然资源和社会资本，做到"地尽其力，人尽其能，物尽其用"，生产出质优量大的农产品。无论是中华民族还是世界其他民族，自觉推行的"因地制宜""法天然而尽人事""无为而无不为"的农业政策，一再让传统农业生产渐入佳境。传统农业是相对成熟而完备的农业形态，其中所包含一般性的有价值的东西可供现代农业生产借鉴。

传统农业的精华。其实是民族传统农业生产的成功经验，除了遵守农业生产规律外，人事方面主要做到两点：一是高度重视农家肥的制造和施用，二是精耕细作、农事细致。

同世界上其他地区的农民一样，西藏的农民懂得获得农业收益的关键和诀窍，理解农家肥与农作物的产量和产品品质之间的密切关系。数千年的传统农业，被称为自然经济，其含义之一是基本上没有先进农业理论做指导，普通农民凭借代代相传的生产经验和切身体会进行农事活动，却本能地遵循了农业生产规律，除了做到生产不误农时之外，也非常重视向农田里及时补充有机物质，增进土壤肥力，动态保持农业生态系统内的收支平衡。

农民平日有意识地积累人畜粪便，作为精肥给幼苗、弱苗追施；专门花费一定劳动日沤制绿肥，把枯枝败叶、杂草等植物残体配上生活垃圾，混堆一起进行常年或者季节性发酵，犁田整地时作为底肥翻入地层；坑塘河坝底层淤泥被挖捞出来，成为上好的田间用肥；禽畜圈棚不断垫上田土，充分吸收禽畜排泄物，被定期清出，成为壮肥；不少年农民习惯在农闲时节肩背箩筐，四处游走捡拾道旁河畔上的粪便。于是，积肥、造肥、捡肥和施肥成为一项主要农事。农民清楚，肥料供给量同作物产量之间的正相关系。"庄稼一枝花，全靠肥当家"，"没有大粪臭，就没有稻米香"，"熟土换生土，一亩顶二亩"，"种地少施粪，白在田间混"等乡间俚语，成为千古流传的农谚。

传统农业，除了施肥舍得花本钱外，农民经营农田、伺候庄稼从来不惜气力。"日出而作，日落而息"，"面朝黄土背朝天"，"在土里刨生活"，

"锄禾日当午，汗滴禾下土"等农民辛苦劳作的场景，生动地描述了农民把田畴当作一幅画作，举全家之力、倾四季之时进行集体创作。比如对待除草环节，"耪地不耪草，庄稼长得好"这句农谚，反映了农民抓住农时，一遍又一遍地翻晒土层，既疏松了土壤，又除净田间杂草，让疏密相间的庄稼苗儿充分利用田间的光热水分及通风条件。天道酬勤，庄稼认人，土地最知道感恩；正常年景，五谷丰登，一分辛苦一分收成。因为农田环境好，农产品天然又营养。

当代西藏的农业，兼有传统农业、近代农业和现代农业三个形态。西藏传统农业生产形式依然普遍存在，在偏僻山村表现得还很典型，农民靠天吃饭，人工劳动为主、畜力为辅，农家肥料为主、化肥为辅，青稞和油菜作物为主、其他粮油作物为辅，作物产量低而产品品质优。

近代农业形成若干农业区，那里的自然条件比较优越，传统农业原本发达，发展成为西藏的大小"粮仓"。之所以称之为近代农业，是因为农药、化肥成为重要农资，采用新技术培育种苗，基层农技人员深入田间地头给农民以技术指导，重视农田水利设施建设，以及普及先进农机。但是，西藏的近代农业与内地有很大差别，农药、化肥施用量要小得多，西藏气候条件和农业生态环境与内地有很大不同，作物病虫害相对轻得多；尤其是，农民向田间投入的劳动力和土杂肥料依然很多，当地农民依旧保持着传统农业的生产习惯。

现代农业由政府倡导并扶持，旨在建成若干标准化农业示范园，形成一批特色农业带，引领西藏农业向优质高效方向发展。选择自然条件好的开阔农业区，采用标准化和机械化生产，鼓励集中连片耕作，实行统一管理和规模化经营，比如在35个粮油主产县开展高产创建示范活动，面积达到70万亩，建立了各级麦类作物良种繁育基地12.6万亩、油菜良种繁育基地0.2万亩，以及8个国家级蔬菜标准园示范点；选用优良新苗种，注重科技力量的投入，追求农科贡献率，推广生物有机肥以及测土配方施肥在旧西藏，农民普遍重视积造农家肥。1.积肥。每年春播刚完，就开始积肥，差巴要把从山上运来的土，先堆积在领主杜素的大门前，到六七月间，再把土全部送入杜素的厕所或者牲畜圈内去沤肥。山土运下山前，先要在积肥地方挖一个坑，让雨水把它泡起来，以后才能沤肥。另外，可以通过打扫畜圈积肥，领主家里每隔5—6天要打扫一次畜圈。2.出肥。每年3月要掏一次领主杜素的厕所。出肥那天，差巴按规定到领主家出肥。一般一天能出完，如果一天出不完，第二天就继续出。3.交肥。每年夏天差巴要积大量的山土，垫在自己家的牲畜圈里沤肥，至次年正月到2月间，大部分肥料要往杜素地里送。由于差巴种地岗数不一，因此交肥的数量有区别。包括交春肥和秋肥。春肥，每年10、11月间差巴们就要将在山上挖的草坯烧成灰，运回后和山土一起倒进自己的厕所里沤肥，次年春耕快到的时候差巴要把自家牛羊圈里最好的肥料送给领主，各户差巴要按差地数量交肥，而且有列本在各家差巴往领主地里送肥时进行现场检查，看肥料的数量和质量是否合乎规定；秋肥，到进入秋天的时候差巴就要把自己家里最好的肥送到谿卡（领主的庄园）自营地的休耕地里。肥料送到地里以后，要在肥料上盖土，以免肥料被风吹走。送肥每年有三次，春天两次、秋天一次（三次共12天）。

在旧西藏，农民注重精耕农田。春耕、夏耕和秋耕。春季播种时，每户差巴要给领主支不同天数的耕地差，出这项差的人要用自己的一对耕牛和一套耕具为庄园耕地播种，还要带一个撒种的童工。每年夏季，差巴要给领主耕休闲地，庄园要求好地要耕8遍，次地要耕4遍，一块地由差巴一包到底。耕地的差巴自带牲口和耕具，一户差巴各年耕休闲地的面积没有明确规定，视庄园休闲地的多少来决定。每年耕休闲地之前，差巴对休闲地进行一次划分，以便分片负责。秋收后，谿卡900如克面积的自营地要翻耕两遍，耕地时自带耕牛和耕具，有些差巴的地受此影响往往只能耕一遍。另外，每年6月谿卡自营地的休闲地都要进行一次整理，还要修地边、围矮墙，防止牲口进入。

办法；综合使用作物病虫害防治方法，动态监测作物生长状况，控制农产品农残超标；落实国家相关产业政策和优惠政策，加大农业基础设施建设，对水利管网进行合理布局，实行节水高效喷灌。实现农业生产的经济效益与生态效益的协同统一，保障作物稳产高产与农业生产可持续发展。

西藏积极借鉴区外农业生产先进经验，吸收相似高寒山区农牧业发展的最新理论成果，并因地制宜加以本土化，试图走出一条有西藏特色的现代农业发展路子。但是，西藏发展农业的自然环境和气候条件跟区外任何地方的都不相同，传统农业生产经验受重视，所以农业的生产形式和生产内容应该保持着西藏个性。

各地兴修水利，工程发挥效益。水利是农业的命脉。研究表明：在影响作物产量诸多因素中，水的增产效果最为突出，1亩水浇地的收成是1亩旱田的1.5—2倍，水利对粮食生产贡献率达到40％以上。在西藏，虽然水资源丰富，但是农业区雨量较少，每逢春播、冬播，农田大多需要灌溉。开展农田水利设施建设，合理调用水资源，成为争取农业丰产丰收的有效途径。

农闲时节，各地农田水利建设竞相展开。"十一五"以来，按照农业综合开发"田成方、林成网，渠相通、路相连，旱能灌、涝能排"的总体要求，全区各地采取"民办公助"的形式，广泛动员组织群众，抓住利用农闲时节，除了土地平整、客土改良、梯田埂砌石之外，有序开展修建水渠、构筑农田防护堤、打机井、挖水塘等农田水利建设，实施的近200个小型农田水利工程有效抵御了2010年那场旱情。项目区农牧民投工投劳，从中获得多项收益。山南、日喀则和林芝三地农田水利建设的劳动场面，再现"农业学大寨"时期战天斗地的劳动场景。

山南地区的扎囊、贡嘎两县自2009年被确定为全国小型农田水利基本建设重点县以来，围绕着确保粮食安全、增加农牧民收入、改善生态环境，联合组织实施了"小型农田水利重点县"项目建设。项目总投资2972.69万元，其中中央财政拨付1600万元，群众投劳折资1172.69万元，县财政投资200万元。2009年10月开工建设，2010年7月20日全面完工并投入使用。

扎囊县按照集中连片的要求，实施了小型农田渠系配套水利项目两个，即扎其浦农田渠系配套工程和扎塘羊嘎渠系统配套工程，受益区涉及7个行政村、776户、5195人；项目包括新修防渗渠道12条、长30多公里，安装引水管道两处、长2800米，新修截潜工程2处，打深井8眼，水塘3座、蓄水库容1800立方。

贡嘎县的该项目涉及甲竹林镇的5个村委会、3300人，包括新修了1条7.9公里的干渠、12条总长9.6公里的支渠、23条总长8.7公里的斗渠，新修截潜工程1处、机井6眼、提灌站1座，以及水塘清淤、扩容、防渗处理共3座。项目建成后使贡嘎县年新增供水能力15万立方米，年新增节水能力59.8万立方，改善灌溉面积9847亩，年新增粮食作物产值147万元；同时使扎囊县水利工程年新增供水能力1200万立方米、全县总供水能力达到 8800 万立方米，比项目实施前增加 15%，年新增经济作物产值 21.9 万元，并给农牧民带来劳动收入。

有西藏"小江南"之称的林芝地区，虽然拥有丰富水利资源，但是受多种因素的制约，林芝地区水资源利用效率偏低，所以坚持以兴修水利为重点，组织实施农牧区饮水、灌溉和通电工程，发展具有高原特色的农牧业。"十一五"期间，累计开工 50 个项目，总投资达 5 亿元，完成了 7 县 652 个农村饮用水安全工程建设，7.33 万人饮水安全得到保障，通水率从"十五"期间的 33.12% 提高到 74.42%；修建堤防 8.46 千米，农田有效灌溉面积达 17.82 万亩，有效灌溉率为 54.07%；新增水电装机容量 2355 千瓦，使乡（镇）通电率由"十五"期间的 88.89% 提高到 98.15%，村通电率由 68.3% 提高到 80.9%。

林芝地区将加快续建工程进度，建成一批实用、高质量的水利工程，形成"中小微配套，蓄引提水相结合"的水利工程格局，至 2013 年彻底解决了地区饮水安全问题，实现新增有效灌溉面积 8.5 万亩，使地区有效灌溉面积达到 26.32 万亩，有效灌溉率提升到 83% 以上，新增水电装机 1.38 万千瓦，新增发电量 2589 万千瓦时。

日喀则地区定日县的农田水利建设，采用"民办公助"的方式，按照"谁使用、谁建设、谁管理"的原则，政府补贴资金拉动农牧民投工投劳，明确水利设施的所有权、使用权和管理权，成立农村用水户协会，小灌区工程建设持续展开，泽被灌区的农民。该县林萨村村民阿律一家，每年种植青稞近 10 亩，他深有体会地说："以前没有水源，很多地块浇不上水，2008 年这里修了水渠后，我们家的青稞地不但都浇上了水，而且灌溉的次数增加了，青稞的亩产量从不到 150 公斤增加到去年的 350 公斤。同样是那些地和同样的投入，收入比以前多多了。"

白朗县是粮食主产县之一，但是，这里常年依靠自然雨水和传统汲水方式来解决作物生长期间的用水需求，粮食亩产一直上不去。近年来，国家在此实施了满拉灌区、墨达灌区等民生工程，有效满足了当地农业用水，很大程度破解了制约粮食生产稳产高产的瓶颈问题。

不仅如此，西藏建成运营的和在建的大、中型水利工程，农业效益开始显现。自治区水利厅透露：满拉、墨达、雅砻三大灌区设施已经投入使用，阿涡多、江雄水库等中型水源工程正在发挥效益；建设中的旁多水利枢纽工程，被誉为"西藏三峡"。旁多水利枢纽工程地处拉萨河中游，2009年7月15日开工建设，总投资45.69亿元，是一座以灌溉、发电为主，兼顾防洪和供水的大型水利枢纽工程，设计水库总库容为12.3亿立方米，可以实现灌溉面积65.28万亩，多年平均发电量达5.99亿千瓦时。工程建成后既可以缓解藏中电网供需矛盾，又可以为拉萨河下游农牧区提供便利的生产条件，进而改善附近较大区域内的生态环境。

目前，全区建成水库74座、塘坝738座，总库容达12亿立方米；建成万亩以上灌区27处，农田有效灌溉面积达280万亩，具有灌溉条件的饲草料基地约5.9万亩，建成重点堤防710公里；建成农村饮水工程万余处，累计解决了153万人饮水安全问题；拥有县乡水电站306座，总装机15.78万千瓦，解决了85.3万人用电问题；治理水土流失面积885平方公里；全区公共水能力达到21亿立方。高原上初显"林海绿洲"雏形，打造现代农业发展环境。

农业生产的现状 当代西藏是祖国西南边疆藏族主要聚居区，农牧民人口占全区总人口80%以上，是全国农牧业一个大区。国土辽阔、地广人稀，耕地面积却有限，现有耕地535万亩，旱涝保收田不足40%，350万亩中低产田需要深度改造；粮食作物以青稞、小麦为主，另有水稻、玉米、荞麦、鸡爪谷、高粱等，油料作物以油菜籽为主，另有花生、芝麻等，还有豆类作物蚕豆、豌豆；自然经济依然占有一定比例，全区80%的农牧民，创造的农牧业增加值占国民生产总值14.5%；2012年全区粮食产量95万吨、油菜产量7万吨、蔬菜产量73万吨，禽畜产品和水产品自给率大幅度提高，农牧民人均纯收入 5719 元。

主要农牧区气象灾害预警信息实现了全覆盖，农牧业生产条件得到改善。目前，西藏气象部门已经建成 126 个地面气象观测站、5 个探空观测站、6 个天气雷达站、18 个雷电监测站、8 个 GPS 水汽观测站、8 个自动土壤水分观测站、4 个酸雨观测站、4 个辐射观测站，基本形成了"县县有站、重点区域一县多站"的气象站点分布格局，丰富了气象观测资料，初步建成了广覆盖的气象预警信息发布网络。全区气象服务信息的广播电视人口覆盖率达到了 90% 以上。现代气象事业发展成果减轻了重大气象灾害给农牧业生产造成的经济损失，西藏农牧活动开始由"靠天吃饭"向"看天管理"的历史转变。

实施科技强农工程，提高农科贡献率。2005 年启动"科技富民强县"专项行动，鼓励农牧民人均掌握 1—2 门实用技术；面向社会选聘科技特派员 1112 名，承担项目 375 个，进驻全区 69 个县（区）、1800 个乡（村）；农科投入重点解决青稞、牧草、牦牛、绵羊、藏猪等产业化发展的关键技术课题，新品种"藏青 2000"通过审定并得到推广。至 2012 年，培训农牧民共计 5.44 万人（次），科技示范推广粮食作物 14.48 万亩，测土配方施肥示范面积超过 30 万亩，科技贡献率在农牧区达到了 43%。

因地制宜、发展特色种养殖业，形成 7 大农牧业产业带。"十一五"期间投入资金 146 亿元，实施了 383 个特色产业开发项目，形成了藏西北绒山羊、藏东北牦牛、藏中北绵羊、藏东南林下资源和藏药材、城郊无公害蔬菜、藏中粮饲奶、藏中藏东藏猪藏鸡 7 个特色产业带，其中优质粮油菜、白绒山羊、藏猪藏鸡、肉鸭、奶牛养殖、牛羊短期育肥等商品生产基地初具规模，同时为农牧民人均纯收入保持两位数增长做出了贡献。

保护耕地，稳定耕地面积，落实好"占一补一"的规定；推广保护性耕作技术，防治水土流失和地力退化，指导合理施用农药和化肥，减小面源污染；推广测土配方施肥技术，大力倡导追施有机家肥，提高耕地质量和生产能力。

推进农牧业标准化生产体系建设，加强无公害食品、绿色食品、有机食品、地理标识认证工作，鼓励支持农牧产品加工龙头企业、农牧民专业合作组织和种养大户率先实现标准化生产。目前，蔬菜农药残留和猪肉瘦肉精例行监测从无到有，且检测水平逐步提高；全区累计制定出台农牧业地方标准 38 个，认定无公害农产品基地 19 个，认证地理标志农产品 2 个，通过无公害农产品、绿色食品、有机食品认证的产品达 131 个。

坚持"预防为主"的方针，开展禽畜疫病的防控工作。有统计显示：到 2011 年 4 月，完成畜禽常规疫（菌）苗共计 15 种 12205 万毫升 / 头份、驱虫药 4 种 5620 件、口蹄疫等 7 种 10793 毫升（头份、羽份）的重大动物疫病疫苗采购调拨工作；指导做好接羔育幼工作，动员农牧民提前准备饲草料、维修好牲畜棚圈，提高新生仔畜成活率；全区新生仔畜 262.4 万头（只、匹），成活率达 92%，比前一年同期提高了两个百分点。同时，定期不定期举办基层畜牧兽医人员培训班，邀请自治区高级兽医师、高级畜牧师分别就动物常见疫病及发病特点、鉴别诊断防控措施、疫苗免疫等兽医知识和黄牛改良、短期育肥、人工种草等养育技术进行集中授课。

特色农产品开始引起区外客商的关注，这为西藏开拓区外农产品市场创造了良好条件。农牧业对外开放步伐加快，农畜产品出口额占全区自产产品出口总额的 90% 以上。2010 年农业产业化龙头企业在第八届中国国际农产品交易会和北京、上海农产品展销中心连续赢得声誉，有七个特色农产品获得了第八届中国国际农产品交易会"金奖农产品"称号。

农业发展的战略 实行"一产上水平"的发展战略，实现"四个"转变。四个转变，即一是从广种薄收向优质高效转变，二是从原始饲养向现代经营转变，三是从自然增长向集约发展转变，四是从自然经济向市场经济转变，提高农业综合生产能力和农产品商品率，保证农牧民增产增收。优先保障"三农"所需资金，"十一五"期间全区涉农资金支出达到 383 亿元，占财政支出的 20.6%，较"十五"期间增长了 2.4 倍。

合理利用农业资源，改善农业生态环境。从各地实际出发，保护农业生态环境，培育农业可持续发展后劲。1. 推广保护性耕作技术，防治水土流失和地力退化。开展耕地质量监测，指导合理使用化肥、农药，减少面源污染；加快实施农区沼气、牧区生物质能炉等柴薪替代工程，尽量让作物秸秆和树叶、禾草过腹还田，增加农田和草场有机肥料，实现农业生产过程的物质循环，达到"以农养农、以牧养牧"目的，增进土壤和草场的生产潜能。

2. 全面推行草原生态保护补助奖励机制，落实退牧还草、游牧民定居、草原鼠虫草害治理、天然草地改良等草地生态保护措施，严格草原保护执法监督，加强草地资源监测和草原防火工作，以及冬虫夏草采集管理，加快转变草地畜牧业发展方式，促进草畜平衡发展。

3. 实行防灾减灾目标管理责任制，尽快建立起灾害管理运行机制。搞好群众宣传动员、物资设备储备等工作，抓好重灾区、易灾区及其雪灾、旱灾应对能力建设；加强县级管理层面，使防灾减灾措施靠近直接受灾的农牧民；优先落实高寒牧区牲畜暖棚和易灾区饲草储备库建设项目，推进农业灾情预警以及决策、灾害救援应急、预防抵御能力建设，形成一套覆盖全区、结构完整、运行顺畅的灾害管理体系。

4. 落实专项建设资金，实施农业生物资源安全保护和有效利用工程。开展农作物、畜禽和水生动植物种质资源保护工作，对农业种质资源进行整理、保存、鉴定。

稳定粮食播种面积，确保粮食特别是青稞安全。保证各类农作物播种面积 365 万亩，其中粮食作物面积 240 万亩，包括青稞面积 170 万亩；保证粮食总产量在 95 万吨以上，青稞产量稳定在 62 万吨以上。充分利用国家强农惠农政策和粮价较好的市场行情，鼓励农民多种粮、种好粮。增加对现有耕地的物质投入，通过提高耕地生产能力保障粮食安全。计划在

"十二五"期间，全区建成40万亩高标准农田。高标准农田，是对现有耕地实施集中连片开发，通过土地平整、田间灌溉设施、农田林网化、科技推广应用、农业机械化等综合改造，提高土地产出率，达到增产粮食的目的。

发挥农科支撑作用，实现"一产上水平"的发展预期。引进和推广先进的实用（适用）技术，在动植物品种改良、动植物疫病防控、农畜产品质量安全、生态环境保护、资源的高效利用，以及防灾减灾等技术领域取得突破，为农业发展提供技术保障。推动农业科技队伍建设，形成由学科带头人、科研骨干人员、科研辅助人员、基层农技成果转化和技术推广服务人员，以及科技管理人员组成的层次分明、协调有力的人才队伍，推动农业增效增产。拟定到"十二五"末农牧业科技贡献率提高到45%，农牧区科技普及率达到80%，激励越来越多农村劳动力掌握致富本领。

强化农牧业生产管理，确保农产品质量安全。加强作物有害生物监控体系和动物防疫体系建设，进一步增强动植物疫病防控能力。按照"预防为主、源头治理、全程监管"的原则，全面推进地（市）、县农产品质量安全检验检测体系建设，突出抓好产地环境监控、投入品监管、技术规范落实、市场准入、市场监测等关键环节，建立起从农田、牧场到市场全程质量安全监控体系，形成完整科学的监管程序和技术规范，不断提高农产品质量检验检测能力和市场执法监管能力。同时，全面推进农牧业标准化生产体系建设，做好对无公害食品、绿色食品、有机食品、地理标识的认证工作，鼓励和支持龙头企业、农牧民生产合作社和种养大户示范开展标准化生产，依据国家及行业的相关新规新标，尽快建立农畜产品标识和可追溯制度，加固农畜产品质量安全防线。

到2015年，全区计划累计认定无公害农产品生产基地30个，通过"三品"（无公害食品、绿色食品、有机食品）生产基地认证农产品达到220个。

农业发展的思考 西藏所处的地理位置、所拥有的自然环境和气候条件，是自然给定的，因此是客观存在的，由此决定了西藏区域生态系统基本恒定的物质生产能力，以及在全球中所能分享到的相应数量的物质财富。农科成果的选用、活劳动力的投入、农资农机的增量，只是在把区域蕴藏的农业生态系统生产潜力转化为创造物质财富的现实农业生产力，农产品总量不可能呈现几何曲线增长。客观存在是条件也是约束，大自然的馈赠人力无法强求。

无可争辩，西藏自和平解放至今60多年，经过各族人民辛勤耕耘和精心培育，全区农业整体生产能力和发展成果今非昔比，农业结构不断发生变化，粮食、油料、果蔬、肉蛋等农产品以及林下产品日趋丰富，农牧民的膳食结构得到逐步改善。在具有一定规模的农业区，大凡农机能展开作业的地块，拖拉机、播种机、收割机等被派上用场，农民在抢收抢种农忙时节的劳动强度大幅度下降。即使是在零散狭小地块上进行农事活动，农具、运力、水利、良种、施肥等条件也有所改善。西藏的农产品在区内外市场上备受青睐，地域特色优势开始转化为经济优势。总体上看，西藏农牧民的生活条件接近区外的水平，即使家住偏僻农牧区，农牧民的温饱问题已经解决。

西藏农业生产今后将怎样发展？生产特色优质的农产品，既需要天然安全的农业生态环境，又需要无毒无害的种苗、农资，以及适用放心的农科成果等生产条件。从源头上看，食品药品的质量安全问题，始终与农业生态环境和生产过程密切相关，天然营养的农产品，既需要绿色的生产环境又需要合理的生产形式。农药、化肥对农业生态环境产生的副作用，尤其是对农产品造成的质量安全隐患，越来越为公众所熟知。因此，生产特色优质农产品，就不得不考虑以下几个重要问题。

珍视和用好核心资源。西藏的自然环境基本上处于原生状态，农业生态环境尚没有受到重度污染；同时空气纯净透明，太阳光波有利于保持某些特色农产品品质。传统农业的经验得到一定程度传承，农业基础设施建设积累了一些底子。国家"三农"政策适合农业发展现状，政府提供的生产服务日趋周到。在西藏，生产特色优质的农产品，既具备环境条件又具备生产要件。

好山好水出好粮，好粮世人心向往。西藏农产品的特色在于品质天然而富有营养，这个特色源于农业生态环境的天然纯净及特殊的气候条件。保住了天然纯净的农业生态环境，就保住了西藏农产品的特色，农业收益会由此而实现。物以稀为贵。只要品质好，就不怕产量低，经济效益可以以质量换数量。绿色食品、有机食品，通常售价要数倍于普通农产品，并为越来越多的消费者争抢。原生的环境和天然的农产品，因为是当今社会所缺少的，所以是当代公众所看中的；只要能长期保持着"西藏特色"，不管区内外市场如何变化，西藏的农产品就能永葆无与伦比的优势和不可匹敌的竞争力。天然纯净的自然环境，就是自然界赐予西藏的一棵"摇钱树"；世界其他各地起初也拥有它，只是现在几乎被砍光了。

减量使用农药、化肥。原生态的自然环境和基本纯洁的农业生态环境，正是西藏生产特色农产品的核心资源。西藏之所以拥有并保持着这样的净土、净水、净气，以及纯物种，既是自然环境相对封闭造成的，又是历史机缘的结果。尤其是西藏与近代工业化失之交臂，一直远离重工业污染，同时农药、化肥施用量相对有限，还没有重度污染农区环境。绿色食品和有机食品生产环境的要求，西藏绝大多数农区符合条件。

从内地情况来看，农残超标主要是农药残留超标，以及化肥残留物的污染。农残超标直接威胁着农产品质量，并成为食品药品的安全隐患，食品药品质量问题最终追溯到农业生产源头，算账算到农药和化肥滥用头上。同时，研究成果和生产实践表明，农药和化肥长时间无节制的使用，导致农业生态环境恶化，土壤生产能力明显衰退。越来越多的农民在惊呼：农田土壤板结，土壤肥力下降。

西藏的土地原本瘠薄，有机物质含量较少，农药和化肥对农业生态系统损伤相对更重。一旦西藏农业环境为农药、化肥增量使用而造成重度污染，就势必削弱农业可持续发展的基础，同时丧失绿色食品和有机食品生产的环境条件，农产品因此失去特色和魅力。因此，依靠化学物质高剂量投入而换取经济增量是得不偿失的，对西藏而言，不仅生产不出特色优质的农产品，而且会断送农业生态环境和气候条件等先天优势。

事实上，在当代西藏，农药、化肥使用量也在逐年增加，跟内地一样被视为农业增产的必要条件。有主流媒体报道：2012年"采购调配各类农药964.04吨、化肥4.84万吨……有效保证了农业生产的需要。"同时，近年来自治区农牧厅等部门通报了数起农残超标事件，检测出了违禁投入品。如此一来，为了确保农产品总量安全反而威胁到质量安全。

现代农业应该是劳动密集型产业。劳动是财富之父。粮食连同其他农产品，都是生产者辛勤劳动的结晶。在大型的商品粮生产基地，绿色食品和有机食品的生产过程虽然可以置于现代农业背景下，综合性生产设备得到广泛应用，取代了传统农业生产中耕种、收获、田间管理等一些笨重劳动，但是生产设备取代不了人工劳动。且不说为数众多的小块农田，农机是插不上手的，就是大田管理上诸多环节，农机也无能为力；事实证明，除草剂并不神奇，在不恰当使用中取得局部功效的时候其副作用暴露无遗。

天下苍生食为天，五谷丰登血汗洒。正是农民辛苦劳动，才换来丰收年景。热爱土地的农民总把种地当成绣花，在田间里倾注爱心，挥洒汗水，认真对待每个生产环节，细心照料每一株作物。一年四季风里来雨里去，铁杆农民把整个心思和精力都花在几亩庄稼地上。土地有情夏感恩，庄稼有义秋报答。在正常年景下，农民付出的劳动换来等量收成。

在当代中国，也许20世纪80年代，举国上下的餐桌上饭菜最是香甜，吃得最安心，感觉最舒心。那个时候，农村家庭联产承包责任制推行以后，极大调动了农民生产积极性，劳动热情和辛勤汗水不惜倾注到所承包的土地。每到农时节点上，连片农田里遍布着各家各户的男女老幼，家里送饭地里吃，拔草间苗，中耕土地；大小车辆往田间运送土杂肥，让细碎的肥料均匀覆盖上地面，等到幼苗起来后还要一棵一棵围土追肥……那时候，农药、化肥生产量有限，使用量自然就小得多了，农业收成拼的主要是活劳动。

但是不知道从何时起，农药、化肥使用量越来越大，灭虫、追肥、除草等农活越来越少，积肥造肥送肥活动不多见了，农民渐渐清闲下来，越来越多的人离开农村，撤出庄稼地。然而，农作物产量在稳中有增，其原因在于农民在农资上的开销不断攀升，种地经济收益连年下滑，国家于是给予补贴。与此同时，大家蓦然发现：农产品充足了，饭菜没有以前那个味道了，随着农残超标事件频繁被曝光，对吃的喝的开始担心起来，心事也越来越重了。采用农药、化肥种出来的农产品，既不好吃又不安全。

目前，西藏同全国情况相似，有经验的精壮劳动力逐渐从农牧业转移出去，打工挣钱。这部分"跳槽"的农牧民，从农业和畜牧业生产一线退出，岗位空缺自然由妇幼或者老弱来勉力顶替，很多重体力农活无人担当，农业领域活劳动投入锐减。在这种情况下，要想粮油、果蔬等产品产量提高，势必依靠农药、化肥来帮助了。农药、化肥大量投向农田，这既与保持亩产有关，又与活劳动投入严重不足密切相关，结果是农药、化肥用量越来越大，农业环境质量越来越下降，农产品质量越来越差。仅依赖化肥、农药，以及机械化是发展不起来生态农业的，绿色食品和有机食品就无从谈起了。可见，农药、化肥和机械化绝对不是现代农业的标志，根本不是生态农业的生产要素。

西藏的区情及其既定的农业发展定位，注定了区外农业发展路子西藏走不通，也不能走，且必须有意避开。就某种意义上说，西藏发展真正的现代农业，生产特色优质的农产品，就必须首先造就和保持一支具有相当规模的铁杆的农民队伍。

警惕农科成果运用中的副作用。缺乏农科指导的农业生产，是自然状态下的农业生产，这可能是传统农业最大的局限性，因为不能依据自然规律而充分配置农业资源，致使作物产量一直在低水平上徘徊；同样，片面追求经济效益而不惜违背自然规律，不计后果地应用农科成果，牺牲了农业生态环境，破坏了农产品天然品质，这大概是近代农业生产最大弊病之所在。现代农业在农科成果运用上理应变得自觉了，不仅重视运用而且慎重运用。

农科的生命和作用存在于农业生产活动之中，笼统谈论农科的正副作用没有实际意义。农科可能给农业生产带来什么影响，这不取决于农科成果本身，而是取决于农科成果怎么使用，往哪个方面使用。不仅需要明确农科使用的目的和对象，而且需要明确使用的方法和范围。应用中分寸把握非常关键，真理往前多迈一步就变成谬误。农科成果运用中的副作用，含义在于，为了单纯追求亩产，不恰当算计农业生产收益，要么盲目把一些有毒有害的化学药物引入农业生产过程，要么张冠李戴地"活用"一些实用技术，农科成果运用不计后果，既破坏了农业生态系统，又生产出质量不合格的农产品。农科成果之所以用歪了，是因为经济利益在作怪，人的头脑出了问题。

正确看待农科在农业生产中的作用，破除农科万能的现代迷信。农科成果既取代不了农民的生产劳动，又不能凭空创造出农产品。农科成果只是农业生产的组织形式及其操作方法，一旦被农民掌握就可以帮助他们在良种选育、农田管理、作物病虫防治、庄稼收割、农产品贮藏等生产环节上充分有效地配置农业资源，在一定程度上减轻传统农业生产条件下的劳动强度。因此，运用农科成果的愿望在于，实现农业生产又好又快地发展，在保护农业生态环境的同时生产出又好又多的农产品。

所谓的现代农业、生态农业，还是不能被现代科技成果所架空，需要回归自然，落到大地上。人在享受一阵子现代工业文明之后，渴望回归自然，找回丢失的自我，其实，农业生产也是这样。内地农业生产需要在现有基础上一定程度回归传统，继承传统农业的生产经验，谨遵农业生产规律，既有求于土地和庄稼，就要有爱于土地和庄稼。保护农业生态环境，树立农业可持续发展观，有理有度地选用工业化成果，把功夫和心血用到农业生产上去。农业之本一是土地，二是劳动。人类赖以生存发展的物质财富源于地球上生态系统内的各级生产者，自然环境中的生物群落才是人类真正的"衣食父母"。保护生态系统，维护多种生物的生存权和发展权，就是在保护人类自身，维护人类的生存权和发展权。对西藏而言，发展现代农业必须从自己的区情出发，不攀比、不盲从，以生产特色优质农产品为出发点和落脚点，珍爱自然环境，用好自然资源，因地制宜，扬长避短，在继承传统农业生产的精华和良好生产习惯的基础上，慎选慎用农业生产实用技术，认真执行现代农业生产标准，并善于引用先进生产设备以武装农业生产，坚定地走出一条属于西藏自己的农业发展路子。

在我们西藏人的眼里，青藏高原这片神奇的雪域圣地，古老而年轻，是世上最美丽的；分布其间的雪山、江河、湖泊、小溪、山泉、森林、草地，以及生活在这里的动物群落，野性而纯洁，是世上最健康的；迄今为止所产出的农产品，还包括自然的冰泉水和天然的林下特产，即使偶尔为些许农药、化肥所污染，也是瑕不掩瑜，是世上最好的。这一切将都珍藏在我们心里，挂在我们眼前，我们一定要保护好它们，也一定能保护好它们！

市场监管：保障食品药品质量的第二关

目前，西藏市场上近于70%的商品来自区外，因此对区外市场依赖性较大，货源把关和市场监管任务繁重。

食安药真仰给谁？

民以食为天，食以安为先；伤病求良药，药真方为善。食不安、药不真，人健康临危、生命不保。食品药品行业，是健康行业、生命行业，因此成为可以谋取厚利的特殊行业。百工之人常有见利忘义者越轨，制售有毒有害食品、图财害命；消费者纵然拿出真金白银，亦不能总是买到放心食品、真正药品。确保食安药真，谁可仰给？

在市场经济条件下，食品药品无论是处于生产加工车间还是被摆放在货架上，其质量安全的关口一直在国家监管部门那里，守关者是政府的执法队伍。法律法规依靠他们执行，质量标准依靠他们推行，市场秩序依靠他们整饬，不法商家依靠他们依法处置，消费者合法权益依靠他们依法维护。在当代中国，国务院食品安全委员会及其协调下的卫生、农业、商务、工商、质检、食品药品监管等政府职能部门，肩负着维护13亿公众消费权益的使命。

比如近期，在央视举办的2013年"3·15"国际消费者权益日晚会上，国家质检总局新闻发言人李元平，发布我国此前进口食品的检验结果及处理决定：2013年2月，检出质量安全不合格的食品有18个类别、405个批（次），来自40个国家和地区；不合格主要产品有酒类、肉类、糕点饼干类和饮料。酒类的不合格项目主要是标签不合格和重金属超标，肉类产品的不合格主要是品质不合格或者货证不符，糕点饼干类产品的不合格主要是微生物污染和添加剂超标，饮料类不合格主要是添加剂超标和品质不符合要求。这些不合格进口食品被全部退货。如果没有政府职能部门的专业把关，食品市场的状况就不可想象了。

不言而喻，消费者自身维权能力是有十分限的。普通消费者对消费中的食品药品连价格都估摸不透，怎么可能对质量指标做出准确判断？如果人人成了消费行家，不法商家还能有生存的空间吗？事实上，假冒伪劣食品药品之所以能以假乱真，消费者上当受骗而浑然不知，那是因为市场上存在着一批"高智商"的不法商家。

这些不法商家，置法律法规和产业政策于不顾，漠视公众身体健康和生命安全，滥用、误用生产加工实用技术，要么恶意采用工业原料作为食品添加剂，要么肆意把人用抗生素添加到禽畜饲料中，要么随意使用食品添加剂，甚至把剧毒化学物质添加到婴幼儿乳粉里，等等。同时，他们与公务员中腐败分子进行钱权交易、官商勾结，购买庇护伞或者通行证，使假冒伪劣商品、有毒有害食品药品在安检中蒙混过关；花重金收买影视明星，充当问题食品药品的代言人、形象大使，违法广告恣意渲染，使不明真相的消费者甘愿上当。

我国市场机制不健全、科技成果被乱用，以及消费知识欠缺、腐败现象存在等，都给不法商家以可乘之机。一批不法分子甚至发展成为暴发户，积累起相当的经济实力、技术力量及其他社会资本，成为干扰市场秩序、对抗监管执法的一股黑恶势力。三鹿集团股份公司生产的婴幼儿有毒奶粉，是由不法分子在原奶收购中非法添加了三聚氰胺所致。此后，国家质检总局紧急在全国开展了婴幼儿奶粉三聚氰胺含量专项检查。阶段性检查结果显示，有22家婴幼儿奶粉生产企业的69批（次）产品被检出含量不等的三聚氰胺。三聚氰胺，跟苏丹红一样是工业原料，含有剧毒，被列入非法食品添加剂黑名单。对此，乳粉集团的决策者和经营者怎会不知情？ "高智商"的不法商家，既会钻法律的空子，又会误用科技成果。

然而，魔高一尺，道高一丈。政府职能部门，汇集了一批高素质的专业队伍，掌握与行使着公共权力和法律法规，拥有与使用着先进设备和雄厚的技术力量，具有与通晓洞悉假冒伪劣商品及不法商贾拙劣伎俩的专业技能和执法程序。他们具有压倒一切不法商家的绝对优势，背后更有全体消费者的支持和配合，是社会正义力量的一方，得道多助；相反地，不法分子随时随地都处在消费者的提防和监视中，失道无助。所以食品药品质量安全不仅必须给予保障，而且完全能够得到保障。

政府把解决民生问题作为执政基点，目前最大的民生问题是确保食品药品的质量安全。社会的公平正义，消费者的生活质量，公众的幸福指数，一定程度上是由食品药品的安全指标来衡量的。保障食品药品规范生产、消费者安全消费，是政府的分内之事；依法维护市场秩序、保护消费者权益，监管执法队伍责无旁贷。消费者既是政府的服务对象，又是其监督者。衡量政府的服务质量和执法人员的市场监管水平的基本指标，就是保证农残不超标，终端消费品添加剂不过量，不含非食用添加物。

消费信心来自政府的决心，食品药品质量安全状况反映着市场监管力度。面对假冒伪劣商品屡屡冲击市场、食品药品质量安全事件频频发生的严峻形势，政府决心给予重典整治，让不法分子为此付出应有代价。但是同样，对于市场监管执法过程中的缺位、渎职，无所作为或者行为不力者，也必须依法严肃追究责任，让责任部门及责任者为此付出同等代价。就某种意义上讲，执法监管队伍建设的局面，决定着国家监管资源发挥作用的程度，决定着食品药品标准生产和市场秩序执法监管的程度，也决定着食品药品质量安全被保障的程度。因此，不断加强执法监管队伍自身建设，探索和推行食品药品监管工作的责任制、问责制、奖惩制，实为构筑食品药品质量安全防线的根本之策。

另外，为了从根本上遏制食品药品安全事件的高发势头，增强公众的消费信心，在对犯罪分子绳之以法、深入清查假冒伪劣商品的同时，更需要下大气力在全国持续开展普法教育运动，全面提高食品药品从业人员的法律意识和质量安全意识；组织形式多样的食品药品知识宣传活动，不断增强消费者的维权意识和维权能力。

食品药品质量监管工作的起步与发展

西藏自治区食品药品监管系统，组建于2000年。13年来，面对复杂多变的食品药品市场，在维护全区消费者的合法权利、履行市场监管职责过程中，各级食品药品监管机构从小到大、由弱到强地发展起来了，已经成为地方政府维护市场秩序、保障食品药品质量安全的重要力量。

2005 年，自治区药品检验所更名为自治区食品药品检验所，随后陆续组建了 6 个地区食品药品检验所。自治区食品药品检验所，先后通过了自治区计量认证、审查认可、国家食品药品监管局药检所实验室资格认证和医疗器械检测资格认可、国家实验室认可，逐渐发展成为西藏开展药品、生物制品、饮食食品、保健食品、医疗器械检验检测，以及药品包装材料容器、洁净环境检验检测的权威机构。

在"十一五"期间，西藏自治区食品药品检验所升格为西藏自治区食品药品监管局，先后成立了 7 地（市）局和 6 个县分局，建立了区、地食品药品稽查队和自治区药品不良反应监测中心，初步搭起自治区以下实行垂直管理的区、地（市）、县三级食品药品监管体系框架，实现了对药品统一、权威、高效的全程监管。2010 年，在机构改革中，自治区新设了 68 个县局，健全了基层监管机构，把实行垂直管理的各级食品药品监管机构改为由同级卫生部门管理，为正常开展食品药品监管提供了组织保证。

提出了"廉洁执法，业务过硬"的工作要求，建设一支合格的监管执法队伍。食品药品监管系统，采取公开招考选拔工作人员、依据"德能勤绩廉"考核考察提拔干部的方式，充实与壮大监管队伍，突出年轻化、知识化和专业化的结构特点。为了保证队伍廉洁自律，全区食品药品监管局中层以上干部，均须与组织签订党风廉政建设责任书；通过警示教育，落实"五条禁令""八个严禁""十个决不允许"等工作守则，以此对行政执法干部职工进行约束和监督；公开选拔业务骨干和先进工作者，派赴延安参加"全国人民满意的公务员集体"延安市食品药品监管局先进事迹报告会，回队后要求他们举行学习体会汇报会，以此增强拒腐防变的意识和正确的权力观念。

为了适应食品药品安全监管工作的新形势，全面提升执法监管队伍的业务素质，区局采取举办培训班、挂职锻炼、干部双向交流等形式，重点加强干部队伍的执行力建设。2010 年，区局举办了以药械稽查、餐饮服务食品安全监管、法律法规学习熟知、食品药品安全事件警示教育等为内容的培训班，受训学员达到600余人（次），基本实现了对全系统干部的业务轮训。

区食品药品监管系统，按照国家食品药品监管局和地方政府的统一部署，坚持"整顿与规范并举，治标与治本并重"原则，于"十一五"期间集中力量组织了药品安全整治专项行动。区局主要领导带队深入基层，现场办公指导工作。2010年区监管局协调区农牧、区质监等部门，联合开展对蔬菜、生猪肉、馒头、淡水鱼等品种的抽检，抽检样品347个，合格率为94.24%。及时组织销毁"问题乳粉""地沟油"和厨房废弃物、一次性塑料餐盒等行动，并突击检查学校、旅游接待场所，没收销毁过期、变质、"三无"食品药品，以点带面整肃全区食品药品市场。

对药品研制环节进行审评审批，开展了药品注册现场核查、药品批准文号清查，以及药品名称、标签、说明书审查，力求从源头上确保药品质量安全；对生产经营环节采取监督抽查、跟踪检查、飞行检查等方式，对企业实施GMP、GSP监督，落实国家基本药物质量监管办法，推行药品电子监管和市场诚信体系建设，以执法力量预防和惩治违法违规行为；对使用环节开展了药品不良反应跟踪监测、医疗器械不良事件监测和药物滥用监测。

帮助企业和商家树立质量意识、改进管理方式、提高经营水平，为它们健康发展创造良好外部环境。至2010年，全区27家药品批发企业、299家药品零售企业，通过了GSP认证、再认证；1家医疗器械生产企业和192家医疗器械经营企业，取得了生产经营许可证。区食品药品监管局药物滥用监测工作，获得了国家药物滥用检测中心的表彰。

自2009年起，区监管系统开始改变被动执法程式—等待"调查指令"或者接到案件举报后方采取行动—按照各自既定的工作方案，合理调配部门人力和物力，主动深入食品药品生产加工企业和销售领域，对可能出现的问题和质量隐患逐点组织突击检查。依法对监管范围内各个环节摸底清查，做到不留盲点、不漏空子、不给机会，深究问题，排除隐患，防止问题药品及医疗器械流入或者流通于市场，整肃和维护药械市场秩序，保障公众用药用械安全。此间，老局长卢彦朝到自治区藏医院看望藏医药专家，指导《藏药材炮制规范》（藏文版）编写工作；局长白玛桑布在贡觉县桑朱荣村卫生所就如何加强药械管理，给医护人员传经授宝；副局长董寿如、周文凯分别走进集贸市场、基层医疗机构科室，开展调研活动，了解并掌握翔实的资料信息。

区监管系统开展了食品药品安全调查和评价活动，启动了安全信用体系建设试点工作，建立了西藏食品药品安全信息平台，及时发布预警公告。组织专家编写了《食品安全知识读本》（藏、汉双语版），制作了食品药品安全宣传片，向患者和公众宣讲常用药物药理知识。区局车明凤副局长以身作则，经常带领工作人员同时邀请相关专家走上街头，聚众宣讲食品药品安全知识，通过面对面咨询与答疑、听众之间口耳相传，增强公众饮食用药的安全意识，养成良好的饮食用药习惯，积极做好应对突发事件的相关准备。

近年来区监管系统主动下移工作重心，把执法监管重点由城市转向农牧区。西藏地广人稀，市场零散，监管成本高，农牧区食品药品市场成为执法监管难点。区系统克服困难，重点开展农牧区药品"两网"建设，把符合要求的县、乡（镇）、村医疗机构药房纳入药品供应网，在县级及其以下建立了药品零售供应网点 116 个，从县级及其以下人大、政协、卫生、新闻等部门和医疗机构，聘请药品协管员 1931 名，创建了两个国家级药品"两网"示范县和 5 个自治区级示范县，建起覆盖县、乡（镇）的药品供应网络和监管网络，扭转了农牧民买药难和基层药品监管难的尴尬局面，基本保证了农牧区患者安全有效地用药。

全区食品药品监管工作实现了从传统监管向现代监管、从经验监管向科学监管的转变。2007 年，国家食品药品监督管理局为西藏配备了药品快检车；2009 年，西藏藏药专家委员会成立。区监管系统硬件条件在持续改善，软件支持不断增强，整个队伍已经锻炼成长为一支有效维护全区公众饮食用药安全的坚强集体。

区系统除了肩负着全区食品药品监管工作外，面对食品药品质量安全突发事件和爆发的流行性疾病，能处变不惊、沉着应对。近年来，先后完成妥当处置婴幼儿奶粉安全事件、北京奥运火炬珠峰登顶及在拉萨传递期间的食品药品安全保障工作、甲型 H1N1 和 H7N9 流感防控等重大事件。

在"十二五"期间，区食品药品监管系统将围绕着政府的中心工作，倾力服务"三农"工作。以农产品市场建设为中心，配合信息、运输、仓储、库存等建设环节，在全区打造一条完整、高效、畅通的农产品流通体系链条。同时加强农畜产品质量安全监督执法工作，突出抓好蔬菜、农药例行监测和兽药残留检测，确保每个公众吃上"放心菜"和"放心肉"。

计划到 2015 年，全区的药品、医疗器械、餐饮食品、保健食品、化妆品等监管体制机制基本健全；技术支撑体系更加完善，队伍综合素质再上新台阶，科学监管和依法行政能力有个大幅度提升，食品药品监管公共服务层面和质量接近全国平均水平，市场上食品药品质量可靠，没有假货。

近 3 年来全区食品药品质量监管概况

2011 年 2 月，区副主席邓小刚一行深入拉萨市内饮食企业检查生产情况。先后走进拉萨市堆龙古荣朗孜糌粑有限公司、西藏天地绿色饮品发展有限公司、西藏娃哈哈食品有限公司、西藏高原之宝牦牛乳业股份有限公司、拉萨谭德均豆制品有限公司，他们实地察看车间卫生状况，仔细检查糌粑、啤酒、饮料、乳制品、豆制品等产品质量。每到一家企业，都详细询问原料进货渠道、加工流程、食品质量保障措施等情况，要求企业牢固树立质量第一、安全至上的责任意识，切实把安全生产措施落实到位。

在总结会上，邓小刚要求全区的卫生、质检、工商、食品药品监管等部门，各司其职，各尽其职，形成合力，高效监管，认真查找食品安全各个环节上存在的突出问题，对问题产品和问题企业必须依据法律和技术规程，严格审查，妥当处置；公安、司法部门要从重从快处理涉及食品安全的典型案件，加大对食品领域犯罪的打击力度，切实起到惩戒与震慑作用；主流媒体要密切关注食品企业生产动态，准确客观及时有效地报道相关情况，认真回应公众关切，为做好食品安全生产工作营造正确的社会舆论。

在建党 90 周年与和平解放 60 周年"双庆"前夕，区质监系统组织阶段性检查。2011 年春季，质监部门精心策划工作方案，周密组织了以打击食品非法添加与食品添加剂滥用、食品生产加工环节"食用化肥"和"瘦肉精"偷用、食品质量隐患排查为主要内容的阶段行动。

本次行动目标，以确保产品质量为抓手，规范企业生产流程，提高食品质量安全系数。**一是**严格落实企业主体责任，指导企业建立健全产品质量管理体系，监督落实质量安全的关键点控制措施，从原材料进厂检查、生产过程控制、产品出厂检验等主要环节把关产品质量。**二是**加强食品生产许可证管理，严格发证条件，执行实地审查制度，对达不到准入条件和生产标准要求的，不予办理食品生产许可证书。同时，加强对获证企业证后监管，监督企业持续满足获证条件，按照统一标准组织生产。**三是**加大抽查和风险监测力度，坚持每月对食品企业和小作坊抽检一次，一旦发现不合格产品，就及时依法予以处理。**四是**加快食品质量安全诚信体系建设，在行业中实行失信企业"黑名单"制度，适时发布企业产品质量信用记录，严厉处罚失信企业，监督企业诚信自律、守法经营。区质监局组织区内 50 家重点企业签订质量承诺书，要求它们自觉接受社会监督，全面履行社会责任。

在行动中，质监部门坚持"四个严查"，即严查城乡接合部、严查重点食品、严查添加剂、严查小作坊。做到"四个必须"，即发现企业存在安全隐患的，必须责令停产整改；整改未达到要求的，必须吊销生产许可证；对于违法企业和责任人，必须按规定从重处罚；对涉嫌犯罪的，必须移送司法机关。及时总结行动经验，妥善解决行动中遇到的带有普遍性的实际问题。

1—8月份，共计抽检食品样品615个，整体合格率近90%；食品加工领域安全生产保持持续稳定，食品质量水平呈现上升趋势；未发现添加非食用物质或者滥用食品添加剂等违法行为；未发生区域性、系统性的食品安全事故。产品抽检结果表明，全区食品质量状况良好。

在此期间，区质监局抽调精干力量，专门组织了食品非法添加与食品添加剂滥用整治行动。自5月9日开始，至年底结束，历时8个月。

行动突出了"三个重点"。**重点对象**：各类餐馆、快餐店、小吃店、饮品店、承担重大活动餐饮特供单位、旅游景区餐饮店、学校食堂等餐饮经营者，以及保健食品生产经营者。**重点品种**：餐饮业火锅底料（汤料）、自制饮料、自制调味品和熟食品、乳制品、面点类制品、调味品等，重点清查非法添加罂粟壳、罂粟粉、工业石蜡、色素、防腐剂、甜味剂、海产品保鲜剂、硼砂、吊白块、双氧水等情况。**重点行为**：餐饮经营者和保健食品生产者非法添加非食用物质，利用食品添加剂和食品调味料掺杂掺假、掩盖食品腐败变质，以及食品添加剂滥用等违法行为。

行动采取四个步骤。一是对餐饮服务单位、保健食品生产经营企业开展了一次拉网式检查，督促企业落实主体责任。加大对重点对象、重点品种和重点场所的巡查力度与抽检频次，把餐饮单位自制饮料、自制调味品、火锅底料作为必检品种。二是建立健全监督机制，实行举报投诉电话和有奖举报制度，加强主动宣传、正面宣传，提高整治行动的社会关注度和影响力。三是建立协作机制，加强与公安等部门的沟通协作，形成多部门通力合作的强大合力。四是建立惩处机制，对检查中发现的违法行为及时通报、曝光或者移交，沟通协作，追责到位。

要求企业落实四项制度。一是餐饮服务环节食品添加剂使用备案制度，二是餐饮服务环节添加剂使用公示制度，三是餐饮服务环节添加剂使用承

诺制度，四是餐饮单位食品添加剂采购、贮存、使用管理制度

另外，区质监局于4—8月对市面上桶装饮用水和挂面质量进行检查。检查桶装饮用水生产加工企业35家、挂面生产加工企业59家。桶装饮用水抽查合格率为75%，较2010年同比提升了7.61个百分点；挂面抽查合格率为97.14%，较2010年同比提升31.17个百分点。但是在检查中发现：两类企业从业人员文化水平和专业技能普遍较低，个别企业的进货、销售记录不全。针对查出的问题，责令9家桶装饮用水和5家挂面企业停产整改。

行动结束后，区质监局的主要领导在同被检企业负责人进行座谈时对企业发出了倡议。建议食品生产企业：1. 慎重选购原材料和辅助材料，把可能存在质量隐患的原材料拒之门外，从源头上把好来料入厂质量关。2. 在生产过程中严格操作规程，按国家标准使用添加剂，专业人员跟踪监督检查，切实做好终端产品的出厂查验工作，避免问题食品流入市场。3. 企业管理落实目标责任制，明确生产流程中岗位目标和责任。谁出了问题就由谁负责，问题出在哪里定位准确，打板子要找到"屁股"；哪些方面的工作做得出色，要显现人员名单，及时兑现各种奖项；领导集团要熟悉食品安全法，并树立质量立厂、信誉至上的经营理念，让食品质量的警钟在决策层办公室里长鸣，让消费者合理诉求在加工车间内萦绕，在这样氛围中进行企业决策，实施生产管理，可以保证食品企业生产出合格、安全、健康的食品。4. 食品企业不仅是责任企业，而且是感情企业。如果能把生产食品当作为自己的家人煮饭烧菜，视消费者为自己的家人和亲朋好友，若有了这个境界、这份爱心，在生产过程中充分体现出来，就一定能做出色正味美、新鲜营养的食品。

同时号召质检系统，在要求企业自身做好检验校准工作的同时，各级质检部门必须定期前去随机抽检，尽量扩大检验数量，保证所有食品质量合格。

区烹协发出倡议，制定和遵守《保障食品安全承诺书》。2011年4月，国家食品药品监督管理局下发紧急**通知**，要求自制火锅底料、自制饮料以

及自制调味品的餐饮服务单位，于 5 月 31 日前，向监管部门备案所使用的食品添加剂名称，并在店堂醒目位置或者菜单上予以公示。《承诺书》第三条明确：在食品生产和经营过程中，操作规范且符合安全要求，保证不使用非食品原料加工食品，不超量使用添加剂，不使用过期变质或者被污染的食材，不使用非食品用具及容器、包装材料，不使用未经消毒合格的餐具、工具、容器。

自治区烹协及时在业内发出倡议，要求协商制定和忠实践行《保障食品安全承诺书》，发放到区内各餐饮生产和营销单位。

为了兑现《承诺书》，拉萨市卫生监管所决定，自 6 月 1 日至 12 月底期间，对全市餐饮业（包括学校和托幼机构食堂、单位食堂）开展为期 7 个月的打击违法添加非食用物质和食品添加剂滥用专项行动。卫监所表示，结合情况、采取多种形式，将对各餐饮企业和店堂进行抽查监测。如果检查到添加剂商家没有公示，就强行要求限期改正；一旦经营者被抓到实际添加物与其承诺不相符合的，依据规定予以处罚。

区食品药品监管系统密切监视药品市场。2011 年 6 月 27 日，区食品药品监管局接到国家食品药品监管局通报的"诺康舒眠宁"等 12 种假药信息后，及时通过"药品查询专用手机"转发给各地（市）药监部门，要求依法加强对辖区内药品市场监督检查，一旦发现被列入黑名单的假药，要迅速进行妥善处理，同时提醒消费者不要购买这些假药。经过全面仔细排查，全区药品市场没有发现黑名单上的任何一种假药。

区公安、工商、质监、食品药品监管等部门联合执法，净化冬季物流市场。公安系统奉命执行公安部"亮剑"行动，于 2011 年冬季发起打击假农资、假食品、假药品、假名牌犯罪（号称"四大战役"）。由公安系统牵头，协调了工商、质监、版权、烟草、食品药品监管等职能部门，依据线索，主动出击，对侵权犯罪和制假售假重点单位、重点行业场所进行整治，查封或者收缴问题商品和制假器具。

与此同时，在拉萨市宇拓路举行假冒伪劣商品实物样品展览会。执法人员现场向参观者讲解识别问题食品、饮品，以及冒牌的名烟名酒和假古董的基本方法，耐心解答市民的咨询。通过发放宣传材料，当众销毁问题食品、饮品以及其他低劣商品，提高市民识别假冒伪劣商品的能力，增强消费维权意识，表明了政府打假的态度和决心，对不法企业和黑心商贩形成了社会震慑。

本次联合行动选择规范化的大型市场，比如拉萨市冲赛康市场，检查食品安全责任制落实情况、市场管理方与商户签订责任书执行情况。为了保障市场上商品质量安全，市场管理机构与公司和商户分别签订了食品安全责任书，落实相关经营手续，把食品质量担保责任到户。同时，定期向公司代理和商户代表宣讲《国务院关于加强食品等产品安全监督管理的特别规定》《食品流通许可证管理办法》等食品安全管理法规，把书面材料及其他学习资料发放给责任商户。对新驻商户，及时签订食品安全责任书，向他们普及相关法律法规知识。

检查中看到：冲赛康市场等大型商场管理规范、繁忙和谐、供销两旺，没有出现重大质量安全事件。冲赛康市场是拉萨乃至西藏小商品集散地和大型批发市场，经营上万个品种，来自林芝、山南、日喀则等外地客商熙来攘往，进出冲赛康市场批量采购食品、服装、日用百货；区外旅游者摩肩接踵，逛街购物。

区食品安全委员会、卫生厅、质监局、食品药品监管等部门于 2012 年"双节"期间，联合对拉萨市食品市场进行综合检查。同时，区工商局就全区节日市场监管做出统一安排，保证 2012 年春节、藏历新年期间市场安全有序。

2012 年 1 月，区副主席、区食品安全委员会主任德吉，率领区卫生厅、质监局、食品药品监管局等部门负责人，深入拉萨食品市场进行检查。检查组先后到娘热路水果蔬菜批发市场、拉萨啤酒厂、圣美家超市等食品生产企业和经销单位，对经营主体落实食品准入制度、质量安全准入制度，以及餐饮单位卫生管理、卫生设施配备、餐厨废弃物管理、食品添加剂公示等情况给予逐项检查。

检查期间，德吉要求各级食品质量安全监管部门，以春节、藏历新年"双节"为重点时段，以节日性食品为重点品种，严肃查处制售不合格食品、过期食品、"三无食品"，以及其他假冒伪劣食品的违法行为；加大对节日食品市场抽样检查力度，对重点食品随机抽检，扩大抽检品种及数量，一旦发现问题要追根溯源，一查到底，不能姑息。

与此同时，区工商行政管理系统在春节、藏历新年前夕发出通知，要求工商部门强化对食品市场监管，确保节日市场安全有序。**通知**指出：节日期间肉类食品购销旺季，工商部门将严厉查处经销病死畜禽肉、高温猪肉、注水肉，以及过期霉变、有毒有害、未经检疫检查或者检疫检查不合格的肉品。同时对食用油市场进行拉网式检查，监视经营"三无"、来源不明的食用油行为；深入农牧区村镇交易会和农贸市场巡查，加强对小摊点、小卖部、日用百货商店经销的小食品、日用品的监管，集中打击借"送货下乡""厂家直销"之名向农牧民兜售假冒伪劣商品的不法行为。

区食品药品监管局协调新闻部门紧急处置药用毒胶囊剂药品。2012 年 4 月 15 日，央视《每周质量报告》节目曝光了 13 种药用胶囊。胶囊中致癌物质铬超标严重，其中"炎立消胶囊"所用的药用胶囊铬含量达到 181.54mg/kg，国家标准是"不超过 2mg/kg"。涉及以下 13 种问题胶囊剂药品及其生产企业。

1.脑康泰胶囊／青海格拉丹东药业有限公司；2.愈伤灵胶囊／青海格拉丹东药业有限公司；3.盆炎净胶囊／长春海外制药集团有限公司；4.苍耳子鼻炎胶囊／长春海外制药集团有限公司；5.通便灵胶囊／长春海外制药集团有限公司；6.人工牛黄甲硝唑胶囊／丹东市通远药业有限公司；7.抗病毒胶囊／吉林省辉南天宇药业股份有限公司；8.阿莫西林胶囊／四

川蜀中制药股份有限公司；9. 诺氟沙星胶囊／四川蜀中制药股份有限公司；10. 羚羊感冒胶囊／修正药业集团股份有限公司； 11. 清热通淋胶囊／通化金马药业集团股份有限公司；12. 胃康灵胶囊／通化盛和药业股份有限公司； 13. 炎立消胶囊／通化颐生药业股份有限公司。

4 月 16 日，区内媒体记者打印出被曝光的 9 家药厂、13 个药品名单，深入拉萨市各大药店走访。他们在北京中路圣洁医药超市看到：吉林省辉南天宇药业股份有限公司生产的"抗病毒胶囊"、通化颐生药业股份有限公司生产的"炎立消胶囊"、四川蜀中制药股份有限公司生产的"诺氟沙星胶囊"货架已经清空。超市负责人表示，收看了"毒"胶囊事件新闻后，马上对照着被曝光的药品名单，对本店经营的药品进行清查，把问题胶囊剂药品全部下架，等候药监部门的处理通知。

许多市民反映，曝光的问题药品，"都是日常用药"。大家惊讶：药用胶囊竟然采用工业明胶制成，药用胶囊厂家使用"三无"明胶进行药用胶

小贴士 ▶

1. 节日购物，行家"传经"。春节、藏历新年，是一年中生活消费最火爆的时段，因此成为食品药品安全事件频发期。一旦买到或者消费了问题商品，会使对新年美好期待大打折扣。但是，徜徉在琳琅满目的节日市场上，会被品种、花色、差价，以及阵阵叫卖声所围困，怎样冷静选购货真价实的年货？物美价廉是理想状态，安全放心可是前提条件。在这种情况下，听一听中消协专家给出的意见和建议，不无裨益。

首先，慎选购物场所。尽量选择规模大、证照齐全、信誉好的厂商，不可贪图便宜到无证照的门市、流动摊点上、黑作坊购物；选购定型包装食品时，注意查看食品的生产日期、保质日期、生产单位、厂址、合格证等包装标识和 QS 标识；对于颜色过于鲜艳、过于玲珑剔透或者感官不自然、发出怪味的商品不要购买；索要、保留购物凭证。

其次，理性对待促销商品。俗话说得好"巧买哄不了拙卖的"，"多花钱不一定能买到好货，但是花钱少一定买不到好货"，"信人不如看货"……不论商家给出多少优惠，人家都不会做亏本生意。面对促销的商品尤其是食品药品，要保持平静心态，逐项检查包装袋上各项标识，充分调动购物经验对鱼、肉、瓜、果等裸露食品进行严格查验。消费冲动、轻信广告宣传是购物的大忌。

再次，发现问题商品应及时付诸维权行动，绝不姑息不法商贩。这是消费者对维护食品药品市场安全秩序的宝贵贡献。

2. 全区农牧民吃上了合格碘盐。2011 年，区盐务管理局向农牧区配送食用碘盐 13456 吨，配送首次实现以乡为单位的全覆盖，碘盐抽检合格率达 100%。西藏属于碘缺乏危害比较严重的地区。自 2008 年起，区商务部门把碘盐推广作为重点惠民工程，提高农牧民食用碘盐补贴标准，加强碘盐配送体系建设，农牧区碘盐覆盖率由 2005 年的 34% 提高至目前的 100%。

另外，2012 年起全区开始推广低钠保健食盐。

囊生产，"太不可思议啦！"一些厂商对"毒"胶囊中铬超标置若罔闻，可是重金属铬容易进入人体细胞，在人体内蓄积，对肝、肾等内脏器官和DNA造成损伤，具有致癌性，还可能诱发基因突变。原本用来治病救人的良药，怎么做出来的是毒药？

根据国家食品药品监管局对铬超标药用胶囊查处的工作部署，及《关于暂停销售使用媒体曝光的13个铬超标产品的通知》，区食品药品监管局迅速成立了药用胶囊质量安全监督检查工作应急领导小组，制定了《西藏自治区开展药用胶囊质量安全专项监督检查工作方案》，对全区专项监督检查工作作出周密部署。

在安排企业自查基础上，开展现场排查和抽样检验，清查全区范围内药店、医院、门诊部等场所铬超标药用胶囊及其胶囊剂药品；对于本区委托生产胶囊剂药品、胶囊剂保健食品的区外生产企业，区食品药品监管局致函当地食品药品监管部门对这些生产企业开展监督检查工作。

"毒"胶囊事件曝光一周后，国家食品药品监管局发出通知，要求各省（直辖市、自治区）食品药品监管部门监督销毁被查封的铬超标药用胶囊及其胶囊剂药品，防止不合格产品重新流入市场，防止以就地抛弃等不恰当方式处理不合格产品，确保销毁工作到位。

区食品药品监管局负责人表示：全区现有4家胶囊剂药品生产企业使用的空心药用胶囊通过检验全部合格，同时完成对国家食品药品监督管理局公布的9家药品生产企业、13个品种、23个批（次）铬超标胶囊药品的清理工作，对发现的不合格药品全部下架封存，将密切关注事态发展，持续不断做好清查铬超标胶囊剂药品的后续工作。

西藏阜康医药发展有限公司，积极配合对"问题胶囊剂药品"查处工作。公司杨经理表示，自24日上午10时起，开始配合相关生产企业召回铬超标药用胶囊药品；持有清单上注明的铬超标药用胶囊药品（限同规格、同生产企业）的消费者，均可以到西藏阜康医药发展有限公司任意一处药店，按对应折换价格计算兑换自己需要的等值的其他药品，若消费者已经拆散包装，则按能识别规格及生产企业的最小单位计算余下药品价值进行兑换。

同时，医生提醒消费者，胶囊药品不可拆开服用。拉萨大药房何店长表示，一些市民因为担心铬中毒，就把胶囊药品纷纷拆开服用，胶囊拆开服用会灼伤食道、胃黏膜，极易引起溃疡，伤害更大。他解释说，把药物做成胶囊剂基于两种考虑，一是怕这类药物直接对食道造成损伤，很多抗生素药物的刺激性都很大，会对食管壁造成损伤；二是把药物安全直接送到胃里，如果外面不包裹胶囊，可能还没到胃里，药效就消耗很多了。

不久以后，在本区所有药品市场上，问题胶囊剂药品全部下架封存，相关经销单位兑换了消费者家存的问题药品。

区食品药品监管局2012年7月推行食品安全监管量化办法。用大笑、微笑、平脸卡通形象表示动态等级，餐饮场所的消费安全和卫生状况怎样，顾客一看卡通面相就知道。

为了细化对餐饮服务中食品安全监管，根据国家食品药品监管局《关于加快推进餐饮服务食品安全监督量化分级管理工作的通知》要求，自治区食品药品监管局结合区情，出台了《西藏自治区餐饮服务食品安全监督量化分级管理工作实施方案》，正式实行食品安全监督量化分级管理制度。

关涉的餐饮单位包括，大型餐馆、学校食堂（含托幼、机构食堂）、供餐人数500人以上的机关和企（事）业单位食堂、餐饮连锁企业、旅游景区餐饮服务单位等。监督量化等级分为动态等级和年度等级。动态等级是每次检查的结果，分为优秀、良好、一般三个等第，分别用大笑、微笑、平脸三种卡通形象表示；年度等级是上一年综合评价的结果，也分为优秀、良好、一般三个档次。

每次动态评价，如果发现餐饮服务单位存在问题，需要给予警告之外行政处罚的，两个月内不再进行动态等级评价，同时收回餐饮服务食品安全等级公示牌，并加大监督检查频次。两个月期满后，视具体情况决定是否开始动态等级评价。

倡议顾客树立安全消费意识，寻找"笑脸"就餐。要求业主把等级公示牌，摆放、悬挂、张贴在餐饮服务单位门口、大厅等显眼位置。

区食品药品监管局对药械安全实行专项检查。2013年春节、藏历新年前夕，按区政府和卫生厅的部署，区食品药品监管局开展对药品、保健食品、医疗器械安全消费专项检查。

被检对象涉及拉萨市1家药品生产企业、2家药品批发企业、2家医疗器械批发企业、12家药品零售企业。

被检内容包括：原药材、辅料供应商审计、药材和产品检验、毒性药材和试剂管理，药械购进索证索票及其相关记录、执业药师在岗、含麻黄碱复方制剂销售登记、处方药销售、非药品冒充药品，保健食品购进销售记录和生产厂家资质等三类情况。

结果表明：药品生产企业在正常生产的同时，按照相关规定加强了对原药材、辅料供应商的审计和毒性药材、试剂的管理工作；多数药械经营单位经营状况良好，能按《药品经营质量管理规范》的要求把关药械质量，票、账与货物相符。但是，一些药品零售企业存在问题，执业药师不在岗、药械购销记录不规范、基本信息保存不全面等。执法人员当即要求这些药店暂停销售处方药，现场指导企业补充相关记录，书面给出限期整改意见。

拉萨市食品药品监管局、农牧局、商务局等联合执法，于2013年春节、藏历新年期间对市区食品药品经营单位进行检查，抽检了部分生产企业（基地）。

首先，联合检查组检查了拉萨市区各门诊部、火锅店、超市、药品销售店、特色食品临时加工片点等，发现林廓北路一带的"卡塞"（藏族传统特色食品）加工作坊，部分经营者没有健康证，工作间卫生条件不达标。对此，执法人员要求他们限期整改，尽快到相关部门办理证件和手续。

其次，对拉萨市自来水公司、冲赛康农贸市场、八一农贸市场、圣洁药店等进行检查。对拉萨市自来水厂检查，主要涉及自来水生产工艺流程、自来水生产监控设施、水质检验，以及水厂管理制度落实、供水人员持健康证明、供水过程卫生、采购涉水产品索证、水质消毒、净化处理设施运转、应急预案、消毒记录、水质自检记录等内容。结果表明，水厂管理规范、到位，出厂水硬性指标符合《生活饮用水水质卫生规范》卫生标准。

在对冲赛康农贸市场、糌粑专卖店检查时了解到，拉萨市的酥油、糌粑市场货源充足，完全可以满足市场需求。

第三，对商铺经销的儿童食品、饼干等食品是否有"QS"标识、进销货台账等制度是否落实、登记是否完整，散装食品销售是否规范等主要项目进行了查验。对发现的不符合要求的食品，要求商家下架、销毁。检查人员还围绕商家电子秤计量是否准确，是否存在串通涨价、囤积居奇、以次充好等扰乱市场秩序的行为进行暗访，未发现短斤少两、哄抬价格等违法行为。

第四，为了从源头上杜绝地沟油流向餐桌，餐饮服务单位的食用油采用和餐厨垃圾处理成为本次联合检查（抽查）的重点。

食品药品监管局检查餐饮服务单位时，索要食用油安全采购记录和餐厨垃圾处理记录。依据规定，餐饮服务单位必须做好日常的"食品采购与进货验收台账记录"，以及"每日餐厨使用后的废弃油或者废弃物处理记录"。两张表格显示着废弃油（餐厨垃圾）的处理时间、处理数量、具体用途及其收购者单位名称、联系电话，以及食用油进货渠道等详细信息。

执法人员当场表示，将不定期进行抽查，采集和积累相关资料，建立档案，作为餐饮服务单位三年一换签证的依据。同时明确，凡是向餐饮服务单位收购餐厨废物的单位或者个人，必须担保"喂养牲畜"之用途，与该餐饮服务单位签订"只作喂牲畜用，不作他用"的合同声明。

目前，拉萨市有专门企业回收废弃油（餐厨垃圾），经过处理，残渣被运往拉萨市生活垃圾填埋场处理，避免污染环境。

农牧局执法人员深入堆龙德庆县玉泉生猪养殖合作社、岗德林蔬菜地、药王山农贸市场、娘热路批发市场，对肉类、蔬菜类产品生产和销售环节进行检查；对堆龙德庆县饲料加工企业、农资销售做了随机抽查。

商务局执法人员则走进市区生猪定点屠宰企业，对进场生猪来源和生猪产品流向登记、品质检疫、产品召回，以及无害化处理等生产安全制度落实状况进行检查，还到农贸市场检查鲜猪肉产品"两证一章"执行情况。

区工商局积极应对H7N9疫情，对活禽交易实行动态监管。 针对2013年春季我国部分地区出现人感染H7N9禽流感疫情，4月份区工商局及时在系统内部署应对工作。

首先，要求突出重点空间部位，对城市社区、城乡接合部、农牧区等区域市场加强监管，地（市）、县工商部门给所在辖区内的活禽养殖及相关经营者建立专门档案，对产业链实行动态全程监管。

其次，要求严查活禽及其产品和鸟类经营主体的资格是否有效，交易、检疫凭证是否齐全；依法查处非法经营或者证照不全的禽类生产和销售行为。采取多种形式，向经营人员进行

小贴士 ▶

全区食品药品监管工作会议召开。（2011年12月，拉萨）内容主要四项。第一，公布了区内药品生产及批发、零售企业，医疗器械生产及经营企业的资格认证情况。全区共有18家药品生产企业，通过了GMP认证、再认证；30家药品批发企业和299家药品零售企业，通过了GSP认证、再认证；2家医疗器械生产企业、251家医疗器械经营企业均取得了许可证。

第二，通报了国家食品药品监管局对西藏食品药品监管系统的指示精神。要求至2012年2月底以前，西藏生产的基本药物品种必须赋码，所有基本药物配送企业必须经过电子监管网，实现数据上传；逐步开展食品药品安全监管信息化建设，建立风险预测和预警平台，不断提升监管水平；建立区局门户网站，为社会各界提供快捷、周到的服务；利用审评审批、检验检测、检查认证、监测评价，以及法律手段、技术条件等作科学监管，督促企业提高质量管理能力，鼓励企业走上规模化、集中化的发展路子。

第三，关于藏药方面。为了满足全区对进口药材的需求，经过争取、国家食品药品监管局批准，把决明子等10个藏药材品种列入首批进口药材目录。

第四，报告了落实国家食品药品监管局5个援藏项目进展情况。在2010年对口援藏工作座谈会上，国家食品药品监管局就决定：投入3亿元专款，实施培养人才、完善藏药标准体系、监管体系、基础设施和装备、信息化建设5个援藏项目。

会议指出，西藏有68个县成立了食品药品监管局，食品药品市场监管工作取得实质性成效，不仅保障了全区300多万人民饮用药安全，而且促进了食品医药产业健康发展；在国家颁布《国家药品安全规划》之后，自治区人民政府2012年3月发布实施了《西藏自治区"十二五"食品药品监管事业发展规划》。

普法教育和知识宣传，以引起他们思想重视，并能掌握防控的主要程序和基本技能。

第三，强化消费者维权意识，充分发挥12315消费者申诉举报网络在防控H7N9禽流感疫情工作中的应有作用，及时受理社会各界关于禽类经营中安全隐患的申诉举报，迅速予以必要答复，保护好消费者的合法权益。

第四，正面引导社会舆论，及时发布相关信息，号召公众理性对待H7N9禽流感疫情，并简介相关防控措施和选用禽类产品的科学方法，进而构筑起严密防范H7N9禽流感疫情传播的隔离屏障。

食品药品质量把关工作的新探索

实施质量兴区战略。2012年是西藏质量法规颁布和实施力度最大的一年。1月自治区政府出台了《关于实施质量振兴战略的意见》，标志着质量兴区活动正式启动；6月出台《西藏自治区人民政府办公厅关于实施标准化发展战略的意见》，对关系全区经济社会发展大局的标准化工作做出全面部署；11月公布《西藏自治区产品质量监督管理暂行办法》，决定自2013年1月1日起施行。

《办法》规定，禁止生产和销售下列产品：法律、行政法规禁止生产、销售的产品，不符合保障人体健康和人身、财产安全标准的产品，掺杂、掺假、以假充真、以次充好的产品，超过安全使用期或者失效日期的产品，虚假标注生产日期、安全使用期或者失效日期的产品，伪造、冒用产品质量检验检测合格证明的产品，国家明令淘汰的产品，没有中文标明产品名称、生产厂厂名和厂址的产品，专供出口的产品除外；禁止生产者、销售者和服务业经营者把以上规定的禁止生产和销售的产品作为奖品、赠品或者用于经营性服务，否则，将没收违法的奖品、赠品或者用于经营性服务的违法产品，同时处奖品、赠品或者用于经营性服务的违法产品货值金额50%

以下的罚款，生产者、销售者未经规定的程序认定，不得使用国家及自治区的著名品牌标志。

《办法》还规定：对于质量有瑕疵却具有使用价值，符合保障人体健康和人身、财产安全标准、卫生要求的产品，应当在产品或者产品包装明显部位标明"处理品""残次品""等外品"等字样，并以产品说明书或者店堂、柜台告示等能为消费者知悉的方式，在如实说明产品的瑕疵或者实际质量状况后，才能出厂或者销售。

如果生产者或者销售者发现所生产、销售的产品，因为设计、制造等原因某一批（次）、型号或者类别中存在危及或者可能危及人体健康和人身、财产安全等缺陷，应当立即停止生产、销售该批（次）、型号或者类别产品，及时向所在地县级以上质量技术监督、工商行政管理等部门报告，同时告知消费者；产品已经售出的，应当采取修理、更换、退货等有效措施消除此类缺陷。县级以上质量技术监督、工商行政管理部门在接到产品质量投诉、举报后，在5个工作日内做出受理或者不予受理的决定，并告知投诉、举报者，对受理的投诉、举报应当及时查处，把处理结果告知投诉、举报者。

区政协一份提案催生一部法规。自治区政协委员林春福在2012年1月区政协九届五次会议上提交了题为《关于结合我区食品供应和生产特点，多渠道、多途径加强城乡食品监管的提案》，针对全区的食品生产和消费市场现状提出了全面加强食品安全监管工作的意见建议。

《提案》陈述：西藏属于"食品输入型"地区，区内消费市场上高危食品和新型有害食品主要来自区外；区内现有的食品生产加工企业规模小，食品产业链的灭菌消毒等设备落后，生产流程管理跟不上，产品存在不同程度的二次污染。

建议：职能部门应当加强对外来食品储运环节监测检查，定期不定期地深入食品企业对操作环节和终端产品抽查检测，把检查结果及时在主流媒体上公示，广泛告知消费者；相关部门协调行动，全面覆盖，不留死角，联合监管执法常态化，不间断跟踪、不留缝隙。

同时，依据相关法律法规以及国家和行业最新标准，并参照区外成功的管理经验，建立健全全区统一的对餐饮单位和食品市场的管理制度，采取措施有效落实管理制度。

回复：针对林春福的提案，自治区卫生厅表示，食品安全关系到人民群众的身体健康和生命安全，关系到党和政府的形象，关系到食品产业的健康发展与社会的和谐稳定。监管部门一定要充分发挥食品安全综合协调的职能，使我区食品安全工作得到加强。

自治区质监部门回应道：我区经济发展水平相对落后，食品生产企业确实存在着规模小、加工设备简单，以及质量管理能力不足、产品质量水平不高等现实问题。有鉴于此，区质监系统将采取积极帮扶、加大抽检、加强监管等多种措施，保障食品生产加工环节的质量安全。首先是严把食品市场准入关。质监部门采取严格审查发证、严格证后监管和严格年度审查的"三严"措施，对不具备持续保障产品质量能力的食品生产企业依法采取关停措施，对问题严重的企业依法吊销食品生产许可证。其次，加大对食品监督抽查和风险监测的品种范围和频次，坚持每月抽样检验一次，切实落实食品生产企业质量安全主体责任。

在全区社会各界表示对食品质量问题高度关切，呼吁政府对食品生产、销售和消费行为加强管理的背景下，《西藏自治区食品生产加工小作坊和食品摊贩管理办法》于2013年立法。《办法》的颁布实施，把全区小作坊、食品摊贩的监管纳入了法治化轨道，相关部门依法规范其生产经营行为。

区政协委员建议，设立"政府食品质量奖"。 "买得放心，吃得安心，用得舒心"这愿望，一时间成为消费者说得最多的话题，表达了公众的共同心愿和现实忧虑。在2013年区政协会上，次仁罗布、阿萍、朗杰拉措等委员，在接受《西藏商报》记者徐智慧和丁文文采访时，就食品质量话题坦率地谈了意见建议。

他们认为：我区食品生产企业存在着产业基础薄弱、小作坊居多，食品精加工、深加工程度及技术含量均较低，花色品种少，目前仅局限在饮用水、肉类产品方面。

建议：监管生产企业和经营单位，要分层分类、奖惩结合。**第一**，监管部门联合主流媒体，在社会上开展质量诚信宣传活动。鼓励企业主动对产品质量做出承诺，向市场发布信用报告，监督企业诚信自律，守法经营。**第二**，根据企业守信情况和产品质量抽检结果，做分级分类管理。对诚实守信企业挂牌表彰，给予一定物质奖励；公布违法违规企业"黑名单"，严厉惩戒失信企业。**第三**，严格市场准入，落实企业主体责任。执法部门要每月对企业进行抽检，对抽检不合格的产品，首先责令生产企业停产整顿，要求对不合格产品召回，同时针对不合格产品，邀请专家为企业分析查找原因，帮助企业克服困难、解决问题。**第四**，借鉴成都食品药品检验中心的成功经验，整合各类检验资源，发挥联合监管作用，同时深入开展调研，探索建立适合我区市场特点的监管机制。

为了落实质量奖励制度，应该设立自治区政府质量奖。2012年国家设立了"中国质量奖"，我国23个省（区、市）设立了政府质量奖。我区设立政府质量奖，就是对管理卓越、质量上乘的生产企业进行重奖，在行业中树起榜样。食品龙头企业有责任有义务发挥示范作用，食品安全是企业的决策者和生产者质量意识及社会责任的共同成果。

另外，在学校、社区设立儿童食品监测点，负责对学校、社区周边食品店和小商贩出售的儿童食品实施有效监管；对农村的食品销售店做到定期检查，严禁"三无"食品进入这里的店铺。教育引导儿童养成食用卫生食品、食用原色原味食品，不食或者少食有色食品的饮食习惯；建立儿童食品安全信息公示制度，加强儿童食品监管信息网络建设，定期通报工商、卫生、质监部门的检查结果，保障公众对儿童食品安全的知情权。

配备食品快速检测仪器，深度培训工作人员。2012年12月，区食品药品监管局利用中央补助地方食品药品监管部门的公共卫生专项资金，为各地（市）、县食品药品监管机构配发了 57 种餐饮服务食品安全快速检测设备。设备包括便捷式检查箱、食用油品质检测仪、食品微生物采样检测箱等，可以对食品中的"瘦肉精""吊白块"等非法添加物，食品中的农药残留、兽药残留、重金属含量等进行快速检测和筛选。

区局要求下属食品药品监管机构尽快组织好相关培训，让每个工作人员熟练掌握快速检测设备的使用方法，充分发挥设备的作用，依法履行餐饮服务食品安全监管职责。同时，要求食品药品监管部门要深入开展餐饮食品安全隐患大排查、大整治，利用快速检测设备对不合格产品进行初步筛查，建立快速检测结果数据库；对于快速检测发现的可能导致严重后果的监测结果，要及时予以试验室监测确认，组织专家对状况进行研判。

几乎在同时，区工商局购置了一批针对流通环节的食品快速检测设备，共 13 类，能以快速检测肉、蛋、牛奶、食用油等类食品质量，猪肉水分是否超标、鸡蛋新鲜与否，可以现场检测出来。所有设备发到 117 个基层工商部门，随即投入了使用。

为了发挥先进仪器应有的作用，区工商局就新设备的功能、性能、操作方法等问题组织了专题培训，邀请到仪器生产厂家工作人员现场讲解操作程序。比如使用肉类水分测定仪：在初始状态，把探针插入被测肉品后轻轻扶正，再按动测量键。当水分含量超标时，鸣叫一声，超标指示灯闪烁提示，快速测定猪、牛、羊等鲜肉的水分含量。

不言而喻，食品质量和药品质量执法监管，既需要起码的仪器设备及技术支持，又需要掌握和运用这种设备及技术的专业人员。但是我们要清楚：后者是执法监管的行为主体，是做好执法监管的决定因素；前者只是工具而已，功能发挥到什么程度，取决于行为主体的思想觉悟和情感态度。执法监管主体的思想觉悟和情感态度源于他们疾恶如仇、捍卫法律尊严的正义感，维护市场秩序、保护消费者正当权益的责任感，以及对食品药品质量安全和公众健康所抱有的敬畏感，在诱惑或者挑战面前表现出来的凛然正气，这些是压倒一切的正义力量，因而是围剿"假冒伪劣"的威慑力量。

既然食品药品质量工作是由执法监管的专业队伍来做的，那么要做好这份神圣的工作，就要锻造好这支专业队伍。队伍需要的是从内到外的综合训练，而不只是单纯的技术传授。执法监管先进设备及其使用技术的专题培训，仪器的原理及操作技术列为培训的直接内容，这是理所当然的、必要的，但是仅限于此却是远远不够的，主要内容并没有被设计和凸显出来。设备技术的作用是机械式的、有限度的，掌握和运用它们的人是灵活多变的、威力无限量的。设备技术使用与否、使用程度及所能发挥的作用，完全取决于主人。俗话说，对于懒惰的或者愚蠢的农夫，再好的农具也等于虚设和浪费。不管什么类别和什么内容的培训，成功的首先是唤起受训者职业的道德感、工作的责任感、事业的使命感、成败得失的荣誉感，把外在的知识力量转化为内在的精神力量，最终达到外力作用和内在动力的融合统一。对于一支特殊的专业队伍的综合训练，新设备和新技术的培训只是机缘和切入点。我国现代化和正规化的人民军队，坚持军事技术训练和思想作风训练一体化、经常化，就是为了打赢战争，确保领土主权安全和国家民族尊严；为了维护我国经济社会发展成果和市场秩序，捍卫相关法律法规的威严和每个公众的消费安全、千家万户的幸福安康，食品药品质量的执法监管专业队伍，也需要像人民军队那样的综合训练和常规训练。如果能够那样，我国的食品药品质量就可以高枕无忧了。

另外，据内行人说，出色的狙击手总是把冰冷的钢枪自觉融入他炽热的情感之中，枪法从来就不独立，完全是他内心中自然流露的东西，虽然枪法传授也是不可或缺的。

第四部

清洁生产和特色产业

绿色能源、清洁生产和特色产业

新型能源 新型能源又称非常规能源，是指正在开发利用或者积极研究、有待推广利用的各种能源形式，比如太阳能、地热能、风能、海洋能、生物质能、氢能、核聚变能等。其中太阳能（包括光热转换、光电转换）、地热能、风能、海洋能、生物质能等新型能源开发利用进展较快，产业发展前景广阔。

新型能源开发利用，先进技术是前提。新型能源技术成熟的程度标志着新型能源开发利用的局面，新型能源产业化的快速推进，正在打破以石油、煤炭为主体的传统能源结构，开创了能源业的新时代。

清洁能源 清洁能源有两类：一是指可再生能源，比如水能、生物质能、太阳能、风能、地热能、海洋能等，这类能源被消耗之后可以得到恢复和补充，很少产生污染；其二是指不可再生能源，比如天然气、清洁煤、核能等能源，在生产和消费过程中对环境产生低度污染或者没有污染。清洁能源既包括新型能源又包括经过新技术改造了的常规能源，无污染或者轻微污染是本质特征。

绿色能源 绿色能源既是新型能源又是清洁能源，在生产和使用过程中具有安全、清洁、方便、可再生等特点。太阳能、风能、地热能、沼气能等绿色能源产业，目前在世界范围内方兴未艾，代表着新型能源产业的发展方向，开发利用的幅度不断被扩展，相关技术统称为绿色能源技术。采用绿色能源、推广应用绿色能源技术，被视为企业开展清洁生产的主要内容和标志，是发展绿色经济的主要方法，也是传统企业升级改造的中心环节。

作为清洁能源的水能，在这里被视为绿色能源。虽然在今天看来它算不上是严格意义上的新型能源，但是在开发利用过程中它具有安全、清洁、方便、可再生等优点。

清洁生产 清洁生产是指企业通过优化生产工艺流程、选用清洁的能源和原料、采用绿色生产技术和设备、创新管理方式等措施，以提高资源的利用效率，从源头上削减污染物，从而减轻或者消除生产过程中可能产生对身体健康和生产环境危害的一种生产模式。清洁生产不仅关系着企业内部及其周边环境的质量状况，而且影响着产品质量，以及企业发展前景。

清洁生产是基于资源利用和环境质量的考虑，依据当下或者不久将来行业生产能普遍达到的技术水平而被提出的生产方法。作为概念，既适用于工业，又适用于农业，反映了一定历史阶段上社会生产的普遍规律和共同要求；作为国家大力倡导推行的生产形式，既是企业生产走向自觉的体现，又是经济可持续发展的客观需要。因此推行清洁生产，节约资源和保护环境是出发点，新型能源、相应的技术设备、政策支持等是实现条件，生产出质量合格的终端产品、维护清洁安全的环境卫生是目的，在行业乃至全社会进行宣传动员，用绿色观念来武装生产者则是前提。

特色产业 特色产业是基于一定地域的资源优势和环境特征，传承民族优秀文化和发挥传统工艺魅力，以及满足特定消费者的特色服务而被提出的一种产业样态。特色资源包括自然资源和文化资源，是特色产品和特色产业的物质基础。只有把特色资源转化为特色产品，才有特色生产企业发展壮大而形成特色产业，构成"特色资源——特色产品——特色产业"这样一个链条。没有特色资源，便没有特色产业。同时，现代企业管理理念和先进技术装备必定助推传统特色产业发展壮大。

如果说清洁生产，凸现了现代生产的共性，那么特色产业，张扬的是地域（自然资源、环境和能源是落户在一定地域内的）和文化的双重个性。特色产业处在初级阶段时，企业（作坊）不一定采取清洁生产方式，取胜在于，是在特定的文化习俗和生活习惯的氛围里进行的，同时利用当地特色自然资源，体现当地的自然环境特征。特色产业的生产工艺和终端产品，既富有浓郁的地域特色，又体现着民族的文化气质。但是，当特色产业发展到了成熟阶段，除了保留地域和文化特质外，主动采用清洁生产方式，保证生产过程达到节能减排的现代企业运作要求。特色产业使用了清洁生产方法，所拥有的资源优势更能转化为发展优势，形成特色优势产业；否则，特色产业发展将大打折扣。

成就西藏特色产业的主要是所处的特定地理位置和纬度位置，因此拥有很多属于人无我有的生物资源、水利资源、矿产资源，现实的或者潜在的新型能源，以及原生态纯净的生态环境。资源、能源是有形财富，生态环境是无形财富，影响产品的品质和价值。独特的藏传佛教文化资源，对于西藏发展特色产业的积极影响也是自然而然的。

依托优势资源、推行清洁生产、培育特色产业是西藏经济的发展方向。在西藏，特色工业如同特色农业，一方面体现在独具魅力的生产工艺和产品品种，产品的地域特色和文化气质上面；另一方面体现在采取清洁生产方法，执行生产标准化，节材减排，节能降耗，保证生产过程对环境不产生副作用，保持产品的天然品质和消费安全。西藏发展特色产业，既充分利用纯净的自然资源和精湛的民族工艺，让产品闪耀着鲜亮的感性色泽，又牢固树立清洁生产的理念，主动采用清洁生产方法，争取国家资金和技术支持，让生产过程与终端产品折射出绿色生产技术和现代企业管理的理性光芒。

依据特色产业的资源、能源和清洁生产三个因素，着眼环境保护和特色产品品质两个侧面，谨在此呈现西藏目前发展中的六个特色产业概貌，以点带面，不求完备。

能源产业：供给清洁能源，保护生态

发展清洁能源产业，是满足公众能源需要和保护生态环境的客观要求。西藏传统能源主要来自秸秆、柴薪、畜粪、草皮等有机物质，农牧区的燃料、饲料、肥料等一向不富足，有些地方植被资源为当地居民透支取用，越是植被稀疏的地方，透支取用得越是严重；反之亦然，透支取用越是严重的地方，植被越是稀疏，让十分脆弱的生态环境雪上加霜。

发展清洁能源产业，向农牧民提供清洁能源，方便他们生产生活；用新型能源替代传统能源，逐步减少对植物采用，改善着自然环境和人居环境。清洁可再生能源被开发利用得越是充分，柴薪替代工程就会实施得越彻底，植被资源被保护得就会越好，生态环境和人居环境就会越好。水电、太阳能、沼气能、风能、地热能等新型能源在西藏得到了开发利用，已经走进千家万户，不断减轻农牧民对传统能源的依赖。自治区环境保护厅负责人表示："通过推广利用清洁能源，有效保护了农牧区的植被。"

发展清洁能源产业，也是西藏顺应世界潮流的主动选择。目前，为了共同应对全球变化，履行相关减排承诺，世界各国都在积极开发利用新型能源，清洁地使用常规能源，尤其是对于太阳能、风能、地热能、生物质能、沼气能等新型能源的开发利用格外重视。我国亦如此。西藏在全国工业化进程中肩负着开发利用新型能源和清洁常规能源，保护雪域高原生态环境的双重任务。

西藏在藏西北、藏北、藏东北，积极开发利用太阳能、风能、地热能，其他地区综合开发利用沼气能。比如阿里地区、那曲地区利用被动式太阳房技术，建设太阳能阳光房，累计推广太阳能灶 39.5 万台，被动式太阳房约 40 万平方米，太阳能温室约 300 万平方米。风光互补发电总装机容量达到 220 千瓦，在偏僻无电地区建设光伏电站 212 座。这就有效控制了西藏区域温室气体排放。

除了满足区内用电外，西藏水电外送容量可达 9500 万千瓦，外送电量 4500 亿千瓦时。如果实现外送目标，每年可以节约标准煤约 1.5 亿吨，减少二氧化硫年排放量约 200 万吨，减少氮氧化物年排放量约 75 万吨，减少烟尘年排放量约 100 万吨，减少二氧化碳排放量约 3 亿吨。因此，实现"藏电外送"的环境效益十分可观，可以为区域生态环境保护做出重大贡献。

能源结构和产业规划。 西藏可再生能源丰富，主要有水力、太阳光热、地热、风力，以及林木和畜粪等；不可再生的化石能源相对匮乏，包括石油、天然气、煤炭等。水能理论蕴藏量 2.1 亿千瓦，技术可开发量 1.4 亿千瓦，分占全国总量的 29%、24.5%，均居首位；太阳能位居全国之冠，大部分地区年日照在 3000 小时以上，年辐射量在 6000—8000 兆焦耳／平方米；地热发电潜力 80 万千瓦；年风能资源储量 930 亿千瓦时；柴薪资源理论产出量 480 万吨标准煤；煤炭探明保有储量约 5000 万吨，石油、天然气资源尚待查明。能源的生产和消费目前仍以水电和燃气电为主，但是新型能源所占份额越来越大。

西藏的能源产业，坚持开发利用区内能源资源与输入区外能源资源并举，以水电为主，油、气和其他可再生资源为辅，已经形成安全、清洁、经济和可持续发展的综合能源体系。其中，近期（2010—2012 年）为解困期，缓解区内电力短缺矛盾。2010—2011 年建成两台燃机电源，燃机电厂装机容量达到 36 万千瓦；青藏直流联网工程 2012 年建成运营，可以输送电力约 30 万千瓦；投产老虎嘴水电站，加快果多水电站建设，开工建设多布水电站、阿里阿青水电站；建设 10 万千瓦太阳能光伏电站，2012 年全部建成投产；建设雅鲁藏布江中游加查、大古、街需等水电站项目；加快外送电源项目的前期工作，开工建设三个条件成熟的外送电源项目。

中期（2013—2015 年）为治本阶段，从根本上解决区内的用电问题，同步加快外送电源建设。满足区内用电总装机容量达到 287 万千瓦，年发电量 100 亿千瓦时，包括藏中电网装机容量 235 万千瓦。其中，水电装机 174 万千瓦，柴油、燃气电厂装机 62.75 万千瓦，太阳能光伏和光热发电 16 万千瓦，小水电装机 24 万千瓦，风能和地热能发电进一步发展。中部电网和阿里电网、昌都电网，"一大两小"主电网"户户通电"覆盖范围达到 44 个县。实现用电人口全覆盖，在部分农牧区推行电气化试点。格拉输气管道建成投产，稳步增加油、气等优质生活燃料供应，加快建设城镇供热设施。

远期（2016—2020 年）为加速发展期，满足区内需求的电机装机容量达 600 万千瓦。藏中地区基本形成以雅鲁藏布江中游河段和易贡河忠玉以下河段两个水电群为主的水电，以及火电、光电、风电、输入区外优质能源相互补充的电源结构。藏电外送成为西藏战略支柱产业。格拉输油管道新线建成投产。全区主要城镇实现集中供暖。

水电产业快速发展。2007 年由国家电网公司控股、自治区人民政府参股的西藏电力有限公司成立，2010 年 4 月原西藏自治区电力工业局及其所属西藏水电勘测设计院、电力试验研究所机构改革完成，标志着西藏形成政府宏观调控、电力企业自主经营、行业协会自律管理和服务的电力管理体制新格局。

西藏清洁能源产业，水电是主导。雅鲁藏布江是境内水能资源最丰富的河流，理论蕴藏量为 1.13 亿千瓦，占全区理论蕴藏量的 56.22%，可开发量为 4837.14 万千瓦，占全区可开发量 80.96%。雅鲁藏布江的峡谷地形，适合建筑水坝、拦洪蓄水。

昌都地区正加快推进"西电东送"能源基地建设。它发展水电的条件得天独厚，境内河流众多，水网密布，多年平均天然径流量约 389.4 亿立

"户户通电"工程是光明工程和生态工程。2010年8月西藏偏远山村又有3.3万户农牧民第一次用上电灯。

2007年7月自治区人民政府与国家电网公司签订了《关于共同推进西藏自治区农村"户户通电"工程建设会谈纪要》。工程承建单位采用电网合理延伸方式,解决了与西藏电力有限公司有供电和资产关系的32个县(区)无电户的通电问题。资金由国家定额补助80%,国家电网公司配套承担20%。2010年8月总体上完成地(市)电网"户户通电"工程,主电网覆盖范围内的乡、村、户、人通电率分别达到92%、91%、92%、92%,基本实现了大电网覆盖下32个县(区)的户户通电目标。

"你们不能走呀,别的村通电了,我们村还没有电哪!"在"户户通电"工程施工现场,经常有农牧户拉住施工人员的手央求道。

有的村落和牧民点因为规划和搬迁问题,暂未被纳入"户户通电"项目。然而,看着乡亲们期望的眼神,电网公司干部员工没有二话,临时申请投资、追加施工任务,给无电的村落和牧民点架线接电。当雄县原定的通电户数为4144户,实际完成5234户,随机增加了1090户;昌都地区原定通电户7140户,实际完成7842户,增加了702户。临时增加的项目解决了5216户农牧民的用电问题。

农牧民用上了电,就以最淳朴的方式表达感激之情。"村里的老百姓每家炒一个菜,放在洗干净的脸盆里,让我们挨个尝。这是我终生难忘的一次自助餐。"施工员康耕强感动地向亲友述说。

在西藏,"户户通电"工程是民心工程,同时是生态工程。如果偏远地区农牧民全面用上清洁价廉的电能,农牧民就可以告别把秸秆、柴薪、畜粪和草皮作为能源的传统生活方式,实现秸秆、草木和畜粪还农田、还草地,改善农田和牧场的生态环境,保护树木和灌丛。同时,减少二氧化碳排放,提高人居环境质量。换句话说,"户户通电"工程延伸到了哪里,相当于生态保护工程就实施到了哪里。农牧区柴薪替代工程,最终依靠"户户通电"工程来实现。

方米,金沙江、澜沧江、怒江等河流西藏段水量大、水流急、天然落差大,水能资源蕴藏量达4046万千瓦。至"十一五"末昌都电力总装机容量已经达到11.7万千瓦。

"三江办"负责人表示:"十二五"期间昌都积极配合中国华电、华能、大唐等集团公司,做好金沙江、澜沧江、怒江等流域水电资源开发规划工作,完成249亿元专项投资、建设"三江"流域若干个骨干电源点,到"十二五"末装机容量达到500万千瓦;预计到"十三五"末投入运营的超过500万千瓦,在建装机容量将达到1000万千瓦。基本建成国家"西电东送"接续能源基地。

老虎嘴水电站2011年4月正式落闸蓄水,标志着西藏单机容量最大的水能发电机组启动,实现了并网发电,大大缓解藏中电网的缺电现状。该电站位于藏东南林芝地区工布江达县巴河干流上,电站装机容量102兆瓦、总库容9560万立方米。它是西藏电力系统全部联网控制性工程,机组单机容量达3.4

万千瓦，总装机容量 10.2 万千瓦，建成后每天将有 250 万到 260 万度电输送给拉萨，实现林芝电网与藏中电网并网，增加两地供电能力。

另外，拉萨燃机电厂并网发电。为了缓解藏中地区冬春季节电力供需矛盾，国家发展改革委和国家能源局决定，由华润电力公司无偿援助，在拉萨建设 9E 型燃气——蒸汽联合循环发电机组。

2010 年 9 月，华润电力公司正式开工建设。仅用 99 天就实现了单循环发电，277 天实现了项目联合循环并网发电。这个 18 万千瓦级燃气，蒸汽联合循环发电机组，是世界上首次在海拔 3000 米以上地区建设的项目，年发电量 5 亿千瓦时，相当于 2009 年西藏全区用电量的 30%。

太阳能、地热能等新型能源产业高水平发展。高海拔地区的太阳能、风能、地热能等自然资源十分丰富，西藏在全国率先开展了对这类新型能源的开发利用研究。20 世纪 80—90 年代，新型能源开发利用成为西藏对外开放的窗口，太阳能、风能被开发用于发电；地热资源开发研究成果居国内领先水平，羊八井地热电站的装机容量由最初的 320 千瓦试验机组发展到目前的 2.518 万千瓦。《西藏羊八井地热湿蒸汽发电》《西藏羊八井地热发电工程技术》《西藏安多 100 千伏光伏电站工程》等研究成果，获得国家、部级或者自治区级科技奖。

太阳能发电量居全国首位。西藏太阳能资源优势明显，海拔高而纬度低，太阳辐射强烈，光能丰富，太阳年总辐射值达到 140—200 千卡／平方厘米，是东部沿海地区的 2 倍以上，接近世界最大值（稍次于非洲撒哈拉沙漠地区）。

拉萨太阳能工程技术应用研究所认为：青藏高原平均海拔 4000 米以上，大气层薄而清洁，透明度好，纬度低，日照时间长。素有"日光城"之称的拉萨市，光照程度居世界第二，年平均日照时间在 3000 小时以上，太阳辐射总量全国最大，在发展太阳能发电及新型能源利用方面具有绝对优势。

西藏太阳能研发和利用起步于 20 世纪 80 年代初，以光热为主。1990

年国家在本区实施"科学之光计划""西藏阿里光电计划""送电到乡"等阳光工程，促进了太阳能产业迅速发展。"十一五"期间西藏大力推进了"金太阳科技工程"，推广太阳灶39.5万台，太阳灶年增幅超过10%；太阳能集中供暖达到1万平方米，风光互补发电总装机容量超过220千瓦，全区约有20万农牧民家庭依靠光伏发电装上了电灯；建立了县级独立光伏电站7座、乡级光伏发电站和风光互补发电站300余座，户用太阳能光伏电源、风光互补电源约10万套。

目前在拉萨，随处可见居民房顶上成片成片的太阳能热水器，居民区和单位院内居民门前摆放着聚光式太阳灶。拉萨街头的护栏灯，在顶端安装有太阳能聚光板，夜间发光，环保节能。走在当热西路上，利用太阳能和风能供电的路灯成为一道街景。西藏已经成为我国太阳能应用率最高、用途最广的省份之一，是全国太阳能发电量最大的省份。

在"十二五"期间，国家能源局为西藏安排了30万千瓦的光伏电站建设配额。前期规划已经上报国家能源局。西藏计划建立国家级太阳能利用研究和示范基地，探索小型太阳能发电和大型太阳能电站建设模式，逐步扩大太阳能光伏和光热发电装机容量。同时，主动寻找合作伙伴，开始与太阳能产业处于全国领先地位的江苏省相关企业，就西藏太阳能开发利用项目进行沟通交流。

双湖特别区和羊八井各自建起西藏最大风光互补发电站。风光互补发电装置是风能、太阳能综合开发利用的主要设备。风光互补发电装置是利用风能和太阳能资源的互补性，采用风力发电机和太阳能电池方阵组成的一个发电系统，夜间和阴雨天无阳光时由风能发电，晴天则由太阳能发电，在既有风又有太阳的情况下，两者同时发挥作用，有效提高整个系统发电的稳定性。该套装置由太阳能发电板、风力发电机、风光互补发电系统控制器、蓄电池组、逆变器、交流直流负载等部分组成，是集多种能源发电技术和系统智能控制技术为一体的复合发电系统。

比如风光互补路灯工作原理，是利用自然风作为动力，风轮吸收风的能量，带动风力发电机旋转，把风能转变为电能，经过控制器的整流、稳压作用，把交流电转换为直流电，向蓄电池组充电并储存电能；利用光伏效应将太阳能直接转化为直流电，供负载（这里指路灯）使用或者贮存于蓄电池内备用。太阳能电池板是太阳能路灯中的核心部分，其作用是把太阳的辐射能力转换为电能，或者送至蓄电池中存储起来。由于太阳能光伏发电系统的输入能量极不稳定，所以一般需要配置蓄电池系统才能工作。

目前，西藏最大的风光互补发电站在那曲地区建成运行。那曲地区海拔高，年均大风天数达到 180 天，最大风力可达 8 级以上，有效日照时数达到 2700 个小时，风能资源丰富，太阳辐射强。该地农牧民居住较为零散，风光互补发电装置可以根据用户的用电负荷和资源条件，进行系统容量的合理配置，既可保证系统供电的可靠性，又可降低发电系统的造价。

那曲实施了金太阳科技项目和风光互补能源工程，太阳能小型户用照明系统给很多不通电的地方带来了光明。2000 年那曲地区那曲县古露镇修建第一个风光互补发电站，至今共有风光互补发电站 7 座，可以提供 5000 户农牧民的生活用电量。"十二五"期间那曲计划建立双湖、班戈、申扎 3 个 1000 千瓦的太阳能电站，在那曲火车站附近再建一个 20 万千瓦的风光互补电站，与藏中电网并网。

2011 年 5 月由国家科技部批准立项、自治区科技厅组织、西藏能源研究示范中心与美国远东博力风力有限公司合作实施的国际科技合作项目，即"独立运行中小型风光互补发电系统合作项目"，在那曲地区双湖特别区完成建设。

该风光互补发电机组的装机容量为 100KWp，首次采用数据采集、数据监控、数据显示系统计量和发电显示系统装置，单台风力发电机功率为 10 千瓦。这是迄今为止西藏最大的风力发电机组。预计年发电量超过 18 万千瓦时，若以燃煤火力发电来计算节能减排效益，每年就节省煤炭 67.68

吨。电站的建设使用，解决了双湖特别区政府机关、学校和城镇居民共640户、3092人的用电问题，为区内应用风能资源提供了科学依据和实例。

2012年5月羊八井20兆瓦光伏电站正式投产发电，标志着西藏新型能源产业发展迈上新台阶。

龙源西藏羊八井太阳能光伏电站，是西藏开工建设的第一座大型并网光伏电站，是本区新能源产业发展的重要示范工程。20兆瓦光伏电站是羊八井太阳能光伏电站二期项目，总投资4.5亿元，首年上网发电量为3778万千瓦时。项目充分利用了羊八井丰富的太阳能资源，每年可以提供清洁能源超过3700万千瓦时，节约标煤1.2万吨，减排二氧化碳3.26万吨，对于当地生态环境保护、加快当地循环经济和低碳经济发展将起到促进作用。

自西藏和平解放60年来，高网型光伏发电累计安装量达到9万兆，占全区电力总装机容量71.6兆瓦的12.57%，约占全国太阳能光伏发电装机容量70兆瓦的13%，居全国之首。

地热资源全国首富。西藏"三江"（怒江、金沙江、澜沧江）构造带、雅鲁藏布江断裂带和那曲至尼木断裂带，均为地热活动的最有利地区，已经发现温泉、沸泉、间歇喷泉、热水河、放热地面等各种行迹的地热显示区超过600处，估算总热流量为每秒55万大卡，相当于标准煤约240万吨／年所释放的热量。

除了著名的羊八井地热田（目前，我国最大的高温湿蒸汽热田）之外，最近自治区地勘局地热地质大队透露，当雄县境内的另一处高温地热资源，即羊易地热田开发进入议程。经现场反复勘察发现，羊易地热是高品质地热，水质好、杂质少；水温高，温度高于150℃的高温热储区面积1.6平方公里，最高温度达到207.16℃，温度在90℃到150℃的中温热储面积3.23平方公里，温度在25℃到90℃的低温热储区5.9平方公里；压力大，热流体长期放喷不结垢，单井热流体产量高。热能资源前景具有建立30兆瓦电站的条件，超过羊八井地热电站25.18兆瓦的装机容量。羊易地热电站建成后，对藏中电网的电量进行有效补充,直接向周围的矿业基地提供电力。羊易地热还可以进行旅游、洗浴等综合开发,产生多项效益。

沼气工程好处多,农家分享好生活。限于条件,丰富的水力、太阳光照、大风等天然资源开发利用程度依然偏低,不少农牧区依靠秸秆、薪柴、畜粪、草皮做燃料的生活方式没有被彻底改变,影响农牧民的生活质量和环境质量,因地制宜、开发利用沼气势在必行。2006年国家安排资金1900万元,在拉萨、林芝、昌都、山南和日喀则5市(地)12个县启动农村沼气建设项目。经过5—6年实践,探索出一套适合高原地区的沼气生产模式,取得了很大经济效益和生态效益,全区在"十一五"时期约有15万户农牧民用上了沼气。

项目区依据自然条件和生活需要,创造性提出了"沼气+塑料大棚"的沼气开发模式。搭建塑料大棚成为沼气生产技术上的突破。通过塑料大棚增温,充分发挥了地势高、光照强的优势,克服了低温的劣势,促进沼渣、沼液的发酵,提高了沼气工程的产气率和使用率。有的把沼气池与蔬菜大棚和厕所连成一体,厕所粪便成为原料,沼气用作能源,沼气渣用作棚菜肥料。

根据家庭人口和沼气用量设计沼气池大小,可以节省许多开支。据测算,一座8—10立方米的沼气池,可以实现年产沼气385立方米,可以解决3—5口之家一年80%的生活用能,每户每年节约生活用柴2500公斤,或者节约液化气10罐左右;沼肥顶替部分化肥,节约了购买农资开支。

在沼气工程实施过程中,沼气池建设得到改进,政府推动、公司示范推广新型沼气池。2011年5月深圳一家公司提供一种新型全玻璃钢的沼气池,由自治区农牧厅在拉萨市郊做试点。全玻璃钢户用沼气池克服了传统沼气池在建设和运行中的局限性,能适应在复杂地质、环境条件下的建池需要,一年四季可以全天候建池,安装简便,节省建材,解决了高原地区建沼气池难的问题。另外,这种新型户用沼气池采用新技术新工艺,各种指标达到了国际一流水平，比水泥建造的沼气池有不可比拟的优点，主要是质量轻，运输方便，质量可靠，耐腐蚀，抗老化，使用寿命长。

为了保证沼气工程建设质量及其建成后安全使用，自治区政府根据国家有关管理办法和技术标准，制订了《农村沼气验收管理办法》和《西藏户用沼气实用技术手册》。据此，工程主管部门在沼气工程的设计和施工过程中对施工队伍进行严格审查，实行持证上岗制度，相关的沼气灶具、管线等设备在农业部公布的中标企业集中选购。

鉴于沼气生产技术高、当地技工缺乏，农牧民文化知识不足的实际，拉萨市加强沼气技术指导工作，引进内地技术员帮助当地农牧户建设和维护沼气安全生产体系，以及塑料大棚绿色蔬菜的种植和管理。在林芝地区，林芝县每年安排专项资金建立沼气管护员制度，每个沼气村设一个管护员，负责建池户的技术指导和沼气生产、使用部件的维修；林芝县八一镇农牧区综合服务站开始提供以农村户用沼气工程为主，附带人畜饮水、农机维修、兽医、农资、电视维修、电焊等8项有偿服务，制订了便民服务卡。目前，国家已经批复西藏建设沼气服务网点459个。

沼气能开发利用，综合效益显著。2007年沼气工程实施一年后，有200多个村的8000余户农牧民用上了沼气，既清洁处置了人粪尿和畜圈杂物，又避免了炊事活动带来的浓重烟火味，农牧民家庭卫生状况随之改观。同时，使用沼渣、沼液作为有机肥料，使农作物增产，增幅达10%—15%之间；沼气池建设能带动生猪养殖和禽类养殖，为养殖户直接带来可观的经济收入；沼气生产配套建设的塑料大棚，既可以给沼气池增温，又可以供在里面种植蔬菜，农牧户在冬春蔬菜淡季照样吃上某些新鲜蔬菜；用上沼气的农牧民基本上不必再上山砍柴、挖草取暖做饭，实实在在地保护了当地植被。

沼气清洁、使用方便，备受用户欢迎。有位记者描述："早上8点，日喀则市综夏村农民普琼来到厨房。她首先观察了一下挂在墙上的沼气气压表，随后拧开输气阀门，点着燃气炉，开始为全家熬制酥油茶。看着蓝色沼气火苗，普琼很感慨：'以前家里烧牛粪，生火的时候烟气熏得眼睛都睁不开，而且制作牛粪饼要分很多劳力。现在用上了沼气，厨房里总是干干净净的。'"

小贴士 ▶

青藏高原发现新型能源：可燃冰。天然气水合物又称"可燃冰"，是水和天然气在高压、低温条件下混合而成的一种固态物质，外貌极像冰雪或者固体酒精，遇火即可燃烧，具有使用方便、燃烧值高、清洁无污染等特点，是公认的尚未开发的最大新型能源。据科学家估算，远景资源量至少有 350 亿吨油当量。我国作为第三大冻土国，具备良好的天然气水合物赋存条件和资源前景，在南海和青藏高原的冻土带先后发现了可燃冰。

有的用户自豪地说："现在，我们村里老百姓不比城市人生活差，照明、做饭不仅方便而且省钱。自搭建起一口 10 立方米的沼气池后，一年下来能节省开支 2000 余元。家里两亩多菜地也沾上了光，池肥浇灌蔬菜，病虫害明显减少，产量上去了，产出的菜是绿色蔬菜，城里的菜贩子争着提前订购，卖上个好价钱！"

"过去做饭满屋烟，满面灰尘泪不干；如今做饭拧开关，只闻饭香不见烟。"民间流传的打油诗，谐谑地表现了农家厨房的变化和家庭主妇含泪的微笑。

藏药产业：藏药材和藏药方共同成就

来藏旅游，不少游客特意选购一些藏药或者名贵藏药材。这是颇有眼光的选择，藏药和藏药材是名副其实的西藏特产。

藏药疗效为什么神奇？ 一是源于藏药材的品性，二是藏医独到的处方，以及藏药研制秘方。西藏是藏医药的发源地，经过 2300 余年发展而形成了独特的传统藏医药学体系。青藏高原特殊的地理环境和气候条件化育了丰富独特的天然藏药材资源，植物类有 2584 种、动物类 175 种、矿物类 200 种，仅生长在海拔 3500 米以上高寒地带的珍贵药材就有 350 余种。

藏药材是藏药产业的核心资源，品种多样而性状地道的藏药材资源是藏药产业发展的物质基础。青藏高原气候干燥，寒冷，风力强劲，而且海拔高，空气稀薄，太阳辐射强烈，藏药材的品种及性状是在这种地理环境和气候条件下生长出来的。藏药材与普通药材相比，细胞中的果胶物质、糖类等含量高，因而对治疗心脑血管、神经系统、风湿关节炎等疾病有着一般药物无法比拟的功效。

从另一个方面说，藏药疗效源于藏医处方。藏医处方源于藏医药学理论，藏医药学理论植根于藏民族的生命活动。藏民族生活在高寒缺氧自然环境下，由于饮用酥油茶、食用牛羊肉等高蛋白食物，容易患心脑血管疾病；温差大、气候寒冷，容易引起关节疾病；生食风干牛肉、大量饮酒，容易引起肠胃肝胆疾病等。藏民族不一样的生存环境和生活方式，孕育出来与众不同的藏医药学理论。

藏医药学认为，人出自然，天人合一。《甘露精要八支秘诀续》有这样一个比喻，母亲及其腹中的胎儿与连接母子的脐带，三者关系犹如水塘、庄稼和水渠的关系：母亲好比水塘，胎儿好比庄稼，脐带就是水渠了，水塘里的营养水分通过水渠供给庄稼，使之健康成长。自然事物间的关系对应人体功能系统间的关系，只有自然关系和谐了，才会有人体健康。

人体为什么会生病？藏医认为，人体内所存在的龙"气"、赤巴"火"、培根"水"和"土"，三者虽然各有功能，但是并非彼此孤立，只有互相协调保持平衡，才能维持人体正常生理活动。若其一偏衰，就会生病。同时认为，导致人体生病的原因有二，即内因和外因。内因是龙、赤巴和培根三元素的失调；外因包括气候变化、起居不适、饮食不节、外伤。

藏医治疗的原则是：采用与疾病性质相反的药物，即寒者热之，热者寒之；虚者补之，实者泻之。

治疗方法分内治法和外治法两种：内治法以饮食及药物为主，强调以季节的变化调整饮食起居；外治法包括针刺放血、按摩、外擦、火灸、拔罐、药熏、敷汤、药水浴、穿刺等。药物剂型多用丸、膏、散剂。丸剂又有水丸、蜜丸和具有民族特色的酥油丸。

藏医常用的配方用药，少则仅二三味，比如止鼻血的二味三棵针，多则可达上百味，比如七十味珍珠丸，130味常觉漆木解毒丸等。

藏医医德："做好事，善良的心。"藏族有句格言，出生菩提心要比发菩提心更重要。菩提心，是让众生摆脱或远离病痛的心。藏医学有个名词"甘露"，即藏语"堆孜"，"堆"字意指致人疾病、伤害人命的元素；"孜"字意指消除病苦、带来福泽。医生，是能妙手回春、给患者带来福音的不寻常之人。

藏医疗法费用低廉，放血疗法1次仅10元，藏药处方也是10元左右，很受农牧民的信赖和欢迎。

由此可见，藏民族在雪域环境下生息繁衍，从采摘一片花叶、挖取一条草根入药，到一次疗伤、医治顽疾，经过历代藏医大师艰辛探索和潜心研究，几经与外来医学成果碰撞和交流，汇集锤炼出来独树一帜的医疗方法体系和药物学理论，成为藏族文化中与百姓关系最为密切、实用价值最大的一个组分。西藏今天的藏药产业，有着广阔的医药学理论背景，有着深厚的民族文化根基。

藏药产业实现了产业化。藏药生产企业，由昔日的手工作坊发展到今天机械化的生产形式，成立了自治区藏医药产业发展协会，藏医药产业体系基本形成。藏药生产企业有18家，均通过了国家GMP认证，生产360多个藏药品种，获得国药准字号的299个品种，54个文号20个品种被列为国家中药保护品种。"甘露"和"奇正"商标获得"中国驰名商标"称号。

"甘露"藏药，是西藏自治区藏药厂生产的300多个产品的总称。在甘露系列产品中，有在国内外屡获殊荣的拳头产品"七十味珍珠丸""仁青常觉"等10个"国家中药保护品种"；有独家品种八味秦皮丸、八味檀香丸等。为了满足旅游市场的更高需求，推出了一批精致、贵重藏药材饮片、功能性保健品和保健食品系列，以及抗缺氧、防感冒等症状的红景天、高原宁、六味能消胶囊等高原旅游常备药。

"甘露"藏药处方：多源自藏医经典《四部医典》《晶珠本草》等，系医药大师的智慧结晶。比如仁青常觉配伍技艺，因非凡的医学价值入选我国首批国家非物质文化遗产名录——传统医学类。

"甘露"产品药材取自青藏高原，部分含有名贵藏药材，比如藏红花、九眼石、绿松石等。世界屋脊的海拔高度，充足的光合条件，强烈的紫外线照射，以及相对较大的昼夜温差，使青藏高原产出的植物具有活性成分高、纯净无污染的特点，而且"甘露"产品药材采集在时间、区间方面等均有严格要求。藏药材的药性，跟独特的藏医处方和炼制秘法（简称"坐台"）一起，保障着"甘露"产品的疗效和用药安全。

"坐台"是"欧曲坐珠钦莫"的简称，既指藏药生产中著名的工艺、藏药的炼制秘法，又指把珍贵的矿物质加以特殊加工炮制而研制出来的特殊药品，被藏民族称为"藏药中的宝中宝"。中、西医目前都没有"坐台"。历代名医临床证明："坐台"对脑溢血、麻风、瘰瘤、炭疽、黄水病、高血压、心脏病，以及各种炎症、过敏、中毒症、病毒等疑难杂症具有显著疗效，无病之人服用有滋补、强身、增强五官功能、提高身体免疫力、增加皮肤光泽、防止皱纹、延年益寿、抗衰老等效果。

"坐台"与其他药物合理配制，可以延长药品有效期，可以明显提高原药疗效。临床实践证明："坐台"使"甘露"七十味珍珠丸对中风、偏瘫等疾病治疗效果更稳定。华西医科大学药物研究所、成都中医药大学藏研所等单位对"坐台"进行化学成分测定及药效学和毒理学研究表明："坐台"技术使用是安全的，运用了"坐台"技术的药物中毒性减少，内地患者服用后没有或者很少出现毒副作用。"坐台"在甘露藏药中被广泛应用，"仁青常觉""仁青芒觉""坐珠达西"等产品均含有"坐台"。没能服用含有"坐台"的藏药，就算不上吃到真正藏药。作为绝密级技术，"坐台"仅被少数的藏药专家所掌握。1988 年西藏自治区藏药厂正式获得"坐台"技术专利证书，这是整个藏区有史以来第一项藏药制作技术的专利。

藏药产业化，藏药材是主角。藏药规模化生产，对藏药材需求旺盛，加上气候变化的影响，野生藏药材濒危，常用藏药材不能满足市场需要。在此情况下，掠夺式采集和收购药材引起了藏药材自然资源的破坏。自治区藏药厂藏药主管药师旺玖表示："藏药材 90% 是天然药材，这些天然药材的季节性特别强，植被也特别脆弱。但是，一些人在利益面前不顾藏药材的生长规律，需要叶子入药的连茎折断，需要根茎入药的更是连根拔走。船行乌头是藏药中普通的一味药材，以前的价格在 2—3 元一斤，随着需求量增加，现在已经涨到 60—70 元一斤，高利益的诱惑让一部分农牧民、商家、厂家对药材进行了杀鸡取卵式'开发'。近些年又兴起了'红景天热''虫草热''雪莲热'，一些藏药材就陷入了'越贵越挖，越挖越少，越少越贵'的恶性循环中。"藏药材供给不足甚至断货，藏药产业化生产就难以为继了。

藏药产业化生产，采用先进生产工艺及设备，拥有一支贯彻国家产业政策、执行行业生产标准、在企业实行科学管理的经营团队。这些条件的作用，一是充分体现藏医处方的精髓与发挥藏药材的天然药性，不断研制出一代又一代品牌藏药；二是在藏药产业化生产中自觉推行清洁生产，严格落实节能减排措施，实现藏药材最大限度利用，妥善处置企业的污染物，保护好环境。但是，先进技术和设备以及企业经营团队无法取代藏药材在藏药生产中的主角地位，藏药材是藏药产业化的刚性条件，否则，巧妇难为无米之炊了。

野生藏药材，芬芳在田野。为了缓解藏药产业发展中药材供求矛盾，要依靠成熟技术实行人工培育，大力发展藏药材人工种植业。相关部门为此编制了拯救濒危藏药材计划，2005 年区科技厅联合区藏药厂、区藏医学院、西藏高原生物研究所等 7 家单位，即刻组织了"濒危藏药材人工种植栽培技术研究"项目。

项目明确，繁育藏药材先保种后发展。把那些濒危藏药材在实验室里培植出来，以防灭绝；然后把实验室培育出来的药材移入田野，实行规模化种植。目前形成各类濒危藏药材野生抚育基地 4000 余亩，窄叶柴胡、西藏龙胆、甘青青兰等被成功种植出来，并供货给了制药厂；试种濒危藏药喜马拉雅紫茉莉和螃蟹甲获得成功后，又扩展到试种船形乌头和唐古特青蓝等多种濒危藏药。

然而，有专家对人工药材心存忧虑。藏药草人工栽培、种植在本区尚处于试验阶段，而且藏药材对海拔、气温、紫外线等生长条件有特定要求，越是珍贵藏药材，越是生长在海拔高、环境差、人迹罕至之地。这样的生长环境人工很难创造出来，很多药材无法实现人工种植。即使某些品种人工种植获得成功，人工药材的疗效与野生药材的疗效是否相同？这是个未知数。如果人工药材与野生药材的疗效不同，在配方制药时就需要重新配置药材比例，否则生产出来的药品要么疗效不够理想，要么可能造成意想不到的副作用。

有实验表明，有的藏药材对人工环境不适应，自然环境与人工环境的差异也由此得到鉴别。本区研究人员在实验室对毛瓣绿绒蒿的叶片组织进行培养，形成幼苗，移栽到野外，有 40% 发芽存活。可惜，"当时种植基地附近的农民在田地里使用除草剂，对我们移栽成活的毛瓣绿绒蒿造成了影响和破坏，使我们的幼苗全部枯死。"项目研究员遗憾地这么说。同样，云南科研院也碰到了相似问题，研究实验了几年都没有成功。

面对这种两难困境，开发藏药配方和新藏药材成为新课题。西藏藏医学院院长尼玛次仁介绍："藏药配方有 900 多种，目前生产、使用的不过 400 种，而一旦其余 500 种配方能进行研发，新产品必将会带动一批新的藏药生产，从而转移对目前急需的濒危药材的依赖，在休养生息中实现（藏药材）恢复和循环利用。"如此一来，就得对藏医药古籍文献、民间秘方、专家秘方着手搜集论证，藏医药配方源于古籍记载和老藏医的经验积累。有专家建议：一是西藏藏医学院集中人手，全力以赴搜集古籍文献和秘方，尽快形成全国乃至全世界唯一一个资料最全的藏医文献中心；二是对本区老藏医的临床经验和秘方进行全方位的承传，把老藏医身上承载的财富完整保存下来。

藏药产业为了破解原料供应的"瓶颈"，可以另寻出路，但是藏药材能否保持天然性状，能否实现足量供应，决定着藏药产业的发展局面和发展质量，原汁原味的藏药材无以取代。藏药之所以为藏药者，根本上是因为藏药材的天然品性。如果某些藏药材失真了或者缺位了，那么藏药还能有应有的疗效吗？就某种意义上说，藏药的独特性在于药材的独特性，药材的独特性在于药材生长环境的独特性，藏药材的无可替代性在于藏药材生长环境的无可替代性。藏药产业化的决定因素，并不取决于技术、设备，以及市场需要和人的愿望，而是取决于本真的藏药材。在这种背景下，藏药材及其生长环境需要切实而严格地保护起来。

另外，《西藏自治区藏药材标准》2013 年 6 月 3 日颁布，由西藏食品药品监管部门编纂出版。《标准》是具有法律效力的质量标准，为控制和提高藏药质量、促进藏药产业健康发展提供保障。监管部门依据《西藏自治区藏药材标准》，可以从源头上把好药品质量关，杜绝不符合标准的药材流入生产环节。

旅游产业：仰仗天下无双的旅游资源

只有拥有特色旅游资源，才能发展特色旅游业。2010 年 1 月，中央第五次西藏工作座谈会提出，"要使西藏成为重要的世界旅游目的地""做大做强做精特色旅游业"。中央这样定位西藏旅游业的发展目标，建议采取这样的发展方式，依据的是对西藏旅游资源特色和价值的基本评估。2006 年 7 月，青藏铁路建成通车，强劲推动着西藏旅游业迅速呈现"井喷式"发展势头。

游客期待来藏旅游。 旅游，是人的一种需要。为了观风景，察民俗，品美食，寻访历史古迹，见识异域文化，领略异地风情，出个远门，换个心情，选购点特产，等等。作为游历者，除了希望旅途平安外，就是希望获得生理和心理上的满足，花钱、费时还要忍受车马劳顿之苦，必须要物有所值。被满足的程度越高，该趟旅游就越值得。

感官和精神上满足程度取决于什么？取决于游客观赏到的旅游资源的个性特征，以及此刻带给自己多大程度的审美享受。不管景点是优美的还是崇高的，只有个性鲜明的旅游资源，才能让疲倦劳顿的游客突然感觉"眼前一亮"、赏心悦目，让起初不快的心情或者恹恹欲睡的精神状态烟消云散，注意力被吸引了过去，而且美好记忆接二连三地被唤起……

具有这样魅力的旅游资源不外乎两大类：一是别样的地理环境和气候条件造就的独特的自然景观，二是别具一格的文化景观。性质相似的旅游资源，意味着旅游内容的大同小异、平淡无奇，只有与众不同的旅游资源才能开启游人的视野和胸襟，打动大脑最为柔软的那根神经，从而被赋予此地旅游业以"特色"二字。

西藏这方当今世界上仅存的天然净土，每年吸引着数以千万计的慕名游客，不辞辛劳来寻找文明社会失落已久的大自然原有的东西，感受体味藏传佛教文化的纯真氛围。来藏旅游很辛苦，但是有的来了还来，西藏真实真诚，神奇神圣，来了给自己洗洗肺，静静心。高耸入云的雪峰、星罗棋布的湖泊、色彩斑斓的地貌、丰富多彩的野生动植物，构成壮美神奇的自然景观；浩繁的经卷、巨幅的壁画、虔诚的信仰、淳朴的民风、雄伟壮观的布达拉宫，以及遍布各地的喇嘛寺院，构成了独树一帜的人文景观。

令人心动不已的，那辽远雄浑的高原雪山、宁静缥缈的蓝天白云、晨雾暮雨中的莽原丛林、明朗光线勾勒出的起伏草地，以及出没其间的野生动物群落所构成的西藏独一无二的原始生态；藏传佛教崇尚的天然和本真，藏民族追求的精神幸福和心灵满足，藏式建筑洋溢着"万物有灵"的宗教氛围，与千里高原上不断延展的道路交通、渐次拉长的通信线路、拔地而起的新式建筑相映成趣，物质的和精神的在这里交融，历史的和现实的在这里亲密对话。

游客高度评价西藏的旅游资源。峨眉山乐山大佛风景名胜区代表罗声群认为：西藏的旅游资源非常丰富，西藏的风光很美、独具魅力，内地很多风光与西藏无法相比，是当之无愧的世界精品旅游资源富集地。他希望，在今后发展中西藏保持民族特色和原生态性，加大对自然资源的保护力度。

第一次来藏旅游的美国游客安（ANN）兴奋地表示："西藏真是太美了！这里的一切都让我内心感到平静。我去了大昭寺、布达拉宫、哲蚌寺。现在我计划去山南，听说那里是藏族文化的发祥地，我很激动！"

2010年香港旅游交易会启动了广东人最爱旅游目的地评选活动，西藏以较大票选优势被评为2010年度广东人最爱旅游目的地。

有统计显示：98.2%的游客对西藏旅游环境、旅游资源和服务品质表示满意，73％的游客有意再来；2012 年西藏接待游客 1034 多万人（次），旅游总收入达到 124 亿多元，与 2011 年同期相比分别增长 22.6％、33.9％；专家认为，"西藏美丽相约"越来越成为喜爱民俗、回归自然、崇尚淳朴的游客的首选。

西藏旅游传统客源：印度、尼泊尔、日本、美国、英国、中国台湾和香港特别行政区。

在世人心目中，西藏很陌生也很神秘，属于全国旅游资源大省份，但是旅游资源有待开发。《中国国家地理》杂志在 2005 年评出全国 102 处"中国最美地方"，西藏有 11 个景区（景点）入选。开发出来世界级的旅游资源 29 处，可供游览景区（景点）293 处。虽然每年接待游客人数和旅游收入不断刷新自己的纪录，但是与内地旅游大省份相比，仅占其十分之一的比重。

西藏开发出来的旅游产品。 "十一五"期间确定了"世界屋脊·神奇西藏"旅游主题，打出"高山、雪域、阳光、藏文化"旅游品牌，推出了以高山雪域为主体的雪峰峡谷极地体验旅游产品，以自然生态资源为主体的森林、湖泊、草原风光观赏产品，以藏文化为主体的名胜古迹和民俗风情文化旅游产品，以及民间节庆旅游产品和"幸福在路上"文化创意产品，尽量使旅游产品丰富多彩，同时具有参与性和游乐性。

在"十二五"期间，将细化"高

小贴士 ▶

旅游业是一个跨行业、跨部门的现代产业，涵盖了行、游、住、食、购、娱乐六大内容，价值链很长，间接收入往往达到景点门票收入的 10 倍左右；旅游业又是劳动密集型产业，具有行业关联度高、就业容量大、就业门槛低、就业方式灵活等特点。

据世界旅游组织测算，旅游业直接从业人员每增加 1 人，相关行业就业人员可以增加 5 人，乘数效应大。旅游业还是辐射性极强的社会服务业，包括农家乐、牧家乐、民族节日体验、园艺农业观光、自然保护区参观等旅游形式，近年来相继兴起壮大。旅游业的触角在自然界、历史文化、社会生活等各个领域无所不及，因而成为社会上最为活跃的社会行业。新型旅游业的发展使当今世界真正成了一个"地球村"。

作为一项方兴未艾的新兴产业，旅游业虽然说绿色科技含量不高，但是相对社会其他产业，它属于清洁产业，旅游消费所产生的生活垃圾便于统一处置，旅游行为对环境的消极影响，可以通过行为规范和宣传教育得以大幅度降低，旅游收入的一部分可以反哺当地生态保护和环境建设工程。

山、雪域、阳光、藏文化"旅游品牌，开启爽心悦目的"净土之旅"、清风明月的"高原赏月之旅"；以雪山冰川为主体，发起海拔6000米以下登山软探险的"峰巅之旅"、冰清玉润的"白色童话世界之旅"；以绿色峰极为主体，开发昌都和林芝地区高端绿色植物分布区域的生态游、高原奇花异树的节庆游；以草甸牦牛为主体，打造藏西北"高原野生动物观光园"，开通亲密接触"高原之舟"等灵性动物与草甸观光结合在一起的原生态大众游；以传统文化为主体，整合物质文化和非物质文化遗产名胜古迹及民俗风情文化资源，做实做优藏族传统文化游。

目前从总体上看，西藏特色旅游资源分为三个板块：壮美神奇的自然景观、别具一格的文化景观、寓民俗于自然生态环境中的乡村旅游。

壮美神奇的自然景观

"景观"（landscape）一词，最初用来描述森林、草原、湖泊、山脉等不同形态和不同规模的自然客体的景色，或者一定地理区域的综合地貌特征。在不同学科中含义不同，这里取生态学上的含义。景观是指一定空间范围内、由不同生态系统所组成的、具有重复性格局的异质性地域单元。

景观既是自然界特定空间内的自然物体，又是社会一定历史时期的文化载体。景观既是生物的栖息地，又是人类的生存环境。景观具有生态、经济和文化的多重属性，景观处于生态系统之上、区域之下的空间范围。景观异质性是指景观要素相互区别的个性特征，反映在景观要素多样性、空间格局复杂性以及空间相关的动态性。

高原上一尘不染的大小错和三大圣湖 湖泊在藏语中被称为"错"。蓝天白云、湖光山色，装扮着仙境般的雪域高原；若身临其境作逍遥游，则可尽情体验感官刺激和精神超脱。玛旁雍错、羊卓雍错和纳木错，并称西藏三大"圣湖"。除此之外，阿里、日喀则、山南等地区均有大错小错连片分布，彼此各有特点，与内地湖泊相比，共同特征是天然纯净。

阿里的大错小错，让游人甘愿一"错"再"错"。群错中的**班公错**，只能用心语与之对话。班公错是我国阿里地区与印度克什米尔之间的界湖，海拔 4242 米，三分之二湖体位于阿里的日土县境内，属于高原内陆湖；东西长约 150 千米，南北宽约 2 千米，最窄处仅为 5 米，故被藏语称为"错木昂拉仁波""歌木克歌那喇令错"，意思是"天鹅的长脖子""妩媚而狭长的湖泊"；处于我国境内的部分为淡水，水质优良、物产富饶，盛产美味的高原鲤科裂腹裸鱼；湖中有数个世界上海拔最高的鸟岛，成了野生鸟类栖息的天堂；湖的外围高山草场上游荡着成群的藏绵羊，牧人之中传说湖中常有神龙、湖怪出没，为班公错平添了几分神秘色彩。为了保持此地原生状态，"班公湖国家森林公园"处于筹建之中。

纵目班公错，最为扎眼的要数令人陶醉的湖面蓝色变幻了。由于湖底深浅不同、光线明暗变化，以及湖水本身澄澈晶莹，视觉之中呈现着墨绿、淡绿以至于湛蓝、蔚蓝等色彩。有记者描绘道：班公错的蓝，明媚而不夺目，清秀而不矜持，宛如邻家女孩，自然亲切而又娇羞含蓄；如果说纳木错蓝得博大而使人宁静，羊卓雍错蓝得诡秘而使人心伤，玛旁雍错蓝得神圣而使人膜拜，那么班公错蓝得含情脉脉而使人心荡神驰……

环绕湖岸的是矮山，上面覆盖着皑皑白雪，光线从一侧轻轻扫过，随即平添上几分温暖的橘红色，山势高低起伏，背影错错落落，映在视野里明明灭灭、若急若缓。湖畔弯曲的沙滩和轻柔的湖水相依相偎，不停重复着谁也无法听懂的密语；几片浅滩生长着参差的无名小草，风起处瞬间折出几道印痕，惊飞起几只寻食或者游戏的水禽。湖面远处掠过白色的影像，恍惚在湖面上空画出数道优美弧线，在阳光的热度冷却的时候，灵巧的倩影便多了起来，班公错上方众禽展开了例行的翱翔表演，无拘无束、我行我素，宣示着它们才是这里的主人。

湖中散落的鸟岛上，栖息着斑头雁、棕头鸥、鱼鸥、凤头鸭、赤麻鸭等多种高原珍禽，众禽杂居，铺天盖地，一派鸟语，一片祥和。有的从遥远的地中海结伴飞来，把这里当作了第二故乡，一年一度往返其间。有人述说：曾经寻访过几个鸟岛，每处都覆盖着厚厚的鸟粪、羽毛，其间镶嵌着数不清的鸟巢，鸟巢里掩藏着圆圆润润的几枚不等的鸟蛋，5—9月是产卵育幼期；近距离看到了红嘴鸥，体态丰满、羽翼闪亮，较内地的同种漂亮多了。

等到湖光黯淡下去的时候，月亮就探出了头，清幽如镜的湖面上，月色渐渐朦胧起来。班公错的月夜似冰冷清，再喧闹的场面一经朗照即归平静。银色月光洒在湖面上，折出粼粼的万顷波光，周边群山的暗影，犹如幽幽的叹息；微风顷刻间掠过湖面，轻柔的波浪一次接着一次亲吻着沙滩，俨然一对生死情侣缠绵悱恻。班公错的月夜，是要用心灵去抚摸的。

扎日南木错：被深情地称为"母亲湖"，地处阿里的措勤县东北部，距离措勤县城12公里，是阿里高原最大的和位居西藏第三大的咸水湖。藏语里措勤县意为"大湖"，措勤县因此得名。扎日南木错，措勤县诞生之所。扎日南木错从何而来？措勤县流传一个凄美的传说。

很久以前，扎日南木错所在地原是一片富庶肥沃的大草原，住在这里的人们丰衣足食、生活快乐。草原上有个村庄，村庄内有眼水井，是全村人的取水处。因井里住着一个水怪，所以每次村民们打完水后，都要把水井口盖上。村庄住着一对恩爱的夫妻。有一次丈夫赶着驮队到日喀则去贩盐，半年后的一天，妻子在井口打水的时候依稀听到丈夫声音，于是激动地跑过去迎接。但是，夫妻俩并没有相聚多久，村庄就被大水淹没了。因为妻子一时激动，忘记盖上井盖了。井水喷涌，大有淹没一切之势。

就在此刻，莲花生大师抱着一包土从天而降，在水域四周筑堰拦挡，并且降服了水怪。据说，今天所看到的扎日南木错周边地形，就是当年莲花生大师堆土围水的痕迹。莲花生大师救民于大水之中的故事，在西藏各地流传甚广。井水溢出、大师筑堤，形成了扎日南木错。

圣湖——玛旁雍错：传说中的西天瑶池。玛旁雍错，位于阿里地区普兰县城东北35千米。整体形状呈蛋圆形，湖盆北宽南窄，直径约24千米，湖水面积412平方千米，湖面海拔4604米，湖水最深处为81.8米，湖心透明度高达14米。这是我国目前实测透明度最大的湖。唐朝高僧玄奘，在《大唐西域记》中称之为"西天瑶池"，即西方天际下神仙居住的仙境。"一望无际的湖面，在风平浪静时犹如明镜，蓝天白云、雪峰峭壁倒映其中，出神入化；微风过后，拂起阵阵涟漪，宛如一串串笆音，引发心灵的震颤；云开雾散之际，波光粼粼，似堆金撒银，给人以富足感。"

玛旁雍错被视为神湖，而旁边却相伴着一个鬼湖，藏语叫"拉昂错"，意为"有毒的黑湖"。有人说，这两个湖像是神山——冈仁波齐的两只眼睛，一只满含幸福的热泪，清澈甘洌，另一只滚落伤心的冷泪，浑浊苦涩；也有人说它们犹如冈仁波齐的两颗心，一个充满着阳光明媚的慈爱，一个隐匿着愁云暗淡的愠怒。因为玛旁雍错是淡水湖，拉昂错是咸水湖。充满情愫的比喻，表达着人们对湖面景色变幻的内心感受，对流传在拉昂错岸边悲欢离合人间故事的生动解说。

在藏民族心目中，大地上镶嵌的蓝莹剔透、纯洁如玉的湖泊，是最富有神性的，似乎造物主把自身特有的深情、博爱全部赋予了她们，或者就是造物主心灵世界的物质外化。天然湖泊往往同巍巍雪山一样，是最纯净、最清亮的，无论什么人，只要看到她们，就能唤醒沉睡在心底的神性。神性一旦附着人体，就能净化人的五脏六腑和大脑，人也会变得跟她们一样圣洁。藏族总是把富有特征的雪山和湖泊一并尊崇，称作"神山圣湖"，并相信她们能为自己带来吉祥。

在早年的苯教教义中，玛旁雍错被说成是龙宫。苯教是西藏土生土长的原始宗教，在佛教传入西藏之前广为藏族所虔诚信奉。苯教中的"龙"是藏语"klu"的汉译，与汉文化"龙"的概念有所不同。汉语里的"龙"

是实指，意为有鳞有角有足、能走能飞能游泳的特定动物，而"龙"在苯教属于虚指，不以某种动物为原型，是能幻化多种不同动物的人格神，在很多壁画、唐卡上，往往以美人鱼的形象出现，人头蛇身或者人头鱼尾。

苯教信徒总是把世间美好的事物和内心的善良愿望寄托给"龙"，创造出理想完美的形象，把富有特点的玛旁雍错视为"龙"居住之所，定期与不定期地赉临现场加以朝拜和供奉，祈求"龙"给自己带来好运和财富。每年夏天（西藏气候最为宜人的季节），信徒定期聚集在湖畔，恭敬地献出青稞酒、牛奶、白糖、芝麻、菊花、肉、粮种、干松、仙人掌、孔雀尾等人间精美的食品、药品和宝物，以求博得"龙"的欢心。

借助这种原始性图腾崇拜，表达了人们对大自然的敬仰和感恩。有地质学家、生物学家考察证明，很久以前，整个喜马拉雅山地区处于一片汪洋大海之中，恐龙、古海鱼游弋其间。后来地壳发生变化，高山隆起，在内地留下了许多湖泊，包括被称为四大神湖之一的玛旁雍错。这些湖泊既为人们提供了赖以生存的水源，又为农牧业生产提供了丰富资源。因为凡有湖泊，周围必然水草丰美。苯教教徒对高山的敬仰，对湖水的膜拜，甚至对变幻莫测自然现象的敬畏，实际上在表达了对大自然无私馈赠以及对人类庇护的感念和谢忱。

不但如此，玛旁雍错被藏传佛教赋予了另一种含义。"佛教徒认为玛旁雍错是胜乐大尊赐给人间的甘露，可以洗净'贪、痴、嗔、怠、妒'五毒，涤除心灵的污垢。在圣湖的四方各有一个浴门，东为莲花浴门，南为香甜浴门，西为去污浴门，北为信仰浴门。若在每个洗浴门梳洗一番，便能洗尽一生的罪孽，拥有无限的福祉。人们把湖水装进各式各样的容器里，同时把神的旨意注入心底，把各种各样的希望带回家中。一滴滴圣水，既可以打开天堂的大门；又如朝霞驱散晨雾，把人生的疾病烦恼痛苦一扫而光。"在这里，湖水满足了佛教徒的精神需求，从中得到了心灵的安慰，成为从苦难现实进入幸福来世的精神路径，表明了佛教徒的理想主义态度。

圣湖——羊卓雍错：吉祥的"天鹅湖"。传说喝了这里的圣水可以延年益寿，妇女喝了长得更漂亮，儿童喝了会变得更聪明，每年都有大批佛教信徒前来朝拜。羊卓雍错藏语意思是"珊瑚湖""天鹅湖"，以风光秀丽著称。海内外游客很多专程前来，距离拉萨约 120 千米，当日可以往返拉萨市区。

羊卓雍错是雅鲁藏布江南岸、喜马拉雅山北麓最大的内陆湖，地处山南地区浪卡子县境内。湖面海拔 4440 米，湖水面积 638 平方千米，流域面积 6100 平方千米。极目眺望，水天相接处雾霭沉沉、虚无缥缈，注目面前，岸边一片波光荡漾、人影可拾；湖面或窄或宽、湖光或明或暗，湖岸蜿蜒曲折，沿湖小路高低起伏伸向远方。庞大的水体浸润着两岸土地，哺育着两侧堤坝上烂漫的油菜田和绵密的草地。

圣湖——纳木错：西藏人心中的"天湖"。纳木错被游客视为西藏最美丽的高原湖泊，具有典型的青藏高原自然风光和鲜明的藏族人文特色，成为西藏最有国际盛誉的旅游景区。地处拉萨市西北，距离拉萨市区约 174 千米。

纳木错湖面海拔 4718 米，东西长 70 千米、南北宽 30 千米，湖水面积 1920 平方千米、流域面积 10610 平方千米。湖心有 5 座岛屿，最大的扎西半岛有 10 平方千米，最小的 1 平方千米。岛上有溶洞、石林、天生桥等岩溶地貌，还有一座知名的寺庙，即扎西寺。纳木错的南侧耸立着冰雪覆盖的念青唐古拉山（主峰海拔 7100 多米），其伟岸身躯突兀在蔚蓝的苍穹下。有人发挥想象说，纳木错和念青唐古拉山酷似一对坚贞夫妇，纳木错的明净水面倒映着念青唐古拉山的魁梧身影，念青唐古拉山消融的雪水昼夜不停输送到纳木错的心灵深处；古往今来、寒暑易节，"它们夫妇"血脉相连、痴情厮守。

念青唐古拉山和纳木错，一起被佛教信众视为"神山圣湖"。每逢藏历羊年，四面八方的信徒如约而至，相聚纳木错，转湖祈祷，期盼风调雨顺、苍生安康。人流潮涌、盛况空前。

驻足岸边，纵目纳木错，游客也会禁不住如信徒诵经一般喃喃自语：纳木错天地澄明、水天一色，念青唐古拉山挺拔俊伟、面庞如玉……你想象中要多美妙实景就有多美妙，富有相似景物所没有的天然韵味；不远千里而来想看的就是这般纯然景致，想找回的就是这般自然而然的浪漫和流出内心的真诚。一到纳木错好像立刻找回了本真的自我，纳木错真的具有神性吗？

纳木错国家公园正在规划建设中，景区范围包括拉萨市当雄县、那曲地区的班戈县等区域，主要景点有纳木错、念青唐古拉山主峰、湖泊鸟岛、岩画石刻、草甸、牦牛、牧帐、温泉等看点。冬游期间，可以观看冰雕、参加藏历新年民俗文化节。

雄奇的峡谷风光　高原上地壳运动，使西藏高原形成了复杂的地形地貌、各具特色的自然景观。藏东南地区，一年四节郁郁葱葱、生机盎然，山顶积雪皑皑，山腰森林茂密，谷底溪流淙淙。奇特的峡谷风光，在藏东南随处可见，著名的峡谷有三江峡谷和雅鲁藏布大峡谷。

三江峡谷，位于藏、滇、川三省（区）交界的横断山区。横断山南北延伸，形似屏障，高危雄峻，山间的怒江、澜沧江、金沙江江水奔腾咆哮，声闻数里，激流险滩鳞次栉比，高大险峻远胜于长江三峡。谷宽仅 100—200 米，岭谷高差却达 1000—2500 米。峡谷内河道弯曲狭窄，岸壁陡峭，"仰望山接天，岸看江如线，峡谷一线天，游人隔两岸，两岸能对话，相逢需一天"，是对三江峡谷的逼真写照。峡谷北部山顶平缓，绿草如茵，谷内多处阶梯，农田满布。南部地形破碎，河道深切，重峦叠嶂，谷底台阶、田园、古树零星分布，山腰岩藤悬挂，古树参天，山顶则终年积雪，雪帽如堆。

雅鲁藏布江大峡谷地处雅鲁藏布江下游，河水围绕着海拔 7788 米的南迦巴瓦峰向南形成了一个"U"字大转弯。北起林芝地区米林县的大卡村，南至林芝墨脱县的巴昔卡村，全长 496 千米，平均高差超过 5000 米，比美国的科罗拉多大峡谷（深2133米，长440千米）长了56千米，堪称世界峡谷之最。峡谷沟谷幽深，河道迂回，水流湍急，携裹着巨石滚滚而下，巨浪排空，涛声隆隆，气魄惊心。

雅鲁藏布江大峡谷连同珠穆朗玛峰，一道成为西藏的奇观、中国的奇观，这一自然界中崇高之美的典范，一定是造物主的神来之作了。

雅鲁藏布江大峡谷国家公园是在西藏建立的首个国家公园，覆盖了林芝地区的米林、林芝、墨脱、波密等4个县，以及昌都地区的八宿县，公园主体架构是南迦巴瓦峰和雅鲁藏布江大峡谷，内含各具特色的自然景观单元，孕育着丰富多彩和有声有色的生物世界。

雄踞在喜马拉雅山脉东端的南迦巴瓦峰，海拔7782米，高耸入云，终年积雪。南迦巴瓦峰藏语的意思是"比天高的山峰"，享"中国最美的山峰"之誉。平日峰体云雾缭绕，若隐若现，变幻无穷，被当地人视为"神山"，另一说是"神女"。与北侧高达7151米的加拉白垒峰遥相对峙，便有夫妻峰等神话传说。还是地球上7700米以上高峰中最后一座未经攀登和系统科考的处女峰，因而更让科学工作者和登山爱好者跃跃欲试。

南迦巴瓦峰地区，峡谷纵横，重峦叠嶂，群峰林立，高低悬殊，谷底与峰顶级差达到5000—7000米。垂直带谱明显，雪线海拔4700米以下植被发达，类型多样，原始森林密布，自然资源品种丰富，"绿色宝库"之谓名不虚传。奔腾的雅鲁藏布江，从大渡卡至卡布呈弧形依南迦巴瓦峰脚下流过，形成了闻名遐迩的雅鲁藏布大峡谷，夹岸峭壁嶙峋，翠岩飞瀑随处可见，景色秀丽，如诗如画，貌似"蓬莱仙境"，神似"世外桃源"。

深受印度洋湿润气候的影响，南迦巴瓦峰地区降雨丰沛，年降雨量超过了2000毫米，由此造成林中幻境。茂密林海中湿度大，苔藓、地衣生长繁盛。由于年深月久，许多林地上苔藓厚度盈尺。每当湿气弥漫、云遮雾绕之时，林间空地和树干上丛生着苔藓，一堆一堆奇形怪状、规模不等，在林间阴暗的背景下貌似活灵活现的"动物群像"，在林中戏耍、舞动。这类奇特自然景象在南峰的林带十分普遍，带给现场观者如梦似幻般的陶醉。

高山林间野居着动物群落，其中国宝居多。南迦巴瓦峰地区的天然林海，是许多野生动物栖息繁衍的理想场所，毒蛇野兽常出没林间。尤其是羚羊、獐子、小熊猫、孟加拉虎、黑熊、野猪、猴子等多得烦人，在每年秋季玉米、鸡爪谷成熟时节，这些活宝就拉帮结伙窜入山地偷吃庄稼，被当地农民视为祸害，所以届时有棒劳动力昼夜值守把它们吓唬走开。

夏季的南迦巴瓦峰西侧山麓，简直变成了花儿的世界。林间空地野花绽放，姹紫嫣红，色艳欲滴，不同种群的花卉随着山体海拔高度的攀升而循序展示。地处3000多米的林中草地上，毛茛科的金莲花连片铺开，宛如春天里盛开的油菜田；3500米以上山坡上，银白色的铁线莲、淡蓝色的绣球花、柠檬黄色的金丝桃花、粉白色的锈线莲，以及深红色、亮黄色、紫红色的杜鹃花，争奇斗艳，好像人工着意装扮出来的节日盛景；3700米以上松柏间，桃红色的点地梅、酱紫色的乌头、水红色的兰花、雪白的草莓花，以及不能指名道姓的繁花竞相开放，山风吹过，光彩耀目，果真是"乱花渐欲迷人眼"；4000米至雪线以下，诸如紫菀、金露梅、山蓼、马先蒿、萎陵菜、红景天之类的耐寒花卉，在这清寒高洁之境顽强地开着鲜艳的花朵，似是仙境中花仙子尽兴撒落的奇葩。

南迦巴瓦峰脚下的森林和灌丛成了鸟儿的乐园，至少容纳了50种以上的鸟群。它们在林中花间穿梭起落，徘徊蹦跳，或者追逐打闹，或者亮嗓飙歌。每天清晨，是百鸟争鸣的时辰。在漫长的共同生活中，那里的鸟儿形成了大致相似的行为习惯，几乎在同一时段内不同种群依次歌唱，好像彼此之间有了默契或者约定似的。鸟鸣啁啾，次序有别，高低相间，或者嘹亮，或者婉转，犹如众乐合奏，回环往复，富有音韵美和节奏感。

歌会将罢，旭日东升，多数鸟儿四散觅食，开始准备自助餐。只有黑卷尾等少数鸟儿依然伫立在树枝顶端，陶醉在歌声余音里，但是一旦发现昆虫，它们就飞跃扑食，往往能收到囊中取物之效。这些家伙可谓居心叵测，表面摆出欣赏音乐的优雅姿势，其实在施展欲擒故纵的扑食技法……南迦巴瓦峰下部的鸟雀王国里，莺歌燕舞，展羽亮翅，叽叽喳喳，呢呢喃喃，给崇山峻岭及茫茫林海注入了勃勃生机，向外面世界传送出美妙的天籁之音。

每年6—9月，南迦巴瓦峰和雅鲁藏布大峡谷变成了琳琅满目、良莠混杂的野生蘑菇园。据估计，食用菇多达200余种，药用菇80种，毒菌20种。

雅鲁藏布江大峡谷中的许多台地、南迦巴瓦峰山区林间草地，以及高山灌丛草甸都是优良的天然牧场，牲畜粪便为粪生真菌茁壮成长提供了丰富有机物，哪里有畜粪哪里就有喜粪真菌分布。个头肥大的毛头鬼伞、小孢毛鬼伞，个体娇小的膜鬼伞、粪鬼伞是这里常见的粪生真菌，只是其生命十分短暂，会受到海拔、温湿度等生态环境的影响。河谷草地上分布最广的，要数四孢蘑菇、红鳞蘑菇，它们通常生长在腐熟的粪肥土上，是菌肉肥嫩、味道鲜美的食用菌，初夏时节雨后春笋般地疯长。

最为典型的粪生真菌，主要有花褶伞、紧缩花褶伞、粘花褶伞、大花褶伞、半卵圆环褶伞等，在牛马粪上大量生长，分布海拔较高，绝大多数被列入毒菌。还有一类粪生真菌比较惹眼，菌盖亮黄色的半球盖菌菇、土褐色的粪土球盖菇、锈色的多鳞球盖菇等，较多在马粪和牛粪上生长，这类喜粪真菌被怀疑有毒、不敢采食。人如果误食了白鹅膏菌、秋生盔孢伞之类的毒菇，不仅身体健康会受损害，而且可能导致中毒身亡。

南迦巴瓦峰林区和雅鲁藏布大峡谷里的天然蘑菇生命力旺盛，即使在生长旺期对养分要求也比较简单。除了广阔牧场遍布着喜粪真菌外，还存在着大量的木生菌，倒木、树桩、腐枝败叶上，甚至苔藓间，都生长着形态各异的蘑菇，有的爬上了枯树木的顶梢，有的在林间草地上排列成行，有的生长成蘑菇圈。浩瀚林海中，生长在林木上的真菌最为丰富，其中高山栎上猴头菌最为常见，它是中国名菜"猴头燕窝"里不可或缺的原料；云杉林下生长着体形硕大、呈彩球状的绣球菌，属于珍稀食用菌。

至于木耳、毛木耳、皱木耳、金耳之类木生食用菌，分布就更加广泛了，被当地居民采集、加工、销售。另有色黄味香的鸡油菌、深受日本人喜爱的松口蘑（松茸）、欧洲人喜食的羊肚菌、与天麻共生的珊瑚菌，这类木生真菌有的既可食用又能入药。南迦巴瓦峰的高山草甸上，还出产冬虫夏草，由于寄生在蝙蝠蛾幼虫上，藏语名叫雅杂贡布，属于珍稀名贵的物种。

除了南迦巴瓦峰和雅鲁藏布大峡谷之外，中国新十大天府、墨脱秘境、易贡国家地质公园、然乌湖、绿色峰极、地球植物垂直分布典型地区、珞瑜文化等景区，也汇集于雅鲁藏布大峡谷国家公园之中。

珠穆朗玛国家公园 建成后的珠穆朗玛国家公园，位于西藏西南与尼泊尔国交界处，覆盖了日喀则地区的定日、吉隆等6个县，总面积7.8万平方千米，包括嘎玛沟、吉隆沟两条生态谷地，珠穆朗玛峰、希夏邦马峰、卓奥友峰等5座海拔8000米以上的高峰和10余座海拔7000米以上的山峰，以及绒布冰川、拉孜（县）民俗文化旅游园区、拉孜锡钦温泉景区、樟木雪步岗森林生态旅游景区。珠穆朗玛国家公园地跨西藏高原和喜马拉雅山地两大自然地理区域，又处在几个不同自然地理区域的交错地带，珍稀濒危生物物种十分丰富。

国家公园一般以完整保存天然景观为特色，公园内的景观资源具有珍稀性和独特性，以生态环境和自然资源保护为目标，适度开发旅游资源，通过较小范围内开发实现大范围有效保护。因此，国家公园是一种能够合理处理生态环境保护与资源开发利用关系的经营模式。为了保护世界上独一无二的高山生态系统、原始的山地森林、山地生物多样性和当地多样的藏族文化，珠穆朗玛国家公园立足维护当地的生态稳定性和多样性，禁止资源开发和土地占用等活动。

西藏目前拥有三个国家公园，即珠穆朗玛国家公园、雅鲁藏布江大峡谷国家公园和纳木错国家公园。

面积居全国第一的巨幅冰川 高原上地厚天寒，冰峰雪岭众多，是我国冰川集中分布地区，冰川面积达27676平方千米，占全国冰川面积二分之一强。主要分布在唐古拉、冈底斯、念青唐古拉、喜马拉雅山脉。著名冰川是卡钦冰川、绒布冰川、拉古冰川等。这里冰川悬垂，银峰入云，一派瑰丽景象。珠峰上发育了规模巨大的现代冰川、冰斗、角峰、刃脊等冰川地貌，分布广泛。雪线以下冰塔林立，其间夹着幽深的冰洞、曲折的冰河，景色奇特。

卡钦冰川，位于念青唐古拉山东段南坡的波密县易贡八玉沟，冰川朝向东南，长35千米，面积170余平方千米，上限海拔6335米，雪线4510米，末端海拔2530米，是西藏大型山谷冰川最集中的地区和最大的冰川。这是一条构造独特的冰川谷地，冰川两岸全部是无法攀缘的陡峭石壁，向上仰望是一道狭长的蓝天白云，前方却是一道横亘在谷地中的冰爆，突兀峻峭。其后的恰青冰川主体部分静卧着，少见裂隙，冰面完整。冰川末端有一个穹隆状的冰融水洞，乳白色的冰川融水自洞中奔涌而出，不时裹挟着大小冰块发出巨大的吼声，水花四溅。

绒布冰川，位于珠穆朗玛峰北坡，长22.2千米，面积86.89平方千米，雪线5880米，末端5154米。在海拔5000—6000米之间的冰雪坡上冰塔、冰川林立，规模宏大，千姿百态。这样的奇景只有那些勇于攀登高峰、敢于探险的人们才能领略到。

地热温泉名扬天下　温泉，在这里是指由地下自然涌出的一种特殊水源，泉水恒温，高于环境年平均温度5℃以上，含有对人体健康有益的微量元素。形成温泉，要具备地底存在着热源，岩层中有缝隙让泉水涌出，地层中有储存热水的空间等三个自然条件。

西藏高原上温泉类型多样、地热资源富集，几乎囊括了世界上所有的温泉类型，温泉资源超过全国温泉资源的三分之一。西藏地热显示非常强烈，温度超过沸点的就有400余处，矿化度复杂，成分丰富，水热爆炸、间歇温泉、热水河、高原沸泉、江心喷泉、沸泥泉、地热蒸气、冒气地面等各种水热活动显示区多达660余处。

相关的调查表明：西藏水热活动区大多分布在班公错—怒江缝合带以南地区，高温水热活动区主要出现在雅鲁藏布缝合带和那曲—羊八井—亚东活动构造带沿线，平均海拔在 4000 米以上的沿森格藏布—雅鲁藏布大断裂带一线的地热汇集区被称为喜马拉雅地热带。多数温泉有各自独特的医疗保健功能。西藏著名的四大温泉是，羊八井地热温泉（在拉萨市），拉孜温泉、塔各加间歇喷泉和甲嘎喷泉（几乎全在日喀则地区）。

羊八井地热温泉 位于拉萨市西北部当雄县、念青唐古拉山下的盆地内，地处雪山、冰川和原始森林背景下的高原草甸之中，距离拉萨市区 90 公里，两地间路况良好。从拉萨去羊八井，可以在八廓街鲁固巷内乘坐班车，约有两个小时车程；亦可以选择自驾游方式，一边欣赏着沿途的自然风光，一边想象着地热田雾气氤氲的壮观景象，以及浸泡温泉时的忘我感觉。

羊八井地热田，是我国目前探明的面积最大的高温地热田。约 17 平方千米的地热田范围内到处都有地热露头点，蒸汽灼人，热气弥漫，方圆 40 千米空间弥漫着蒸腾的雾气。有规模宏大的喷泉和间歇喷泉、温泉、热泉、沸泉、热水湖，以及全国罕见的爆炸泉和间歇温泉，热水和热气不时发出惊心动魄的响声。处在地热田东北端的热水湖，面积 7300 平方米，自然水温 50℃左右；在清澈的湖水深处，可以看见翻涌的热水潜流；有时候，气柱直冲百米高空，水势鸣响，声传数里。

这里的温泉富含硫化氢，对多种慢性疾病有一定疗效。沐浴地点是露天游泳池，由于水温过高，需要经过两个露天水池降温，才可以供游客洗浴。洗浴期间，仰望头顶上的蓝天白云，遥望两侧皑皑雪山，或者赶在雪花纷飞的背景下泡澡，可以体验到无以言表的惬意和浪漫。

羊八井地热资源开发利用呈现出多样化，地热发电是主项，著名的羊八井地热电站建成于 1977 年，是我国第一座湿蒸汽型地热发电站，目前已经建成两座；利用发电余热建起了两个养鱼场，养殖罗非鱼等优良鱼种，还建立了温室，生产出花卉和果品。羊八井地热区，已经发展成高原环境下的一处特色疗养胜地。

拉孜温泉 位于日喀则地区拉孜县城东北方约15公里处，坐落在318国道北侧约2公里的地方。温泉四面环山，泉水从半山腰的石缝中渗涌，流入水池，温泉清澈见底，无异味，人体浸入其中会感觉一股强大的浮力。温泉自然天成，含有多种矿物质，具有综合药理作用，洗浴或者饮用该泉水可以治疗皮肤病、肾病、胃病、关节炎、四肢麻木等病症。泉水温度四季恒定，其周围景色秀丽，尤其是夏季，休闲洗浴的人在温泉周围搭建帐篷，野外露宿，载歌载舞，场面热闹。拉孜天然温泉同当地其他温泉一样，成为后藏地区开发医疗产业和旅游产业的特色资源。

塔各加间歇喷泉 是我国最大的间歇喷泉，位于日喀则地区昂仁县西部雅鲁藏布江上游的塔各加。泉口直径约40厘米，喷泉蒸汽高达50米左右，每次喷发高度由1—3米或者20米不等。泉在喷发之前先出现水花翻腾，然后水柱一起一落，经过数次重复后，突然一声咆哮直冲蓝天，喷发最长时间可达10分钟左右，短则瞬间即逝，喷发很不规律。

甲嘎喷泉 位于阿里地区与日喀则市交界处，此泉每隔几分钟喷涌一次，水势如注，喷高10余米，热气蒸腾，水温达97℃以上，水色纯清，亦属于间歇喷泉，泉水含有几十种矿物质。

西藏的两条大河 雅鲁藏布江：西藏的第一大河，敬称"母亲河"，被誉为藏族文化发祥的摇篮。地处藏南，介于喜马拉雅山与冈底斯山之间。"雅鲁藏布"意为"从高坡上流下的水"。"雅鲁"相传是藏族酋长的始祖；"藏布"是"赞普"（藏族历史上吐蕃政权藏王尊号）的转音，现在"藏布"通常意指大江、大河。发源于喜马拉雅山北麓的杰玛央宗冰川，在我国境内全长2090千米，流域面积24万平方千米；天然水能蕴藏量仅干流和五大支流接近一亿千瓦，占全国水能总蕴藏量的15%，仅次于长江；下游大拐弯峡谷是世界水能资源少有的集中区，这里约250千米内河流落差达2230米，可以兴建装机容量约4万千瓦的世界最大水电站。雅鲁藏布江上重要支流有多雄藏布、年楚河、拉萨河、尼洋河、帕隆藏布等。流域跨经全区七地(市)、36个县(市)。

怒江：西藏的第二大河，发源于唐古拉山系吉热格帕峰南麓，向南偏西流，上源称桑曲，在拉萨附近注入措那湖，出湖后流入卡隆湖，经那曲地区流向折为东南，流经比如县后汇入索曲始称怒江。在西藏境内全长1390多千米，落差3697米，流经面积10.25万平方千米。上游地势平坦，高原面保持完整，河谷开阔，水流平缓，沿途多散流、漫流、分叉，形成湖泊和沼泽，分布着大片风光迷人的草原，畜牧业十分发达。下游段处在横断山区，由于强烈的下切作用，怒江似一条怒气冲天的巨龙，在峭崖陡壁的高山峡谷中横冲直撞，奔腾咆哮而下，激流翻滚，涛声轰鸣，响彻数十里，气势之磅礴不逊于黄河壶口。怒江两岸风光迷人，自然景色奇特。上游的僧登寺、八宿寺和中下游的昌都左贡县的梅里雪山自然风光都是中外游客向往的旅游胜地。

西藏的自然景观，还包括自然保护区和林卡。在知名庙宇和特色庄园附近，以及城市郊区环境宜人的地方营造出成片树林和草地，供当地居民和外地游客休闲游览，这样的地方往往有山有水，环境优雅，交通和食宿方便，被称作"林卡"。各种类型的自然保护区和生态功能保护区，以及大小林卡打上了人工烙印，不再是纯天然的或者原生态的自然景观，但是自然元素是背景和底色。这样地方在西藏生态保护工程实施过程中，面积和规模还在不断增加。

别具一格的文化景观

有人说，旅游其实是一种文化消费和文化传播的行为过程，特色旅游意味着旅游者在直观感受一个民族的传统文化，以快餐形式消费多种个性化的文化产品。从另一个侧面看，民族文化是旅游消费和传播的核心内容，旅游则是文化产品的消费行为和传播方式。随着旅游业内容的迅速拓展和游客对旅游期望值的不断提高，旅游的目的不再停留在"吃住行游购娱"，而是奔着精神之旅、心灵之旅的方向发展。

文化景观，简单地说，是指构成某个民族文化体系的相对独立的文化单元，或者是指民族文化内部结构及其外部形式有机统一的多样而具体的文化样态。文化景观的多样性决定了文化资源消费方式的多样性。比如希望了解藏族传统建筑文化，就需要实地考察西藏各地不同风格的民居建筑和寺庙建筑；有志于研究藏传佛教文化，就需要进入西藏博物馆或者有代表性的寺院，系统查阅相关文献、文物，尤其是像《大藏经》《四部医典》等名著；想全面了解一下藏族的民俗文化，就要深入藏族人民日常生活，尤其需要感受一下藏族传统节日气氛、观看藏戏、品尝藏餐，等等。由于普通游客受其旅游时间和旅游范围所限，不可能也没有必要完整而深入掌握一个民族文化，所以作为"过客"的游客，在有限的旅游日程中只能直观体验一下民族文化精神及特有的文化氛围，民俗文化产品可能会占据首位。

特别是，藏传佛教的宫殿和庙宇是很有旅游吸引力的文化景观。这些宫殿和庙宇，大致可分为两个阶段性类型：一是以桑耶寺为代表的曼荼罗文化，反映着藏密文化特征的早期庙宇；二是以布达拉宫和扎什伦布寺为代表的反映活佛文化的后期庙宇，以及一些过渡类型的庙宇建筑。此外，雍布拉康偏于宫殿文化特征。

作为首府的拉萨，被网友推崇为"精神旅游的圣地"。这不仅因为拉萨拥有优美的自然风光，而且处处洋溢着宗教文化神韵、淳朴热情的民风民俗、藏式建筑彰显的藏族建筑文化等。拉萨市作为国务院首批公布的24座历史文化名城之一，全市有各级重点文物保护单位120余处，布达拉宫、大昭寺、罗布林卡，均被联合国教科文组织列入世界文化遗产保护名录。拉萨游客占全区接待国内外游客人数的68%，多数游客来西藏旅游的第一站首选拉萨。拉萨核心旅游区包括南部宗教文化旅游区和北部自然生态旅游区，四个辅助性游览区包括尼木藏香文化游览区、甲玛沟游览区、德仲游览区和热振寺游览区，两个旅游中心是墨竹工卡县和当雄县。

拉萨之旅，布达拉宫"很值得进去一看"。布达拉宫这座世界上海拔最高、蓝天白云掩映下的古典建筑，集宫殿、城堡和寺院于一身，距今有1300多年历史，经过几次大规模改扩建，沉淀了深厚的藏族传统文化，镌刻着藏族传统文化嬗变的轨迹，成为藏族传统文化的象征。1961年被列为我国第一批国家重点文物保护单位，1994年入选《世界文化遗产名录》，2013年初被确定为国家5A景区。游览布达拉宫旺季，每年5月1日至10月31日，每张门票200元；淡季，11月1日至次年4月30日，门票降至100元。布达拉宫对外开放以来，中外游客乘兴而来，惊叹而去。

藏族传统节日及现代文化旅游节。再没有什么能比传统节日更能淋漓尽致地体现一个民族的文化特质了。西藏的藏历新年、雪顿节等传统节日，不仅彰显着藏族人民美好愿望、感恩之心、祝福亲友的个性化表达形式，而且折射出民族文化、民族信仰、民族精神特有的内含。其他的藏历节日及其庆典仪式，都渗透着藏族文化中浓重的民风民俗。

走进藏家，感受藏历年的年味。藏历新年，藏族一年中最盛大的传统佳节；藏历新年，藏族文化得以集中展示的隆重仪式。藏历新年要么与春节重叠，要么比春节延后一月或者一个月零一天。进入了藏历腊月，无论家境怎样，藏家都会陆续着手置办年货，牦牛肉、青稞酒、酥油、卡塞等是必备的年饭，洒扫庭院、装点门头，举行仪式、驱邪祈福等活动都不能落下。除夕之夜，更是忙坏了勤劳坚韧的藏族主妇。参加了正月十五的祈愿大法会，藏历新年就算过完了。游客如果愿意走进藏家，陪伴藏胞欢度藏历新年，既可以见识一下藏族的民风民俗，又可以见证当代绿色饮食在藏餐桌上的自然表现。

品尝藏餐，找回原本的饭香。无可争辩，随着物质生活水平的提高，藏餐的烹饪方法和藏餐的花色品种都在日趋丰富，但是对于藏餐而言，无论是主食还是副食，也无论烧制藏餐所采用的主料还是辅料，藏胞习惯于原汁原味，注重饮食的天然品质。他们善于从天然的原料中找出美味元素，并巧用天然原料替代一些别的餐式中化学调味品。过去，藏餐中几乎不用酱、醋等人工合成的香料，即便现在家庭藏餐中也很少用到味精和鸡精，通常使用就地采摘的天然香料。诸如糌粑、清油、酥油、牦牛肉干、藏鸡蛋，以及当地林下的土特产等食料，不必说都是天然农产品，就是佐料中的夏廓唐杰和泼汝露，以及藏辣椒（西藏当地产的辣椒，墨脱辣椒以最香、最辣而著名）、加斗（藏茵陈）、者布（藏茴香的叶子）、果巴日果（当地产一种野蒜，头小、味道淡、清香）之类，绝大多数是无污染地道草本香料，且具有一定药效。

藏餐的这个特征，与藏族生活的自然环境密切相关。很多农牧产品是在自然条件下生产出来的，基本上无农残，营养成分高；当地出产的天然香料不仅品种繁多，而且是随意长在山野间，待到成熟季节任人随意采摘来的。自然环境下出产的天然食材就保证了藏餐的天然品质，不存在非食用物质添加和滥用食品添加剂的问题，食品安全风险因此很小。当然，由于西藏城镇对内地市场有一定依赖，蔬菜和肉食从内地调运来的较多，同时市郊瓜果蔬菜生产基地也在使用农药、化肥。如果城市消费市场上食品质量能把住关口，控制城市食品供应基地的农残问题，那么藏餐的传统品质和个性特色就能保持下去。

除了忙着张罗年饭、品尝丰盛家宴之外，藏家过年喜欢亲友聚会，互赠美食。尤其是看重亲朋好友串门"吃切玛"。切玛，精致木盒里装满精粮，上面遍插青稞等庄稼禾穗，居室不管多么狭小，都要腾出相对宽敞的空间摆放切玛，为前来"吃切玛"（拜年）的客人安排宽松环境，还备办一桌丰盛酒食作为招待。因此，藏历新年成为娱神和乐人、庆祝和祈福的民族节日，气氛热烈，习俗独特。

"去藏家过藏历新年"，目前成为各家旅行社重要的推介项目，在许多自助游网站上，相约来西藏过藏历新年的游客越来越多。2013 年藏历新年期间（2 月 9 日至 18 日"双节"公休假期），全区累计接待游客 278485 人（次），是 2010 年同期的 2.4 倍；实现旅游总收入 20454 万元，是 2010 年同期的 2.6 倍。

秋季来拉萨，雪顿味正浓。若是选择中秋来藏，又能在拉萨待上一阵子，游客就有机会体验为时一周的"欢乐雪顿"了。虽然说在藏胞心目中，雪顿节的分量次于藏历新年，但是雪顿节临近秋收，处于拉萨天气最为舒服的时段，特定内容有良辰美景来烘托。拉萨正进行创意，把雪顿节当成"西藏旅游文化节"来过。

雪顿节，源于公元 11 世纪中叶的哲蚌寺宗教活动，故称"哲蚌雪顿"，意为喝酸奶的日子。17 世纪后，由哲蚌雪顿、布达拉雪顿和罗布林卡雪顿逐渐演变与固定以藏戏会演、文艺娱乐同宗教活动相结合的拉萨雪顿节。拉萨雪顿节因文化内涵和独特品位，被国务院列入中国首批非物质文化遗产保护名录，先后获得"中国十大节庆""中国十大民俗类节庆""中国现代节庆十佳奖""中国十大节庆品牌"等殊荣。

如今的雪顿节把民族文化与商业活动结合起来，通过市场运作来展现藏族文化特色及时代魅力。2006 年以来，拉萨市把文艺会演、学术讨论会、汽车（房产）交易、花卉展销等活动安排在雪顿节期间。比如在 2011 年雪顿节里相关活动有 28 项，主要包括以哲蚌寺展佛、藏戏展演、锅庄歌舞和史诗说唱表演等传统内容，以传统马术表演、赛牦牛、抱石头、藏式拔河为主的体育竞技，以纳木错徒步大会、"甲桑古道"徒步游、当雄"当吉仁"赛马节、摄影展为主的高原旅游，以歌咏比赛、雪顿之星评选、模特儿大赛、啤酒节、过林卡为主的文艺休闲，以幸福城市市长论坛、中国藏茶论坛为主的学术交流会，以商品广告、招商引资为主的商贸洽谈会，等等。拓展了传统文化表现手法和范围，给现代商品打上了民族文化色彩。

雪顿节是藏族传统文化节日，如今发展成了当地各民族共度联欢的现代节日。过好这个节日，对于保护西藏非物质文化遗产、增进西藏民族团结、维护社会和谐稳定，有重大的社会意义和时代意义。但是，雪顿节有自身特定的内容及韵味，既是民族的又是世界的宝贵财富，不可能同普世的现代商业融为一体，如果是商业因素过多渗入其中，必定会冲淡原汁原味，甚至可能会喧宾夺主。因此，西藏现代商业活动可以以雪顿节为其运作的文化背景，却不可以以雪顿节为舞台，否则，独特的民族文化遗产将泯灭在现代商业大潮之中。

春天到林芝，欢度桃花文化旅游节。第11届"林芝桃花文化旅游节"2013年3月23日在林芝县嘎拉村揭幕，主题是"相约林芝，寻访美丽中国最美的春天"。本届旅游节传承了前十届桃花节自然、生态和传统的节日特色。桃花花季由3月15日持续到4月30日，在此期间来林芝可以欣赏雪域桃花恣意绽放的自然美景。

春游到林芝，桃花最可看。3月的林芝，不同于西藏的其他地方，虽然还是春寒料峭，但是这里已经是桃花的海洋。林芝的桃树多为野桃，树干粗大而枝条遒劲，花朵娇小而繁富，漫山遍野层层叠叠，宛如朝霞落山、云锦铺地，在远处雪山冰川背景下，林芝的春天展现着纯粹的自然之美。林芝地区的桃花分布广、花期长，波密的桃花3月里开得最盛，大峡谷里的桃花4月才最俏。

传统文化和乡风民俗融入桃花节中。回放"西原回林芝"的历史故事，是今年桃花节的特色内容，揭秘藏汉关系上一段真实的爱情故事，再叙民族团结的佳话。百年前，清末军官陈渠珍，与林芝工布女子西原相爱相随，经历了生死别离，有情人终成眷属。本活动模拟西原出藏的路线，她和陈渠珍的雕塑从凤凰启程，途中绕广州，经西安，最终在桃花节开幕之时抵达林芝，在桃花节上揭幕。之后，西原和陈渠珍的雕塑并肩携手矗立在尼洋河观景台上，眺望远山和滔滔河水，祝福前来林芝的各对情侣爱情地久天长。

林芝地处藏东南雅鲁藏布江下游，境内既有莽莽的原始林海，又有繁花似锦的原野，平均海拔约3000米，气候湿润，风景秀丽，享有"生态绿洲，高原氧吧"，以及"西藏的江南，东方的瑞士"之美誉。古老的民族文化，与雅鲁藏布大峡谷、南迦巴瓦峰、巴松措，以及雅鲁藏布江、尼洋河等自然风光一道构成了特色鲜明的旅游资源。赴林芝的游客既可以体验到"世外桃源"（林芝版）的桃花仙境，又可以领略鲁朗、色季拉山、巴松措、雅鲁藏布大峡谷等多处风光。

林芝桃花文化旅游节始于2002年，2003年成功举办了第一届，2013年迎来了林芝桃花旅游节第11个年头。在桃花节期间，林芝相关部门组织文体活动，让游客体验工布响箭、马术表演、抱头石等传统竞技活动的魅力，举办以"在那桃花盛开的地方"为主题的林芝摄影大赛，因此又是摄影爱好者的节日。游客可以去民俗村参加篝火晚会，与农牧民一起跳锅庄舞，可以走进桃花源中的农家，体验藏族的风俗习惯。

参加开幕式的新人和游客，在嘎拉村可以品尝到传统的藏家宴。桃花季期间，林芝的野生高原鱼正是肥美且营养丰富之际，八一镇路边特色鱼庄里的高原鱼是不可多得的原味美食，这个季节的鱼称为桃花鱼，以胡子鱼和棒棒鱼为主。另有西藏土鸡、鲁朗石锅鸡等著名生态宴。

2011年12月10日，由中国文联民间艺术家协会、联合国教科文民间艺术国际组织、中国农业电影电视中心、中国网络电视台共同主办的中国首届《乡土盛典》活动在CCTV演播厅举行。盛典上，林芝地区当选为"最具风情民俗文化旅游目的地"。林芝地区景区（点），还在西藏自治区旅游局 2011 年主办的"我最喜欢的景区（点）、酒店"的评选活动中赢得最高票数。

"冬游西藏"，感受西藏的非凡气质。俗话说："春有百花秋有月，夏有凉风冬有雪。"每个地方一年中自然景色互有不同，但是每个季节的景色各有各的特色及韵味，彼此之间没有品位高下之别，只是对应着人们不同的审美情趣。冬季西藏，天气干燥，云朵稀疏，空气中 CO_2、SO_2 及粉尘含量稀少，天空湛蓝，大气透明。在这样天气背景下，西藏的阳光、云海、雪山、湖面、江河、林海、草原都会呈现出另一副面貌。且冬季景区游人少，行程举止任从容，既可以慢慢地观赏景区及景物，又可以在适宜的地方随心所欲放纵一下心情。

"冬游拉萨"，沐浴阳光、领悟文化。每年隆冬时节，内地大部处在冰天雪地、阴郁气息之中；青藏高原上的"日光城"拉萨，天高云淡，阳光灿烂，早晚最低气温有时跌至零下 10℃ 左右，但是，那只是短暂瞬间。随着旭日升起，气温就节节攀升，中午时分气温可以升至 10℃ 左右。楼房顶部安置的太阳能热水器透气孔水汽喷发，庭院内外太阳灶上的烧壶和蒸锅也是蒸汽袅袅。倘若在室外享受阳光浴，就备感熨帖和爽快。

调查也显示：游客反映，冬游西藏悠闲安逸。"冬季的西藏与我之前的想象很不相同，并非冰天雪地，寒气逼人，空气更纯净，景色更壮美。充足的阳光给拉萨的白天带来暖暖的气温，晚上也就在零度左右。"来自河南省的李先生说出了他的感受，还说：只有当你亲身沐浴过冬季西藏的温暖阳光，亲眼见识了冬季西藏的独特景色，才能感受到冬游西藏的快乐。

来自南京的摄影爱好者张女士，津津乐道："……在拉萨八廓街那些弯弯绕绕的小巷子里转过，在老光明的甜茶馆泡过，喝着 6 毛钱一杯的甜茶，吃着 3 元钱一碗的藏面，总会得到心灵的宁静，感觉超脱尘世的飘逸。"她表示：来年争取再来拉萨闲逛、品茶。

假如不能亲眼看见西藏的自然环境，不能亲身感受这里的宗教气氛，就不能领会藏传佛教文化的奥秘和至高境界。人类源于自然，又回归自然。世界上不管哪个民族，文化中很大组分是该民族对所处自然环境的描述，对人与自然环境之间关系的特有认识。一定程度上说，不同民族的文化就是不同自然环境的文化。特定环境造就了特定民族，因此造就了特定的民族文化。

藏族之所以能接纳外来的印度佛教，并加以本土化而成为藏传佛教，成为统一的民族信仰和共同的精神家园，是因为西藏拥有让佛教文化落地生根的自然环境。西藏高原这个相对独立的地理单元，地形地貌复杂多样，自然生态保持先天状态，生物群落展现着自然秉性；天高地阔，人烟稀少，蛮荒之地，人迹罕至，僻壤之乡，生存维艰，土著居民崇尚自然，工业文明不受欢迎。西藏各地分布着1760余处寺庙，这些藏传佛教文化场所与其说以各自方式诠释着佛教文化博大精深的内涵，倒不如说各地信众对人与自然之间关系的独到表达。在游览寺院之时，游客品评每处寺庙的文化个性就不应该忽略当地的自然环境特征。如果对特定自然环境不能产生真切感受，就不能对此处寺庙建筑及文化设施有深刻理解。自然环境往往与文化氛围是互为表里的，一个地方的文化其实是此地的自然环境在人的智慧里结出的一种果实。

古城拉萨是西藏著名的佛教圣地，藏传佛教文化底蕴深厚，宗教礼仪虔诚庄重，宗教活动频繁热烈。城区大街小巷朝佛信众络绎不绝，隆冬时节热情不减。藏族全民信奉藏传佛教，在今天西藏的任何地方，宗教活动都受到尊重。农闲时节，朝佛信众增加了许多，前后相继磕着长头过马路，灰头土脸，风尘仆仆，伏地起身一直重复着几个动作，神情专注而又一丝不苟；行人车辆为之让路或者绕行，外地游客痴痴打量着他们，好奇地注视他们双手合十放在胸前的位置和变化幅度。这个场面成为拉萨一道街景，是其他地方难以看到的。

伫立在广场上或者其他附近之处，仰望布达拉宫感受着藏族历史文化在此的厚重积淀；静坐在大昭寺广场上或者其他相似之地，聆听着转经筒和风马旗传出的佛祖心声；小憩在八廓街或者其他街巷的甜茶馆里，体验着藏族的生活情趣……如果说佛在人心中，那么佛光就一定会闪耀在人的眼睛里，慈善就会浮现在人的面颊上，友好就会体现在人的言行举止中。来到西藏可以清一清呼吸道，也可以清一清灵魂。说到底，文化，包括藏传佛教文化，其实是给予一定环境中的人的一种关怀和抚慰。拉萨城的冬季风景，是要用心灵来欣赏的。

冬游西藏的其他地区，依照景点选择游览目标。冬游林芝看生态。林芝拥有雪域绿洲和香巴拉腹地，森林原始景观保存完好，享有"天然的自然博物馆""自然的绿色基因库"之赞誉，是进藏的适应性平台。游客自林芝入藏，先行适应高原气候，然后由低海拔地区渐次向高海拔地区过渡，不仅可以缓解高原反应，而且能欣赏到各海拔梯次的不同美景。尤其是冬季林芝层林尽染，山坡沟壑红叶斑斓，与内地相似红叶林相较，更富有野性野趣。墨脱县这块莲花圣地，更是猎奇探险者向往之地。

冬游藏南看文化。山南、日喀则两地跟拉萨市一样，是西藏文化的核心区。山南地区不仅有风景如画的原始森林、惊心动魄的雅江瀑布，而且文物古迹众多。六世达赖仓央嘉措出生在山南的门隅地区，走进了门隅勒布，就找到了仓央嘉措诗歌的源头。日喀则又叫作后藏，被誉为"最如意美好的庄园"，分布着历代班禅的驻锡地扎什伦布寺、世界第一高峰珠穆朗玛峰、古城江孜、卡若拉冰川等著名的高品质的景点。

冬游昌都，看古盐井、泡温泉。"三江"并流纵横全境，孕育了昌都地区个性十足的康巴文化，其中井盐文化价值非凡。位于芒康县盐井乡的盐井古盐田，有着千年食盐生产历史，至今依然完整保留着世界上最原始的制盐方式，晒盐工艺被评为"国家非物质文化遗产"。境内温泉储量和水质居藏东之最，主要分布在芒康曲孜卡、昌都县嘎玛乡一带，泉水富含氡、氟、锶、锌、锂等微量元素及硫黄等矿物质，有美容和保健之功效。

冬游藏北看野生。那曲又名羌塘，为西藏最大的高原草场。辽阔的羌塘草原，是野生动物的乐园，野牦牛、藏羚羊、藏原羚、野鹿、黄羊等特色物种，奔驰在雄浑高远大地上，彰显着藏北雪野上蓬勃的生命活力，这里被行者称为自驾和摄影的天堂。

冬游阿里看圣景。朝圣神山岗仁波齐，转拜神湖玛旁雍错，探秘古格王朝遗址，鉴赏大型阿里壁画，让人恍然徘徊于梦幻的仙境之中，穿行在古国的亭台楼阁之间，不知此处是何地，亦不知今夕是何年。

寓民俗于自然生态环境中的乡村旅游

理想的乡村旅游，首先是旅游资源特色鲜明，拥有个性的自然环境和典型的民俗文化，然后是天然卫生的农家饭和特色物产，以及安全便利的交通条件、整洁温馨的住宿环境等。西藏乡村旅游资源的地域特色和文化特色是不言而喻的，传统藏餐和特产与众不同。依据景区（点）所在地域环境及当地主导生产形式，乡村旅游大致分为农家乐和牧家乐。

情牵梦萦的乡村旅游。乡村旅游，主要是指城镇居民探访曾经的或者当下的农村老家，既可能是自己的又可能是别人的，一般情况是别人家乡。每次提及乡村、说到老家，离乡太久的城镇居民，神经就一下兴奋起来，脑海里立即浮现出家乡的景致，浮想联翩与城镇环境形成对照的那片辽阔的自然天地。村庄四周，水田旱地，果园菜畦，小桥流水，道路线杆；村里村外，充耳的鸡鸣狗吠，满目的树荫农舍，农民忙农事，家畜咀饲草。到了乡下，可以在田间阡陌上漫步，可以在村中街面上盘桓，贪婪呼吸着新鲜空气，舒心地品尝农产美食，重温儿时烂熟于心的民间故事，复习稍有变化的风俗礼仪。村里的人村里的事，家长里短，乡音乡情，好亲切又好熟悉。风筝，无论飘飞到了哪里，线头还一直系在村头那棵老槐树的歪脖子上，游子，无论高就在何方，乡音总也脱不了故乡那架古琴上流淌着的旋律声调……

统计显示，到 2011 年底，我国共有 8.5 万个村庄开展乡村旅游，经营户超过 170 万家，从业人员达到 2600 万人，其中农家乐约 150 万家；年接待游客 7.2 亿人（次），年营业收入达到 2160 亿元；遍布全国 31 个省份，覆盖了农业各种业态。每到旅游黄金季节，市民选择乡村旅游的比例占到 70%。

按照某一标准，乡村旅游被划分为传统乡村旅游和现代乡村旅游。在这儿，是指现代乡村旅游，就是依托农村区域的自然环境、田园风光、地域性建筑和乡风民俗等资源，在传统农村休闲游和农业体验游的基础上，拓展开发会务度假、休闲娱乐等项目的新型旅游形态。现代乡村旅游既贯穿着文化寻根的思索，又洋溢着梦回故里的欣欣然。

正因如此，开发乡村旅游资源必须保持乡土本色，突出田园特色，避免整齐划一倾向。同时，乡村旅游资源又是地域风光与民俗文化的融合体。风吹草低见牛羊、大山深处起炊烟、稻花香里说丰年，房前屋后果树绕、山坡林地鸟雀闹、小河岸边牛啃草，一幅幅熟悉的农民生产作业场景、左邻右舍端碗聊天的就餐场面、孩子们自创自演玩游戏的童趣氛围，无不牵动着远方游人的忧伤情怀，勾出了孩提时代的甜蜜记忆。

乡村旅游资源本身没有优劣之分、高下之别，闪光点就是特定的不可复制的此情此景。倘若硬要说乡土旅游资源有品位分野，也只能说自然本色和文化个性越是鲜明其品位就越高。乡土旅游的经营者在开发中要随形就势，对原汁原味的乡土本色严格保护，慎重变动；需要加强科学引导和专业指导，强化经营的特色和差异性，突出农村和牧区的天然、淳朴、绿色、清新的环境特征，强调天然、闲情和野趣，展现乡村旅游资源的多姿多彩。

既然崇尚自然和传统，那么景区（点）内的现代建设应该缓刑。自然和文化二元统一，民族历史的深厚积淀和居民生活的本土气息水乳交融，这是自然和历史的过程。纵观全国，目前乡村旅游在满足游客生活和出行方面没有问题，但是，农村和牧区的旅游资源更需要保持地域的自然风貌和民族的生活特色。因此，在景点（区）内大兴土木实在没有必要了，甚至说大煞风景，即便是残破的文物古迹也无须复原、不必添加现代元素，让游客在此时此地"神游故国"，在想象里复原曾经出现的建筑物和文化景观，或许更有趣味，是意外的精神收获。

一个地区真正说得上有特色或者有品位的旅游资源，应该是一个景点一个特点、一个景区一个面貌。旅游资源开发规划既有技术层面的问题，也有审美理想追求和审美境界的营造问题。旅游资源的文化产品其实就是体现某种文化特色和审美原则的文化产品和艺术作品，尽管排除不了功利性，但是功利性是隐藏在文化性和审美原则之后的，且越是深藏不露便是越好。上乘的旅游资源不是直接的商品。同时，不管乡土旅游资源中所谓的文化品位有多么高，但是它要充分展现当地民风民俗，以及浓郁的生活气息，否则，只能算作纯粹的文化产品，称不上乡土旅游资源。

西藏乡村旅游资源开发特点。旅游资源开发与当地生态保护结合起来。在自治区 2011 年"两会"上，来自林芝地区古同村的阿珠代表深有体会地说：生态环境是西藏生态旅游的"王牌"，没有这张王牌，发展乡村旅游就是空话。以该村为例，林木保护得好，林下资源就特别丰富，出产核桃、桃子、天麻、蘑菇和名贵藏药材，不仅为村民带来直接经济收入，而且为发展生态旅游提供了先决条件。生态资源是村民的摇钱树，是致富的硬资本。只有循序渐进推动生态村（镇）建设，切实按照"四个清洁"（清洁水源、清洁能源、清洁家园、清洁田园）要求，保护村庄周边生态环境，同时改善村镇和农户卫生条件，提高农民生活质量，才能为"农家乐"建设提供物质保证。

发展乡村旅游，适度开发庭院经济。自然环境、气候特征，以及地域性的动物和植物构成庭院经济的基本要素。西藏国土面积辽阔，各地的自然条件和传统生产形式不尽相同，尤其是纯粹农业区和牧业区之间差异明显。如果每个地方都能依照因地制宜原则发展庭院经济，那么西藏全境自然就构成了相互区别又相映成趣的乡村旅游资源。山南地区加查县加查镇，利用当地独特的自然和气候条件，采取连片种植和庭院种植相结合的办法，推广优质核桃和鲜果种植。既是园景，起到绿化美化的效果，又是一项经济收益，丰富了食品品种，提高了生活水平。这种庭院经济形式，是可以依据当地优势来个"遍地开花"的。

人性化的贴心服务成为乡村旅游不可或缺的资源。倡导乡土旅游自然资源和文化资源的原汁原味，并不意味着景区（点）的管理和接待人员没有现代文明、无须提供温馨周到的生活服务。景区（点）的接待、服务和管理也是一种旅游资源，是民族精神和民俗文化的直接体现。服务人员和管理人员接受具有民族特色的礼仪培训，以及现代消费理念和消费时尚的灌输是必要的。

事实上，西藏著名旅游景区（点）都重视并实施某些培训项目，在乡村旅游服务技能、礼仪知识、言谈举止等诸方面对农牧民进行培训，组织他们到有一定乡村旅游基础的乡村，与那里的农牧民经营者同吃同住，交流、学习。同时，出台《农牧民星级家庭旅馆标准》，提升农牧民家庭旅馆服务水平，增加游客对农牧民家庭旅馆的喜爱度。营造高原高寒缺氧自然环境条件下的整洁舒适的居住和饮食环境，让"宾至如归"的用语变得可感可视。馨香的酥油茶、甜茶，其色彩、气味以及啜饮方式，展示着民族风情。高原人家新能源普遍应用，居住环境方便洁净。有条件的可以向游客提供泡温泉、与藏族同胞一起烹饪藏家宴等特色服务。

西藏各地策划和开发乡村游的当地版本。拉萨市推出一批富有地域特色的村落，整理散落在其中的原生态传统文化。未来 10 年，将打造 10 个特色旅游乡（镇）、30 个旅游示范村、1000 家定点接待户，重点对象有城关区娘热沟和夺底沟、堆龙德庆县桑木村和觉木隆村、曲水县俊巴渔村、墨竹工卡县甲玛乡、当雄县纳木错、达孜县塔杰乡等。这些景区（点）大都处在城乡接合部，交通便利，通过构建相应环线而被串联起来。

娘热沟里的加尔西村，距离拉萨市区最近的藏家乐。位于拉萨北郊的娘热沟，是天生的一片休闲林卡。这里基本上保持着原生态的自然环境，林木茂密，泉水清澈，空气清新，呈现出一派人杰地灵般的祥和宁静。沟谷、田园、村落，以及木屋、帐篷、餐馆、小商店散布其间，平添了些许乡野情调。夏季到此，客人立刻能感到气温比拉萨市区低了许多。

娘热沟也是一座文化内涵丰富的民俗风情园，保有农耕文化和藏戏文化，被评为国家 3A 级旅游景点和首批"全国农业旅游示范景点"。园区设有农家院、牧人之家、林芝木屋、餐饮和歌舞文化园、民族手工艺品展销区、林卡、住宿七个单元。走进景区，游客能体验到当地农家的生活情趣和放牧乐趣，观看上藏族民间歌舞表演，了解藏族婚俗等民风民俗，品赏藏餐饮食文化等。

娘热沟地处拉萨郊区休闲旅游核心圈层中的第一层，即游乐休闲圈层，目前相关部门正在规划那儿"一轴""一区""两村"布景框架，其中一轴上的糌粑水磨群、十里桃花溪、三大滨水林卡三处景点值得期待。距拉萨市中心约7公里，从市区沿娘热路北上至西藏军区总医院向西即可进入，交通方便。

娘热沟的加尔西村是一个散发着灵气的小山村，平均海拔在3800米左右，周边自然风光迷人，康桑旅游度假村建在乌孜山脚下。"康桑"藏语意思是"吉祥、友好"之意。这个度假村建设方向是：主要依托山谷、溪流、树林、草场资源，发展生态林卡休闲旅游；围绕旅游业发展庭院经济和花卉产业，开展藏家乡村接待活动，走品牌藏家乐之路；实施高效日光温室项目，发展高原特色生态农业，引进农作物新品种，生产绿色农产品；加大旅游业相关就业培训，提升当地农家服务技能。

当地相关部门表示：除了加强对现有林卡管理、提高服务质量之外，将考虑把赛牦牛、赛马、古朵、歌舞等藏族传统活动融入林卡开发，建成真正具有鲜明藏族民俗特色的生态林卡休闲区。已经搭起 6 个供游客过林卡使用的帐篷，最大的面积有 50 平方米，中等的有 30 平方米，最小的也有 20 平方米，每种规格的帐篷各两顶。

引导村民加入到旅游度假村创建活动中，充实和细化服务项目，壮大和优化与当地旅游业发展规模相适应的服务队伍，让越来越多的农牧民端上"旅游饭碗"。村民参与旅游开发的主要形式，是改造自家庭院、发展藏家乐，开展家庭式乡村旅游接待，提供餐饮、休闲、娱乐等服务，逐渐引入市场竞争机制，形成一定的市场规模。加尔西村因此制定了藏家乐的环境、卫生、服务等标准，按照星级标准对外推介。在建成的藏餐馆和超市里优先安排村民就业，度假村所有收入全归村民集体所有。

名人故里，西藏庄园文化的遗存地。是指拉萨市墨竹工卡县甲玛乡赤康村。该村为半农半牧村，出产青稞、小麦、豌豆、油菜、蔬菜等农产品，历史上曾经是有名的"粮仓"。村庄坐落在拉萨以东 72 公里、墨竹工卡县城以西 18 公里的地方，距离 318 国道仅有 3 公里，有乡村公路与 318 国道相连。

赤康村地处甲玛沟谷地，四面环山，村庄林木森森，农田阡陌井然。春夏两季，山坡田野一片翠绿，加上远处雪山背景衬托，好似一幅真实的香格里拉画卷。秋季，田野里金色的青稞、麦浪与黛色山坡形成对比，整座村庄就像行使在金色海洋中的航船，悠闲浪漫。冬季，赤康村充满宁静，古朴的民舍、袅袅的炊烟与大自然浑然一体。景色随季节变换，空间层次丰富协调。

赤康村有着悠久的文化历史，是目前保存较好的著名庄园之一。村内保留着庄园特有建筑形式：围墙的部分遗存，林卡、白塔、寺庙等一应俱全；千百年来滋润养育赤康村民的泉水，"松赞圣泉"依然汩汩流淌。据考证，这里是第一代藏王松赞干布的出生地，也是著名爱国人士阿沛·阿旺晋美的诞生地。全村名木、鹅卵石结构的古朴厚重的建筑风格，烘托着村庄深沉的历史文化气质。

作为一处农牧区庄园文化遗存地，赤康村记录着西藏农牧业生产形式和居民生活方式的变迁历史。加上美丽和谐的自然景色，不仅是乡村（家庭）旅游目的地，而且可以作为甲玛沟—桑耶寺国际徒步旅游线大本营。由于特殊地理位置，赤康村还成为拉萨—林芝—山南旅游东环线上的一处重要景点。

那曲地区试办牧家乐。牧家乐选址很讲究，离城市不能太远也不能太近，太远了不方便，太近了就少了许多休闲的意趣。比如"远吉式牧家乐"就建在那曲火车站与那曲地区行署所在地的中间地带，是游客下火车后投宿那曲的必经之地。牧家乐必备内容主要有藏式住宅和帐篷，驰骋草原的马匹，纯正的草原食品，有条件的制作典型的藏家宴，把当地的小吃、名吃展示出来，让地道、绿色、花样、营养等藏餐特色享有越来越大的知名度。藏餐厨师的培养、藏式菜谱的传承，因此在当地开始兴起。

"牧家乐的建设其实很简单。在离公路较近的草地上，圈上一块平地，如果临泉或者有山溪从旁边流过就更好了，搭建几顶帐篷，提供一些甜茶、酸奶、风干肉、啤酒，对我们普通游客来说，这些就够了。可以躺在草地上，晒晒太阳，看看天空，也可以在帐篷里喝喝茶，聊聊天。如果嫌西藏味道不够的话，还可以拉上牧民跳支舞。来牧家乐休闲的不只是远来游客，很多是当地藏族人。挺好玩的！"一位游客如此描述和设想他体验过的牧家乐。"还有，这儿的酸奶很好吃。咂吧两口酸奶，坐上卡垫四周眺望一会儿，心也就闲下来了。"他还补充说。

这家牧家乐的主家满面笑容，附和说：这里的酸奶确实好吃，因为新鲜，不掺一点水，是牦牛奶，自家费工做的。主人不仅是"远吉式牧家乐"的经办人，还是罗玛镇农村经济合作组织、奶制品购销协会的负责人。据介绍，牧家乐既方便了游客，又为当地牧业产品销售提供了便利。"远吉式牧家乐"

平均每天接待游客约百人，每年净收入达到30万元。罗玛镇有13位牧民以劳动力方式参股，在牧家乐从事服务工作，每年有不错的经济收入。

林芝地区推出乡村旅游新样式。开发乡村旅游资源，林芝坚持"朴素、自然、协调"的原则，利用天然的山水、原汁原味的农牧区风情，贯之以新的经营理念和服务方式，把乡村旅游业做成"点石成金"的朝阳产业。旅游部门引导当地农牧民改变单纯依靠马匹及服饰租赁、旅游运输、餐饮供给等简单的经营方式，按照某种设计标准整合相关旅游资源，形成若干特色模块，便于游客依据个人兴趣选择自己喜欢的模块，确定目的地和旅游行程，以集约方式消费大剂量的旅游资源。藏式家庭旅馆总数达到了195家，其中星级的占112家，目前还在迅速增加，年接待能力超过了340万人。

依据内容，林芝的乡村旅游分成四类。第一类是传统藏家走访式。以工布江达县工布江达镇阿沛村为代表，凭借代表性的藏式建筑文化和当地美食为特色旅游资源，通过邀请游客进藏家屋、吃藏家餐、体验藏家风情等方式，让村民走上旅游富民路。第二类是高原农庄体验式。以林芝县八一镇公众村为代表，凭借观光农业和田园牧歌式乡村风光为旅游资源，通过展示农业特色和个性化农家生活，为游客提供轻松活泼的农事活动和氛围浓郁的藏家生活体验，举办篝火晚会、歌舞表演、旅游纪念品制作及展销等帮助农户创收致富。第三类是品牌旅游景区依托式。以米林县派镇直白村为代表，依托南迦巴瓦峰、大峡谷入口处等著名景区（点）发展乡村旅游，把附近旅游景区的部分服务功能分离出来，组成旅游合作经济组织，吸引周边农牧民参与旅游接待服务，促进农牧民增收致富，带动邻近乡村经济发展。第四类是乡村酒店休闲式。以林芝县鲁朗镇扎西岗村为代表，把周边的田园景观、牧场景观、森林景观、雪山景观与住宿、娱乐、餐饮、土特产销售等连成一体，全程全方位给游客创造休闲体验的机会。

林芝地区通过创新和创意乡村旅游业的发展方式，开发和整合特色旅游资源，为农牧区剩余劳动力创造出新的就业岗位，帮助农牧民找到简便易行的致富门路。农牧民可以利用现有的空间和资源，实现"既不离乡又不离土，以地生财"的零距离就业，让就业竞争力微弱的农牧民通过接受一定的技能培训，可以承担接待、服务、导游、卫生、管理等工作。在林芝县八一镇扎西岗村，从事乡村旅游业的农牧民比例超过了50%，妇女劳动力在其中发挥了主力军的作用，店铺、旅馆、餐馆等场所女性员工超过了70%；在米林县南伊珞巴民族乡南伊村，不少农民依靠乡村旅游收入盖上了新房，购买了小汽车。

西藏乡村旅游的快速发展，促进了乡村旅游资源的开发，引起了乡村生产模式和生活方式的改变。农牧民利用现成的农田、果园、林地、牧场、养殖场，对之稍加改造、修饰，增加必要的设施，就建成观光农场、观光果园、观光林场、观光牧场、观光养殖场等农业项目。提高游客的参与度，让游客亲自参与采集、品尝农产品，实现就地销售，减少农产品的营销环节，降低了交易成本。同时，旅游业促进人力资源流动，既激活了信息、技术、资金等社会资本，便于乡村旅游业实现良性发展，又帮助农牧民摒弃小农经济观念，积极参与市场竞争，树立起商品意识和现代文化消费观念。

乡村旅游业的发展，村容和村民的精神面貌都在悄然发生变化。工布江达县一些具有历史文化价值的古村，得到了很好保护和修缮，出现了一批像工布江达县阿沛村这样新建的独具民族风情的村镇。农牧民文明程度明显提高，学文化、学礼仪、学管理等自学活动变成他们的自觉行动，尤其是乡村旅游业的经营者和服务员，经常走进村里的"文化书屋"去"充电"。现代乡村旅游业的发展既需要专业化的服务队伍，又按照一些标准造就和提高着这样一支队伍。

发展乡村旅游业，也是以城带乡的重要途径。乡村旅游业适应了居民消费结构升级的需要，实现了"大农业"和"大旅游"的有机结合，加快了城乡经济融合和三次产业的联动发展，不仅扩大了城镇居民在农牧区的高原反应与自我保护。来藏旅游可能会遇上个小麻烦，就是游客出现程度不同的高原反应。人到达一定海拔高度后，身体为了适应因海拔高度而造成的气压差、含氧量少、空气干燥、昼夜温差大及强烈紫外线辐射等变化，而出现肌体和生理上适应性和损伤性的变化，被称作"高原反应"；其症状一般表现为：头痛（昏）、乏力、胸闷、气短、微烧、厌食等，部分人因为空气含氧量少出现嘴唇和指尖发紫、睡不好觉等现象，因为空气干燥出现嘴唇干裂、鼻孔出血或者淤积血块等现象。通常地，人达到海拔 2700 米以上会出现高原反应，实属人体正常（本能）的生理反应，不必为此而担心。无论身体素质如何，来到西藏高原的前两天，多数人会出现程度不同的症状，到了第三天症状就会逐渐消失。

初到高原，自我保护的积极措施主要有：注意休息、减少活动；适量饮食，多吃蔬菜和水果；避免着凉、预防感冒。另外，不要吸氧，那样会产生依赖性的；感冒患者暂时不要来藏。只要具有一定的高原旅游常识，注意自我保护、谨慎行事，加上当地为旅客提供的保障性服务，一定能保证来藏游客平安无事，在此度过一段既爽目又静心的日子。

消费，而且加快了城市信息、资金和技术等资源向农牧区的流动。乡村旅游是一种全新的旅游方式，成了农牧区新的经济增长点。

在西藏，发展乡村旅游业还有一层特殊意义：推动普通农牧民更多更经常地了解外面的世界，自觉接受外面有益的信息，改变自身不合时宜的传统观念和生活习惯，乃至思维方式。社会主义制度在西藏全面迅速地建立起来，凭借的是政治力量，而先进的理念、文化知识、生活方式等新东西，要在西藏扎下根、为百姓所接受，则要通过对外开放、人口流动、对口援藏，尤其是发展乡村旅游业自然而然地实现。

通过构筑乡村旅游业这架桥梁，让远方来客与当地农牧民进行近距离接触、深层次交流。把客人想要的东西充分而得体地呈现在他们面前，尽到地主之谊，同时，留住客人带来的或者言行举止流露出来的有意义有价值的东西。就某种意义上说，西藏的乡村旅游业越是发达，当地百姓的思想就越是开通。在中国步入现代化过程中，西藏要走进全国前列，不仅指经济指标，而且各族人民的思想观念和文化素质也要走进全国前列。只有这两方面都走进全国前列了，西藏才算真正走进了祖国前列。唯有如此，西藏社会主义制度才具有充实的内容，社会主义新西藏才名副其实。

绿色建筑业：采用新材料、运用新技术

绿色建筑，是指在建筑的全寿命周期内，依据特定自然环境下的天时地利，最大限度节省资源、节约能源、减少排放、保护环境，为公众提供安全、适用、高效、舒适等功能的使用空间，并与自然环境协调统一的建筑。在此，绿色建筑同时指称建筑物和建筑行为。在目前的条件下，采用新材料、应用新技术成为贯彻绿色建筑理念的主要措施。

绿色建筑成为上海世博会主流的建筑理念。在 2010 年上海世博会上，各国的主体场馆，几乎都尽善尽美地体现了绿色建筑"四节一环保"的现代建筑理念，新材料、新能源和绿色技术应用充分。四节一环保，是指节能、节地、节水、节材和环境保护。世博中心设计总负责人傅海聪表示："在世博中心的设计中，我们通过朴素而有效的技术手段，对能源、水消耗、室内空气质量和可再生材料的使用等多方面进行控制，使世博中心成为一座充满智慧的绿色建筑。"

绿色建筑具有诸多特征，一个显著特征是：刻意追求合理的设计。因为设计得越合理，建筑物就越适用、越舒适，同时让越大比例的功能空间获得充分的自然采光，在越大幅度上节约资源和能源。因此，一座建筑物设计得合理与否、合理程度，既可以通过适用性和舒适度来做定性评价，又可以通过节材、节能等指标做定量评价。另外，包括美观、美感等视觉效果。

比如建筑外墙设有遮阳体系，在炎热夏日可以阻挡一部分直射的阳光，减少过多热量进入室内，这样既减少了制冷能耗，又创造了舒适的室内环境；低温送风系统、冰蓄冷系统等设计，既能降低空调的运行能量，达到节能的目的，又能保证室内的空气质量；屋面的雨水被收集起来用于道路冲洗和绿化灌溉，并通过绿地和渗水材料铺装的路面、广场、停车场等雨水蓄渗回灌，循环利用水资源。

除了精于设计外，格外重视建筑材料的选用。上海世博园里时尚别致的展馆无一不生动诠释着绿色建筑的理念，彰显着节材（能）减排的主题。这些建筑物在材料和能源选用上尽显设计师"八仙过海，各显其能"的努力，极力展示他们的创新态度和创作实力，以及对具体环境下绿色建筑的独到见解和处理技巧。这既是建筑业发展的主流，也是绿色建筑的重要标志。

西班牙馆——地中海的"竹篮"，是一座地地道道的绿色建筑，内部主要使用了竹子和半透明的纸作为原料，顶部则使用太阳能板。设计方案同时考虑到上海的台风、梅雨和高温等气候因素，建筑实体结构以钢建筑材料为主，外墙覆盖有西班牙风格的柳条编织品，并编结成瑰丽的民俗图案。且考虑到了如何调节室内温度。

太阳能概念被充分引入 2010 年世博会景观设计，因此上海世博被称为"阳光世博"。出现了各式太阳能景观灯、太阳能指示牌、太阳能喷泉、太阳能雕塑及太阳能驱动的动态景观、既能避雨又能发电的浦江两岸太阳能长廊、大型太阳能并网发电停车场，以及太阳能手机充电站、太阳能分类垃圾箱等众多新生事物。"世博园区太阳能和半导体照明应用与展示规划研究"的负责人表示："我们希望这些成果的应用与展示，提高人类利用太阳能的认知度，开创城市能源利用的新理念。"世博园区有许多太阳能建筑一体化的场馆，太阳能屋顶、太阳能幕墙，以及光电建筑一体化、光热建筑一体化、风光互补技术，为之提供绿色能源。

作为上海世博"绿色地标"的中国馆，充分利用太阳能。国家馆，造型"斗拱"采用的是层叠出挑的建筑结构，在夏季就自然形成了上层对下层的遮阳，减少了降温所需要的能源消耗。屋顶和外墙上装有太阳能电池板，从而使中国馆基本实现了照明用电自给。

主题馆，屋面大面积铺设太阳能板，采用并网发电方式，把太阳能电传回城市电网中。其东西立面设置垂直生态绿化墙，夏季可利用绿化隔热外墙阻隔辐射，使外墙表面附近的空气温度降低，降低传导；冬季既不影响墙面得到太阳辐射热，又可以形成保温层，使风速降低，延长外墙的使用寿命。

绿色建筑所展示的太阳能开发应用的技术和成果，开启了我国太阳能大规模开发应用的产业化进程，尤其是太阳能建筑一体化必将成为建筑新模式。同时，上海世博会所展现的绿色建筑，预示了国际建筑业发展趋势，并拓宽了视野、提供了范本，接下来的工作是绿色建筑的理念实际地践行开来，卓有成效地贯彻下去；否则，置若罔闻或者行动迟缓，任何建筑主体都将被淘汰出局。

我国倡导绿色建筑理念，在建筑界大力推行"四节一环保"行动。《中国的能源政策（2012）》白皮书指出："国家大力发展绿色建筑，全面推进建筑节能。建立健全绿色建筑标准，推行绿色建筑评级与标识。推进既有建筑节能改造，实行公共建筑能耗限额和能效公示制度，建立建筑使用全寿命周期管理制度，严格建筑拆除管理。制定和实施公共机构节能规划，加强公共建筑节能监管体系建设。推进北方采暖地区既有建筑供热计量和节能改造，实施'节能暖房'工程，改造供热老旧管网，实行供热计量收费和能耗定额管理。"

西藏推广应用墙体新材料和建筑节能技术。房地产开发的主管部门和开发企业，明确当代建筑业的发展方向和目标要求，认真地执行国家住宅产业政策，无论是公房还是民居，都奔向建造节能、省地型住宅。在规划设计中落实"四节一环保"的行业要求，综合考虑套型布局，鼓励采用安全环保的新型建筑材料，推广应用太阳能，开发出低碳节能、功能完善、结构合理的人性化建筑产品，在不断提升住宅的质量和功能的同时，着重全面打造洁净舒适的人居环境。

从西藏实际情况出发，职能部门精心策划与督促落实统一规范的各类标准，循序渐进指导与推动建筑节能环保工作。一是制定建筑节能标准。2007年7月自治区住房和城乡建设厅与西安建筑科技大学协作，编制了《西藏自治区民用建筑采暖设计标准》和《西藏自治区居住建筑节能设计标准》，通过了专家鉴定和建设部的批准，刊登在《工程建设标准化》上，供全区建筑业参照执行；也填补了西藏地方工程建设标准的空白，为开展建筑节材节能工作奠定了基础。除了两个标准外，新编了《西藏自治区居住建筑节能设计构造图集》，用于促进和规范建筑节能工作。

二是建立了建筑节能材料和产品的登记备案制度，加快推进墙体材料革新和推广应用建筑节能材料。要求各地（市）根据当地气候条件，大力推广页岩烧结砖、加气混凝土等墙体新材料，在保障性住房建设中，硬性推行建筑节能技术，突出太阳能光电建筑应用。

三是要求各地（市）以申报国家可再生能源示范项目为突破口，给建筑节能和可再生能源在建筑中应用提供资金支持。日喀则、那曲地区和拉萨市，成功组织申报了一批可再生能源示范项目，对在全区范围内推广应用可再生能源起到了示范和推动作用。

四是自治区及地（市）住房城乡建设行政部门，按照工程设计标准，对采用的建筑节能环保材料进行造价，以此为据，及时向建筑施工单位足额拨付专项费用。

此后，新型建筑材料和节能建筑推广工作不断被强化。2011年自治区住房和城乡建设厅、发展改革委、财政厅、国资委、质监局、环境保护厅六部门，联合下发《关于进一步加快推进墙体材料革新和推广节能建筑的通知》，要求在拉萨市及条件成熟的地区，因地制宜发展页岩烧结空心砖、页岩烧结多孔砖、蒸压加气混凝土砌块砖、蒸压灰砂砖、页岩烧结标准砖等新型墙体材料。并采取具体措施，比如从设计、审图等环节入手，强制推行新型墙体材料和节能建筑。近来相关领导表示：将进一步加大对新型墙体材料和节能建筑的推广力度，将从设计、审图、建筑竣工验收等关键环节进行督查，确保新型墙体材料和节能建筑持续推行下去。

页岩烧结砖系列产品，是目前国家大力推广的绿色墙体材料，是建造节能建筑不可缺少的新型建材。拉萨市现有西藏吉圣高争新型建材有限公司、西藏红墙烧结砖有限公司、拉萨青达建材有限公司页岩砖厂3家新型墙体材料生产企业。其中拉萨青达建材有限公司生产的页岩砖，日均销售量超过了20万标砖。

据介绍，页岩砖与传统的墙体材料，诸如水泥砖、花岗石等相较，有多种优势。资源开采符合可持续发展理念，拉萨市页岩砖烧结原料——页岩，资源丰富，开采不会毁坏耕地，也不会对环境和生态造成太大影响。在页岩砖生产过程中，无废水、废气、废渣产生，废品掺入原料后可以重新利用，废气通过回收用于半成品干燥，整个工艺过程做到了安全、清洁。

页岩砖消费符合绿色建筑理念。吸水和排水速度、吸热和排热速度，比其他墙体材料高10倍，可以保持室内湿度、温度，使居住环境得到改善。页岩砖有着良好的密封性能，隔音效果甚佳，综合能耗比最低，使用寿命长，维修费用支出少，长期不变形等诸多优点。

目前，在政府推动和市场主导下，全区商品房开发稳步从单一的一楼一底、"兵营式"分布模式，向"四节一环保"型、户型多层次模式转变。在建设中，安全环保建筑材料和节能采暖技术被普遍采用。开发企业在注重户型、功能、朝向的同时，也注重了小区绿化、美化、硬化、休闲健身设施等配套项目建设。

比如对于区直职工周转房建设，无论是在规划设计中还是施工中，都综合考虑了房屋使用功能、建筑节能、新型能源（太阳能等）综合利用、环境绿化、供暖供气、停车场、智能化管理，以及投资造价控制等因素，力争建成西藏周转房建设的样板工程和智能化小区。

从西藏建筑业发展总体形势看，采用新型墙体材料不仅是大势所趋，而且日益深入人心、转化为行为习惯。拉萨市坚持以市场为导向、应用为龙头，在全面禁止使用实心黏土砖的同时，支持推广新型墙体材料。统计显示：目前全市"禁黏"执行率达到80%，建筑新型墙体材料应用比例达到了35％。位于拉萨市东城区的区直机关周转房二期工程，2012年开工建设，主体工程已经完工，工程采用了新型墙体材料。不仅政府负责的保障性住房建设自觉采用新型墙体材料，而且越来越多房地产开发商在做出综合权衡之后，开始看好新型墙体材料。

开发应用建筑新能源项目正在实验中。光伏建筑一体化，就是把太阳能光伏电板做成建筑材料，让建筑物的外墙、屋顶成为"发电机"。在2010年上海世博会上，中国馆、主题馆等建筑使用光伏并网发电，总功率达4兆瓦，这是历届世博会之最。主题馆是目前中国最大的太阳能屋面单体建筑，世博园区有望成为国内乃至亚洲最大规模使用太阳能光伏发电的建筑群。

西藏首家光伏建筑一体化的光伏发电站示范项目——河南天创(拉萨)产业化基地500kw光伏建筑一体化光伏电站实验项目，落户拉萨经济技术开发区内，2012年建成。如果示范项目效果好，自治区住房和城乡建设厅将以本次试点为参考，推动全区太阳能光电建筑一体化技术推广应用，建设绿色建筑，发展低碳经济，让公众充分享受建筑节能与绿色生产技术带来的实惠和方便。

所谓"光伏建筑一体化"，该示范项目负责人介绍说，就是在工厂厂房屋顶部安装太阳能电池板，把太阳能发电（光伏）产品集成到建筑物上，建成小型太阳能发电站，实现工厂的电力自给。他们正在两座厂房顶上支架子，准备安放太阳能电池板，等到光伏系统安装完毕，完全能解决该厂的生产用电问题。

另据介绍，拉萨拥有世界上最丰富的太阳能资源，年平均日照时数在3000小时以上，比祖国内地城市日照时数长出1/3，而且光照强度大。拉萨市每平方电池板日发电量，比内地同纬度地区提高30％—45％。实施该实验（示范）项目，就是为了充分开发利用优势的太阳能资源，拟建500kw太阳能发电站。

正在进行的光伏逆变控制系统实验，目的在于研究在高海拔地区控制系统的稳定性能。"人到了高原会有不同程度的高原反应，系统也是一样。截至目前，实验结果良好，同预期相符。"项目负责人幽默地这么说。

住建厅相关负责人表示：光伏建筑一体化技术应用领域广泛，将极大提高太阳能在新能源开发利用上的比重。把太阳能的利用与建筑节能结合起来，一直是建筑部门关注的课题，建在拉萨经济技术开发区的这个实验项目提供了合适的机会。住建厅将在成功实验的基础上，联合财政厅向国家申请资金，对相关的科研创新项目、光电建筑应用示范工程予以资金补助和奖励，积极推动光电等节能技术在建筑业的推广应用。

城乡建设领域是太阳能光电技术应用的主要领域，利用太阳能光电转换技术，解决建筑物、城市广场、道路，以及边远地区的照明、景观等用能需要，对替代常规能源、促进建筑节能具有重要意义。光伏发电与建筑结合优点明显：节省空间，自发自用，减少电力输送过程中的能耗和费用；采用新型建筑材料，替代了昂贵的外装饰材料（玻璃幕墙等），降低建筑物的整体造价，且在建筑物使用过程中节约能源；在用电高峰期可以向电网供电。

光伏建筑一体化应用给居民带来的好处，更是看得见摸得着的。建成一栋建筑，可以把太阳能电池板安装在屋顶或者墙体上，由控制系统控制，用以供应整栋建筑用电。农牧区或者偏远地区的农牧民采用该套设备，自己发电自己使用。在西藏，一栋藏式民居安装 5 万元的设备就够了，设备不仅能发电还能储存电力，满足一家人日常的生活用电。

为了扶持河南天创（拉萨）产业化基地 500kw 光伏建筑一体化光伏电站的示范项目，住建厅联合财政厅向国家为该项目申请了 385 万元的补助资金。"下一步将制定相关扶持政策，鼓励技术进步与科技创新，对光电建筑应用示范工程予以资金补助等，加快光电等建筑节能技术在我区城乡建设领域的推广应用。"

实施建筑与可再生能源（太阳能）利用一体化示范项目，是西藏绿色建筑的发展方向。住建厅这位负责人总结说：住建厅在示范项目成功基础上，将大力推广该技术。光伏发电运用在建筑物上，可以合理利用建筑物阳台、外墙面、屋面等空间，同时可以节省土地利用；光伏发电材料运用于建筑物上，可以与新型墙体材料结合使用，降低建筑物能耗，降低建筑物成本；光伏发电与建筑结合，在满足解决自身用电外，可以并网到市政用电当中，降低用电高峰期电网的压力。

首座新能源大厦 2012 年 10 月在拉萨奠基。新能源大厦，位于拉萨经济技术开发区，由西藏金凯新能源技术开发有限公司投资兴建，建筑面积包括 10000 多平方米的办公大楼和 2000 平方米的标准厂房，主要致力于适合高原环境下的新能源产品的研发、生产。

公司将分两期建成 2 兆瓦的太阳能屋顶并网光伏供电系统，首次开发和推广西藏屋顶太阳能供电系统。大厦和厂房的太阳能屋顶并网光伏供电系统，分别为 0.8 兆瓦的屋顶太阳能并网系统、0.7 兆瓦的建筑一体化玻璃幕独立储能光伏供电系统，以及 0.5 兆瓦的太阳能聚光光伏跟踪供电系统三个部分。其中太阳能聚光光伏跟踪系统最高可以把太阳能发电量提高 50 倍。系统建成后，能满足大厦、厂房的办公和照明用电，为企业推行清洁生产和办公场所倡导绿色办公提供条件。

小贴士 ▶

藏式太阳能光伏充电台灯，被藏大学生发明出来。报载：目前市场上充电台灯琳琅满目，甚是激发消费者的兴趣。考虑到藏族家庭对酥油灯的喜爱，以及西藏一些偏远农牧区用电难、却拥有丰富太阳能资源的现状，利用太阳能光伏发电技术，基于酥油灯灯体，西藏大学工学院的几位学生设计出了富有民族色彩的多功能藏式太阳能光伏充电台灯，获得自治区第二届"成才杯"大学生课外学术科技作品竞赛科技发明制作类一等奖。

"我们将 LED 光源和太阳能供电与民族灯具做了有效结合，采用 LED 灯体倒立伞状结构，使其具有调节光线照射角度的功能，又具有浓郁的西藏地方特色，扩展了灯具的照明功能。"参与设计的蒋林介绍说，"LED 照明可以减少在生命周期内的污染物排放，采用了洁净光源、自然光源和绿色材料，真正体现了绿色照明的理念。"

民族工业：依托特色资源、开发特产

西藏产矿泉饮水，纯净营养。 5100 冰川矿泉水 当年，阿里地委书记孔繁森曾经风趣地评价雪域高原上的天然雪水："高原上的水绝对没有污染，是世界上最优质的矿泉水，等开发出来得用美元来买呐！"当时，他和他的同事们外出工作，经常是随身带着干粮，饿了就在中途嚼两口，渴了就近喝上几口雪水，喝到口里尽管拔凉，却从不患肠胃疾病，高原上雪水无毒无害。

时隔 12 年，2006 年 6 月，西藏 5100 水资源控股有限公司在当雄县境内的念青唐古拉山海拔 5100 米的冰川峡谷曲玛弄泉建成投产，完成总投资 5.2 亿元，以时产 36000 瓶、年产 20 万吨的生产能力，跻身国内最大的优质矿泉水生产企业行列。

5100 冰川矿水，为锂、锶、偏硅酸三项达标的复合型、高活性的天然优质饮用矿泉水，具备"天然、纯净、健康"的特点，含有锌、溴、碘、溶解性总固体、游离二氧化碳等多种对人体有益的微量元素。因此，对人体的骨骼、心血管、神经系统等有保健作用。

秉承"向世界提供品质最好的水"的宗旨，致力于提供天然、纯净、健康的原生态珍稀冰川矿泉水，满足公众高品位消费需求。公司引进世界一流的德国克朗斯吹灌盖一体化生产线，按照国际认证标准 GB8537 进行管理，采用出口标准的高品质包装材料就地封装，且进行全项目检测、全过程监测。在水源地建立了三级防护区，投产当年通过了 ISO9001 质量体系认证和 HAC—CP 危害分析和关键控制点体系。2007 年水源地曲玛弄泉获"国家首批优质水源地"称号，2010 年 5100 冰川矿泉水获"中国驰名商标"称号。

5100 冰川矿泉水成为 2010 年上海世博会贵宾接待用水，全面进驻中国国家馆、西藏馆、民企联合馆、生命阳光馆等多个世博展馆。用"世界好水"款待世博贵宾，把"流动的哈达"献给世界，表达了雪域人民对上海世博的真诚祝福，向世界表明了"西藏的物产安全洁净"。

2011 年 6 月，5100 冰川矿泉水在香港联交所正式挂牌上市。这是国内第一家在香港上市的高端矿泉水企业，也是西藏在香港上市的第一家公司。在全国拥有销售网点 2875 个、经销商 300 多家，形成了北京、上海、广州、成都四大物流中心，产品覆盖华北、华中、华东、华南四大区域，同时被全国"两会"、国庆 60 周年观礼、铁路动车组指定为接待专用饮水。在全国高端矿泉水市场占有 28.5% 的份额，排名第一。

2011 年 9 月，在上海环球金融中心酒店，渠道总代理广东汉腾经济发展有限公司与德国和日本的公司，分别签署了 5100 矿泉水销售协议，召开了新闻发布会。标志着西藏本土品牌 5100 以高端饮用水的姿态出现在欧美和日本市场上，为西藏特色产业发展树立了标杆。

"珠峰冰川" 据 2012 年 12 月 27 日《人民日报》形象广告，西藏珠峰冰川水资源开发有限公司出品的"珠峰冰川"被誉为"国水"。

珠峰冰川水项目，位于珠穆朗玛峰国家自然保护区实验区内。国家权威部门鉴定结果显示：珠峰冰川，是目前世界罕见的珍稀冰川自涌天然矿泉活水。由冰川融水和冰雪补水渗透到地壳深部，经过岩层溶滤、矿化、高寒及地磁活化，高压自然喷涌而出，流量稳定、水质出众，属低氘（含量—143‰ ±2‰）冰川天然矿泉水。

有研究表明，资源地的地质地貌和自然环境，不但造就了珠峰冰川岩层过滤、矿化、磁化条件，而且赋予了锂、锶、钙等人体不可缺少的元素。锂锶复合型天然矿泉水，全面均衡地提供人体需要的矿物质，水质弱碱性接近人体酸碱度，于人体有益。同时，珠峰冰川属于罕有的 71.19Hz 小分子团水。形成水的抱团水分子越小，越容易被人体细胞吸收，就越有利于人体内营养物质和氧的输送，以及代谢废物的排出，因而能提高人体新陈代谢机能。

"珠峰冰川"公司，在我国最先采用国际先进的非臭氧双重杀菌工艺和技术，为首家推出无溴酸盐的瓶装饮用水企业。在全球首创内盖物理方法解决瓶内外大气压差，未添加液氮，保持源水中矿物质和微量元素天然特性。产品在珠穆朗玛峰国家自然保护区水源地灌封装，经国家饮用水产品质量监督检验中心驻厂全程独立监控和出厂检验，确保出厂产品的质量和安全。

无论是在人民大会堂、国务院新闻办公室新闻发布厅、记者招待会等重要场合，还是在 2010 年上海世博会、中美企业峰会等众多重要活动中，"珠峰冰川"都以西藏名片的身份赢得各国元首、中外贵宾的好评，被国际友人称为当之无愧的中国"国水"。

西藏产天然营养的矿泉水，重要品牌还有阿里岗仁波齐资源开发总公司推出岗仁波齐天然矿泉水。岗仁波齐天然矿泉水，是由海拔 5686 米以上冰雪融水而形成的，pH 值 7.51，含有锶、锌、钾、钠、钙、镁等微量元素，为西藏区内高规格招待场合所采用。330 毫升浅蓝色塑料瓶装，保质期为两年。

西藏产啤酒白酒：当地原料＋国际生产标准。 拉萨啤酒 酒厂地处拉萨市北郊（色拉路 36 号）砂卵石地带，地下富含适合酿造的纯净软水，目前占地面积 62240 平方米，1989 年建成投产。拉萨啤酒采用当地纯净水质，以优质大麦芽、青稞麦芽为主要原料酿制而成，各项理化指标均达到国家优级浅色啤酒标准，啤酒酒体清澈透明、泡沫洁白细腻、持久挂杯，给人纯正爽口的口感。2002 年推出具有浓郁民族特色的"青稞啤酒"系列产品，主要包括拉萨啤酒、青稞啤酒，赢得越来越多消费者的青睐。

2004 年 8 月，拉萨啤酒厂发展成中外合资的股份制企业，目前年生产能力超过 10 万吨，成为西藏绿色经济发展的支柱企业。公司 2004 年获得"国家质量管理先进单位"称号，同年 11 月拉萨啤酒及其图标被国家工商总局认定为"中国驰名商标"，2005 年公司生产的拉萨啤酒被评为"中国名牌产品"，2006年拉萨啤酒和拉萨青稞啤酒均获得"绿色食品A级"称号。酿造过程实现了全自动化控制，生产技术和装备达到国际先进水平，各项指标达到国家优级啤酒标准。包装款式主要有，628mL棕瓶啤酒、355mL绿听装浅色啤酒、500mL特制绿瓶啤酒、330mL青稞瓶装啤酒、355mL青稞听装啤酒、500mL青稞冰啤。

拉萨啤酒在拉萨市场占有率超过了60%，尤其为年轻人所爱。青藏铁路开通后，拉萨啤酒被推向区外广阔市场。2009年8月，跻身美国市场后，拉萨啤酒受到美国消费者欢迎，在美国8个州、上千个销售店销售，年销售量超过3万件。

藏缘青稞酒系列产品　西藏藏缘青稞酒业有限公司出品。该公司成立于2000年8月，是一家集青稞种植、研发、加工、销售为一体的综合性农业产业化经营龙头企业，采用"公司＋基地＋农户"产业模式运营；拥有自己的青稞原料生产基地6000亩、青稞有机食品试验田1000余亩，以高出市场15%的价格收购不施化肥而产出的青稞。

青稞酒选用当地纯净水、优质青稞，采用先进工艺酿造而成。公司生产技术达到国内先进水平，申报了西藏传统青稞酒、西藏青稞酒精粮及藏白酒3项产地保护。拥有8000吨青稞酒窖池流水线一条，年产青稞酒6000吨，产品主要有藏缘牌传统青稞酒、藏窖坊系列青稞白酒、虫草青稞酒、藏红花青稞酒、青稞精粮等产品，通过了ISO9001质量管理标准体系认证，荣获"西藏名牌产品"，"藏缘"牌青稞酒成为"中国2010年上海世博会特许产品"；企业被评为"自治区质量信誉AAA级企业""全国乡镇企业科技工作先进单位""中国双爱双评优秀企业"。除了满足西藏市场需求外，产品还热销于上海、北京等大城市，并与尼泊尔建立了购销渠道。

为了满足企业对原料需求，公司拟在日喀则地区建成3万亩青稞示范种植基地，与日喀则签订了3万亩青稞种植基地的专项合同，总投资1.6亿多元。相关部门召开了《三万亩青稞高产栽培标准化种植基地建设项目》

论证评审会，自治区发展改革委、财政厅、农牧厅、科技厅四部门专家组参会。评审会对方案可行性报告进行讨论，对项目基地选址、青稞种子筛选、标准化生产、产品存储等提出意见建议。

绿色糌粑，要这么生产。 糌粑，是炒面的藏语译音（汉语拼音是 zān bā，英文名是 Roasted Barley Flour），藏族的主食，主要食材是青稞、豌豆，青稞麦炒熟磨制成面，用酥油茶或者青稞酒拌和，捏成小团而食。

旧西藏制作糌粑，主要经过四道工序。1. 炒青稞。一年内每户差巴要给领主支炒青稞差两三次。一户差巴炒一次青稞需要三个人，一人烧火、一人筛、一人炒，三个炒青稞的人昼夜不能休息，从开始一直要坚持到炒完。炒青稞差不仅去人服劳役，还要自带炒青稞时所需要的一切工具和做柴火的牛粪，炒多少青稞要根据差巴种岗地的数量来确定。2. 水磨青稞。差巴们不仅要负责炒青稞，炒完后还要运到磨房磨成糌粑，然后把糌粑运回豁卡（领主庄园）。3. 炒青稞花。支差办法和数量与磨糌粑相同，但是对糌粑质量要求更高。洗青稞时要在洗青稞的口袋里装上几块石头一起搓洗；磨时要特别细，因此花的时间就更多。炒一昼夜青稞花，约能炒 30 如克青稞。一户差巴一年轮上一次。4. 磨上等糌粑。领主的青稞由全豁卡有水磨的差巴平均分担磨成糌粑。每磨一次青稞，领主要付给有水磨户用 6 波青稞酿出的藏酒和 2 波糌粑。有水磨的一般是中等以上的富裕户。磨糌粑时，炒青稞的差巴要去运送。一台水磨一天约能磨 4 如克青稞的青稞花。

显然，采用传统方法加工制作的糌粑，具有天然品质和特有风味儿，是真正意义上的绿色食品。但是如此制作糌粑，劳动量大、效率低。作为劳动人民的差巴为领主加工制作精致的糌粑，就成为一项繁重工作和沉重负担。

糌粑生产加工的现代理念是，既能保持糌粑的自然品质和传统风味儿，又能降低生产过程的劳动强度，并大幅度提高生产效率。需要传统生产工序与现代工艺恰当结合，在提高产量的同时，保持民族食品的地道口味及色泽、状态。日喀则白朗县糌粑大王罗布丹增,生产的"洛丹"牌糌粑就是这样生产出来的,产品在西藏已经家喻户晓,藏族消费者视之为精美食品。

当地农民企业家罗布丹增主政的白朗县康桑农产品发展有限公司,是由13年前他们夫妻小店发展而来的。整洁、漂亮的藏式厂房顺坡而建,清清亮亮的年楚河穿厂而过,车间下传出淙淙流水声,一排排水磨在水流驱动下,陀螺一样不停地转动,青稞颗粒转眼间就被磨成了雪白的糌粑,厂房里弥漫着炒青稞和糌粑的芳香。

罗布丹增抚今追昔,感慨自己的创业之路。"我从小就跟青稞、糌粑打交道,我们生活离不开糌粑。糌粑是洁白的,做人、做企业都要像糌粑一样雪白。"这位藏族中年汉子,总是坦诚地重复这句老话,"办企业心要正",生产糌粑不能掺杂使假,也不能偷工减料。

企业在起步阶段条件简陋,传统、原始的青稞"炒房"只能设在自家院里,用铁锅炒青稞,完全由人工操作。炒青稞是一件相当辛苦的差事,夏天蚊虫叮咬,烟熏火燎,汗流浃背,冬季则天寒地冻,手脚皲裂,艰辛异常。罗布丹增夫妇既当老板又当雇工,同十几个帮工一起日夜忙绿。一年下来加工青稞7.5万公斤,收入近5万元。罗布丹增没有太多惊喜和满足,没有把钱用于改善生活和物质享受,而是把有限的资金不断投入到扩大规模、提高工艺技术和产品质量上。

2003年,他给自己生产的糌粑注册了"洛丹"牌商标,还有了企业形象标志;2010年,罗布丹增的康桑公司拥有60多台水磨。目前公司建立了两个分厂,水磨达到95个,近期计划增加到100个,企业职工近百名,每年收购青稞500万公斤,生产糌粑400万公斤。

"洛丹"牌糌粑,已经成为西藏的著名商标,产品供不应求,几乎没有库存。于是,有人劝他采用机械磨制糌粑以提高产量。罗布丹增拒绝了,他一再表示:要传承水磨糌粑这一藏族人民喜爱、能保障糌粑原始口味的传统工艺。"糌粑是洁白的,就像雪山一样,我们做企业的良心也要像雪山一样洁白，要用像雪山一样洁白的心来生产干净的、高品质的糌粑，给人们提供健康的食品。"

康桑公司的发展与当地农民的增收趋向同步，追求生产绿色产品带动了青稞种植方式的变化。此前，罗布丹增的糌粑加工企业获得了中国绿色食品发展中心颁发的绿色食品 A 级证书。为了争创 AA 绿色食品级，即国际最高标准的有机食品，他邀请自治区农科院的专家，在白朗县组织 50 户农民开始种植"绿色青稞"。

所谓种植"绿色青稞"，就是决定恢复传统的农作物种植方式，投入更多的劳动力，施加农家有机肥，把青稞种植与田间管理搞成劳动密集型产业；农田不追施化肥不使用农药，也不施用灭草剂、助长剂之类的化学药物。从而把关糌粑质量安全的第一道门槛，确保原料天然纯净。几年来，白朗县青稞种植连续保持在 6.5 万余亩，全县"绿色青稞"面积达到 1300 亩，因企业及市场需求量不断增大，2012 年"绿色青稞"种植面积扩大到 1.5 万亩，每亩"绿色青稞"比普通青稞增收 600 多元。

2010 年，山东济南市第六批援藏干部来到白朗县后，投资援藏资金 150 万元，为康桑农产品发展有限公司解决了 3 套真空包装设备，推动了白朗县青稞产业化进程。同时，罗布丹增被带到山东参观学习。他对企业经营有了更多感悟，首先细分了包装类型，甚至设计出适合一个人吃一次的小包装；在布袋包装基础上，开发出适应远距离销售、保存期长的真空包装系列产品；增加产品品种到 5 个。

地道牦牛肉干，必须这样生产。牦牛，这个青藏高原上常见的放养牲畜或者野生动物，耐寒、负重，其美德只有生活在这个地区的牧人和有关专家才能感觉得到，才能说上几句。西藏适宜的自然环境，繁育着大批量的牦牛，为生产加工风味独特的牦牛肉系列产品提供了充足原料。2011 年 8 月，那曲地区那曲县荣获"中国牦牛之乡"称号。

区内的优势资源与内地的先进技术联手，共同加工生产出安全营养的牦牛肉食品。经过了实地考察，南京雨润集团拟在拉萨市墨竹工卡县建屠宰场。墨竹工卡县的"斯布"牦牛，是本区四大优良牦牛品种，体格强健、抗旱能力强、皮毛优质、肉质鲜嫩可口，而且骨密度和钙质沉淀量高，可谓通体是宝。雨润集团考察后拟定投资10亿—15亿元建立屠宰场，年屠宰深加工牦牛能力20万头，主要生产冷鲜肉和牛肉干等系列产品，原料范围以墨竹工卡县为中心，辐射到150公里到200公里的林芝、山南等地，产品主要面向区内消费市场。

在当今社会食品安全事件频发、公众对食品质量表示忧心忡忡的时候，高档消费者把希望的目光转向牦牛产品。牦牛肉干，成为西藏的特产、名产之一。虽然已经形成产业化经营，但是对普通消费者来说，其价格相对昂贵。那么，其安全卫生状况究竟怎样，为什么价格这么高呢？

牦牛，生存在高寒、无污染环境，半野生半原始珍稀动物，与北极熊、南极企鹅共称为"世界三大高寒动物"。寒冷的气候，缺草缺氧的不毛之地，使它们具备特殊的生存能力，经过驯化的家养的牦牛仍未脱离原始本性。目前世界存栏的牦牛约1400万头，每年全世界牦牛出栏仅为100万头，平均每5500人才能供应一头。我国古典名著《吕氏春秋》载："肉之美者，牦象之肉。"在当代港澳和西欧市场上，牦牛肉被誉为"牛肉之冠"。牦牛肉以富含蛋白质和低脂肪而名列肉食品前茅，是国际市场上稀少的肉类产品。

牦牛肉产品被中外消费者称为"绿色食品"，不仅因为蛋白质含量高（21%）、脂肪含量低（1.4%—3.7%）、风味独特，而且是天然、无污染食品。后者尤为可贵，满足消费者安全、放心的消费要求。2009年9月在第七届中国国际农产品交易会和第八届长春国际农业食品博览交易会上，来自那曲的风干牦牛肉系列产品，获得金奖。

牦牛肉干，是这样制成的。以西藏奇圣土特产品有限公司的生产工序为例。1.原料选购，定在秋末冬初，每年10月份左右，这个时候的牦牛肉是最好的。下过第一场雪天气寒冷，牦牛肉的水分、杂味相对较少，就进入牦牛宰杀旺季。2.牦牛肉存储，于常年保持在 -10℃ 的冷库里。来料进入冷库前，拉萨市相关部门要例行检疫，保证入库的牦牛肉质量合格。3.手工卤制，调料配方属于商业机密。车间内工人各司其职，操作自己负责的生产环节。第一个环节给牦牛肉解冻、清洗和分割，分割时要剔除油膜、经络等，留下上等肉。操作人员谙熟其道，一头牛至少能分割出眼肉、外脊、肩肉、上脑、脖肉、带骨腹肉、里脊、臀肉、霖肉等 16 种，适合做牦牛肉干的是普通的带骨肉。选出这部分肉料，要对不符合要求的部分进行剔除。对选出的牛肉做焯水处理。大锅旁站着一名工作人员紧盯着，舀出锅里水面上的血水和泡沫。焯水过的牛肉再清洗一遍，被放入卤料锅里进行卤制。经过卤制的牦牛肉，才是制作各种风味牦牛肉干的"原料"。每道工序均由手工完成，火候、味道全靠有经验的工人把握。4.油炸调味，出厂前必须晒一晒。卤制好的牦牛肉就要下油锅了，使用的油全是"金龙鱼"食用油，炸出的肉干油烟味少，又不会把牦牛肉原味全部破坏掉。牦牛肉被炸好后，分放到长条大木案上，数十名工人排在大木案两边，把牦牛肉切成小块分装在盆子里面，加入不同的调料进行调味。麻辣、五香等品种的牦牛肉干，经过此道工序就大功告成了。

小贴士 ▶

藏家自制风干牦牛肉干。风干牦牛肉干，是藏家传统美食之一，在藏历新年这样的大节日里，藏族同胞会向前来"吃切玛"的外族或者外地客人隆重推出这道传统食物。客厅茶几上，手编的小竹筐里装得满满的长方形牦牛肉薄片，每片全是稍微泛白的肉红色干物质，旁边同时放着一碟或者几碟鲜红辣椒酱。主人对坐下来的客人示意或者直接说出："请品尝牦牛肉干。"无论客人口味或者习惯如何，出于礼貌都得起身离座拈起一片肉干，可以下手或者用餐刀分成若干小块，蘸上辣椒酱细细咀嚼。点头称是的时候，藏族同胞才感到高兴。这样才是对藏家礼节和主人热情回应的最好方式，互致新年祝福的最合适的礼仪。

风干牦牛肉干的制作方法。1.分割。把净肉分割成长条状小块肉，肉块重 1 公斤左右。每块肉从正中分一刀成 U 形，以便晾挂风干。西藏具备风干这种食品的自然环境，内地没有这个条件，无所谓风干肉食品。2.晾挂风干。把每段小肉块用细绳或者新铁条系起来，悬挂在阴凉通风的房屋内，每块肉片间隔 1—2 厘米，晾挂期间注意躲避风沙。经过 40—60 天晾挂，鲜牦牛肉成了风干肉。3.检验肉干优劣。从肉片中选取最大的一块，用双手掰，如果容易脆断即为风干好了的，其成分含水量为 7.46%。优质风干牛肉颜色呈棕黄色，表面油多，易断碎；劣质的色黑、油少，不易折断或者硬而不脆。

做好的牦牛肉干还要享受一番拉萨的"日光浴",在高原充裕紫外线照射下,消消毒、杀杀菌后完成封装。

据悉,西藏各大公司生产的牦牛肉干,基本上属于手工产品,调料不含任何非法添加或者非食用物质,保证产品地道、安全、洁净、富有营养。产品除满足本地消费者和进藏游客的需求,还远销青海、上海等地,成为紧俏的高档食品。

牦牛乳,被指定为国家举重队专用乳品。2012年6月7日北京电讯:高原之宝西藏牦牛奶,被中国举重协会选定为"中国国家举重队专用乳品"。公司方负责人表示,西藏高原之宝牦牛乳业股份有限公司是自治区批准成立的第十家规范股份制企业,是政府重点扶持的"三农"企业,牦牛乳制品入选国家举重队专用乳品将推动西藏特色优势产品走出西藏、走向全国。中国乳制品工业协会理事长宋昆冈介绍说,牦牛乳制品是我国特有的特种乳制品,由于牦牛生长在海拔2800米以上的青藏高原高寒草场,自然放牧,采食天然牧草,生长环境独特,乳汁具有原生特点。

藏毯,藏族传统手工工艺的杰作。藏毯,几乎在每个藏家都能看到,与波斯地毯、东方艺术毯并称世界三大名毯。西藏是传统藏毯编织技术发源地,有2000余年的编织历史,清朝时成为地方贡品,如今成为西藏出口创汇一大品牌,远销美国、德国、加拿大等欧美国家和东南亚市场,产品供不应求。藏毯的用料、工艺有什么独到之处?

藏毯一般采用牦牛绒毛线和羊毛线合织而成,有的专用纯羊毛线织成,后者只选生长在西藏海拔4000米以上的羊的羊毛,这种羊毛细长、质地好、纤维成分高。

手工藏毯有八大生产工艺:纺纱—染色—图案—设计—织毯—洗毯—剪花—后整理。做成一条藏毯需要数十道工序,其中有数道工序比较紧要。比如选出较长的、品相好的羊毛;使用秘制药水对选用的羊毛进行"开松",目的是使羊毛富有柔韧度,并防止虫蛀;"和毛",为的是预防地毯在使用过程中出现回潮；纺纱环节比较重要，因为全是手工捻线，粗细度把握不好，做出来的藏毯品质就差；染色，染出的色必须均匀，色彩搭配要符合企业标样和客户要求；织毯可能是整个流程的关键环节，经纬线不压不叠、松紧度一致、排列均匀、疏密适度；水洗环节，如果水洗得当，藏毯就会呈现锦缎一样的光泽和质感，还有效防止虫蛀；尤其是剪花工艺，可以使藏毯纹样轮廓鲜明、清晰，加之色彩斑斓，产生近似浮雕的艺术效果。

在西藏，藏毯制作至今仍然延续着完全手工编织的传统方法。藏毯不仅是一件生活用品，而且融入了民族文化元素，成为承载和传扬藏族传统文化的文化产品或者民族工艺品。当然，藏毯在保持民族传统图案、色彩浓重等特点外，也在积极吸收现代元素，满足家具装饰的需要，迎合年轻人的消费时尚。

藏毯，进入了国家级保护程序。以独特的藏式穿杆结扣法生产出来的藏毯，具有浓郁的藏民族风格。长期以来，西藏藏毯生产企业缺乏品牌保护意识，周边地区和国家的一些生产企业冒用"藏毯"名号进行生产和销售。为了保护藏毯地标产品，拉萨市质监局一方面深入藏毯制作企业严格技术要求，另一方面把质量技术标准报请国家质检总局审查发布。西藏生产的藏毯作为地标产品，有了完备统一的标准，进入了国家保护程序。外地生产的地毯一旦使用"藏毯"名称，相关部门将依据藏毯质量技术标准予以鉴别。

优质矿产业：在政府监管下谨慎发展

西藏矿产资源种类多、储量大，开发利用潜在价值超过了6000亿元，是我国重要的矿产资源储备基地。至2008年，西藏境内已经发现矿种102种（国内矿种总数为173种），探明储量的41种矿产地矿床、矿点、矿化点超过 3000 处，18 种矿产资源储量居全国前 10 位、12 种居全国前 5 位。其中，铬、铜保有矿产资源储量，以及盐湖锂矿资源远景储量居全国第一位，硼矿、菱镁矿、重晶石、砷的储量居全国第三位。此外，石油也是潜在的优势资源。

西藏矿藏开发利用的深度和幅度，并不取决于市场需求和资源储量，而主要依据当地生态环境的承受能力以及综合利用矿产资源的技术水平。

西藏矿产业，既要服从全区经济社会协调发展的整体要求，又要服从国家构建西藏高原生态安全屏障的战略规划，既要执行国家相关法律法规和产业政策，又要正视西藏自然环境的特点和生态保护的任务，从西藏的区情及矿区的条件出发，在矿产资源勘查和开发中尽量减轻对生态扰动，避免对环境污染，并落实"利用一小点，保护一大片"的要求。

除了颁布和实施科学完整的矿产资源开发利用长远规划，依法从严监管产业行为外，当地政府把科研队伍和监管队伍建设放在首位，要求调研和论证在先，寓依法监管和严格规范于矿业生产之中，协调整合相关部门力量，形成统一的覆盖全程的动态的服务和管理的格局；依法取缔群体性乱开滥采行为，妥善处理各方利益关系，寻找经济效益与环境效益的平衡点，不断探索符合西藏区情的矿产业可持续发展的路子。

保护矿区生态环境，依法规范选矿行为。为了保护矿区地表植被，自治区人民政府决定自 2006 年起全面禁止开采砂金矿，2008 年全面禁止开采砂铁矿，强行关闭了 65 家砂金矿、36 家砂铁矿开采企业，着手规范矿产资源勘查阶段环境保护工作。2010 年 10 月，自治区人民政府依据《中华人民共和国环境保护法》《中华人民共和国环境影响评价法》《西藏自治区环境保护条例》等法律法规，在对全区选矿厂进行充分调研、掌握了相关情况的基础上，做出决定：对全区存在重大环境问题和污染隐患的部分选矿厂实施关闭或者限期整改，公布了"限期关闭"的 9 家选矿厂名单、挂牌督办和限期整改的 19 家选矿厂名单。自治区人民政府办公厅下发了《关于关闭和整改部分选矿厂的通知》，提出具体的工作要求。在"十一五"期间，环境执法部门对全区矿产、藏药草等自然资源开发中环境保护情况进行多次检查，关闭了34家资源浪费和环境破坏严重、群众反映强烈的矿产开发企业。

2011年4月自治区人民政府专门下发文件《关于加强矿产资源开发环境保护工作的意见（藏政发〔2011〕34号）》，对全区矿产资源开发过程中环境保护事项提出明确要求。

《意见》要求：全区各地（市）人民政府、区直各部门，要站在贯彻落实中央第五次西藏工作座谈会精神和全区经济社会可持续发展的战略高度，本着实现把我区建成国家重要的生态安全屏障、重要的战略资源储备基地和优势矿产资源开发基地的战略目标，正确看待和妥善处理矿产资源开发与生态环境保护的辩证关系，严肃对待矿产资源开发过程中存在的生态环境保护观念淡薄、"生态环境保护措施不落实、环境污染隐患突出"、片面追求经济效益而忽视生态效益和社会效益、生态修复和建设措施不力等现实问题，认识到这些问题必将在一定程度上制约我区矿业的可持续发展，给我区生态环境造成较大影响。因此，各个责任部门必须认真执行本《意见》中的相关规定。

1. 认真贯彻"在开发中保护、在保护中开发"的自然资源利用原则，切实做到在严格保护生态环境的前提下合理开发和高效利用矿产资源，做好矿产资源开发项目工程的科学规划和环境影响的客观评价，从源头上控制生态扰动和环境污染的程度。

2. 忠实执行国家产业政策，严把矿产资源开发项目环评、安评、水保、灾评等准入关口，加强对矿产资源开发全程监管，发现问题及时纠正，在各个环节上落实生态环境保护措施。

3. 坚持属地管理和部门监管相结合的原则，明确工作职责，落实责任追究，建立健全矿产资源开发环境治理和生态恢复的责任机制，并为此备有相应的资金和技术保证条件。

4. 突出四个"严格"，即严格准入条件、严格审批、严格试生产和竣工验收、严格责任追究。

5. 突出四个"强调"，即强调会商审批制度，就是对位于环境敏感区域、资源开发集中区域，以及重大矿产资源开发项目的审批，在项目正式核准前，由自治区发展改革委组织相关部门进行会商，提出核准的建议意见，处置其他相关问题；强调执法监管及监管能力建设；强调建立和落实矿产资源开发环境治理恢复保证金制度；强调矿产资源开发企业恪守环境保护的法律法规，切实履行生态恢复和环境治理的责任，落实生态和环境保护的措施。

6. 明确自治区发展改革委、工业和信息化、财政、公安、监察、国土资源、水利、工商、安全监管、环境保护等部门的职权和职责范围，落实联合互动的工作机制，结成广泛的"统一战线"，形成生态环境保护的合力，确保全区生态环境安全良好。

自治区人民政府不断加强矿产资源勘查和开发活动中的生态环境保护工作，指示主管部门严格项目的审批环节。相关领导在 2012 年全区环境保护工作会议上指出：根据自治区的决策部署，"十二五"期间我区将加大对矿产资源开发力度，把优质矿产资源优势转化为经济优势，为全区经济社会跨越式发展奠定坚实的物质基础。但是从近年来检查情况看，矿产资源勘查和开发活动对环境污染和生态扰动不容忽视。如果矿产资源开发不当、生态环境保护不力，矿产资源开发就会与生态环境保护形成对立，经济社会发展就以牺牲生态环境为代价了，这种开发利用资源的方式不符合科学发展观的要求，不符合我国资源开发利用的原则。因此，矿产企业必须正确认识和妥善处理选矿开矿与生态环境保护之间的统一关系，学会统筹兼顾，做到安全开发；主管部门必须严格项目审批，强化执法监管，"坚持原则，铁面无私，该支持的就支持，该关闭的就关闭，该整改的就整改，该处罚的就处罚，绝不能手软！"

根据自治区人民政府指示精神，自治区环境保护厅组织专家，根据矿区地理条件和生态环境，客观评估生态环境影响的各项指标，制定出矿产资源勘察和开发过程中的生态环境影响的限制性指标，拿出了生态修复和重建的方案，并估算所需要的资金数额。要求矿业集团在资源开发作业时，把生态修复和重建当成硬性技术指标来执行，并为他们恢复矿区植被提供技术指导。矿业集团除了认真执行环评指标，做好矿区生态植被修复和重建工作外，还必须拿出合理预案，预防重金属污染和生态环境的其他破坏行为。

环境保护厅发挥自身的政策和专业优势，结合实际，采取灵活多样的形式，在全区矿业企业中适时开展普法宣传活动，让矿界人士树立生态和环境意识以及可持续发展的理念，在矿产资源开发中自觉贯彻"在保护中开发，在开发中保护"的原则，矿产资源开发利用不仅注重集团的经济效益，而且注重西藏的生态安全和环境整洁，并倡导和协调有关部门开展相关课题研究，为政府决策提供科学的理论根据，探索西藏矿产业可持续发展的道路。

罗布莎铬铁矿开采，实现由"乱"到"治"的转变。山南地区曲松县境内铬铁矿资源丰富，探明储量近 500 万吨，平均品位 49%，是目前全国最大的铬铁矿开发基地。罗布莎矿区自 1986 年投入开采至今，先后有 13 家企业在此采矿，年采量 13 万吨，产值近 4 亿元。一方面，有区内两家国有矿业公司，经过多年的发展成为矿区的主导力量；另一方面，由于经济利益的驱动，矿区内出现了滥采乱挖、无序开采的现象。

矿区内乱采滥挖造成了生态环境破坏，草场退化、耕地锐减。在罗布莎镇内，凡是被非法开采的地方，触目都是地表裸露、千疮百孔、植被遭到严重破坏的山体。大量矿石废渣随意堆放，有的遗弃在河道中间堵塞水路，有的堆放在道路上妨碍交通，有的甚至堆放在农田里。一旦遇到暴雨，这些随意堆放的矿石废渣会成为泥石流奔涌而下，给下游村庄带来无法估计的灾害。矿堆浸透产生的有毒废水被随意排放，对河流和地下水造成污染。据初步统计，受矿产开发影响，累计给罗布莎镇耕地和草场造成直接破坏超过 3000 亩，水土流失达到 1 万余立方米，此地人均有效耕地仅剩 0.4 亩。同时，非法在罗布莎镇开矿，"富了个别人、坑了多数人！""责、权、利"毫不对称。

罗布莎铬铁矿一哄而上，盲目开采，消极影响引起了当地政府的高度重视。山南地委主要领导深入矿区，调查摸底，掌握情况，在现场办公时指出："开发矿业不仅要讲求经济效益，而且在确保安全生产的前提下要注重环境保护，创造出看得见的生态效益；只顾眼前的经济利益，把生态环境搞坏了可是殃及子孙后代的大事，只顾自己赚钱那是一种短见，滥开乱采还是一种犯罪行为！"并强调："我区开发资源，包括这里的铬铁矿资源，都必须遵守一个原则，就是'在开发中保护，在保护中开发'，这是全区人民，尤其是矿业人员必须树立起来的理念和行业准则！"

湖北省第六批援藏干部、曲松县委书记柯东海，自上任之日起就一直思索：罗布莎矿区必须走出一条既符合曲松矿业健康发展又有利于群众增收的新路子，彻底走出"整顿——反弹——再整顿——再反弹"的怪圈；努力实现矿区秩序由"乱"到"治"的根本转变。曲松县政府封闭了乱采滥挖矿井 12 座，把起初 13 家采矿企业整合到目前的 6 家。

小贴士 ▶

1. 废弃矿渣处理不当的危害。大量废弃矿渣从地下提取出来而随意倾卸到地面，甚至农田和道路旁边，不仅造成越来越多的次生裸地，减少植被覆盖面积和有效的耕地，而且污染人居环境和农业环境。环境污染对第一产业的消极影响是环境污染物增多，引起初级生产量下降；重度污染将使绿色生产者衰亡，破坏当地生态系统。比如硫是植物必需的元素，大气中含适量二氧化硫（SO_2）对植物生长有利；如果二氧化硫浓度过高就会引起伤害。氟化物对作物生长影响很大，大气污染主要为氟化氢（HF），它对植物的毒性很强，空气中的氟化氢浓度超过了 3ppb，植物叶肉组织将发生酸型伤害。多种有毒重金属污染源对植物的生产也带来危害。石油和煤燃烧所产生铅（Pb）、汞（Hg）微粒，焚烧矿石、冶炼金属所产生的锌（Zn）、铜（Cu）、镉（Cd）微粒等化合物，均会使植物和浮游植物的光合作用减弱、生产量降低。

2. 矿山废弃地存在着诸多影响生物定居的限制因子。第一，尾矿仅是细砂粒状混合物，物理结构不良，保持水肥能力差。第二，氮、磷、钾及有机质含量极低或者养分的不平衡，造成土壤极端贫瘠。第三，重金属浓度过高，微量元素过量，不仅直接伤害植物，还会抑制根的生长。第四，硫矿物废弃地里的硫，由于长期氧化而形成硫酸，严重时 pH 值接近 2，过低同时会加剧重金属的溶出和毒害。第五，尾矿废弃地，存在细碎矿物松散流动、风沙加重，以及地表温度过高等现象。

第五部

绿色首府　幸福拉萨

拉萨市"六城同创"。拉萨既是西藏自治区的首府，又是世界著名的旅游城市。拉萨城市体系建设，在突出主城区的政治、文化、科技、交通、信息等主导功能的同时，格外重视良好市容市貌的塑造和保持，同时增强郊区供给、生态、休闲等服务功能。近年来，拉萨的变化很快很大，市区主干道越变越宽阔、越整洁，街景越变越让人感觉舒适和养眼。拉萨从2001年建成区面积48平方公里扩展到2011年62.8平方公里，10年扩大了近15平方公里。在城建上投资55亿元，实施项目超过100个，主要涉及道路建设、给水排水、环境卫生、老城区保护、休闲广场、景观升级改造、供暖、通讯等多个领域。

　　在不断完善城市功能过程中，2007年拉萨市提出了创建全国文明城市、国家卫生城市、国家环保模范城市、国家生态园林城市、国际旅游城市、全国双拥模范城市的奋斗目标，此所谓**"六城同创"**。至2011年底，"六城同创"取得了阶段性成果。拉萨市荣获全国文明城市称号，五次蝉联全国双拥模范城市，荣获自治区园林城市和卫生城市称号，国家环保模范城市和国际旅游城市创建工作取得了阶段性进展。区外游客普遍反映，拉萨市政设施完备便利，民族文化遗产保持完好，绿化美化效果显著，罗布林卡和宗角禄康公园给人以承德避暑山庄和北京颐和园的感觉，尤其是盛夏中的拉萨，让置身其中的人感觉十分享受。

拉萨市区净化与创建国家卫生城市。在现代文明背景下观察任何一座城市，都是一个结构复杂、功能多样的公共场所。城市是科技成就与人文关怀相耦合的社会产物，既凝聚着人类的智慧又闪耀着人性光华。城市早已告别了天然状态，越来越被纳入科学化的发展轨道。但是，城市不是科技成果的露天展览馆，不是城市设计者和城市管理者的个人作品，而是历史进程在特定地域环境下的社会缩影，沉淀和反映着主流文化，是当下全体市民的宜居家园，表征着市民的生活水平、文化档次和幸福指数。因此城市不仅是先进科学文化成果的物化形式，不仅是琳琅满目的商品销售场所，而且是市民安全、整洁、和谐、温馨的共拥家园。当然，城市中市民之间总存在着一定的差别。城市化最理想的状态，是科技成果最大限度地来满足市民的幸福感；城市发展的至高境界，是自然资源和社会资源共同适合人的最大限度。

一座发育成熟的城市，意味着城市功能区划完整统一，基础设施布局合理，公私建筑错落有致，道路通畅，线路整齐，城市系统呈现出立体美、动态美、便利美和景观美。而卫生城市是市民首先想要的，因为卫生意味着健康，意味着安全。卫生城市应该是：市容整洁，市貌美观，所到之处没有随意堆积的垃圾，没有病原体滋生蔓延的卫生死角，没有病菌、病毒及其他有害微生物对人体健康的侵害现象，也没有对水体、大气和食品的污染。

拉萨市争取 2014 年成为国家卫生城市。2012 年 8 月，拉萨市创建国家卫生城市成绩过了全国爱卫办专家组的暗访关，2013 年通过了专家组评审。国家卫生城市的标准有 10 大项、66 个具体指标，创建活动涉及多个部门和方方面面的工作，要求市民都能以主人公的姿态参加进来，一起动手做力所能及的事情。拉萨市创卫办、拉萨市城市管理综合执法局、拉萨市环卫局、城关区环卫局等部门之间密切配合，并以"爱国卫生运动月"为契机，协调拉萨市委宣传部、市委市府督查处、市卫生局、市政市容管委会等单位一道行动，7年如一日，持续开展了深入细致的相关工作。2013年5月自评结果显示，各项创卫指标基本达到国家卫生城市的标准要求。

拉萨市在全国率先发起"禁白"运动

为了全面治理拉萨市的"白色污染"，拉萨市人民政府发布《拉萨市禁止生产、销售、使用一次性发泡塑料餐具、塑料袋管理办法》，同时与全市的超市、农贸市场签订责任书。

白色污染，是指难以降解的塑料垃圾对自然环境的污染。降解，不同学科有不同解释，通常认为，降解物最终被分解为二氧化碳（CO_2）和水（H_2O）。塑料降解，是指聚合物分子量下降及聚合物材料（塑料）物性下降，比如塑料的老化、劣化。一般的塑料要降解成为对环境无害的碎片或者二氧化碳（CO_2）和水（H_2O），需要几十年到上百年。

拉萨市人民政府发布禁白令

拉萨市人民政府令（第8号）

《拉萨市禁止生产、销售、使用一次性发泡塑料餐具、塑料袋管理办法》，已经2005年3月16日拉萨市人民政府常务会议审议通过，现予发布，自2005年5月1日起施行。

市 长 罗布顿珠

二〇〇五年三月二十五日

第一条 为加强本市环境治理，防止一次性发泡塑料餐具、塑料袋污染环境，保护和改善生态环境，促进经济和社会的可持续发展，根据《西藏自治区环境保护条例》及有关法律、法规的规定，结合本市实际，制定本办法。

第二条 本市行政区域内禁止生产、销售和在经营中使用一次性发泡塑料餐具、塑料袋。

第三条 市和县、区环境保护行政主管部门负责对禁止生产、销售和在经营中使用一次性发泡塑料餐具、塑料袋工作实施统一监督管理。

第四条 市综合执法部门负责市区内禁止生产、销售和在经营中使用一次性发泡塑料餐具、塑料袋的执法工作。

第五条 工商、物价、卫生、市容环卫、质量技术监督等行政主管部门应当按照各自职责配合做好禁止生产、销售和在经营中使用一次性发泡塑料餐具、塑料袋的相关工作。

第六条 鼓励使用布制、纸制等可重复使用的购物袋。企业、个体工商户可以按市场需求提供经认证的可降解一次性环保用品。

第七条 县级以上人民政府或者环境保护行政主管部门对在禁止生产、销售和在经营中使用一次性发泡塑料餐具、塑料袋工作中做出显著成绩的单位和个人给予表彰、奖励。

第八条 违反本办法规定的，按以下规定进行处罚：（一）生产一次性发泡塑料餐具、塑料袋的，由市环境保护行政主管部门责令限期改正，暂扣或者封存生产设备，并处以1000元以上5000元以下罚款；情节严重的，处以10000元以上20000元以下罚款；（二）销售和在经营中使用一次性发泡塑料餐具、塑料袋的，予以警告，暂扣一次性发泡塑料餐具、塑料袋，并可处以20元以上500元以下罚款；情节严重的，处以500元以上1000元以下罚款。市区内的由市综合执法部门实施处罚，市区外的由所在地环境保护行政主管部门实施处罚；（三）各类市场、商场、宾馆、饭店、旅游景点等管理单位未加强管理致使一次性发泡塑料餐具、塑料袋在经营场所销售、使用的，予以警告，责令管理单位收缴一次性发泡塑料餐具、塑料袋，并可处以1000元以上5000元以下罚款。市区内的由市综合执法部门实施处罚，市区外的由所在地环境保护行政主管部门实施处罚。

第九条 当事人对行政处罚决定不服的，可以依法申请行政复议，也可以依法向人民法院提起行政诉讼。

第十条 本办法自 2005 年 5 月 1 日起施行。

当时媒体宣传"禁白令"，报道在《办法》实施中出现的问题。 2005 年 5 月 25 日，《西藏商报》（记者 姚 雨）载文，"拉萨：禁止白色污染尚需大家共同努力"。

文章陈述：《拉萨市禁止生产、销售、使用一次性发泡塑料餐具、塑料袋管理办法》，自今年 5 月 1 日起正式实施了，越来越多的商家和市民了解了这个法规。但是记者在 5 月 24 日对河坝林菜市场和其他几个蔬菜销售点，进行调查采访时发现，有人依然在偷偷使用塑料袋，制造着"白色污染"。

在河坝林农贸市场，记者扮成顾客，询问卖猪肉的刘女士有没有塑料口袋装猪肉时，她告诉"顾客"：现在塑料袋紧缺，一般情况下用绳子或者纸袋；不过塑料袋还有，只是不敢大张旗鼓地用，不然被抓住要罚款的。刘女士一边说一边从猪肉案板下取出了塑料袋。当记者问及塑料袋从何而来时，她告诉记者：在 5 月 1 日前买来储存的，现在不是熟人的话，一般不给塑料袋。在另一边的蔬菜销售区，菜贩几乎都把蔬菜装在塑料袋内。记者问他们塑料袋是从什么地方弄来的，他们一致的答案是，早上去娘热路批发市场批发蔬菜时，批发商供给的。

在嘎玛贡桑蔬菜销售点，摊贩也在不同程度地使用塑料袋。尤其是在夜间，摆烧烤摊、卤菜摊的摊主，毫不避讳地使用塑料袋给顾客包装烧烤食品和卤菜。当记者问到是否知道不准使用塑料袋时，他们毫不掩饰地答道："知道。"一位摊贩反问记者：你说我们不给人家用塑料袋，顾客怎么把东西带走呢？

文章最后：由此看来，在农贸市场上禁止使用塑料袋不光需要宣传倡导和执法监管，更主要的是唤起每个公众的意识进而自觉行动起来，只有同心戮力地抵制"白色污染"，才能共创清洁家园。

另据报道：在当时相当一段时间内，违规使用一次性发泡塑料餐盒、塑料袋者同执法人员展开了"拉锯战"，每天上演"捉猫游戏"。联合执法人员无处不在，只要销售使用一次性发泡塑料餐盒、塑料袋，会很容易被逮着处罚。违规者相互转告："近日，拉萨市治理'白色污染'联合执法组正式对外宣布，为了有效查处违规，联合执法人员正式转为'便衣'暗查。"执法人员表示："只有通过暗查，才能更有效查处违规。在最初清查中，销售使用一次性发泡塑料餐盒、塑料袋在明处，容易查处收缴，现在销售使用都偷着进行，给查处带来相当难度。"

报道称：农贸市场成为"禁白"难点。现场检查发现，农贸市场内有些商户无视有关法规，仍然不同程度地使用一次性塑料购物袋，检查人员当场对使用人员进行了说服教育。有记者在气象局菜市场眼见某蔬菜摊主利索地用一次性塑料袋装好菜递给了顾客。该商户反问记者："别人提供袋子，你不提供，人家就不买你的菜，怎么办？"因为有竞争，有几家摊主仍然"私藏"、提供着塑料袋。

那时候，"禁白"工作重点是宣传动员，营造浓厚的舆论氛围。因此，相关部门采用藏汉双语对照形式，把政府的"禁塑令"和《拉萨市禁止生产、销售、使用一次性发泡塑料餐具、塑料袋管理办法》条文，制成了录音带、标语牌，在拉萨的机关、部队、企（事）业单位、学校，以及公园、公交、社区等公共场所循环播放录音，大街小巷到处悬挂和张贴标语，努力做到家喻户晓、妇孺皆知。

2008 年西藏全境开展"禁白"活动。自治区人民政府办公厅在这一年转发《国务院办公厅关于限制生产销售使用塑料购物袋的通知》，启动了在全区范围内的全面"禁白"工作。在巩固阶段性"禁白"成果的基础上，进一步调动主流媒体和相关宣传部门，加大宣传发动的力度，向社会各界明确，自 2008 年 6 月 1 日起，政府在全区范围内禁止生产、销售、使用一次性塑料购物袋，着手开展区内交通干线、旅游景区、主要城镇等重点区域环境综合治理工作。就这样，"禁白"工作由拉萨试点而转入全区推开阶段。

到 2009 年底，自治区环境保护厅执法检查农贸市场、超市、个体工商户近 3000 家，查处 7 家，收缴塑料袋 26 吨、塑料饭盒 4.5 万个、一次性塑料杯 20 箱、一次性木筷 1400 公斤，动员环保企业免费发放环保布袋超过 15000 个。

2010 年，全区相关部门共查处一次性塑料袋批发窝点 3 处，收缴该类塑料袋 40 余吨、塑料饭盒 3.5 万个。在"十一五"期间，拉萨市的超市、多数商店免费提供环保袋给顾客，既方便顾客购物，又起到取代塑料袋的作用；全市收缴一次性发泡塑料制品多达 300 余吨。

2012 年 4 月 1 日起，《拉萨市禁止一次性发泡塑料餐具 塑料购物袋管理办法》开始实施。《办法》是对 7 年前施行的《拉萨市禁止生产、销售、使用一次性发泡塑料餐具、塑料袋管理办法》的细化和补充，明确了相关部门监管职能和范围，加强了对运输和仓储领域的监管；对发泡塑料餐具和塑料袋的生产行为，以及在运输、仓储、销售等领域使用的，分别规定了处罚措施。

在《办法》实施的当日，拉萨市环保局、工商局、商业局、城关区综合执法局等部门开展了联合执法，针对农贸市场和超市落实"限塑令"情况进行检查。据报道：本次联合执法检查，旨在引导消费者合理使用购物袋，倡导使用环保购物袋，从源头上减少"白色污染"；号召每个市民身体力行、从日常小事做起，为我市建设资源节约型和环境保护型社会做出应有贡献，希望通过宣传教育进一步增强市民的环境意识。有领导表示："事实上，在检查中发现塑料袋明显减少。但是，部分个体工商户和农贸市场摊点，仍在免费提供塑料袋，并且使用不合格塑料袋；有的商贩还是给检查人员捉迷藏！"在检查中发现无偿提供塑料袋的，除了全部没收塑料袋外，对提供者讲解相关规定，落实了处罚措施。

拉萨市政市容管委会综合执法局鼓励市民：一旦发现制售塑料购物袋的单位和个人就积极举报，并通过《西藏商报》公布了24小时举报电话（6386395）。依据举报，综合执法局重案支队对德吉路6家洗浴中心进行突击检查，收缴其中一家存储的全部塑料桑拿袋、塑料足浴袋，做出了罚款处理；城关区城市管理综合执法局开展突击检查行动，查获了20袋共300余万个非达标一次性塑料袋，没收了全部塑料购物袋，对业主进行了批评教育和罚款处理。

"禁白"禁的是陋习。拉萨市环境保护局党组书记谭树辉接受媒体采访时表示：我国是世界上十大塑料制品生产和消费国之一，"白色污染"越来越严重。有目共睹，轻薄的废旧塑料包装袋，如果被随手一扔就四处乱飞，想回收利用都很困难。不仅影响市容市貌，产生"视觉污染"，而且由于难以降解，就对环境造成潜在危害。

他说，塑料袋是凭借其"物美价廉"而大量涌入公众生活的。当认识到大量使用塑料袋会造成资源浪费、环境污染时，塑料袋的历史使命就宣告终结了。禁止生产、使用塑料购物袋，是时代的需求，是社会文明的象征。因此，"禁白"禁的是陋习。在没有塑料袋的年代，人们使用布袋、网袋、竹篮等包装用具，并没有觉得有何不便。虽然塑料购物袋方便购物，但是它有替代物可供选择啊！如果市民的环保意识提高了，就会随身携带环保购物袋，塑料购物袋也就没有流通空间了。

谭树辉还深有体会地说，参加几年来的监管活动，深感"禁白"不是一蹴而就的事情，而是一项长期的任务，必须痛下决心、持之以恒，不断巩固和扩大成果。一方面完善市场监管体制机制，充实"禁白"地区的监管队伍，细化目标，明确职责，必须做到"盯得死，管得住，出效果"；

对违反禁令的要坚决予以严厉处罚，否则，根本不可能创造一个健康、卫生、规范的购物环境和生活环境。另一方面宣传到位，攻心为上，善于开动脑筋，巧用心思，既要晓之以理、动之以情，又要通俗易懂、生动活泼，几年下来才能见到成效，让环境理念日益深入人心。另外，为了革除"图省事，怕麻烦"的集体陋习，应该在大、中、小学开展环保公益活动，对孩子们进行环保教育，生动图解"禁白令"，让他们从小树立环保意识和责任意识，从个人、家庭做起，拉动整个社会，从而把"禁白"行动发展成为全面的全社会的共同行动。

"禁白"，究竟难在哪里？ 有人认为：有时候就战胜不了"自己"，贪方便、图省事人皆有之。如果说"禁白"是一场习惯革命，这场革命的对象就是我们自己；如果说"禁白"是一种观念斗争，这种斗争就是一种自我斗争。"禁白"行动，无论对于个人、家庭还是对公共场所都是人的自我较量，只有人人都觉悟了、各自行动起来了，才能解决问题。

这个分析颇有见地，但是没有抓住问题的根本。能否为消费者提供满意的环保购物袋，才是"禁白"成功的关键。因为当初塑料购物袋流行原因在于它方便购物，今天禁止它的困难主要没有较之更方便的购物袋。

一次性塑料包装袋被禁止使用以后，其替代品主要为布制、纸制及以植物纤维制作的包装袋，保证消费者能及时方便获取这样的购物袋，这是政府"禁白令"应有的配套措施。生产企业在生产实用商品的同时，要配套生产出供顾客选用的包装携带物。可以设计制造得具有工艺品的性质，色彩、款式和用料富于艺术创意，但是基本要求应跟被包装的商品一样，使用安全，卫生美观，符合环保要求，且价格统一合理。

特别是，根治"白色污染"，执法监管的视线应该上移至白色污染的源头，断绝白色污染物生产所需要的技术、设备，以及原材料的来源渠道，把白色污染物扼杀在摇篮里。

"购物袋开始收费，最贵的5毛钱一个。"拉萨市除了红艳超市外，百益、圣美佳、乐百隆等大型超市不再给顾客提供免费购物袋，结账的时候收银员主动征询顾客是否需要纺布购物袋。如果要求使用购物袋，就需要额外支付购物袋的费用。部分超市和店铺向顾客推荐和销售自制的精美购物袋，每个在1—2元不等。

百益超市拉百店经理宋先生，在接受记者采访时表示：购物袋有偿使用在内地已经实行几年了，拉萨今年才开始，希望消费者能理解购物袋额外收费行为，目的在于提倡市民重复利用购物袋，从自身做起，自觉减少环境白色污染物；以前购物袋免费的时候，有的消费者购物不多，原本可以使用小型购物袋包装的却要大号购物袋，一个就够用的却要几个。同时，要大家明白，购物袋收费标准是低于成本的，大中小型购物袋分别收取5、4、3毛钱，其实超市要对每个型号的购物袋倒贴0.18元钱。"现在购物袋收费了，本店将会把这项节省的开支通过商品促销方式回馈给消费者。"

有被采访的顾客表示：以前购物用惯了塑料袋，如今不能用塑料袋确实很不方便，每次来菜市场买菜都买一个购物袋又不太划算。"以后出来买菜会考虑自带菜篮，或者随身带着环保购物袋，一个购物袋多次使用。"有顾客建议，购物袋有偿使用，店家要在门前告知顾客，购物袋要确保环保卫生，且明码标价。

拉萨的超市、餐厅等消费场所，环保行动蔚然成风。自2012年4月起，拉萨的超市、餐饮行业、商场等大都有偿提供环保袋。市民购物自带环保袋渐成习惯。有顾客在购物数量不大时，表示不要环保袋。有些店铺，专门销售环保袋。选购者表示：现在的环保袋做得很时尚，自己准备买两只，以后可以重复交换使用。

许多餐饮店不再为市民免费提供塑料袋，而是推荐使用可重复使用的方便碗或者方便桶。虽然在打包时得花5—10元购买，但是许多顾客愿意掏这份钱，认为这样的方便桶可以重复使用，方便也环保。有些菜馆为顾客免费提供可以重复使用的方便碗，老板们微笑着表示："响应政府号召嘛。"

拉萨生活垃圾的处理方式和处理现状

生活垃圾分理及处置方法。依据不同标准或者站在不同角度，生活固体垃圾一般分为可回收垃圾、厨余垃圾、有害垃圾及其他垃圾，可堆肥垃圾、可回收利用垃圾和不可回收利用垃圾，可燃垃圾和不可燃垃圾。

拉萨市学习借鉴内地城市回收生活垃圾的先进经验，紧密结合本地实际，探索和制定处理生活垃圾的可行办法。市政管委、商务部门以及回收单位，正在积极对城市生活垃圾进行资源化回收利用，对暂时不能回收利用的"真正垃圾"，做填埋处理。近年来，随着相关技术的成熟和应用，对于真正垃圾也有了新的综合性的处理方法，即"垃圾焚烧发电"，做资源化或者无害化处理。

首先学会分类投放垃圾。给垃圾分类，是按照可以回收、能被二次利用与不可以回收、不能被二次利用的标准，对家庭中产生的生活垃圾和公共场所内的杂乱物品分门别类划分开来的行为。可回收垃圾是指可以被回收再利用的垃圾，主要包括垃圾本身或者其中质材可以被循环利用的纸类、硬纸板、玻璃、塑料、金属、人造合成材料包装物等；不可回收垃圾，主要包括不能被食用的瓜果皮、蔬菜根叶、残羹冷炙、变质食物等，以及废荧光灯管、废水银温度计、废油漆桶、废电子产品、过期药品等危险有害东西。对垃圾分类投放可以使垃圾减量化、资源化，有利于减少有害物品对环境污染，采取针对性措施快捷处理垃圾，可以再利用现成资源，节约生产成本。因此，合理分拣、回收利用垃圾中的有用部分，是实现节材减排和经济可持续发展的一个简便有效方式。

在现实生活中，有些人确实不了解生活垃圾的分类标准，对将要处理的垃圾不会分类，因而没做分拣；有些了解大致标准，做了简单分拣，把选出来的有用物品送到废品收购站，换回一点钱。但是，普遍存在的问题是：在处理生活垃圾时，有些家庭没有准备垃圾储存筐，一旦出现暂时用不着的东西，不是信手乱扔就是随意堆放，即使勉强走到垃圾场附近，也会不耐烦地远抛，投送不到位，既给清洁工人造成麻烦，又污染环境、影响市容，散发浊气和臭味，为蚊蝇以及有害微生物滋生蔓延提供温床……

"您倒的垃圾作过分类处理了吗？""垃圾还要分类吗？我不知道。"

这是一位记者在拉萨市宇拓路上跟一位正在丢垃圾的市民的对话。

记者在宇拓路、北京中路等市区主要路段看到，分类垃圾箱被市民当成了"通用垃圾箱"，怎么方便就怎么丢弃；在一处分类垃圾箱旁，记者在半个小时内发现6人投送垃圾，没有一个人是按分类要求投放的。

走在拉萨市区的大街小巷或者漫步在公园内的曲径小路上，行人随处能看到路边漂漂亮亮的垃圾分类箱。每隔一段距离被两两对称放置在路边，方形的和椭圆形的，可回收与不可回收两桶联体，相应部位标有箭头，写着汉藏或者汉英文字，投放口开得很大，便于往里投入垃圾。这些垃圾分类箱造型美观、颜色悦目，并绘有民族特色的吉祥图案，这让垃圾分类箱既实用又具有审美作用。更为难得的是，垃圾箱外面被擦拭得干干净净，犹如新放置的一般。这不但起到装饰街道的景观作用，而且具有暗示行人用心分送垃圾的召唤力量。

在拉萨市区，引人注意、让人感动的是，清洁工人忙碌的身影和捡拾垃圾的认真态度。马路两旁、公交站点乃至小巷深处、犄角旮旯，哪怕地上落下细小的垃圾，也会很快走来清洁工人，俯首捡起或者被扫进扒叉。这个情景能唤起市民和游客的自觉意识，不忍心随地丢弃垃圾。

令人欣慰的是，在拉萨市区的任何地方，越来越多的公众表现出很高的素质，不论是当地市民还是外地过客，不论民族也不论男女老幼，尤其是青少年学生，手提垃圾袋走近垃圾箱，按照箱上的分类提示分别投放，态度认真、动作熟练。有时候，一次投不进或者散落到垃圾箱外，就二次、三次捡起再投。因此，垃圾箱附近一片狼藉的现象越来越少了，垃圾分类也大体上合理。

但是，也会经常悲哀地看到，仍然有人丢垃圾时只管随地一放，不管放的是不是地方、放没放到位，漠不关心要丢弃的垃圾是不是可回收的，垃圾分类箱因此成为摆设。有记者专门走访了林廓北路、北京西路、朵森格路北段等市区主要路段，发现不少"可回收"的垃圾箱内充满了烟蒂、果皮、残剩食物等不可回收杂物，而"不可回收"的垃圾箱内夹杂着塑料袋、废旧电池等可回收垃圾。在德吉北路上，碰见一个小女孩吃完面包，就随手把纸质包装袋塞进"不可回收"的垃圾箱里。

引人瞩目的还有，公共休闲娱乐场所，比如宗角禄康公园，成群结队的市民在此休憩、娱乐、健身，有些人在喝完饮料后，直接把饮料瓶丢在座椅上、小径边、草坪上，把吃剩的食物、包装盒直接放到垃圾箱顶部或者胡乱堆在垃圾箱旁边，把酱色玻璃啤酒瓶摔碎在硬地面上，有人在树下、灌木丛内大小便等。另外，大型社会活动过后公共场地留下五花八门的垃圾。诸如此类，有损拉萨首府的形象，与拉萨创建国家卫生城市和文明城市很不合拍。

谁都能明白一个道理，每个公民既是垃圾的制造者，又是垃圾的处理者。垃圾不经分类就直接填埋或者焚烧，既是对资源的浪费，又会造成环境污染甚至埋下安全隐患。垃圾分类也不会有多少麻烦，却会给环境治理带来很大便利，举手之劳却成为对环保最直接最有效的支持。在垃圾分类处理中，捡回的不只是一张废纸，还可能是茂密的森林和清澈的河流。

养成给垃圾分类的习惯，是妥善处理垃圾的第一步。在垃圾分类的宣传引导方面大做文章、做足文章，是一项基础性的社会工作。目标任务是培养公众的环境意识和节约美德，普及垃圾处理的相关知识和简便方法，道理通了，知识有了，方法明了，自觉行动、有所作为就自然而然了。习惯成自然，意识是前提。

不恰当投放垃圾，有的属于态度问题，有的是知识问题。市民周先生就坦言："什么是可回收的，什么是不可回收的，具体的真是搞不清楚，反正是投进去就行了。"他建议有关部门在分类的垃圾箱旁边树起个标牌，上面大致列出可回收与不可回收垃圾的名称，画个箭头或者涂个色块给简单提示一下。责任区的卫生巡视人员，需要担负起指导和监督行人投放垃圾的职责。

在当代社会，不管是在城市还是在乡村，及时而恰当地处理生活垃圾，甚为公众关心和关注，且日益发展成为重大的环境问题。作为生态和环境保护的重要组分，处理好生活垃圾不可小觑。树立垃圾分类意识，掌握垃圾分类知识，既需要发挥政府的组织引导作用，又需要全社会广泛动员，落实在每个公众身上，深入到社区、村组、家庭之中。基层组织需要结合实际，聘请专职督导员和志愿者，开展日常性的宣传和督导工作，普及垃圾分类知识，组织相关的评比和奖励活动，吸引和支持越来越多的单位、团体、家庭、个人积极参与到垃圾分类收集工作中来，形成浓厚健康的社会氛围。我们之所以用心来给垃圾分类，是因为要创造一个少垃圾甚至是无垃圾的社会，同时实现物质资源的循环利用。合理地分选垃圾，貌似普通、小事一桩，却是公众道德水平和文化素质的体现，也是现代城市文明程度的标志。

在拉萨城区，垃圾收集后密闭运送。为了方便市民丢放生活垃圾、防止街面二次污染，自2011年起拉萨市城关区环卫局决定：对生活垃圾采取定时、定点收集的办法，每天派出22辆垃圾收集车，负责44条主干道的垃圾收集工作；向市民发放6万余份藏、汉双语《关于生活垃圾实行定时收集的通知》，让市民知晓，以便在垃圾车到达住处附近，把需要倒掉的垃圾及时送到垃圾车旁。

每天早晚，清运车播放着音乐沿街收集垃圾。在采取定时、定点收集垃圾之前，处理生活垃圾的形式，首先是沿街居民把自家垃圾倒进环卫工人的手推垃圾车里，然后由他们把收集的垃圾零散倒入定点的敞口垃圾池或者垃圾箱里，最后由垃圾清运车每天把垃圾池或者垃圾箱内积攒下来的垃圾清运一次。由于垃圾池通常都建在路边，垃圾箱是放在路边的，各种垃圾堆积在一起，夏秋季节散发出难闻的气味，而且滋生虫蝇、传染疾病；冬春季节多大风，有些垃圾随风飘移，影响市容市貌。如今，垃圾清运车定时上门收集垃圾，就消除了这种现象。原有垃圾池和垃圾箱随即被撤除。对这样的收集方式，市民普遍表示满意，予以积极配合，早就养成了习惯。只要听到垃圾清运车播放的音乐，各家各户不约而同地倾倒垃圾。

目前，拉萨市区80%的主干道实现了垃圾不落地、密闭式清运。日清运率达到100%，定时定点收集率达到70%，密闭式清运率达到65%。接下来，社区内生活垃圾也将采用这种处理方式。

拉萨市再生资源市场建成，垃圾填埋转变为分类回收利用。拉萨市大型再生资源回收集散市场位于堆龙德庆县羊达乡，一期工程2012年完工、次年5月投入使用，填补西藏现代再生资源回收体系的空白。市场及配套设施运营后，预期社会效益、经济效益和环境效益将逐渐显现。

工程由拉萨市城关区亿鑫废旧回收有限公司承建、经营，占地约120亩，拥有交易区、展示区、物流区和仓储区4个功能分区。项目设计遵循环保原则，施工过程中最大限度地落实了环保措施，围墙护体、外门、外窗采用了保温节能材料。场地周边建有供水、供电、通信等配套设施，厂区整洁环境优美，生产环节在厂房内操作，采取流水线回收方式。

市场运营吸纳了拉萨市90%的再生资源，实现了对生活垃圾分类回收。亿鑫废旧回收有限公司负责人表示：拉萨目前每天产生的生活垃圾在700吨以上，对其中有用物品挑拣大致有三条渠道。生活垃圾在社区，有些节能环保意识较强的居民会自觉对生活垃圾进行分类，把可以循环利用的废旧物品挑选出来，卖给废旧物品收购站；在环境卫生区，环卫工人在打扫卫生过程中会尽量分拣出有用物品，分类收集，分批卖给收购站；在垃圾填埋场，有些工人也会对等待处理的生活垃圾作末端清理，试图把可以利用的废旧物品做沙里淘金似的挑拣。

公司负责人介绍说：公司准备在社区或者社区附近固定和规范的场所设立废旧物资网点，功能是收集居民交售的生活垃圾中可再生资源，主要包括废纸、废塑料、生活性废旧金属、废玻璃、废橡胶等物品。"网点结合物业管理、社区管理和垃圾分类投放管理等形式统筹设置，按照'便于交售'的原则，在拥有1000—1500户居民的范围内设置一个简单收购点或者固定收购点，每个网点周边500米半径内不重复设置。"社区固定收购亭营业面积在20平方米左右，做到日收日清，通常情况下不储存；回收的废旧物资不得露天存放，必须及时消毒、转运。

拟定先在太阳岛和仙足岛社区进行试点，2013年在各主要社区、主要单位建设20个以上回收亭。回收亭将规范经营，严格执行"七统一"经营标准，即统一规划、统一标识、统一着装、统一价格、统一衡器、统一车辆、统一管理。公司已经完成可行性报告，项目计划向商务部门申报。

他还介绍说：西藏海拔高、气压低，塑料或者金属的熔点达不到传统工艺要求，于是他们邀请了内地有实力的设备制造商来西藏考察、就此进行科学分析，已经取得较大进展；对于生产上的一些特殊要求，设备制造商对相关工艺做了特殊处理以适应西藏的独特气候；将向市场的二期工程投入2038万元建设资金，把市场打造成为拉萨市再生资源产业园区，把更多再生资源就地消化，提高其附加价值；减少垃圾掩埋对环境污染，以及对土地资源浪费。比如铝制易拉罐可以加工成铝合金门窗，废纸（硬纸板）加工成包装箱，塑料废品加工成洗脸盆等。由此可以想象，居民装房所用的管道有可能是由自家扔弃的废金属加工而成的。

公司这位负责人最近透露，作为市场的一项重要配套设施，是在拉萨全市建起60余处垃圾回收网点。拉萨市主要社区、重要单位、人流密集地等场所均设置再生资源回收站（亭），市民只需把生活垃圾集中投放到附近的回收站即可，那里有专人负责分类回收。以拉萨市区为中心辐射周边各县，拉萨市区周边的废品回收站将迁入再生资源回收集散市场。各网点采用当日收集当日运进集散市场的经营方式，保证再生资源收购网点环境整洁，最大限度维护区域环境卫生。还采用统一的收购价格、统一的服务标准、统一的人员服装、统一的资源回收车辆等。到时候，社区、单位就可以把废品卖给再生资源收购网点，非常方便。这样不仅可以改变拉萨市目前再生资源回收市场"脏、乱、差"的局面，规范统一回收市场秩序，而且从根本上扭转区内再生资源只能运往内地处理的被动局面。

他们会在现有基础上，逐步探索政府支持、企业投入、市场运作、社会参与的运营机制，以及再生资源"园区管理"模式，形成以社区回收站（亭）为节点、集散市场为中枢、加工利用为目的的再生资源回收网络体系，实现再生资源回收利用、环境保护、物流配送、公共服务等一体化、连锁式的现代企业经营模式，为拉萨市创建国家卫生城市、推进节能减排、发展循环经济做出贡献。

另外，作为市场的另一项配套设施，再生资源回收集散市场转运中心，先期建成投入了使用。转运中心位于拉萨市蓝天路，建设模式是从内地同行领先企业引进的，功能是对再生资源进行回收转运。可回收的废旧物品被收集起来后，人工分门别类予以分拣。比如在金属回收区，工人把回收在此的铝制易拉罐送入机器，压缩机把易拉罐压缩成类似矿泉水桶一样大小的长方块，每块重约40公斤，然后转移到仓库里码放整齐、等待外运；在塑料回收区，工人把饮料瓶等分拣成瓶身、瓶盖和瓶标，然后分别进行粉碎处理，处理后的材质呈现为约半厘米大小的塑料片，经过消毒灭菌，就变成了塑料制品的原料。回收过来的废旧物品就转化成"商品"，减少了物流运输的成本，提高了再生资源销售的附加值。

垃圾填埋与垃圾焚烧发电。垃圾填埋只是权宜之计，焚烧垃圾发电综合处理才是理想方式。垃圾填埋，就是把垃圾深埋于地下，同地下水隔开、保持干燥，不让其与空气接触，在这样条件下垃圾不会大量分解。因此，垃圾填埋不同于垃圾堆肥，后者是使掩埋的垃圾迅速分解。垃圾填埋场一般采用分层覆土填埋方式，堆积垃圾后覆盖一层沙土，这样可以降低垃圾污染。

自治区在 7 地（市）试行《西藏自治区城镇生活垃圾卫生填埋场运行管理规定（暂行）》。《规定》的管理范围主要包括：生活垃圾进场管理、填埋作业管理、安全管理、填埋气体的处理和管理、渗透液的处理和管理、虫害控制、运行检测和监测、信息管理共八个方面。每项管理均按照国家现行的《生活垃圾卫生填埋技术规范》和《生活垃圾填埋场污染控制标准》等国标执行。垃圾填埋场管理机构对垃圾填埋场大气每月进行一次检测，保证检测点不少于 4 点，检测项目包括总悬浮物、甲烷、硫化氢、氨、二氧化氮、一氧化碳和二氧化硫，对地下水水质监测不少于每周一次。《规定》的实施把全区城镇生活垃圾填埋纳入了正规化、标准化的管理轨道，尽可能降低对城镇环境污染。

拉萨市处理固体生活垃圾方法仍然以填埋为主。垃圾回填后进行机械碾压，就地绿化，只有形成绿地后才可以减少污染。位于曲水县的拉萨市垃圾填埋场日处理均量达到 600 吨，填埋量容量已经超过了四分之三，预计 2017 年左右填满。各县只有当雄县和墨竹工卡县建了当地的垃圾填埋场。

因此在目前，拉萨市发展改革委、住建局、市政管委会等部门，正抓紧其他各县垃圾填埋场建设。比如尼木、林周两县，采用环保的方式新建垃圾填埋场。尼木县垃圾处理厂远离生活区和水源地，距离尼木县城 9 公里，方便垃圾收集车入场，概算投资 1480 万元，占地 32 亩，设计日处理均量

16吨；林周县垃圾处理厂选址原则与此相同，概算投资1490万元，占地38亩，日处理均量27.4吨。两县垃圾处理厂只处理各自县内垃圾，设计使用期为18年。两县垃圾处理场采取喷灌、回灌等方法，突出对垃圾渗液的妥善处理，减少垃圾渗液对环境的二次污染，以及对地下水源的污染。

填埋垃圾毕竟不是优秀方案，拉萨市正在努力把焚烧垃圾发电的理想变成现实。作为国家环保重点监测城市，拉萨市对垃圾焚烧发电项目的态度是：积极、稳妥、充分论证。通过高固体厌氧消化处理技术试点对生活垃圾进行无害化处理，逐步掌握在高原地区利用焚烧生活垃圾、进行发电的关键技术。

拉萨市相关部门已经着手开展垃圾焚烧发电项目的前期工作。市政府向中央财政申请配套扶持资金，资金主要来源于国家发展改革委和环境保护部。相关技术，也在组织专家进行实验性论证。拉萨市垃圾焚烧发电厂选址初定在曲水县聂当乡尼浦沟，与拉萨市生活垃圾填埋场相邻，占地85.7亩。工程分两期实施，一期工程建设日焚烧生活垃圾750吨，配套建设焚烧炉尾气处理设施和余热利用系统，建设内容有综合楼、给水泵房、

小贴士 ▶

我国垃圾焚烧发电产业发展近况。垃圾发电是世界上近30年来发展起来的新技术，可以称得上绿色技术。垃圾焚烧发电，是指使用特殊的垃圾焚烧设备，以城市工业和生活垃圾为燃烧介质，在对垃圾进行焚烧处理的同时，利用产生的能量发电的一种新型发电方式。垃圾发电具有环境和经济双重效益，在发达国家被广泛采用，垃圾处理不断向"资源化"的方向发展，率先利用垃圾发电的是德国和美国。

1988年我国第一座垃圾焚烧厂，深圳市市政环卫综合处理厂建成投产，在我国垃圾焚烧处理技术应用上起到了示范作用。为了加快垃圾焚烧发电的配套设备国产化进程，深圳市市政环卫综合处理厂在引进吸收基础上，开发了"城市生活垃圾焚烧处理技术"，研制出18项高起点国产垃圾焚烧专用设备。上海浦东新区垃圾焚烧发电厂、浦西江桥生活垃圾焚烧厂、广州垃圾发电厂、深圳市南山区垃圾发电厂等几个典型示范工程的设计，均达到了国际领先水平。国内最大的生活垃圾焚烧发电厂是上海浦东新区垃圾焚烧发电厂，该厂建设了3台垃圾焚烧锅炉，2台8500千瓦发电机组；有3条垃圾焚烧处理系统，烟气净化采用石灰脱硫、活性炭吸附和布袋除尘等多种方式，执行欧洲环保标准。

目前，我国垃圾焚烧处理区域以东部为主。国家针对垃圾发电采取多项优惠政策予以鼓励。一是发电量全部收购；二是免除了增值税的征收，在所得税上享受减免政策；三是国家会以垃圾处理补贴的方式向企业支付服务费，即所谓的垃圾处置费。但是，我国垃圾焚烧发电面临一些难题。有些关键技术还没有解决，用循环流化床锅炉进行垃圾焚烧发电、供热，仍处于研发阶段；烟气不达标，造成了二次污染。

生产区焚烧发电车间、循环水泵房、冷却塔、污水处理系统以及配套设备等。

据拉萨市相关部门介绍，《高原缺氧地区生活垃圾资源无害化处理技术研究示范》项目进入了沼气收集阶段，采用厌氧消化技术处理城市生活垃圾。该技术的成功实施，不但可以改变只作垃圾填埋处理的现状，而且可以使之产生沼气，让拉萨城市的生活垃圾变废为宝。

拉萨市 3 座污水处理厂在运营或者在建。 3 座污水处理厂分别是，位于拉萨经济开发区的拉萨市污水处理厂、位于柳中片区的柳梧新区污水处理厂和位于百淀片区的百淀污水处理厂，设计每日污水处理总量为 22 万立方米，尾水达到《城镇污水处理厂污染物排放标准》I 级 B 标准后排入拉萨河。同时，拉萨市将全面布局污水主干道。生活污水全部进入污水处理厂集中处理，工业废水中满足相关标准要求的经污水管道收集后进入污水处理厂集中处理，不能满足排放标准部分，尤其是含有毒有害物质的污水需要经过预处理。

拉萨市污水处理厂污水日处理能力为 5 万吨，现在准备建设二期工程，设计日处理污水 10 万吨。一期工程由中央全额投资 1.22 亿元建设，占地面积 65 亩，2012 年 12 月 12 日正式投入运营，从而结束了拉萨没有城市综合污水集中处理的历史。按照高原地理环境特点，拉萨市污水处理厂采用了先进的 CASS 紫外线消毒工艺（周期循环活性污泥法的简称，工艺运用于污水处理过程中脱氮除磷的效果良好），进口设备为世界一流产品。集中处理中心城区、北城区和西城区等片区的综合污水，只是居民生活污水，还不是工业污水，污水处理设备全天候运行。处理后的水可以用来灌溉农田、洗车、冲刷马路和马桶等，却不能饮用，也不能用作洗菜、淘米、洗衣服、洗澡等生活用水。

进入该污水处理厂可以看到，两栋白色的房子分立门口两侧，左侧是净水泵房和沉沙池，右侧是污泥脱水机房，迎面一座方方正正的建筑占据了厂内大部分地面，这就是污水处理厂的主体建筑生化池，污水在此通过微生物分解得到净化。污水处理厂配套绿化面积达 23000 平方米，绿化覆盖率达到 53%，绿化用水就是经过处理的中水。该厂建成运营有效减少了化学需氧量（COD），具有显著的环境效益和社会效益。化学需氧量，是指用化学氧化剂氧化污水中有机污染物时所需的氧量。

柳梧新区污水处理厂一期工程于 2012 年 3 月开工建设，设计污水日处理能力为 3000 吨；百淀污水处理厂将于 2013 年底前完成选址和设计工作，污水日处理近期规模为 2 万吨，同时预留远期扩建地。

另外，拉萨市污水处理还涉及医院污水。拉萨市各医院将在今后 5 年内陆续建成医院污水处理系统。

自治区环境保护厅的相关专家近期表示，随着拉萨市污水处理系统的建成及完善，相关技术的成熟及先进设备的推广应用，我们将不断减小拉萨城区所产生的污水对地下水资源及拉萨河下游水环境的污染，并可以对当地的空气、人居环境乃至邻近地区的生态环境起到保护作用。

创建国家卫生城市，用心给拉萨美容

又逢"爱国卫生运动月"，拉萨掀起爱国卫生运动新高潮。2011 年 4 月，拉萨市同全国一样迎来了第 23 个"全国爱国卫生运动月"。2011 年既是中国共产党 90 周年华诞又是西藏和平解放 60 周年。为了给双节的庆祝活动营造整洁美观的城市环境，拉萨市自年初就紧锣密鼓地组织市容市貌的净化美化活动。

早在 2009 年 4 月、全国第 21 个爱国卫生运动月来临之际，拉萨市决定：**每年 4 月 18 日为拉萨市"城市卫生清洁日"**，并于当日组织开展以"营造清洁环境，构建生态拉萨"为主题的环境清扫活动。2010 年 1 月，《拉萨市爱国卫生管理条例实施办法》出台，为拉萨市开展创建国家卫生城市提供了法规保障。

弘扬"全国爱国卫生运动月"精神，就是要在"爱国"和"卫生"的旗帜下，宣传与动员社会公众集中开展阶段性的"讲究卫生、美化环境"的卫生运动。创造整洁宜人的城市环境，既是城管部门的职责和环卫工人的工作，又是每个市民的权利和义务。就某种意义来说，一个城市的市容市貌和舒适程度不仅反映着该座城市政府的管理水平和管理成效，环卫工人的工作态度和劳动质量，而且反映着市民的精神风貌和文明程度。常言道，"城市是我家，卫生靠大家。"作为社会的一分子，每个公众既是权利的主体又是义务的载体，我们分享城市优美环境的权利，是与珍惜他人劳动成果、保持城市环境卫生的义务密不可分的，在这一点上谁都不是特殊市民。

2011 年 4 月，拉萨市爱国卫生运动月活动主题是："清洁城市，健康人生。"清洁行动于 4 月 1 日启动，4 月 30 日结束。拉萨市汇聚和整合各方力量，集中治理居民生活区、主要街道、集贸市场、城乡接合部、机关企（事）业单位等场所的环境卫生，清除越冬的垃圾、废弃塑料袋，消除"四害"。其中，园林绿化建设单位负责城区内的绿化、养护区的环境卫生，建设部门组织街面景观的改造、市政道路建设和基础设施建设，卫生部门开展食品卫生、传染病的防治、健康教育宣传和现场义诊活动等。到 4 月 18 日，爱国卫生运动月活动被推向了高潮。

在这一天，拉萨市创卫办、卫生局等多家单位，联合在冲赛康商场门前开展爱国卫生月宣传活动。出动数辆宣传车，在市区主要街道巡回宣讲《拉萨市爱国卫生管理条例实施办法》，以及传染病防治、健康行为、环境保护、食品药品安全知识等内容；组织业务骨干分组到各街道办、社区居委会、大型商场门面前，散发《拉萨市创卫知识宣传手册》；采用通俗易懂的方式，向市民宣传健康环保的生活理念，对近期拉萨城区的水和空气质量状况进行通报，发布"创卫"培训和舆论宣传方面的消息；现场招聘环卫志愿者，发放印有"我爱绿色拉萨"（藏汉双文）的环保袋样品，在大街两旁电线杆上横跨路面拉起横幅，上面用藏汉双语写着"倾心呵护蓝天碧水，合力打造生态拉萨"等标语。

国家卫生城市的标准之一，是城市建成区内无烟草广告。对此，工商部门对辖区内的超市、市场、商店等经营场所进行相关清查。在卫生部门发放的宣传材料上，"吸烟很丑"4个字十分醒目，文字配动画，"芳草地、蓝蓝天，我们不吸二手烟！"则表达了孩子们的呼声。

拉萨市爱卫办在宣传点，向过往市民发放了《拉萨市全民健康生活方式行动倡议书》及"创建卫生城市，你我共参与"的宣传材料。倡导市民培养健康的生活方式，积极影响身边的亲戚朋友，共同以"我健康、我快乐"作为日常行为准则。倡议书还对市民提出了合理搭配膳食结构、保持良好心理状态、营造绿色家园等建议。

拉萨市环保局和科技局则倡议市民，节能减排、共同保护拉萨市的蓝天碧水。环保局号召市民从自身做起、从点滴小事做起，通过购买绿色环保产品、使用无磷洗衣粉、少用一次性制品、不使用塑料袋和一次性餐具等日常消费行为，支持拉萨市的环保工作。科技局发放的《全民节能减排手册》，使用藏汉双文把36项的节能减排内容细化为具体数字。"节水、节电、节能，倡导步行、骑自行车，支持公共交通，减少噪音污染，享受宁静环境"，是科技工作者向广大市民发出的节能减排倡议。

拉萨市环卫局联手市爱卫办，发出倡议：自4月至10月，在城区开展以"喜迎双庆、促进六城同创"为主题，以城市环境和市场秩序为重点的城乡环境整治行动，目标任务是打造"洁美亮绿"的城区环境。以商户门前"三包"为重点，确保商铺所属的卫生区内路面整洁，城市座椅、垃圾桶、果皮箱等公共设施干净无损，城市水系清澈无毒，噪音达标，公厕清洁、全天开放，马路两旁的树干、路面、电线杆、墙体、书报亭、广告牌位，以及公交站牌、过街天桥等没有非法小广告。

除了宣传发动外，这天上午启动了"城市卫生清洁日"大扫除活动。

拉萨市主要领导及各直属部门干部职工走上街头，对市区各包干路段进行卫生大扫除。市委、市人大、市政府、市政协等部门领导来到藏热北路清扫路面。市委副书记、市长多吉次珠，一手攥着笤帚、一手提扒叉，一点一点细致地清扫路面上的小石子、废物碎屑。周围的干部和市民，为市长的认真态度和不怕脏、不怕流汗的劲头所感染，非常仔细地干着各自手下的活儿。

城关区主要领导及直属部门干部职工60余人，与城关区环卫局工作人员一道到红旗路进行卫生大扫除。红旗路位于城郊地段，该路段垃圾散布较多。城关区政府选择红旗路作为大扫除的示范点，目的是希望通过领导同志的以身作则，唤起当地商户和居民的卫生意识和环境观念。洒水车洒过水以后，大家马上挥动扫帚和铁锹，迅速打扫起来。沿路的垃圾渐次被清理起来，送到跟进的垃圾车里。花了两个小时，原本脏乱差的红旗路被洒扫得干干净净，光是浮面垃圾就清出3吨之多。

城关区环卫工人平时轮流休息，今天全部上岗。除了从事正常工作，本日不上岗的被分派到各乡、街道办事处，指导各处卫生整治活动。城关区环卫局的80多辆垃圾清运车全部出动，上路清运垃圾，还有两辆洒水车及一辆宣传车，奔忙在市区部分主干道上进行洒水作业和环卫宣讲。由于本日清理得全面而彻底，运出垃圾比平时多出了60多吨。

嘎玛贡桑街道办，出动100多人清运空地垃圾。街道办组织辖区的嘎玛贡桑社区、统建社区、纳金路北社区、俄杰塘社区等单位的干部、环卫工人和居民，一起来到江苏大道北侧的空阔地面，集中清理卫生死角，把所有垃圾一律"驱逐出境"。这里原是一片居民区，最近被拆迁他处，留下了大量垃圾，跟周边环境很不协调。大家自带工具，分类清理出各类垃圾，运往垃圾处理场。嘎玛贡桑辖区内各处都在进行卫生大扫除，要求不留盲区、铲除死角，有意识地给当地居民做出表率，希望他们平日能把垃圾送到规定区间内。

相关部门联合行动，现场评判环卫质量。由城关区分管领导牵头，拉萨市环卫局、城关区环卫局、城关区督查办、城关区洁达宝洁有限公司、城关区镇（街）办事处等负责人30余名，组成了临时环卫检查评价小组，借鉴布达拉宫广场管理处的先进经验和有效做法，对市区重点部位的环卫状况进行检查评判，对发现的问题给予讨论，提出整改意见和针对性措施。

检评小组在对罗布林卡路、罗布林卡南路、鲁堆林卡路、八一路、金珠西路、和平路、北京西路、娘热路、色拉路、慈松塘路、多底路、藏热路、纳金路、新藏大路等路段环境卫生检查评比中认为，市区大部分路段环境卫生良好，但是有些路段的环境卫生状况不容乐观。主要问题是，部分公厕卫生差、垃圾乱倒现象严重、废弃沟渠成了臭水沟等。

比如在被抽查的三处厕所内发现，鲁堆林卡路公厕和纳金西路公厕管厕人员没穿工作服，鲁堆林卡路公厕大门口有脏点、有杂物堆放，纳金西路公厕内不够清洁。

罗布林卡南路上一家摩托车快修店的墙角一带，遍布着很多油渍、漆黑一片，墙面上涂满了油墨野广告，与周围环境不协调。同时，一些商户随便倾倒垃圾，该处形成了卫生死角。在八一农贸市场门口，每天早上有很多蔬菜在此交易，过往人流量大，生活垃圾和废弃蔬菜遍地丢弃，环卫工人清理难度大。和平路上有一处空地成了附近市民和商户送垃圾的场所，因为散布着大量生活垃圾和建筑垃圾而显得脏乱不堪。在新藏大路一间公厕旁，堆积了不少建筑垃圾，市区部分建筑工地未把建筑垃圾运送到指定地点，随意倾泻在了此处。

多底路旁边的一条小巷内有一段废弃渠道，渠道内各类垃圾浸泡在污水中，散发阵阵臭味。检评人员指出，市民和商户把垃圾扔到渠道内，影响到拉萨"创城"和"创卫"的整体工作，成为城市环境中的斑点污垢，所在社区和街道办虽然坚持清理，但是没能彻底解决问题。

与上述景况形成对比的是，检评组在参观布达拉宫广场时看到：宽阔的广场和路面上没有纸屑、果皮等些许杂物，排放有序的垃圾箱外面干净，旁边没有外溢垃圾，路边灌丛、小片树林、花池、草坪，以及座椅、树坑等小角落，都没发现垃圾和污点，布达拉宫广场管理处旁边的公厕，整洁卫生、管理人员认真值班……

对照先进找差距，检评组表示：除了环卫工人辛勤工作外，街道办应该加强监督检查，注重环境卫生保持；执法部门要采取批评与罚款相结合的办法，对破坏环境卫生行为及时处理；宣传部门除了做好常规宣传和舆论引导工作外，动员广大市民相互监督，通过媒体公布卫生监督电话（0891—6365195、6324040），鼓励举报。

另外，为了落实环境卫生管理措施，城关区环卫局派出由14人组成的4组环卫监督组，分别负责监督检查老城区、城东、城西、城北4个片区的环境卫生，工作时段为每天早上8时30分至晚上9时。监督组在责任区内进行不间断巡逻，既要监督清洁工人清扫的质量，又要协调处理市民举报的问题。

拉萨公交发起"周六义务劳动"，定期给公交站点"梳妆美容"。 拉萨市公交系统按照"文明、整洁、安全、美观、实用"的原则，组织周末在休的干部职工，对公交站台座椅、附近一定范围内的绿化带及广告牌进行卫

小贴士 ▶

"全国爱国卫生运动月"是怎么来的？四月份是"全国爱国卫生运动月"，1952年美国对我国发动细菌战是全国爱国卫生运动发起的国际背景。

1952年2月29日，美国出动飞机14批共148架（次）侵入我国安东穴丹东雪、抚顺等地，先在抚顺，后来在其他地区播撒带有病毒、细菌的昆虫，对我国发动了细菌战争。当年3月14日，政务院决定成立中央防疫委员会，任务是领导反细菌战，开展爱国卫生运动。3月19日，中央防疫委员会向各省（市、自治区）发布反细菌战指示，要求各地做好灭蝇、灭蚊、灭蚤、灭鼠，以及杀灭其他病媒昆虫工作。1957年9月，党的八届三中全会明确，爱国卫生运动的目标任务是："除四害，讲卫生，消灭疾病，振奋精神，移风易俗，改造国家。"1958年2月，《人民日报》发表社论指出，以除"四害"为中心的爱国卫生运动，从除"四害"做起，普及卫生常识、破除迷信，消灭各种疾病及其根源，增进人民的健康。

1978年4月，中共中央、国务院决定：重新成立中央爱国卫生运动委员会，发出了《关于坚持开展爱国卫生运动的通知》。同年8月，中央爱卫会在山东省烟台市召开全国爱国卫生运动现场交流会，提出了新时期爱国卫生运动的任务是：城市重点整治环境卫生，农村管好水、粪，标本兼治。

生清理，捡拾垃圾，更新线路图和广告图片。据介绍，周末在休的干部职工没有特殊情况的都能自觉到位，大家边劳动边交流相关情况，说说笑笑并不觉得累，能为拉萨"创城"和"创卫"做点事情，感觉光彩、有意义。

系统领导身先士卒、坚守一线，既当指挥员又当战斗员。大家表示："目前是我市'创城'和'创卫'工作的冲刺阶段，主要任务是查缺补漏，不仅对卫生死角进行彻底清理，而且要对重要部位的'脸面'做'细妆'处理，净面又美容，努力提升拉萨公共环境质量和层次，把拉萨靓丽的容颜留给国内外的游客，确保达到'双创'的卫生指标。"

外地游客普遍反映：拉萨环境越变越好了，天总是蓝蓝的、云朵白白的，空气透明、洁净，真是不错；环境卫生保持得挺好，保洁人员忙碌的身影随处可见；公交人员服务态度和气，"春天的拉萨很温暖，给我们留下良好的记忆。"

街面环境卫生管理　萨拉市多方发力

对城区店面的环卫管理，推行"门前三包"责任制。合理划定商户的责任区范围，明确商户的权利和义务；采取教育与处罚相结合的办法，帮助商户树立公德意识、养成良好的卫生习惯。2009年出台的《拉萨市市区"门前三包"责任制规定》，把这项管理制度升格至法规法制的高度，"门前三包"责任制作为市民公约，上了墙、规范商户日常行为。

"门前三包"，是指包绿化、包秩序、包卫生。包绿化，要求商户保护好责任区内的树木、花草、绿地，以及相关的绿化设施，树木上不得乱拉线、挂物，不攀折绿枝、花枝，不得往绿地花坛泼污水、倒垃圾。包秩序，要求商户自觉爱护市政市容的公共设施，不得在责任区内违章搭建、从事店外经营，不得发生摆摊设点、乱挖滥采、任意堆放，以及利用高分贝音响招引顾客等违法行为。包卫生，要求商户在责任区内主动做好净化、亮化和美化工作，保持墙体净洁，公共设施上没有"牛皮癣"，在冬季及时清除积雪，在夏季清淤排污，净化和亮化户外广告牌匾，保证其完好无损、字体工整、信息准确，净化和美化建筑物、墙体、门面、栏杆上的装饰，保持门前空地卫生、通畅、无杂物，门面台阶无破损，适时铺设防滑垫，确保顾客上下安全等。

"门前三包"所及内容，既是拉萨市商贸区存在的现象又是拉萨市创建全国文明城市和全国卫生城市必须破解的难题。目前，商户的大局意识和责任意识有待增强。据报载，在纳金路上，部分铝合金加工店的商户以"三包"区间为自家院落，在人行道上饲养鸡鸭，有的把沙发、椅子、饭桌以及孩子写作业的桌子摆在"三包"区域里；有的占道经营，相互仿效搭建"店外店"，挤占铺面前的空地和通道。有些商户的卫生意识和公德意识淡薄，很多茶馆和饭店门前残茶泔水污迹斑斑，宠物以及孩童的粪便不能及时清除。有位女士打电话向媒体反映，有一天，她正在朵森格路服装摊位前选购衣服，突然从旁边一家服装店里飞出一股珍珠奶茶，险些给她洗了个"奶茶脸"……诸如此类，不一而足。

保持城区店面的整洁、和谐、美观，成为市政管理的重要目标和监管执法的着力点。全面落实"门前三包"，就成为拉萨市综合整治市容市貌的攻坚战。

落实好"门前三包"，既需要明确要求又需要说服教育。只有思想通了，行动才自觉。自2011年以来，城关区市政市容管委会和城关区城市管理综合执法局，联合交警、工商、环卫，以及街道办事处、社区居委会等部门，对拉萨市主干道沿街商户进行了深入宣传，广泛发放宣传品，利用流动广播宣传相关法律法规、市（区）职能部门的管理规定。城管执法人员对"店外店"、乱摆地摊兜售商品、乱停乱放、占道经营、在公共场所流动叫卖等行为进行耐心劝导，强调商户不得把商品或者展柜摆放到门市外面，不得在人行道摆摊设点，不得把车辆停放在盲道上，不得违章悬挂广告牌，不得在门市外墙壁或者市政设施上涂写张贴小广告，等等。

落实好"门前三包"，既需要鼓励又需要处罚。行为主体受到了激励，行为结果可能大放光彩。做事的主动性和创造性是需要调动的，孩子是这样，成年人也是这样。对待模范落实"门前三包"责任制的单位和个人，拉萨市人民政府予以了表彰、奖励；对拒不履行"门前三包"责任制的单位和个人，由执法部门责令限期改正，对仍不改正的给予曝光，依据相关法规进行处罚。

经过集中整治后，城区街道基本达到目标要求，多数商户和商贩通情达理，表示愿意配合整治工作，把门前摆放的展柜和水果摊等收到店铺内，人行道上摆地摊的商贩越来越少了。同时，越来越多的商户把"门前三包"责任书张贴到铺面醒目位置上，有的在其上标画、圈点，自觉熟记上面的条文。在拉萨市的街头巷尾，甚至一度出现过一家老幼互考"门前三包"条文内容的感人场景。

拉萨市治理城市"牛皮癣"，既问计于民又实行警民联防。城市"牛皮癣"，是市民对泛滥成灾的城市野广告的蔑称。虽然为市民深恶痛绝，但是牛皮癣繁殖能力顽强，遍及公交站牌、电线杆、人行道、供电箱、信息亭，以及其他市政设施和建筑物上、公共场所的角角落落，字迹潦草，密密麻麻，重复交叠，杂乱无章，既影响市容，冲击视线，又混淆信息，干扰广告市场正常秩序。

"张贴或者涂画牛皮癣的人都是属'夜猫子'的，每天深更半夜出来活动，与监管人员打起'游击战'，谁有他的闲工夫多啊？你看，我好好的店面被搞成这个样子！"一位开广告门市的陈先生，指着店面墙壁乱涂的字迹逢人就诉说，一脸的厌恶和无奈。在金珠西路上，一位水果店女老板气愤地表示，她店面旁边是一面白色墙壁，总被人写上野广告，经常看见城关执法人员进行清理，但是效果并不好，城管人员刚把墙壁刷好，一夜之间又被涂写上了，而且在新刷好的墙壁上更加醒目。

拉萨市政部门在推行"门前三包"责任制过程中，曾经把清除责任区内的牛皮癣、制止乱涂滥画行为，作为"门前三包"一项重要内容，划归商户负责。不少商户对此表示无奈，清理牛皮癣太犯难啦！一直以来，商户和监管人员日夜都在与牛皮癣制造者进行游击战和持久战。

为了欢庆重大节日而营造清洁优美的公共环境，机关单位就动员和组织干部职工，到辖区主要路段集中开展清除牛皮癣行动，轮流作业。2011年春节和藏历新年前夕，拉萨市多个部门几乎是全员出动，对城区建筑物、交通标志杆、景观护栏、马路两旁地板砖上等部位的张贴物和字画墨迹进行清除。

比如 1 月 14 日上午，北京中路上拉萨市城市管理综合执法局执法大队20 余名工作人员，冒着飘雪走上大街。一手提水桶，一手握着刷子、小铁铲，逐一查看道路两侧建筑物和路面上粘贴的牛皮癣，先用刷子蘸水将其浸湿，然后用铲子刮磨，或者使用钢丝清洁球摩擦。在操作过程中，污水不时顺着手臂流进衣袖里，或者溅湿、玷污半截袖管。纸质牛皮癣贴得到处都是，字码和简图多用油漆喷涂，清理起来耗时费力，令人不耐烦。沿途附近的市民和商家因此深受感动，有人自备工具而主动加入到劳动者队伍中。"这是细活，得有耐心，擦去一块'牛皮癣'至少要花几分钟。"警民边干活边议论，相互协作干得认真、细致。大家相约，警民配合共同维护公共场所的整洁，随时监视和制止随处涂鸦手机号码和"办证""贷款"等黑漆乱字，以及非法张贴的野广告。

几乎同时，在宇拓路上，来自拉萨市自来水总公司的 20 余名工作人员，每人一手提着涂料桶，一手拿着刷子，依次对临街墙上的各块牛皮癣来回涂盖。天气寒冷，涂料干得慢，按照"尽量保持与墙体颜色一致"的要求，彻底清理一块牛皮癣，每人平均要花费 10 分钟的时间。

而在娘热南路、多森格路北段上，拉萨市环卫局、拉萨市市政工程养护管理处的干部职工，奋力出招，对犄角旮旯里或明或暗的牛皮癣施行手术。在清除牛皮癣活动中，执法人员还对行人和商户进行宣传教育，希望保持好门前环境卫生，把"门前三包"落到实处。

为了有力遏制城区牛皮癣泛滥蔓延趋势，2011年4月，《西藏日报》《西藏商报》等新闻媒体面向市民征求对策。市民踊跃献计献策：根治牛皮癣措施之一，就是把野广告上的电话强制停机；措施之二，监管人员配合治安巡警夜间潜伏、待机而动，因为喷制、张贴野广告都在夜间行动。

措施之三，责任区内的商户也要互相监督，防止发生"监守自盗"现象；大力倡导讲究卫生、爱护花木和公共设施的文明行为，通俗易懂地宣讲"人民城市人民管、管好城市为人民"的道理；弘扬好人好事人人夸、坏人坏事人人打的社会正气，激发公众对损毁市容市貌行为的义愤，推介相关的典型人物和典型事迹，让市民进行口耳颂扬；要求片区监管执法人员加强夜间巡查，对现场抓获的不法分子予以重责。

措施之四，分享经验。城关区仙足岛社区居委会介绍经验：在社区门口设置了便民服务台，为居民和商户发布房屋出租、店铺转让等信息提供专门场所。该服务台上面的广告内容可以定期更换，既方便了居民和商户对信息的需求，也从源头上遏制野广告泛滥的势头。

节庆期间主城区烟花燃放，政府有规定。 2011年春节和藏历新年期间，为了保障市民人身、财产安全，保持街面清洁卫生，老城区等场所禁止燃放烟花爆竹。

市政府发布《拉萨市市区限制燃放烟花爆竹规定》，首次以人民政府令的形式规定限制燃放烟花爆竹行为。《规定》晓谕：拉萨老城区、学校、医院和古建筑群、文物建筑区、重点居民区、公众聚集场所，均为禁放区；禁止燃放、生产、储存、经营烟花爆竹。在非禁放区域内生产、储存、经营烟花爆竹的，必须经过拉萨市安全生产监督部门批准。

市公安局要求市民在燃放烟花爆竹时，严格遵守《拉萨市市区限制燃放烟花爆竹规定》。明确：老城区，即市区东至林廓东路、南至江苏路、西至多森格路、北至林廓北路，布达拉宫广场、宇拓路、康昂东路、娘热路南段、中和国际城，以及党政机关、军警营地、医院、学校、市场、电信、广播电视设施、桥梁、大型仓库、变电站、加油站、液化气站及其周围200米区域、古建筑群、文化建筑区、重点居民区、公共聚集场所等列为禁放区。

上述范围内禁止燃放、生产、储存和经营烟花爆竹。对于违反规定的，任何单位和个人都有权制止和举报。个人在禁放区燃放烟花爆竹的，处以50元以上、200元以下罚款；单位在禁放区燃放烟花爆竹的，对单位处以300元以上、1000元以下罚款，并对直接负责的主管人员和直接责任人员进行处罚。

拉萨市公厕覆盖全市区，整洁、方便又美观。公厕是一座城市最重要的基础设施之一，疏密有度布置在市区适当位置上。公厕布局和公厕面貌，可以直观反映一座城市的管理水平和人性化服务质量。拉萨市区现有公厕158处，集中分布在主干道路、旅游景点、公共场所周边。拟定近期再建52座。改建和新建公厕全部达到国家二级标准。内部设施整洁方便，外部装饰体现民族建筑特色，做成城区小景。

拉萨的公厕通风好、采光好，采用水冲式洗刷方式，配备残疾人设施和无障碍通道。城关区环卫局建立了"日检查、日报告、日抢修"管理制度，规范作业标准、作业质量和作业程序，在"三无四净"标准基础上，要求"两天通洗一次"、全天候保洁，做到管理间整洁无异味、物品摆放有序整齐。

除了有专人日常清理外，拉萨市创卫办不定期组织力量进行集中整治。特别是在蚊蝇滋生季节里，为了防止疾病传染，频繁对公厕进行彻底清洗，对厕所内犄角旮旯难以冲掉的陈垢，用小铲子和硬毛刷子加以深入清除，还对垃圾堆放点和卫生用具喷洒消毒药水，对于蚊蝇藏身的阴暗角落进行清理。因此，在夏秋季节里市民见不到蚊蝇已经不足为怪，外地游客住在拉萨，对昼夜见不到蚊蝇感到新奇。

城关区环卫局还抽调专人成立夜间巡逻队，队员配备了公厕工作督查车辆、照相机、对讲机、手电筒等，每天坚持晚8点至次日早8点对人员密集区域的公共卫生间巡逻检查，查看公厕内部基础设施是否完好及安全状况，是否有人偷用公厕内的水电。一旦发现异常情况，当场记录，及时反映给相关管理部门备案。此项工作自开展以来，公厕内部设备受损率明显下降，水电供应正常。

自2008年以来，为了提升拉萨公厕的整体质量，相关部门陆续对年深月久的公厕进行改造。2011年7月，城关区洁达环卫保洁有限公司对拉萨市第二小学附近、扎西新村附近、拉萨市第二中学附近等9座老式厕所进行升级改造，重新布设上、下水管，内部地面和墙面铺设瓷砖，配备灭蚊器、洗手液和洗手镜，外部墙壁粉刷油漆、仿瓷涂料。相关部门加大投入，把公厕打造成城市一景，市民反映良好。

另外，拉萨市环卫局应市民的要求，在总结第一期给公厕安装太阳能经验的基础上，开始筹划第二期"太阳能公厕"数量和选址工作。

为了方便市民卫生监督，《西藏商报》适时开设《"创卫"监督眼》栏目。一座城市的市容市貌，经常处于按照一定的原则和标准被塑造中，体现出城市的建设性；同时，在特定空间和时间范围内，城市的市容市貌是确定的，体现出城市的保持性。建设行为和保持行为，都是城市发展和完善的动力，而保持性是基础，也意味着经常性。

为了配合拉萨市创建国家卫生城市行动，保持良好的市容市貌，及时反映环卫工作中的突发事件，鼓励市民相互监督，形成环境卫生齐抓共管的局面，2010年6月，拉萨市城关区联合《西藏商报》，开启了创建国家卫生城市监督眼行动。《西藏商报》开辟了专栏，为市民行使监督权力搭建信息平台。通过报道和访谈环卫方面的热点问题，以督促相关部门迅速有效地予以解决。

2011 年 3 月 31 日，市民德吉打进《西藏商报》热线电话反映：拉鲁社区部分临街巷道内无大型垃圾箱，有些居民把生活垃圾倒在巷道里，既妨碍市民出行，也影响市容市貌。随后，《西藏商报》记者前往拉鲁社区查看，目睹社区临街巷道的地面上堆放着生活垃圾，地面上污迹斑斑。就在记者拍照时，附近一位商户告诉记者，很多居民把垃圾倒在此处，尽管每天都有环卫工人前来清理，但是当环卫工人打扫完离开后，又有人往扫干净的地面上倒垃圾。

"距离巷道只有几米远的人行道有果皮箱，大家为什么不把垃圾倒入那儿的果皮箱呢？"记者发问。这位商户笑道："果皮箱那么小，能装多少垃圾呀？有时候这儿的垃圾堆积如山，巷子里的人进出都不方便。"事后，记者走访了多个社区注意到，不少社区没有设置大型的垃圾箱，居民似乎约定俗成把某个角落当成垃圾场。"社区里没有大型垃圾箱，倒垃圾确实不方便，"在雪社区，居民次珍告诉记者，"垃圾倒在巷道里，我们觉得居住环境受污染，出行不方便，希望相关部门能够在社区里设立垃圾池，解决社区居民倒垃圾难的问题。"

2011 年 4 月，在拉萨市"城市卫生清洁日"前夕，市民王先生拨打《西藏商报》热线反映：藏热北路自前一年修好投入使用后，就一直没有人清扫，路段的环境卫生有点差。记者接到举报后赶往现场，在当热路与藏热路交汇处，就看到此处一个大垃圾箱已经装满了垃圾，并盖上了篷布，垃圾箱外还有一堆垃圾。藏热北路没有垃圾箱，一路上垃圾随处可见，尤其是绿化带中，各种颜色的塑料袋、纸屑、包装盒等夹杂在绿化苗木内，使新修的藏热北路显得十分脏乱。

藏热北路旁的商户崔先生反映说，藏热北路自上一年修好后就一直无人清扫，偶尔有琅赛花园里的保洁人员会打扫一下琅赛花园后门正对着的小部分路段；沿街商户的垃圾都是往琅赛花园里倒，藏热北路没有果皮箱，行人总是随手扔垃圾，久而久之，新修的藏热北路的环境卫生就越来越差了。

就此，记者走访了城关区环卫局，副局长桑珠次仁解释说：藏热北路去年才修成，还没有验收移交，目前环境卫生依然由施工方负责。出于方便附近商户和居民的考虑，藏热村委会在当热路和藏热路交汇处放置了一个大垃圾箱，但是近日由于垃圾清运车辆出现故障，垃圾箱里的垃圾就没能及时清运出去。

另外，包括藏热路在内，拉萨市自 2006 年以来新建或者改造的江苏西一路、江苏东一路、江苏大道、七一路、滨河大道等 16 条道路的卫生问题，因为没有移交，城关区环卫局没有相关经费，这些路段至今没有固定环卫工人清扫保洁，很多路段垃圾箱缺失或者不足。藏热中路和藏热南路沿街商户和居民较多，垃圾产生量较大。为了维护市容市貌，尽管没有正式移交，城关区环卫局还是安排了近 30 名环卫工人进行保洁，其他路段环境卫生，城关环卫局一般都是依据实际情况，定期或者不定期抽调一些环卫工人清扫和清运垃圾。藏热中路上环卫工人正在清扫路面，居民也说这里每天有环卫工人清扫路面。

桑珠次仁副局长表示，他们局已经决定予以挂牌督办。就这 16 条路段需要的环卫工人人数、垃圾收集和清运方式都做了相应安排，积极争取相应的经费，一旦批复即可安排人员上岗，将对上述路段环境卫生进行全天候维护。

经过一年，《西藏商报》的《"创卫"监督眼》栏目发展成为市民快速反映环境问题的信息通道，发挥的舆论作用越来越大。为了巩固市容市貌现有的治理成果，倡导"讲卫生、保清洁、爱城市"的社会风尚，营造污损市容有人管、爱护市貌有人夸的社会氛围，拉萨市牵手新闻媒体，继续开展群众性的环境卫生问题监督举报活动。鼓励市民如果发现身边环境卫生脏乱差、存在卫生死角、"门前三包"没有落实到位等问题，就请随机拨打拉萨市创卫办电话（6346072）、拉萨市城市管理综合执法局电话（6386395）、城关区环卫局电话（6324040）和《西藏商报》热线电话

（6970000）进行举报。针对反映的问题，记者会在第一时间赶赴现场采访报道，向相关部门汇报情况，共同协调及时予以解决；市民在反映问题时，可以在现场拍照取证，图片一经被媒体采用，即按照相关规定和标准付给稿酬。

2012年4月12日，柳梧新区有市民反映：最近老是闻到焚烧塑料的怪味，怪味儿是从河边传过来的，好像有人在那边焚烧垃圾。

所在辖区的民警接警后，立即对沿河路南面的工厂逐一走访调查，果然在一家废旧塑料胶条厂内发现了市民反映的情况：厂内堆满了塑料垃圾，一些地方留下明显焚烧垃圾的黑印迹，现场臭气熏天。接受查询的工人坦言，他们在筛选废旧塑料过程中，对不可利用的塑料就近焚烧了；每次集中焚烧都采取小火慢烧的方法，烟雾不大，所以不容易被发现。根据现场垃圾焚烧残留物判断，非法焚烧垃圾半月有余。民警注意到，该塑料胶条厂附近是木材家具厂，这里存在火灾隐患。因此，民警通知厂方负责人，要求立即停止焚烧垃圾的违规行为，同时召集厂里工人进行安全教育。

厂方表示，类似行为以后不会再发生；民警计划把该厂列为每日巡查的重点单位，随时前往检查。

6月初，有市民打电话反映：污水发臭，沿河居民不敢开窗。拉萨河是拉萨市的母亲河，市民很热爱这条河，每到周末、节假日，大家不约而同，成群结队来到拉萨河沿岸，尽情享受拉萨的灿烂阳光。但是，太阳岛西桥的拉萨河边发出阵阵恶臭，过路行人皱眉头、捂鼻子，这让游人和路人都很扫兴。

随后，有记者从太阳岛西桥顺着中和国际城朝阳路往拉萨河边走去，离河岸还有很长一段距离，就闻到令人作呕的阵阵恶臭。走到河边，看到有一根粗大的排水管正在向河内排放污水，周围有很多的垃圾，在强烈阳光照射下腐烂发臭。居民的生活污水，包括冲刷粪便的污水和洗涤污水，是河流的污染源。住在沿河一侧的居民反映，盛夏时节不管天气多热，他们连窗户都不敢打开，只能在房间里闷着，出行时也尽量避免从污水排放处经过。

不久以后，到了 2012 年 7 月，拉萨市正式启动建设拉萨河景观工程。既是为了满足城市防洪安全、改善沿河居民生活环境的需求，又是打造沿河精品景观带、促进旅游业发展、建设环境友好型城市、保持人与自然和谐共处的需要。按照打造城南沿河商住带规划，"十二五"时期城关区将以仙足岛、太阳岛为主体，加快对拉萨河流域综合治理，加强对沿河企业、经营场所的环保监测力度，预防、杜绝重大污染事件，保证拉萨河总体水质维持三类标准。

2013 年 4 月，拉萨市创卫办联合《西藏商报》开展"创卫督办"行动，跟踪报道拉萨市区环境卫生状况，以及市场上食品药品质量问题。如果市民在生活中遇到了相关问题，就可以拨打办举报电话（0891—6346072），责任部门将在第一时间里做出反应，并欢迎市民广泛参与和积极配合，监督相关事件的处理过程。

环卫工人，您辛苦啦！

环卫工人的工作态度和工作成效，决定着一座城市的卫生状况和市容美丑。大家都说一座城市是全体市民共有的家园，环卫工人则是负责这个家园卫生的我们市民的"家人"。凡是能真正爱护自己家人的人，他一定能真诚爱护环卫工人；能保持自己家庭卫生的人，他也一定能自觉保持城市卫生。如果每个市民养成了爱护环卫工人、保持城市环境卫生的良好风气，就一定会极大地激发环卫工人的工作热情和工作干劲，把城市的环境卫生搞得更好。整洁城市、美丽家园，有环卫工人的特别付出，也有市民的可贵贡献。

"我们可是城市的'美容师'啊！"当《西藏商报》的记者把采访镜头对准央金组长的时候，她拗不过众姊妹的推推搡搡，就羞羞答答地站到镜头前，居然说出一句"太自豪"的话："我们可是城市的'美容师'啊！"但是在要求讲一讲她的故事的时候，她连连摆手，慌忙"逃离"了现场。

央金，宗角禄康公园内卫生责任区的环卫工人，担任卫生片区组长。她身穿橙色工作服、戴着蓝色口罩，一手提扒叉、一手握着扫帚柄，时而穿行在树丛、灌木和草坪之间，动作娴熟地清除、收集着游客随手丢弃的垃圾，时而认真细致地擦洗垃圾箱、护栏和座椅，还要整理和拉紧大树间护卫草坪的缆绳……行脚匆匆、忙忙碌碌，却也平淡无奇，不会吸引谁的注意力。

央金介绍说：与她一样，一线工人平均每人负责管护近3000平方米的清洁区。除了保持路面洁净、清理道路两侧树丛垃圾外，还要擦拭垃圾箱和景观护栏，清除"牛皮癣"。这些都是分内工作，没啥可说的。只是让工友们感到苦恼的是，"有的市民把烟头、果皮、瓜子壳、饮料包等垃圾抬手就扔到绿化带里，有的把口香糖残渣随口吐到路面上、栏杆上，有的把宠物牵到公园里，四处拉屎撒尿，这些都很难清理，增大了我们的工作量。"通过媒体呼吁：希望大家对环卫工人多一分理解，学会分类丢垃圾，把垃圾投进附近的垃圾箱里，注意保持公共卫生。

宗角禄康公园对面的路面上，另一环卫女工、片区组长卓嘎，经常被沿街老街坊唠叨：作风干练，任劳任怨。她，身着黄马褂，头戴太阳帽，手执扫帚、扒叉，匆忙走在市区的大街小巷、犄角旮旯；路面干净、路边设施整洁，是她追求的工作业绩。2011年4月23日早晨6点，卓嘎正和工友们在林廓北路清扫路面：她微微佝偻着腰，把地面上垃圾扫成一堆一堆的，再用铲子逐一收集起来，倒进开过来的垃圾车，一举一动干净麻利。

这段路面，是卓嘎的保洁区。处于市区繁华地带，人流量和车流量大，清扫任务繁重。每天凌晨五点半，要开始清扫，一轮下来就需要2—3个小时。为了保证清扫质量，扫过一段之后来回巡查一遍也是不可少的。路边的果皮箱脏了污了，她要逐个擦拭干净；道路绿化带若有杂物，她一个一个捡拾起来，手够不到的地方，就用夹子掏出来。太忙的时候，她的一日三餐就挤在工作间隙解决。后来，卓嘎当上了组长，更加严格要求自己，苦活累活抢在前面干；坚持每天第一个上岗、最后一个下岗。

"看到我负责的路面清洁卫生，是最舒心的事情，再苦再累也不觉得什么，"在被问到干这份工作的体会时，她坦然地说，"我们每天都在给城市'洁面美容'，把她打扮得干干净净，尽量给来到这里的人们留下一个好的印象、舒服的感觉。只要大家能理解配合我们的工作，珍惜我们的劳动付出，保持好这一带的环境卫生，就是对我们的理解和回报啦！"

愿望是理想，现实并非如人所愿。有一次，正当卓嘎往前赶着清扫路面时，路边一个市民顺手往前面路上扔出垃圾，她只得停下清扫，上前收拾那包垃圾，投入附近垃圾箱里，却看到那个市民的白眼。这样事情有过几次，她都忍受了、默默处理了。时间久了，沿街商户对她熟悉了、尊重了，甚至成了朋友与她打招呼问候。一家甜茶馆老板每次看到卓嘎经过他店门前，总笑着邀请她进店歇一歇，喝碗甜茶、吃口藏面什么的。

做环卫工人16年了，卓嘎记不清自己扫过多长的路面，捡过了多少垃圾，清洗过多少个垃圾桶，只是感受到这座城市一天天变得干净、漂亮起来了。早上8点钟，这座城市的一切都沐浴在和煦的阳光里，路上的行人多了起来，卓嘎加快了清扫节奏，汗水顺着她的面颊流淌下来，卓嘎略一停顿，手抓着袖管往脸上囫囵抹了一把，就急匆匆朝前趱奔……

2013年春节、藏历新年来临之际，为了让市民能在一个整洁和谐的环境里迎接新年，2月9—11日城关区一线环卫工人1562名被要求全部在岗，到12—15日再陆续恢复到此前的轮班作业。因为在除夕夜，市民有集中燃放爆竹和烟花的风俗习惯，市区地面垃圾激增。同时，社区的生活垃圾和废弃物成倍增加。环卫工作一下变得繁重起来，每天清出的仅路面垃圾就超过500吨。每个环卫工人都要在清洁区坚守岗位，及时妥善地清理垃圾，直至凌晨两三点钟。如果不能清理完，次日早晨就得提前去接着干，以实现垃圾日产日清的工作目标，全天保持着责任区内环境清洁。在市区的繁华地段，70台垃圾清运车不分昼夜往返于作业点之间，3辆洒水车往来于市区主干道上，加派人手近于一倍，还是要比平时忙了许多。

夜幕降临，除夕近了。拉萨市区大街小巷路灯齐刷刷亮了起来，熠熠生辉，千家万户门前张灯结彩，鲜亮喜庆，震耳的爆竹声此起彼伏，响成一片，五颜六色的焰火从四面八方接二连三蹿入空中，交相辉映；马路上大货车少了，公交车稀了，出租车依然匆匆穿梭，小轿车也在急速奔跑，人行道上行人结伴，家人迎候，远方游子挈妇将雏，提篮背包……这一切明示，我们翘首期待的新年来到了。

与此同时，拉萨城区的各个角落，每条马路上，到处布满了环卫工人影影绰绰的身影。他们穿行于车辆中间，被挟裹在人流之中，急忙打扫着纸屑，归拢杂物，手脚麻利分拣着陈年旧物，妥善清理着餐厨垃圾，顾不上擦一把汗，来不及歇一歇脚……在万家团聚、举杯庆贺的新年氛围中，一千几百名环卫工人家庭的餐桌旁他们集体缺席了。

关注环卫工人的作业安全，提高待遇，改善条件。凌晨，被称为环卫工人的"黑色时段"。环卫工人容易发车祸的时段在凌晨，也许因为这个时候，司机夜间驾驶疲劳，反应迟钝，加之车速快，光线暗淡。近年来，随着拉萨市机动车辆日益增多，环卫工人在作业期间遭遇伤害事故频繁发生。2011年8月的一个早晨，环卫工人达瓦正在当热路团结新村附近清扫马路，被一辆无牌白色猎豹汽车撞到，司机勉强把他送到医院就消失了踪迹。

娘热路农贸市场对面的路段成为交通事故多发地，人流车流量全天候都相当大。很多摩托车、出租车争速抢道，满载的大货车、机动三轮车出入市场十分繁忙，过路的购物者、附近居民、行人似乎都在仓皇失措愁一路。不久前，环卫工人卓啦在娘热路批发市场门前非机动车道上清扫马路时，被一辆疾驰的电动车撞到，电动车随即溜了。卓啦右手骨折，安装了价值1万元的支架，在医院接受了手术治疗。丈夫去世了，她要拖儿带女。

据统计，清扫保洁人员中60%超过45岁，90%以上是女性。每天早晨6时上班，晚上9时下班，对各自负责的区域每天至少进行3次通扫，做到全天候保洁，避免卫生区漏点、漏段。149辆垃圾清运车对每天清理的垃圾做到"日产日清"。他们每天与灰尘、细菌"亲密接触"，防护措施只是一双手套、一片口罩，清洁工因此成了流行病的高发人群。令他们头痛的是，有的商户觉得交了卫生费，就可以随手乱丢垃圾，造成清洁工反复清扫，加大了工作量。他们的待遇不高，干的却是最脏、最累的活，每天起早贪黑在公路上穿行，危险性也是最高的。

所幸的是各级政府能理解和体恤环卫工人，惦念、关心着清洁工人的工作条件和生活待遇，积极采取保护措施，保障清洁工的身体健康和生命安全，脏了、累了，不忍心让他们再受委屈，不忍心让他们提心吊胆地工作。

小贴士 ▶

1. 拉萨创建国家卫生城市的口号。拉萨是我家，卫生靠大家；管住脏乱差，全靠你我他；垃圾本有家，我要去送它；多一份自觉，多一份清洁；讲究卫生，美化市容；做拉萨主人，当"创卫"先锋；爱我拉萨，热心创卫；绿色家园，美丽拉萨。

2. 城关区环卫局管理方式。推行环卫作业"包干责任制"，实行"二保五定"制度，领导包片区、环卫工人包路段，垃圾清运车定人、定岗、定点、定油耗、定标准；要求做到"三坚持"，坚持全天候保洁、坚持垃圾日产日清、坚持一日两次洒水降尘；点面结合、以点带面，在确保北京路、宇拓路、朵森格路等重点区域卫生达标基础上，实现市区环卫作业全覆盖；推行环卫作业企业化操作，环卫保洁有限责任公司量化每个环卫人员的作业量和任务完成的质量情况，明确责权利，让环卫的管理层跟作业层分离开来。

2011年拉萨市和城关区两次给环卫工人提高工资，由2011年5月之前的每月950元涨到2011年10月的2000元；自2012年起，两级政府为所有环卫工人购买养老保险、工伤保险、意外人身伤害等险种；2012年拉萨市特地为环卫工人修建了休息室，位于市区的23所休息室11月完工，环卫工人有了"临时的家"，基本结束了街头风餐、露地休息的艰苦生活。

为了方便环卫工人雨天清扫，城关区为1568人发放了雨衣和工作服，包括雨帽、雨衣、雨鞋，以及新的工作服。新雨衣色调以醒目的黄色为主，衣服中部设计了两条反光条，是为了保证环卫工人工作时，能对道路上车辆驾驶员起到警示作用。领到新工作服，大家十分高兴，不少人当场试穿在身，兴奋地说：今后雨天干活不再为衣服被淋湿而担心了。

只有切实地把他们保护好了，我们才能拥有一个安全、整洁、舒适、清爽的城市环境。

2013年3月，西藏全区4名环卫工人获住建部表彰，这是我环卫工人获得首届国家奖项。他们分别是来自拉萨市城关区环卫局的索朗卓嘎、日喀则市环卫大队的清掏工巴桑次仁、阿里噶尔县城管监察大队组长巴桑拉姆和昌都洛隆县住建局工人永青措姆。同时，自治区住建厅的领导考虑到环卫工人常年坚守工作岗位、平日休息甚少，于是在他们赴京领奖之后，特地安排了他们在北京和成都参观浏览，姑且补个小长假，让身心放松一下。

实施生态立市战略，创建国家园林城市

现代城市化的绿色理念。发达国家在城市化中形成的一个理念是：城市规划要预留出新鲜空气通道。2010年3月24日，《参考消息》刊载题为"气候变暖挑战城市规划"。文章说：各种气候模型都预测，未来的世界气候将明显变暖，而且城市气温的升幅将明显快于农村地区。对此，德国气象局气候和环境部门主任保罗·贝克尔认为：给城市降温的有效途径是，合理规划布局城市，留出足够空间用作公园、绿地和所谓的"新鲜空气通道"。他解释说："新鲜空气通道，就是让从城外通向城里的绿化带不受建筑物的遮挡，而且尽量不要设计成交通要道，否则，机动车排放的污染物就会畅通无阻地刮进城里。"他建议，在改造旧城区的时候，为了降低热岛效应，可以把废弃的厂区变为绿地，把废弃的铁道变成新鲜空气通道等。

这个理念具有真理性，不仅反映了城市化的规律，而且反映了社会与自然之间的规律。任何一座城市都是一个人造的微型生态系统，城市化目标就是为市民营造宜居的生活环境。人类原本是自然生态系统中的一分子，无论在何时何地都不能也不可以离开绿色植物及绿色环境。城市既然是人的居住场所，那就不能缺少绿色植物和绿色环境。因此，在城市规划和城市布局中，留足并且培育一定比例的植被群落，并充分发挥与不断增强城市绿色植物的生态功能，唯有如此才能营造和支持安全、舒适、和谐、动态的人居环境。这不仅是西方国家在几百年城市化中总结出来的成熟经验，而且正是人与自然关系在城市化中的自觉运用。在城市化中建设和完善不可或缺的绿色植被体系，就是贯穿城市化始终的绿色理念。在当代新兴国家如火如荼推进城市化中，城市建设中的绿色理念将被以不同形式付诸实践。

同时，城市化中的生态建设和造林绿化，过程中的秩序和步骤是由主城区向郊区发展，渐次开拓城市的绿地范围及立体空间。主城区和郊区的绿化带布设各有侧重，却彼此呼应，形成一个呈现区域特色的城市生态系统，即主城区和郊区的植被群落协调统一的绿色景观。郊区绿地的功能可以辐射到主城区，弥补主城区因绿地不足而出现的生态功能羸弱的缺陷，避免出现市区绿地及其生态功能的"孤岛"现象。

当然，城市化必须尊重城市的自然地理条件和历史文化背景，顺应特定城市生态系统的演变规律性，城市设施要融入当地民族文化的历史背景之中。城市化及城市绿化，都是为了适应和满足有利于人类宜居的要求及城市多功能的要求，有利于应对全球变化给人类生存发展可能带来的不利影响。城市所在地区的自然环境和文化资源，既是城市化的基础条件，又是城市化的"制约"因素，城市的规模、功能、特色、发展方向等，一定程度上都是由城市所在地区的自然环境和文化资源决定了的。

拉萨城市化定位与实施"生态立市"战略。作为西藏自治区的首府，拉萨城市规划和建设目标是：把城市化的共有元素与西藏个性有机统一起来，建成展现地域风情、体现民族特色的现代生态园林城市。拉萨的城市化，是以生态环境和自然景观、文化景观为依托，以城市的生态安全和环境整洁为基点，恰当匹配市政设施，按照国家生态园林城市的创建标准，着力对城市内外进行绿化（美化），把拉萨建成中国省会城市的另一块模板，西藏城市面貌的范例，以及世界旅游最佳目的地。因此，拉萨的西藏政治文化中心、交通枢纽的首府功能，是以拉萨城的生态功能为基础、以绿色家园为目标的。

在推进拉萨的城市化中，拉萨市制定和实施了"生态立市"战略。"生态立市"主要含义是：坚持以生态价值为指针来确定拉萨城市化的方向、特色及产业布局，以自然生态保护和城市宜人环境塑造为先、城市基础建设跟进、服务业快速发展的原则，通过开展国家生态园林城市、国家环保模范城市、国际旅游城市同创行动，构筑宽厚的拉萨生态安全屏障，营造绿色优美的城市环境，在此基础上逐步完善城市基础设施，落实各项民生工程，扶持和发展文化产业，把藏族文化和现代高科技成果融合起来，做成特色物质产品，以此惠及拉萨市民和全区公众。"生态立市"战略，是拉萨城市化的纲领。

在创建国家生态园林城市行动中，拉萨市制定了《拉萨市古典园林和历史名园保护规划及实施意见》《拉萨市城市绿线管理办法》《拉萨市城市植物（生物）多样性保护规划》《拉萨市古树名木保护办法》等规章，使拉萨市"创园"活动步入了有法可依、有章可循、依法管理的轨道，既保障了工程质量标准，又维护了绿化成果。

在城市绿化中，拉萨市遵守的原则是"布局合理、绿量适宜、生物多样、景观优美、特色鲜明、功能完善"，既着眼于发挥城市整体生态系统的功能效应，又讲求道路绿化、广场绿化、公园绿化、社区绿化等各具特色，最终实现生态功能与园林创意的和谐统一。除了每年都倡导植树造林活动外，拉萨市创园办等相关部门大力动员拉萨市的机关、单位、驻地部队、居民小区开展内部绿化，鼓励市民在家中窗台院落养花种草，督促落实绿地和花木认养领养办法。在拉萨市专门绿化和社会绿化中，花木多采用乡土种苗。目前，装点城市的苗木共有81个品种，形成了乔、灌、草，以及常绿、落叶、色叶花灌木种类齐全，大、中、小规格多样的花木供给格局。公园、绿化带、游园内的植物，色彩纷呈，姿态各异，公众游园除了欣赏外，却很少有人能叫上几个花木的名字。

截至2012年，拉萨城区拥有公园49座、公园绿地58处，近年来新增公园绿地面积超过了92.5万平方米，初步显现四季常绿、三季有花、一街一景的园林景象，居民出门步行500—1000米就能进入公园，城市绿化覆盖率达到了43%，人均公共绿地面积接近10.3平方米，休憩娱乐基本需要得到了满足。

争创国家园林城市，城区绿化渐次展开。2006年拉萨市确立创建"国家生态园林城市"目标，2007年把创建国家生态园林城市列为拉萨市"十一五"城建重点，确定了"创园"三步走行动计划，即2008年建成自治区园林城市，2011年建成国家园林城市，2012年正式向国家住房和城乡建设部申报拉萨创建国家生态园林城市。

2008年拉萨市完成了"自治区园林城市"创建任务，2009年4月被自治区人民政府授予"自治区园林城市"称号。这就标志着拉萨市"创园"三步走的第一步目标顺利实现，随即奔向第二个奋斗目标，创建国家园林城市。拉萨市区的绿化工程，主要包括广场绿化、公园绿化、道路绿化、单位和社区绿化、"见缝插绿"等5类项目。

广场绿化 以植物造景为主，图像和色彩却是因地而异。植物配置与建筑、灯光相融合，以充分展示城市的文化风貌，但是不同的广场布设形式会各具特点。以布达拉宫广场为例，这里的绿化不能是花花绿绿，造型不能是奇形怪状，各种图案和色彩必须统一在庄严肃穆的背景上，或者说在这样主色调下才有绿化图形及色调的节奏感变化。

罗布林卡广场就不同了，绿化特色表现在轻松和休闲上，有拱桥也有流水，对绿树和草坪的修剪较小，尽量使其呈现自然景象。夏秋季节，行走在罗布林卡的每个角落，市民和游客总能看到，草色青青，繁花压枝，绿柳拂地，白杨亭亭。

罗布林卡，是拉萨人造园林中规模最大、风景最佳的园林。环境优美，拱桥、石径、草坪、古木、疏林、灌丛，每一处都经过精心设计布置过，每个细节都被打理着、充实着，不同植物群落呈现着意趣各异的休闲氛围。往来其间，游人在体验环境优雅的同时，小心翼翼地爱护这里的一花一草、一石一木。

每当盛夏正午时分，园外烈日当头，头面肌肤为夏日光线刺得火燎一般，罗布林卡就成了周边行人和游客避暑的绝佳去处。在古树名木下享受清凉，在花坛草坪边吮吸芬芳，在湖边亭榭间坐观水草飘摇、群鱼翱翔，在湖上泛舟感受蓝天白云被湖面涟漪随意剪裁的闲情逸趣，以及湖畔弥漫的凉爽气息、水草腥味。

每到傍晚，罗布林卡又成为附近市民工作之余和茶余饭后自我调节、信步消遣的首选场所。园内，夕阳西下。有人款步观景，有人行脚匆匆，有人步调一致、边走边谈，更有青年小伙在草坪上播放音乐，演练街舞，在围观的欣赏者目光中展示高难动作，尽显四肢的张力和动作的利落；小朋友伴随着大人左右，熟练而得意地踏着滑板，四处奔跑；上了年纪的藏族阿爸阿妈，悠然而有节奏地摇着转经筒，口中念词，三三两两穿行在园中路上。

公园绿化　以人为本，同时最大限度地发挥生态功能。在公园和游园的绿化中，追求绿地布局的均衡和绿地品位的提升，以精心建设小、多、匀、精的公园绿地来改善建成区的生态环境和景观质量。在规划和建设中，拉萨市创园办把传统的建筑风格跟现代的园林科技结合起来，既发挥公园和游园的城市"绿肺"功能，又让市民和游客收到散心解闷、休闲健身之效果。

比如药王山公园引进并培育适宜树种，苗木品种达到了 80 个。市民在此可以观赏到丰富树种，呼吸着新鲜空气。公园内建有喷水池，有时连同草坪和花圃内的喷水头一并打开，水花四溅，雾雨迷茫，创造出清雅的环境，给游人带来闲适的心情。在干燥的春季和炎热的夏季，享受公园这份平和和清爽，成为附近市民和游客"到此一游"的期待。

药王山公园，地处布达拉宫景区和自治区区委、区政府大院之间，中间隔着北京中路。惯常早起的市民，络绎不绝汇集在此散步、晨练，呼吸着新鲜的空气，沐浴着柔和的晨光。通常，老年市民一早一晚来到这里，体验晨昏漫步的情趣，在凹凸有致的鹅卵石路面上走一走，接受一番免费的足底按摩，感受着由外到内的舒适，调治一下身体的"小毛病"。

走累了，就近在树荫下座位上坐一坐，随意打量着马路上川流不息的繁忙景象，或者纵目遥望南山腰间萦绕的白色云带，一缕、一团地在山谷上面蠕动，晨光被折射出一道道金光。视域中绿化带、绿化小区，一直延至南北两面的连绵群山，遍布了毛茸茸的草坡，加之拉萨多夜雨，城区内外尘土不兴，可以放纵深吸清晨的气息。

跟对面热闹纷乱的马路相比，路边园内的依依垂柳、团结向上的樱花树、匝地的草坪，以及五颜六色的花圃，绿中透红、一片闲静；灵巧而调皮的银色和平鸽，三五成群穿梭在灌丛和草地之间，大大小小、形态各异的鸟雀，叽叽喳喳地蹿上跳下，尽情欢呼新一天的来临，似是为这般良辰美景撩拨得兴奋不已。

道路绿化　兼顾实用性和修饰性，营造赶路中的休闲氛围。考虑与城市道路功用相适应，拉萨市道路绿化追求简洁、明快的风格。近年来，拉萨市创园办对市内金珠路、娘热路、民族路等主干道的绿化带进行了全面改造。在机动车道与非机动车道间隔区设立了分车绿化带，绿化带内间种着常绿、落叶、灌木和普通花木。这些植物通过定期修剪而保持着合理的高度，让这些道路景观既能给机动车司机以悦目感觉，减小他们的驾驶疲劳，又起到装点道路的作用。人行道的绿化则充分考虑到路人行走的速度，讲究绿化树木的造型，拂地垂柳和树冠如伞盖状的大槐之类在温湿季节里枝繁叶茂，带给行人以愉快的心情。

比如堆龙三角地和金珠中路的绿化升级工程，其效果甚为理想。堆龙三角绿地，位于金珠西路、和平路和318国道的交汇处，周边楼房林立，成群居民往来其中。堆龙三角地原有绿化以草坪为主，乔木和灌木较少，只有柳树、松树等。附近居民认为这儿绿化过于单调，绿色植物显得单薄，很难与美观联系起来，更是与拉萨西大门绿化布局不协调。

拉萨市创园办听取了市民意见，决定对此处景点进行升级改造，丰富该处的绿化苗木，提高其景观效果，施工面积超过2.3万平方米，投资270万元。改造工程包括3000余株苗木移栽、950米护栏刷新、喷灌系统维修更换等项目，重点对植物配景和配套设施加以合理改造，结合灌木和草坪进行植物造景。新增植物品种有大叶黄杨球、云杉、藏青杨、合欢、银杏、国槐、雪松、油松、红叶李、大叶黄杨、金叶女贞等30多个，以本土植物为主，少量是从内地采购来的。

跟堆龙三角地绿化项目同时动工的，是金珠中路绿化改造工程。为了塑造市内衔接东、西方向的景观大道，拉萨市决定把金珠中路绿化升级工程列入西藏和平解放60周年大庆的重点工程。

金珠中路绿化改造对象是，自金珠中路青藏、川藏公路纪念碑至太阳岛东桥附近路段，造价570余万元，占地面积3.8万平方米。项目包括完成道路两旁栽植两千余株绿化树木和灌木，随后进行草皮人工补植；给人行道铺设花岗岩地板砖，沿途安装一批便民坐凳；以及在该路段增设停车场，对路段原有的1500米栏杆进行刷新处理，彻底维修换新绿化带内喷灌系统等主要内容。

对原有的植被采取了保留和保护的措施，对中间层的绿化进行了补充、填实，栽种了金丝垂柳、雪松、油松、樱花、北美海棠等绿化植物。停车场采用透水砖进行铺装，四周为植物包围，设计和施工是按照国家园林城市标准进行的。护坡改造，是本次施工的亮点，也是在拉萨首次运用特色浮雕、边玛草和修剪绿篱三种形式交错配置，融入了民族和时尚双重元素，特色鲜明。

　　堆龙三角地和金珠中路绿化升级两处绿化工程，赶在了2011年6月底完工，为拉萨市西大门和金珠中路一带添加新景。

　　单位和社区绿化　创建国家生态园林城市不仅是一项市政工程，而且是公众的共同责任。城市绿化政府职能部门是主体，但是绿化工作需要进机关、进学校、进社区。创建园林式单位和园林式社区，是拉萨市创建国家生态园林城市的重要内容。推动园林式单位和园林式社区建设，是推动整个"创园"活动的重要途径。

　　近期，拉萨市林业局正对从2009年到目前申请园林式单位的102个单位和1个小区进行评选验收，按照评选园林式单位规定的绿地布局、绿化形式等16项细则进行打分。打分之前，专家评审组要根据合格标准听取汇报、检查资料、实地查看。根据意见，确定第四批园林式单位和园林式居住小区名单。

单位和社区，在做好内部绿化的基础上还承包绿化责任区。他们挑选市区及郊区适合绿化的空地作为下一步的绿化对象，开辟和建设新的"绿色根据地"，让绿化范围和植被规模逐年扩大。于是，拉萨市在验收园林式单位和园林式社区的同时，既要看单位和社区的内部绿化状况，又要看承包区的绿化成效。

单位积极认领绿化责任区，悉心经管自己的绿色领地。拉萨地理环境比较特殊，气候干燥、土壤含水量低。每年开展植树活动的前夕，拉萨市林业绿化局要对拟定绿化区进行考察确认，确保划分给各植树主体的植树区域都是宜林地块，栽下的树苗在正常情况下都可能成活。在拉萨最佳植树时节到来之前，自愿参加植树的单位和个人需要向绿化局咨询、报名。2011年3月，报名者达到了147家，主体为拉萨市直单位。绿化局根据报名情况划定他们植树区间，并在植树活动中给予具体指导。

为了确保幼树能苗壮成长及植树成活率，绿化局确定了3年养护期。在此期间，植树的单位和个人可以自植自养，也可以由绿化局代管。如果新种下的树苗死了，植树人要进行补植，直到小树成活为止。依据植树区水源情况，绿化局采取了水车流动浇灌、抽水提灌、凿井取水等多种方式，适时给树苗喂水。由绿化局代管的，专业人员负责养护新植的树苗，树苗成活率可以达到80%以上。

同时，植树团体在植树活动中打出了鲜明主题，给营造出来的小树林冠以响亮的名字。比如拉萨市妇联建立的"巾帼林"、拉萨市共青团建立的"共青林"或者"青年林"之类。承包的林地好似自家的"责任田"，标志着成就，明确着责任，各自悉心管护自己的"一亩三分地"。彼此还要比较一下，看一看谁家承包的林地管理得更好，林木长势更招人喜欢。一块草地是一片绿色，一棵小树也是一片绿色。近年来，随着生态保护和环境建设的宣传工作不断深入，申请参加义务植树的单位越来越多，公众视野里的绿色就越来越浓了。

1.社区内举办首届"寻找养花王"活动，燕子掌夺魁。《西藏商报》发起"寻找养花王"活动，倡议养花爱好者：您平时喜欢养花怡情，家里阳台或者客厅里一定摆放不少花卉；除了养花，主人还懂花，对养花有丰富经验和独到见解；收藏着几盆奇花异草……只要家里养了花卉或者盆景，您都可以报名参加活动。

"把您家的好花搬出来，别让邻家抢了风头。每周日评委到您家里打分，活动不收取任何费用，给前三名颁发证书，晋级月度总决赛。"若分数相同，需要再次"打擂"，最高的胜出。总决赛冠军奖励价值是1000元礼品，亚军价值800元，季军价值500元。另外，周赛获胜者（总决赛前三名除外）奖励价值100元礼品。报名电话：13618986718。

各项分值为：养花人种花10年以上，最高得10分；养花人讲述花卉参赛优势，最高10分；养花人经验独特，可资借鉴的最高10分；花龄3年以上最高20分；奇花名木最高10分；冠幅分布适当、伸展自如、重心稳固，最高10分；株型美观、枝叶健康，最高10分；活动观察团评比分数，最高20分。

2013年4月总决赛结束，结果是：NO.1燕子掌，养花人王剑波，花龄15年，养花格言"养花有益健康"；NO.2榕树盆景，养花人强巴旺堆，花龄14年，养花格言"欣欣向荣"；NO.3非洲茉莉，养花人杨永年，花龄12年，养花格言"养花是件靠经验的事"。"比赛不但是对咱养花人热情的一种肯定，而且为花友之间的交流提供了良好平台"，"孩子从养花这件事上懂得了如何关心他人，这是养花多年最大的收获"……获奖者发表了感言。王剑波、强巴旺堆、杨永年分别领到了1000元、800元、500元的奖金，所有参赛人员领到了价值100元的奖品。

2.拉萨市民冬季尤爱花草。拉萨冬季，阳光灿烂，空气干燥，室外公共环境花红柳绿的景象暂时消歇了。市民便在自家庭院找个合适的位置，摆上几盆鲜花，既可以净化空气，又能增加点家庭生活亮色。

在2011年雪顿节的花卉展期间，商家提供各类花

另外，拉萨市园林式社区建设蕴含着社会的和生态的双重意义。作为人居环境的有机组分，社区展现着特定场所中的人际关系和人与自然关系的特征，反映着居民的文化修养和邻里关系状况，因而具有一定特色。在一个多民族杂居的社区内，居民在绿化共同家园的同时，必然会增进邻里之间、民族之间的了解和友谊，进而营造一个文化交融、花红树（草）绿的生活空间。拉萨园林式社区，其实是一个融合了个性化的民族风俗和人类共性的生态需求二元统一的特色社区。拉萨园林式社区建设，同时是民族关系建设。

比如在城关区策门林居委会，有一座大院叫阿珠昌南院。大院古旧，却被收拾得整洁温馨。几个民族的居民共同生活，和睦相处，互帮互助，大院里飘溢着花香，也充满欢声笑语。

每年植树节到来的时候，不管是藏族、汉族还是其他民族，院里所有住户就会约好时间，放下手中的活计和生意，一起到郊外种树。有的挖坑，有的植树，有的浇水，在共同劳动中加深了彼此的了解，种下了团结友爱

的树苗。到了夏天，树木萌发，草地转绿，还会相约一起到郊外去过林卡，亲近大自然，呼吸野外新鲜空气，打牌，唱歌，跳舞……

为了提高院内绿化质量，各家户主商量在院中搭建一个大花架，把自家的花你一盆、我一盆搬出来，砌成几个别致的盆花造型，在空地摆上桌椅方凳。夏天到了，花架上花红叶绿，芳香扑鼻，一茬接着一茬绽放，一年四节几乎都有花草相伴。花园漂亮，人心舒畅。阿珠昌大院里来自不同地方、不同民族的居民，就是在这样环境下友好融洽地生活在一起的。

见缝插绿 主要是指把城市空地和废址变为绿地，或者利用可能条件和技术新造空间立体植物生长基地。城市地面寸土寸金，公共设施挤占绿地。除了公共场所和私家院落外，在闹市区连零星的草地也难寻觅。在城市扩绿增绿，只能开辟和营造袖珍绿地，虽然只是星星点点、斑斑驳驳，但是集腋可以成裘，群星能汇成银河。除了政府工程外，见缝插绿项目实施更具有社会色彩，需要万众共同托举。

卉、盆景达100余种，共1万余盆。花展现场人头攒动，市民和市郊的农牧民在花市上盘桓，饶有兴致欣赏着造型各异的盆景、姹紫嫣红的花卉；与花商谈价钱、请教花卉的养护技术。在市区到处能看到购花者的背影，有的胸前抱着个大盆景，有的摩托车后座上捆着鲜花绽放的花盆，有的手里捏着花卉种子包、花木幼苗。人们说说笑笑，边走边聊，脸上绽放如花的笑容。

在宗角禄康公园里的花市上，几家花商表示：本年度花展，他们销量和销售收入均创历届雪顿节花卉展新高，生意十分好。

据《西藏商报》报道：时令进入了冬至，但是在拉萨中和国际城农贸花鸟市场，花卉店的生意并未进入"隆冬季节"，出入花店选购盆景的顾客依然不少。花店老板高兴地表示，尽管冬季街面上人流稀了，但是花店里的生意还是不错的，因为大家都感到家里密闭严实，空气不好，生活色调黯淡了许多，在家摆几盆绿植、鲜花就很有必要，改善庭院空气，增加生活的情趣。购买绿植的主要以家庭为主，龙骨、仙人球、吊兰、蟹爪兰等花卉卖得最好，其次是鸭掌木树、发财树、橡皮木等绿植。

另有花商表示，茶园和家庭买花的较多，仙客来、鸿运当头、蕙兰、桂花、杜鹃、龙骨、吊兰等花卉最受欢迎。茶园选购的多是观叶绿植，而家庭倾向于体积小的立体盆景。

养花行家说：挑选花卉是有讲究的。价位、盆景造型、花色不必其说，过敏体质的人最好不要选购花类植物，因为所散发出的花粉微粒容易诱发呼吸道过敏；观叶植物在光照、水分不足的情况下，不但不会释放氧气，反而会吸收氧气。相比之下，在室内布置一些仙人球、蝴蝶兰、吊兰、芦荟、龙骨等体积小的花草要好一点。这些植物不怕干燥，晚间能释放出适量的氧气，对空气还有润湿作用，一般可以在卧室里摆放一两盆。养花种草最好有点花卉知识，看点相关书籍，理论结合实际方能趋利避害，让花花草草裨益家人的同时，避免受其任何伤害。

2011年3月，拉萨市启动首批城市"见缝插针"工程。主要涉及自治区残联东侧、罗布林卡南大门、鲁定路与罗布林卡北路交叉口等10处具有绿化条件的空地，绿化总面积8942.6平方米；拉萨市财政投资了290余万元。项目以绿化为主、硬化为辅，对空地进行绿化种植、镶嵌花岗岩道牙、围栏、种植土回填，还添设适量的石凳。"见缝插绿"一期工程竣工以后，不仅让这10处较大的城市空地披上绿装、戴上花冠，而且通过实施"拆墙透绿、拆违建绿"项目，绿地和花坛取代了违章和废弃的建筑物，绿化面积和景点随之扩大。

拉萨市"见缝插绿"工程的持续推进，让市区越来越多的荒裸地、卫生死角，摇身变成了花木扶疏的小花园和清新爽目的绿地。同时，工程绿化简洁、实用，易于管理，有助于整个城市形成布局合理、功能健全的城市植被体系。作为创建国家生态园林城市工作的一个组分，拉萨市将把"见缝插绿"工程坚持下去，根据所提供的空地类型，分批次进行绿化美化。

清明时节，宗角禄康公园春色满园

拉萨市区现有多处公园，宗角禄康公园、药王山公园、河坝林公园、中国税务林公园等。虽然这些公园中的植被体系和公共设施大同小异，但是其特定位置所拥有的自然历史条件和景观布局结构所展现出来的园艺风格，又让这些园子各有千秋。2013年的清明节，我接待了一位出差逗留在拉萨的老友，陪同他游览了宗角禄康公园。游园期间，我俩聊起一个有趣的话题：拉萨缺氧的主要原因是什么？他说，我的答案与众不同、言之有理。

宗角禄康公园，位于布达拉宫后面。公园南边主要以布达拉宫所在的红山外墙为界线，其余三面皆由景观护栏或者园外商户后墙所围绕，东、西、南三面辟有五个出入口，其中三个建有雕花门头。布达拉宫坐落的红山东西两端各有一条南北巷道，从园内通向布达拉宫前面的广场。这座昔日达赖喇嘛的后花园，今天既是附近居民喜爱的休闲、娱乐、健身、朝佛的一处公众场所，又是来藏游客津津乐道、流连忘返的一方佛教文化圣地。

园中古树名木枝叶交通，遮天蔽日，林下绿地遍布，草长莺飞；人工湖和水塘为石拱桥、平地涵洞连成一体，迂回曲折贯穿东西；自东向西分布着文化广场、滨水广场、观演广场和亲水广场，其中文化广场和滨水广场上撑起了巨幅的张拉膜，两处广场成为文艺演出和健身运动的固定场所；东茶园临水而居，西茶园栖身于花坛草坪之间，均掩映在高大树冠的浓荫之下，成为市民和游客入园品茶的首选场所；东西两座六角凉亭，面对着波光明净的湖面，游人闲坐亭间赏花观景，视野开阔……

那天上午约莫10点，天气多云间阴，青灰色薄云几乎均匀铺满公园上空，清凉湿润的微风阵阵拂面，让人感觉一丝丝凉意。我陪伴着这位人到中年的好友，从西藏人民出版社大院步行出来，他一路兴奋得像个孩童，似乎对这里的一切都感到新奇。我注意到他面颊泛红，额角汗涔涔的。出了院门就得横穿马路，我们小心躲避着车辆。踏上对面的人行道，便折东北方向走去。我走在前面做"向导"，打算引领他从东口入园。

绕过天桥西端地面拐角，我们往南走在宗角禄康公园外面的人行道上。左边是繁忙的马路，人来车往，主路和辅路之间的隔离带内，一丛丛浓绿灌丛被修剪得高低错落。右边是宗角禄康公园东南部，垂柳依依，柳色青青，雪松傲然，苍翠欲滴，红叶李小灌丛白花点点，柔韧的花枝争相挤出景观护栏缝隙，对着路上行人绽放稚气的浅笑；距离视线稍远一点，一溜儿挺拔的钻天杨，庞大树冠枝丫蓬松交错，万千枝条挂满了数不清的杨树花，成群鸟雀和飞鸽振翅穿行在树林中；树林旁边的缓坡草坪，一片一片泛着嫩绿，草坪上间种着景观桃树和高原松；树林北面紧挨着人工小湖，蓝灰色的湖面上水禽嬉戏，游船漂移；林荫道上和人工湖边，行人漫步，边走边谈，三五成群，选景拍照……

我的老友，一边走道一边目不转睛地往园里巡望，脱口说道："拉萨这时候会有这样的园子？好一派生机勃勃，满园春色，清新气息扑面而来，让人心旷神怡啊！"接近公园东侧的安检入口了，我欣然地告诉他，拉萨类似这样的公园有好多，至于街口花园、路边小景就更多了；虽然空间规模不算大，花木品种不算多，但是环境清洁，光线透亮，置于蓝天白云背景之下，富有地域色彩和文化韵味儿，与内地公园和景点相比，特色是蛮鲜明的。

他接着问道："感觉这里与内地也没有多大差别，拉萨怎么就缺氧呢？因为海拔高吗？"我沉吟了一下，略微摇了摇头说："普遍这么认为。但是，我一直在琢磨，同样是在拉萨，游览公园或者去西北郊的拉鲁湿地游玩，感觉氧气充足，神清气爽。拉鲁湿地号称'拉萨之肺'和'天然氧吧'，就是说那里氧气十分充裕。别的地方怎么就不一样，就缺氧了哪？"听出了我话里有话，他却不知如何接续话题，欲言又止了。

随着人流穿过安检口，进入了园内。首先映入眼帘的是，入口处文化活动区的小广场、石碑和植被。入口广场为下沉式荒石雾喷微型广场，南北两侧种植绿篱，绿篱内间种乔木，绿篱近前安装休闲座凳。入口广场往里不远处，竖立着一面长方形影壁，中央镌刻"宗角禄康公园"几个大字（其上对应着藏文字），右下方落款题字者姓名（藏汉双体），文字两边粉红色大理石贴板上绣着八宝图案。影壁上部罩着绿色翘檐，顶部饰以黄釉色双龙戏宝图案，下部为巨石雕花底座。影壁底座贴前是一椭圆小花坛，花坛边沿及花坛外围密排着鲜花盆景。影壁前边是一小长方形的空地，介于影壁和入口广场之间，地面由灰色石板铺砌，两端各立一块石碑，左边是"宗角禄康公园纪念碑"，右边"宗角禄康公园（简介）"。

影壁西边就是文化广场，节庆演出经常在此举行。广场中部形状借喻格桑花形态，被设计成六边形，中心是下沉式圆形舞台，六边形的边长正好是圆形舞台的半径，六个花瓣的层阶成为最佳观赏区。六角分列着18根白色立柱（每角三根），柱头上端平行拉着铁丝，形成一个六边形盖面，铁丝串满了繁密的三角彩旗，柱头向下悬挂着成串的红色油纸灯笼。文化广场西端是石板铺设的灰白色平地，6根粗壮支柱和4副落地拉钩撑起了大幅的张拉膜，膜下平地边角建有花坛，花坛边沿镶着木条，充作简易座凳，供游客遮阳、避雨之用；文化广场南北两端对称种着20棵巨型雪松，再往南北两边就延伸到绿化区了。

今天游园，我选择了一条随水而下的游览路线。水对公园的意义是不言而喻的，滋养着园内的花草树木和湖中的生命，无水不成园。在这个公园里，水路时宽时窄，或明或暗，曲折延伸，串联着园中所有人工小湖，几乎贯穿了园子东西两端。循水路走一趟基本上就浏览一遍园内主要景点和植物群落。便把这个想法告诉了我的朋友，他瞥了我一眼，真诚而愉快地说："那就客随主便吧，反正我对这里只有陌生和新鲜了。""我会把你带进桃花源的，你可要有心理准备哦。"我玩笑着对他说。

他侧头问道："你平时不进来逛一逛吗？""常来，但是全是随心所欲，不曾留心身边的这个公园里到底有些什么，更没有刻意找一找游园的感觉。今天情况不同了，'有朋自远方来不亦乐乎'？为君伴游，别有一番趣味上心头！"我半是玩笑半是实情地答道。

接近了影壁，我示意他向右转。沿着林荫小径向北走不远，看到园外地下供水的入口，水闸上面建有方形小屋，其北墙上勾画着游览本园的线路图。水闸西面是公园东部的小湖，东西走向，西端连着九曲桥。小湖北岸是一片不太规整却较为开阔的草坪，刚才在园子外面已经看到了，草坪里绿草斑驳，间种着几十棵景观桃树、红叶李树，树干约有手握的一般粗细，花繁叶疏，花大叶小，花朵花蕾缀满树冠。小湖南岸是先前看到的那溜儿杨树林，林间有数条小径穿过。树林边沿是灌丛，一段是密植的榆树苗，新芽儿才上枝条，一段是连翘树苗，黄色喇叭花初绽枝头，接一段红叶李树苗，粉色小花缀满了柔长新枝，再接一段是低矮整齐的侧柏。

我俩绕过了小湖源头，沿着湖边漫滩往下走。绿枝纷披的垂柳一路沿着湖岸走，不时轻拂着我们的脖颈和肩头；湖畔小径卵石圆滑、突兀，硌得脚心痒痒的。微风一阵阵从湖面吹来，倍觉清爽。周边游人，单人溜达、怡然自得，三五成群、说说笑笑，带了相机的争相奔到花期正盛的红叶李树前，或者花朵花蕾参半的景观桃树旁边，摆出各种姿势相互拍照……我们懊悔没有随身携带相机，感觉可以拍照的背景和景点，只能欣赏一下就放过了。边走边聊，曲折蛇行，不觉走上了小湖面上的九曲桥。

九曲石桥规模较小，因为这里的湖面狭窄得很，所以地面得到集约使用。桥边有石质小护栏，桥面边沿装着防水彩灯，石桥中间出现较为宽阔的几个平面。十几个人坐在护栏长石条上，或者观察下面水中的游鱼，或者观望九曲桥西北面滨水广场上做操的人群。

滨水广场，园内自东向西第二处文化广场。偏于园子的东北一隅，为拾级而上的圆形小平台，由灰白石板相扣而成，一半环水另一半紧邻花池，规模不大，东南方向视野开阔，台面上撑起了张拉膜，这是园内第二顶白色膜篷。平时的早晨，附近市民聚集在此，一块运动。今天是清明小长假的第一天，此时那里仍有好多健身者踏着云南民歌《绣荷包》的乐曲，一板一眼地做着健身（美）操。人群前面领操的那位中年妇女，动作舒展而神情陶醉。人多的时候，广场旁边的小路上，一直到这边九曲桥上，人们跟着音乐节拍，同时远远望着示范者的动作，十分投入地做操。有时候，乐曲从湖面上流过，也许传入了湖里，湖中的鱼儿听出了欢乐，就有三两条大个头青鱼"刺溜"一声跃出水面，昂首向上而尾巴贴近水面连摆三两下，随即"哗"的一声又落入水中，不时招引岸上的人回首观看。这样的镜头不时出现，湖中的鱼儿也在跟着人们学习健美操吗？它们知道，这里的人们不会伤害它们。

与滨水广场隔着一片花池和一条树荫小路，偏东南面那座藏式建筑的小院就是东茶园。茶园坐北朝南，门朝东开，门前是一片白石板铺就的空地，空地东南两面临水，从九曲桥那边过来的湖水经过一座小石桥，进入了空地东面那片狭长小湖，水流舒缓，转着弯南下，岸边数棵垂柳拂地。空地稍显开阔，太极拳爱好者在此演习。此时，一位白发老者身着桃红色宽松服装，娴熟地示范着十六世太极拳的一招一式，四肢舒展，姿势柔韧。后面不同年龄段的约20位练功者，或者拘谨地模仿动作，或者跟着悠扬乐曲，骄傲地展示着自己的动作。

也许太极拳的乐曲和动作实在太美了，吸引着过路的行人驻足观赏。引人注目的是，路面上，一个小男孩跟在妈妈身后，一边看着太极拳示范者的动作，一边跟着乐曲手舞足蹈，下蹲挫招，转身换式，像模像样，一副认真的态度。小儿约有三四岁，脑后留着一撮黄头发，一脸的稚气。他的表演，引起了年轻妈妈和过路行人的一片微笑。

欣赏了太极拳的集体表演，顺水而下绕行一段弧形漫滩来到著名的龙王庙前。龙王庙，坐落在龙王潭中央，圆形地基高出水面，地基周圈为双重杨柳大树环绕。主体建筑的阁楼共有三层，"一二层为全对称十字形神殿，主供鲁神据说是六世达赖喇嘛从墨竹工卡迎请的女神墨竹赛钦，还有宝瓶坛城和众多护法神等。神殿四周设有用于观赏风景的沿廊；顶层则是六角形小殿，斗拱承檐，上覆六角攒尖顶（尖顶安装着铜金熔铸的吉祥宝瓶）……每年藏历四月十五日的萨嘎达瓦节，信众都会前来拜谒这个神殿供奉的墨竹赛钦女神，献哈达，点酥油灯，施供品。"庙门前建有一座五拱石桥，与龙王潭南岸的人行道相接。

据宗角禄康公园纪念石碑介绍，宗角禄康又称龙王潭。"宗角"藏语的意思是宫堡（这里指布达拉宫）后面，"禄康"是鲁神殿。"鲁神"是苯教和藏传佛教对居于地下和水中神灵的统称，往往被汉译为"龙神"，进而讹传为"龙王"。龙王庙居于布达拉宫后面的水中央，这片人工湖因此得名龙王潭。宗角禄康公园又被称为龙王潭公园。

五世达赖喇嘛时期，第司桑杰加错受命扩建松赞干布在位期间在玛布日山（红山）建造的布达拉宫。当时扩建布达拉宫所用石土是从宗角禄康所在地取出，形成的洼地被改建为人工小湖。西藏和平解放后，宗角禄康被纳入拉萨城区园林建设规划中，以宗角禄康为中心往东西两面拓展，旁边还陆续挖出几个小池塘。这些水体被九曲桥、石拱桥及地下管道串联成一个园内水体。

仁立在龙王庙门前的桥头一边，凭栏打量着龙王潭轮廓及四周景物。龙王潭外观呈现长方形，四周岸边几乎全为新杨古柳所环抱。它位于整个公园的中偏西部，东西长约300步，南北宽约100步，周边建有光滑的石质护栏，护栏高约1.3米。虽然水域面积不算太大，受地理位置所限，却是本园最为宽阔的水域。据说，这个公园整体布局就是以此为核心而展开的。

龙王潭东端岸边是一行古柳，暗褐色粗壮的树干向潭里倾斜着，柳条披拂的树冠倒映水中，在水面上撒下大片树荫，那里停泊着潭里所有的游船。龙王潭东南角建有一座单孔石拱桥，自东向西流动的湖水经此而从一角注入龙王潭。拱桥南面生长着一片古柳，约有几十棵。每棵古柳枝杈间挂着一个牌子，上面标注树名"左旋柳"、树龄"一百年以上"、级别"一级（二级）"，以及挂牌机构和挂牌时间等内容。古柳枝叶交叠，遮雨挡风，接收阳光，释放氧气。庇护着过往的路人，净化着园中的空气。龙王潭南岸护栏外是东西向人行便道，便道南侧是绿化带，这条绿化带断续延伸至公园东西两端；绿化带边缘镶嵌着云杉和侧柏灌丛，以及红叶李树；绿化带内以草坪为主，草坪里间种着杨树、柳树，以及油松、雪松等高原松。龙王潭西南角空地上，坐落着五座大小不等的佛塔，佛塔四周围拢着四方形的联排转经筒，藏传佛教信众顺时针绕行，手指拨动着每个转经筒。龙王潭西端岸上是一排高大的杨树，杨树往西建有大型花坛，花坛周边交错布置着云杉、红叶小檗、连翘、铁杆海棠等花木灌丛，灌丛里嫩叶繁密，红色小蓓蕾，黄色小喇叭花或隐或显，角落种着几棵枝条蓬松的紫色海棠。

龙王潭北岸一带，隔潭相望的是一条宽长绿化带，与南岸这条绿化带大致对称。更像是一道绿色廊道，中间被一条东西向的平直林荫小径南北隔开。小径南侧，即龙王潭北岸是沿岸狭长草坪，草坪上穿插分布着古柳和钻天杨，以及数十棵红叶李和景观桃树。小径北侧的绿化带较为宽大，以草坪为主，间种着钻天杨、垂柳、紫丁香、景观桃、雪松、倒冠洋槐等，小径与草坪之间被一墩墩冬青、云杉灌丛、榆叶灌丛隔开。草坪内镶嵌着三处露天凉亭，凉亭中间高台上分列着石桌及四角坐墩，高台下面四角安装了固定双人座椅。三座凉亭把这一带草坪划分为三个小单元，每个单元内新种着一片又一片的郁金香。眼下的郁金香，每棵花株高至二三十厘米不等，浓绿肥厚的叶片中间花梗顶起大大小小的花苞，花萼紧紧包裹着杏黄色、乳白色、橘红色的花蕾。草坪旮旯零星分布着月季花、金针菜。

此时，最吸引游客注意力的是龙王潭内红嘴鸥戏水的喧闹景象。龙王潭盛着一泓清凌凌的春水，成双结对的赤麻鸭，悠闲地浮在水面上，娇小的躯体随水漂动，只有黄色双蹼在水中微微拨动；母鸭与公鸭始终保持着一两拃远近的距离，前后相随，若即若离，猜不出它们依靠什么保持着彼此间的沟通和默契。同赤麻鸭的文静形成对比的，是红嘴鸥的俏皮。水面上聚集着成百上千只比飞鸽大不多少的红嘴鸥，皆背乌脖子白、青额头、黄红色长喙，生性机灵活泼，表现得异常兴奋。为了迎合岸边游人的挑逗、投食，它们时而在水面上东奔西突、争抢食物，展示敏锐的反应和轻捷的动作，不停地发出聒噪的"喔—喔""啊—啊"的叫喊声，把湖水搅得荡漾不已；时而旋风一般地群起，在湖面上空盘旋数圈，随后相继纷纷落回湖面上，散落成一片或者一圈拥挤的躁动的水鸟群图……岸边护栏外众多游人在围观，不时有人往鸟群里投掷小块面饼；另有"西藏卫视"的两位记者，扛着摄像机忙得不可开交似的抢拍众禽戏水的壮观场景。

龙王潭澄澈油亮的碧水，经过西北角的单拱石桥流入了公园西北部的观演广场前面的小湖里。我们循水路到此，见小湖三面的岸边为花池、古柳和灌丛所拥抱。北面是半圆形石板铺地的观演广场，面积不大，视野往西南方向开阔。广场大半圈为垂柳、雪松、海棠等树护卫，外围草坪里分布着几墩健壮的侧柏。侧柏灌丛被修剪成整齐划一的一溜矮墙，四五棵长在一起的被剪成方鼎造型，单株则被剪成尖顶陀螺、圆球、纺锤等造型。

站在观演广场前沿俯视着这面小湖，我指着湖中射程为30米高的柱状喷泉对朋友说，每到盛夏季节喷泉在午后开放，内外圈层的各柱头伴随着歌声交错喷水，起起伏伏，高低交错，形成各种立体造型。水雾四散，蓝天夕阳下在湖面上方形成一道朦胧的彩虹。待在观演广场上和小湖其他岸边的人们或伫立或蹲坐，陶醉在这片清凉和富有动感的音乐节奏里。有不少相机和手机对准这幅水景，"喊里喀喳"一阵抓拍。观演广场外沿的一溜长条座椅上，坐满了乘凉的游人，他们会在此时惊奇地望着这道夏日里平地升起的水帘及四周大团幻影般的水雾，顿时长了精神，站立起来，目不转睛上下追视，向湖边围拢过来……

这儿外面是马路，林廓北路和林廓西路在那儿交接。公园景观护栏内柳树、云杉灌丛，以及园外人行道上的一排杨树，层层削减马路上传过来的噪音，阻滞了马路上飘来的尘埃，所以即使与外面马路近在咫尺，但是观演广场前面的湖水、喷泉，以及四周的草地、花池和树丛，共同营造了这儿安闲、清爽、明净的宜人氛围。

宗角禄康公园内的水路，在观演广场这里向西南转了几个弯，穿过公园东端那片茂密的树林和茵茵的草坪，在园子西北角折返，进入园内另一个水闸而从地下流出园外。

我和朋友漫步在灌丛夹道的幽径上，彼此不说一句话，完全沉醉在暗香和清新的气息里，感觉拉萨的春天正在公园深处涌动，视觉中出现了花木绽放出来的斑斓色彩。我突然意识到，这个公园绝对不会缺氧，不然，怎么会春色满园？反之亦然，春色满园一定充盈着富足氧气。我喃喃自语："拉萨缺氧，主要原因不在3600余米的海拔，而在绿色植被不足。如果整个拉萨被绿化得如同宗角禄康公园一般，拉萨的气息就会如同宗角禄康公园里的气息一样；如果西藏都被绿化得如同宗角禄康公园一般，西藏就会变成一座偌大公园，'缺氧'的帽子就会被彻底摔掉了……"

我的朋友，好奇地打量了我出神的样子，先是淡然一笑，在听清了我的自言自语之后，一下收敛了随意的笑容，似乎领会了我的意思，若有所思地点了点头，问了一句："西藏要完全绿化，能实现吗？""说不清楚，但是至少在适宜的地方可以。从现在开始，我们西藏人的主要任务就是在西藏境内可能存在生命条件的地方植树种草。"我坚定地说。

我收住了这个话题，又向他介绍道：宗角禄康公园如今成为市民户外健身的理想场所，刚才看到了几处市民健身的场景。2012 年 8 月这里新建了一处标准健身场地，已经建成就对外开放了。

我带路返回，专门来到了龙王潭南岸的这片健身场地。这片高大杨树林下的方形场地，面积达 2000 平方米。地面铺设着绿色塑胶，边线外侧橘红塑胶镶边。塑胶地面中心高、四周渐缓，便于尽快排出场地中的雨水。健身场地均匀分布着双杠、转体训练器、太极推揉器、上肢牵引器、跷跷板等 46 件全新的健身器材。这些器材是在体育教师指导下通过混凝土浇筑方式进行安装固定的，公园办有专人给予日常维护、检修。场地四边被网格护栏封闭起来，形成独立的小单元，南北角口各开小门，小门与场外小径相接，出入门口铺着一块绿色人造草皮。门边上方各安装一盏景观灯，晚上柔和的光线覆盖全场。场内边线外布置着 7 对固定的双人座椅，涂着蓝、红两种油漆，还分散安放着 7 个半封闭的绿色垃圾箱。场地南出口不远处，有一座男女公厕。

健身场地人性化的设计、高标准的器材配置，以及优雅的环境背景，为市民提供了舒适的健身条件，并一定程度上增加了健身的安全系数。这里一年不分四季，居民不分老幼，健身者进出频繁，成为公园里人口密度最大的地方，自然成了人气最旺的场所。早晨，几乎清一色的中老年人在此健身；傍晚和节假日全天，青少年儿童则主宰着这里，带孩子的父辈们陪在一旁，成了小朋友做动作时的监护者和欣赏着。

　　园林工人是种树育花的。一年大部分时间里，拉萨市区的公园、广场、绿化带、街道路边，通常摆放着许多鲜花盆景。做着这项工作的，是拉萨市的园林工人。

　　拉萨市园林局苗圃队的队长白玛，向采访他的《西藏商报》记者讲述了他一年中主要工作经历。城市园林工人在一年四季里所需要做的工作都不一样。初冬，一方面清理树上落下的枯枝败叶，每天都能收集大量枝叶，用宽大的聚氯乙烯袋子装运，把它们集中起来分头埋在地下，充作来年育苗的肥料；另一方面回收摆放在各点的枯萎花盆，把花盆泥土倒回苗圃，规整好各种类型的花盆，以备来年再用。

　　白玛说，每年1月份在温室花圃里整地、备肥，播撒种子、种花；2—3月要把所种的花苗移入花盆，同时开始一年一度的种树工作。他强调了种树的技术，"挖树坑时可不能乱挖，树坑的深度要在70—80厘米之间，宽度在60—70厘米；在种树时，树根一定要带上土球，这样才能提高树的成活率。"接下来，是做好幼树的管护工作。4月底就开始摆花了。工人们把分类好的花盆分送到各公园、路段和景点，照着园林局给的图纸摆放，用花盆塑造各种图形。每逢大型庆典活动，要勾勒出节日标语用字，熟练的园林工人就是设计师、美术师。这项工作一直持续到10月底。

　　7、8、9三个月是拉萨一年中气温最高的时段，树木很容易生虫子、招致病害。园林工人成了树木的护士，给生虫的树木喷洒药物。为了保护市民的健康，园林工人需要晚上加班，把技术员配制好的杀虫药喷洒到树上去。

　　在拉萨的公园、绿化带和人工景点等场所，经常能看到园林工人的身影。有的在补栽幼树、拔除枯树，有的在清除杂草、架水管喷灌花池，有的戴着口罩、手持长竹夹，低头查找纸片、烟头、饮料瓶、果皮、包装盒等垃圾，一趟接一趟清理、收拾，这时候，园林工人是绿化保洁员。年复一年，风里雨里，行色匆匆，夜以继日。白玛队长总结道：园林工人一年之中没有不忙的时候，加班加点就是家常便饭，摆花、洒水、打药、捡垃圾、修剪绿化带……工作量再大、再累也没有怨言，做的就是这份工作。

　　宗角禄康公园，同时是藏传佛教的朝圣场所。公园里无冬历夏，始终充满着宗教热情，一天之内无早无晚，从四面八方入园的信众络绎不绝，又从各个小门离园而去，佛教节日期间更是人流涌动。信众虔诚地做着动作，表达对先辈大师的崇敬之情，布达拉宫曾经是前辈大师修行之地。随处可见藏族同胞，在园里任一地方伫立片刻，面南仰视着布达拉宫，手掌合十，默默祷告，戴着礼帽的要脱帽捏在手指间。有的在行进中磕着长头，双掌合拢连续分放在胸前不同部位，站直身体之后再屈身匍匐在地，双手按实地面的同时翘起双掌，尔后再站起身来重复前个动作，一个接着一个往前磕，浑身沾满了尘土，额头和面颊印上了铜钱大小的尘土印记。

　　更多的信众在行走过程中挨个拨动转经筒，就相当于在读上面的经文。布达拉宫所在的红山建有围墙，墙外自西往北、再由北向东，大半圈的围墙后面连锁式排着粗细、长短近乎一律的转经筒，转经筒架子上面罩着"屋脊"状的铁皮盖檐，檐下垂着装饰性的红绿绸布，经常有老年阿佳逐个擦拭转经筒，并给转经筒的转轴涂抹润滑油。

上面已经提到了，龙王潭西端北岸空地上矗立着五座白塔，其外围建有长方形的转经架，形似墙外的转经框架结构及维护方式。白塔南面不远处有一座煨桑炉膛，时常有人从炉口往里添加燃料，圆形上口吐出袅袅青烟，散发着清香。天冷的时候走近煨桑炉，感到那一片都暖乎乎的。

另外，公园是青少年学子读书学习的地方。能经常看到，在树荫下、座椅上、小湖畔，少年儿童读书写作业的倩影。尤其在学校期中、期末考试期间，以及西藏的各项招考活动前夕，园内更是布满了手不释卷的莘莘学子。有时候，草坪上聚集一帮中学生，排练劲健的街舞，高难动作招来阵阵掌声。能经常看到，凉亭间、花池边、座椅上，一对一对情侣在此无拘无束地喁喁私语，做出各式各样的爱抚动作……

清幽又充满了朝气的宗角禄康公园，既给一般游客以古树名木的朴素美和木秀于林的翩翩遐想，又给特定考察者以植物学和园艺学直观的丰富知识及众多摄影景点；既为朝佛信众提供表达宗教情感、缅怀先贤的清净之地，又为附近市民提供健身的适宜场地、思想情感交流的热闹场所；既为学子们创造一个课外活动的校外空间，又为天下有情人塑造了一个表达缱绻之意的温馨氛围。只有在这些方面，"公园"这个概念才真正获得其原本含义；生态效益和社会效益，在这里得到了完美结合。有水的地方就有树、有草、有花，有树、有草、有花还会缺氧吗？

拉鲁湿地，全国唯一的城市天然湿地

位于拉萨市区西北角的拉鲁湿地，是全国唯一一块城市内陆天然湿地，也是我国乃至世界上海拔最高、面积最大的城市天然湿地，已经被划入国家自然保护区。

依据《拉萨市拉鲁湿地自然保护区管理条例》第三条，拉鲁湿地北面约6.6千米一线为山峦环绕，属冈底斯山系东延部分；东北面与娘热、夺底两条沟谷汇集成的流沙河衔接，东面与城关区拉鲁乡居民区和巴尔库路搭界；南面紧邻拉萨城区，以拉萨引水灌溉渠的中干渠和当热路为边；西面切北京西路（湿地公园）与冈底斯山交汇处。水源区，包括北干渠、中干渠、南干渠和流沙河。总面积6.2平方千米，平均海拔3645米，为典型的青藏高原湿地，属于芦苇泥炭沼泽。

在拉萨市民眼里，拉鲁湿地既是一块"风水宝地"，又是一片天然景区。作为一块天然的水汽源地，拉鲁湿地是拉萨城区的温度和湿度调节器。夏季增湿降温、冬季释放潜热保温，因此对于调节拉萨市区近地层的温度和湿度状态，缓和拉萨城市热岛效应和干岛效应发挥着小气候的效应，这种效应将随着拉萨城市繁华度的提高、拉鲁湿地面积扩大和生物种群结构完善而逐渐增强。

同时，拉鲁湿地在改善拉萨城区及其周边生态环境方面有三大功能。一是调节碳和氧。据测算，拉鲁湿地每年通过光合作用，可以吸收二氧化碳7.88万吨、制造氧气5.37万吨，被誉为拉萨的"城市之肺""天然氧吧"。拉萨海拔高，大气压仅为海平面的60%，大气密度为海平面的三分之一，拉鲁湿地吸收二氧化碳、释放氧气，这在一定程度上缓解了拉萨城区含氧量不足的状况，其意义是非凡的。二是减尘。拉萨市工矿企业很少，大气污染主要来自汽车尾气、生活废气排放等；由于气候干燥、多风、地表植被偏少等，大气遭受季节性的风沙、尘埃污染。拉鲁湿地每年吸收拉萨市区环境中的尘埃量超过了5000吨，因此成为一个庞大的、天然的空气净化器。三是改善水环境。拉鲁湿地中生长的大量水草，既对水环境状况、水生动物的种类、数量有着重要的调节作用，又对湿地中各种陆生和水生动植物的协调发展、保持湿地生态系统功能的完整性和可持续性发展有至关重要的作用。

夏秋季节，隔着湿地围栏往里观望，湿地内水草丰茂，黄色、粉色花朵遍地绽放；成片的芦苇荡里和零散的小河汊岸边古树间，传出雁莺鸣叫声；一汪一汪的水泊倒映着蓝天白云，成群结队的赤麻鸭、黄鸭、毛腿沙鸡、斑头雁、棕头鸥、戴胜、百灵、云雀等国家一级保护野生禽类，以及少量黑颈鹤，在安定的自由的天地间盘旋翻飞、追逐嬉戏。

冬春季节，若是登上湿地北面的山顶俯视拉萨全城，就会把拉萨城区轮廓想象成一只静卧群山之中的神鸟，拉鲁湿地则宛如这只神鸟的温润小腹；若是从湿地旁边公路上乘车过往，坐在车里可以透过车窗扫视拉鲁湿地腹地，视野里跳跃闪现着浓密的枯草丛，以及草丛里群起的麻雀四下纷飞、飘飘荡荡、奔天边而去。有时候，会发现野兔从草丛内探出脑袋，四下张望，蹦蹦跳跳。拉鲁湿地，隔着一道沟渠和一条马路，与现代街市形成对比，越发显出古朴的原生状貌。

西藏湿地资源保护，被提上政府工作日程。2011年3月1日施行的《西藏自治区湿地保护条例》，是西藏出台的首个有关湿地保护的专门法律文件，规定了依法保护西藏湿地生态资源、建立湿地资源档案、禁止破坏湿地资源等38项内容，标志着西藏成为我国首批依法保护湿地资源的省区。拉鲁湿地国家自然保护区管理站，升格为拉鲁湿地国家级自然保护区管理局。

为了保证拉鲁湿地水源正常补给，防止流沙河裹挟大量沙砾进入湿地而把湿地变成沙洲，湿地管理局在流沙河上游和湿地内修建了5个沉砂池和1个沉砾池。沉砂（砾）池，是指河道上每两处闸门之间（50米间距）被限制着的河段。为了减轻6个沉砂（砾）池的压力，也利于防洪泄洪，扩大了清淤范围，对流沙河途径的娘热沟上下4公里的河段进行清理，同时对直接向湿地补水的"三渠"加以维护。号召"三渠一河"附近的居民，不要在保护区内倾倒垃圾、堆积废料，不要在流沙河上源的夺底沟、娘热沟河段采石、挖沙等。

尽管政府为保证水源安全投入了大量人力物力，但是拉鲁湿地生态环境现状令人担忧。湿地水源污染严重，水体出现富营养化现象。富营养化，指的是在人类活动影响下，营养物质尤其是氮、磷元素大量流入水体，使得水体中氮、磷含量增高，促使藻类和其他浮游生物种群数量激增，水中溶解氧耗尽，水质恶化，导致大量鱼虾死亡的现象。鱼虾的死亡，也表明水里类似的有益的水生动物、微生物，因为缺氧窒息而死。它们的死亡，导致与之相克的可能与人类有害的一些动物、微生物的无限制繁殖。富营养化的影响，是消极的、多方面的。

　　打个比方说，人的肺部一旦被病毒感染，人的身体健康就要出问题；同样，作为"拉萨之肺"的拉鲁湿地，如果水源被污染，拉鲁湿地的生态环境就会恶化。只有湿地周边的环境卫生搞好了，湿地生态才能免遭污染和毒害。但是，现实情况是，"三渠一河"饱受严重污染。"三渠一河"主段经过市区，两边市民居住集中，有人把生活污水顺手倒入渠里，生活垃圾随意扔进渠里。

　　冲击眼球的是：对着住户、餐馆的渠坡一片片污渍和食物碎屑，显然是长期倾倒生活垃圾留下的痕迹；横跨渠面的管道和浮桥下面设置的金属拦物栅，挡住或者隔离出来破棉絮、烂鞋袜、破礼帽、婴儿用过的纸尿裤等垃圾，渠心水草上滞留着死狗、死鸡等动物腐体；有人在渠边的隐蔽处大小便，公路和渠边绿化带相接处的人行小道，屎尿一片连着一片，躺在花池、草坪上的闲人和过往行人，通常就近找个犄角旮旯方便，有的角落腥臊呛鼻……附近居民，尤其是妇女和儿童，见此光景现出一脸不高兴。"三渠一河"的水体污染源不是工业"三废"，这一带没有污染企业，而是生活垃圾，为人的吃喝拉撒所污染。

　　当然，水渠两侧居民几乎毫无顾忌地往渠里倾倒垃圾，渠水似乎成为一个自我消化的流动的垃圾场，除了因为沿岸市民、商户的卫生意识淡薄和环保知识欠缺、贪图个人方便外，有一个现实问题，即他们倒垃圾不方便。

生活垃圾处理能力跟不上，也是那条生态渠被污染的一个原因。至于居民和行人随地大小便，与这一带公厕建设跟不上有直接关系。所以拉鲁湿地水源地的保护范围，应该包括外围的居民生活区。

自然资源开发利用的原则是"在保护中开发，在开发中保护"，兼顾生态和经济双重效益，其实，对待作为湿地资源的拉鲁湿地也一样。拉鲁湿地水源有保证，水体养分丰富，可否开挖成荷塘、底泥养藕、水中育虾，搞成一个一个特色生态园？从群落生态学讲，此处生态环境处于挺水植物期和湿生草本植物期的交织、过渡阶段，直立水生植物芦苇与禾本科、莎草科等湿生草本植物并存共生，鱼、两栖类动物和蝗虫、鸟类，成为动物群落中的主要成员，构成较为完整的食物链网，生物群落与湿地环境相互作用、相互影响，形成相对独立的微型生态系统。拉鲁湿地既是一个特定的自然环境，又可以被塑成一个人工的生态系统。在摸清生物群落及其环境之间关系条件下，通过建设性的人工活动，抑制不恰当的社会行为，促进这个小型综合性的生态系统稳定、平衡、协调发展，进而提高生态功能。

事实上，拉鲁湿地内没有珍稀濒危物种，在确保湿地生物群落结构和功能稳定安全的前提下，生态工程建设与特色旅游业可以统一起来。旅游收入在一定程度上可以解决生态工程建设中政府投入不足的现实问题。湿地生态功能强弱并不与原始程度相一致，相反，往往与人性化、科学化的湿地生态系统的建设投入密切相关。

成立专门的民间协会，开展丰富多彩、有感染力的宣传教育活动，同时监督湿地保护和建设中人们的不卫生、不规范行为，督促保护条例和工

小贴士 ▶

在拉鲁湿地自然保护区，鸟儿成为管护人员的好友和贵客。近来，拉鲁湿地自然保护区内工作人员专门设置了投食点和保护站。候鸟到来之后投食点将增至 5 个，每个投食点为鸟类准备了青稞和麦子，工作人员每天早上定时投食，整个冬季下来平均每月要投放 1 万多斤粮食。有了环境和食物的双重保障，前来越冬的候鸟越来越多。时间久了，鸟儿们与工作人员混熟了，踩着饭点扑过来抢吃的。如果保护区巡护员发现鸟儿受伤，就会把伤者及时送到保护站包扎，由防疫部门处理。待伤愈之后，它们被放归湿地。另外，一旦发现有人进入保护区内打鸟、掏鸟蛋，巡护员就要将其移送至司法机关接受处罚。

作制度的贯彻落实，及时制止可能发生在自然保护区及水源区的狩猎、挖草皮、割草、开垦、捕捞等不法行为，从根本上扭转管理措施不到位、湿地环境难以改观的现状。

绿化市郊，构筑拱卫首府的生态屏障

在维护市区微生态系统平衡的基础上，合理利用郊区的自然条件，不断抚育和扩充郊区的绿化（美化）带，让市区、市郊的植被单元自然衔接，协调统一。城内城外连成一体的生态系统，规模越大，结构越复杂，其抗阻外界干扰的免疫力就越强大，生态效益就越明显。郊区的绿化面积越大、植被覆盖度越高，市区的微生态系统就越安全、越稳健。

在"十一五"期间，拉萨市以创建国家生态园林城市为目标，以绿化市区环境为着力点，到2012年，城区"点、线、块、面、环"多层次绿化体系粗具雏形。在"十二五"期间，城市绿化以实施《西藏生态安全屏障保护与建设规划》为契机，以推进国家生态园林城市和国家环保模范城市创建活动为载体，在巩固和充实市区绿化成果的基础上向外延展，以市、县、乡（镇）、村为点，以道路、河道两旁为线，以工程造林、防沙治沙、湿地保护等重点生态园区为面，构筑点、线、面自然衔接、分布均衡、功能完备、效益兼顾的首府生态系统屏障。

拉萨市的生态保护与拉萨南山绿化。西藏不只是世界上最后一片净土，拉萨也不只是一座历史文化名城，西藏及拉萨的当代价值，主要的是其生态系统处于原生状态下和自然环境独特壮丽上。类似这样状态的自然条件，世界上多数民族都曾经拥有过，只是到了工业化阶段，越来越多的国家（地区）为了获取物质财富而相继丢失了这个自然条件，西藏因为与世界近代化失之交臂而至今保存着这个自然条件。但是，这个自然条件不仅会因为社会发展方式不当而被葬送，而且会因为自然界变化而自然消失。在全球变化的大趋势下，西藏原生态的自然环境能否持久安好？

事实上，全球变化连同西藏的城镇化进程，一定程度上改变着西藏区域自然环境及气候特征。因此，当代西藏及拉萨的生态保护和环境建设是一种自觉行为，主动应对全球变化对西藏生态环境的影响，同时降低经济社会发展对自然环境的扰动，并在此基础上为300余万高原儿女塑造宜居环境。拉萨市的与西藏其他地（市）生态保护和环境建设工程一样，具有全局性、根本性、长期性和艰巨性。就目前的态势和未来的发展趋势看，拉萨的生态环境安全、美丽，依赖于拉萨人生态保护和环境建设的成果了。整个西藏亦是如此。合理而有力的建设就是积极而有效的保护。作为拉萨市生态保护的有机组分，城市绿化就需要从整体上做长远谋划，同时咬住根本任务脚踏实地做起来。这样说来，拉萨市城市绿化不是绣花工程，更不是城市化和经济社会发展中的装饰工程或者形象工程。

生态保护和环境建设，规划是前提、落实是关键。正当千家万户依然沉浸在2013年藏历新年热烈气氛中的时候，西藏自治区刚当选的政府主席、自治区党委副书记洛桑江村就主持召开了政府第一次专题会议，研究部署拉萨周边和拉萨河下游流域造林绿化任务。新一届政府正式履职的第一项活动，新年主抓的第一件事情，就是春季植树造林工作。

洛桑江村要求：西藏党政军警民要切实增强生态意识、环保意识和绿色意识，政府部门要真正把生态文明建设摆上突出的位置。作为全面建设小康社会的重要指标，以大规模的植树造林为抓手，把西藏建设成为生态环境优美、生态经济发达、生态家园舒适、人与自然和谐相处的生态强区，让"美丽西藏"名副其实；相关部门要科学制定拉萨河下游流域植树造林10年规划，成立专门协调机构，动员和组织社会公众，相互配合，形成合力，让全民义务植树活动常态化、长效化，一年一年坚持不懈地往前推，确保拉萨和其他中心城镇及其周边地区渐次绿起来；要抓紧利用有利时机，迅速掀起植树造林新高潮，明确目标，分解任务，落实植树工序，做到种一棵活一棵，植一片绿一片；要把工程造林与义务造林统一起来，对林地加强保护和管理，努力实现森林面积和活木储量同增长、林业效益和农民收入双提高，生态建设和经济建设相协调，环境质量和民生幸福共提升……

2013 年拉萨市植树造林的目标是：造林面积 16.5 万亩左右，绿化项目主要有拉萨河谷造林绿化、拉萨南山山体绿化、义务植树、县（区）造林、拉萨至贡嘎机场专用公路绿化、拉萨周边防护林工程和城区园林绿化工程，植树节的主题是，"深入开展造林绿化，大力推进生态文明建设。"

拉萨市林业绿化局制定了《2013 年拉萨市春季义务植树活动暨拉萨河谷造林绿化工程启动仪式初步方案》，上报给拉萨市人民政府和自治区人民政府审核批准。依据《方案》，2013 年拉萨市全民义务植树活动时间定为 3 月 20 日至 4 月 5 日，植树地点为柳梧新区东面山体，拟定义务植树面积 200 亩，栽植的树种有榆树、杨树、云杉和沙棘。为了提高造林成活率，市林业绿化局加大了义务植树的监督和技术指导服务力度，并为了巩固造林成果，制定了栽植后 5 年管护期，由市林业绿化局交给当地村委会管护，与村委会签订管护协议，明确管护职责和目标。

拉萨南山绿化是拉萨周边绿化工程的重点项目，并成为周边绿化的试验区和示范区。近期目标，是铺设滴灌设备，完成拉萨河南山 1000 亩的山体绿化任务，以及山下次角林等地 1000 亩的景观项目，建立布局合理、物种多样、景观优美的绿地系统，打造高山景观园；远期目标，是完成拉萨四面山体的景观绿化，结合拉萨地域特色，建成人与自然界和谐共生的高原生态园林城市，把拉萨建成国家生态园林城市。

南山秋季植树，创造在西藏造林的奇迹。2012 年，拉萨市决定对南山山体进行绿化试验，规模为 1000 亩，投资 2.9 亿元，两年完成。2012 年栽植苗木 95515 株，完成山体绿化面积约 376 亩，树种主要有油松、侧柏、千头柏、高山松、圆柏、桃树、云杉、新疆杨等；2013 年南山绿化任务是

600 余亩。

继南山春季造林行动后，2012 年 10 月，上海生态园林有限公司拉萨项目部对拉萨的气候、南山的土壤、拟选种的树种生长规律等，做了反复论证分析，筛选出一批适应高海拔地区生长的树苗；动员组织当地民工，登上南山东坡开展秋季种树活动，计划种下 10 万棵树苗，为来年全面绿化西坡打下基础。

秋冬季节开展规模化植树活动在西藏尚属首次，把幼树种到海拔 3600 米以上的荒山上称得上一个创举。南山海拔最高的地方超过 4000 米，垂直高度有 400 米。挖坑、运苗、填土、浇水、种树等环节都有难度。除了对土壤进行化验、改良土壤，做好树木的抗风保温工作外，还必须解决规模化的"树上山""水上山"的现实问题。

一棵树苗加上携带的土球，最重的有 100 多斤。对此，施工单位专门铺设了高山轨道，批量运输耐寒的云杉、塔柏、杨树、柳树、雪松等树苗上山，通过这辆多功能的绿色快车，还把肥料、重型工具等运达指定部位。

拉萨秋冬季节天气干燥，新栽的小树隔天就得浇水，成活以后一个星期需要浇水两次。必须保证足够的蓄水，适时给幼苗和新树灌水。请来水利专家现场勘探设计，在南山海拔 4000 米处修建了两个 200 立方米的永久性蓄水池；为了把水引到山上，铺设一条长 1500 米、直径 100 厘米的管道；引进了以色列的滴灌技术和调压阀，通过调压阀调节，使山上的水压和山下的水压一样，采用毛管对每一棵树进行浇灌。

幼树栽种后，成活率成为关键。小树安上新家后，除了保证生长用水外，还需要人工创造很多生长条件，保证其正常生长。技术人员要对土壤进行化验，科学配方、改良土壤。还做好树木的抗风保温工作。冬季到来之前，养护人员采用了防冻剂、防冻液及生根粉等防冻措施，保证幼树安全越冬。

南山脚下成片的柏树是 2012 年春天栽种的，到了秋天不仅全部成活，而且长势良好，原有的那棵大柏树有 20 年树龄，挺拔而苍劲，成了新树林中的树王了。这里选种的主要是云杉，还有阔叶树、柏树等树种。技术人员在南山作试种实验，计划试种100多种植物。

另外，技术人员准备在南山坡的一处山谷种下几万棵野山桃树，建成一个"桃花谷。"此前调研表明，那里土壤具备栽种桃树的条件。为了把树、工具等运送到山坡上，施工人员在此处开出了一条宽4米的土路，方便工作人员上下山，或者运送物品。如果"桃花谷"试种成功，拉萨将会再添一处景点。

秋意深深，树叶瑟瑟。站在南山之巅向北俯视，拉萨市区的建筑尽收眼底，南山脚下新树成林。郁郁葱葱的云杉、阔叶松，似乎跟秋风萧瑟的背景有点不协调。千亩绿化只是一期绿化规划的一部分，来年二期规划将把南山打造成园林精品工程，完善相关配套设施，实现生物多样性。届时南山上植物品种将达到100种以上，南山会变成拉萨市民休闲娱乐的另一去处。

南山育林，护林员爱心圆绿梦。驻足拉萨大桥上，扑入视野的是黄绿交错的拉萨南山。黄的是土、风化剥落的岩石碎块，绿的是一排排树苗、壮树。在2007年拉萨市实施南山绿化工程时，栽种了11万株乔木和灌木树，而今那儿累计造林绿化有4600亩，成活率达到80%，覆盖着近三分之二的山体。

护林员普琼自2007年起一直蹲守在宝瓶山上，他说：在山上种树，最犯难的是取水。沿着管护工人踏出的小路向上走，最窄处只能容下一个人通过。最初从拉萨河抽水到山脚下，普琼他们用小车推水上山浇树。"小车装不了多少水，路上全是石头，沿途磕磕绊绊损失过半，一车水推到山上只够浇几棵树的。"

"2008年，市林业部门在山脚下修建了抽水房，机器24小时从井里抽水上来，经管道送到山坡间的蓄水池，然后经布满山坡的管网进行喷水浇灌。这种浇灌方式节省了不少人力和工时，但是往往浇得不透、不匀，最好还得接上塑胶管由人工来浇。3 名护林员负责这么大的山坡，本来就忙不过来，赶上夏季干热的天气，就得连续加班。每天早上 9 点钟就得上山，下午 6 点才能告一段落。"

到了冬季昼夜温差大，裸露在外的管道容易冻住。为了保证冬季正常浇水，需要给予水管特别保护。每年 11 月份以后，普琼带领大家上山集中浇水。"只有浇透冬水，春天的树木才是活的，漏浇一棵就可能死掉一棵，我们尽量不漏浇一棵，管子实在够不到的就提水去浇。"另一位管护员尼仓接口说："拉萨天气干旱，山地瘠薄，小树生命非常脆弱，需要人细心照料。"

除了及时细心地浇水外，还要想方设法给新树补充营养。"每年夏天要给幼树填充新土，因为山上土少石头多。泥土是从远处取出、拉到山下的，接下来就得一筐一筐背上山来，逐个填入树坑里。雨季来了，要进行普遍施肥……"普琼回忆着对小树的管护过程，细数着相关的具体工作，对小树苗的关爱明显写到了脸上。

在这里特殊自然环境下，受地理环境和气候条件的限制，云杉、塔柏等树种长得很慢，平均一年才能长高 3—4 厘米。海拔 3700 米的宝瓶山半山腰间的小树仅有 1 至 1.5 米高。但是，映入眼帘的一棵杨树成为例外。

那棵"鹤立鸡群"的杨树，傲然挺立在宝瓶山的半山腰。如果报以挑剔的目光打量它，它长得不算太茂盛，算不上"树中的伟丈夫"，但是伫立在其稀疏的树荫下，会跟管护员普琼一样，对它报以崇敬的目光，这可是南山上最高的一棵树呀。树干笔直，所有的丫枝紧紧靠拢向上延伸；不太肥大的青黄色叶片，在阵阵山风中沙沙作响，在阳光中晃动金光。它是榜样，是这贫瘠山岭上闪亮的火星，今天能看到它，将来就能看到一大片它的伙伴们。

当初，为了栽下这棵杨树，普琼带领工友从苗圃里拉泥土到山脚下，再背上山来，挖好树坑，铺好泥土，小心翼翼把 5 米高的树苗抬上山来，植入树坑，浇水、培土，给它安上了新家。一切停当之后，天已擦黑，大家在黑暗中望着它，痴痴地发笑，好像迎来一位新朋友。

小杨树入住新家不久，普琼带着徒弟尼仓隔一天给它浇一次水，后来一个星期浇两次。水是用水泵从山下抽到半山腰的水房，再用水管接过来的。有了水的滋养，小杨树很快就成活了。到了夏天，土的养分快被吸收完了，普琼把准备好的营养土背到山上，把树坑内的残土刨开，填进新的营养土。一年一度，这棵高挑挑的小杨树及其周围的伙伴都有机会享受这样一次"加餐"，增加营养以满足小树生长需要。

春天来了，小杨树渐渐变得枝繁叶茂，却因此招来了小虫，健康受到了威胁。在这个时候，就需要给小树用药。园林工人兑好了"针剂"，前来给小杨树喷洒以杀灭虫害。

在护林员的呵护下，小杨树及其同伴们得以在这完全陌生而严酷的高原环境下正常生长着。普琼师徒，每天都会不自觉地看它一眼，甚至禁不住走上前用脸颊蹭一蹭它泛青的树干，看着它一年一年地长大，它长大了、健壮了，护林员却变老了，身体衰落了下去……

嘎玛丹增，是宝瓶山下的另一名护林员。他的责任区是拉萨南山1号点，主要任务是阻止附近村庄的牲畜跑到宝瓶山上啃树。来不及吃早饭，他就得上岗巡逻。

附近村子有200多头牛和几十只羊，这些牲畜都是放养的，尤其在枯草期间，就经常奔上山啃食树皮，甚至拦腰咬断刚栽上的树苗，或是蹿进山脚下公园里踏青。一天至少要驱赶三次，有的晚上还会出来糟蹋小树林。因此，每天要在凌晨三四点钟确认山上不会再有牲畜出现，他才躺下睡一会儿。这样的日子已经过了五年，他已经习惯了这种没白没黑的作息了。

6年里，嘎玛丹增一直住在宝瓶山下，每月拿不到1000元的工资，过着忙碌而清苦的日子。尽管到城区只隔着拉萨河大桥，但是他进城的次数屈指可数。需要买东西的时候才瞅空去，或者让别人捎来。"要是我走开了，牲畜上山可怎么办？"他总是这样笑一笑，回答邀请他进城逛一逛的熟人。他常常动情地对人说："我没有小孩，早把这些小树苗当成自己的小孩在看护。树长高了，山绿了，我看着就感到高兴和满足，只要还干得动，我就要一直看管着宝瓶山。"

在拉萨市里，有人对比说：往年的南山，远远望去光秃秃的，像是巨型煤矿场上的矸子山，一堆一堆接天连地，高低起伏延伸开去，只有山坳和沟谷散布一些无精打采的植被。山脚也是一片一片的垃圾场。而今再遥望南山，山脚和山坡的绿色一年年扩大，渐浓渐深，看了还想看，心里感觉很欣慰，绿色植被不仅养眼，还能增加空气中的含氧量。

在拉萨山区，造林不易而成林亦难。默默无闻的护林员忠于职守，对幼弱的生命奉献着爱心，抛洒着汗水，这让政府的投入带来了预期的回报，使拉萨市民的绿色梦想化作了茂密的山林。设想 10 年以后，我们倘若再次从拉萨市区遥望南山，那里定然是树木森森，一派郁郁葱葱的绿色景象了。

修复近郊的生态民俗园，保护远郊的天然村落。在工业文明高度发达和城市节奏异常急促的时代背景下，城镇的公务人员和工商白领总想把自己从高楼大厦里暂时"解放"出来，亲近一下大自然，去寻访古老村落、天然渔村，去观赏接天莲叶、映日荷花，去聆听山泉叮咚、林鸟啁啾……纵情沐浴着乡风民俗，尽兴陶醉在自然环境的清风明月中，给神经松绑，让倦目养神。修复近郊的生态民俗园便成了"及时雨"，被视为心灵家园的营建行动。

衡量一座城市布局合理与否，标准之一是看市区与郊区是否形成了呼应和互补的效果。郊区人性化的生活环境和资源禀赋可以弥补市区人文关怀方面的不足，而市区可以向郊区提供便捷服务和琳琅满目的商品。如此，市区与郊区之间就能产生资源共享、功能互动的双赢效应。城乡一体化，其实是泛城市化，郊区被不断纳入城市体系之中，市区依据自身发展目标和发展方向对郊区因地赋形，郊区生态环境成为现代城市发展最需要的自然资源。内地省会城市通常没有像拉萨这样的周边环境和独特的文化资源。拉萨郊区"富有文化品位"的自然环境，是幸福拉萨不可以或缺的。

近年来，休闲林卡远不满足于仅仅提供帐篷、饮食等服务，依托当地自然和文化资源，农牧民开发出诸多的备受欢迎的旅游产品。有人挖地成池养鱼，供游人品尝自然生态环境下鱼的天然味道；有人驯养野生鸡鸭，现宰即炒；有人办起农家乐，瓜果蔬菜现摘鲜吃。置身其间的游客感受到这里的林卡（一片休闲养性的"私人领域"）不同于内地那种户外的休闲场地，这里完全被四周蜿蜒的山头所包围，头顶上徜徉着蓝天下的洁白云朵，空气清洁而透亮，感觉着由外到内的通体舒服。

民俗村落，作为发育充分而保护完好的历史载体，是特定自然环境下民族文化的鲜活标本，蕴含着传统文化的独特韵味及其地方特色，具有地域性、天然性和传统性的特征。民族文化蕴藏并体现在该民族的人民现实生活之中的。访问有代表性的民俗村落，既可以了解当地的风光、风物、民俗，又可以观赏到民族文化的丰富形式。

娘热沟里民俗园，游客淹留不思返。园区位于拉萨北郊，距市区6公里。在一派高原风光背景下，依势营造出宽阔的园子，近乎原始的生境，林木茂密，溪水叮咚，绿草如茵，莺声燕语……园内设有消遣林卡、土质烧烤、民间歌舞、藏戏表演等，根据游客要求提供举办篝火晚会、展示藏式婚庆礼仪等特色服务。园里规划出多个功能区域，其中文化精品展示区设有藏医藏药展览中心、藏文书法展馆、吞弥桑布扎纪念馆、文化艺术馆等。这类的民俗文化，在特定自然环境中鲜活直观地展示着藏族传统文化的特色和成果。

园内错落有致的藏族民居里摆放着当地居民曾经用过的器具，有松整土地使用的木槌、磨青稞的水碾、藏式厨房及内部的传统厨具，有装糌粑的牛皮袋子、酿青稞酒的酒桶，以及汉子们用来显示威武的藏刀、姑娘们用来点缀娇容的头饰。这些物件平时只能在电视里看到，做客在此的游客可以用自己的视角和态度来观看和品赏它们。

园内依然保持着传统的藏族生活习惯，午饭后的歌舞表演是这里不可缺少的生活内容。藏族是一个富有艺术细胞的民族，有人夸张地评价说"藏族人能说话就能唱歌，能走路就能跳舞"。能歌善舞成为藏族一大特征。在这样的场所如同在其他乡村或者社区一样，歌舞表演者通常并非专业演员，虽然少了一些程式和严谨动作，以及华丽的服饰和规范的招式，却一定程度上再现了藏戏所表达的有声有色的生活内容与此时此地的精神状态，即兴创作、临场发挥，或真情流露或灵感迸发，更有生活气息和乡间情调。

有人说西藏离天最近，藏族是最能也是最善于亲近自然和阳光的民族，他们有感而发，足之蹈之，唏嘘嗟叹，抒发此时此景内心感受，歌舞技巧在于恰切自然地还原生活的原汁原味和毫无掩饰的思想情绪。每逢传统节日或者碰上值得庆贺的日子，藏族同胞就会穿上鲜艳的民族服装，阖家而出，在树茂草丰的地方随便选块空地，搭上一顶白色帐篷，一班人弹奏六弦琴，载歌载舞，另一班人在一旁和着节拍，还不耽误啜饮酥油茶、青稞酒之类的藏式饮料。藏族歌舞表演完全生活化了，同日常生产生活一样自然随意。通过听歌观舞，游客能真切了解和感受藏族的生活习俗和生活情调。

白领市民驱车前往，一路歌声一路笑。一经踏进民俗园，立刻表现得慵懒散漫、不讲形象，疲疲沓沓、松松垮垮，挥手跟现代都市生活作别了。其实就想暂时回归本我，彻底融入大自然，完完全全放松身心。有人凑坐在茶桌边，吆五喝六地抛掷骰子；有人憩息于河溪沟渠之旁，漫不经心地清洗物品；有人出神远望当地妇女三三两两在河岸上洗衣浣纱，嬉笑逗乐的场景；有人不雅地四肢摊开，服服帖帖躺在草地上，仰望蔚蓝苍穹下白云聚散，山鹰、云雀之类展翅飞去。然而，舒服的日子总是过去得太快，"西边的太阳快要落山了""回家的日子就要到来"。同伙熟人高声吆喝，"回啦！回啦！"只得胡乱拾起随身物品，意犹未尽，惜别而去。幽谷里的民俗园，这片疗养大脑、抚慰心灵的地方。

拉萨河畔的俊巴村，传统习俗与现代生活相交融的天然渔村。这个古朴宁静的小渔村，位于拉萨河下游与雅鲁藏布江交汇处的北岸，是西藏唯一以打鱼为生的自然村。若从拉萨市区乘车行驶30分钟左右，至拉贡公路"两桥一隧"，在隧道北口向右行驶8公里即可到达。村庄地处拉萨河岸一片沙滩上，三面环山，一个山头上坐落着一座白色小庙，没看清村庄轮廓，倒先看到了那座小巧的寺庙。山下有个小湖，村庄的北面就是拉萨河。全村住着80户人家，原始的藏式民居错落分布在乡间小道的两侧，除了村口一个小门悬挂着"百益超市"的标牌之外，几乎看不到现代文明的明显痕迹。虽然多数村民不通晓普通话，但是不影响他们对外来游客的友善表示。

渔村名字"俊巴"二字，在藏语里原发音"增巴"，意思是"捕手"，引申为"捕鱼者"。传说在很久很久以前，拉萨河里生长着带翅膀的怪鱼，它们曾经非常强势，有些居然飞到天上，遮住了日月光辉，地上植物因为缺少光照而枯死。见此情形，佛祖释迦牟尼命令负责守护俊巴村的白玛拉措，一位名叫巴莱增巴的渔夫，带领村民捕杀这些为非作歹的怪鱼，允诺村民从此以后可以破戒吃鱼。巴莱增巴和村民跟怪鱼兵将苦战九个昼夜，消灭了所有怪鱼。获胜之日即开戒吃鱼，祈祷从此以后天下太平。

另有传说，这里是"八大藏戏"之一的《诺桑王子》故事发源地。舞台上那个戴着蓝色面具的渔夫，是由于他常年在河里打鱼，面孔被河水蓝色照射而造就了特有的肤色。这是藏戏舞台上蓝色面具角色的由来，于是，渔民在藏戏的舞台上有了自己的艺术形象。

拉萨河成为俊巴村奇妙的自然背景，从村里远望拉萨河，感觉她像是滑落这片土地上的蓝色哈达，把大地和天堂连成一体。村民介绍说，拉萨河发源于海拔5020米的米拉雪山，在灰白色的高原上流过墨竹工卡县、达孜县，穿过拉萨盆地，在拉萨的南郊汇入雅鲁藏布江。由于工业文明的负面影响，在世界的许多地方天然河流一捆捆地死去，西藏因为没有经历工业过程，藏族人民心中的这条"母亲河"连同境内其他众多河流一样，依旧保持着清澈蓝亮的天然本色，似乎这些河道都是由蓝宝石铺砌而成。成群连片的野鸭、沙鸥等水禽要么在水面上嬉戏，要么贴着水面飞向远方，有时候数不清的银鱼不约而同地突破水面，在空中旋转一刹那，炫耀一下自己美丽的鳞甲，又纷纷落入河水中。

老年村民介绍说：拉萨河里原来有 7 种鱼，各个季节打到的鱼并不一样，夏天最多的是一种无鳞的裸鱼和珍珠鱼。名气最大的是藏鲶鱼，拉萨河里的特产，鱼刺少而肉质鲜美，它还能发出酷似婴儿的叫声，当地人又称之为娃娃鱼。俊巴村妇女产后，通常用它煲汤来滋补身体。还有胡子鱼、尖嘴鱼、花鱼、鲢鱼、白鱼、薄皮鱼等，现在拉萨河的鱼多到 15 种，因为从外地运来的几种鱼被放生，于是在拉萨河里安家落户，繁衍了起来。

因为佛教忌讳杀生，生命是不可以随便宰食的，鱼类自然不例外，全民信仰藏传佛教的藏族人，是不吃鱼的。但是，这个村庄是个另类，在吃鱼方面就有生吃、煮、煎炸、腌、晒等七八种的吃法。招待贵宾的时候，就从拉萨河里打来鲜土鱼，要么做成红烧鱼，味道鲜美；要么附加当地时鲜蔬菜，做成清蒸的"全鱼宴"，作为午饭的大餐。平时制作生鱼酱，把活鱼去除内脏后剁碎，加水和香菜、辣椒、食盐等搅拌而成，这是村民的最爱，用这种鱼酱和着糌粑一起吃，据说味道很特别。

牛皮船如今很少在拉萨河上漂浮了，划船汉子的牛皮船舞"郭孜"成为当地特色的娱乐节目。把沉重的劳动变成轻快的舞蹈，原是藏族的天赋。"郭"藏语意思为牦牛皮船，"孜"为舞蹈。俊巴村独创的所谓"果子舞"，其实是高原上盛行的牦牛舞的变种，把背着牦牛皮跳改为背着牦牛皮船跳。跳的时候舞蹈者围成圈，每人在背后背起一只牛皮船，旋转着跳，其他人有节奏地击打着牛皮船的船帮，还有人高歌领唱。跳牛皮舞的很多动作铿锵有力、粗犷朴实。跳舞一般每年跳两次，一次是在藏历三月开网打鱼的时候，跳完舞一年的打鱼作业就开始了；另一次是在夏天，祈求暴躁汹涌的水神保佑他们打鱼平安顺利。2008 年，被称为"郭孜"的牦牛皮船舞被列入国家非物质文化遗产。

通常，村民和游客一边看着强劲的舞蹈表演，一曲舞毕，大家报以热烈掌声和欢呼声，以示鼓励和夸赞，一边相互礼让吃点心，坐在人群中的翻译，打着手势协调着双方的语言交流，大家宛如一家人。几个年轻的村姑殷勤服务，不时地收拾走垃圾，整理着现场卫生。

俊巴村民风淳朴，村民恪守着传统习俗。藏族妇女三五人聚在一起，娴熟地捻着毛线，见到进村的外来游客，报以羞赧微笑以示招呼。村里婚俗，既让外来游客羡慕又令其反思。"离婚"在当地是个稀罕语词，村规民约中有不打人、不骂人、不撒谎、不盗窃、不赌博、不搞婚外恋的约定。当了解了这些村史民情之后，外来游客感叹道："这里的女人是全天下最幸福的女人。"

俊巴村依靠自然环境和传统民俗的资源优势，近年来发展起乡村旅游。随着外来钓鱼的人数增多，河里的土鱼渐渐少了，俊巴村主业开始转向制作有民族特色的钱包、皮包、钥匙扣、书签等小型工艺品。传统渔业造就了俊巴村民中众多优秀皮匠，牛皮手工艺品质量可靠，价格比市面的便宜。皮具工艺品制作技艺被列入自治区非物质文化遗产，渔民仅此一项年收入就超过了70万元。

山上那座名为"俊巴日追"的白色寺庙，著名影片《1912》在拍摄过程中曾经在此取景。庙门打开，抬头望见"里面亮着几十盏酥油灯，铜碗里盛着净水，正中供着佛像，比较简单，没有西藏寺庙那种普遍的烦琐"；一个僧人管理着这座寺庙，平时他不住在庙里，住在村子里，每天上来两次加油添水，绕行寺庙转经几圈。村民一般每个月8、15、30日上来拜佛，其他重要的节日也要上来。村民一致认为，捐建这座寺庙是为了救赎打鱼吃鱼的罪孽。

拉萨水、气、声环境的质量安全现状

拉萨的"自来水生喝也没事"？有专业部门给自来水水质把关，拉萨市民饮用着安全、洁净的自来水。城关区扎西新村通了自来水，多数的压水井还保留着。村民们说，压水井的水不太干净，有时候压上来的水里会有红色细虫和小小泥丸、沙子，主要用于浇花浇菜、洗衣刷鞋，洗菜淘米、烧菜煮饭才用自来水。天热了，学生娃放学回到家，有时嫌保温瓶里的开水热，放下书包就奔到水龙头，尽情喝个够——跟老年人学的喝生水，却从来没有闹过肚子。自来水跟白开水一样喝得放心，还觉着有点甜丝丝的哪。

拉萨市区供水充足，水质优良、用水安全。市民用水分为饮用水集中式供水和饮用水散户供水，前者由拉萨市自来水公司负责供给，后者由自建水塔或者泵管供给。目前拉萨市自来水公司下辖四家水厂，献多水厂、药王山水厂、北郊水厂和西郊水厂，供水管网覆盖面达到90%以上，日供水量26万吨；使用自来水的市民超过45万人，供水普及率达到90%。除了4个水厂，还有5个泵站，日供水能力30万吨；另有200家单位和个体使用自备水源，人口约7.5万。如果按照每人每日平均用水163升计算，拉萨市自来水就可以保证159万人饮用。因此，现有供水能力可以满足拉萨市区近几年用水要求。同时，拉萨市自来水公司根据城市发展状况，将对自来水厂进行扩容改造，计划每年投资20万—30万元用于水源地绿化和相关设备更新。

拉萨市自来水水源不同于内地，内地自来水主要取自江河，拉萨市自来水均取自地下井水。源水井有深度20米的大口井，也有50米、80米不等的深水井。地下水多为冰雪融水，具有先天优势。拉萨自来水水源地几乎不存在有机污染，周边有污染的工厂被迁出去了。近年来拉萨市降水 pH 值介于7.4—8.1之间，未曾出现酸雨。为了保证源水的安全卫生，每口井有封闭式的保护建筑。

不但如此，自来水还要经过 9 道工序的过滤和消毒。打好符合标准的源水井后，井水通过一级泵站源源不断地被抽上来，经过除沙器除沙后，流入巨大密封的清水池里，进行了集中消毒、沉淀和二次除沙后进入汇流池，后经配水泵输入城市供水管网，分送给千家万户。技术部门的负责人解释说："这其中的消毒，其实就是杀菌的意思。"

自来水要接受 20 多个指标的检测，保证水质没有安全隐患。据市自来水公司水质化验室负责人介绍，检验人员每周（有时每天）要对公司下属的四个水厂的泵站源水、出厂水、末梢水进行水质检查，检查项目共计 22 项，涉及感官、形状和一般化学指标、微生物指标和毒理指标等。2012 年市自来水公司水质化验室全年水质检测就有 226 次，检测项目总数多达 4798 个，水质综合合格率达到 99.33％。另外，市疾病预防控制中心隔日还要对各个区段水体进行抽样检测，包括理化和微生物检测项目多达 26 项，其中 2012 年 10 月 31 日出具的《拉萨市疾病预防控制中心检验报告》显示：所检项目符合《生活饮用水卫生标准》。

拉萨市自来水生产全程采用了电脑管理。电脑屏幕是一张张平面图，显示着各个厂房操作情况，监管人员坐在电脑前就可以对取水、除沙、沉淀、消毒等流程进行监控，处理电脑上的相关信息。检测显示：拉萨自来水除了雨季个别时间微生物指标超标外，其他情况下均符合国家标准，水质优良。雨季个别时间自来水微生物超标问题，可以通过适当加强消毒工作予以解决。

拉萨市集中式供水工程，也让郊区农民用上自来水。"水来了、水来啦！""不苦了，不咸了，俺家的水变甜啦！""白天盼，夜里盼，盼来了清水进家园！""水龙头接到了灶头上，厨房水缸腾出来做面缸，以后不再为用水发愁啦！"家里通上自来水的农民，激动高兴的心情溢于言表。拉萨市达孜县德庆镇新仓村村民，拧开家里新安装的水管，看到洁净清凉的水从自来水管里哗哗流出，不约而同爆发出惊喜和呐喊，村里村外欢声笑语此起彼伏。这一天好似传统节日，捧起清水喝到嘴里、甜到了心里。

怎能不激动、怎能不高兴，因为从此告别了喝水难、用水难的日子。由于资源性缺水，苦咸水、污染水、用水方便程度不达标等情况，让农民用水难的问题遍布拉萨市的各个村镇。有水源的村庄常常是人和牲畜同饮一处水，牲畜粪便对水源造成污染，人喝了这水容易导致腹泻、流感、肺炎、大骨节病等地方病，威胁着村民健康。即使能用院子里的浅层压水井取水，天气暖和还可以，到了冬季，天寒地冻取水就难了。

"十一五"期间拉萨市建成农牧区饮水安全工程达到 900 处。相关部门深入调研，了解情况，哪里饮水困难程度最大，要求解决饮水安全问题的呼声最高，项目首先安排在哪里。坚持近期解困与长远发展相结合、集中解决与分散解决相结合、利用地表水与开采地下水相结合的原则，实施管道饮水工程。针对工程区自然条件、经济状况的差异，合理确定饮水工程类型、规模和供水方式，在水源水量相对充足的地方，以建设大型集中式供水工程为重点、整乡整村推进为目标，由水源地集中取水，经过统一净化处理后，由输水管网送到供水点或者用户。

为了把农牧区饮水安全工程做成精品工程，就委托有资质的设计单位编制项目报告和工程设计方案，按照国家相关技术规范把关规划设计；招标中挑选有资质、信誉好的专业施工队伍，把关施工企业准入；对工程需要的材料和设备实行阳光采购，把关材料和设备的质量；选派业务骨干深入作业现场，把关工程质量和工程进度。

拉萨郊区的供水工程让 21 万农牧民告别了饮用不安全水的历史，以及人挑、畜驮、车拉水的局面。据当地卫生部门报告，由于农牧民做饭烧菜、洗漱、洗衣都用自来水，家庭面貌迅速得到改观；农牧户借乡（镇）改路的机会，对自家厨房、厕所、灶膛等进行改造，不少家庭建起沼气池、铺上了瓷地板，房前屋后点瓜种豆、植树栽花，人居环境改善了，地方性疾病和传染病发生率大幅度下降，很多季节性流行病消失了。家庭医药费支出减少，农牧区药品紧张形势随之缓和下来。有水百业兴，种植、养殖、加工业随之迅速发展起来。

保护水源地，节约水资源。保护水源地，设立警示牌和界桩。政府决定对水厂大口井周围建筑垃圾实行一劳永逸地清理，在大口井周边100米设立界桩，把区域内水源地环境严格地保护起来，成立水政监督执法队伍，加强对饮用水和水源地进行保护监管。《西藏自治区城市饮用水水源地安全保障规划》，明确了西藏全区地下水水源地及其保护范围。

拉萨市自来水公司在4家水厂水源地保护区范围内，设立了32块警示牌、80个界桩、500米围栏，修建了400米围墙，于2012年投资栽树种草，水源地面积达到20.44万平方米，绿化面积占厂区总面积89%。

为了保证拉萨城区水源地安全，城关区实施了"拉萨河保护工程"。以仙足岛、太阳岛为主体，加快对纳金大桥至柳梧大桥沿河区间的拉萨河流域进行综合治理，加大对沿河企业、经营场所的环境保护监测力度，积极预防、杜绝重大污染事件发生，保持拉萨河总体水质三类标准。同时，明令禁止在城市周边10公里范围内采石。

用水安全得到保证后，节约用水被提到日程上。目前，拉萨市自来水收费标准是全国最低的。按照自来水的用途收费，即生活用水，水费每吨1元；商品房用水，水费1.2元；工程用水，水费1.4元；大型餐馆、娱乐场所用水，水费1.5元。

为了发挥市场机制和水价杠杆在水资源配置中的作用，拉萨市自来水公司自2010年起推行"一户一表制度"，改造居民水量计量，完成雄嘎、雪新村、团结新村三个社区的水表安装工作，使自来水供应和消费行为更

小贴士 ▶

生活节水有诀窍。1. 洗脸水可以用来洗脚，再冲刷厕所。2. 家中预备一个收集废水的大桶，洗菜的水可以装入里面，一天下来所收集的足以保证冲厕所需水量。3. 淘米水、煮过面条的水，用来洗刷碗筷，去油污又节水。4. 用养过鱼的水浇花，能促进花木生长。5. 三件以上的衣服尽量使用洗衣服机来洗，如果能先甩净衣物的泡沫后漂洗，漂洗两遍就干净了，可以节水三分之一。6. 洗澡的时候，如果用喷头洗淋浴，不要让喷头始终开着，从头到脚淋湿之后就可以往身体上涂肥皂搓洗，最后冲洗干净；用澡盆泡澡，放水不必过满，水放到盆内三分之二容量就够了。

加规范。

自来水公司为用户提供水表，保证水表的准确性。执行财政部、国家发展改革委等部委 2010 年 12 月联合出台的《关于规范水能（水电）资源有偿开发使用管理有关问题的通知》，顺利实现水资源费及时足额征收。收入用于水资源节约、保护和管理，以及水资源的合理开发，专款专用，不平调、不截留、不挪为他用。

逐渐用地表水代替地下水，以储备地下水资源。拉萨市每月从自备井中流走的水多达 110 万吨，按每吨水 1.2 元价格计算，每个月就有 100 余万元。

拉萨的天空为什么这样蓝？因为拉萨的大气纯净。2011 年拉萨市空气质量平均优良率为 99.7%，空气优良率连续多年保持基本稳定。2013 年初的监测显示，PM2.5 浓度主要只与拉萨天气状况有关。

公交车以旧换新。自 2010 年 9 月起，拉萨市启动了个体户中巴车退出城市公共客运市场行动，妥善处理了 579 辆中巴车下线相关事宜，节能减排和噪音微小的 249 辆新型公交车开始上路服役。目前运营中的新型公交车增至 325 辆，公交路线由原来的 18 条增加至 24 条。

机动车排气监测实现了标准化、自动化。目前在拉萨，机动车尾气排放成为 PM2.5 主要污染源之一。为了保证市区空气质量标准，拉萨市不断完善对机动车尾气排放的管理。2010 年拉萨市借鉴北京市先进的机动车尾气排放管理经验，建成了机动车尾气检测中心。2011 年春节前夕，在拉萨市区各个路段上，市环保局环境监测站执法人员和市公安局交警支队的交警，对过往机动车尾气排放是否合格进行专业检查。过往车辆即使没有环保合格标识，检测人员也能通过"目测法"查验该车尾气排放是否合格。

机动车尾气遥感监测车 2012 年开始上路值班。2011 年 9 月 22 日是"世界无车日"，拉萨市环保局引进了两台机动车尾气遥感监测车。经过一年多试用，2012 年 10 月 18 日，两台监测车分别在拉萨萨博数码广场、人和汽配汽贸城附近的两个监测点上岗，可以快速又准确地检查出过往车辆尾气排放达标情况。

据介绍，这种监测车是目前国内最先进的。白色汽车上装有 LED 显示屏，车旁摆放着类似照相机的仪器，这些是机动车尾气遥感监测设备：凡是以正常速度通过此处的机动车，牌号、颜色、车速、排气是否达标等相关信息，都会确切映现在遥感监测车的操作电脑上，以及遥感监测车顶部的显示屏上。原理在于，机动车一旦进入监测车的摄像视野，触发监测设备红外线和紫外线激光后，通过感应器而把监测到的目标信息传输到电脑里，并通过无线电发射传输到旁边的监测车上，同时被车顶上的显示屏幕显示出来。监测一辆车用时 1 到 3 秒钟，一天能监测千余辆机动车；实施监测不需要被检车辆停下，只要以正常速度过往就可以了，司机对自己驾驶车辆被监测或许毫无觉察。

机动车辆的排气指标，包括 CO（一氧化碳）、NO（氮氧化物）、CO_2（二氧化碳）、CH（碳氢化合物）、碳颗粒等污染物浓度。西藏空气含氧量偏低，车辆油料燃烧不完全，所以，包括拉萨市在内的西藏全区汽车尾气排放标准较全国的稍低一些。管理部门依据收集到的相关信息，对排气不达标的机动车予以存档，按照《拉萨市机动车污染物排放监督办法》进行处罚。追根溯源，制止排放不达标的机动车辆上路。比如《办法》第八条，对超标排放的机动车的经销行为，依法责令停止经销行为，除了没收非法所得外再处以违法所得数额 1 倍以下罚款；对于无法达到排气标准的车辆，一律作没收销毁处理。

严格噪声监管，营造市区安静环境。噪声污染，被认为是仅次于大气污染和水污染的第三大公害。自治区环境监测中心站坚持对拉萨市区环境噪声进行监测，目前共布设网格监测点 197 个。市区环境噪声源，主要有道路交通、建筑施工、社会娱乐场所等。拉萨市严格执行《中华人民共和国环境噪声污染防治法》，结合本地区域噪声构成特点，制订了《拉萨市区环境噪声适用区划分方案》，颁布《拉萨市环境噪声污染防治办法》，以中心城区噪声防治为重点，持续开展宁静环境创建活动。

建立健全噪声监管机制，加大噪声监管执法力度。落实中心城区限速规定，禁止鸣笛并逐步扩大城区禁鸣范围；实施"畅通工程"，推进道路绿化隔音带建设，削弱道路交通噪声。加大对施工噪声扰民问题的监管力度，在基建行业倡导文明施工，要求在施工场界主动采取隔音措施，尽量降低噪声污染；合理规定大型施工机械和载重汽车的行车路线和行车时间，要求司机绕行声环境功能区。严格监管和查处营业性的餐饮、娱乐等公共场所噪声源。这类服务场所必须保证达到所在声环境功能区的标准，对不符合标准的，文化部门不得向其发放文化经营许可证，工商部门不得予以办理营业执照。协调宣传部门发挥媒体舆论作用，鼓励公众参与环境噪声污染治理工作，保证12369环保投诉举报热线畅通，为社会监督提供畅通渠道。

贯彻自治区环境保护厅发出的《关于加强中、高考期间噪声污染监督检查工作的通知》要求，切实做好全区中考、高考期间噪声污染监控工作。考试之前，通过媒体发布噪声监控通告；集中力量对考点周边施工、娱乐场所等噪声源进行执法监管。在每年"双考"期间，每天8时30分至18时30分考点200米范围内不得产生噪声污染，全力为考生营造安静和谐的应考环境。

2012年，拉萨市功能区环境噪声昼夜等效声级范围为：1类区昼间介于34.2—52.5分贝之间，达标率100%，夜间介于33.8—48.8分贝之间，超标率25%；2类区昼间介于37.6—65.0分贝之间，超标率为37.5%，夜间介于33.5—61.7分贝之间，超标率为50%。

另外，市区道路交通声环境较好。等效声级介于62.6—75.6分贝之间，年均值为69.4分贝，年均值较2011年略有增加；测量道路总长度为52.95千米，超标路段达20.1千米，超标率为37.9%，较上年上升5%。

齐抓共管，拉萨市场亮着绿色信号灯

2011年春节、藏历新年期间，驻地多部门开展集中执法检查。自治区质监局部署专项检查，保证市场上食品质量。以肉制品、乳制品、酒类等节日食品为重点，增加对这类产品的生产企业、小作坊监督检查的频次，全面检查企业、小作坊落实食品质量安全主体责任的情况；做好节日期间肉制品、乳制品、饮用水、糌粑、酥油、豆制品等12种重点食品的监督抽查工作，提出1至3月份区质监局每月抽检一次，要求7地（市）质监局于每月5日前完成抽签送样工作，对专项监督检验不合格的产品及其企业，及时依法做出处理。

市工商执法人员根据举报，在堆龙德庆县岗村5组的一个出租院内，端掉了一个假冒雕牌、汰渍、立白等品牌洗衣粉的制假窝点，缴获假冒品牌洗衣粉2吨余，随后查封了该制假窝点位于小昭寺的批发店。

市商务局监察执法队联合城关区商务局，对老城区内的批发市场、餐馆、超市及大小商店进行检查，缴获无碘盐440公斤。执法人员没收了这些无碘盐，对出售无碘盐的商户进行了批评教育，对未办理碘盐销售许可证的商户，督促其尽快办理。

相关负责人表示：碘盐是由国家统一组织生产、计划调拨的特殊商品，是供全民防病用的强化食品。不符合食用盐卫生标准的私盐和无碘盐，长期食用会引发甲状腺等碘缺乏病，威胁到消费者的身体健康和生命安全。因此，执法人员将依法查缴所有不合格、不合法的食盐。

市农牧部门联合市种子管理站、市动物卫生及植物检疫监督所，共同对农牧产品集中进行抽检。他们深入农贸市场，对蔬菜、牛肉、羊肉、猪肉、禽类产品等食品进行抽查，其中抽检蔬菜120个样品，牛肉、羊肉、猪肉、禽类各36个样品，把监测结果及时公布出去，对查出的不合格产品依法予以处理。另外，对拉萨市各区（县）春节前上市的农畜产品进行抽样、监测，包括蔬菜 60 个样品，牛肉、羊肉、猪肉、禽类各 18 个样品；对藏历年前上市的农畜产品也进行抽样、监测，包括蔬菜 60 个样品，牛肉、羊肉、猪肉、禽类各 18 个样品。

本次行动，联合检查组现场指导农牧业投入品经营单位建立台账规章，落实对农牧产品质量追溯管理措施；加强对农牧产品生产基地、企业和农民专业合作经济组织施用、使用的投入品的监测，重点监测产品是否含有违禁药物成分；借助媒体向农牧民宣传禁用农资，推荐了一批可以放心施用、使用的农资，发布国家的相关法律法规，以及行业质量监测标准和安全指标，周到细致地对农牧民宣讲如何选用、使用化肥、农药的常用方法，鼓励农户积攒、施用农家肥，减少化肥使用量，增加人工投劳，加强田间管理，降低除草剂等农药用量。阶段检查情况和处理意见，一并通过主流媒体公布于众。

市卫生监督部门为市民的"年夜饭"安全把关。为了让市民能在饭店、酒店放心享用年夜餐，或者在家能订购到安全卫生的节日美食，拉萨市卫生监督部门制定了年夜饭监控方案，要求卫生监督员详细了解餐饮业接待客户预订年夜饭的相关信息，针对性地对餐饮店的年夜饭制作流程进行监督，重点对餐饮店使用的调料和食品添加剂仔细检查。在饭店、酒店预订年夜饭的市民，如果需要卫生监督员去现场监督，就拨打电话 6389338 进行备案，届时卫生监督员会赶到现场，对市民预定的"年夜饭"烹制过程进行把关。

烹饪餐饮饭店业协会，倡议业界提供放心餐。自治区烹饪餐饮饭店业协会携手朝煌阁、拉威国际酒店、京来顺等 36 家知名品牌企业，共同启动了"欢天喜地迎新年，美味佳肴放心饭"活动。会长褚立群在新年到来之际表示：按照传统习俗，年夜饭是一年中最受重视的团圆餐，因此制作年夜饭成为餐饮企业为民生服务、塑造企业品牌的经营良机。要求会员企业对消费者做出负责任的约定和承诺，确保用料新鲜、菜肴色香味俱全，同时明码标价，争取做到物美价廉，让顾客放心、满意。另外，诚恳向顾客点菜提供参考意见，有条件的单位可以安排专业的点菜师，在保证顾客充分食用的前提下，把握尺度、不要浪费。当时京来顺总经理石国琪慷慨承诺："在烹饪年夜饭的前期工作中，京来顺严格食品进货安全关，重视进货渠道，向正规、知名的品牌企业购买原材料，不折不扣地执行'食品索源索证管理制度'和'食品购销台账制度'，自觉接受广大市民和新老客户的监督检查。"

给卫生合格者贴上笑脸标识。拉萨市卫生局监督员不定期地深入餐饮吧进行现场突击检查，给卫生状况良好的，在店内卫生栏处贴上一个笑脸标志，差的就贴上一副哭脸标志，并责令该店立即整改，以待复查。顾客选择餐饮店时可以在现场首先查看该店卫生栏里的卫生状况标志，作为选择的参考条件之一。

多部门密集而无缝的检查结果显示：市区农贸市场上蔬菜、水果和肉蛋食品供应充足。拉萨当地生产的蔬菜占总交易量的40%；蔬菜、水果的农残指标绝大多数符合统一标准，被随机抽检的蔬菜、水果98%是合格的；如果被抽检的农产品不合格，工作人员就要进行复检，复检程序与初次检测一致，但是操作更加严谨。复检中农残仍然不过关的，检测人员当即填写"拉萨市农贸市场准入监管超标农产品处理结果记录单"，市场管理方将对该摊位出售的相应农产品做销毁处理。"拉萨市场上，凡是挂了'拉萨市农产品市场准入标示牌'的蔬菜、水果等，市民可以放心购买。"检测人员当众表示。

让猪肉食品买得起、吃得放心。围绕拉萨农贸市场上的猪肉安全问题，动检部门组织例行检查，新闻媒体灵敏反应、并进行明察暗访捕捉信息，农贸市场管理方严格执行猪肉来源准入制度，消费者时时留心市场动态。只要齐抓共管，就能保证吃上质优价廉的猪肉。

迄今为止，拉萨市场上不曾发现含瘦肉精的猪肉产品。自2011年3月

15 日央视曝光双汇集团子公司济源双汇食品有限公司采用含有瘦肉精的猪肉后，拉萨市区各超市，诸如百益超市、四方购物广场、乐百隆超市等，货架上均未查出产自济源的双汇牌肉类产品。但是在当时为了安全起见，乐百隆超市双汇牌猪肉产品被厂方无原因收回，百益超市主动下架双汇牌猪肉产品，等候有关方面的通知。双汇驻拉萨办事处负责人表示：拉萨市场上销售的双汇牌猪肉产品系总公司漯河产的猪肉产品，"目前市场上销售的双汇牌包括猪肉类的系列产品都是安全的，请市民放心食用。"

拉萨市检疫监督所也证实：拉萨食品市场上没有发现带有"瘦肉精"风险的猪肉。2011 年 3 月 16 日，《西藏商报》记者母景光就拉萨市场上冻、鲜猪肉质量专访了拉萨市动物卫生及植物检疫监督所的相关领导。该领导表示：从事检疫工作十余年来，未在拉萨发现过含瘦肉精的"健美猪"肉，"我们有专门的检疫人员在拉萨天恩屠宰场开展检疫工作，检疫又分为宰前、宰中、宰后检查。宰前检查都是活体检查，检查瘦肉精只需通过'尿检'，检查程序并不复杂。肉食产品关涉消费者的健康和生命安全，检查工作不能有半点儿马虎，宗旨就是坚决不让问题肉上市。"拉萨市场上的鲜猪肉，市民可以放心食用。至于冻猪肉，有专门检疫员在药王山检查运到拉萨的冻猪肉制品，只有检查合格的产品才被准许进入市场。市民还可以自行观察市场上的猪肉，含瘦肉精的猪肉瘦肉占到 80%—90%。

拉萨当地生产的肉食品，多出自天然；外来生猪的肉产品，经过了专业部门严格把关。内地"瘦肉精事件"曝光后，《西藏商报》多位记者深入拉萨各处生猪养殖基地进行暗访。访后普遍认为，拉萨当地生产的猪肉产品基本处于天然状态。

第一，养殖安全。生猪养殖基地所用仔猪主要来自四川的荣昌和简阳。两地来的仔猪在高原环境下生长良好，有较长养殖历史了。另有来自新疆的仔猪，新疆仔猪是从国外引进的猪种，瘦肉较多。拉萨市堆龙德庆县西藏高阳乳液开发有限公司仔猪繁育基地，专门繁育本地仔猪，目前每月出栏近200头，不能满足拉萨市场的需求。有养殖户从内地购进100斤的猪到拉萨，催肥后冒充拉萨养殖的成猪出售，猪肉虽然没有质量问题，但是口感明显较差，因为它们吃的基本上是工业饲料。

拉萨市生产的猪饲料非常少，主要是一些油菜籽、大豆榨油后剩下的油饼之类的油渣。猪的主食有潲水、玉米面、麦麸等，催肥的时候添加一些饲料。被访问的几家养猪户表示，饲料是自己配的，没有在饲料中添加化学制剂。有的说，他们是农民，不懂得所谓的高科技养猪技术，只知道让猪吃饱就行，万一出现问题就亏大了。

猪食基本上是"天然食物"，养殖方法也比较传统，从源头上保证了猪肉食品的安全。另外，由于本地猪适应在高原环境下长途运输，拉萨出栏的生猪不少卖到了那曲、日喀则等地。

第二，兽药安全。有记者在藏热路上的鸿喜兽药和慈松塘路上的几家兽药店采访，几位老板表示，动检人员对他们销售的兽药进行了全面检查，平时相关部门不定期检查兽药的品种和质量安全。拉萨市动物卫生及植物检疫监督所的技术人员介绍说，从仔猪到成猪生长过程中，一般都需要使用药品保健、治病等。兽药安全十分重要，检查兽药是否安全也是他们的分内工作。从抽检情况看，拉萨兽药店销售的兽药没有质量问题。养殖户如果发现兽药有质量问题，就可以向拉萨市动物卫生及植物检疫监督所举报。

第三，饲料安全。"健美猪"事件相关丑闻被爆料以后，经销猪饲料的店老板基本上了解了瘦肉精的危害性。他们表示，凡是国家禁用的添加剂一律不予出售，拉萨饲料行业没有销售过瘦肉精之类的违禁添加剂。一位老板对记者表示："3月23日，动检人员来到我店里，提取每种饲料的样品拿回去检查了。"另一位表示：他家销售的猪饲料是自己加工的，主要成分有麦麸、玉米面、菜籽饼和豆饼，加工原料小麦、大豆、玉米等是从内地运过来的，他们只卖这种天然饲料，里面不含任何添加剂，更不用说添加瘦肉精了；添加剂一般是由养殖户自己添加的。他也认为，不是所有的添加剂都不能用，在猪饲料中合理添加一些添加剂，可以起到促进生长、防治猪病的作用，可以节省饲料，降低成本，提高养猪的经济效益。

拉萨市动物卫生及植物检疫监督所的抽检结果表明，拉萨市场上的猪饲料是安全的，没有发现饲料中含瘦肉精或者其他违禁的添加剂。

第四，生猪来历被盘查，一般来自西部省份。拉萨市动物卫生及植物检疫监督所表示，外地运至拉萨的生猪必须接受抽检，动检人员核查"四证"，即《出县境动物检疫合格证》《动物、动物产品运输工具消毒检疫证明》《非疫区证明》和《免疫证》。如果发现采购的生猪数量与票据不符，就对生猪源头进行追踪调查，不让问题生猪进入屠宰场。拉萨市生猪定点屠宰场负责人介绍，他们屠宰的生猪都是从新疆、甘肃、青海等西藏周边省份购进的，没有从瘦肉精事发地进口一头生猪，目前不会受到瘦肉精事件的影响。拉萨天恩科技发展有限公司透露，将派采购员分赴川云贵等生猪产地进行考察，以扩大生猪货源，打破以前生猪来源单一的局面，让拉萨市民吃肉从产地上多出一些选择。

第五，把关生猪屠宰过程，对屠宰流程进行监测。相关监管部门表示，屠宰前，检疫人员对每头生猪进行宰前检疫，主要通过临床诊断检查，查明进入屠宰的生猪是否"带病"；屠宰后，检疫人员对猪肉进行检查，主要查看猪淋巴结有无异常、是否有寄生虫等情况。在确定没有问题后，猪肉都会被盖上"检验合格"的滚花印章，由动检部门开具检疫检验合格证明。猪肉进入销售市场后，动检人员还要进行市场巡查，采样抽检零售过程中的猪肉。2010年拉萨首次引进了150多台（套）肉品速效检测仪器，可以检测出包括猪肉的病菌以及瘦肉精等毒素。

第六，来路不明的猪肉将被盯住不放，市场落实管理责任。农贸市场管理办公室负责人表示：以药王山农贸市场为例，自2008年起实行商户进货登记制度，登记簿记录着每个摊位商贩出售猪肉的来源和数量，由每个商贩签名确认；市场内工作人员在巡查的时候，也会查看各摊位待售的猪肉有无动物产品检疫合格证、动物检疫验讫印章、肉品品质检验章、肉品品质检验证明，还会检查商贩有无藏匿来源不明的猪肉。如果发现有商贩出售来源不明的猪肉，市场管理人员会立即通知动检部门对此进行查处，农贸市场管理办公室将取消其在市场内的经营摊位。娘热路蔬菜水果批发市场和自治区气象局农贸市场管理人员也都认为，市场内都有严格的准入登记检查制度，杜绝了来源不明的猪肉在市场内销售。

另外，社会监督介入屠宰市场。2012 年 6 月 19 日，相关部门在拉萨市生猪定点屠宰场举办生猪定点屠宰企业食品安全宣传开放日活动。区、市人大代表和政协委员、区商务厅领导，以及生猪养殖产业链上养殖、运输、流通、消费等部门负责人、媒体代表进入了生猪屠宰企业，参观生猪屠宰和检验流程，听取相关情况介绍。

曲水县聂当乡工业园区的拉萨市生猪定点屠宰场负责人介绍，他们公司是拉萨唯一的生猪定点屠宰场，专门负责收购生猪。因为拉萨本地生产的猪肉目前的市场占有率不到 10%，大多数生猪是从甘肃、四川等地收购来的；公司每天可以屠宰 150 头至 200 头生猪，供应拉萨市场，全部实行机械化屠宰。

该负责人强调：生猪运到公司后必须经过各种检疫才能进入屠宰车间。工作人员先要对生猪"三证"进行检查，观察 10 个小时后才可以进入屠宰车间；生猪屠宰后，还要经过 8 到 12 小时的冷却和脱酸处理，然后接受检疫；检疫合格后被盖上紫色的检疫章，才能进入市场。屠宰前的观察非常重要，动检部门的工作人员要全程跟踪并提出意见，这个环节可以剔除运输过程中出现的问题生猪，避免进入屠宰环节后造成更大的经济损失。

拉萨市商务局负责人表示：他们对生猪定点屠宰行业的监管，严格执行相关法律法规，对检出的病猪 100% 进行无害化处理，防止病害肉品流入市场。同时对私屠滥宰行为进行严厉打击。2012 年 1 至 5 月，出动执法人员 110 人（次），查扣不合格生猪 1100 公斤，取缔私屠滥宰窝点一个，兑现了"发现一起、查处一起，举报一起、落实一起"的郑重承诺，举报查处率达到 100%，保证让市民吃上"放心猪肉"。

外来冷鲜肉受欢迎。冷鲜肉又叫冷却肉、冰鲜肉，是指严格执行兽医检疫制度，对屠宰后的兽酮体迅速进行冷却处理，使酮体温度（以后腿肉中心为测量点）在 24 小时内降为 0—4℃，并在后续加工、流通和销售过程中始终保持在 0—4℃范围内的生鲜肉。由于冷鲜肉始终处于低温控制下，大多数微生物生长繁殖被抑制，克服了热鲜肉容易被污染的缺点。冷鲜肉生产流程遵循了肉类生物化学基本规律，在合理掌控的温度下使屠体有序经历了尸僵、解僵、软化和成熟过程，质地柔软而有弹性，滋味鲜美，既有利于人体的消化吸收，又有好的口感。冷鲜肉在规定的保质期内色泽鲜艳，肌红蛋白不会褐变，外观颜色看去与热鲜肉无异，却因为在低温下逐渐成熟，某些化学成分和降解形成的多种小分子化合物的积累，使冷鲜肉的风味明显改善；冷鲜肉未经冻结，烹饪前无须做解冻处理，减少了汁液过多流失，从而降低了营养成分损失，克服了冷冻肉这个方面的营养缺陷。因此，冷鲜肉备受消费者欢迎。

近年来，冷鲜肉在我国内地肉类市场占有的份额快速攀升，越来越多的消费者开始放弃热鲜肉，接受冷鲜肉的消费。冷鲜肉在拉萨上市不久，就受到消费者好评，食用一餐后就认准了这个健康又营养的猪肉新品种。时下，拉萨市区农贸市场上的冷鲜肉价格基本上与热鲜肉持平，每斤五花肉 15 元钱。相关部门已经上报引进方案，如果获准批量引进，那么拉萨肉类市场上将会出现时尚的冷鲜肉与流行的热鲜肉和冷冻肉"三足鼎立"的格局，市民就又多出一个选择。

与冷鲜肉不同，冷冻肉是指把宰后的禽畜肉品先放入－30℃以下的冷库中冻结，然后在－18℃环境下保藏，并以冻结状态销售的肉。优点是较好地保持了新鲜肉的色、香、味，洁净卫生又防止变质；缺点是在解冻过程中，冷冻肉会出现汁液流失现象，使肉品的加工性能、营养价值、外观品质均有下降。

与冷鲜肉、冷冻肉都不同，热鲜肉是畜禽宰杀后未经冷却处理，直接上市销售的畜禽肉品。优点是加工简便易行，及时上市，最大限度保持天然品性，色香味和营养均未受到损伤，而且生产成本相对较低；缺点是肉体易受污染，不宜久存，尤其是在夏季天气炎热，生产过剩以后存在卫生和安全隐患，未经一段时间内的排酸软化过程，风味和口感均较差。

猪肉带有羊骚味是怎么回事？拉萨市民对猪肉质量问题反应敏感。据报载，市民郭先生拨打6970000《西藏商报》热线电话反映，他前一天在药王山农贸市场上买的猪肉煮熟后"居然有一股羊臊味儿"，令全家人感到恶心、食欲索然；市民罗先生有类似反映，但是他再次买到同一商贩的猪肉，留心细辨没发现猪肉异常。

动检部门接到消息后，随即依法对生猪、生猪屠宰及生猪运输、检疫检查等环节跟踪检查。按照相关标准对生猪产品进行查证验物及现场抽检，均没发现怪异现象。动检部门主要是监督检查市场上的猪肉有无疫病，而市民反映的猪肉有异味则不在检验检疫范围。同时，工作人员猜测，猪肉有异味可能与养猪环境有关。这个推测与有着养猪经验的马师傅的说法相吻合。"我是搞养殖的，身边的一些亲戚朋友也问过我这个问题，我一直在想这骚味是怎么来的，"马师傅推测说，"猪肉骚味的情况有很多种，最有可能的就是我国西北一带生猪养殖习惯所致，养殖户给生猪喂了过多从餐馆回收的潲水，这类生猪猪肉都有一股骚味。给猪喂过含羊奶、牛奶的猪食，猪肉也会有这种怪味儿。"

经验人士进一步分析道：一般猪肉不会有异味儿，没有阉割过的母猪会有骚味，但是这种猪如果要销售必须挂牌，不能与普通商品猪混在一起销售。还有一种情况就是宰杀生猪时弄破了膀胱，猪尿淋在猪肉上了。不过，这种骚味在买肉时就能发现，况且拉萨市场上的猪肉都是从正规屠宰场出来的，不讲卫生的情况可能性不大。

关于如何保证市民吃上放心猪肉的话题，不少消费者建议：相关部门需要对拉萨猪肉市场进行综合监控，引入多渠道进货的竞争机制，给商贩以多项经营选择，一来保证质量，二来维持合理价格，这样才能让百姓买得起、吃得放心。

越来越多的市民与市场执法监管人员积极互动的点滴小事表明：拉萨市民质量观念强，维权行动积极，拉萨市场监管人员作风严谨，工作认真，拉萨市民中南来北往的拥有丰富生活经验的人士热心建言献策，这些又置于藏传佛教的文化背景之下，共同维护拉萨市场包括猪肉在内的食品安全系数，同时反映了拉萨市场的监管现状。

藏鸡蛋品质有什么特别？ 藏鸡，是分布于我国青藏高原海拔 2200—4100 米的半农半牧区、雅鲁藏布江中游流域河谷和藏东三江中游高山峡谷区的，数量多、范围广的高原地方鸡种。目前，主要分布于西藏的山南、拉萨、昌都、那曲、日喀则、阿里地区和云、贵、川接壤地带。藏鸡体型小而长、低矮、头高尾低、呈船型。胸部发达，向前突出，性情活泼，富于神经质，好斗性强，翼羽和尾羽特别发达，善于飞翔。公鸡大廉羽长达40—60 厘米。藏鸡头部清秀，少数有尾毛冠。公鸡冠大直立，冠齿 4 至 6 个，母鸡冠小，稍有扭曲，以黑色居多。公鸡羽毛颜色鲜艳，色泽较为一致，母鸡羽毛较为复杂，主要有黑麻、黄麻、褐麻等色，少数白色，纯黑较少。

藏鸡蛋。由于长期生长在高寒缺氧的特殊环境下，藏鸡具备了适应高原生态环境的特性。有人对在特殊饲养方式下所产藏鸡蛋的营养成分进行分析，结果表明：藏鸡蛋中铁、铜、锌等具有重要生理功能的微量元素，粗蛋白、粗脂肪含量均高于普通鸡蛋。就此而言，藏鸡蛋具有比普通鸡蛋更高的营养价值。

藏鸡蛋生产新模式："公司＋农户"。现在公众的生活水平提高了，开始追求无污染、天然的绿色食品。怎样才能为市场提供绿色藏鸡蛋？这是养殖户和商家一直在琢磨的事情。没有正宗"土藏鸡",何来"土藏鸡蛋"?于是,一种新的经营模式逐渐确立:公司统一经营管理,农户分散养殖。如果每个农户能饲养50只(母鸡居多),20户就有1000只。这样既能保证藏鸡蛋的产量,又能保证产品品质。

按照新的经营模式,经营藏鸡蛋的西藏艾斯特食品有限公司负责为达孜县邦堆乡邦堆村的20家养殖户建立新型鸡舍,并提供鸡苗。藏鸡鸡苗来自日喀则康马县、山南桑日县和拉萨墨竹工卡县,全是由母鸡孵化的。农户养殖要符合野外放养要求,即白天农户把鸡舍打开,鸡全都在田间地头或者山坡上去找吃的,农户平时只能给鸡喂食青稞,这样才能保证藏鸡的"土味",鸡蛋的高营养价值得以维持。小母鸡一般长到五六个月就能生蛋,有养殖户说:"我们家人口多,田地广,所以就可以多养一些,每天能捡到30个鸡蛋。"公司统一为养殖户开展防疫,在鸡容易生病的春秋季节,公司派专人跟踪观察;定期收购养殖户的鸡蛋,养殖户平时负责照看鸡群安全出入,捡拾鸡蛋。

保鲜包装,简洁大方。为了便于携带和美观,藏鸡蛋在投放市场前公司把养殖户送上来的鸡蛋进行选配包装,统一规格,最主要的是保鲜。"我

小贴士 ▶

土鸡蛋与饲料蛋、人造蛋的区别。流行较广的土鸡蛋与饲料蛋鉴别方法,即看鸡蛋的大小、蛋壳的颜色、蛋黄的颜色等。事实证明这些经验方法在有些商家的造假卖假行为中已经失去辨别作用,甚至可能帮倒忙。下面的"三看"法可以成为帮手,辨别时需要些耐心,以发挥出其作用。1."看"口感、香味。土鸡蛋入口鲜味十足,细腻清香,回味绵长,特别是煮到七八成熟时,吃起来舌头味蕾能清晰感受土鸡蛋流质蛋黄的新鲜细腻、浓郁回味感。而饲料蛋则无此种美感。做煎鸡蛋、炒鸡蛋(不加盐、味精等佐料),土鸡蛋的口感、香味与饲料蛋相比区别明显。2.看颜色。把土鸡蛋做成蒸水蛋、蛋花汤和炒鸡蛋时,三种蛋菜颜色为金黄色、纯黄色(极少数为淡黄色、淡白色)。把饲料蛋做成蒸水蛋、蛋花汤和炒鸡蛋时,这三种菜式颜色为淡白色。3.看挂黄。由于饲料蛋与土鸡蛋的成分存在差异,特别是蛋液的黏稠度不一样,前者稀、清跟水一样,后者浓、稠、黏度大,所以经过蛋液的菜盘,其蛋液残留痕迹(俗称挂黄)是不一样的,正宗的土鸡蛋挂黄痕迹明显。

人造蛋与土鸡蛋、饲料蛋的区别。人造蛋多为纯白色,蛋壳是用碳酸钙放在固定模具中做出来的,所以它无蛋孔。而土鸡蛋、饲料蛋有明显蛋孔,肉眼可以看到蛋面上的一些小斑点,呈凹状,那是蛋孔,用来呼吸的,在放大镜下看得更清楚。同时,人造蛋壳内没有一层天然膜(在剥煮熟的鸡蛋时,很容易看到那层膜)。蛋清不黏稠,蛋黄颜色浅,很快就与蛋清混成一团,嗅一嗅感觉不到任何蛋清香,下到锅里就散架。

们会在鸡蛋礼盒里装上青稞,这样能起保鲜作用,而且顾客携带礼盒很方便,完全不用担心鸡蛋会碰坏,"公司负责人介绍说,"这主要是为内地来藏的客人准备的,无论乘飞机或者坐火车,保证携带安全可靠。"目前藏鸡蛋有雅砻源和嘎玛两个无公害产品品牌,包装都讲究安全实用。

拉萨市场面条质量怎么样? 采用面条做饭简便快捷,其味道可以依据口味配料。现代生活的快节奏和家庭菜肴的多样化使越来越多的人喜欢上了面条,面条在拉萨也成为家庭常备主食之一。都希望买到、吃上安全、卫生、口感好的面条,这种面条是怎样生产出来的?《西藏商报》记者马恩义走进拉萨知名的面条加工作坊拉鲁压面房,见证好吃面条是这样生产出来的。听一听作坊邱老板揭秘"问题面条"出现的主要原因。

原料把关。拉鲁压面房位于雪新村路,加工车间和销售部都是门面房。在销售部,展柜上摆放着各种面条,老板介绍说:"我们这里是 20 多年的老店了,每天能卖出 2000 多斤面条。为了保证面条质量,我们首先严把面粉采购这一关,从正规厂家进货。"为了证实他的说法,老板引领记者进入了原料储存间。这里整齐码放着 200 余袋面粉,他顺手扯下一张面袋上出厂检验合格标示牌,上面清晰标注着面粉生产的年月日,"保质期为 6 个月",有厂址也有 QS 标志。面粉是从河南、陕西、河北等地购进的,与面粉厂签订了合作协议和风险承担责任书。

加工车间,不穿工作服连老板也不能进去。从储存间出来,记者正准备走进加工车间,一名工作人员递给记者一套白色衣服:"您必须穿上,不然不能进去。"老板的女儿笑着说:"这位师傅是我哥,他是学食品专业的,去年大学毕业后就来压面房帮忙了。"

老板对工作人员的要求:统一着装,不留长指甲,女工把长头发绾起来,操作前洗净双手,并用苏打水清洗一次;一律不许在车间、存储间、烘干房和销售部吸烟;每天要对车间进行清洁和灭菌,最大限度地保持车间环境卫生,保证加工出来的面条不受污染;新来的工作人员,首先要体检并办理健康证，未取得健康证的不能上岗。面条生产的主要环节被合理分解出来，一个环节一个岗位，岗位实行分工负责制，明确岗位的操作规程和产品的质量标准，劳动质量和数量与工资福利挂钩。

制作工序。辅料，只添加食用碱、鸡蛋、黄豆面和食盐。老板娘负责管理面条加工环节。据她介绍，依据设定的产品品种及其型号，拌料期间除了按适当比例向面粉里添加食用碱、鸡蛋、黄豆面或者绿豆面、食用盐、洁净水外，不掺入其他物质。操作搅拌机的杨师傅说：在一般情况下，每千克面粉加入 350 克净水和 25 克食用碱即可，制作藏面时还要加入 50 克食用碱，食用碱和食用盐只需其中一种，不必兼用，目的都是增强面条的筋道。若食用碱使用过量，压出的面条就呈深黄色，吃起来感觉硬、有股呛味，面条的营养成分容易被碱破坏；加食用盐后面条有韧性，不会变色。

负责压面片的谭师傅，把杨师傅搅拌好的面团小心续到压面机的料斗里，循环压几遍，压出布匹一般的长幅面片，散发出生面的清香。谭师傅说：面片压得次数越多，切割出来的面条就越有韧劲，耐煮，吃起来感觉有"筋骨"。面片经由切面机，切出粗细不等的面条。工作人员把机器切成的湿面条均匀挂到竹棒上，分批送进烘干房。

烘干环节。烘干房内，三台悬挂式风扇在不停旋转。房里分出三个区间：湿面区、烘焙区和干面区。每天要生产大量面条，烘干房里如果没有分区，已经风干的面条就可能被误放到湿面区，容易回潮、改变颜色，质量得不到保证。湿面区摆放的是刚切出来的水面，等到一小时后面条的水分蒸发一半才放到烘焙区，给风扇加大风力，三个小时就完全风干了。风干面条被移到干面区，切成一定规格的条段，分量包装，搬运存入储藏间。储藏间里保持一定的温度和湿度，以便能在较长时间内保持面条本真状态。

"问题面条"产生的主要原因。第一，口感不好或者难吃的面条，问题首先出在面粉上。有些作坊为了降低生产成本，可能采购了质量不高的面粉，甚至掺杂了过期面粉。品质差的面粉无论如何都加工不出质量好的面条。第二，面条里吃出头发和沙子，问题出在面条加工环节。员工着装不整，未戴束发帽，或者任由外人出入车间，难免把杂物带进容器里。第三，使用过期面粉加工面条，通过加入增稠剂、增白剂来掩盖，生面条不容易看出问题，但是这种面条被煮熟后会有异味。同时，增稠剂遇到高温就与面条其他成分发生化学反应，面条颜色也会改变。第四，面条颜色不光鲜，可能为室外尘土及细菌污染。面条放在室内分为晾干和烘干，晾干速度慢，面条水分挥发不彻底，容易变质；烘干采用机械风干方式，水分散失快，达到一定干度就能保证面条质量。为此，本压面房仅烘干设备就花了几万元。

另悉，拉萨市场上的面条、面叶、面穗，总体上可分为水磨面（即只添加食用盐或者食用碱的面条）、鸡蛋面、黄豆面、绿豆面、藏面。选购时，鉴别质量优劣可以采用"一看二闻三口嚼"的方法。色泽：如果面条颜色变深呈褐色，表明变质；如果发现面条中有杂质，说明加工环节不卫生。气味：如果有霉味、酸味及其他异味，则有质量问题。咀嚼：不粘牙，不牙碜，无酸涩。

质量好的水磨面，颜色为面粉本色略带暗黄色，有淡淡的麦粒香味，嚼起来脆略含甜味。鸡蛋面必须是金黄色，黄豆面颜色呈暗黄色，绿豆面呈深绿色，藏面因为加入的食用碱是其他面的两倍，颜色为深黄色，嚼起来很觉劲道，且有股呛味。如果面条颜色呈暗黑色，就是用过期面粉加工的。

拉萨市民慎尝时鲜野菜。一年一度天气由寒转暖，田间地头、荒山野岭便长出不同种类的野菜。每逢此时，会有农民挖来野菜提到市区设摊叫卖，菜贩会把新鲜野菜统一收购上来，第一时间赶到冲赛康市场设点零售。有时候加以漂亮的外包装，便于携带，小剂量而搭配两三个品种。采挖者和商贩们，大都能绘声绘色向过往行人介绍每种野菜的特点、营养和食用方法，招揽不少市民光顾选购，交易红火。

"……活麻和牦牛肉一起炖汤、藏香茴用来做包子，都特别美味！"一个菜贩对光临摊前的一位顾客这么内行地建议。

"这种野菜怎么卖？""一律 5 元一盒。"顾客与菜贩一问一答。

"我每年这个季节都会买野菜吃，觉得味道不错，平时吃鱼吃肉过量了容易引发疾病，换个口味对身体有好处。今年每盒价格比去年涨了 2 元，消费者增多了呀！"一位野菜消费者给在场的顾客这么唠叨。

一般情况，野菜推销者着重强调，野菜在自然环境下生长，冬季里孕育，春天里基本长成，没有受到化肥、农药等污染，是真正绿色蔬菜；由于生长期长，鲜菜营养价值就高，有些野菜具有一定药效。过去，祖辈以及更多家境贫寒的人家，曾经过着半年野菜半年粮的生活，身体不是很好吗？身体健康，秘诀也许就在于食物搭配、营养均衡。

这些宣传语，很能打动那些为食品安全问题忧心忡忡或者为富贵病所长期困扰的人们。

不过，医疗专家提醒野菜的经营者和消费者：食用野菜要因人而异，不同体质的人对野菜的适应和消化能力不同。在选购野菜前应有相关知识，对野菜有一定了解，最好不买自己不熟悉的野菜；"有些野菜含有过敏性物质，使用后可能会引起过敏反应，出现红斑、丘疹、瘙痒等症状"；多数野菜性寒味苦，能败火，但是食用多了会伤及脾胃，引发胃痛、恶心、呕吐等轻度（中度）症状。专家建议：野菜买回家做菜之前最好放到清水里浸泡一段时间，对野菜进行简单"消毒、去污"处理；不管什么野菜品尝个新鲜就行了，不要长期、过量食用，一旦出现不适反应，立即到医院问诊。

西藏地广人稀，环境天然而特殊，野菜消费前景看好。但是，无论什么人作此类菜蔬开发，必须具备相关知识，慎重采挖和消费，特别注意野菜生长环境保护，包装运输过程中保持新鲜而天然本色，不添加任何令大家惴惴不安的各种保鲜、增味的"保鲜剂""添加剂"之类，最好在医疗专家和营养专家指导下运作，切莫让这种"绿色蔬菜"带来副作用。

目前，拉萨市场上待售的野菜品种不算多，只有野芹菜、活麻、藏香茴等，众多野菜有待开发、推介。可否进行人工培育、试种，开发蔬菜新品种，以丰富市民的餐桌，缓解常规蔬菜供应不足而形成的市场压力？

拉萨市场上牛奶安全吗？ 牛奶，是老人和孩子喜爱的饮品，亲友之间相互馈赠的礼品。当代社会越来越离不开它了，尽管消费者一次次因为质量问题而受到惊吓，产生过不满情绪，但是还是一次次谅解了奶制品企业的"失误"，希望奶制品生产企业接受教训，生产出营养、放心的牛奶。消费者的正当要求和宽容态度，理当换回生产企业的责任感和质量意识。

拉萨市场上待售牛奶多是外地货，蒙牛乳业（眉山有限公司）被抽检出不合格产品后，本地主流媒体的记者深入乐百隆超市、百益超市走访，发现拉萨市场上待售的蒙牛 250ml 纯牛奶，产地为内蒙古呼和浩特、巴盟以及河北唐山，暂未发现问题批次的纯牛奶。这是拉萨牛奶消费者之幸，但是这个运气只有所有产地的牛奶质量均合格，才不会沦为"侥幸"。

西藏蒙牛总代理负责人秦毅表示：拉萨销售的内蒙古、河北等地生产的纯牛奶，出厂前经过了当地食品安全检验部门的质检，合格的牛奶才会出具相应批次的合格证。"每批上市的牛奶都有检验报告。"对上市的牛奶，各地代理人员也会跟踪，"假如牛奶的包装盒损坏，或者过期、临近过期，我们会进行下架处理，保障消费者购买的牛奶是安全的。"

同时，拉萨市质量技术监督局及时组织了对辖区内三家乳制品获证企业专项监督检查。检查内容为：企业在原料乳收购过程中，是否针对黄曲霉毒素 M1 落实了批批检验。结果表明：西藏高原之宝牦牛乳业股份有限公司、西藏康园食品有限公司都把黄曲霉毒素 M1 纳入原料乳收购时必检项目，批批检验，未查出超标问题；西藏拉萨圣吉雪乳业有限公司已经订购了黄曲霉毒素 M1 快速检测条，该企业被要求近日内必须进行批批检验，把详细情况以书面形式汇报给拉萨市质量技术监督局。

事实表明：拉萨市场上绿色音符中混入了微弱杂音。 拉萨市郊劣质"绿豆饼"被曝光。2011 年 9 月 17 日凌晨，拉萨警方在城关区娘热乡仁钦蔡村清查时，发现了一家制作劣质绿豆饼的黑心作坊，随即控制了作坊内的6名犯罪嫌疑人，现场查获200多箱劣质绿豆饼，共计2000余公斤。执法人员在检查现场时用手掩鼻，直说："很想吐！"作坊里脏乱差，从业人员衣着随便，既没有卫生许可证，又没有从业人员健康证件。

藏身隐蔽，深居简出。黑作坊处所，是一家预制板厂的独家大院。大院白天大门紧锁，晚上人员出出进进。娘热乡规定：凡有生产企业、仓库入驻本乡的均须在乡里备案，证照不全的一律不准入驻。黑作坊之所以能在辖区进行10天非法生产，是因为它属于"厂中厂"，没有在乡里备案，预制板厂又成了掩护，逃避了娘热乡每天例行的库房检查。娘热乡负责人表示，预制板厂私自把房子转租他人从事违法食品加工，乡里将立即终止合同，并对预制板厂实行处罚。

所谓"香甜又好吃的绿豆饼"，竟是在苍蝇纷飞的小作坊里，采用发霉的饼干、面粉、麦芽糖和色素等作主料、佐料，经过煎炸制作出来的。现场，作坊负责人郭某介绍了生产过程：先从冲赛康市场买回饼干、面粉、麦芽糖等原料，然后用粉碎机把饼干磨碎，放入烤箱烘烤成饼皮，再夹上绿豆沙，最后放入油锅里煎炸而成。

"绿豆饼"事件被曝光后，拉萨市委常委、城关区委书记赤列多吉，在第一时间做出批示："看了这个报道感到触目惊心！"他要求相关部门做好食品安全监督工作，让市民吃东西有安全保障。执法人员在郭某的引领下，迅速进入几家出售这种劣质绿豆饼的商店，要求立即下架剩余绿豆饼，对有可能流入山南和日喀则两地的货源进行跟踪追查，同时对辖区内食品生产企业迅速开展清查行动。

"人吃了这种绿豆饼，如果出了问题怎么办？""你们自己吃这种绿豆饼吗？""为什么选在这样偏僻、肮脏的地方进行生产？"面对这些问题，这帮外来商户低头不语。

猪头肉黑作坊被曝光。该作坊隐匿在蓝天路一条深巷里，加工卤制猪头肉，处所偏僻，平日里大门紧闭，众狗护院，经营者不声不响，生猪头肉、卤制好的熟肉定时接入与送出。

消费者通过《西藏商报》热线举报，记者暗访掌握确凿证据，拉萨市公安局经侦支队、拉萨市工商局城西分局和拉萨市动物卫生及植物检疫监督所联合行动，一举捣毁此作坊。

随行记者讲述，生产环境不堪入目。作坊内污水横流，猪头肉随地堆放，锅灶、水桶、斧子、锤头等器具以及手套，被油渍、血迹、灰尘污染得黑乎乎的；几条肥狗在作坊内自由走动，不住舔舐地上血污，空气污浊、令人作呕。浸泡在污水里的猪头肉，有的局部已经腐烂。猪头拔毛使用的是类似沥青的松香，松香含铅等重金属和有毒化合物，对人体有害。作坊外围是一个垃圾场，恶臭攻脑。这里制作的熟食注定成为劣质食品，却批发到菜市场零售。

举报者的儿子食用后，住进医院治疗了3天。记者追问作坊的女老板："你做的卤制猪头肉，你自己吃吗？"她一直默不作声。经查，经营者健康证已经过期，没有卫生许可证，没有熟食加工的证件，只有一张《营业执照》，这个执照供经营鲜猪肉使用的，制作卤肉属于无证经营行为。

执法人员建议公众：在购买熟肉制品时，要去证照齐全、规模大、卫生条件好的店铺。质监部门会经常监管这些场所，一般不会使用松香拔毛。同时，在选购熟食过程中，通过观、嗅、摸等方式鉴别食品新鲜度。若是熟肉制品色泽不正、有异味、发黏，则属于变质、劣质肉制品。

近年来，拉萨市监管执法人员在属地市场上查出了数起假冒伪劣商品，既有"立白""汰渍"等冒牌洗衣粉，又有劣质食品、不合格食盐等，规模和影响虽然不成气候，但是玷污圣洁的地方，恶心了消费者。违法经营者多来自区外，他们或许认为，西藏商品经济不够发达，包括拉萨市民在内的西藏公众消费观念落后，于是把在内地造假售假那套伎俩，机械地照搬到拉萨市场上来。事实证明，这是一种误判，拉萨市场上戒备还是蛮森严的。

虽然西藏人在食品的品种结构及消费档次上可能比不了内地一些发达省份，但是西藏的消费者，尤其是土著居民偏爱本地生产的天然食品，消费外来食品的品种和数量相对有限，而且市场把关是严肃认真的。不管新出现了什么花样食品，西藏市场对其质量状况的把脉并不迟钝，何况如今通讯发达，"一线城市"一旦曝光某种问题食品，西藏市场信号灯就会及时发出警告，提醒着消费者和监管部门。拉萨市场上假冒伪劣商品一经露头，就会被逮个正着。西藏市场上的绿色商品，是"天上西藏"的一张名片；置身于佛门圣地，面对着"上帝"般的消费者，任何牛鼻的制假造假者都必须收手。当然，西藏热诚欢迎八方客商来藏投资兴业，但是只善待自尊自爱、诚信守法、经营有道的当代儒商。

拉萨的餐饮有什么文化特色？ 拉萨市民很多人知道，地处拉萨西郊的德吉路是餐饮一条街，单位聚餐、朋友聚会、婚庆宴会、商务洽谈用餐等习惯往那里去。但是，现在很多人觉得太阳岛可以称为"餐饮城"了，中和国际城落户了不少知名餐饮企业。从中和国际城西桥直走，道路两边餐饮店一家挨着一家，五六百米长的街面餐饮店就聚集了三四十家。到了中午或者傍晚，"胡四川菜""打渔人家"宽敞洁净的大厅里，坐满了食客。客人反映，"这家"餐馆生意兴隆，除了味道好之外，就是吃得放心。

拉萨是著名旅游城市，餐饮安全而富有特色是应有之义。为了把好餐饮安全关，拉萨市质监局严格执行食品安全市场准入制度，联合相关部门坚持开展常规检查。从检查结果看，每年总体情况良好，顾客可以放心消费。拉萨餐饮业兴旺发达，从一个侧面折射出了拉萨餐饮业的食品安全和卫生状况，反映着拉萨餐饮业的监管成绩，并成为拉萨市民获得最高幸福指数的一项内容。

拉萨餐饮主要系列：川菜和藏餐。重庆香天下火锅城，川菜馆的一个代表。外出吃饭，看重的是服务质量、卫生状况、餐饮风味和消费安全。

重庆香天下火锅城设身处地为顾客全程打造健康营养新派火锅。香天下秉承了西藏原创四川会馆饮食文化有限公司服务理念，主要是：顾客至上，文明用语，统一着装，统一规范迎宾姿势，脸上永远挂着温馨的微笑，言谈举止大方得体，给客人及时添茶倒水、清理餐桌上杂物等。为了让贲临餐馆的客人都能享受到清洁饮食环境，连整理碗筷、传菜走动这些细节都得讲究。

近年来，社会上食品安全问题备受关注，餐饮安全卫生是顾客最关心的。重庆香天下火锅，在食材质量、新鲜度、营养价值上严格把关，保证让消费者吃上放心、开心的火锅。所选用的食材都是每天从成都空运过来的，保证了新鲜度，也保证川菜的地道和原汁原味。

烹饪过程从细节做起，执行餐饮行业新标准。每天一早，时新食材一到，胡厨师长就开始忙绿。从办理接货手续到食材进入厨房处理，最后到分装成盘，每道工序都不敢马虎。配成的菜品都使用保鲜膜封起来，防止受到污染。翻阅胡厨师长的记事本，密密麻麻全是每天检查食品安全、卫生的详细记录。在"香天下"后厨不会看到污水和油渍，菜品进入厨房要经过清洗、发制、去皮、切片等工序，每道工序由专人负责，分工和责任都明确，保证上桌的菜肴卫生、健康。

火锅行业最近推出新标准后，"香天下"带头拒绝所有添加剂和色素等对人体有害的化学物质。既不能添加加强食物色泽和口感的东西，又要保持素有的味道，这可是个难题。胡厨师长为此没少下功夫，终于琢磨出一系列发制食品和给菜上色的好办法。用新鲜木瓜熬成木瓜水来发制毛肚、黄喉等食物，虽然成本偏高，但是发制效果十分理想，最重要的是原生态。很多客人若不是进入厨房耳闻目睹菜品制作过程，就不敢相信自己吃到的爽脆可口的千层肚、猪黄喉是用这木瓜水发出来的。用于上色的材料则是天然的染色剂，即红曲米。红曲米遇水就会把水染成深红色，这正是天然的染色剂。

香天下火锅城有位常客，以自身经历现身说法："这儿刚开业的时候，来这里一品尝就记下了这家火锅的味道，能感觉到厨师对菜品很用心。这些年来很多菜品的口感和味道都在进步，像我每次必点的千层肚感觉特别爽脆，从刚开始吃一直煮到最后也不会嚼不动。这里服务员都有亲和力，让人坐在这里休闲、品尝美食感觉舒服，好像菜品味道更好了……"

餐饮的含义，不言而喻，既是人类生存的物质产品又是文化产品，富有民族性和地域特色。在满足了生存需要之后，饮食的文化特性被凸显出来，地方美食和民族美食被分享和鉴赏。在绿色文化兴起的当代社会，无论作为物质产品还是文化产品都要求是绿色产品。绿色品质，既是普通饮食和营养保健品的共同品质，又是消费者的基本要求；绿色食品其实不神奇，是像胡厨师这样的厨房掌勺人做出来的，心思到了自然成。

常言道"名菜出名门"，意思是名菜出自名厨之手。那么，绿色餐饮则出自有厨德的名厨之手。真正的名厨，既富有天分又肯用心，首要的是有厨德。饮食是对食料选用加工的综合产物，众多的东西反映在里面，掌勺厨师的德、艺、功等素质皆隐藏其中。名厨除了善于掌握每道菜肴烹饪过程中的"火候"以及放盐时机之外，还谙熟民族饮食文化和当地饮食习惯，能自觉地把这些厨房之外的东西通过自己的烹饪技巧和基本操作程序给充分表达出来。表达方式是以他摸索出的食料特性及其加工规律为依据的，要求他具有很好的悟性，以及对菜品色彩和味道的灵性。餐饮是厨师的作品，餐饮质量和档次衡量着厨师的厨德和厨艺。厨艺、经验和悟性，在具有高尚厨德的厨师那里发挥着正面作用。

"香天下"胡厨师的经验表明，真正的名厨不依靠化学调味品和色素来刺激食客的味觉和视觉，而是综合运用所有烹饪要素，充分发挥每种天然食材的功用，突出其特性。传统名菜就是这样做出来的，那时候没有现在可供采用的化学物质的食品添加剂，名厨的厨艺是历练出来的，属于真功夫。相反，滥用食品添加剂甚至非食用物质来强化菜品的色泽和口感，是拙劣厨师用以掩盖拙劣厨艺的遮羞布。

当然，绿色饮食还意味着以绿色农业生产出的食料为原料，配以适量的天然食物佐料。这种佐料也是以绿色农产品为原料，通过无害无毒的工艺流程而调制出来的，本身是一种食用菜肴，可以当菜吃，只是口味太重、太酽，巧妙掺入其他菜料中做成正常食用的菜肴。香天下火锅城的胡厨师以新鲜木瓜熬制成木瓜水用作发制毛肚、黄喉佐料，木瓜水就是一种绿色菜肴的调料。绿色食品就是这样做成的。绿色食品作为最终端到餐桌上的食物，是天然、有营养的食物。奢侈品应当是更为地道的绿色食品，口味和口感以及色彩的要求，应该以饮食安全性为底线，不能以损伤身体为代价。

发展绿色餐饮业，既需要一代具有厨德的名厨师，又需要一代有绿色文化观念的消费群体。医学证明：简朴生活不只是美德，而且是人类生理规律的强制性要求。

另外，生意好是一家餐馆的"晴雨表"，指示着餐馆全部要素的优劣，突出服务态度和餐饮安全。虽然消费档次有高低之分，但是生命是平等的。不管消费档次有何差别，顾客都需要一视同仁、殷勤款待。从满足社会需要来说，任何餐馆都是为人开的，不是为钱开的，付钱和收钱都是服务的报酬。饮食行业经营者要有这个胸怀和态度，这也是成功的经营之道。高档消费需要提供安全而营养的食品，低等消费不能从本质上打折扣。待客之道及践行程度，折射着经营团队的行业理念和职业道德层次，也对应着餐饮场所的气场和餐饮行业的口碑。

藏餐，特色的藏族饮食。选取西藏本地出产的食材，做法质朴、调料简易，家常菜只用加碘的食盐和去腥味的葱、姜等。藏餐馆装饰古朴，体现着藏文化特点。

藏家宴，真材实料，天然饭香。说到拉萨藏餐，印象最深的要数团结新村的藏家宴了。这是一处具有浓郁藏家特色的家庭式餐馆，在提供丰盛藏餐的同时，也让初到此处的顾客感受到藏家文化的特色和底蕴。

藏家宴坐落在独家独院里，大门厚重阔大而古色古香，院落布局是典型的传统藏式格局，满园花花草草疏密相间，高低粗细不等的树木，以曲为美和以直为美的兼有；木质结构的一栋小楼，一层不昏暗，二层不暴露，给人温暖而庇护的亲切感，走进房间感到放松自在，一下就找到了"宾至如归"的感觉。

服务员装束素朴，举止大方，一人负责带一队，引领客人入房就座。客人落座，他们麻利地在桌边摆好木碗或者玻璃茶杯，根据客人要求添减饮具或餐具，紧跟着斟上酥油茶或者客人特地要求的饮品。房间陈设除了符合时令的取暖炉具、墙壁上电风扇、放茶具的小柜子等设备外，就是木质方桌及木椅。如果不是冬天吃火锅在餐桌中央放置火锅的话，场面类似于家人吃饭的光景。

客人端起木碗或者茶杯送近嘴唇，轻吹酥油茶表面上的浮油，然后轻啜一小口，此后才能渐渐深喝。不论是酥油茶还是其他饮品，浓淡适宜，喝下一碗或者一杯，只想再来。服务员机灵而殷勤，马上拎着茶壶走近，小心翼翼地续上。藏族同胞喝甜茶或者酥油茶，如同内地茶客品茗一般，慢慢来，小杯子还没斟满，就能分几口喝，喝到最后，杯里还略有剩余。

藏式火锅，跟外地人在拉萨操持的洋气火锅不同。纯手工的铜质火锅，锅底是醇厚的排骨汤，装满了红白萝卜条、牛舌、牛肉、牛肉丸子、人参果酸奶等食材，配上自制的佐料，文火慢炖，煮出食材天然味道来。浸洗干净的牛舌经过蒸煮，切成薄片，食用时根据个人口味蘸一点碟子里特制的调料，也有客人不用调料而素味食用的，要的是天然味儿，细细咀嚼富有弹性、肉质紧实的牛舌。土豆包子，菜如其名。土豆混着肉剁成细馅，或蒸或炒，藏族同胞喜欢食用土豆，这道菜也许是他们的最爱。汉族客人初次品尝也感到新鲜，内地把土豆炖牛肉视为名菜之一，剁成馅子不多见。牛肉酱也颇有风味，剁成碎末的牛肉拌入藏式辣椒酱，吃起来很是过瘾，所用牛肉是生牛肉，不注意品味就尝不出来。

有一道菜可算得上压轴菜，就是血肠，一般在重大节日才吃得到的菜品。其实可称为烩菜，把牛羊精肉、煮熟血块剁细，拌入葱花、姜末及其他植物香料，添加适量的糌粑，调匀后灌入洗净的肠里，放到清水锅文火煮。煮熟的血肠，可以切成片状蘸着调料吃，也可以下到火锅里，还可以熟油圈汤，加入适量菜叶做成汤菜。这道菜细腻而不油腻，吃在口里感觉软乎乎的，香味醇厚，是传统藏式菜肴的典型味道。

藏族同胞喜欢的藏面，同样会撩拨外地食客的食欲。筋道的面条被排骨汤煮出来以后，适量捞在小碗里，酌量添加些底汤，撒上牛肉丁和小葱花，加入少许藏式辣酱，温辣可口，地道饭香，与味精、麻辣等刺激口感的饭食区别明显。藏面可以到普通餐馆专门食用，也可以在盛大宴会上，作为饭食最后上场，色相和味道感觉更佳。

藏餐少用现代流行的食品添加剂，如果食料的农残不超标，藏餐就是地道的天然食品，风味得益于藏餐独特的烹饪技术和菜品之间的巧妙搭配。

拉萨建设标准甜茶馆，营造整洁温馨的餐饮环境。甜茶，各族人普遍喜欢的特色饮品。2012年初春，为了保证拉萨市区甜茶馆的饮品质量安全、环境卫生达标，城关区卫生局、城关区市容市貌管委会成立了城关区甜茶馆专项整治工作领导小组，对城关区辖区内的200余家甜茶馆进行集中检查。若发现甜茶馆招牌上有蜘蛛网、门帘不整洁、卫生筷不带包装袋、厨房操作间没粉刷、碗筷未放入消毒柜里等问题，就发给商户整改通知书，要求限期整改；对于整改后卫生要求仍不达标的，依照相关法律法规予以行政处罚，并加强监管，跟踪检查。同时，向每个甜茶馆索要他们购买奶粉和鲜奶的票据。

政府投资，改善拉萨市区甜茶馆的就餐环境。自2013年1月开始，拉萨市区甜茶馆专项整治工作有序展开，集中治理了甜茶馆存在的卫生和食品安全隐患问题。坚持"以点带面、先易后难"的原则，创建一批卫生和食品安全规范化的样板甜茶馆，推动甜茶馆卫生整体面貌改观，提升一批证照齐全的甜茶馆，打造一批民族特色的茶馆。依据《拉萨市开展甜茶馆卫生和食品安全整治工作方案》要求，在拉萨市区范围内，对达到相关标准的甜茶馆，50平方米以上的大型甜茶馆补贴标准为7000元，49平方米至30平方米的中型甜茶馆补贴标准为5000元，29平方米以下的小型甜茶馆补贴标准为3000元。通过申报、登记、实地检查验收等一系列工作，拉萨市甜茶馆专项整治工作已经惠及近300家甜茶馆，兑现了270万元补贴。改造升级甜茶馆的申报、登记工作仍在进行中。

全国市民的幸福指数，数拉萨最高?

2012年"幸福城市市长论坛"传出消息，2012年拉萨市再次位居省会城市"十大幸福城市"榜首。这是拉萨市连续六年获得"百姓幸福感最强城市"殊荣。

中国社会科学网消息，2012年12月由中国社会科学院等研究机构联合发布的《中国城市基本公共服务力评价（2011—2012）》蓝皮书显示：拉萨市在公共安全、社会保障和就业、医疗卫生、公共交通、城市环境共5个方面综合排名第一。

"中国幸福地图"调查结果：西藏位列第一。2013年3月4日《西藏商报》报道，腾讯网联合了全国34地媒体，邀请网友挑选当地最幸福的领域，并给当地幸福指数打分。活动历时15天，全国34个省份有1000余万网友参与投票，共同绘制成"中国幸福地图"。在各地幸福指数调查中，西藏以6.7分（满分为10分）的最高分拔得头筹（宁夏则以6.2分位居第二，海南、江苏、辽宁、福建以6.0分并列第三），空气领域成为市民感觉最幸福的领域，西藏得到投票最多的一项是空气，占总分32.09%。

拉萨地处雅鲁藏布江支流拉萨河中游，海拔3650余米，气候冬暖夏凉，年日照3000时数以上，素有"日光城"之称。拉萨的空气、水质是目前全国保持最好的，市场上食品药品是安全的，拉萨市区环境整洁、漂亮。这都是拉萨市民产生幸福感的主要对象，那么拉萨市民幸福感的指数还来源于什么？

不断改善的有保障的生产生活条件。拉萨市把改善民生、增加居民收入作为经济社会发展的目标任务，落实中央在西藏的各项富民惠民政策，实施国家及对口援藏的各项工程，在保持社会稳定和保护生态环境的基础上，资金技术投资下移农牧区，推进民生项目建设，优化农业生产和农牧民生活条件，努力增加农牧民纯收入。城市低保逐年提高，公务员的工资适时增长，市民人均可支配收入稳步增长。目前，拉萨居民实现了"住有所居、学有所教、业有所就、病有所医、老有所养"的社会发展阶段目标。另外，拉萨市每年为居民办 10 件实事，比如投资 2 亿多元规范公交运营、60 岁以上老人免费乘坐公交车、近 70 岁的五保老人集中供养、给所有失地农民提供就业生活保障等。

拉萨市多吉次珠市长自豪地总结道："广大群众住上宽敞明亮的房，喝上干净卫生的水，用上安全清洁的电，走上四通八达的路，烧上环保清洁的气，治好了折磨人的病，老百姓最关心的事也及时得到解决，所以大家都感到很幸福。"

有人说，一座城市其实是一个微型的理想化的人工生态系统。城市里的水体、空气、市政设施、社会秩序、食品药品等的质量状况反映着这个"系统"的结构水平和稳健程度。拉萨市坚持"以人为本"的发展理念，持续改善人居环境。2007 年，全面启动以创建全国文明城市、国家卫生城市、国家环保模范城市、国家生态园林城市、国际旅游城市、全国双拥模范城市为主要内容的"六城同创"活动，取得了阶段性成果，已经成功创建了全国文明城市，五次蝉联全国双拥模范城，荣获自治区园林城市和卫生城市称号。

北京援藏总领队、拉萨市委副书记马新明博士，谈作为一名拉萨市民的感受："拉萨一年比一年漂亮了，各方面政策也越来越健全，不论是城市还是农村，拉萨真的是日新月异。我在拉萨工作四年了，非常喜欢拉萨的环境，自然环境好，阳光明媚，心情跟着灿烂，社会团结和谐，氛围好，感觉像一个大家庭般温暖，藏民族深厚的文化底蕴也让我有着独特的感受。"

如今适值国庆小长假，外地游客遍布拉萨的大街小巷，逛街购物兴趣盎然，观光赏景流连忘返。拉萨的天空高远湛蓝，苍穹下云团千姿百态，阳光柔和温暖，黄叶红叶无声地飘落，孕育着渐深渐浓的拉萨秋韵。一伙外地游客在接受街头采访时，七嘴八舌讲述对拉萨的印象：拉萨的环境和景色独一无二，与他们到过的其他地方确实没有可比性，来到这里享受着灿烂的阳光，呼吸着洁净的空气，感觉心情开朗舒畅，来时的工作压力和郁闷心情此时一扫而光，就要返程了，可是真的不想走，希望时间慢慢流走，人也放慢脚步，越慢越好……

后 记

书稿进入编辑流程，笔者有如释重负之感。自 2010 年 11 月接到单位领导命题作文开始，到今日交稿，历时 3 年 10 个月。其间，搜集资料，四处请教，实地查看，潜心写作，数易其稿。回想通稿过程中依然遇到诸多问题，感觉不甚满意，但是已经做到问心无愧了。除了心里装着读者外，心无他念，笔者一直自我告诫：无论是生态保护和环境建设，还是食品药品安全维护，都需要公众集体行动来实现；我的愿望全凭忠实读者共同行动来实现，我若不辜负自己，就不能辜负了读者。

搁下笔方意识到，我只是个执笔者，坦率地说，书稿是由我和我的同辈人乃至前辈的先生们共同完成的。单位领导的支持和鼓励，师长同事的指导和帮助，家人的体谅和关心，没齿难忘。如果说书稿质量不太好，就完全归咎于笔者的才疏学浅、笔力不济了。同辈和前辈的研究成果，为笔者提供了理论依据和资料来源。研读和参考了《环境学导论》（何 强、井文涌、王翊亭主编）、《现代生态学》（戈峰主编）、《大拨绿——绿色中国·上海卷》（伍为主编）、《西藏年鉴》（2008—2010 年，西藏自治区人民政府办公厅编）、《中国西藏发展报告》（2004—2011 年，西藏社会科学院编)、《西藏农牧业政策与实践》(兰志明主编)、《西藏农作物常见病害防治技术》(覃 荣主编)等书,阅读和参考了 2012—2013 年《西藏日报》《西藏商报》《新京报》等报纸,收看和参考了央视新闻联播、焦点访谈、东方时空等新闻节目,以及教育频道的"现代农业概论""自然科学基础"等专业课程。其间,得到大学班主任史红教授,同学王书海编辑,中学同事韩敬彪老师,笔者工作的西藏人民出版社的同事边巴仓决、周正权、羊本才让、夏周措等热情帮助。

单位领导刘立强编审,曾两次听取笔者写作汇报,每一次听后都给出书面鼓励;阿旺总编辑查阅了章节要目,对《序言》提出了修改意见,还当面说:"你写得很认真,分寸把握也准。是啊,有些问题西藏不注意不行了。"中国青年出版社的王钦仁先生,关心和支持本书的出版工作,他和他的同事袁建民先生、瞿中华先生在编校和设计过程中付出很大努力,让本书格式更加规范,全书增色不少。在此也一并鸣谢。

顺便交待一下:近日国务院下达了同意西藏自治区撤销日喀则地区、昌都地区,分别设立日喀则市、昌都市的批复。文中选用素材基本上截止于 2012 年年底,故日喀则地区、昌都地区没有改为日喀则市和昌都市;而文中提到的日喀则市,是日喀则地区下辖的县级市,不是撤地后设立的日喀则市。

吴冬明

2014 年 10 月 6 日

（京）新登字083号

图书在版编目（CIP）数据

绿色西藏/吴冬明编著．—北京：中国青年出版社，2015.2
ISBN 978-7-5153-3048-8

I.①绿… II.①吴… III.①生态建设—研究—西藏
IV. ①X321.275

中国版本图书馆CIP数据核字（2014）第299040号

责任编辑：王钦仁
书籍设计：瞿中华

出版发行：中国青年出版社
社址：北京东四12条21号
邮政编码：100708
网址：www.cyp.com.cn
编辑部电话：（010）57350507
门市部电话：（010）57350370
印刷：三河市京兰印务有限公司
经销：新华书店
开本：700×1000　1/16
印张：34.25　插页：1
字数：448千字
版次：2015年2月北京第1版
印次：2015年2月河北第1次印刷
定价：46.00元